Ökonometrie

Ludwig von Auer · Sönke Hoffmann
Tobias Kranz

Ökonometrie

Das R-Arbeitsbuch

2. Auflage

Ludwig von Auer
Universität Trier
Trier, Deutschland

Sönke Hoffmann
Otto-v.-Guericke-Universität Magdeburg
Magdeburg, Deutschland

Tobias Kranz
Universität Trier
Trier, Deutschland

ISBN 978-3-662-68263-0   ISBN 978-3-662-68264-7   (eBook)
https://doi.org/10.1007/978-3-662-68264-7

Die Deutsche Nationalbibliothek verzeichnet diese Publikation in der Deutschen Nationalbibliografie; detaillierte bibliografische Daten sind im Internet über https://portal.dnb.de abrufbar.

© Der/die Herausgeber bzw. der/die Autor(en), exklusiv lizenziert an Springer-Verlag GmbH, DE, ein Teil von Springer Nature 2017, 2024

Das Werk einschließlich aller seiner Teile ist urheberrechtlich geschützt. Jede Verwertung, die nicht ausdrücklich vom Urheberrechtsgesetz zugelassen ist, bedarf der vorherigen Zustimmung des Verlags. Das gilt insbesondere für Vervielfältigungen, Bearbeitungen, Übersetzungen, Mikroverfilmungen und die Einspeicherung und Verarbeitung in elektronischen Systemen.

Die Wiedergabe von allgemein beschreibenden Bezeichnungen, Marken, Unternehmensnamen etc. in diesem Werk bedeutet nicht, dass diese frei durch jedermann benutzt werden dürfen. Die Berechtigung zur Benutzung unterliegt, auch ohne gesonderten Hinweis hierzu, den Regeln des Markenrechts. Die Rechte des jeweiligen Zeicheninhabers sind zu beachten.

Der Verlag, die Autoren und die Herausgeber gehen davon aus, dass die Angaben und Informationen in diesem Werk zum Zeitpunkt der Veröffentlichung vollständig und korrekt sind. Weder der Verlag noch die Autoren oder die Herausgeber übernehmen, ausdrücklich oder implizit, Gewähr für den Inhalt des Werkes, etwaige Fehler oder Äußerungen. Der Verlag bleibt im Hinblick auf geografische Zuordnungen und Gebietsbezeichnungen in veröffentlichten Karten und Institutionsadressen neutral.

Lektorat/Planung: Claudia Rosenbaum
Springer Gabler ist ein Imprint der eingetragenen Gesellschaft Springer-Verlag GmbH, DE und ist ein Teil von Springer Nature.
Die Anschrift der Gesellschaft ist: Heidelberger Platz 3, 14197 Berlin, Germany

Das Papier dieses Produkts ist recycelbar.

Für unsere Familien

Vorwort

Ökonometrische Analyse ist heutzutage immer computergestützt. Die Hardware ist für wenig Geld zu bekommen und die ökonometrische Software kann sogar kostenlos bezogen werden (z.B. »R« oder »gretl«). Folglich sind die Einstiegsbarrieren des empirischen Arbeitens inzwischen sehr niedrig. Barrierefrei ist der Einstieg aber auch heute nicht und wird es wohl auch nie werden, denn ohne gute theoretische Kenntnisse der Ökonometrie ist es nach wie vor unmöglich, solide empirische Wirtschaftsforschung zu leisten. Den Anwendern ökonometrischer Software bleibt es also nach wie vor nicht erspart, sich mit der ökonometrischen Theorie intensiv auseinanderzusetzen und sich entsprechende Kenntnisse anzueignen.[1]

Hierfür stehen viele sehr gute Lehrbücher der Ökonometrie zur Verfügung. Grundsätzlich ist es möglich, das vorliegende Arbeitsbuch mit einer beliebigen theoretischen Einführung in die Ökonometrie zu kombinieren. Wer allerdings eine besonders intensive Verzahnung von Lehr- und Übungsinhalten anstrebt, dem sei ein spezielles Werk empfohlen, das sich bereits seit vielen Jahren auf dem deutschsprachigen Markt etabliert und in der Lehre bewährt hat:

Ökonometrie - Eine Einführung, v. Auer, 8. Auflage, Springer 2023

Sowohl der Inhalt als auch die Struktur unseres Arbeitsbuches sind sorgfältig auf dieses Lehrbuch abgestimmt. Daher sprechen wir im Folgenden nur noch von »dem Lehrbuch«, wenn wir uns auf die obige Quelle beziehen. Unser Arbeitsbuch ist als Begleitwerk konzipiert, kann also die Lektüre des obigen Lehrbuches oder eines anderen Lehrbuches nicht ersetzen.

Dass die Empiriker auch heute noch die ökonometrische Theorie erlernen müssen, ist die schlechte Nachricht. Die gute Nachricht ist aber, dass mit Hilfe des Computers und geeigneter Übungsaufgaben dieser Lernprozess zu einem spannenden Zeitvertreib werden kann. Wir würden uns sehr freuen, wenn die Nutzer unseres Arbeitsbuches das ähnlich sähen.

Viele Leser des Lehrbuchs regten an, es um Übungsaufgaben zu erweitern. Üblicherweise werden zu diesem Zweck an das Ende jedes Kapitels einige Übungsaufgaben angehängt, die abzuarbeiten sind. Dieser Ansatz ist sicherlich besser als ein Lehrbuch ohne Übungsaufgaben. Letztlich wäre dies aber keine zufriedenstellende Lösung gewesen. Die meisten Leser wollen nicht nur die ökonometrische Theorie erlernen, sie wollen sie auch gleich für die empirische Untersuchung konkreter ökonomischer Fragestellungen nutzen. Sie müssen sich also nicht nur mit den logischen Problemen der Theorie befassen, sondern sich auch mit den Widrigkeiten bei der Anwendung ökonometrischer Computer-Programme herumschlagen. Ferner erfordert ein eigenständiger produktiver Umgang mit Übungsaufgaben, dass die

---

[1] Im Sinne der besseren Lesbarkeit sind mit »Anwender« immer Anwenderinnen und Anwender gemeint (ebenso »Empiriker«, »Nutzer«, »Leser«, »Ökonometriker«, etc.).

Richtigkeit des eigenen Lösungsweges selbst überprüft werden kann. Es müssen also auch die Lösungen der Aufgaben verfügbar gemacht werden.

Der Platz im Lehrbuch hätte niemals ausgereicht, um allen diesen Anforderungen gerecht zu werden. Nach einigem Zögern haben wir uns deshalb für eine radikale Lösung entschieden: Ein eigenständiges R-Arbeitsbuch, das nicht nur ökonometrische Übungsaufgaben enthält, sondern auch deren Lösungen dokumentiert und darüber hinaus die verwendete ökonometrische Software Schritt für Schritt erklärt. Fast ein Drittel des R-Arbeitsbuches ist deshalb ausschließlich der ökonometrischen Software gewidmet. Die sorgfältige Dokumentation der Lösungen beansprucht sogar knapp zwei Fünftel des Platzes. Unser R-Arbeitsbuch geht also inhaltlich über ein bloßes Übungsbuch deutlich hinaus.

Bei der Software haben wir uns für das kostenfreie Programm R entschieden. Dies sollte nicht als Abwertung anderer Programme missverstanden werden. Die verschiedenen Programme haben alle ihre eigenen Stärken und wenigen Schwächen. An R gefällt uns, dass es kostenlos ist, dass es sich mit hoher Dynamik zum meist verwendeten statistisch-ökonometrischen Programmpaket entwickelt, dass es inzwischen auch im Berufsalltag Eingang gefunden hat und dass es quasi keine Anwendungsgrenzen kennt, denn Menschen auf der ganzen Welt tragen aus Freude an der Sache zur Weiterentwicklung des Programms bei. Im »PopularitY of Programming Language Index (PYPL)« liegt R im Jahr 2023 auf Rang 7, was für eine statistische Software eine bemerkenswerte Platzierung ist.

Wir wissen aber auch, dass der Einstieg in R schwieriger ist als bei einigen anderen Programmen. Deshalb haben wir uns entschieden, unser Arbeitsbuch mit einer ganz behutsamen Einführung in R auszustatten. Ferner haben wir für R ein Zusatzpaket namens *desk* (die Abkürzung steht für »Didactic Econometrics Starter Kit«) programmiert, welches das ökonometrische Arbeiten mit R erheblich vereinfacht. Die Adressaten unserer Lehrbuch-Arbeitsbuch-Kombination sind sozusagen die »doppelten Einsteiger«, also die Leser ohne statistische oder ökonometrische Kenntnisse und ohne Erfahrung in der Anwendung statistischer Programme.

Zur Beruhigung sei gleich an dieser Stelle gesagt, dass man sich als Leser des Arbeitsbuches nicht erst tagelang durch ein großes Einstiegskapitel »Einführung in R« kämpfen muss, bevor man dann endlich anfangen darf, ökonometrisch zu arbeiten. Das Arbeitsbuch beginnt sofort mit angewandten ökonometrischen Übungsaufgaben. Die notwendigen Kenntnisse in R werden in sogenannten »R-Boxen« quasi nebenbei vermittelt. In den ersten fünf Kapiteln ist die Dichte an R-Boxen notwendigerweise noch hoch, danach nimmt sie jedoch schnell ab.

Die Qualität von Unterrichtsmaterialien hängt immer auch von den Rückmeldungen ihrer Nutzer ab. Wir möchten deshalb die Leser unseres Arbeitsbuches ausdrücklich ermuntern, uns per E-mail (*vonauer@uni-trier.de*, *tobias.kranz@uni-trier.de* und *sohoffma@ovgu.de*) ihre Erfahrungen und Verbesserungswünsche zu übermitteln. Wir wünschen allen Lesern viel Freude beim Gebrauch unseres R-Arbeitsbuches!

Umgang mit diesem Arbeitsbuch

Das Arbeitsbuch ist in je 23 Aufgaben- und Lösungskapitel unterteilt. Fast alle Aufgabenkapitel enthalten neben den Aufgaben auch R-Boxen. Die Lösungen zu den Aufgaben finden sich im entsprechenden Lösungskapitel. Die Kapitelziffern korrespondieren mit den entsprechenden Kapiteln im Lehrbuch. Beispielsweise ist Kapitel 6 des Lehrbuches dem Thema »Hypothesentest« gewidmet. Übungsaufgaben zu diesem Thema sind folglich in Kapitel A6 des Arbeitsbuches platziert und die Lösungen zu diesen Aufgaben in Kapitel L6 des Arbeitsbuches.

Jedes Aufgabenkapitel beginnt mit einem kurzen Überblick über das Kapitel. Wir empfehlen das Kapitel chronologisch zu bearbeiten, denn die Aufgaben sind mit den R-Boxen abgestimmt und wenn mehrere R-Boxen im Kapitel enthalten sind, dann ist auch ihre Reihenfolge mit Bedacht gewählt. Alle R-Boxen des Arbeitsbuches sind in den Aufgabenkapiteln platziert. In den Lösungskapiteln finden sich auschließlich die Lösungsvorschläge zu den Aufgaben. Natürlich sollten die Aufgaben ohne vorherigen Blick in die Lösungen bearbeitet werden. Wir empfehlen aber, nach Bearbeitung der Aufgabe die eigene Lösung mit dem Lösungsvorschlag im R-Arbeitsbuch zu vergleichen, zumal sich in den Lösungsvorschlägen auch einige hilfreiche Anmerkungen und Erklärungen finden.

Im Arbeitsbuch werden zahlreiche R-Befehle erläutert und verwendet. Es ist vollkommen normal, dass man die Funktion und Verwendung einiger dieser Befehle wieder vergisst und erneut nachschlagen muss. Aus diesem Grund haben wir an das Ende des Arbeitsbuches einen Nachschlageindex »R-Funktionen« eingefügt, der sämtliche im Arbeitsbuch verwendeten Befehle alphabetisch auflistet. Zu jedem Befehl wird die Nummer der Seite angegeben, auf welcher der Befehl erstmals erläutert wurde. Die Seiten, auf denen der Befehl eingesetzt wird, werden ebenfalls aufgelistet. Zusätzlich sind die Befehle auch im Stichwortverzeichnis des Arbeitsbuches zu finden.

Stellen, an denen R-Befehle ausgeführt werden, sogenannte »Chunks«, sind farblich hinterlegt. Sie bestehen in der Regel aus einem Input, also den Befehlen, die man in R hineingibt, und einem Output, der die Antwort von R darstellt. Zur besseren Unterscheidbarkeit zwischen Input und Output wurden sie unterschiedlich koloriert. Ferner wurde der Input so formatiert, dass er aus der elektronischen Version des Buches herauskopiert und direkt in R eingefügt werden kann. So vermeidet man insbesondere bei längeren Befehlsketten lästige und fehleranfällige Tipparbeit. Übrigens: Um in einem pdf-Dokument eine Zeile zu kopieren, genügt ein dreifacher (linker) Mausklick in die betreffende Zeile.

Änderungen gegenüber der 1. Auflage

Die wichtigste Änderung ist, dass wir Tobias Kranz für unser Autorenteam gewinnen konnten. Er hatte mit dem Lehrbuch und dem R-Arbeitsbuch vielfältige

Lehrerfahrung gesammelt und bereicherte die Neuauflage des Arbeitsbuches durch frische Ideen. Auch die Autoren der ersten Auflage hatten im Laufe der Zeit Verbesserungen und Ergänzungen für eine zweite Auflage gesammelt. Entsprechend fällt die zweite Auflage deutlich umfangreicher als die erste Auflage aus. Insbesondere in den letzten Kapiteln kamen Aufgaben hinzu. Ferner wurde das komplette Buch gewissenhaft überarbeitet. Dabei wurden auch Änderungen vorgenommen, welche sich durch die Neuauflage des Lehrbuches ergaben. Außerdem endet nun jedes Kapitel mit einem »Tipp für R-fahrene«, zumeist kleine Kniffe, welche zu einer deutlichen Arbeitsersparnis führen.

Einer der Vorzüge des R-Arbeitsbuches ist das von uns programmierte R-Paket *desk*. Es macht auch den weniger versierten Computernutzern die Software R zugänglich und bietet einen bequemen direkten Zugriff auf sämtliche Datensätze des R-Arbeitsbuches. Im Laufe der letzten Jahre wurde *desk* weiter optimiert. Inzwischen ist es ein »offizielles R-Paket« und kann deshalb direkt vom R-Server CRAN (https://cran.r-project.org/web/packages/desk/index.html) heruntergeladen und installiert werden. Auf diesem Server ist immer die aktuellste Version von *desk* frei zugänglich verfügbar. Um keine Konflikte mit den existierenden Programmierungskonventionen von R zu verursachen, mussten gegenüber der zur ersten Auflage des R-Arbeitsbuches verfügbaren *desk*-Version ein paar Funktionsnamen angepasst werden. Zwei für R-Einsteiger weniger wichtige Funktionen wurden herausgenommen, und zwei neue Funktionen wurden hinzugefügt. Ferner wurden ein paar Unstimmigkeiten beseitigt und die Dokumentation der Datensätze und der Hilfeseiten wurde weiter verbessert.

Danksagungen

Karen v. Auer, Gerd Hoffmann, Andranik Stepanyan, Mark Trede und Sebastian Weinand lasen das Manuskript der ersten Auflage und gaben uns wichtige Verbesserungshinweise. Die erste Auflage des R-Arbeitsbuches konnten wir während der vergangenen Jahre in unseren Ökonometrie-Einführungskursen einsetzen. Kursteilnehmer haben durch ihre Rückmeldungen und Anregungen dazu beigetragen, die didaktische Qualität der zweiten Auflage des R-Arbeitsbuches und der begleitenden Software *desk* nochmals zu erhöhen. Susanna Nagel und Ömer Susuzoglu unterstützten uns in der Endredaktion unseres Manuskriptes. Verbliebene Ungereimtheiten sind einzig der Uneinsichtigkeit des Autorenteams anzulasten.

Wir möchten uns darüber hinaus bei allen bedanken, die unser Trierer und Magdeburger Arbeitsumfeld bilden. Unsere Freude an Arbeit und Beruf wäre ohne sie nicht denkbar.

Ludwig von Auer	**Sönke Hoffmann**	**Tobias Kranz**
Trier im November 2023	Magdeburg im November 2023	Trier im November 2023

Inhalt

A Aufgaben und R-Boxen — 1
A1 Einleitung — 3
A1.1 Was ist Ökonometrie? — 3
A1.2 Datensatztypen — 4
R-Box 1.1: Installation der Basisprogramme — 5
R-Box 1.2: Anpassung globaler Optionen — 6
R-Box 1.3: Installation von benötigten Paketen — 9
A1.3 Installation von Paketen in RStudio — 11
R-Box 1.4: Erste Schritte mit R — 11
A1.4 Spendenbereitschaft — 15
A1.5 Kellner mit zwei Gästen — 17
Tipp 1 für R-fahrene: R-Pakete automatisch aktivieren — 18

A2 Spezifikation — 19
A2.1 A-, B- und C-Annahmen — 19
R-Box 2.1: Zusammenspiel wichtiger Fenster in RStudio — 20
A2.2 Spezifikation in der Einfachregression — 25
A2.3 Statistisches Repetitorium — 26
R-Box 2.2: Wahrscheinlichkeitsverteilung und Zufallsgenerator — 27
A2.4 Zufallswerte — 28
Tipp 2 für R-fahrene: R-Befehl umbrechen — 29

A3 Schätzung I: Punktschätzung — 31
R-Box 3.1: Objektverwaltung — 32
R-Box 3.2: Datentypen, Datenstrukturen und Objektklassen — 32
R-Box 3.3: Datenstrukturen I: Überblick — 34
R-Box 3.4: Datenstrukturen II: Vektor — 38
A3.1 Trinkgeld (Teil 1) — 43
R-Box 3.5: Datenstrukturen III: Matrix und Array — 44
R-Box 3.6: Datenstrukturen IV: Dataframe — 47
R-Box 3.7: Datenstrukturen V: Liste — 50
A3.2 Trinkgeld (Teil 2) — 52

	R-Box 3.8: KQ-Schätzung des einfachen Regressionsmodells	53
	A3.3 Trinkgeld (Teil 3)	58
	R-Box 3.9: Daten im R-Datenformat speichern und laden	59
	A3.4 Anscombes Quartett	61
	R-Box 3.10: Import und Export fremder Datenformate	62
	A3.5 Lebenszufriedenheit (Teil 1)	67
	Tipp 3 für R-fahrene: Zuweisungsoperator	69
A4	**Indikatoren für die Qualität von Schätzverfahren**	**71**
	R-Box 4.1: Objektverarbeitung I: Funktionen	71
	R-Box 4.2: Hilfe!	76
	A4.1 Trinkgeld-Simulation (Störgrößen)	78
	R-Box 4.3: (Aus-)Kommentieren	80
	A4.2 Trinkgeld-Simulation (Störgrößen, Forts.)	81
	R-Box 4.4: Wiederholte Stichproben	81
	R-Box 4.5: Histogramme	85
	A4.3 Trinkgeld-Simulation (Punktschätzer)	86
	Tipp 4 für R-fahrene: R-Output erzwingen oder unterdrücken	88
A5	**Schätzung II: Intervallschätzer**	**89**
	R-Box 5.1: Objektverarbeitung II: Operatoren	89
	A5.1 Trinkgeld (Teil 4)	93
	A5.2 Trinkgeld-Simulation (Störgrößen- und Residuenvarianz)	94
	R-Box 5.2: Definition eigener Funktionen	95
	R-Box 5.3: Intervallschätzung	97
	A5.3 Trinkgeld (Teil 5)	99
	A5.4 Bremsweg (Teil 1)	100
	R-Box 5.4: Konfidenzintervalle wiederholter Stichproben	101
	A5.5 Trinkgeld-Simulation (Intervallschätzer)	103
	Tipp 5 für R-fahrene: R-Skript ausführen	105
A6	**Hypothesentest**	**107**
	A6.1 Trinkgeld (Teil 6)	107
	R-Box 6.1: t-Test für einzelne Parameter	109
	A6.2 Trinkgeld (Teil 7)	114
	A6.3 Lebenszufriedenheit (Teil 2)	114
	A6.4 Bremsweg (Teil 2)	115
	Tipp 6 für R-fahrene: R-Objekt finden	116
A7	**Prognose**	**117**
	A7.1 Prognoseintervall versus Konfidenz- und Akzeptanzintervall	117
	R-Box 7.1: Punktprognose und Prognoseintervall	118
	R-Box 7.2: Prognosen wiederholter Stichproben	120
	A7.2 Trinkgeld (Teil 8)	122
	A7.3 Trinkgeld-Simulation (Prognose)	123

R-Box 7.3: Grafiken für Einfachregressionen 125
A7.4 Bremsweg (Teil 3) 126
A7.5 Speiseeis 127
Tipp 7 für R-fahrene: Zwischen Fenstern wechseln 128

A8 Spezifikation ($K > 1$)   129
A8.1 Vergleich der Annahmen 129
A8.2 Dünger (Teil 1) 129
R-Box 8.1: Zufallsstichproben 130
A8.3 Perfekte Multikollinearität 131
Tipp 8 für R-fahrene: Schriftgröße ändern 132

A9 Schätzung ($K > 1$)   133
R-Box 9.1: KQ-Schätzung des multiplen Regressionsmodells 133
A9.1 Dünger (Teil 2) 138
A9.2 Dünger (Teil 3) 139
A9.3 Dünger (Teil 4) 141
A9.4 Ersparnisse (Teil 1) 141
A9.5 Gravitationsmodell (Teil 1) 142
Tipp 9 für R-fahrene: R-Skript beginnen 143

A10 Hypothesentest ($K > 1$)   145
R-Box 10.1: t-Test einer Linearkombination 145
A10.1 Dünger (Teil 5) 148
R-Box 10.2: F-Test mehrerer Linearkombinationen 149
A10.2 Dünger (Teil 6) 153
A10.3 Ersparnisse (Teil 2) 156
Tipp 10 für R-fahrene: R-Skript strukturieren 156

A11 Prognose ($K > 1$)   157
R-Box 11.1: Prognose in der Mehrfachregression 157
A11.1 Dünger (Teil 7) 160
A11.2 Mehrere Punktprognosen 161
Tipp 11 für R-fahrene: Zeilen von R-Skripten vertauschen 162

A12 Präsentation und Vergleich von Schätzergebnissen   163
R-Box 12.1: Flexible und effiziente Darstellung von Zusammenfassungen 164
A12.1 Deskriptive Zusammenfassungen von Datensätzen 168
A12.2 Dünger (Teil 8) 168
Tipp 12 für R-fahrene: Direkter Zugriff auf R-Paket 170

A13 Annahme A1: Variablenauswahl   171
A13.1 Lohnstruktur (Teil 1) 171
R-Box 13.1: Informationskriterien 173
A13.2 Lohnstruktur (Teil 2) 174

R-Box 13.2: Simulation der Konsequenzen ausgelassener Variablen 175
A13.3 Verzerrungen durch ausgelassene Variablen 176
A13.4 Irrelevante exogene Variablen 177
R-Box 13.3: Automatisierte Variablenauswahl 179
A13.5 Automobile 179
A13.6 Computermieten (Teil 1) 180
Tipp 13 für R-fahrene: Replizierbarkeit von Ergebnissen 182

A14 Annahme A2: Funktionale Form 183
R-Box 14.1: RESET-Verfahren 183
A14.1 Milch (Teil 1) 185
R-Box 14.2: Box-Cox-Test 187
A14.2 Milch (Teil 2) 191
A14.3 Gravitationsmodell (Teil 2) 193
A14.4 Computermieten (Teil 2) 194
A14.5 Cobb-Douglas-Produktionsfunktion 195
A14.6 Transformation von Variablen 196
A14.7 Linearisierung 197
Tipp 14 für R-fahrene: Simultane mehrzeilige Modifikation von R-Skripten 198

A15 Annahme A3: Konstante Parameterwerte 199
R-Box 15.1: Grafiken gestalten und exportieren 200
A15.1 Wirkung der Hartz-IV-Gesetze (Teil 1) 207
R-Box 15.2: Dummy-Variablen 208
A15.2 Wirkung der Hartz IV Gesetze (Teil 2) 211
R-Box 15.3: Prognostischer Chow-Test und QLR-Test 212
A15.3 Wirkung der Hartz IV Gesetze (Teil 3) 215
R-Box 15.4: Datensätze filtern 216
A15.4 Lohndiskriminierung 218
Tipp 15 für R-fahrene: Datentyp umwandeln 220

A16 Annahme B1: Erwartungswert der Störgröße 221
A16.1 Produktion von Kugellagern 221
R-Box 16.1: Schleifen 222
A16.2 Bremsweg (Teil 4) 225
Tipp 16 für R-fahrene: Spalten- oder zeilenweise Berechnungen . . . 226

A17 Annahme B2: Homoskedastizität 229
A17.1 Mietpreise (Teil 1) 229
R-Box 17.1: Datensätze umsortieren 231
A17.2 Mietpreise (Teil 2) 234
R-Box 17.2: Heteroskedastizität testen 235
A17.3 Mietpreise (Teil 3) 242
A17.4 Mietpreise (Teil 4) 243

A17.5 Ausgaben der US-Bundesstaaten 244
A17.6 Ausgaben der EU-25 246
Tipp 17 für R-fahrene: R-Skript durchsuchen 247

A18 Annahme B3: Freiheit von Autokorrelation 249
R-Box 18.1: AR(1)-Prozesse simulieren 250
A18.1 Simulation von AR(1)-Prozessen. 252
R-Box 18.2: Autokorrelation testen 253
A18.2 Filter (Teil 1) 257
R-Box 18.3: Schätzung bei Autokorrelation 258
A18.3 Filter (Teil 2) 261
Tipp 18 für R-fahrene: Faktorvariablen 262

A19 Annahme B4: Normalverteilte Störgrößen 265
R-Box 19.1: Jarque-Bera-Test 265
A19.1 Pro-Kopf-Einkommen 266
R-Box 19.2: Wahrscheinlichkeitsverteilungen grafisch darstellen . . 268
A19.2 Normalverteilung 268
Tipp 19 für R-fahrene: Gruppenweise Berechnungen 270

A20 Annahme C1: Zufallsunabhängige exogene Variablen 271
A20.1 Versicherungsverkäufe (Teil 1) 271
R-Box 20.1: Zweistufige KQ-Schätzung 274
A20.2 Versicherungsverkäufe (Teil 2) 276
A20.3 Windschutzscheiben 278
Tipp 20 für R-fahrene: Zahlen abrunden und aufrunden 279

A21 Annahme C2: Keine perfekte Multikollinearität 281
A21.1 Perfekte Multikollinearität 281
R-Box 21.1: Korrelationstabelle 282
A21.2 Preise von Laserdruckern 283
Tipp 21 für R-fahrene: Dimensionen der R-Objekte ausgeben 285

A22 Dynamische Modelle 287
A22.1 Anpassung des Personalbestands 287
R-Box 22.1: Stationarität grafisch prüfen 288
A22.2 Scheinbare Regressionsbeziehungen (Teil 1) 290
R-Box 22.2: Datenlücken 292
A22.3 Scheinbare Regressionsbeziehungen (Teil 2) 294
A22.4 Fehlerkorrekturmodell 294
Tipp 22 für R-fahrene: Zeitreihenobjekte definieren 297

A23 Interdependente Gleichungssysteme 299
A23.1 Werbung und Absatz 299
R-Box 23.1: Große Datensätze durchsuchen 301
A23.2 Makroökonomisches Modell 302

       A23.3 Regionale Lebenshaltungskosten 303
       Tipp 23 für R-fahrene: Rechenzeit prognostizieren 305

L Lösungen   307

L1 Einleitung   309
    L1.1 Was ist Ökonometrie? 309
    L1.2 Datensatztypen 310
    L1.3 Installation von Paketen in RStudio 311
    L1.4 Spendenbereitschaft 311
    L1.5 Kellner mit zwei Gästen 313

L2 Spezifikation   317
    L2.1 A-, B- und C-Annahmen 317
    L2.2 Spezifikation in der Einfachregression 317
    L2.3 Statistisches Repetitorium 319
    L2.4 Zufallswerte 321

L3 Schätzung I: Punktschätzung   323
    L3.1 Trinkgeld (Teil 1) 323
    L3.2 Trinkgeld (Teil 2) 325
    L3.3 Trinkgeld (Teil 3) 327
    L3.4 Anscombes Quartett 329
    L3.5 Lebenszufriedenheit (Teil 1) 331

L4 Indikatoren für die Qualität von Schätzverfahren   335
    L4.1 Trinkgeld-Simulation (Störgrößen Teil 1) 335
    L4.2 Trinkgeld-Simulation (Störgrößen Teil 2) 337
    L4.3 Trinkgeld-Simulation (Punktschätzer) 338

L5 Schätzung II: Intervallschätzer   341
    L5.1 Trinkgeld (Teil 4) 341
    L5.2 Trinkgeld-Simulation (Störgrößen- und Residuenvarianz) . . . 342
    L5.3 Trinkgeld (Teil 5) 343
    L5.4 Bremsweg (Teil 1) 345
    L5.5 Trinkgeld-Simulation (Intervallschätzer) 346

L6 Hypothesentest   351
    L6.1 Trinkgeld (Teil 6) 351
    L6.2 Trinkgeld (Teil 7) 353
    L6.3 Lebenszufriedenheit (Teil 2) 354
    L6.4 Bremsweg (Teil 2) 357

L7 Prognose   359
    L7.1 Prognoseintervall versus Konfidenz- und Akzeptanzintervall . . 359
    L7.2 Trinkgeld (Teil 8) 360

    L7.3 Trinkgeld-Simulation (Prognose) 362
    L7.4 Bremsweg (Teil 3) 364
    L7.5 Speiseeis 366

L8 Spezifikation ($K > 1$)   369
    L8.1 A-Annahmen 369
    L8.2 Dünger (Teil 1) 369
    L8.3 Perfekte Multikollinearität 370

L9 Schätzung ($K > 1$)   373
    L9.1 Dünger (Teil 2) 373
    L9.2 Dünger (Teil 3) 374
    L9.3 Dünger (Teil 4) 376
    L9.4 Ersparnisse (Teil 1) 377
    L9.5 Gravitationsmodell (Teil 1) 378

L10 Hypothesentest ($K > 1$)   381
    L10.1 Dünger (Teil 5) 381
    L10.2 Dünger (Teil 6) 383
    L10.3 Ersparnisse (Teil 2) 387

L11 Prognose ($K > 1$)   391
    L11.1 Dünger (Teil 7) 391
    L11.2 Mehrere Punktprognosen 392

L12 Präsentation und Vergleich von Schätzergebnissen   395
    L12.1 Deskriptive Zusammenfassungen von Datensätzen 395
    L12.2 Dünger (Teil 8) 396

L13 Annahme A1: Variablenauswahl   401
    L13.1 Lohnstruktur (Teil 1) 401
    L13.2 Lohnstruktur (Teil 2) 403
    L13.3 Verzerrungen durch ausgelassene Variablen 407
    L13.4 Irrelevante exogene Variablen 408
    L13.5 Automobile 411
    L13.6 Computermieten (Teil1) 414

L14 Annahme A2: Funktionale Form   419
    L14.1 Milch (Teil 1) 419
    L14.2 Milch (Teil 2) 423
    L14.3 Gravitationsmodell (Teil 2) 424
    L14.4 Computermieten (Teil 2) 426
    L14.5 Cobb-Douglas-Produktionsfunktion 429
    L14.6 Transformation von Variablen 432
    L14.7 Linearisierung 435

L15 Annahme A3: Konstante Parameterwerte   437
    L15.1 Reform der Hartz-IV-Gesetze (Teil 1) 437

L15.2 Reform der Hartz IV Gesetze (Teil 2) 438
L15.3 Reform der Hartz IV Gesetze (Teil 3) 440
L15.4 Lohndiskriminierung 443

L16 Annahme B1: Erwartungswert der Störgröße 447
L16.1 Produktion von Kugellagern 447
L16.2 Bremsweg (Teil 4) 448

L17 Annahme B2: Homoskedastizität 451
L17.1 Mietpreise (Teil 1) 451
L17.2 Mietpreise (Teil 2) 453
L17.3 Mietpreise (Teil 3) 454
L17.4 Mietpreise (Teil 4) 456
L17.5 Ausgaben der US-Bundesstaaten 458
L17.6 Ausgaben der EU-25 463

L18 Annahme B3: Freiheit von Autokorrelation 467
L18.1 Simulation von AR(1)-Prozessen 467
L18.2 Filter (Teil 1) 470
L18.3 Filter (Teil 2) 473

L19 Annahme B4: Normalverteilte Störgrößen 475
L19.1 Pro-Kopf-Einkommen 475
L19.2 Normalverteilung 477

L20 Annahme C1: Zufallsunabhängige exogene Variablen 481
L20.1 Versicherungsverkäufe (Teil 1) 481
L20.2 Versicherungsverkäufe (Teil 2) 484
L20.3 Windschutzscheiben 487

L21 Annahme C2: Keine perfekte Multikollinearität 491
L21.1 Perfekte Multikollinearität 491
L21.2 Preise von Laserdruckern 492

L22 Dynamische Modelle 497
L22.1 Anpassung des Personalbestands 497
L22.2 Scheinbare Regressionsbeziehungen (Teil 1) 499
L22.3 Scheinbare Regressionsbeziehungen (Teil 2) 502
L22.4 Fehlerkorrekturmodell 504

L23 Interdependente Gleichungssysteme 511
L23.1 Werbung und Absatz 511
L23.2 Makroökonomisches Modell 514
L23.3 Regionale Lebenshaltungskosten 517

Literaturverzeichnis 521

R-Funktionen 523

Tastaturkürzel 527

Datensätze 529

Stichwortverzeichnis 531

TEIL A

Aufgaben und R-Boxen

KAPITEL A1

Einleitung

Wir starten unsere gemeinsame Reise durch die angewandte Ökonometrie mit den zwei grundlegenden Aufgaben 1.1 und 1.2. Ihre Bearbeitung erfordert noch keine Software-Kenntnisse. Anschließend beginnen wir uns mit der Software R und der zugehörigen Benutzeroberfläche RStudio vertraut zu machen. R und RStudio bilden gemeinsam unsere Arbeitsumgebung. Zunächst müssen wir diese Arbeitsumgebung einrichten. Die R-Boxen »Installation der Basisprogramme« (S. 5), »Anpassung globaler Optionen« (S. 6) und »Installation von benötigten Paketen« (S. 9) führen uns Schritt für Schritt durch diesen Prozess. In Aufgabe 1.3 wenden wir unsere neu erworbenen Installationskenntnisse nochmals an. In der vierten R-Box »Erste Schritte mit R« (S. 11) probieren wir unsere Arbeitsumgebung erstmals aus. Dabei werden wir uns auch die notwendigen R-Kenntnisse aneignen, um die ersten ökonometrischen Übungsaufgaben 1.4 und 1.5 mit Hilfe von R bearbeiten zu können.

Aufgabe 1.1: Was ist Ökonometrie?

- Begriffsklärung
- vier zentrale Aufgaben der Ökonometrie
- ökonomisches, ökonometrisches und geschätztes Modell

In der Küche Ihrer Wohngemeinschaft wird gerade erhitzt darüber debattiert, ob Deutschland und die anderen reichen Industrieländer postmaterialistische Gesellschaften sind. Ein Mitbewohner belegt die Postmaterialismus-Hypothese mit dem Argument, dass in den reichen Ländern das Einkommen keinen Einfluss auf die Lebenszufriedenheit hat. Eine andere Mitbewohnerin berichtet, dass ihr Dozent für Mikroökonomik ganz anderer Meinung ist. Dieser sagt: »mehr Einkommen erzeugt höheren Nutzen«. Sie erzählen Ihren Freunden, dass Sie dieses Semester die Vorlesung »Einführung in die Ökonometrie« hören. Niemand kann etwas mit dem Wort »Ökonometrie« anfangen.

a) Erklären Sie Ihren Freunden, wofür Kenntnisse der Ökonometrie notwendig sind (abgesehen davon, dass man sie zum Bestehen der Prüfung benötigt). Gehen Sie in Ihrer Antwort auch darauf ein, warum Sie am Ende des Semesters in der Lage sein werden, die These vom Postmaterialismus in fundierter Weise zu prüfen.

b) Bei der Postmaterialismus-Debatte geht es um den Zusammenhang zwischen dem Einkommen x und der Lebenszufriedenheit y. Eine ökonometrische Analyse dieses Zusammenhangs lässt sich in die vier Aufgaben *Spezifikation*, *Schätzung*, *Hypothesentest* und *Prognose* zerlegen. Erläutern Sie, wie die Spezifikation ein ökonomisches Modell in ein ökonometrisches Modell überführt.

c) Beschreiben Sie, wie die Schätzung aus dem ökonometrischen Modell ein geschätztes Modell erzeugt. Gehen Sie auf beide Varianten des geschätzten Modells ein.

d) Erklären Sie, wie auf Basis des geschätzten Modells Hypothesentests und Prognosen durchgeführt werden können.

Aufgabe 1.2: Datensatztypen

- verschiedene Datensatztypen

Die Non-Profit-Organisation *World Value Survey* (worldvaluessurvey.org) befragt regelmäßig Menschen in unterschiedlichen Ländern nach diversen sozioökonomischen Aspekten, darunter auch deren Lebenszufriedenheit. Diese wird auf einer Skala von 1 bis 10 gemessen. Der in der Tabelle A1.1 dargestellte Datensatz enthält für drei verschiedene Länder deren im Jahr 2022 geäußerte durchschnittliche Lebenszufriedenheit sowie das durchschnittliche Pro-Kopf-Einkommen (in US$). Auch die Befragungsergebnisse der Jahre 1984, 1994, 1999, 2004, 2009 und 2014 sind in dem Datensatz enthalten. Die Zeiträume der Befragung werden allgemein als *Wellen* bezeichnet und erstrecken sich in diesem Survey über drei bis fünf Jahre. Der Einfachheit halber benennen wir die Wellen durch ihr jeweiliges letztes Jahr. Erläutern Sie anhand des Datensatzes die Begriffe *Zeitreihe*, *Querschnitt* und *Panel*.

Tabelle A1.1 Einkommen und Lebenszufriedenheit in Japan, Schweden und den U.S.A. im Zeitraum 1984 bis 2022.

	Japan		Schweden		U.S.A.	
	Einkom.	Zufried.	Einkom.	Zufried.	Einkom.	Zufried.
1984	10979	6,59	13099	8,01	17121	7,71
1994	39934	6,53	26084	7,97	27695	7,76
1999	36610	6,61	30941	7,77	34515	7,67
2004	38299	6,48	42822	7,65	41725	7,65
2009	41309	6,99	46947	7,74	47195	7,32
2014	38475	6,91	60020	7,55	55124	7,37
2022	33815	6,76	55873	7,64	76399	7,27

R-Box 1.1: Installation der Basisprogramme

Unsere Arbeitsumgebung für die Bearbeitung der Aufgaben dieses Buches wird aus zwei Komponenten bestehen. Die erste Komponente ist das eigentliche Statistikprogramm R. Die darin mitgelieferte grafische Benutzeroberfläche `rgui.exe` (von engl.: *graphical user interface*, oder kurz: GUI) würde zwar für unsere Zwecke ausreichen, bietet aber gerade für R-Einsteiger recht wenig Bedienkomfort. Daher werden wir als zweite Komponente unserer Arbeitsumgebung eine alternative Benutzeroberfläche namens »RStudio« installieren.

Die Installationsdatei zu R ist kostenlos verfügbar und kann für alle gängigen Betriebssysteme von der Entwicklerseite cran.r-project.org heruntergeladen werden. Die jeweils aktuellste Version findet man unter dem Link cran.r-project.org/bin/windows/base/. Ältere Versionen werden unter cran.r-project.org/bin/windows/base/old archiviert. Auch für Betriebssysteme wie iOS oder Linux stehen R-Versionen zur Vefügung. In diesem Buch verwenden wir die 64 Bit-Version v4.3.1 für Microsoft Windows, da diese zum Zeitpunkt der Erstellung dieser Buchauflage die aktuellste Version war. Sollte zum gegenwärtigen Zeitpunkt bereits eine neue Version erschienen sein, so kann diese in der Regel problemlos genutzt werden. Unter Microsoft Windows führt man hierzu die heruntergeladene Installationsdatei `R-4.3.1-win.exe` mit einem Doppelklick aus und folgt den Installationsanweisungen. Für unsere Zwecke eignen sich die jeweils voreingestellten Optionen der Installationsdatei und wir können einfach so lange auf den Knopf »Weiter« klicken, bis die in Abbildung A1.1(a) dargestellte Bestätigung einer erfolgreichen Installation erscheint.

Fortsetzung auf nächster Seite ...

Fortsetzung der vorherigen Seite ...

RStudio ist für eine nichtkommerzielle Verwendung ebenfalls kostenlos. Die in diesem Buch verwendete Version 2023.03.0+386 findet man unter dem Link rstudio.com/products/rstudio/download/#download. Nach einem Aufruf der Datei `RStudio-2023.03.0-386.exe` (unter macOS: `.dmg`) mit einem Doppelklick kann man erneut alle voreingestellten Optionen mit »Weiter« bestätigen, bis die in Abbildung A1.1(b) dargestellte Nachricht erscheint. Nach einem Klick auf den Knopf »Fertigstellen« ist auch die Installation von RStudio abgeschlossen. Alternativ lässt sich auch ein vorkonfiguriertes Dateiarchiv (unter Windows: `RStudio-2023.03.0-386.zip`) herunterladen und in den gewünschten Ordner entpacken.

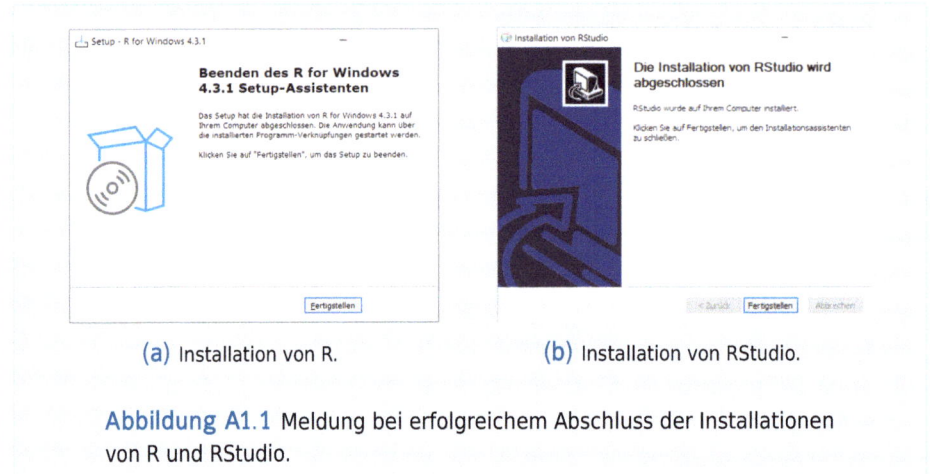

(a) Installation von R.   (b) Installation von RStudio.

Abbildung A1.1 Meldung bei erfolgreichem Abschluss der Installationen von R und RStudio.

Unsere aus den Programmen R und RStudio bestehende Arbeitsumgebung ist nun installiert. Im nächsten Schritt nehmen wir ein paar Anpassungen vor, welche uns die zukünftige Verwendung von RStudio erleichtern werden.

R-Box 1.2: **Anpassung globaler Optionen**

Um das Programm RStudio (inklusive R) zu starten, gehen wir in das Startmenü von Windows und klicken auf den Eintrag »RStudio«. Alternativ können wir auch direkt im Installationsordner von RStudio die Datei `RStudio.exe` ausführen. Wenn die Installationen fehlerfrei durchgeführt wurden, sollte uns RStudio mit der in Abbildung A1.2 dargestellten Bedienoberfläche begrüßen.

Nach der Erstinstallation ist die Bedienoberfläche zunächst in drei Teilbereiche (engl.: *panes*) unterteilt. In jedem Teilbereich können verschiedene Fenster in den Vordergrund geholt werden. Im oberen rechten Teilbereich hat man beispielsweise die Wahl zwischen den Fenstern Environment, History, Connections und Tutorial. Ein vierter Teilbereich ist zu Beginn ausgeblendet. Um diesen sichtbar zu machen, wählen wir im Kopfmenü unter `File` → `New File` → `R Script`

Fortsetzung auf nächster Seite ...

Fortsetzung der vorherigen Seite ...

aus, oder drücken alternativ die Tastenkombination [Strg]+[⇧]+[N]. Oben links in der Bedienoberfläche erscheint daraufhin ein vierter Teilbereich. Die Größe der Teilbereiche kann variiert werden. Wie üblich klickt man dafür mit der linken Maustaste auf die zu ändernde Fenstergrenze, hält die Maustaste gedrückt und verschiebt die Fenstergrenze nach eigenem Geschmack. Auf die genaue Bedeutung der vier Teilbereiche werden wir in der R-Box 2.1 »Zusammenspiel wichtiger Fenster in RStudio« (S. 20) eingehen. Jetzt soll erst einmal gezeigt werden, wie wir die Bedienoberfläche an unsere individuellen Präferenzen genauer anpassen können.

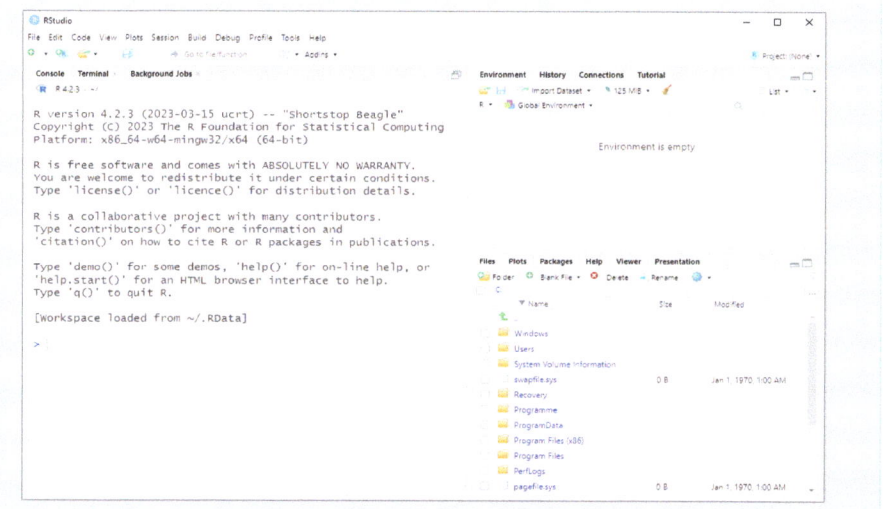

Abbildung A1.2 Erster Start der Arbeitsumgebung (RStudio und R).

Über das Kopfmenü `Tools` → `Global Options...` gelangen wir in die globalen Optionen von RStudio. Auf der linken Seite des sich öffnenden Fensters wählen wir den Eintrag »Pane Layout« aus. Mit diesem lässt sich bestimmen, welche Fenster in welchem der vier Teilbereiche enthalten sein sollen. Für unsere Zwecke wäre es ausreichend, nur die Fenster »Files«, »Environment«, »History«, »Packages«, »Plots« und »Help« mit einem Häkchen aktiviert zu haben. Eine bewährte Zuordnung der jeweiligen Fenster zu den vier Teilbereichen ist beispielsweise die in Abbildung A1.3 dargestellte. In den nachfolgenden Beschreibungen gehen wir von dieser Zuordnung aus.

Natürlich bietet RStudio auch die Möglichkeit, das Farbschema der Benutzeroberfläche nach eigenem Geschmack zu verändern. Das Farbschema ist nicht nur für ein augenschonendes Arbeiten relevant, sondern hilft auch, die verschiedenen Bestandteile des selbst geschriebenen Programmcodes besser zu unterscheiden. Der Code lässt sich dadurch leichter lesen und verstehen. Wenn

Fortsetzung auf nächster Seite ...

Fortsetzung der vorherigen Seite ...

man das voreingestellte Farbschema ändern möchte, klickt man auf den Eintrag »Appearance« (wieder auf der linken Seite der globalen Optionen). Im mit »Editor theme« überschriebenen Fenster kann man sich aus den aufgelisteten Farbschemata seinen Favoriten aussuchen. Die nachfolgenden Abbildungen dieses Kapitels verwenden das Farbschema »Xcode«.

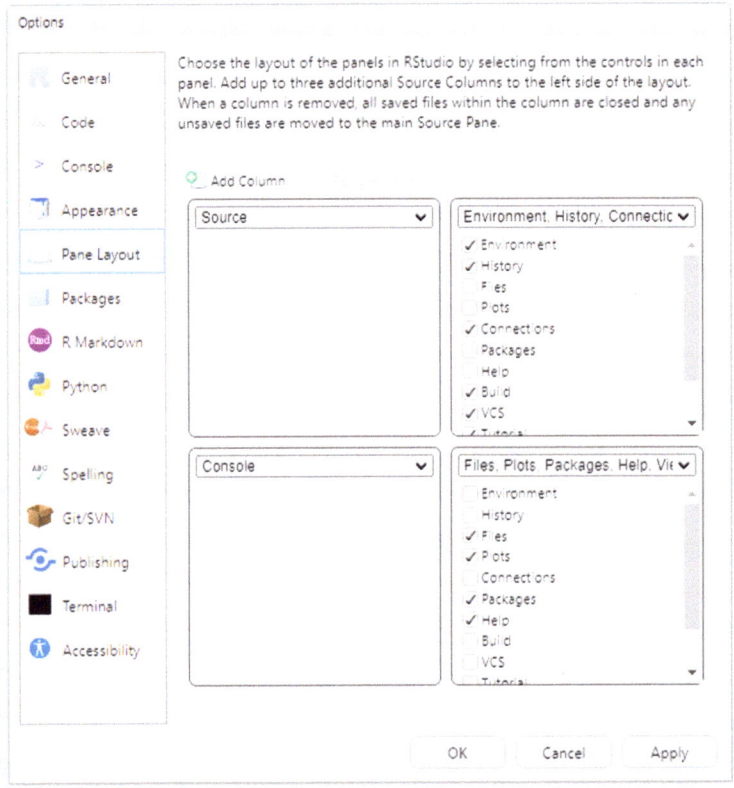

Abbildung A1.3 Globale Optionen: Konfiguration der vier Panes.

Zuletzt wählen wir in den globalen Optionen den obersten Eintrag »General« (s. Abb. A1.3 oben links). Rechts neben dem Feld mit der Überschrift »Default working directory« befindet sich der Knopf »Browse«, über den wir einen Dateipfad auswählen können. Dieser zeigt den *Arbeitsordner* an, also den Speicherort auf der Festplatte (oder USB-Stick) für unsere zukünftigen selbst erstellten Dateien (Programmcode, Daten, Grafiken, Lösungen zu den Aufgaben usw.). Wir wählen den für uns passenden Arbeitsordner aus (z.B. C:/R-Uebung), wobei natürlich gewährleistet sein muss, dass dieser Ordner auf unserem Computer bereits existiert. Es bietet sich an, Unterordner im Arbeitsordner zur erstellen, die uns später die Organisation der Arbeit erleichtern (z.B. »R-Skripte«,

Fortsetzung auf nächster Seite ...

Fortsetzung der vorherigen Seite ...

»Daten«, »Grafiken«). Nach einem Klick auf »OK« unten im Dialogfenster sind die neuen Einstellungen gespeichert.

Da R modular aufgebaut ist, bietet es nach der Erstinstallation einen geringen Funktionsumfang. Die Benutzer können ihn anschließend mit Hilfe von sogenannten »Paketen« (engl.: *packages*) nach eigenen Bedürfnissen erweitern. Die folgende R-Box erläutert, welche Pakete wir in diesem Buch benötigen und wie wir sie installieren und aktivieren.

R-Box 1.3: **Installation von benötigten Paketen**

Zunächst überprüfen wir durch einen Klick auf den Reiter »Packages« (rechter unterer Teilbereich der Bedienoberfläche), welche Pakete bereits in der Basisinstallation enthalten sind. Eine mögliche Liste von installierten Paketen ist in Abbildung A1.4 dargestellt (Anm: diese wurde allerdings schon um weitere Pakete erweitert). Jeder Eintrag in der Liste steht für ein installiertes Paket. »Installiert« bedeutet, dass die erforderlichen Dateien auf die lokale Festplatte geschrieben wurden und dort bereitstehen. Um ein installiertes Paket nutzen zu können, muss es zusätzlich aber »aktiviert« (also quasi »eingeschaltet«) sein. Dies geschieht über die Vergabe eines Häkchens per Mausklick am linken Rand des Fensters.

In Abbildung A1.4 sehen wir beispielsweise, dass das Paket `base` unmittelbar nach dem Start von RStudio installiert und aktiviert ist und somit sein Funktionsumfang sofort zur Verfügung steht. Das Paket `brio` dagegen ist zwar auf unserer Festplatte installiert, aber (noch) nicht aktiviert bzw. nutzbar.

Das für den weiteren Gebrauch des Arbeitsbuches wichtigste Paket ist `desk` (»Didactic Econometric Starter Kit«). Es wurde im Zusammenhang mit diesem R-Arbeitsbuch vom Autoren-Team entwickelt und ist für alle R-Nutzer konzipiert. Für R-Einsteiger und -Dozenten bietet `desk` die größten Vorteile, denn es erleichtert die ersten Schritte eigenständiger ökonometrischer Arbeit und bietet darüber hinaus zahlreiche Möglichkeiten, ökonometrische Konzepte und Ergebnisse grafisch zu veranschaulichen. Die Leser dieses R-Arbeitsbuches finden im Paket `desk` außerdem alle Datensätze der im Arbeitsbuch behandelten Aufgaben.

Sämtliche auf den sogenannten CRAN-Servern verfügbaren offiziellen R-Pakete sind kostenfrei. Die Pakete durchliefen zuvor eine anspruchsvolle Qualitätsprüfung durch unabhängige CRAN-Teams. Zum Zeitpunkt der Erstellung dieser Buchauflage waren knapp 20.000 Pakete verfügbar. Sofern Ihr Computer über einen Internetzugang verfügt, können benötigte R-Pakete sehr komfortabel von einem CRAN-Server installiert werden.

Um beispielsweise `desk` zu installieren, klickt man zunächst links oben im

Fortsetzung auf nächster Seite ...

Fortsetzung der vorherigen Seite ...

Packages-Fenster auf »Install« (s. Abb. A1.4). Es öffnet sich ein mit »Install Packages« überschriebenes Dialogfenster. In der mit »Install from: « überschriebenen Zeile sollte der Eintrag »Repository (CRAN)« erscheinen. Falls nicht, klicken wir ganz rechts auf das kleine abwärts zeigende schwarze Dreieck und in dem sich öffnenden Menü auf den Eintrag »Repository (CRAN)«. In die mit »Packages« überschriebene Zeile tragen wir den Namen des gewünschten Pakets ein, hier also den Namen desk. Vor »Install dependencies« sollte ein Häkchen stehen, damit wir solche Pakete, von denen desk abhängt, gleich automatisch mitinstallieren (sofern sie noch nicht vorhanden sind). Anschließend klicken wir auf die rechts unten im Fenster befindliche Schaltfläche »Install«. Damit ist das Paket installiert. Es sollte nun in der Liste des Package-Fensters aufgenommen sein und mit der Vergabe eines Häkchens können wir es aktivieren. Auf der rechten Seite des Eintrags befindet sich ein weißes Kreuz auf grauem Grund. Ein Klick auf dieses Kreuz würde das Paket wieder deinstallieren.

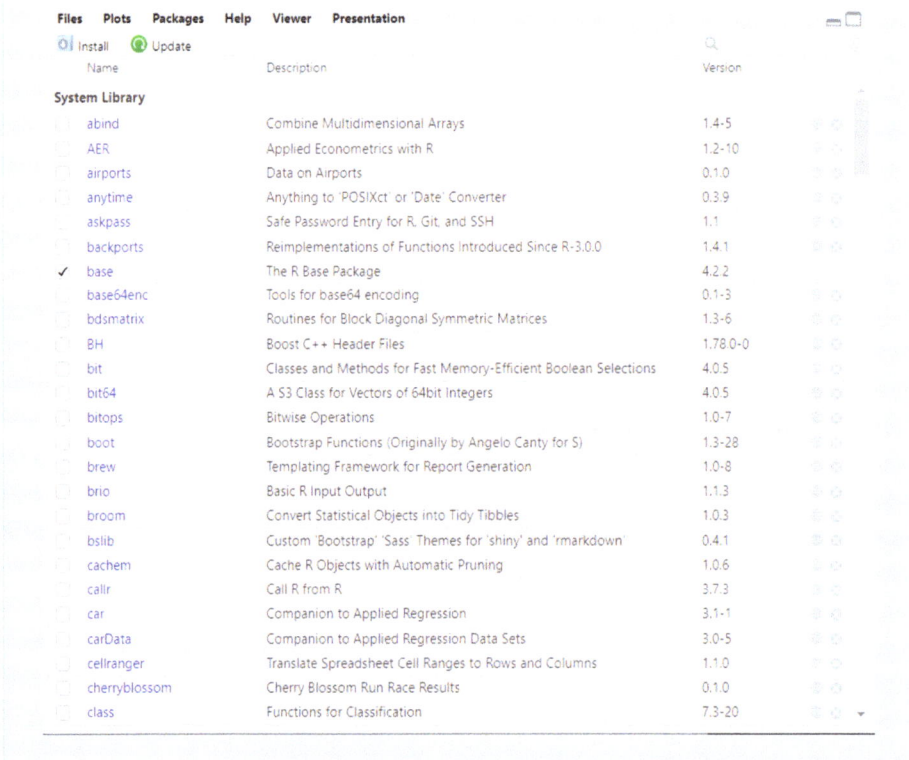

Abbildung A1.4 Eine Liste installierter Pakete.

Immer wenn wir ein Häkchen zur Aktivierung eines Pakets setzen, führt R

Fortsetzung auf nächster Seite ...

Fortsetzung der vorherigen Seite ...

im Fenster »Console« (linker unterer Teilbereich der Bedienoberfläche) den Paketaktivierungsbefehl `library()` aus, wobei in Klammern der Name des zu aktivierenden Pakets steht. Statt Mausklick hätten wir also für die Aktivierung des Pakets `desk` im Fenster »Console« hinter dem Symbol »>« den Befehl `library(desk)` eintippen und anschließend durch das Drücken von Enter ⏎ ausführen können.

Aufgabe 1.3: Installation von Paketen in RStudio

- Erweiterung des Funktionsumfangs von R mit Paketen
- R-Funktionen: `library()`

Neben dem Paket `desk` werden im weiteren Verlauf dieses Buches die Pakete `stats` und `stargazer` benötigt. Installieren und aktivieren Sie diese mit dem in der R-Box 1.3 beschriebenen Verfahren.

R-Box 1.4: Erste Schritte mit R

Jetzt können wir R endlich einmal ausprobieren. Dazu klicken wir in RStudio mit der Maus auf das Fenster, welches mit »Console« überschrieben ist. Dieses Fenster wird von uns im Folgenden als die *Konsole* bezeichnet. Sie wird dazu benutzt, um R Befehle in Textform mitzuteilen. Jeder Befehl wird nach einer Bestätigung mit der Enter-Taste ⏎ direkt von R ausgeführt.

Zunächst löschen wir die Begrüßungsinformationen mit dem Tastaturbefehl ⌃+L und erhalten eine leere Konsole. Das verbleibende Zeichen > kennzeichnet die Position, an der wir die Befehle eintragen, die R für uns ausführen soll. Antworten, die R uns liefert, werden vom Programm automatisch mit eckigen Klammern [∗] eingeleitet, wobei ∗ die laufende Nummer der Antwort ist. Beispielsweise geben wir hinter > den Befehl

```
2 + 4
```

ein, bestätigen mit der Enter-Taste ⏎ und erhalten die Antwort

```
[1] 6
```

Die in unserem Befehl verwendeten Leerzeichen sind für R nicht notwendig, verbessern aber die Lesbarkeit.

Alles, was in R geladen, verarbeitet und gespeichert wird, geschieht auf der Basis von *Objekten*. Damit R mit solchen Objekten arbeiten kann, müssen diese zunächst erstellt und mit einem eindeutigen Namen versehen werden. In der einfachen Rechnung 2+4 wurde zwar das Ergebnis berechnet und ausgegeben, aber es wurde daraus noch kein Objekt erstellt. Wollte man also später noch

Fortsetzung auf nächster Seite ...

Fortsetzung der vorherigen Seite ...

einmal auf dieses Ergebnis (hier die Zahl 6) zugreifen oder damit weiterrechnen, müsste man jedes Mal die Rechnung 2 + 4 erneut ausführen. Komfortabler ist es, das Ergebnis als Objekt zwischenzuspeichern und mit einem Namen zu versehen, unter dem R es wiederfindet. Sobald dieses Zahlenobjekt existiert, müssen wir R immer nur noch den Namen mitteilen und das Programm weiß dann sofort, dass es sich dabei um das Ergebnis der Berechnung 2 + 4 handelt.

Beispielsweise erstellt der Befehl

```
MeineSumme <- 2 + 4
```

ein Objekt mit dem Namen `MeineSumme` und weist diesem das Ergebnis aus der Berechnung 2 + 4, also die Zahl 6 zu. Ungewohnt an dem Befehl ist sicherlich die Verschmelzung der Symbole »<« und »−« zu dem nach links zeigenden Pfeil `<-`. Dieser Pfeil wird als *Zuweisungsoperator* bezeichnet. Die Inhalte auf der rechten Seite des Pfeils werden dem Objektnamen auf der linken Seite des Pfeils zugewiesen. Viel seltener wird ein nach rechts zeigender Pfeil verwendet (`->`). Er würde die Inhalte auf der linken Seite dem Objektnamen auf der rechten Seite zuweisen.

Anwender, die bereits Erfahrungen mit Interpretersprachen wie MATLAB oder Programmiersprachen wie C++ gemacht haben, werden den Zuweisungsoperator `<-` sehr gewöhnungsbedürftig finden. Aus diesem Grund existiert in R auch das Gleichheitszeichen »=« als ein zu `<-` vollkommen äquivalenter Zuweisungsoperator. Der Befehl `MeineSumme = 2 + 4` würde also zum gleichen Ergebnis führen. Ohne die konkreten Vor- und Nachteile beider Varianten gegeneinander abzuwägen, halten wir uns an den historisch gewachsenen Standard und verwenden in diesem Buch den Pfeil als Zuweisungsoperator.

Wichtig ist, dass man im Objektnamen auf Sonderzeichen wie das Leerzeichen oder die mathematischen Symbole »+, −, /, *« verzichtet. Unterschiedliche Worte werden innerhalb eines Objektnamens meistens durch Groß- und Kleinschreibung und/oder durch einen Punkt bzw. einen Unterstrich voneinander abgesetzt.

Wird eine Berechnung einem Objekt zugewiesen, dann verzichtet R darauf, den Inhalt des Objektes in der Konsole auszugeben. Man kann sich aber jederzeit den Inhalt des erstellten Objektes anzeigen lassen, indem man einfach den Namen des Objektes als Befehl eingibt und zur Ausführung dieses Befehls wie gewohnt die Enter-Taste ⏎ drückt:

```
MeineSumme
```

Die Antwort lautet in unserem Fall wie erwartet:

Fortsetzung auf nächster Seite ...

Fortsetzung der vorherigen Seite ...

```
[1] 6
```

Wir können das von uns erstellte Objekt `MeineSumme` auch in weiteren Rechnungen verwenden. Beispielsweise liefert die Multiplikation

```
MeineSumme * 3
```

die Antwort

```
[1] 18
```

Natürlich können auch andere Rechenoperationen mit R ausgeführt werden. Für die Division würden wir das Slash-Zeichen »/« verwenden, während die Subtraktion mit dem Minuszeichen »−« erfolgt. Potenzen werden mit dem Caret-Zeichen »^« oder dem doppelten Stern »**« berechnet.

Ein Objekt kann auch mehrere Zahlen gleichzeitig enthalten. Um beispielsweise die beiden Zahlen 2 und 4 in einem einzigen Objekt mit dem Objektnamen `MeinObjekt` zu speichern, können wir die R-Funktion `c()` (für engl.: *combine*) einsetzen.

Das Grundprinzip von *R-Funktionen* wird erst in der R-Box 4.1 (S. 71) genauer erläutert. Bis dahin genügt es zu wissen, dass eine R-Funktion immer einen Namen besitzt, auf den ein rundes Klammerpaar folgt, in welchem die genaue Ausführung der Funktion festgelegt wird. Die Festlegung erfolgt mit sogenannten *Argumenten*, welche innerhalb des Klammerpaars geschrieben werden. Im vorliegenden Fall besitzt die Funktion den Namen `c`. Damit R die Funktion `c()` korrekt ausführt, geben wir in den Klammern die Zahlen an, welche die Funktion `c()` kombinieren soll. Die Zahlen werden durch ein Komma getrennt. Also schreiben wir:

```
MeinObjekt <- c(2,4)
```

Den Inhalt des Objektes erhalten wir wieder durch Eingabe seines Namens:

```
MeinObjekt
```

Die Antwort lautet

```
[1] 2 4
```

Wir sehen, dass das Objekt `MeinObjekt` nicht nur eine einzige Zahl beinhaltet, sondern einen *Vektor* bestehend aus zwei Zahlen. Auf Vektoren werden wir in der R-Box 3.3 (S. 34) genauer eingehen.

Um für das Objekt `MeinObjekt` auf einfache Weise wichtige Kennzahlen zu berechnen, können wir uns weiterer R-Funktionen bedienen. Beispielsweise erhalten wir die Summe aller Zahlen des Objektes aus

Fortsetzung auf nächster Seite ...

Fortsetzung der vorherigen Seite ...

```
sum(MeinObjekt)
```
```
[1] 6
```

Das arithmetische Mittel berechnen wir mit

```
mean(MeinObjekt)
```
```
[1] 3
```

Mit Hilfe der Verknüpfungs-Funktion `c()` können auch verschiedene Objekte zu einem neuen Objekt zusammengefügt werden. Beispielsweise erzeugen wir mit

```
MeinNeuesObjekt <- c(sum(MeinObjekt), mean(MeinObjekt))
```

ein neues Objekt namens `MeinNeuesObjekt`. Wie immer, wenn ein Befehl ein neues Objekt erzeugt, erscheint in der Konsole keine Antwort auf diesen Befehl. Um den Inhalt des Objektes zu betrachten, geben wir den Objektnamen als Befehl ein:

```
MeinNeuesObjekt
```
```
[1] 6 3
```

Das Objekt `MeinNeuesObjekt` besteht demnach aus zwei Elementen, nämlich der Summe und dem arithmetischen Mittel von `MeinObjekt`, also aus den Zahlen 6 und 3.

Wenn die mehrelementigen Objekte in ihrer Art und Dimension zueinander passen, kann R mit diesen Objekten rechnen. Um das erste Element aus `MeinObjekt` durch das erste Element aus `MeinNeuesObjekt` zu dividieren und gleichzeitig das zweite Element aus `MeinObjekt` durch das zweite Element aus `MeinNeuesObjekt` zu dividieren, geben wir den folgenden Befehl ein:

```
MeinObjekt/MeinNeuesObjekt
```
```
[1] 0.33333333 1.33333333
```

Die erste angezeigte Zahl ist das Ergebnis der Rechnung 2/6 und die zweite angezeigte Zahl das Ergebnis der Rechnung 4/3. Wir sehen, dass R als Dezimalzeichen immer den Punkt benutzt.

Wir können auch `MeinObjekt` und `MeinNeuesObjekt` zu einem noch größeren Objekt verknüpfen. Der Befehl

```
c(MeinObjekt, MeinNeuesObjekt)
```

listet den Inhalt der beiden Objekte hintereinander auf. Möchte man hingegen

Fortsetzung auf nächster Seite ...

Fortsetzung der vorherigen Seite ...

den Inhalt der beiden Objekte untereinander in Zeilen (engl.: *row*) anordnen, gelingt dies mit der Funktion `rbind()`:

```
rbind(MeinObjekt, MeinNeuesObjekt)
```

Auch eine Anordnung in Spalten (engl.: *column*) ist möglich. Der Befehl

```
MeinGrossesObjekt <- cbind(MeinObjekt, MeinNeuesObjekt)
```

erzeugt das Objekt `MeinGrossesObjekt` mit folgendem Inhalt:

```
     MeinObjekt MeinNeuesObjekt
[1,]          2               6
[2,]          4               3
```

Um unserem Objekt `MeinGrossesObjekt` die Spaltennamen »1. Spalte« und »2. Spalte« sowie die Zeilennamen »1. Zeile« und »2. Zeile« hinzuzufügen, nutzen wir die Funktionen `colnames()` und `rownames()`:

```
colnames(MeinGrossesObjekt) <- c("1. Spalte","2. Spalte")
rownames(MeinGrossesObjekt) <- c("1. Zeile","2. Zeile")
```

Namen sind Zeichenketten und müssen als solche über die Anführungszeichen kenntlich gemacht werden. Auf diese Besonderheit gehen wir noch genauer in der R-Box 3.2 (S. 32) ein. Mit dem Befehl `MeinGrossesObjekt` erhalten wir schließlich das Ergebnis

```
         1. Spalte 2. Spalte
1. Zeile         2         6
2. Zeile         4         3
```

Wir kennen inzwischen die Wirkung der Tastenkombinationen [Strg]+[⇑]+[N] und [Strg]+[L]. Im Laufe des Arbeitsbuches werden wir weitere Tastenkombinationen besprechen. Um nicht den Überblick zu verlieren, sind alle relevanten Tastenkombinationen auf S. 527 tabellarisch aufgelistet. Dort finden sich auch die jeweiligen für Mac-Computer zu verwendenden Tastenkombinationen.

Nachdem nun die wichtigsten Grundlagen im Umgang mit R gelegt sind, können wir uns an die ersten mit R zu lösenden ökonometrischen Übungsaufgaben wagen.

Aufgabe 1.4: Spendenbereitschaft

- erster Umgang mit R
- vier Aufgaben der Ökonometrie
- Datensatztypen
- R-Funktionen: `c()`, `cbind()`, `colnames()`, `mean()`, `rownames()`, `sum()`

Für die Familien v. Auer, Hoffmann und Kranz kennen wir das jeweilige Jahreseinkommen und die getätigten Spenden des Jahres 2022 (jeweils in €):

	Einkommen 2022	Spenden 2022
v. Auer	81.000	81
Hoffmann	53.000	159
Kranz	49.000	98

Wir gehen davon aus, dass zwischen dem Jahreseinkommen und den Spenden der proportionale Zusammenhang

$$y_i = \beta x_i,\qquad (A1.1)$$

besteht, wobei y_i die Spende und x_i das Jahreseinkommen der Familie i darstellen.

a) Welche Komponente fehlt noch, um aus Gleichung (A1.1) ein ökonometrisches Modell zu machen?

b) Führen Sie alle nachfolgenden Berechnungen mit R aus. Welchen Anteil ihres Jahreseinkommens haben die einzelnen Familien jeweils gespendet? Definieren Sie zu diesem Zweck ein neues dreielementiges R-Objekt x22 mit den Jahreseinkommen der drei Familien und das entsprechende Objekt y22 mit den jeweiligen Spenden. Speichern Sie die drei berechneten Anteile im Objekt anteile und lassen Sie sich das Objekt anzeigen.

c) Berechnen Sie, welcher Anteil des Jahreseinkommens im Durchschnitt der drei Familien gespendet wurde. Speichern Sie Ihren Schätzwert unter dem Objektnamen betadach.

d) Der in Aufgabenteil c) berechnete Durchschnittswert könnte als der Schätzwert $\widehat{\beta}$ des unbekannten Parameters β aufgefasst werden. Ein Verhaltensforscher vertritt die Hypothese, dass im Durchschnitt etwa 0,5 Prozent des Jahreseinkommens gespendet werden. Halten Sie diese Hypothese angesichts des von Ihnen berechneten Schätzwertes $\widehat{\beta}$ für plausibel?

e) Welchen Spendenbetrag würden Sie auf Basis Ihres Schätzwertes $\widehat{\beta}$ bei einer Familie mit einem Jahreseinkommen von 50.000 € erwarten? Speichern Sie den Betrag unter dem Namen ydach.

f) Sie erhalten für die drei Familien auch die Daten der Jahre 2020 und 2021 (jeweils in €):

	Eink. 2020	Spenden 2020	Eink. 2021	Spenden 2021
v. Auer	80.000	90	83.000	258
Hoffmann	49.000	152	51.000	122
Kranz	40.000	110	45.000	79

Welche Art von Datensatz liegt nun vor? Definieren Sie analog zu den Objekten x22 und y22 des Aufgabenteils b) die Objekte x20, y20, x21 und y21. Kombinieren Sie alle sechs Objekte spaltenweise zu einem neuen Objekt mit der Bezeichnung spenden. Geben Sie anschließend den Spalten von spenden eigene Bezeichnungen (z.B. x2020, y2020, usw.). Benennen Sie die Zeilen von spenden mit den drei Familiennamen.

Aufgabe 1.5: **Kellner mit zwei Gästen**

- Replikation der Numerischen Illustrationen 1.1 bis 1.3 des Lehrbuches
- erster Umgang mit R
- R-Funktionen: c(), cbind(), mean(), rbind()

Die Gäste eines Restaurants hinterlassen dem Kellner mehr oder weniger hohe Trinkgeldbeträge. Der Kellner beauftragt eine befreundete Ökonometrikerin, die Ursache für die Betragsschwankungen herauszufinden. Die Ökonometrikerin vermutet, dass das Trinkgeld (y_i) eines Gastes i durch den Rechnungsbetrag (x_i) dieses Gastes bestimmt wird. Nehmen Sie an, dass im Laufe des Abends zwei Gäste mit den folgenden Daten beobachtet wurden (jeweils in €):

$$\text{Gast 1}: \quad (x_1, y_1) = (10, 2),$$
$$\text{Gast 2}: \quad (x_2, y_2) = (30, 3).$$

a) Erstellen Sie in R aus den gegebenen Daten ein Objekt mit dem Namen kellner, das zeilenweise zwischen Gästen und spaltenweise zwischen Rechnungsbetrag und Trinkgeld unterscheidet.

b) Gehen Sie von einem proportionalen Zusammenhang aus ($y = \beta x$) und berechnen Sie in R separat für jede der beiden Beobachtungen das passende $\widehat{\beta}$. Bilden Sie anschließend den Durchschnitt aus den beiden $\widehat{\beta}$-Werten und geben Sie diesem Wert die Bezeichnung betadach.

c) Das verwendete Schätzverfahren hat den Schätzwert $\widehat{\beta} = 0{,}15$ geliefert. Folglich lautet das geschätzte Modell

$$\widehat{y}_i = 0{,}15 \cdot x_i$$

bzw.
$$y_i = 0{,}15 \cdot x_i + \widehat{u}_i \,.$$

Berechnen Sie in R für die Rechnungsbeträge 10€ und 30€ das gemäß Ihrer β-Schätzung in einer Welt ohne Störeinflüsse zu erwartende Trinkgeld $\widehat{y}_i$. Welche Residuen sind gemäß der bisherigen Berechnungen bei den zwei beobachteten Gästen vermutlich eingetreten?

Tipp 1 für R-fahrene: R-Pakete automatisch aktivieren

Wenn wir häufig mit einem bestimmten Paket arbeiten möchten, es aber nicht nach jedem Neustart von R neu per Mausklick aktivieren wollen, bietet sich eine automatisierte Aktivierung an. Wenn beispielsweise das Paket desk nach dem Start von RStudio automatisch aktiviert werden soll, dann schreiben wir *einmalig* in die Konsole die Befehlszeile

```
rprofile.add("library(desk)")
```

und bestätigen mit Enter ⏎ . Damit der Befehl wirksam wird, muss in der laufenden Sitzung das Paket desk bereits installiert und »per Häkchen« aktiviert sein und RStudio muss mit Administratorrechten ausgeführt werden. Letzteres kann in Windows beim Starten von RStudio durch einen Klick auf die rechte (statt linke) Maustaste erreicht werden. Im sich öffnenden Windows-Fenster wird die Option als Administrator öffnen angeboten. Nachdem der obige Befehl erfolgreich ausgeführt wurde, können wir in Zukunft direkt nach jedem Start von RStudio (gleichgültig ob als Administrator oder nicht) auf das Paket desk ohne zusätzlichen Mausklick zugreifen.

KAPITEL A2

Spezifikation

In diesem Kapitel geht es inhaltlich um die Spezifikation ökonometrischer Modelle. Aufgabe 2.1 kommt dabei wieder ganz ohne R aus. Wir werden uns aber in diesem Kapitel weitere Grundkenntnisse für das Arbeiten mit R aneignen, die wir in den darauf folgenden Übungsaufgaben anwenden. Zunächst widmen wir uns der R-Box »Zusammenspiel wichtiger Fenster in RStudio« (S. 20). In Aufgabe 2.2 wenden wir dieses Wissen auf ein ökonometrisches Spezifikationsproblem an. Daran anschließend werden in Aufgabe 2.3 zunächst einige statistische Grundkonzepte wiederholt und dann in R umgesetzt.

Für das Verständnis der Ökonometrie ist das Konzept der *Wiederholten Stichproben* unverzichtbar. Mit R kann man solche wiederholten Stichproben ganz einfach künstlich erzeugen. Wie das in R funktioniert, wird in der R-Box »Wahrscheinlichkeitsverteilung und Zufallsgenerator« (S. 27) erläutert und in Aufgabe 2.4 sofort ausprobiert.

Aufgabe 2.1: A-, B- und C-Annahmen

- Annahmen des einfachen linearen Regressionsmodells

a) Betrachten Sie die in Abbildung A2.1 dargestellten Punktwolken (engl.: *scatterplots*) und überlegen Sie, welche der im Lehrbuch beschriebenen a-, b- und c-Annahmen der linearen Einfachregression jeweils verletzt sein könnten.

b) Welche der a-, b- und c-Annahmen können verletzt sein, ohne dass dies mit Hilfe einer Punktwolke zu bemerken wäre?

c) Erklären Sie die beiden c-Annahmen.

y
x

(a) »Kreis« (b) »Smile« (c) »Fliege«

(d) »Welle« (e) »Gerade« (f) »zweigeteilt«

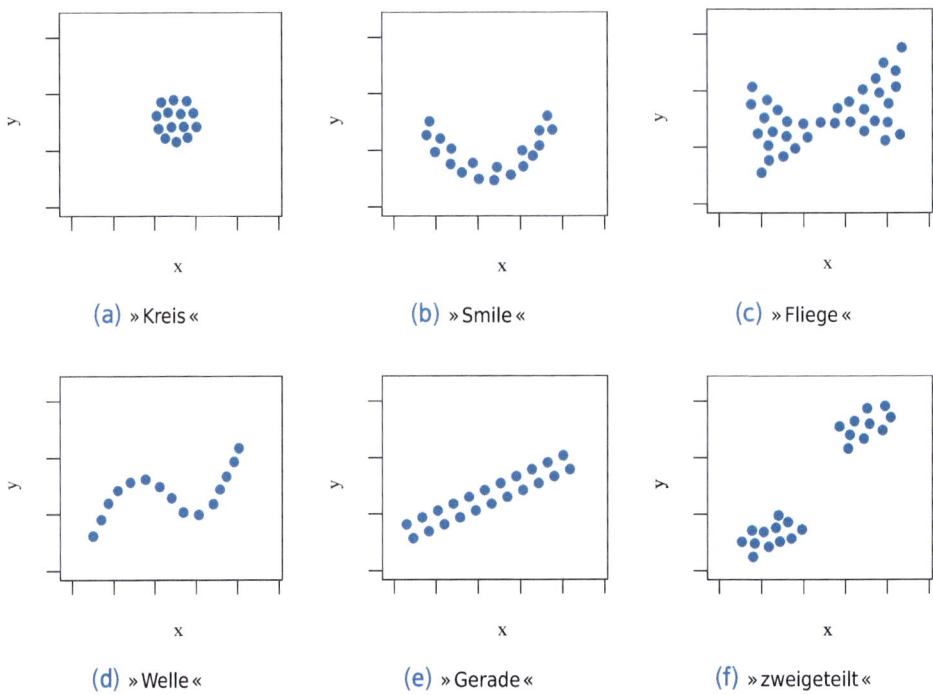

Abbildung A2.1 Sechs Punktwolken zur Aufgabe 2.1a).

R-Box 2.1: Zusammenspiel wichtiger Fenster in RStudio

Wir haben bislang lediglich die Konsole (Fenster »Console«) von RStudio besprochen. Nun ist es an der Zeit, die anderen Fenster der Bedienoberfläche kennenzulernen.

Wir hatten an früherer Stelle die Tastenkombination Strg+⇧+N eingegeben, woraufhin im linken oberen Bereich der Bedienoberfläche das sogenannte *Quelltext-Fenster* (engl.: *source*) erschien. Es beherbergt unter anderem einen vollwertigen Text-Editor, mit dem man gewöhnlichen Text schreiben, verändern und auf Festplatte speichern kann. Beispielsweise können wir den in Abbildung A2.2 dargestellten Text eingeben.

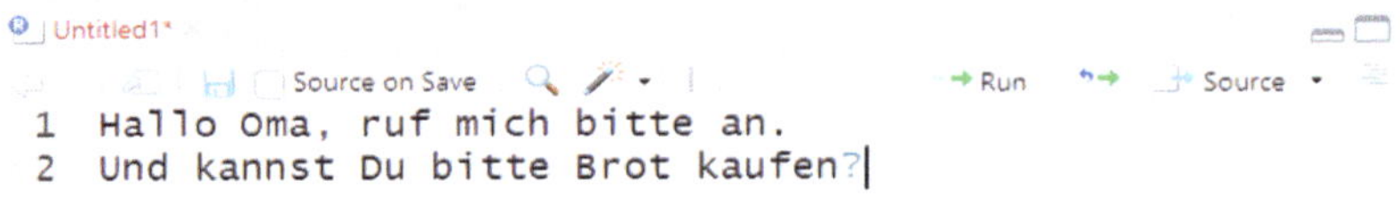

Untitled1*
Source on Save
Run
Source
1 Hallo Oma, ruf mich bitte an.
2 Und kannst Du bitte Brot kaufen?

Abbildung A2.2 Der Quelltext-Editor von RStudio mit einem beliebigen Beispieltext.

Fortsetzung auf nächster Seite ...

Fortsetzung der vorherigen Seite ...

Bislang ist der Reiter dieses Fensters mit dem Titel »Untitled1*« versehen, wobei das Sternchen anzeigt, dass dieses Dokument noch nicht auf der lokalen Festplatte abgespeichert wurde. Um dies zu tun, klicken wir auf das Diskettensymbol im linken Teil des oberen Fensterrandes oder drücken die Tastenkombination [Strg]+[S]. Daraufhin öffnet sich ein Fenster, in dem wir bestimmen können, wo auf der Festplatte und unter welchem Namen wir das Dokument abspeichern wollen. Wir wählen unseren Arbeitsordner aus (der bereits voreingestellt sein sollte) und speichern das Dokument beispielsweise unter dem Namen `test.R` (Achtung: die Dateiendung ».R« muss mit eingegeben werden). Nun sehen wir, dass der Reiter des Quelltext-Fensters den Titel `test.R` ohne das Sternchen anzeigt. Das kleine Kreuz rechts daneben erlaubt es uns, das Fenster zu schließen. Nach einem Mausklick darauf verschwindet das Fenster.

Doch keine Angst, unsere bisherige Arbeit ist nicht verloren. Wenn wir an unserem bereits angefangenen Dokument weiterarbeiten oder Korrekturen vornehmen wollen, gehen wir im rechten unteren Teilbereich der Bedienoberfläche zu dem mit »Files« überschriebenen Fenster. Es stellt einen Dateimanager dar, ähnlich dem Windows Explorer. Damit können wir auf unserer Festplatte vorhandene Dateien laden oder löschen, Ordner erstellen oder umbenennen. Beim Start von RStudio befindet sich der Dateimanager automatisch im vorher definierten Arbeitsordner, in unserem Beispiel also in `C:/R-Uebung` (vgl. R-Box 1.2). Auch unsere gerade abgespeicherte Datei `test.R` ist hier zu finden (vgl. Abb. A2.3). Ein einfacher Mausklick auf diese Datei öffnet unser Quelltext-Fenster mit dem vorher eingegebenen Beispieltext.

Um in einen der im Files-Fenster angezeigten Ordner zu gelangen, reicht ein einfacher Mausklick auf den gewünschten Ordner. Klickt man hingegen auf die zwei Punkte rechts vom grünen Pfeil, gelangt man auf die nächst höhere Ordnerebene, im Beispiel also auf das Laufwerk `C:`. Ein anderes Laufwerk wählen wir mit einem Klick auf die Schaltfläche »...« am ganz rechten Rand des Fensters (obere Hälfte). Ein einfacher Klick auf eine Datei öffnet diese in RStudio bzw. in der mit ihr verknüpften Anwendung.

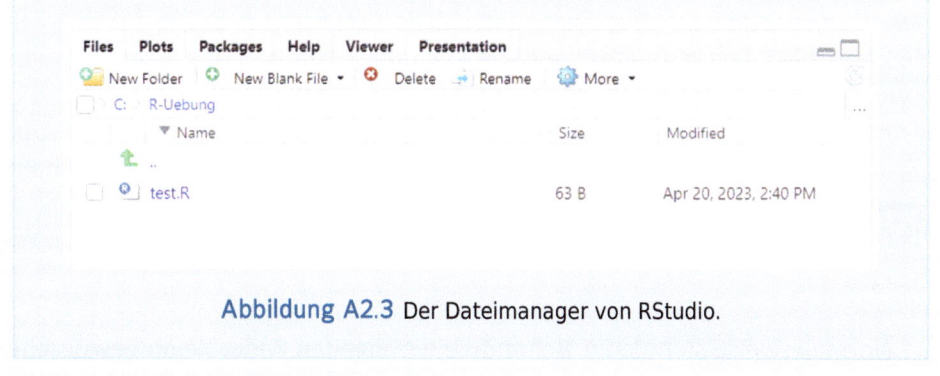

Abbildung A2.3 Der Dateimanager von RStudio.

Fortsetzung auf nächster Seite ...

Fortsetzung der vorherigen Seite ...

Da die Datei `test.R` die Endung ».R« besitzt, erwartet R, dass der Inhalt der Datei kein gewöhnlicher Text ist, sondern den Konventionen für R-Befehle entspricht. Entsprechend würde nach dem Öffnen der Datei `test.R` das Quelltext-Fenster ein weißes Kreuz auf rotem Grund vor beiden Zeilen unseres Beispieltextes zeigen. Das heißt so viel wie »Achtung, hier stimmt was nicht«. Die Warnung ist berechtigt, denn der eigentliche Zweck des Text-Editors besteht darin, dem Programm R (und nicht der Oma) eine Abfolge von Befehlen zu erteilen. Daher ersetzen wir die beiden bisherigen Anweisungen mit Befehlen, die R versteht.

Abbildung A2.4 zeigt ein Beispiel. Im ersten Schritt (Zeile 1) werden dort sechs Noten im Objekt `Noten.Oeko` gespeichert. Im zweiten Schritt (Zeile 2) berechnet R den Mittelwert aus diesen Zahlen. Es handelt sich also um eine kleine Abfolge von R-Befehlen. Ganz allgemein bezeichnen wir von nun an eine Abfolge von R-Befehlen als *R-Skript*.

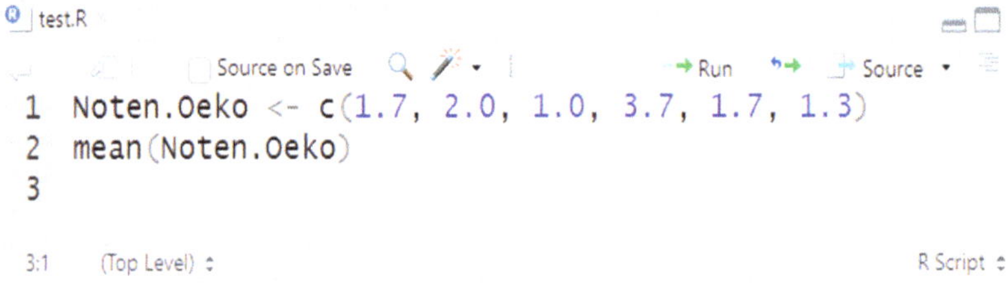

```
1  Noten.Oeko <- c(1.7, 2.0, 1.0, 3.7, 1.7, 1.3)
2  mean(Noten.Oeko)
3
```

Abbildung A2.4 Der Quelltext-Editor von RStudio mit einem einfachen Skript, das R versteht.

Wie aber führen wir unser R-Skript aus? Es gibt zwei Möglichkeiten. Die erste ist, das Skript Zeile für Zeile auszuführen. Diese Methode bietet sich beispielsweise bei einer schrittweisen Fehlersuche an. Hierzu setzt man den Cursor in die Zeile, die ausgeführt werden soll und drückt die Tastenkombination [Strg]+[Enter] oder klickt auf die Schaltfläche »Run« am oberen Fensterrand. Der Cursor wird nach Ausführung der Zeile automatisch in die nächste Zeile gesetzt, so dass man anschließend auch diese mit der Tastenkombination [Strg]+[Enter] oder mit einem Klick auf »Run« ausführen kann.

Alternativ können wir das gesamte Skript von der ersten bis zur letzten Zeile »in einem Rutsch« ausführen. Hierzu drücken wir die Tastenkombination [Strg]+[⇑]+[Enter] oder klicken auf die Schatfläche »Source«. In beiden Fällen liefert uns R die Antwort in der Konsole:

```
[1] 1.9
```

Normalerweise steht jeder Befehl in einer eigenen Zeile. Wenn gewünscht,

Fortsetzung auf nächster Seite ...

Fortsetzung der vorherigen Seite ...

könnte man auch mehrere Befehle in eine einzige Zeile schreiben. Diese Befehle müssen dann durch ein Semikolon »;« voneinander getrennt sein. Die obigen zwei Zeilen könnten also auch folgendermaßen geschrieben werden:

```
Noten.Oeko <- c(1.7, 2.0, 1.0, 3.7, 1.7, 1.3); mean(Noten.Oeko)
```

Wir werden nur gelegentlich von dieser kompakteren Schreibweise Gebrauch machen.

Im Quelltext-Fenster können wir in eine eigene Zeile oder aber auch hinter einen R-Befehl beliebige *Kommentare* einfügen. Eine Kommentierung ist insbesondere bei sehr komplexen Skripten unerlässlich. Mit den Kommentaren stellen wir sicher, dass wir auch nach langer Zeit noch verstehen, was wir mit unserem Skript und den einzelnen Befehlen beabsichtigt hatten. Auch anderen Nutzern unseres Skriptes helfen die Kommentare, das Skript zu verstehen.

Kommentare müssen immer mit dem Rautezeichen »#« beginnen. Alles was hinter dem Rautezeichen steht, wird von R als Kommentar interpretiert und bei der Ausführung des Skriptes ignoriert. Ein Kommentar kann gleich zu Beginn einer Zeile eingetragen werden oder aber auch weiter hinten in der Zeile platziert werden, um beispielsweise einen am Anfang der Zeile befindlichen Befehl zu erläutern. Um dem Skript zusätzliche visuelle Struktur zu geben, können wir auch Leerzeilen in beliebiger Menge einfügen. Eine kommentierte Version könnte beispielsweise so aussehen:

```
# Einfaches Beispielskript welches die Durchschnittsnote
# eines Kurses berechnet
Noten.Oeko <- c(1.7, 2.0, 1.0, 3.7, 1.7, 1.3)  # Speichere Noten
mean(Noten.Oeko)                                # Berechne Durchschnittsnote
```

Unser R-Skript ist ausgesprochen einfach, denn es erstellt nur ein einziges Objekt, nämlich den Notenvektor `Noten.Oeko`. Normalerweise werden in einem R-Skript sehr viele Objekte erstellt. Damit man nicht den Überblick verliert und jederzeit nachsehen kann, welche Objekte bereits existieren, ist im rechten oberen Teilbereich der Bedienoberfläche das Fenster mit der Überschrift »Environment« sichtbar. Es zeigt den sogenannten *Objektspeicher*. Dieser listet sämtliche von uns erstellten Objekte (inklusive Inhalt) auf. Im Augenblick ist das lediglich das Objekt `Noten.Oeko`.

Es ist möglich, im Quelltext-Fenster mehrere Skripte parallel zu bearbeiten. Alle erzeugten Objekte würden dann gemeinsam im Objektspeicher aufgelistet. Das wäre insbesondere dann problematisch, wenn die verschiedenen Skripte Objekte gleichen Namens erzeugen. Um solche Fälle zu vermeiden, sollte darauf geachtet werden, dass der Objektspeicher vor der Ausführung jedes neuen Skriptes leer ist. Der gesamte Objektspeicher lässt sich manuell durch einen

Fortsetzung auf nächster Seite ...

Fortsetzung der vorherigen Seite ...

Klick auf den Besen im Environment-Fenster löschen. Zuverlässiger ist es aber, diesen Vorgang zu automatisieren, indem wir den `desk` Befehl `rm.all()` (für: »remove all«) routinemäßig am Anfang des Skriptes ausführen:

```
rm.all()
Noten.Oeko <- c(1.7, 2.0, 1.0, 3.7, 1.7, 1.3)
mean(Noten.Oeko)
```

Im rechten oberen Teilbereich der Bedienoberfläche befindet sich neben dem Reiter »Environment« der Reiter »History«. Klickt man auf diesen Reiter, öffnet sich ein Fenster, welches alle bislang ausgeführten Befehle auflistet. Diese Liste ist beispielsweise dann hilfreich, wenn man am Ende einer langen R-Session einen wichtigen Befehl vergessen hat, von dem man aber weiß, dass man ihn zu einem früheren Zeitpunkt schon einmal ausgeführt hat. Dann sucht man diesen Eintrag in der History und markiert ihn mit einem Mausklick. Mit der Schaltfläche »To Console« kann dieser in die Konsole übertragen werden oder mit »To Source« in das Quelltext-Fenster. Um alle Einträge des History-Fensters zu löschen, klicken wir auf das Besensymbol.

Die Befehlsliste im History-Fenster kann man auch innerhalb der Konsole mit den Pfeiltasten ↑ und ↓ durchsehen und den ausgewählten Befehl direkt in der Konsole ausführen. Hierzu muss natürlich das Fenster der Konsole aktiv sein, was mit einem Mausklick in das Fenster schnell erledigt ist.

Zuletzt sei noch das »Plots«-Fenster erwähnt. Bei uns befindet es sich im unteren rechten Teilbereich der Bedienoberfläche. Das Fenster kann zum Darstellen und Abspeichern von Grafiken genutzt werden. Auf die Erstellung von Grafiken gehen wir im Verlauf dieses Buches noch ausführlicher ein. Wurden mehrere Grafiken nacheinander erstellt, kann man mit den Pfeilen »←« und »→« in der Titelleiste des Fensters alle diese Grafiken erneut aufrufen. Die Schaltfläche »Export« dient dem Abspeichern der Grafik auf einen Datenträger (z.B. Festplatte, USB-Stick), was besonders für das Einbinden der Grafik in Präsentationen, Publikationen und Abschlussarbeiten sehr nützlich ist. Außerdem lassen sich bestimmte Grafiken in diesem Fenster interaktiv bearbeiten, worauf wir später ebenfalls noch eingehen werden.

Bei der Arbeit mit R hat man oftmals die Wahl zwischen der Eingabe über die Menüleiste oder über eine Tastenkombination, welche normalerweise die Form Strg +... besitzt. Wir empfehlen, so weit wie möglich die Tastenkombinationen zu nutzen, denn dieser Weg ist wesentlich schneller als das Klicken in den Menüs. Entsprechend geben wir auch in den Lösungen zu den Aufgaben bevorzugt die Tastenkombination an – sofern sie zur Verfügung steht.

Kapitel A2 – Spezifikation

Aufgabe 2.2: Spezifikation in der Einfachregression

- Annahmen des einfachen linearen Regressionsmodells
- Erstellen, Speichern, Laden und Ausführen von Skripten
- R-Funktionen: `c()`, `mean()`, `plot()`, `rm.all()`, `sum()`, `Sxy()`

a) Erstellen Sie folgendes Skript im Quelltext-Fenster:

```
# Spezifikation.R
rm.all()
x <- c(3,3,3,3,3)
y <- c(1,3,2,4,1)
plot(x,y)
```

und speichern Sie das Skript unter dem Dateinamen Spezifikation.R in Ihrem Arbeitsordner.

b) Schließen Sie das Skript im Quelltext-Fenster durch einen Klick auf das graue Kreuz rechts im Reiter »Spezifikation.R«. Klicken Sie im Files-Fenster auf die Datei Spezifikation.R. Daraufhin sollte das Skript wieder im Quelltext-Fenster erscheinen. Führen Sie das Skript in einem Schritt aus. Wie lautet die Tastenkombination für diesen Befehl?

c) Der Befehl plot(x,y) unseres Skriptes hat eine Punktwolke aus den Werten der Vektoren x und y erzeugt, welche im rechten unteren Fenster angezeigt wird. Falls sie nicht angezeigt wird, klicken Sie im rechten unteren Fenster auf den Reiter »Plots«. Welche Annahmeverletzung ist sofort sichtbar?

d) Beheben Sie die in Aufgabenteil c) diagnostizierte Annahmeverletzung, indem Sie in einer neuen Befehlszeile den Vektor x erneut definieren, diesmal aber mit anderen Werten. Erzeugen Sie auch für die neuen Werte eine x-y-Punktwolke und vergewissern Sie sich, dass die ursprünglich verletzte Annahme nun erfüllt ist.

e) Die Variation S_{xx} einer Variablen x berechnet man mit der Formel $\sum_{i=1}^{N}(x_i - \overline{x})^2$, wobei $\overline{x}$ das arithmetische Mittel von x ist. Erweitern Sie das Skript so, dass es die Variation von x mit obiger Formel berechnet und ausgibt. Weisen Sie die Variation einem neuen Objekt mit Namen sxx zu. Führen Sie das Skript erneut aus. Hinweise: Potenzen rechnet R mit dem Caret-Zeichen »^« (alternativ: Doppelsternchen »**«) und das arithmetische Mittel eines Zahlenvektors x lässt sich mit der Funktion mean(x) berechnen.

f) Mit der Funktion Sxy() des Pakets desk lassen sich Variationen und Kovariationen noch bequemer als in Aufgabenteil e) berechnen. Wollten Sie beispielsweise die Kovariation zweier Vektoren a und b berechnen, würden Sie den

Befehl `Sxy(a,b)` verwenden. Die Variation des Vektors `a` erhalten Sie entsprechend mit dem Befehl `Sxy(a,a)` oder noch einfacher mit `Sxy(a)`. Überprüfen Sie mit Hilfe der Funktion `Sxy()` den zuvor berechneten Wert von `sxx`. Speichern Sie anschließend das Skript ab und schließen Sie es dann.

Aufgabe 2.3: Statistisches Repetitorium

- Replikation der Numerischen Illustrationen 2.1 bis 2.4 des Lehrbuches
- Erwartungswert und Varianz von Zufallsvariablen
- Erstellen, Speichern, Laden und Ausführen von Skripten
- R-Funktionen: `c()`, `cov()`, `mean()`, `rm.all()`, `var()`

a) Öffnen Sie im Quelltext-Fenster eine neue Datei. Definieren Sie anschließend den Vektor `u1`, welcher die sechs möglichen Ausprägungen der Zufallsvariablen $u_1 =$ »Geworfene Augenzahl bei einmaligem Würfeln« enthält. Berechnen Sie mit R den Erwartungswert der Zufallsvariablen u_1 und geben Sie dem Erwartungswert den Namen `E.u1`. Nutzen Sie dabei den Befehl `mean()`. Lassen Sie sich den Wert von `E.u1` anzeigen. Speichern Sie Ihr Skript unter dem Dateinamen `Wuerfeln.R` ab und schließen Sie dann diese Datei.

b) Rufen Sie Ihre Datei `Wuerfeln.R` erneut in das Quelltext-Fenster auf. Schreiben Sie in die oberste Zeile Ihres Skriptes den Namen der Datei als Kommentar. Fügen Sie in die Zeile darunter einen Befehl ein, der alle Objekte löscht, die sich eventuell noch im Objektspeicher befinden (sie wären im Environment-Fenster aufgelistet). Führen Sie das Skript in einem Schritt aus.

c) Ermitteln Sie die Varianz der Zufallsvariablen u_1 und bezeichnen Sie diese durch `var.u1`. Beginnen Sie Ihre Berechnung mit der Erzeugung des Vektors `abweichung.u1`. Er enthält die Abweichungen der sechs Werte des Vektors `u1` vom Erwartungswert `E.u1`. Lassen Sie sich am Ende den Wert von `var.u1` anzeigen.

d) In R steht für die Berechnung der Varianz einer Stichprobe (siehe Abschnitt 2.4 des Lehrbuches) die Funktion `var()` zur Verfügung. Warum liefert der Befehl `var(u1)` eine Varianz, die vom Wert `var.u1` abweicht? Welche Ergänzung des `var(u1)`-Befehls könnten Sie vornehmen, um doch noch den gleichen Wert wie `var.u1` zu erhalten?

e) Berechnen Sie den Erwartungswert der Zufallsvariablen $u_6 =$ »Anzahl der natürlichen Zahlen, durch welche die geworfene Augenzahl teilbar ist« und geben Sie ihm den Namen `E.u6`. Definieren Sie zu diesem Zweck zunächst den Vektor `u6`, welcher die sechs Ausprägungen der Zufallsvariablen u_6 anzeigt, die sich bei den sechs Ausprägungen der Zufallsvariablen u_1 jeweils ergeben.

f) Ermitteln Sie die Kovarianz der Zufallsvariablen u_1 und u_6 und bezeichnen Sie diese durch `cov.u1u6`. Lassen Sie sich den Wert der Kovarianz anzeigen. Warum würde der für die Kovarianz von Stichproben konzipierte Befehl `cov(u1, u6)` ein anderes Resultat liefern?

g) Speichern Sie Ihr ergänztes Skript `Wuerfeln.R` ab, aber lassen Sie die Datei im Quelltext-Fenster geöffnet. Zu Trainingszwecken werden wir sie erst in der nächsten Aufgabe schließen.

R-Box 2.2: Wahrscheinlichkeitsverteilung und Zufallsgenerator

R kann Quantile für Wahrscheinlichkeitsverteilungen berechnen. Wir illustrieren dies am Beispiel einer Standardnormalverteilung. Mit dem Befehl

```
qnorm(0.05, mean = 0, sd = 1)
```

ermitteln wir das 5%-Quantil, also jenen Wert q, für den gilt, dass eine standardnormalverteilte Zufallsvariable z mit 5% Wahrscheinlichkeit kleiner oder gleich q ausfällt. Wie bei R üblich, besteht der Befehl aus einer Funktion und den Argumenten der Funktion. Hier lautet die Funktion `qnorm()` und innerhalb der runden Klammern erscheinen die Argumente der Funktion. Dabei steht `mean = 0` für den Erwartungswert $E(z) = 0$ und `sd = 1` für die Standardabweichung $sd(z) = 1$. Der R-Output lautet

```
[1] -1.6448536
```

Da die Standardnormalverteilung symmetrisch ist, ergibt sich das 95%-Quantil

```
qnorm(0.95, mean = 0, sd = 1)
```

```
[1] 1.6448536
```

In der Funktion `qnorm()` steht das »q« für »quantile« und »norm« steht für »Normalverteilung«. Quantile können in R auch für andere Wahrscheinlichkeitsverteilungen ermittelt werden. Die für uns relevanten Wahrscheinlichkeitsverteilungen sind in Abschnitt 4.4 des Lehrbuches beschrieben. Die Quantilsberechnung für die t-Verteilung lautet `qt()`, für die F-Verteilung `qf()` und für die χ^2-Verteilung `qchisq()`.

Als Nächstes möchten wir wissen, mit welcher Wahrscheinlichkeit eine standardnormalverteilte Zufallsvariable kleiner oder gleich $z = 1{,}6448536$ ausfällt. Obige Resultate offenbaren, dass die Antwort 95% lauten müsste. Wir können das mit der Funktion `pnorm()` nachprüfen, wobei das »p« im Funktionsnamen für »probability« steht:

Fortsetzung auf nächster Seite ...

Fortsetzung der vorherigen Seite ...

```
pnorm(1.6448536, mean = 0, sd = 1)
```
```
[1] 0.95
```

Mit dieser Funktion könnten wir die entsprechende Wahrscheinlichkeit auch für jeden anderen z-Wert ermitteln. Analoge Funktionen stehen für die anderen relevanten Wahrscheinlichkeitsverteilungen zur Verfügung: `pt()` für die t-Verteilung, `pf()` für die F-Verteilung und `pchisq()` für die χ^2-Verteilung.

R besitzt einen »Zufallsgenerator«, der zufällige Ausprägungen einer Zufallsvariablen erzeugt. Dabei muss R mitgeteilt werden, aus welcher Wahrscheinlichkeitsverteilung die Ausprägungen der Zufallsvariablen gezogen werden sollen. Für Ziehungen aus der Normalverteilung lautet die entsprechende Funktion `rnorm()`. Dabei steht das »r« für »random sample«. Die Funktion für die t-Verteilung lautet `rt()`, für die F-Verteilung `rf()` und für die χ^2-Verteilung `rchisq()`.

Wir müssen allerdings R immer einige zusätzliche Informationen geben, bevor die Ausprägungen generiert werden können. Beispielsweise benötigt R die gewünschte Anzahl der zu erzeugenden Ausprägungen. Bei der Funktion `rnorm()` muss R zusätzlich der Erwartungswert und die Standardabweichung der zugrunde liegenden Normalverteilung mitgeteilt werden, sofern sich diese von den voreingestellten Werten 0 und 1 der Standardnormalverteilung unterscheiden sollen. Beispielsweise legt der Befehl

```
rnorm(20, mean = 1, sd = 3)
```

fest, dass aus einer Normalverteilung mit Erwartungswert 1 und Standardabweichung 3 insgesamt 20 Ausprägungen erzeugt werden sollen. Der Output würde folgendermaßen aussehen:

```
 [1]  2.1565  0.1861 -5.3263 -1.3684  2.5583  4.3017  8.0937 -1.6099
 [9] -2.0219  5.2109  1.2303  2.1771  3.6949  1.8890 -0.0158  6.0544
[17] -0.2741 -0.1281  4.4333  2.6257
```

Ein erneutes Absenden des Befehls würde einen neuen Output mit anderen 20 Ausprägungen erzeugen. Die in eckigen Klammern erscheinenden Ziffern am linken Rand des Outputs geben die Elementnummer an, mit der die jeweilige Zeile beginnt.

Aufgabe 2.4: Zufallswerte

- wiederholte Stichproben
- Normalverteilung
- R-Funktionen: `c()`, `colnames()`, `rbind()`, `rm.all()`, `rnorm()`, `rownames()`

a) Öffnen Sie ein neues Quelltext-Fenster. Beginnen Sie das Skript mit dem Anfangskommentar »Zufallswerte.R« und leeren Sie den Objektspeicher. Speichern Sie anschließend das Skript unter dem Dateinamen Zufallswerte.R. Wenn Sie das in der vorangegangenen Aufgabe erzeugte Skript Wuerfeln.R nicht geschlossen haben, dann ist der Reiter für dieses Skript noch sichtbar. Holen Sie das Skript mit einem Klick auf den Reiter in den Vordergrund. Wir wollen aber mit dem Skript Zufallswerte.R weiterarbeiten und unsere Befehle dort eintragen. Schließen Sie deshalb das Skript Wuerfeln.R durch einen Klick auf das Kreuz im entsprechenden Reiter.

b) Erzeugen Sie für die neue Zufallsvariable u_1 fünf zufällige Ausprägungen. Die u_1 zugrunde liegende Wahrscheinlichkeitsverteilung soll eine Normalverteilung mit einem Erwartungswert von 0 und einer Varianz (nicht Standardabweichung!) von 0,36 sein. Definieren Sie die fünf erzeugten Ausprägungen als Vektor mit dem Namen u1.zufall. Erzeugen Sie die Vektoren u2.zufall und u3.zufall in identischer Weise.

c) Ordnen Sie die Vektoren in einem Objekt untereinander an und geben Sie diesem Objekt den Namen u.zufall. Geben Sie den drei Zeilen Ihres Objektes die Namen »Gast 1«, »Gast 2« und »Gast 3«. Die fünf Spalten sollen mit den Ziffern »1«, »2«, »3«, »4« und »5« überschrieben werden. Die notwendigen Befehle wurden am Ende der R-Box 1.4 (S. 11) erläutert. Lassen Sie sich das erzeugte Objekt anzeigen. Speichern Sie Ihr ergänztes Skript Zufallswerte.R und schließen Sie es dann.

Tipp 2 für R-fahrene: R-Befehl umbrechen

Beim Schreiben eines Skriptes werden die Befehle normalerweise zeilenweise eingegeben. Wenn ein Befehl sehr lang ist, empfiehlt es sich, einen Zeilenumbruch vorzunehmen. Damit R versteht, dass am Ende der umgebrochenen Zeile der Befehl noch nicht beendet ist, sollte man den Umbruch dort platzieren, wo R ohnehin davon ausgeht, dass der Befehl noch nicht beendet ist. Beispielsweise führt der auf zwei Zeilen verteilte Befehl

```
sum(c(1, 3, 7, 0, -2,
4, 1))
```

zum erwünschten Output

```
[1] 14
```

denn R erwartet nach einem Komma, dass im aktuellen Befehl weitere Informationen hinzukommen.

KAPITEL **A3**

Schätzung I: Punktschätzung

Dieses Kapitel ist der Schätzung des ökonometrischen Modells gewidmet. Zunächst werden in den drei R-Boxen »Objektverwaltung« (S. 32), »Datentypen, Datenstrukturen und Objektklassen« (S. 32) und »Datenstrukturen I: Überblick« (S. 34) weitere Grundkenntnisse für das Arbeiten mit R vermittelt. Die ersten beiden dieser R-Boxen erläutern, wie R mit Zahlen und anderen Informationen umgeht. Die dritte R-Box beschäftigt sich damit, wie solche Informationen in Objekten gespeichert werden können. Dafür stehen in R vor allem fünf verschiedene Datenstrukturen zur Verfügung.

Die einfachste dieser Datenstrukturen sind Vektoren. Deren Verarbeitung in R wird in der R-Box »Datenstrukturen II: Vektor« (S. 38) erklärt. Aufgabe 3.1 wendet die neu erworbenen Grundkenntnisse an und führt erstmals eine ökonometrische Schätzung mit Hilfe eines R-Skriptes durch.

Die daran anschließenden drei R-Boxen »Datenstrukturen III: Matrizen und Arrays« (S. 44), »Datenstrukturen IV: Dataframes« (S. 47) und »Datenstrukturen V: Listen« (S. 50) beschäftigen sich mit komplexeren Datenstrukturen als Vektoren. Eine Anwendung der neuen Konzepte bietet die anschließende Aufgabe 3.2.

In der R-Box »KQ-Schätzung des einfachen Regressionsmodells« (S. 53) wird gezeigt, wie man in R auf sehr bequeme und zeitsparende Weise die Methode der kleinsten Quadrate (KQ-Methode) durchführen kann. In den Aufgaben 3.3 und 3.4 wird dieses Vorgehen ausprobiert.

Für jeden Anwender ist es wichtig, Daten in R importieren und Daten aus R exportieren zu können. Die notwendigen Kenntnisse werden in der R-Box »Speichern und Laden von Daten im R-Datenformat« (S. 59) und in der R-Box »Import und Export fremder Datenformate« (S. 62) vermittelt und in Aufgabe 3.5 angewendet.

R-Box 3.1: **Objektverwaltung**

R ist objektorientiert. Das heißt, alles was in R geladen, verarbeitet und gespeichert wird, geschieht auf der Basis von *Objekten*. R kann mit vielen unterschiedlichen Arten von Objekten umgehen. Das einfachste Objekt ist eine Zahl, wie beispielsweise die Objekte

```
a <- 2.742019    # Erstes Zahlenobjekt a
b <- 5           # Zweites Zahlenobjekt b
```

Sobald ein Objekt erstellt wurde, ist es im Objektspeicher vorhanden. Der aktuelle Inhalt des Objektspeichers ist im Environment-Fenster zu sehen, kann aber auch in der Konsole mit der Funktion `objects()` oder auch mit der Kurzform `ls()` aufgerufen werden:

```
ls()

[1] "a" "b"
```

Einzelne Objekte lassen sich mit der Funktion `remove()` oder mit der Kurzform `rm()` aus dem Objektspeicher löschen. In die Klammern trägt man den Namen des zu löschenden Objektes ein:

```
rm(b)
ls()

[1] "a"
```

Will man alle Objekte auf einmal löschen, genügt im Environment-Fenster ein Klick auf die Schaltfläche mit dem Besensymbol und dem Schriftzug »Clear«. Alternativ kann der Befehl `rm.all()` in die Konsole oder in das R-Skript eingetippt und ausgeführt werden. Der Befehl ist Teil des R-Pakets `desk`. Wer dieses R-Paket nicht verwendet, müsste den für R-Einsteiger etwas kryptisch wirkenden Befehl `rm(list = ls())` nutzen. Dabei werden mit dem Befehlsteil `list = ls()` alle Objekte des Objektspeichers ausgewählt. Die Funktion `rm()` löscht die ausgewählten Objekte. Wir empfehlen die Verwendung der einfachen Funktion `rm.all()` des R-Pakets `desk`.

R-Box 3.2: **Datentypen, Datenstrukturen und Objektklassen**

Bislang haben wir R hauptsächlich mit Zahlen arbeiten lassen, denn Zahlen sind für unsere Zwecke der weitaus wichtigste *elementare Datentyp*. R kann jedoch auch mit anderen elementaren Datentypen umgehen. Die wichtigsten drei elementaren Datentypen werden nachfolgend mit Beispielen aufgelistet:

1. *ganze und reelle Zahlen* (`numeric`) wie beispielsweise 1; -4; 86,34,

Fortsetzung auf nächster Seite ...

Fortsetzung der vorherigen Seite ...

2. *Buchstaben und Zeichenketten* (character) wie beispielsweise a; b; c; ...; A; B; C; ...; 1; 2; 3 ...,

3. *Wahrheitswerte* (logical), also entweder TRUE bzw. T für »wahr« oder FALSE bzw. F für »falsch«.

R kennt außerdem noch die elementaren Datentypen NULL (für leere Menge) und complex (für komplexe Zahlen), die uns im Folgenden aber nicht weiter interessieren.

Wenn man sich die möglichen Symbole der drei aufgelisteten elementaren Datentypen ansieht, fällt auf, dass einige Symbole sowohl in der einen als auch in der anderen Kategorie vorkommen. Beispielsweise ist das Symbol *T* als Datentyp character vertreten, nämlich als Buchstabe T. Es ist aber auch als Datentyp logical aufgelistet, nämlich als der Wahrheitswert T für »wahr«. Wenn wir beispielsweise über den Befehl

```
x <- T
```

das Objekt x mit dem Inhalt *T* erstellen, woher soll R dann wissen, welcher Datentyp gemeint ist – character oder logical? R geht in *dieser* Schreibweise davon aus, dass es sich bei dem Objekt x um den Wahrheitswert »wahr« handelt und *nicht* um den Buchstaben T.

Den elementaren Datentyp eines Objektes können wir uns mit der Funktion mode() anzeigen lassen:

```
mode(x)

[1] "logical"
```

An der Antwort logical erkennen wir, dass R das Objekt x als Wahrheitswert interpretiert. Wenn wir dagegen das Symbol *T* als *Buchstaben* verwenden wollen, müssen wir R dies über das Einfassen des Symbols in einfache Hochkommata »'« oder Anführungsstriche »"« mitteilen. So führt folgender Quelltext zu einem anderen Ergebnis:

```
x <- "T"
mode(x)

[1] "character"
```

Da der Datentyp character auch Zahlensymbole enthält, kann man R sogar dazu bringen, das Symbol »2« als Zeichen, statt als Zahl zu interpretieren:

Fortsetzung auf nächster Seite ...

Fortsetzung der vorherigen Seite ...

```
x <- "2"
mode(x)
```

```
[1] "character"
```

Rechnen kann man mit dem so definierten Objekt x nicht. Versucht man es dennoch, antwortet R mit einer Fehlermeldung:

```
x + x
```

```
Error in x + x: nicht-numerisches Argument für binären Operator
```

Wenn man dagegen die Anführungszeichen weglässt, wird das Symbol »2« als Zahl interpretiert und wie eine solche behandelt:

```
x <- 2
mode(x)
```

```
[1] "numeric"
```

Entsprechend lässt sich die Rechnung nun ohne Probleme ausführen:

```
x + x
```

```
[1] 4
```

R-Box 3.3: **Datenstrukturen I: Überblick**

Das in der vorangegangenen R-Box erzeugte Datenobjekt x besteht aus einem einzigen Element und dieses Element besitzt den elementaren Datentyp numeric (Zahl). Wir wissen jedoch inzwischen, dass R nicht nur Zahlen verarbeiten kann, sondern auch die Datentypen character (Buchstaben und Zeichenketten) und logical (Wahrheitswerte). Ferner kann R auch mit Objekten umgehen, die aus mehreren Elementen bestehen. Es ist sogar möglich, mehrere Elemente unterschiedlicher Datentypen in ein und demselben Objekt zusammenzuführen, wie beispielsweise eine Zahl und eine Zeichenkette. Die fünf folgenden Datenstrukturen bilden das Rückgrat ökonometrischer Analysen.

- *Vector* (im Folgenden *Vektor*): Aneinanderreihung von Elementen eines einzigen Datentyps in einer einzigen Dimension.

- *Matrix:* Anordnung von Elementen eines einzigen Datentyps in zwei Dimensionen.

- *Array:* Anordnung von Elementen eines einzigen Datentyps in mehr als zwei Dimensionen.

Fortsetzung auf nächster Seite ...

Fortsetzung der vorherigen Seite ...

- *Dataframe:* Aneinanderreihung von Spaltenvektoren, die jeweils einen unterschiedlichen Datentyp haben dürfen, aber die gleiche Länge besitzen müssen.

- *List* (im Folgenden *Liste*): Aneinanderreihung von Objekten, die vollkommen unterschiedlich sein dürfen (Dimension, Datentyp, etc.).

Die Abbildungen A3.1 und A3.2 veranschaulichen die Unterschiede zwischen den fünf Datenstrukturen. In Abbildung A3.1 befinden sich jene drei Datenstrukturen, die sich auf die Anordnung eines einzigen elementaren Datentyps beschränken. Dieser elementare Datentyp kann beispielsweise eine Zahl (numeric) sein. In der Grafik würde das bedeuten, dass jeder graue Kreis genau eine Zahl symbolisiert.

Je nachdem, ob wir den elementaren Datentyp in einer, zwei oder mehr als zwei Dimensionen anordnen, ergibt sich die Datenstruktur *Vektor* mit genau einer Spalte (Abb. A3.1(a)), *Matrix* mit mehreren Spalten und Zeilen (Abb. A3.1(b)) oder *Array* mit mehreren Spalten, Zeilen und »Ebenen«, die hintereinander liegen (Abb. A3.1(c)). Die Zahlen in eckigen Klammern am Rand der jeweiligen Datenstruktur geben den Index der jeweiligen Zeile, Spalte oder Ebene der Datenstruktur an. Diese Indizes werden im Verlauf dieses Kapitels noch genauer besprochen, wenn es um die Frage geht, wie man auf bestimmte Elemente in einer Datenstruktur zugreifen kann.

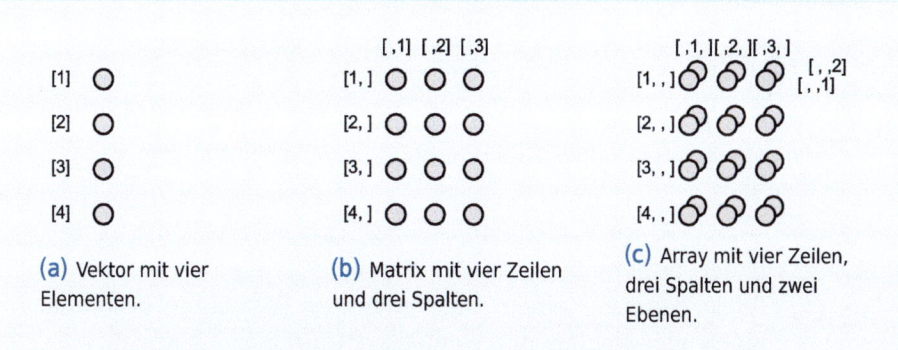

(a) Vektor mit vier Elementen.

(b) Matrix mit vier Zeilen und drei Spalten.

(c) Array mit vier Zeilen, drei Spalten und zwei Ebenen.

Abbildung A3.1 Drei Datenstrukturen mit einheitlichem Datentyp, dargestellt durch einen grauen Kreis.

Die Abbildung A3.2 zeigt Datenstrukturen, die unterschiedliche elementare Datentypen, wie beispielsweise numeric und character, gleichzeitig aufnehmen können. Die unterschiedlichen elementaren Datentypen werden in der Abbildung durch unterschiedliche Symbole dargestellt. Beispielsweise könnte man sich vorstellen, dass ein grauer Kreis eine Zahl und ein schwarzes Quadrat einen Buchstaben symbolisieren.

Fortsetzung auf nächster Seite ...

Fortsetzung der vorherigen Seite ...

Der in Abbildung A3.2(a) dargestellte *Dataframe* ordnet Spaltenvektoren gleicher Länge nebeneinander an. Das bedeutet, ein Dataframe kann zwar über verschiedene Spalten hinweg unterschiedliche elementare Datentypen aufweisen, jedoch muss innerhalb jeder einzelnen Spalte derselbe elementare Datentyp vorliegen und die Anzahl der Elemente muss in jeder Spalte identisch sein.

Die Datenstruktur *Liste* ist in Abbildung A3.2(b) zu sehen. Wie der Name schon sagt, handelt es sich um eine eindimensional angeordnete Auflistung von Elementen, ähnlich wie in einem Vektor. Im Unterschied zum Vektor unterliegen die einzelnen Elemente einer Liste keinerlei strukturellen Einschränkungen, weder was deren Datentyp noch deren Dimension angeht. So ist in der in Abbildung A3.2(b) dargestellten Liste das erste Listenelement ein Vektor, das zweite eine Matrix und das dritte eine Liste. Um die Indizes einer eindimensionalen Liste von denen eines ebenfalls eindimensionalen Vektors unterscheiden zu können, fasst man sie in doppelte eckige Klammern ein.

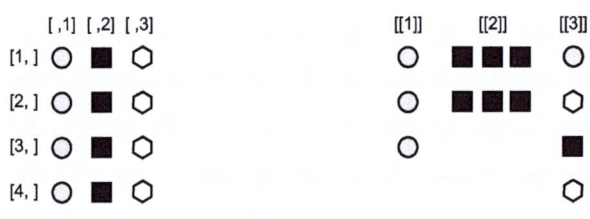

(a) Dataframe mit vier Zeilen und drei Spalten.

(b) Liste mit drei Elementen.

Abbildung A3.2 Zwei Datenstrukturen mit unterschiedlichen elementaren Datentypen, dargestellt durch unterschiedliche geometrische Formen.

Fassen wir den bisherigen Stand der Dinge zusammen: R verarbeitet Objekte. Ein Objekt kann aus einem oder mehreren Elementen bestehen. Die Elemente können insbesondere drei elementare Datentypen besitzen: `numeric`, `character` oder `logical`. Wir haben fünf unterschiedliche Datenstrukturen kennengelernt, in denen wir die Elemente anordnen können: *Vektor, Matrix, Array, Dataframe* oder *Liste*. Sollen Elemente unterschiedlicher Datentypen einem Objekt zugewiesen werden, kommen dafür nur die letzten beiden Datenstrukturen in Frage.

Die mit R zu verarbeitenden Objekte unterscheiden sich demnach durch ihre Datenstruktur und ihre elementaren Datentypen. Die Art, wie R mit einem Objekt umgeht, hängt maßgeblich von diesen beiden Objektmerkmalen ab. Beispielsweise muss ein Buchstabe (`character`) anders behandelt werden als

Fortsetzung auf nächster Seite ...

Fortsetzung der vorherigen Seite ...

eine Zahl (`numeric`). Buchstaben lassen sich zwar zu Worten oder ganzen Sätzen (allgemein: »Zeichenketten«) verknüpfen, aber die herkömmlichen Rechenoperationen, die für Zahlen gelten, sind für Buchstaben nicht zulässig.

Um jedes Objekt effizient und korrekt zu verarbeiten, ordnet R das Objekt gemäß seinen Objektmerkmalen einer »Objektklasse« zu. Für den Nutzer von R sind diese Objektklassen nur selten relevant, aber für die Funktionsweise von R ist die Zuordnung zu Objektklassen ein zentraler Schritt, weshalb auch wir dieses Thema kurz beleuchten müssen. Besitzt ein Objekt nur ein einziges Element, legt der Datentyp dieses Elements zugleich die Objektklasse des Objektes fest. Beispielsweise beinhaltet das mit

```
x <- 2
```

definierte Objekt x nur ein einziges Element des elementaren Datentyps `numeric`. Für R gehört deshalb das Objekt x zur Objektklasse `numeric`.

Die Objektklasse eines Objekts kann man sich mit der Funktion `class()` anzeigen lassen:

```
class(x)
```

```
[1] "numeric"
```

Bei der Objektklassen-Zuordnung eines Objektes mit einem Element des Datentyps `numeric` existiert eine erwähnenswerte Besonderheit. Setzen wir hinter eine Zahl den Großbuchstaben L, also beispielsweise

```
x <- 2L
```

dann teilen wir R auf diese Weise mit, dass es sich bei der Zahl 2 um eine *ganze* Zahl handelt. Für die Verarbeitung eines solchen Objektes verwendet R die eigene Objektklasse `integer`:

```
class(x)
```

```
[1] "integer"
```

Den elementaren Datentyp (nicht die Objektklasse!) des Objekts x könnten wir wie gewohnt mit der `mode()`-Funktion überprüfen:

```
mode(x)
```

```
[1] "numeric"
```

Wir sehen, dass trotz des L-Symbols das Objekt x den elementaren Datentyp `numeric` besitzt, denn es gibt in R keinen eigenen elementaren Datentyp `integer`.

Fortsetzung auf nächster Seite ...

Fortsetzung der vorherigen Seite ...

Auch für Objekte, welche die Datenstruktur *Vektor* besitzen, legt der elementare Datentyp die Objektklasse fest. Beispielsweise wird ein Vektor, dessen Elemente Buchstaben sind, der Objektklasse `character` zugeordnet.

Bei den Datenstrukturen *Matrix*, *Array*, *Dataframe* und *Liste* werden die Bezeichnungen der Datenstruktur direkt als Name der Objektklasse übernommen. Beispielsweise wird ein Objekt mit der Datenstruktur Dataframe von R intern als ein Objekt der Objektklasse `Dataframe` behandelt. Neben den bislang genannten Objektklassen kennt R noch weitere Objektklassen, die aber nur für fortgeschrittene R-Nutzer von Interesse sind.

Um Informationen über die Grundstruktur eines Objekts zu erhalten (z.B. seine Objektklasse) kann auch die Funktion `str()` eingesetzt werden. Sie zeigt die Kerninformationen zu dem in Klammern eingegebenen Objekt an. Beispielsweise liefert der Befehl

```
str(x)
```

die Antwort

```
int 2
```

Demnach besitzt das Objekt x die Objektklasse `integer` und der Inhalt des Objektes ist die Zahl 2.

Beim Arbeiten mit R spielt die Datenstruktur eines Objektes eine viel wichtigere Rolle als die von R für die interne Verarbeitung eingesetze Objektklasse. Nachfolgend wird deshalb für jede der fünf Datenstrukturen (*Vektor*, *Matrix*, *Array*, *Dataframe* und *Liste*) individuell erläutert, wie das jeweilige Objekt korrekt in R eingegeben und weiterverarbeitet wird.

R-Box 3.4: Datenstrukturen II: Vektor

Die einfachste Datenstruktur ist der *Vektor* (R verwendet den englischen Begriff »vector«). Ein Vektor entsteht, indem man Elemente eines einzigen elementaren Datentyps in der eingegebenen Reihenfolge verknüpft. In R bewerkstelligen wir das mit der bereits eingeführten Funktion `c()` (für engl.: *combine*). Beispielsweise erzeugen wir mit

```
MeinZahlenVektor <- c(0.33, 42, pi, 12.34, 1/4)
```

einen Zahlenvektor mit Namen `MeinZahlenVektor`.

Vektoren müssen in R nicht notwendigerweise Zahlen enthalten. Wir können alternativ auch einen Vektor aus Elementen anderer Datentypen, wie z.B. Zeichen oder Zeichenketten erstellen. Mit dem Befehl

Fortsetzung auf nächster Seite ...

Fortsetzung der vorherigen Seite ...

```
MeinZeichenVektor <- c("Jan", "R", "Jan lernt R")
```

bekommen wir den Vektor `MeinZeichenVektor`, der nur Zeichen bzw. Zeichenketten enthält.

Mischformen verschiedener Datentypen sind in Vektoren nicht möglich. Sobald Zahlen und Zeichenketten mit `c()` zusammengeführt werden, interpretiert R alle Elemente des Vektors als Zeichenkette, da die Objektklasse `character` den größeren Symbolumfang hat.

Die Tatsache, dass ein Vektor in R auch etwas anderes als Zahlen beinhalten kann, würde einen Mathematiker etwas stutzig machen, denn in der Linearen Algebra müssen die Elemente eines Vektors Zahlen sein, damit bestimmte Rechenoperationen durchgeführt werden können. In R ist ein Vektor ganz allgemein nur eine eindimensionale Aneinanderreihung von Elementen eines *beliebigen* elementaren Datentyps, die allein der Organisation und effizienten Weiterverarbeitung von Daten dient. Gesetze der Linearen Algebra finden hier standardmäßig keine Anwendung. Wenn man in R dennoch Operatoren der Linearen Algebra (z.B. Vektorprodukt oder Kreuzprodukt) auf Vektoren anwenden will, so müssen diese Operatoren speziell mit Prozentzeichen »%« gekennzeichnet werden (siehe letzten beiden Zeilen in Tabelle A3.1).

Hilfreich beim Erstellen von Vektoren sind gelegentlich die Funktionen `rep()` und `seq()`. Beispielsweise erzeugt der Befehl

```
y <- rep("Ja!", 4)
```

einen Vektor namens `y`, der folgende Gestalt besitzt:

```
[1] "Ja!" "Ja!" "Ja!" "Ja!"
```

Der Befehl

```
z <- seq(from = 1, to = 3, by = 0.5)    # oder z <- seq(1, 3, 0.5)
```

erzeugt einen Vektor `z`, dessen Elemente eine Zahlensequenz darstellen. Die Sequenz beginnt bei 1 und endet bei 3. Der Abstand zwischen den Elementen beträgt jeweils 0,5:

```
z

[1] 1.0 1.5 2.0 2.5 3.0
```

Wenn der Abstand zwischen den Elementen einer Sequenz genau 1 betragen soll, kann man den entsprechenden Vektor noch schneller mit Hilfe des Doppelpunkts »:« erstellen, wobei vor und nach dem Doppelpunkt die Zahl steht, mit der die Sequenz beginnen bzw. enden soll. Die folgenden Beispiele zei-

Fortsetzung auf nächster Seite ...

Fortsetzung der vorherigen Seite ...

gen, dass auch negative ganze Zahlen sowie »rückwärts« laufende Sequenzen zugelassen sind:

```
1:5     # Natürliche Zahlen von 1 bis 5

[1] 1 2 3 4 5


5:1     # Natürliche Zahlen von 5 bis 1

[1] 5 4 3 2 1


-3:2    # Ganze Zahlen von -3 bis 2

[1] -3 -2 -1 0 1 2
```

In Tabelle A3.1 sind neben `c()`, `rep()` und `seq()` ein paar weitere Funktionen für Vektoren inklusive Beispiel aufgelistet.

Tabelle A3.1 Einige Funktionen für Vektoren.

Funktion	Bedeutung	Beispiel
c()	Erstelle Vektor durch Verknüpfung	x <- c(4,2,3,3,1)
rep()	Erstelle Vektor durch Wiederholung	y <- rep("Ja!",4)
seq()	Erstelle Vektor durch Zahlenfolge	z <- seq(1,3,0.5)
t()	Transponiere Vektor	x <- t(x)
rev()	Kehre Reihenfolge der Elemente um	x <- rev(x)
length()	Bestimme die Anzahl der Elemente im Vektor	length(x)
* / + -	Elementweise Rechenoperation	x + z
%*%	Standardskalarprodukt	x %*% z, t(x) %*% z
%*%	Kreuzprodukt	x %*% t(z)

Die letzten beiden Einträge der Liste besagen: Wenn kein Vektor transponiert ist (oder nur der erste Vektor transponiert ist) ermittelt die Rechenoperation `%*%` das Standardskalarprodukt der Vektoren x und z, also eine einzelne Zahl. Um mit der Operation `%*%` das Kreuzprodukt zu erhalten, muss der zweite Vektor transponiert sein. Er wird dann von R als Zeilenvektor interpretiert, während der erste Vektor als Spaltenvektor interpretiert wird.

Der Zugriff auf bestimmte Elemente eines Vektors erfolgt mit einer *Index-*

Fortsetzung auf nächster Seite ...

Fortsetzung der vorherigen Seite ...

nummer oder einem *Indexbereich* in eckigen Klammern. Wollen wir beispielsweise das vierte Element des Vektors `MeinZahlenVektor` aufrufen, schreiben wir `MeinZahlenVektor[4]` und erhalten die Antwort

```
[1] 12.34
```

Ein Indexbereich ist eine Sequenz natürlicher Zahlen und kann daher wieder mit einem Doppelpunkt zwischen Unter- und Obergrenze erstellt werden. Das zweite bis vierte Element kann beispielsweise mit `MeinZahlenVektor[2:4]` aufgerufen werden und man erhält die Antwort

```
[1] 42.0000000  3.1415927 12.3400000
```

Auch nicht aufeinander folgende Elemente können aufgerufen werden, indem man Indexnummern ihrerseits als Vektor übergibt. So liefert

```
MeinZeichenVektor[c(1,3)]

[1] "Jan"        "Jan lernt R"
```

und

```
MeinZahlenVektor[c(1,4:5)]

[1]  0.33 12.34  0.25
```

Anstatt anzugeben, welche Elemente angezeigt werden sollen, können wir R auch sagen, welche Elemente *nicht* angezeigt werden sollen. Hierzu setzen wir einfach ein Minuszeichen vor die jeweilige Indexziffer. Wenn wir beispielsweise aus dem Vektor `MeinZahlenVektor` alle Elemente außer dem zweiten und dritten Element darstellen wollen, schreiben wir

```
MeinZahlenVektor[c(-2,-3)]   # oder MeinZahlenVektor[-c(2,3)]

[1]  0.33 12.34  0.25
```

Vektoren können auch vergrößert oder verkleinert werden. Beispielsweise können wir den Vektor `MeinZahlenVektor` um die Zahl $\sqrt{2}$ erweitern, indem wir

```
MeinZahlenVektor <- c(MeinZahlenVektor,sqrt(2))
```

eingeben. Dieses Element kann dann mit der Zuweisung

```
MeinZahlenVektor <- MeinZahlenVektor[-6]
```

wieder gelöscht werden. Mit dem Befehl

Fortsetzung auf nächster Seite ...

Fortsetzung der vorherigen Seite ...

```
MeinZahlenVektor <- c(MeinZahlenVektor[1:2],sqrt(2),
MeinZahlenVektor[3:5])
```

können wir das Element `sqrt(2)` zwischen dem zweiten und dritten Element einfügen.

Um uns einige wichtige statistische Kennzahlen zu unserem Vektor `MeinZahlenVektor` anzeigen zu lassen, können wir die Funktion `summary()` einsetzen:

```
summary(MeinZahlenVektor)
```

R gibt daraufhin den Wertebereich der Zahlen, die Quartile und das arithmetische Mittel aus:

```
   Min.  1st Qu.   Median     Mean  3rd Qu.     Max.
0.25000  0.60105  2.27790  9.91263 10.04040 42.00000
```

Den Wertebereich könnten wir auch direkt mit der Funktion `range()` abrufen:

```
range(MeinZahlenVektor)
```

```
[1]  0.25 42.00
```

Für R ist ein Objekt mit nur einem Element gleichzeitig auch ein Vektor. Wenn wir beispielsweise die Zuweisung

```
x <- 2
```

ausführen, können wir auf den Inhalt des einelementigen Objektes `x` statt mit dem einfachen Befehl `x` auch mit den für Vektoren üblichen eckigen Klammern zugreifen:

```
x[1]   # Zugriff in Vektorschreibweise
```

```
[1] 2
```

Um zu überprüfen, wie viele Elemente ein Vektor enthält, können wir die Funktion `length()` einsetzen:

```
length(MeinZeichenVektor)
```

```
[1] 3
```

Auch die bereits genannte `str()`-Funktion würde uns diese Information liefern:

```
str(MeinZeichenVektor)
```

```
 chr [1:3] "Jan" "R" "Jan lernt R"
```

Aufgabe 3.1: Trinkgeld (Teil 1)

- Replikation der Numerischen Illustration 3.1 des Lehrbuches
- KQ-Schätzung einer Einfachregression
- Grafik erzeugen
- R-Funktionen: abline(), c(), mean(), plot(), rm.all(), sum()

Für drei Restaurantbesucher ($i = 1, 2, 3$) wurden der jeweilige Rechnungsbetrag x_i und das jeweilige Trinkgeld y_i erfasst. Die Werte sind in der nachfolgenden Tabelle aufgeschrieben.

i	x	y
1	10	2
2	30	3
3	50	7

a) Öffnen Sie ein neues R-Skript und speichern Sie es unter dem Namen Trinkgeld.R. Schreiben Sie in die erste Zeile Ihres Skriptes den Namen der Datei als Kommentar, achten Sie darauf, dass das Paket desk aktiviert ist und löschen Sie alle eventuell im Objektspeicher noch vorhandenen Objekte.

b) Tragen Sie in die nächste Zeile als Kommentar den Begriff »Dateneingabe« ein. Geben Sie die x- und y-Daten in Ihr Skript ein. Definieren Sie zu diesem Zweck mit Hilfe der c()-Funktion die Vektoren x und y und lassen Sie sich die beiden Vektoren in der Konsole anzeigen. Überprüfen Sie, ob die Objekte (Vektoren) x und y im Environment-Fenster (Liste aller bislang verwendeten Objekte) aufgelistet sind. Fügen Sie den zweiten Wert des Vektors x und den zweiten Wert des Vektors y zum Vektor Beobachtung2 zusammen. Überprüfen Sie im Environment-Fenster, ob diese Operation erfolgreich war.

c) Betrachten Sie die Punktwolke Ihrer Daten mit Hilfe des Befehls plot(x,y).

d) Berechnen Sie die Werte der Variationen S_{xx} und S_{yy} sowie der Kovariation S_{xy} und geben Sie diesen Objekten die Bezeichnungen sxx, syy und sxy. Benutzen Sie zu diesem Zweck die Funktionen sum(), mean() und den Rechenoperator »^«. Achten Sie in Ihren Befehlen auf die korrekten Klammersetzungen.

e) Fügen Sie in eine neue Zeile den Kommentar »Regression« in Ihr Skript ein. Berechnen Sie den KQ-Schätzwert des Steigungsparameters β und geben Sie dem Objekt die Bezeichnung beta.dach. Berechnen Sie auch den Schätzwert für den Niveauparameter α und geben Sie dem Objekt die Bezeichnung alpha.dach. Überprüfen Sie, ob alle bislang erzeugten Objekte im Environment-Fenster aufgelistet sind. Lassen Sie sich die Werte von `alpha.dach` und `beta.dach` in der Konsole anzeigen.

f) Berechnen Sie mit Hilfe der Objekte `alpha.dach` und `beta.dach` die Werte $\hat{y}_1$, $\hat{y}_2$ und $\hat{y}_3$ und geben Sie diesen die Bezeichnungen `ydach1`, `ydach2` und `ydach3`. Fügen Sie die drei Werte zum Vektor `ydach` zusammen. Ermitteln Sie auch die Residuenwerte $\hat{u}_1$, $\hat{u}_2$ und $\hat{u}_3$ und geben Sie diesen die Namen `udach1`, `udach2` und `udach3`. Fügen Sie diese drei Werte zum Vektor `udach` zusammen. Berechnen Sie die Summe der Residuenquadrate und geben Sie diesem Objekt die Bezeichnung `ssr`.

g) Fügen Sie Ihrer zuvor erzeugten Grafik die Regressionsgerade $\widehat{R}$ hinzu. Verwenden Sie zu diesem Zweck den Befehl `abline(a = 0.25, b = 0.125)`. Die erste Zahl im Befehl ist der Schnittpunkt der Geraden mit der vertikalen Achse und die zweite Zahl die Steigung der Geraden. Die Funktion `abline()` wird erst in der R-Box 15.1 ab Seite 204 genauer vorgestellt.

h) Speichern Sie Ihr Skript `Trinkgeld.R` erneut ab, aber lassen Sie das Quelltext-Fenster mit Ihrem Skript geöffnet, denn wir werden es in der nächsten Aufgabe weiter ausbauen.

R-Box 3.5: Datenstrukturen III: Matrix und Array

Eine *Matrix* unterscheidet sich von einem Vektor hauptsächlich dadurch, dass die Elemente in zwei Dimensionen, statt in nur einer, aneinandergereiht werden (siehe Abb. A3.1, S. 35). Matrizen lassen sich immer aus der Verknüpfung mehrerer Vektoren gleicher Länge und gleichen Datentyps gewinnen. Die bereits bekannte Funktion `rbind()` (kurz für »row bind«) interpretiert Vektoren als Zeilenvektoren und ordnet sie untereinander, also zeilenweise, an. Die Funktion `cbind()` (kurz für »column bind«) interpretiert Vektoren als Spaltenvektoren und ordnet sie nebeneinander bzw. spaltenweise an.

Beispielsweise können wir die Vektoren

```
x <- seq(from = 1, to = 4, by = 1)     # oder x <- c(1:4)
```

und

```
y <- rep(7,4)
```

mit dem Befehl

```
MeineMatrix <- rbind(x,y)
```

zur Matrix `MeineMatrix` verknüpfen, die dann wie folgt aussieht:

Fortsetzung auf nächster Seite ...

Fortsetzung der vorherigen Seite ...

```
     [,1] [,2] [,3] [,4]
x      1    2    3    4
y      7    7    7    7
```

Hingegen liefert

```
MeineMatrix <- cbind(x,y)
```

die Matrix

```
     x y
[1,] 1 7
[2,] 2 7
[3,] 3 7
[4,] 4 7
```

R gibt demnach nicht nur die Matrix selbst aus, sondern auch die jeweiligen Zeilen- und Spaltenindizes. Dabei fällt auf, dass entweder der Zeilen- oder der Spaltenindex durch die Vektornamen x und y ersetzt wurde. Das ist zwar hilfreich, wenn wir sehen wollen, wie die Matrix zusammengesetzt wurde, kann aber beim späteren Arbeiten mit der Matrix störend sein. Um dieses Problem zu vermeiden, besitzen die Funktionen `cbind()` und `rbind()` das Argument `deparse.level`. Wir können diesem Argument die Werte von 0 bis 2 zuweisen. Der voreingestellte Wert von 1 bewirkt, dass die Vektorennamen übernommen werden, bei `rbind()` also als Zeilennamen und bei `cbind()` als Spaltennamen. Geben wir hingegen

```
MeineMatrix <- cbind(x,y, deparse.level = 0)
```

ein, so werden keine Vektornamen übertragen und die Matrix lautet

```
     [,1] [,2]
[1,]   1    7
[2,]   2    7
[3,]   3    7
[4,]   4    7
```

Welches Objekt würden wir erzeugen, wenn wir statt der `cbind()`-Funktion einfach die `c()`-Funktion verwendeten? R würde dann die beiden Vektoren x und y hintereinander in einem Vektor anordnen:

```
[1] 1 2 3 4 7 7 7 7
```

Der Zugriff auf bestimmte Elemente oder Bereiche der Matrix erfolgt genau wie bei Vektoren über Indizes in eckigen Klammern. Im Gegensatz zu Vektoren benötigt man aber zwei Indizes. Der erste Index gibt die Zeilennummer und der

Fortsetzung auf nächster Seite ...

Fortsetzung der vorherigen Seite ...

zweite die Spaltennummer an (einfacher Merksatz: »[z]uerst [Z]eile, [sp]äter [Sp]alte«). Zum Beispiel greifen wir mit `MeineMatrix[3,1]` auf das Element in der dritten Zeile und ersten Spalte zu, also die 3. Wird einer der beiden Indizes (Zeile oder Spalte) weggelassen, interpretiert R das als »wähle alle Elemente aus«. Der Befehl `MeineMatrix[3,]` gibt beispielsweise die gesamte dritte Zeile aus und `MeineMatrix[,2]` die gesamte zweite Spalte. Es ist wichtig, das Komma nicht zu vergessen. Um Elemente gezielt wegzulassen, können wieder negative Indizes eingesetzt werden. Beispielsweise ergibt `MeineMatrix[-2,1]` die erste Spalte, aber ohne das Element, welches sich in der zweiten Zeile befindet.

Wir könnten mehrere Matrizen der gleichen Dimension »hintereinander« anordnen. Abbildung A3.1(c) (S. 35) veranschaulichte diesen Fall. Ein solcher aus Matrizen zusammengesetzter Datenquader nennt sich in R (dreidimensionaler) »Array«. Beispielsweise erzeugen wir mit dem Befehl

```
MeinArray <- array(1:24, dim = c(4,3,2))
```

zwei »hintereinander angeordnete« Matrizen, die jeweils aus vier Zeilen und drei Spalten bestehen. Die »vordere« Matrix besteht aus den Zahlen 1 bis 12 und die »hintere« aus den Zahlen 13 bis 24.

Der Zugriff auf die Elemente dieses Arrays funktioniert analog zum Zugriff auf die Elemente einer Matrix. Es muss lediglich eine dritte Dimension hinzugefügt werden, welche die auszuwählende Matrix bzw. die »Ebene« festlegt. Der Zugriff auf die vordere Matrix von `MeinArray` erfolgt mit dem Befehl

```
MeinArray[,,1] # gib nur die vordere Matrix aus

     [,1] [,2] [,3]
[1,]    1    5    9
[2,]    2    6   10
[3,]    3    7   11
[4,]    4    8   12
```

Entsprechend erhalten wir die hintere Matrix mit

```
MeinArray[,,2] # gib nur die hintere Matrix aus

     [,1] [,2] [,3]
[1,]   13   17   21
[2,]   14   18   22
[3,]   15   19   23
[4,]   16   20   24
```

Hingegen greift der Befehl

Fortsetzung auf nächster Seite ...

Fortsetzung der vorherigen Seite ...

```
MeinArray[3,1,2]
```

auf die dritte Zeile und die erste Spalte der zweiten Ebene zu, also auf die in der hinteren Matrix befindliche Zahl 15:

```
[1] 15
```

R-Box 3.6: **Datenstrukturen IV: Dataframe**

Dataframes sind für Empiriker (also auch Ökonometriker) das gebräuchlichste Datenobjekt, da es spaltenweise die für die Auswertung einer Studie notwendigen Variablen anordnet und mit einem Variablennamen versieht. Aus Abbildung A3.2(a) (S. 36) ist ersichtlich, dass jede Spalte eines Dataframes einen eigenen elementaren Datentyp haben darf. Beispielsweise lassen sich problemlos die Namen von Probanden (Zeichenkette) mit deren Körpergröße (Zahl) in einem einzigen Datensatz verbinden.

Viele bestehende Datenobjekte (z.B. eine zuvor erzeugte Matrix) lassen sich mit der Funktion `as.data.frame()` in Dataframes umwandeln. In der Regel erstellt man einen Dataframe aber direkt mit der Funktion `data.frame()`. Das nachfolgende Beispiel zeigt, wie man Vektoren unterschiedlichen Datentyps zu einem Dataframe verknüpfen kann. Nehmen wir an, wir hätten die folgenden fünf Variablen von vier Probanden in einem (fiktiven) ökonomischen Experiment erhoben:

```
Sub <- c(1,2,3,4)
PC_ID <- c("Lab1-03", "Lab2-13", "Lab2-05", "Lab1-07")
IsMale <- c(TRUE, TRUE, TRUE, FALSE)
cont <- c(0.23, 0.18, 0.24, 0.19)
treatment <- c("Control", "Control", "Treat", "Treat")
```

Mit der Funktion `data.frame()` erstellen wir aus den fünf Vektoren einen Dataframe mit Namen `MeineDaten`:

```
MeineDaten <- data.frame(Sub, PC_ID, IsMale, cont, treatment)
```

Nachdem wir in der Konsole

```
MeineDaten
```

eingegeben haben, erscheint dort das folgende Ergebnis:

Fortsetzung auf nächster Seite ...

Fortsetzung der vorherigen Seite ...

```
  Sub   PC_ID IsMale cont treatment
1   1 Lab1-03   TRUE 0.23   Control
2   2 Lab2-13   TRUE 0.18   Control
3   3 Lab2-05   TRUE 0.24     Treat
4   4 Lab1-07  FALSE 0.19     Treat
```

Bei großen Datenmengen ist es hilfreich, wenn man die Ausgabe der Daten auf die ersten Zeilen beschränken kann. Dafür steht die Funktion `head()` zur Verfügung. Beispielsweise werden uns mit dem Befehl

```
head(MeineDaten, 2)
```

nur die ersten beiden Zeilen des Dataframes angezeigt:

```
  Sub   PC_ID IsMale cont treatment
1   1 Lab1-03   TRUE 0.23   Control
2   2 Lab2-13   TRUE 0.18   Control
```

Eine alternative Darstellungform des Dataframes erhalten wir mit der Funktion `View()`. Wenn wir den Befehl `View(MeineDaten)` in die Konsole eingeben, wird ein neues Fenster erzeugt, welches den Dataframe in einer übersichtlichen Tabelle anzeigt. Mit dem Befehl `fix(MeineDaten)` können die Daten in einem eigenen Daten-Editor-Fenster nicht nur angezeigt, sondern auch verändert werden.

In allen drei Darstellungsvarianten übernimmt die Funktion `data.frame()` als Variablennamen die Objektnamen der fünf Vektoren. Mit der Funktion `names()` lassen sich die Variablennamen des Dataframes ausgeben oder neu festlegen:

```
names(MeineDaten)     # Gib alle Variablennamen aus
[1] "Sub"         "PC_ID"      "IsMale"     "cont"       "treatment"
```

Auch auf einzelne Variablennamen kann zugegriffen werden:

```
names(MeineDaten)[4] # Gib nur den 4. Variablennamen aus
[1] "cont"
```

Um den vierten Variablennamen in »contrib« umzuändern, schreiben wir

```
names(MeineDaten)[4] <- "contrib"
```

Der Zugriff auf die Elemente eines Dataframes kann genau wie bei Matrizen über die Angabe eines Zeilen- und eines Spaltenindex erfolgen. Um beispielsweise auf die Zahl 0,24 (Beitrag von Proband 3) zuzugreifen, verwenden wir

Fortsetzung auf nächster Seite ...

Fortsetzung der vorherigen Seite ...

```
MeineDaten[3, 4]      # Matrix-Zeilenindex und Matrix-Spaltenindex
[1] 0.24
```

Da Dataframes immer Variablen- bzw. Spaltennamen besitzen, können wir statt des Spaltenindex auch den entsprechenden Spaltennamen als Zeichenkette angeben:

```
MeineDaten[3, "contrib"]
[1] 0.24
```

Die Verwendung der Spaltennamen ist insbesondere bei größeren Datensätzen nützlich, denn bei diesen ist die Spalte, in der sich eine bestimmte Variable befindet, oftmals unbekannt.

Die dritte Möglichkeit, auf die Daten zuzugreifen, macht von der Tatsache Gebrauch, dass Dataframes aus *(Unter-)Objekten*, nämlich aus nebeneinander angeordneten Spaltenvektoren, zusammengesetzt sind. Um kenntlich zu machen, dass wir auf ein Unterobjekt *innerhalb eines Dataframes* zugreifen möchten, verwenden wir das $-Zeichen. Auf der linken Seite des $-Zeichens steht dabei immer das Objekt, *aus welchem* wir ein Unterobjekt entnehmen möchten (hier: der Dataframe MeineDaten) und auf der rechten Seite, *welches* Unterobjekt wir entnehmen möchten (hier: Vektor contrib). Beim Aufruf eines Objektes oder Unterobjektes über das $-Zeichen und den Objektnamen können die Anführungsstriche weggelassen werden. Deshalb lautet der Befehl zur Ausgabe des Vektors contrib

```
MeineDaten$contrib    # oder MeineDaten$"contrib"
[1] 0.23 0.18 0.24 0.19
```

Aus diesem Vektor lassen sich dann wie gewohnt durch Angabe einer Indexnummer in eckigen Klammern einzelne Elemente herausgreifen, so dass wir auch auf diesem Weg zur gewünschten Zahl 0,24 kommen:

```
MeineDaten$contrib[3]
[1] 0.24
```

Wir haben gesehen, dass sich das $-Zeichen dazu eignet, auf Unterobjekte eines übergeordneten Objektes zuzugreifen – in unserem Fall auf den Vektor contrib aus dem Dataframe MeineDaten. Bei häufigen Datenzugriffen dieser Art kann das einen gewissen Schreibaufwand bedeuten. Es gibt in R Möglichkeiten, diese Schreibarbeit zu vermeiden. Die populärste Möglichkeit ist das Funktionenpaar attach() (engl. für »anheften« oder »zuweisen«) gefolgt von

Fortsetzung auf nächster Seite ...

Fortsetzung der vorherigen Seite ...

detach(). Leider ist der Gebrauch dieses Befehlspaares nicht ohne Tücken, weshalb wir gerade den R-Anfängern abraten, diese Befehle zu verwenden.

R-Box 3.7: **Datenstrukturen V: Liste**

Auch die Datenstruktur *Liste* besteht aus nebeneinander angeordneten Unterobjekten (siehe Abbildung A3.2(b), S. 36). Im Gegensatz zu einem Dataframe bestehen hinsichtlich dieser Unterobjekte aber keinerlei Einschränkungen. Prinzipiell lässt sich alles, was man im Objektspeicher ablegen kann, auch in eine Liste aufnehmen. Das kann eine einzelne Zahl sein, aber auch eine Matrix oder sogar eine weitere Liste.

Listen werden mit list() erzeugt, wobei wir innerhalb der Klammern alle Objekte aufzählen, die in die Liste aufgenommen werden sollen. Anstatt nachträglich mit names() die Listenelemente mit Namen zu versehen, kann dies auch direkt beim Aufruf von list() erfolgen. Beispielsweise erstellt

```
MeineListe <- list(
  c(1, 2, 3),                  # Namenloser Vektor
  Alter = 25,                  # Zahl mit Namen "Alter"
  IstMann = T,                 # Wahrheitswert mit Namen "IstMann"
  Vorname = c("Anton", "Bernd") # Vektor mit Namen "Vorname"
)
```

eine Liste mit dem Namen »MeineListe«. Diese Liste besteht aus vier Unterobjekten. Um uns den Inhalt der Liste in der Konsole anzusehen, geben wir dort den Namen der Liste ein:

```
MeineListe
```

R antwortet

```
[[1]]
[1] 1 2 3

$Alter
[1] 25

$IstMann
[1] TRUE

$Vorname
[1] "Anton" "Bernd"
```

Das erste Unterobjekt der Liste MeineListe ist ein namenloser dreielementiger Vektor aus Zahlen. Das zweite Unterobjekt ist eine unter dem Namen »Alter« ge-

Fortsetzung auf nächster Seite ...

Fortsetzung der vorherigen Seite ...

speicherte einzelne Zahl, das dritte Unterobjekt ist ein einzelner Wahrheitswert, der unter dem Namen »IstMann« gespeichert ist, und das vierte Unterobjekt ist ein Vektor mit dem Objektnamen »Vorname«, welcher aus zwei Zeichenketten besteht.

Da das erste Listenobjekt keinen Namen zugewiesen bekommen hat, aber ein Zugriff darauf trotzdem möglich sein muss, hat R statt eines Namens die Position dieses Listenelements in doppelte eckige Klammern [[1]] eingefasst. Das erste Unterobjekt der Liste rufen wir demnach folgendermaßen auf:

```
MeineListe[[1]]
```

```
[1] 1 2 3
```

Beim Zugriff auf Elemente von Vektoren hatten wir mit einfachen eckigen Klammern gearbeitet. Um das dritte Element des angezeigten Vektors auszuwählen, hängen wir wie gewohnt in einfachen eckigen Klammern die Position des Elements an:

```
MeineListe[[1]][3]
```

```
[1] 3
```

Der Zugriff auf das zweite Unterobjekt der Liste erfolgt ganz analog:

```
MeineListe[[2]]
```

```
[1] 25
```

Da dieses Unterobjekt allerdings einen Namen besitzt, können wir, wie schon bei den Dataframes, den Zugriff auch über den Namen des Unterobjekts erreichen:

```
MeineListe$Alter
```

```
[1] 25
```

Ganz analog können wir auf den Namen »Bernd« im vierten Unterobjekt der Liste mit dem Befehl

```
MeineListe[[4]][2]
```

oder aber mit der $-Schreibweise zugreifen:

```
MeineListe$Vorname[2]
```

```
[1] "Bernd"
```

Aufgabe 3.2: Trinkgeld (Teil 2)

- Replikation der Numerischen Illustration 3.2 des Lehrbuches
- Arbeiten mit Vektoren, Matrizen, Listen und Dataframes
- Bestimmtheitsmaß
- R-Funktionen: c(), cbind(), data.frame(), list(), rbind()

a) Falls Ihr Skript Trinkgeld.R nicht ohnehin schon im Quelltext-Fenster sichtbar ist, öffnen Sie es. Führen Sie das gesamte Skript in einem Schritt aus.

b) Erstellen Sie für Gast 1 einen eigenen Vektor mit dem Namen gast1. Dieser Vektor soll die folgenden vier Zahlen enthalten: x_1, y_1, $\hat{y}_1$ und $\hat{u}_1$. Definieren Sie analoge Vektoren für die Gäste 2 und 3.

c) Verknüpfen Sie die drei Vektoren gast1, gast2 und gast3 zeilenweise zur Matrix mit dem Namen Datenmatrix. Lassen Sie sich diese Matrix in der Konsole anzeigen. Modifizieren Sie Ihren Verknüpfungsbefehl so, dass die Vektorennamen nicht übernommen werden. Kontrollieren Sie den Erfolg Ihrer Modifikation. Wie hätten Sie diese Matrix auch ohne den Umweg über die Vektoren gast1, gast2 und gast3 erzeugen können? Lassen Sie sich den letzten Wert der obersten Zeile der Matrix anzeigen. Lassen Sie sich anschließend die gesamte letzte Spalte anzeigen.

d) Die drei Gäste hatten unterschiedliche Gerichte bestellt. Gast 1 hatte Flammkuchen, Gast 2 entschied sich für Lasagne und Gast 3 hatte sich Brokkoli-Nuggets gegönnt. Bilden Sie mit der Funktion list() eine Liste mit Namen Gast1, welche als erstes Element die Zeichenkette »Gast 1«, als zweites Element seinen Rechnungsbetrag, als drittes Element sein Trinkgeld und als viertes Element sein bestelltes Gericht enthält. Dabei soll das vierte Element später unter dem Namen »Gericht« aufrufbar sein. Erstellen Sie auf analogem Weg auch die Listen Gast2 und Gast3. Lassen Sie sich das erste Element der Liste Gast3 anzeigen und anschließend das vierte Element der Liste Gast1.

e) Bilden Sie aus den jeweils vierten Elementen der drei Listen den Vektor gericht und kontrollieren Sie im Environment-Fenster, ob Ihre Definition des Vektors geglückt ist. Definieren Sie den Vektor gast bestehend aus den drei Elementen (Zeichenketten) »Gast 1«, »Gast 2« und »Gast 3«.

f) Tragen Sie in die nächste Zeile Ihres Skriptes den Kommentar »Dataframe« ein. Verknüpfen Sie anschließend die Vektoren gast, x, y und gericht zu einem Dataframe mit dem Namen data.trinkgeld und lassen Sie sich den Dataframe in der Konsole anzeigen. Lassen Sie sich den zweiten Eintrag in der dritten Spalte des Dataframes data.trinkgeld isoliert anzeigen.

g) Speichern Sie Ihr Skript Trinkgeld.R ab.

R-Box 3.8: KQ-Schätzung des einfachen Regressionsmodells

Die herkömmliche Schreibweise des ökonometrischen Modells der Einfachregression lautet

$$y_i = \alpha + \beta x_i + u_i,\qquad(A3.1)$$

wobei y_i die endogene Variable, α der Niveauparameter, β der Steigungsparameter, x_i die exogene Variable und u_i die Störgröße sind. Wir hatten bereits eine Kleinst-Quadrat-Schätzung (KQ-Schätzung) der Parameter α und β durchgeführt und auch einige weitere Größen berechnet. Mit der Funktion `ols()` des Pakets `desk` können alle diese Berechnungen viel einfacher und schneller bewältigt werden. Dabei steht »ols« für »ordinary least squares«, zu Deutsch: gewöhnliche kleinste Quadrate. Die Funktion ist erst dann einsatzbereit, wenn das Zusatzpaket `desk` installiert und aktiviert ist. Sollte dies noch nicht der Fall sein, muss zunächst der Anleitung in der R-Box 1.3 gefolgt werden.

Innerhalb der Klammern der `ols()`-Funktion müssen wir R mitteilen, wie das zu schätzende ökonometrische Modell genau aussieht, also welches unserer Objekte die endogene Variable ist und welches die exogene. Damit R unsere Angaben korrekt versteht, müssen wir uns der *R-Formelschreibweise* bedienen. Diese modifiziert die Schreibweise (A3.1) in zweierlei Hinsicht. Sie ersetzt das Gleichheitszeichen »=« durch das Tildezeichen »~«. Es steht für »wird erklärt durch«. Mit diesem Symbol wird betont, dass es sich um die *Definition eines ökonometrischen Modells* handelt. Ferner verzichtet die R-Formelschreibweise auf solche Bestandteile, die als Grundelemente jedes ökonometrischen Modells vorausgesetzt werden können und automatisch mit einbezogen werden. Das gilt für die Indizes i der Variablen, die Parameter α und β und die Störgröße u_i.

Wenn die Werte der endogenen Variablen im Objekt y und die Werte der exogenen Variablen im Objekt x stehen, dann reduziert sich das ökonometrische Modell (A3.1) in der R-Formelschreibweise zu folgendem Ausdruck:

y ~ x

Der Befehl `ols(y ~ x)` würde eine KQ-Schätzung des Modells (A3.1) durchführen. In späteren Kapiteln werden wir kompliziertere Modelle als (A3.1) schätzen. Auch sie können in die R-Formelschreibweise übertragen und dann von R verarbeitet werden. Solchen komplexeren Modellen wenden wir uns aber erst ab Kapitel A9 zu.

Exemplarisch sei die folgende Befehlssequenz betrachtet:

```
x <- c(1,2,3,4)
y <- c(2,3,2,5)
MeinModell.est <- ols(y ~ x)
```

Fortsetzung auf nächster Seite ...

Fortsetzung der vorherigen Seite ...

Zunächst wird hier der vierelementige Vektor y auf den vierelementigen Vektor x regressiert. Die Ergebnisse dieser KQ-Schätzung werden dann dem neuen Objekt MeinModell.est zugewiesen. Die ols()-Funktion führt dabei eine Vielzahl von Berechnungen durch, deren Ergebnisse alle im Objekt MeinModell.est abgelegt werden. Da in diesem Objekt Schätzergebnisse enthalten sind, haben wir für die Endung des Objektnamens den Anhang est, für »estimation«, gewählt.

Ein mit der ols()-Funktion erzeugtes Objekt besitzt eine eigene Objektklasse, nämlich die Objektklasse lm (für engl.: *linear model*). Es handelt sich dabei um eine spezielle Art von Liste. Der Zugriff auf die Inhalte einer solchen Liste geschieht wie bei Objekten der Objektklasse list. Wie gewohnt können wir uns den Inhalt eines Objektes in der Konsole anzeigen lassen, indem wir dort den Objektnamen eingeben.

Ein mit der ols()-Funktion erzeugtes Objekt enthält allerdings mehr Informationen als in den meisten Fällen benötigt werden. Daher wird standardmäßig bei Eingabe des Objektnamens nur eine Tabelle der wichtigsten Schätzergebnisse angezeigt:

```
MeinModell.est

              coef   std.err  t.value  p.value
(Intercept)  1.0000   1.4491   0.6901   0.5615
x            0.8000   0.5292   1.5119   0.2697
```

Diese Form von Ergebnistabelle wurde auch bei den verschiedenen Beispielen des Lehrbuches standardmäßig abgedruckt.

Möchte man, dass weitere Details ausgegeben werden, so kann man entweder direkt im ols()-Befehl das Argument details = T einfügen, oder aber mit Hilfe von print() die Anzeige des Objektes MeinModell.est nachträglich verändern. So liefert der Befehl

```
print(MeinModell.est, details = T)
```

die auf der folgenden Seite wiedergegebene umfangreichere Ergebnisübersicht.

Die Darstellung mit vier Dezimalstellen ist meistens der beste Kompromiss, um eine hinreichende Übersichtlichkeit und gleichzeitig die notwendige Genauigkeit zu gewährleisten. In Einzelfällen kann es aber sein, dass eine höhere Präzision in der Anzeige erforderlich wird. Dies können wir ebenfalls über die print()-Funktion steuern. Sollen beispielsweise sechs Dezimalstellen angezeigt werden, würden wir in der print()-Funktion neben dem anzuzeigenden Objekt (hier MeinModell.est) das Argument digits = 6 eingeben. Dabei geht es allerdings immer nur um die *angezeigte* Genauigkeit. Innerhalb von

Fortsetzung auf nächster Seite ...

Fortsetzung der vorherigen Seite ...

`MeinModell.est` sind die Kennzahlen immer in voller Präzision gespeichert. Bei der späteren Weiterverarbeitung dieser Zahlen kann es deshalb zu keinen Rundungsfehlern kommen.

```
              coef    std.err  t.value  p.value
(Intercept)   1.0000  1.4491   0.6901   0.5615
x             0.8000  0.5292   1.5119   0.2697


Number of observations:      4
Number of coefficients:      2
Degrees of freedom:          2
R-squ.:                 0.5333
Adj. R-squ.:            0.3
Sum of squ. resid.:     2.8
Sig.-squ. (est.):       1.4
F-Test (F-value):       2.2857
F-Test (p-value):       0.2697
```

Sollte auch das optionale Argument `details = T` nicht ausreichen, um die gewünschten Informationen zur Schätzung angezeigt zu bekommen, so kann man über das `$`-Zeichen gezielt auf benötigte Elemente der Liste `MeinModell.est` zugreifen. Dabei können wir ausnutzen, dass die Unterobjekte eines mit der `ols()`-Funktion erzeugten Objektes festgelegte Namen besitzen. Die vollständige Liste der Namen aller Unterobjekte lässt sich mit der Funktion `names()` aufrufen:

```
names(MeinModell.est)

 [1] "adj.r.squ"    "assign"        "call"           "coefficients"
 [5] "data"         "data.name"     "df.residual"    "effects"
 [9] "f.pvalue"     "f.value"       "fitted.values"  "has.const"
[13] "model"        "model.formula" "model.matrix"   "modform"
[17] "ncoef"        "nobs"          "p.value"        "qr"
[21] "r.squ"        "rank"          "residuals"      "response"
[25] "sig.squ"      "ssr"           "std.err"        "t.value"
[29] "terms"        "vcov"          "xlevels"
```

Beispielsweise würde der Befehl `MeinModell.est$resid` auf das Unterobjekt `residuals` des Objektes `MeinModell.est` zugreifen. Dabei ist `residuals` der vollständige Name des Unterobjektes. R erkennt aber bereits an der Kurzform `resid`, welches Unterobjekt gemeint ist. Genau genommen würde sogar `resi` ausreichen, denn es besteht keine Verwechslungsgefahr mit einem anderen Unterobjekt. Hingegen wäre `res` zu kurz, denn R wüsste nicht, ob `residuals`

Fortsetzung auf nächster Seite ...

Fortsetzung der vorherigen Seite ...

oder response gemeint ist.

Die Kurznamen der für unsere Zwecke wichtigsten Unterobjekte eines mit der ols()-Funktion erzeugten Objektes sind in Tabelle A3.2 in alphabetischer Reihenfolge aufgelistet. Ferner ist dort angegeben, welche Ergebnisse der durchgeführten KQ-Schätzung im jeweiligen Unterobjekt gespeichert sind. Alle in der ersten Spalte der Tabelle A3.2 aufgelisteten Unterobjekte sind für uns wichtig. Einige werden wir aber erst an späterer Stelle einsetzen.

Tabelle A3.2 Namen und Inhalte der Unterobjekte eines mit der ols()-Funktion erzeugten Objektes.

Name	Erläuterung
adj.r.squ	korrigiertes Bestimmtheitsmaß, $\overline{R}^2$
coef	Koeffizienten, $\widehat{\alpha}$ und $\widehat{\beta}_k$ ($k=1,2,\ldots,K$)
df	Freiheitsgrade, $N-K-1$
fitted	$\widehat{y}$-Werte auf der Regressionsgerade $\widehat{R}$
f.value	F-Wert für gemeinsame Signifikanz der β_k
f.pvalue	p-Wert zur gemeinsamen Signifikanz der β_k
infocrit	Akaike-, Schwarz- und Prognosekriterium
interval	Konfidenz-, Akzeptanz- und Prognoseintervalle
ncoef	Anzahl der Koeffizienten, $K+1$
nobs	Anzahl der Beobachtungen, N
p.value	p-Werte zur Signifikanz der Parameter α und β_k
predict	Punktprognose auf Basis neuer x-Werte, $\widehat{y}_0$
r.squ	Bestimmtheitsmaß, R^2
resid	Residuen, $\widehat{u}$
sig.squ	geschätzte Varianz der Störgröße, $\widehat{\sigma}^2$
ssr	Summe der Residuenquadrate, $S_{\widehat{u}\widehat{u}}$
std.err	Standardfehler der Punktschätzer, $\widehat{sd}(\widehat{\alpha})$ und $\widehat{sd}(\widehat{\beta}_k)$
t.value	t-Werte zur Signifikanz der Parameter α und β_k
vcov	Varianz-Kovarianz-Matrix der Punktschätzer

Schätzwerte für Parameter werden üblicherweise als *Koeffizienten* bezeichnet. Der folgende Befehl ruft die im Objekt MeinModell.est abgelegten KQ-Schätzwerte für die Parameter α und β auf:

```
MeinModell.est$coef

(Intercept)           x
       1.0          0.8
```

Fortsetzung auf nächster Seite ...

Fortsetzung der vorherigen Seite ...

Das Unterobjekt ist ein Vektor mit zwei Elementen. Um lediglich auf das zweite Element zuzugreifen ($\hat{\beta}$), verwenden wir die für Vektoren üblichen Vorschriften, also die einfachen eckigen Klammern:

```
MeinModell.est$coef[2]
```

Als Antwort erhalten wir

```
    x
0.8
```

Das Bestimmtheitsmaß unserer KQ-Schätzung erhalten wir mit

```
MeinModell.est$r.squ
```

```
[1] 0.53333333
```

die Summe der Residuenquadrate mit

```
MeinModell.est$ssr
```

```
[1] 2.8
```

und die Freiheitsgrade mit

```
MeinModell.est$df
```

```
[1] 2
```

Ganz analog könnten wir uns die geschätzten Werte $\hat{y}_i$ (`fitted`), die aus $\hat{u}_i = y_i - \hat{y}_i$ berechneten Residuen (`resid`) oder auch die in den anderen Unterobjekten gespeicherten Resultate anzeigen lassen.

Würde man ohne das Paket `desk` arbeiten, müsste man die KQ-Schätzung mit der `lm()`-Funktion durchführen. Sie ist in der Grundausstattung von R enthalten und funktioniert in fast identischer Weise wie die `ols()`-Funktion. Standardmäßig gibt sie die folgenden Informationen aus:

```
lm(y ~ x)

Call:
lm(formula = y ~ x)

Coefficients:
(Intercept)            x
        1.0          0.8
```

Um weitere mit der `lm()`-Funktion erzeugte Ergebnisse anzeigen zu lassen, müssten wir die ebenfalls in der Grundausstattung von R zur Verfügung stehende Funktion `summary()` einsetzen:

Fortsetzung auf nächster Seite ...

Fortsetzung der vorherigen Seite ...

```
summary(lm(y ~ x))
```

Sie liefert den folgenden Output:

```
Call:
lm(formula = y ~ x)

Residuals:
   1    2    3    4
 0.2  0.4 -1.4  0.8

Coefficients:
            Estimate Std. Error t value Pr(>|t|)
(Intercept)  1.00000    1.44914  0.6901   0.5615
x            0.80000    0.52915  1.5119   0.2697

Residual standard error: 1.1832 on 2 degrees of freedom
Multiple R-squared:  0.53333,Adjusted R-squared:      0.3
F-statistic: 2.2857 on 1 and 2 DF,  p-value: 0.2697
```

Es werden viele der Ergebnisse angezeigt, die wir auch mit der Funktion `ols()` bei Nutzung des Arguments `details = T` erhalten. Einige wichtige Kennzahlen fehlen jedoch, so beispielsweise die Summe der Residuenquadrate. Ferner werden uns bei der `summary()`-Funktion automatisch detaillierte Informationen über die Residuen angezeigt, was für unsere Zwecke nur selten benötigt wird. Deshalb verwenden wir im Folgenden das `desk`-Paket und die dort enthaltene Funktion `ols()` mit dem optionalen Argument `details`.

Aufgabe 3.3: Trinkgeld (Teil 3)

- Zugriff auf ein durch `ols()` erzeugtes Objekt
- R-Funktionen: `abline()`, `ols()`, `plot()`, `print()`

a) Falls Ihr Skript `Trinkgeld.R` nicht ohnehin schon im Quelltext-Fenster sichtbar ist, öffnen Sie es. Führen Sie das gesamte Skript aus. Schreiben Sie in eine neue Zeile den Kommentar »KQ-Schätzung mit ols()-Funktion«. Führen Sie anschließend mit der `ols()`-Funktion eine Schätzung des Trinkgeld-Beispiels durch. Dabei ist `y` die endogene Variable und `x` die exogene Variable. Speichern Sie die Ergebnisse Ihrer KQ-Schätzung im neuen Objekt `trinkgeld.est` ab.

b) Lassen Sie sich die zentralen KQ-Schätzergebnisse des Objektes `trinkgeld.est` anzeigen. Rufen Sie mit dem Argument `details` eine umfangreiche Übersicht der in `trinkgeld.est` gespeicherten Ergebnisse auf.

Wie würden Sie auf die Koeffizienten $\widehat{\alpha}$ und $\widehat{\beta}$ zugreifen?

c) Lassen Sie sich mit dem passenden Befehl die geschätzten Werte $\widehat{y}_1$, $\widehat{y}_2$ und $\widehat{y}_3$ des Objektes `trinkgeld.est` anzeigen und vergleichen Sie das Ergebnis mit dem früher erzeugten Vektor `ydach`. Rufen Sie auch die Residuen $\widehat{u}_1$, $\widehat{u}_2$ und $\widehat{u}_3$ aus dem Objekt `trinkgeld.est` ab und vergleichen Sie die Werte mit dem früher erzeugten Vektor `udach`. Die Summe der Residuenquadrate ist ebenfalls in `trinkgeld.est` abgelegt. Lassen Sie sich auch diesen Wert anzeigen.

d) Greifen Sie auf das Bestimmtheitsmaß R^2 der durchgeführten KQ-Schätzung zu und speichern Sie den Wert unter dem Namen `R2`. Lassen Sie sich den Wert des Objektes `R2` anzeigen. Überprüfen Sie manuell in R, ob die übliche Berechnungsformel des Bestimmtheitsmaßes, also $R^2 = S_{xy}^2/(S_{xx}S_{yy})$, das gleiche Resultat liefert wie die `ols()`-Funktion. Denken Sie daran, dass Sie die Werte S_{xy}, S_{xx} und S_{yy} an früherer Stelle bereits berechnet hatten.

e) Erzeugen Sie aus den Objekten `x` und `y` eine Punktwolke und fügen Sie dieser die mit der `ols()`-Funktion erzeugte Regressionsgerade hinzu. Verwenden Sie dafür den Befehl `abline(trinkgeld.est)`. Wie bereits erwähnt, wird die Verwendung der `abline()`-Funktion erst in der R-Box 15.1 ab Seite 204 genauer vorgestellt.

f) Speichern Sie Ihr Skript ab und schließen Sie es.

R-Box 3.9: Daten im R-Datenformat speichern und laden

Beliebige Objekte im Objektspeicher, also beispielsweise Vektoren, speichern wir mit der Funktion `save()`. In die Klammern tragen wir durch Komma getrennt die Namen der Objekte ein, welche wir abspeichern möchten. Durch ein weiteres Komma getrennt, müssen wir in den Klammern zusätzlich den Dateinamen angeben, unter dem wir die Objekte im Arbeitsordner speichern wollen. Der Dateiname muss in Anführungsstriche gesetzt werden, damit er von R als Zeichenkette erkannt wird. Ferner sollte der von uns gewählte Dateiname immer entweder die Endung ».RData« oder die Endung ».rda« haben, denn die Inhalte von Dateien mit diesen Endungen erkennt R immer sofort als Objekte im R-eigenen Format.

Wir hatten im Rahmen der R-Box 3.6 (S. 47) den Dataframe `MeineDaten` erzeugt. Er enthielt unter anderem die Objekte `PC_ID` und `treatment`. Um diese beiden Objekte in der Datei `MeineObjekte.RData` abzulegen, könnten wir beispielsweise den Befehl

```
save(PC_ID, treatment, file = "MeineObjekte.RData")
```

verwenden. Wir empfehlen jedoch, im Arbeitsordner einen Unterordner

Fortsetzung auf nächster Seite ...

Fortsetzung der vorherigen Seite ...

Objekte anzulegen, in dem alle Objekte abgelegt werden. So bleibt die Ebene des Arbeitsordners den R-Skripten vorbehalten, während gespeicherte Objekte im Unterordner Objekte zu finden sind.

Um den Unterordner Objekte anzulegen, öffnen wir im rechten unteren Fenster das »Files«-Fenster. Dort klicken wir in der Taskleiste auf »New Folder«. Daraufhin öffnet sich ein Dialogfenster, in welches wir den Namen des Unterordners, also »Objekte«, eintragen. Anschließend klicken wir auf »OK«. Der Unterordner Objekte sollte nun im Arbeitsordner aufgelistet sein (eventuell zunächst noch an letzter Position).

Wir gehen im Folgenden davon aus, dass der Unterordner Objekte angelegt worden ist. Um die Objekte PC_ID und treatment in diesem Unterordner abzuspeichern, muss entweder der ganze Pfad zur Datei angegeben werden oder man verwendet die folgende Schreibweise im Argument file:

```
save(PC_ID, treatment, file = "./Objekte/MeineObjekte.RData")
```

Der Punkt im Dateipfad zeigt R an, dass es sich bei dem Ordner Objekte um einen Unterordner des Arbeitsordners handelt. R verwendet bei Pfadangaben das Slash-Zeichen »/« und nicht das von Windows gewohnte Backslash-Zeichen »\«.

Für den Fall, dass man nicht ganz sicher ist, wie der genaue Pfad lautet, unter dem eine Datei gespeichert werden soll, kann man innerhalb der save()-Funktion statt des Pfades auch das Argument file = file.choose() eingeben. Dieses bewirkt, dass ein mit »Select file« überschriebener Dateiauswahldialog erscheint. Dort können wir den gewünschten Dateinamen eingeben und den Ordner für die Speicherung auswählen. Für die Abspeicherung unserer Variablen PC_ID und treatment würden wir die folgende Befehlszeile einsetzen:

```
save(PC_ID, treatment, file = file.choose())
```

Oftmals ist es auch hilfreich, den gesamten Objektspeicher, also alle Einträge im Environment-Fenster, in einer Datei abzuspeichern. Dafür steht die Funktion save.image() zur Verfügung. Mit dem Befehl

```
save.image(file = "./Objekte/MeineObjekte.RData")
```

werden *alle* in unserem Skript erzeugten Objekte in der Datei MeineObjekte.RData gesichert. Dies lässt sich leicht überprüfen. Nachdem der save.image()-Befehl abgesendet wurde, löschen wir mit rm.all() alle aktuellen Objekte des Objektspeichers.

Mit der load()-Funktion können wir alle Objekte der Datei MeineObjekte.RData zurück in den Objektspeicher holen:

Fortsetzung auf nächster Seite ...

Fortsetzung der vorherigen Seite ...

```
load(file = "./Objekte/MeineObjekte.RData")
```

Die Objekte stehen wieder genau so zur Verfügung wie zu dem Zeitpunkt, als wir sie abgespeichert hatten – und das ohne diese neu erzeugen zu müssen. Auch in der `load()`-Funktion sind die Anführungszeichen zwingend erforderlich. Alternativ zur `load()`-Funktion genügt auch im Files-Fenster ein einfacher Klick auf die neue Datei `MeineObjekte.RData`, um die Objekte zurück in den Objektspeicher zu laden.

In diesem Buch werden die Funktionen `save.image()` und `load()` vor allem bei Aufgaben verwendet, die sich über mehrere Kapitel erstrecken. Wenn man eine solche Aufgabe teilweise bearbeitet hat und den gesamten Objektspeicher in einer Datei abspeichert, kann man die Arbeit an der Aufgabe zu einem beliebigen späteren Zeitpunkt wieder aufnehmen, ganz gleich was man dazwischen in R getan hat.

Viele R-Pakete enthalten auch Datensätze. Die im Paket `desk` enthaltenen Datensätze kann man sich mit dem Befehl `datasets()` auflisten lassen. Unter den dort zu findenden Datensätzen ist auch der Dataframe zum Trinkgeld-Beispiel `data.tip` (in Abschnitt 2.1 des Lehrbuches wird auch die erweiterte Variante `data.tip.all` betrachtet). Wenn das Paket `desk` aktiviert ist, kann also direkt auf den Dataframe `data.tip` zugegriffen werden.

Auch der von uns in der R-Box 3.6 (S. 47) erzeugte Dataframe `MeineDaten` repräsentiert einen Datensatz. Für solche Objekte empfehlen wir im Arbeitsordner einen Unterordner `Daten` anzulegen. Mit dem Befehl

```
save(MeineDaten, file = "./Daten/MeineDaten.RData")
```

wird das Objekt in diesem Unterordner abgelegt.

Aufgabe 3.4: Anscombes Quartett

- Relevanz grafischer Darstellungen von Daten
- Zugriff auf Daten eines Dataframes
- R-Funktionen: `abline()`, `ols()`, `plot()`, `rm.all()`, `View()`
- Datensatz: `data.anscombe`

a) Stellen Sie sicher, dass das Paket `desk` installiert und aktiviert ist. Teil des Pakets ist der Dataframe `data.anscombe`. Unter diesem Objektnamen kann direkt auf den Dataframe zugegriffen werden. Er enthält vier Datensätze mit jeweils einer *x*- und einer *y*-Variablen. Die genauen Variablennamen lauten »x1« und »y1« (Datensatz 1), »x2« und »y2« (Datensatz 2), »x3« und »y3« (Datensatz 3) sowie »x4« und »y4« (Datensatz 4). Lassen Sie sich den Dataframe mit der View()-Funktion anzeigen. Schließen Sie das Fenster wieder. Erstellen Sie ein neues Skript unter dem Namen Anscombe.R. Warum sollten Sie die View()-Funktion nicht in das Skript aufnehmen? Tragen Sie den Dateinamen als Kommentar in Ihr Skript ein und leeren Sie den Objektspeicher.

b) Führen Sie für jeden der vier Datensätze eine eigene KQ-Schätzung durch und speichern Sie die jeweiligen Resultate unter den Namen a.est, b.est, c.est und d.est. Lassen Sie sich diese vier Ergebnisübersichten anzeigen. Was könnte man aus einem Vergleich der vier Ergebnisübersichten hinsichtlich der Wirkungszusammenhänge schließen?

c) Stellen Sie alle vier Datensätze in Punktwolken dar. Fügen Sie mit der abline()-Funktion jeweils die Regressionsgerade hinzu. Finden Sie Ihre Vermutung bezüglich der Wirkungszusammenhänge der vier Datensätze bestätigt?

d) Speichern Sie Ihr Skript ab und schließen Sie es.

R-Box 3.10: **Import und Export fremder Datenformate**

Sehr oft beginnt die eigene empirische Arbeit damit, einen im R-fremden Datenformat (z.B. csv-Datei) vorliegenden Datensatz in den Objektspeicher von R aufzunehmen. Wenn es sich um R-fremde Datenformate handelt, sprechen wir vom »Exportieren« und »Importieren« des Datensatzes. Liegt ein Datensatz hingegen im R-eigenen Datenformat vor, verwenden wir die Begriffe »Speichern« und »Laden« (siehe R-Box 3.9, S. 60).

Um R-fremde Rohdaten im R-Skript weiterzuverarbeiten, müssen wir sie importieren und dabei in ein R-Objekt umwandeln, welches im Objektspeicher von R gespeichert wird. Auf dieses Objekt können wir dann mit den entsprechenden R-Befehlen zugreifen. Je nach Software, die für die Datenerhebung verwendet wurde, liegen die Rohdaten in unterschiedlichen Formaten vor.

Sehr häufig werden Daten im ASCII-Format abgespeichert. Dabei handelt es sich um ein Standard-Textformat, welches von nahezu jeder Ökonometrie-Software erkannt wird. Da auch RStudio das ASCII-Format beherrscht, können wir solche Dateien direkt über die grafische Oberfläche von RStudio importieren. Ein Beispiel ist der Trinkgeld-Datensatz, den wir aus Aufgabe 3.1 kennen. Die entsprechende Datei hat den Dateinamen data.tip.txt und liegt im Ordner desk. Dieser befindet sich im Ordner library oder win-library, der auch alle anderen installierten R-Pakete enthält.

Die genaue Position des desk-Ordners kann von Benutzer zu Benutzer variieren, je nachdem wo R installiert wurde. Mit dem Befehl

Fortsetzung auf nächster Seite ...

Fortsetzung der vorherigen Seite ...

```
MeinDeskPfad <- file.path(.libPaths()[1], "desk")
```

ermitteln wir den aktuellen Pfad zu dem Ordner und weisen diesen Pfad dem Objekt `MeinDeskPfad` zu. Der Befehlsteil `.libPaths()[1]` ermittelt den aktuellen Pfad unseres Ordners `library` oder `win-library`. Die Funktion `file.path()` fügt beliebige weitere Pfadangaben in Textform hinzu, also in unserem Fall noch den Unterordner `desk`. Nach Aufruf des Objektes

```
MeinDeskPfad
```

erhalten wir den vollständigen Pfad:

```
[1] "C:/Programme/R/library/desk"
```

Wir kennen nun den Pfad zum Ordner `desk` und können mit der grafischen Import-Oberfläche von RStudio die Daten der Datei `data.tip.txt` in den Objektspeicher von R holen. Dazu klicken wir im »Environment« Fenster auf »Import Dataset« und wählen »From Text (base) ...«. Es öffnet sich ein Fenster, in welchem wir uns zu dem soeben abgefragten `desk`-Ordner durchklicken können. Dort wählen wir im Unterordner `extdata` die Datei `data.tip.txt` mit einem Doppelklick aus. Es öffnet sich der in Abbildung A3.3 wiedergegebene RStudio-Dialog »Import Dataset«.

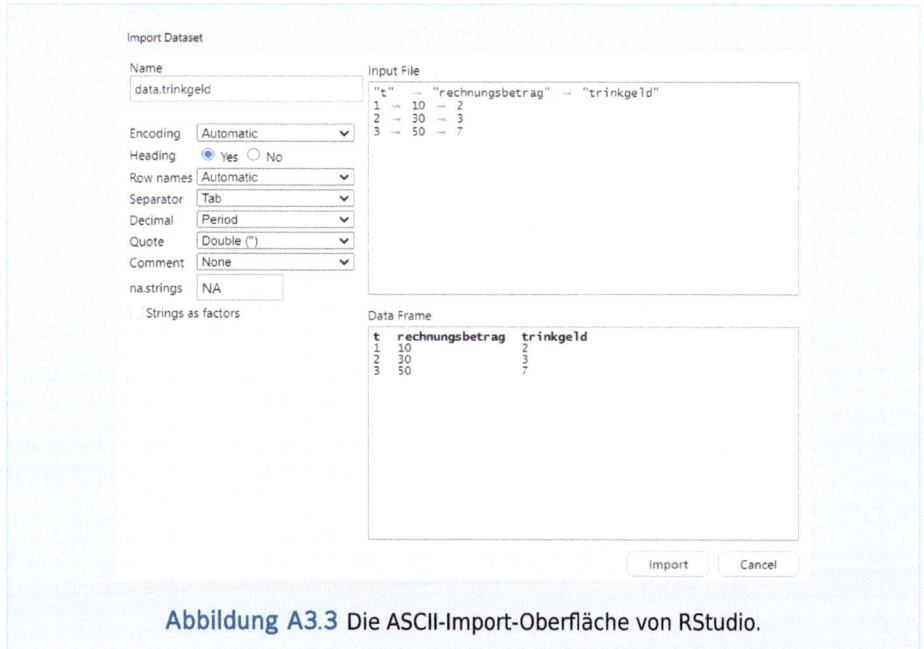

Abbildung A3.3 Die ASCII-Import-Oberfläche von RStudio.

Im rechten Teil des Hauptfensters sehen wir zwei übereinander angeord-

Fortsetzung auf nächster Seite ...

Fortsetzung der vorherigen Seite ...

nete Fenster. Das obere mit dem Titel »Input File« zeigt den Inhalt der zu importierenden ASCII-Datei. Es dient dazu, die wichtigsten Eigenschaften dieser Datei direkt ablesen zu können. Beispielsweise sehen wir, dass unsere Datei `data.tip.txt` eine Kopfzeile mit Variablennamen enthält und dass das Trennzeichen für die einzelnen Spalten ein Tabulator ist. Solche Eigenschaften müssen wir R mitteilen, damit die Datei korrekt importiert werden kann. Dies geschieht im linken Teil des Hauptfensters.

Im obersten Feld »Name« geben wir den Objektnamen ein, unter dem der importierte Datensatz im Objektspeicher später gespeichert werden soll. In unserem Fall haben wir uns für den Namen `data.trinkgeld` entschieden. Unter »Heading« können wir angeben, ob die Originaldaten in der ASCII-Datei eine Kopfzeile mit Variablennamen enthalten. Das Fenster »Input File« zeigt, dass unsere Daten tatsächlich eine solche Kopfzeile besitzen. Wir wählen bei »Heading« deshalb »Yes«. »Separator« legt das Trennzeichen fest, mit dem die Spalten des Datensatzes in der ASCII-Datei voneinander getrennt sind. In ASCII-Dateien mit der Endung ».txt« ist das oftmals ein Tabulator [TAB ⇆] (kurz: »Tab«), in ASCII-Dateien mit der Endung ».csv« (für engl.: *comma separated values*) verwendet man dagegen häufig ein Komma oder ein Semikolon. Für den Import unserer Datei wählen wir »Tab«.

Im Feld »Decimal« teilen wir R mit, ob im Originaldatensatz als Dezimaltrennzeichen ein Komma oder Punkt verwendet wird. Unser Datensatz enthält nur ganze Zahlen und wir können es daher bei dem voreingestellen Wert belassen. Über das Auswahlfeld »Quote« bestimmen wir, in welcher Form Variablennamen als Zeichenkette kenntlich gemacht wurden. Ein Blick in das Fenster »Input File« zeigt, dass die Variablennamen unseres Datensatzes in Anführungszeichen eingefasst wurden und wir daher »Double (")« auswählen müssen. Mit dem Eintrag im Feld »na.strings« können wir R mitteilen, mit welchem Zeichen fehlende Beobachtungen in der Originaldatei kenntlich gemacht wurden. Da unsere Datei keine fehlenden Beobachtungen enthält, lassen wir den voreingestellten Wert erneut stehen. Schließlich gibt es noch den Schalter »Strings as factors«, welcher im eingeschalteten Zustand bewirkt, dass Daten mit Anführungszeichen nicht in Vektoren von Zeichenketten, sondern in die Datenstruktur »factor« umgewandelt werden. Auch hier kann die Einstellung ignoriert werden, da unser Originaldatensatz ausschließlich Zahlen und keine Variablen mit Zeichenketten enthält.

Eine Vorschau auf den importierten Datensatz erhält man im rechten unteren Fenster »Data Frame«. Wenn diese Vorschau unseren Vorstellungen entspricht, klicken wir auf die Schaltfläche »Import«. Der Datensatz öffnet sich in einem eigenen Fenster. Ferner ist der Datensatz als Objekt mit dem Namen `data.trinkgeld` in den Objektspeicher gelangt.

Fortsetzung auf nächster Seite ...

Fortsetzung der vorherigen Seite ...

Der soeben besprochene Importvorgang über eine Benutzeroberfläche ist für einen einmaligen Import von Daten recht komfortabel. Wenn man aber den Importvorgang im Rahmen eines Skriptes automatisieren möchte, benötigt man eine Funktion, welche den Import ausführt. Alle bereits besprochenen Optionen (und noch mehr) zum Importieren von Daten im ASCII-Format beherrscht die Funktion `read.table()`. Die wichtigsten Argumente sind in Tabelle A3.3 aufgelistet.

Tabelle A3.3 Die wichtigsten Argumente der Funktion `read.table()`.

Argument	Erläuterung
`file`	Name der Datei, die eingelesen werden soll
`header`	Ist eine Kopfzeile vorhanden (Wahrheitswert)?
`sep`	verwendetes Trennzeichen
`dec`	Dezimalzeichen in Dezimalzahlen
`na.string`	Zeichen für fehlende Werte

Es ist ratsam, sich in der zu importierenden Datei die für den Import wichtigsten Eigenschaften anzusehen. Für unsere Datei `data.tip.txt` kennen wir diese Eigenschaften bereits:

1. Es gibt eine Kopfzeile mit Variablennamen, die in Anführungsstriche gesetzt sind.

2. Das Trennzeichen zwischen den Variablen einer Beobachtung ist der Tabulator.

3. Das Dezimalzeichen ist im vorliegenden Fall irrelevant, da der Datensatz ausschließlich aus natürlichen Zahlen besteht.

4. Fehlende Daten sind im vorliegenden Fall ebenfalls irrelevant, da der Datensatz vollständig ist.

Um die Daten in R zu laden und als Objekt namens `data.trinkgeld` im Objektspeicher zu speichern, spezifizieren wir die Argumente von `read.table()` wie folgt:

Fortsetzung auf nächster Seite ...

Fortsetzung der vorherigen Seite ...

```
data.trinkgeld <- read.table(file="MeinDeskPfad/extdata/data.tip.txt",
header = T,      # Datei hat Kopfzeile
sep = "\t"       # Trennzeichen ist ein Tabulator
)
```

Daraufhin sehen wir das Objekt `data.trinkgeld` als neuen Eintrag in unserem Objektspeicher. Mit `header = T` haben wir R explizit mitgeteilt, dass in der ersten Zeile der txt-Datei die Bezeichnungen der Variablen stehen. Mit `sep = "\t"` wurde R kenntlich gemacht, dass die Einträge im Datensatz durch den Tabulator getrennt sind. Wären die Einträge durch Leerzeichen getrennt gewesen, hätten wir das Argument `sep = " "` verwenden müssen. Da der Datensatz weder Dezimalzeichen noch fehlende Werte aufweist, konnten die Argumente `dec` und `na.strings` ausgelassen werden. Die Überschriften der Spalten der txt-Datei sind in Anführungszeichen. Dies entspricht der Voreinstellung der `read.table()`-Funktion. Das Argument `quote` konnte deshalb ebenfalls weggelassen werden.

Mit einem Klick auf den Eintrag `data.trinkgeld` im Environment-Fenster oder mit dem Befehl `View(data.trinkgeld)` können wir kontrollieren, ob alle Daten korrekt in das Objekt `data.trinkgeld` importiert wurden. Dieses Vorgehen mag recht kompliziert für eine vermeintlich einfache Aufgabe erscheinen, aber so behalten wir die volle Flexibilität und Kontrolle beim Importieren von Daten im ASCII-Format.

Liegen die Daten als csv-Datei vor (`data.tip.csv`), müssen wir nur wenige Anpassungen vornehmen:

```
data.trinkgeld <- read.table(file="MeinDeskPfad/extdata/data.tip.csv",
header = T,      # Datei hat Kopfzeile
sep = ";"        # Trennzeichen ist diesmal das Semikolon
)
```

In der csv-Datei ist das Trennzeichen für die Spaltentrennung ein Semikolon. Daher spezifizieren wir `sep = ";"`. Wir könnten auch hier wieder mit einem Klick auf den Eintrag `data.trinkgeld` im Environment-Fenster oder mit dem Befehl `View(data.trinkgeld)` den Erfolg des Datenimports kontrollieren. Eine alternative Kontrollform ist die `str()`-Funktion, welche uns die Struktur des neuen Objektes anzeigt:

```
str(data.trinkgeld)

'data.frame': 3 obs. of  2 variables:
 $ x: int  10 30 50
 $ y: int  2 3 7
```

Fortsetzung auf nächster Seite ...

Fortsetzung der vorherigen Seite ...

Der Import ist demnach auch hier wieder gelungen.

Der einfachste Weg um eine xlsx-Datei (`data.tip.xlsx`) direkt in R zu importieren ist das Zusatzpaket `readxl` (Excel). Nachdem es installiert und aktiviert ist, genügt der Befehl

```
data.trinkgeld <- read_excel("MeinDeskPfad/extdata/data.tip.xlsx")
```

Auch andere Datenformate können eingelesen werden. Hilfreich ist hierfür das Zusatzpaket `haven` (SPSS/SAS/STATA). Nachdem es installiert und aktiviert ist, könnten wir beispielsweise einen Datensatz aus dem STATA-Datenformat dta importieren (`data.tip.dta`). Dies gelingt mit dem einfachen Befehl

```
data.trinkgeld <- read_dta("MeinDeskPfad/extdata/data.tip.dta")
```

Umgekehrt können wir auch R-Objekte in Dateien mit fremden Datenformaten exportieren. Für den Export in eine ASCII-Datei steht die Funktion `write.table()` zur Verfügung. Die Funktionsweise ist die gleiche wie in `read.table()`, jedoch mit dem Unterschied, dass in den Klammern zuerst angegeben werden muss, welches Objekt exportiert werden soll. Um beispielsweise dem Dataframe `data.trinkgeld` den Namen `Trinkgeld.txt` zu geben und in den Unterordner »Daten« zu exportieren, verwenden wir folgenden Befehl:

```
write.table(data.trinkgeld, file="./Daten/Trinkgeld.txt", row.names=F)
```

Mit `row.names=F` vermeiden wir, dass die in der ersten Spalte von `data.trinkgeld` stehende Nummerierung der Beobachtungen (diese Spalte besitzt keine Überschrift) mit abgespeichert wird.

Sollen die Dateien nicht innerhalb des gegenwärtigen Arbeitsordners von R abgelegt werden, sondern in einem ganz anderen Ordner, muss der gesamte Pfad im jeweiligen Exportbefehl angegeben werden.

Aufgabe 3.5: Lebenszufriedenheit (Teil 1)

- Ex- und Importieren von externen Daten in R
- Einfachregression
- R-Funktionen: `data.frame()`, `ols()`, `plot()`, `read.table()`, `rm.all()`, `save.image()`, `View()`, `write.table()`
- Datensatz: `data.lifesat`

In Aufgabe 1.1 ging es um die Frage, ob größere Einkommen die Lebenszufriedenheit erhöhen. Mit dem Datensatz `data.lifesat` des Pakets `desk` können wir der

Antwort auf diese Frage näher kommen. Der Datensatz enthält für 40 verschiedene Länder (Variablenname »country«) deren im Jahr 2010 geäußerte durchschnittliche Lebenszufriedenheit (Variablenname »lsat«, andere Skalierung als in Aufgabe 1.1) sowie das durchschnittliche Pro-Kopf-Einkommen (Variablenname »income«).

a) Öffnen Sie ein neues Skript und speichern Sie es unter dem Namen LebenszufriedenheitTeil1.R ab. Tragen Sie in die erste Zeile des Skriptes den Dateinamen als Kommentar ein und leeren Sie den Objektspeicher. Stellen Sie sicher, dass das Paket desk aktiviert ist.

b) Exportieren Sie den im Paket desk enthaltenen Datensatz data.lifesat in eine txt-Datei. Verwenden Sie als Speicherort den Unterordner Daten und geben Sie der Datei den Namen Lebenszufriedenheit.txt.

c) Importieren Sie den Datensatz der Datei Lebenszufriedenheit.txt in R und speichern Sie ihn als Dataframe mit dem Namen data.zufried ab. Lassen Sie sich mit der View()-Funktion die Daten im Quelltext-Fenster anzeigen (Sie könnten alternativ im Environment-Fenster auf den Objekteintrag data.zufried klicken). Um zum Skript zurückzukehren, klicken Sie auf das Fenster mit dem Reiter »LebenszufriedenheitTeil1.R«.

d) Weisen Sie die Werte der Variablen country dem neuen Objekt land zu und die Werte der Variablen lsat dem neuen Objekt zufried. Die Variable »income« (Pro-Kopf-Einkommen) ist im Augenblick in Dollar gemessen. Definieren Sie ein neues Objekt namens einkom, welches das Einkommen in Einheiten von 1000 Dollar angibt. Auf die neuen Objekte land, zufried und einkom kann nun ohne die $-Schreibweise zugegriffen werden.

e) Betrachten Sie die Punktwolke der Daten, wobei die Werte von einkom auf der horizontalen Achse und die Werte von zufried auf der vertikalen Achse ablesbar sein sollen. Sehen Sie einen positiven, einen negativen oder gar keinen Zusammenhang zwischen den beiden Variablen?

f) Um wie viele Einheiten verändert sich die Zufriedenheit, wenn das Pro-Kopf-Einkommen um 1.000 Dollar beziehungsweise um 10.000 Dollar steigt? Um diese Frage zu beantworten, führen Sie eine lineare Einfachregression durch. Dabei sei einkom die exogene Variable und zufried die endogene Variable. Speichern Sie die Ergebnisse der Regression unter der Bezeichnung zufried.est ab. Lassen Sie sich die Hauptergebnisse der Regression mit einem einzigen Befehl anzeigen.

g) Fügen Sie dem Dataframe data.zufried als neue Variable resid die Werte der Residuen Ihrer KQ-Schätzung hinzu. Ersetzen Sie im Dataframe die Werte der Variablen »income« durch die im Objekt einkom gespeicherten Werte (sie unterscheiden sich durch den Faktor 1000 von den Werten im Dataframe).

h) Exportieren Sie den modifizierten Dataframe data.zufried als csv-Datei mit Dezimalkomma und durch Semikolon getrennte Werte. Vermeiden Sie, dass die Nummerierung der Beobachtungen mit abgespeichert wird. Verwenden Sie als Speicherort den Unterordner Daten und geben Sie der Datei den Namen Zufriedenheit.csv.

i) Legen Sie im Arbeitsordner einen Unterordner namens Objekte an. Speichern Sie alle Objekte Ihres Objektspeichers in der Datei Zufriedenheit.RData im Unterordner Objekte und speichern Sie Ihr Skript anschließend. Schließen Sie das Fenster Ihres Skriptes und auch das Fenster mit dem Reiter »data.zufried«.

> **Tipp 3 für R-fahrene: Zuweisungsoperator**
>
> Der Zuweisungsoperator <- kann auch mit der Tastenkombination [Alt]+[-] eingefügt werden (Mac-Computer: [Option]+[-]). Statt der Tastensequenz [Space], [<], [-] und [Space] werden dann nur die zwei Tasten [Alt] und [-] benötigt, was sich angesichts der häufigen Verwendung des Zuweisungsoperators zu einer spürbaren Arbeitsersparnis summiert. Auch die Gefahr von Tippfehlern wird reduziert.

KAPITEL **A4**

Indikatoren für die Qualität von Schätzverfahren

Ökonometrischer Themenschwerpunkt des Kapitels sind die qualitativen Eigenschaften von Schätzverfahren und dabei insbesondere die Vorteile der KQ-Methode. Wir setzen aber auch in diesem Kapitel unsere R-Einführung fort. Den Auftakt bildet die R-Box »Objektverarbeitung I: Funktionen«. Sie vermittelt die wichtigsten Aspekte zum Thema »Funktionen in R«. Direkt im Anschluss erklärt die R-Box »Hilfe!« wie man das in R eingebaute Hilfesystem sinnvoll nutzt. Das Erlernte wird in Aufgabe 4.1 sofort angewendet. In der R-Box »Auskommentierung« (S. 80) wird ein wichtiges Hilfsmittel für den flexiblen Umgang mit Skripten vorgestellt und in Aufgabe 4.2 umgesetzt. Die daran anschließende R-Box »Wiederholte Stichproben« (S. 81) erläutert, dass das theoretische Konzept gedanklich wiederholter Stichproben in R in einfacher Weise konkret umgesetzt werden kann. In der daran anschließenden Aufgabe 4.3 wird diese Umsetzung eigenständig ausprobiert.

> **R-Box 4.1: Objektverarbeitung I: Funktionen**
>
> Wir wissen inzwischen, dass R objektorientiert arbeitet und dass ein Objekt aus einem oder mehreren Elementen besteht. Die Elemente können die elementaren Datentypen `numeric`, `character` oder `logical` besitzen. Mehrere Elemente können zu Datenstrukturen gebündelt werden. Dabei haben wir zwischen den fünf Datenstrukturen Vektor, Matrix, Array, Dataframe und Liste unterschieden. Für die interne Verarbeitung weist R jedes Objekt je nach elementarem Datentyp und Datenstruktur einer Objektklasse zu.
>
> *Fortsetzung auf nächster Seite ...*

Fortsetzung der vorherigen Seite ...

Wir haben bislang ganz allgemein von »Objekten« gesprochen. Genau genommen beziehen sich die obigen Ausführungen auf *Datenobjekte*. R kennt auch ganz andere Objektgattungen, was wir hier aber nicht weiter vertiefen möchten. Stattdessen wenden wir uns den R-Funktionen zu. Mit diesen Funktionen können Objekte in R weiterverarbeitet werden.

Um zu verstehen, wie R-Funktionen arbeiten, stellen wir uns beispielsweise das Arbeitsprinzip einer Waschmaschine vor. Man gibt dreckige Wäsche hinein, die Maschine verarbeitet die Wäsche und heraus kommt saubere Wäsche. Eine R-Funktion arbeitet im Prinzip genauso: Man kann ein Objekt hineingeben (z.B. ein Datenobjekt), die Funktion verarbeitet dieses und gibt das verarbeitete Objekt wieder heraus.

Neben dem Objekt kann man einer R-Funktion oftmals noch zusätzliche Informationen übergeben, welche die Art und Weise der Verarbeitung steuern. Das entspricht einer Waschmaschine, der man am Bedienfeld mitteilt, dass die eingelegte Wäsche besondere Eigenschaften aufweist (z.B. »kann leicht einlaufen« oder »kann Farbe verlieren«), die beachtet werden sollen (z.B. »Schonprogramm«). In gleicher Weise kann man einer Funktion mitteilen, dass man das übergebene Datenobjekt anders als gewöhnlich verarbeitet haben möchte.

Im Folgenden werden wir alles, was wir in die Funktion hineingeben, ganz gleich ob es sich dabei um ein zu verarbeitendes Objekt oder eine Information zur Bearbeitung handelt, als *Argumente* bezeichnen. Das, was die Funktion zurückgibt, heißt *Rückgabe* oder *Rückgabeobjekt*.

Es sei angemerkt, dass auch einige wenige Funktionen existieren, die vollkommen ohne Argument und Rückgabe auskommen, z.B. die »Funktion lösche alle Objekte aus dem Objektspeicher«, `rm.all()`.

Eine Funktion erkennt man in R immer daran, dass sie mit ihrem Namen und einem unmittelbar angehängten runden Klammerpaar aufgerufen wird. In früheren Aufgaben waren uns bereits zahlreiche Funktionen begegnet. Beispiele sind `class()`, `mean()`, `ols()`, `plot()`, `print()`, `rnorm()` und `sum()`. Die allgemeine Struktur eines Funktionsaufrufs lautet immer

$$f(\textit{Argumente})\,,$$

wobei `f` für den Namen der Funktion steht. In den Klammern befinden sich, sofern benötigt, die Argumente. Jedes Argument hat einen eigenen Argumentnamen. Wenn eine Funktion mehrere Argumente besitzt, stehen am Anfang jene, die angeben, welche Objekte mit der Funktion bearbeitet werden sollen. Anschließend kommen die Argumente, die festlegen, in welcher Weise wir die Funktion ausführen möchten.

Fortsetzung auf nächster Seite ...

Kapitel A4 – Indikatoren für die Qualität von Schätzverfahren

Fortsetzung der vorherigen Seite ...

Sobald der Funktion alle benötigten Argumente mitgeteilt wurden, erstellt sie aus diesen Informationen eine Rückgabe. Diese wird in der Konsole ausgegeben. Verwendet man allerdings den Aufruf

```
MeinErgebnis <- f(Argumente) ,
```

dann werden die Rückgabewerte nicht in der Konsole angezeigt, sondern dem neuen Objekt mit dem von uns selbst festgelegten Namen `MeinErgebnis` zugewiesen.

Wir betrachten ein einfaches Beispiel. Zunächst definieren wir das Zahlenobjekt *a*:

```
a <- 2.742019
```

Wir möchten dieses Zahlenobjekt auf die zweite Nachkommastelle runden. Dafür bietet sich die Funktion `round()` an. Diese Funktion muss zunächst wissen, welches Objekt gerundet werden soll. Der Argumentname `x` steht für das zu rundende Zahlenobjekt. Da wir das Objekt `a` runden möchten, schreiben wir als erstes Argument `x = a`:

```
round(x = a) # Runde a ohne Nachkommastelle (voreingestellt)
```
```
[1] 3
```

Wir sehen, dass R in der Voreinstellung auf ganze Zahlen, also Zahlen ohne Nachkommastellen, rundet. Das dafür verantwortliche Argument heißt `digits` und hat den voreingestellten Wert `digits = 0`, für null Nachkommastellen. Die Voreinstellung eines Arguments wird immer dann wirksam, wenn man die Funktion ohne Eingabe des Arguments an R absendet, so wie im gerade ausgeführten Befehl `round(x = a)`. Das gleiche Ergebnis erhalten wir demnach, wenn das Argument `digits = 0` explizit angegeben wird:

```
round(x = a, digits = 0) # identisch mit vorherigem Befehl
```
```
[1] 3
```

Möchte man auf eine andere Anzahl an Dezimalstellen runden, ersetzt man die Null in `digits = 0` mit dem gewünschten Wert. Beispielsweise bewirkt

```
round(x = a, digits = 2) # Runde a auf zweite Nachkommastelle
```
```
[1] 2.74
```

eine Rundung auf zwei Dezimalstellen.

Wenn die Argumente in genau derjenigen Reihenfolge eingegeben werden, die von der Funktion erwartet wird, kann man die Namen der Argumente auch weglassen:

Fortsetzung auf nächster Seite ...

Fortsetzung der vorherigen Seite ...

```
round(a, 2) # identisch mit vorherigem Befehl
```

```
[1] 2.74
```

Welche Reihenfolge jeweils vonnöten ist, lässt sich mit der Funktion arguments() oder mit dem in R hinterlegten Hilfesteckbrief der Funktion ermitteln. Der Gebrauch dieser beiden Hilfsmittel wird in der R-Box 4.2 (S. 76) genauer erläutert.

Argumentnamen wegzulassen erspart zwar Schreibarbeit, ist aber mit erheblichen Risiken verbunden. Wenn wir beispielsweise ein Argument aus Versehen auslassen und somit nachfolgende Argumente um eine Position »nach vorne rücken«, oder die Reihenfolge der Argumente verwechseln, kann es zu Fehlermeldungen kommen oder, was noch viel gefährlicher ist, zu unerkannten Fehlern in der Verarbeitung der Objekte. Wir berechnen dann unter Umständen falsche Ergebnisse, ohne dies zu bemerken:

```
round(2, a) # liefert falschen Wert, ohne Fehlermeldung
```

```
[1] 2
```

Die Argumente einer Funktion sollten daher insbesondere von unerfahrenen R-Benutzern grundsätzlich mit dem Argumentnamen gefolgt vom Gleichheitszeichen eingegeben werden. Nur so ist sichergestellt, dass den Argumenten einer R-Funktion immer die richtigen Werte zugewiesen werden. Wir können dann sogar auf die strikte Einhaltung der Reihenfolge verzichten:

```
# Richtiger Wert, trotz "falscher" Reihenfolge der Argumente:
round(digits = 2, x = a)
```

```
[1] 2.74
```

Sofern wir eine Funktion aufrufen, in der ein einzelnes Objekt verarbeitet wird, geht R immer davon aus, dass dieses Objekt das erste Argument der Funktion ist. Es besteht in diesem Fall also keine Verwechslungsgefahr, wenn wir den ersten Argumentnamen weglassen und einfach nur den Namen des zu verarbeitenden Objektes eintragen. Von nun an folgen wir in diesem Arbeitsbuch dieser Konvention und schreiben

```
# Erstes Argument ist zu verarbeitendes Objekt, daher kein Name:
round(a, digits = 2)
```

```
[1] 2.74
```

Man mag sich fragen, warum wir bei den Argumenten das Gleichheitszeichen statt des Linkspfeils verwendet haben. In der Funktion haben wir ein *bereits be-*

Fortsetzung auf nächster Seite ...

Fortsetzung der vorherigen Seite ...

stehendes Argument mit einer zusätzlichen Information vervollständigt, deshalb das Gleichheitszeichen. Den Linkspfeil können wir nur dann verwenden, wenn wir einem *neuen Objekt* Informationen zuweisen. Es sei nochmals angemerkt, dass für solche Zuweisungen das Gleichheitszeichen ebenfalls funktionieren würde.

In R existieren auch *arithmetische Funktionen*, die dazu dienen, Rechenoperationen mit Zahlenobjekten durchzuführen. Zu dieser Art von Funktionen gehören zum Beispiel mean() und sum(). Tabelle A4.1 listet einige weitere arithmetische Funktionen auf. Beispielsweise berechnet

```
log(a)
```
[1] 1.0086945

den Logarithmus von a zur voreingestellten Basiszahl *e*. Eine andere Basis teilen wir der Funktion über das Argument base mit. Somit berechnet

```
log(a, base = 10)
```
[1] 0.43807046

den Logarithmus von a zur Basiszahl 10.

Tabelle A4.1 Einige wichtige arithmetische Funktionen.

Funktion	Beschreibung	Beispiel	Ergebnis
exp()	Exponentialfunktion	exp(5)	148.413
log()	Natürlicher Logarithmus	log(5)	1.609
	Logarithmus zur Basis 2	log(5, base=2)	2.322
mean()	Arithmetisches Mittel	mean(c(1,2,3))	2
prod()	Produkt	prod(c(2,2,3))	12
sum()	Summe	sum(c(1,2,3))	6
sqrt()	Quadratwurzel	sqrt(5)	2.236

Die Verwendung der anderen arithmetischen Funktionen in Tabelle A4.1 sollte selbsterklärend sein.

R-Box 4.2: **Hilfe!**

Alle kommerziellen Programme der Statistik und Ökonometrie besitzen gut ausgearbeitete Hilfesysteme. Auch R, obwohl kein kommerzielles Programm, hat ein solches Hilfesystem. Allerdings könnten für manche R-Einsteiger Teile des R-Hilfesystems etwas gewöhnungsbedürftig sein. Dennoch ist dieses Hilfesystem beim Erlernen der Sprache (und auch danach) eine unverzichtbare Stütze und sollte ausgiebig genutzt werden.

Am häufigsten benötigen wir Hilfe für die korrekte Verwendung von R-Funktionen. Nicht nur R-Einsteigern fällt es schwer, sich die genauen Argumentnamen oder die korrekte Reihenfolge der Argumente zu merken. Welche Argumente besitzt beispielsweise die Funktion round(), wie ist die Reihenfolge dieser Argumente und welche Voreinstellungen besitzen sie? Die Antworten erhalten wir mit der Funktion arguments() des Pakets desk, wobei in Klammern der Name der uns interessierenden Funktion gesetzt wird:

```
arguments(round)
```

```
x, digits = 0
```

Das erste Argument der Funktion round() heißt demnach x und hat keinen voreingestellten Wert, weil kein Gleichheitszeichen folgt. Das zweite Argument hat den Namen digits, stellvertretend für die gewünschte Zahl an Nachkommastellen, mit dem voreingestellten Wert 0. Es muss also nicht unbedingt explizit angegeben werden. Ließe man es weg, würde R auf die Voreinstellung digits = 0 zurückgreifen, also auf ganze Zahlen runden.

Die Funktion arguments() ist eine sehr kompakte Hilfestellung, von der wir in diesem Arbeitsbuch häufig Gebrauch machen. Bei einigen Funktionen kann es allerdings vorkommen, dass die über arguments() abrufbaren Informationen nicht ausreichen. In solchen Fällen sollten wir auf die von R zur Verfügung gestellten »Hilfesteckbriefe« zugreifen. R hält für jede Funktion einen solchen Hilfesteckbrief bereit.

Den Hilfesteckbrief zu einer uns bekannten Funktion rufen wir in der Konsole mit help() auf, wobei in Klammern der Name der uns interessierenden Funktion einzugeben ist. Daraufhin gelangt im rechten unteren Fenster der Reiter »Help« und mit ihm das Hilfe-Fenster in den Vordergrund. Im Hilfe-Fenster wird der Hilfesteckbrief zu der von uns gewünschten Funktion angezeigt. Noch bequemer gelingt der Aufruf des Hilfesteckbriefs mit dem Fragezeichensymbol ? gefolgt vom Funktionsnamen. Die Klammern werden bei dieser Kurzschreibweise weggelassen. Beispielsweise ruft

```
?ols
```

den Hilfesteckbrief zur Funktion ols() auf. Alternativ könnten wir auch den

Fortsetzung auf nächster Seite ...

Fortsetzung der vorherigen Seite ...

Befehl `ols` in die Konsole oder in das Quelltext-Fenster schreiben, den Cursor innerhalb oder direkt hinter diesem Befehl platzieren und anschließend die `F1`-Taste drücken. Dieses Vorgehen würde auch im Quelltext-Fenster funktionieren.

Sehen wir uns den Hilfesteckbrief der Funktion `ols()` ein wenig genauer an. Im mit »Description« überschriebenen Abschnitt des Hilfesteckbriefs wird sehr kurz skizziert, was die Funktion bewirkt. Im Abschnitt »Usage« erfahren wir, welche Argumente die Funktion `ols()` kennt, welche Reihenfolge bei den Argumenten erwartet wird, ob das Argument eine Voreinstellung besitzt und wie diese lautet. Genaueres zu den Argumenten wird im Abschnitt »Arguments« aufgelistet. Der anschließende Abschnitt ist mit »Values« überschrieben. Gemeint sind die Rückgabewerte der Funktion, also die Werte, die die Funktion als Antwort zurückgibt, nachdem wir sie ausgeführt haben. Ganz unten im Hilfesteckbrief befindet sich der Abschnitt »Examples«. Er enthält konkrete Beispiele zum Gebrauch der Funktion. Um die Wirkung der dort angezeigten Befehle auszuprobieren, steht die Funktion `example()` zur Verfügung. Wenn wir in die Konsole den Befehl `example(ols)` eingeben und ausführen, arbeitet R die Befehle im Beispiel der Hilfeseite zur Funktion `ols()` ab. Alternativ könnte man die Befehle der Hilfeseite auch kopieren, in die Konsole einfügen und anschließend ausführen.

Eine weitere Möglichkeit, einen Hilfesteckbrief aufzurufen, bietet die Tabulator-Taste `TAB ⇆`. Gibt man in der Konsole oder im Quelltext-Fenster die ersten Buchstaben eines Befehls ein und drückt anschließend `TAB ⇆`, so erscheint eine Liste aller verfügbaren Befehle, die mit den eingegebenen Buchstaben beginnen. Der oberste Befehl ist farblich unterlegt. Rechts neben der Liste wird eine Kurzhilfe zur Verwendung dieses Befehls angezeigt. Drücken wir die `F1`-Taste, so erscheint im Hilfe-Fenster der Hilfesteckbrief zu diesem Befehl. Sind wir nicht am obersten Befehl der Liste, sondern an einem weiter unten stehenden Befehl interessiert, gelangen wir mit der Taste `↓` dorthin. Der gewünschte Befehl ist dann farblich unterlegt und wir können die `F1`-Taste drücken, um zum gewünschten Hilfesteckbrief zu gelangen. Drückten wir hingegen erneut die Tabulator-Taste `TAB ⇆`, würde uns R den um die fehlenden Buchstaben ergänzten Befehl in der Konsole oder im Quelltext-Fenster anzeigen. Beim Verfassen von Skripten stellt diese Ergänzungsmöglichkeit eine wertvolle Arbeitshilfe dar.

Es kommt häufig vor, dass wir den genauen Namen einer Funktion nicht mehr wissen. Beispielsweise könnten wir vergessen haben, wie die Funktion für die Berechnung von Mittelwerten heißt. Wenn wir uns noch gemerkt haben, dass die Zeichenkette »mean« darin enthalten war, können wir den Befehl `apropos("mean")` eingeben und erhalten

Fortsetzung auf nächster Seite ...

Fortsetzung der vorherigen Seite ...

```
[1] ".colMeans"    ".rowMeans"     "colMeans"        "colMeans"
[5] "frollmean"    "kmeans"        "mean"            "mean"
[9] "mean.Date"    "mean.default"  "mean.difftime"   "mean.POSIXct"
```

und noch einige weitere Eintragszeilen. R listet uns alle in den aktivierten R-Paketen verfügbaren Befehlsnamen auf, in denen die Zeichenkette »mean« vorkommt. Für den obigen Befehl liefert R eine Vielzahl an Antworten, unter denen auch unsere gesuchte Funktion mean() zu finden ist.

Wenn wir nicht nur Befehlsnamen, sondern auch Beschreibungen nach der Zeichenkette »mean« absuchen wollen, bietet sich das doppelte Fragezeichen an, in unserem Beispiel also

```
??mean
```

Aufgabe 4.1: Trinkgeld-Simulation (Störgrößen)

- Replikation der Numerischen Illustrationen 4.1 bis 4.3 des Lehrbuches
- Nutzung des R-Zufallsgenerators zur Erzeugung wiederholter Stichproben
- Wahrscheinlichkeitsverteilung der KQ-Schätzer
- R-Funktionen: abline(), arguments(), c(), ols(), plot(), rbind(), rnorm(), save(), sqrt()

a) Es wird erneut das Trinkgeld-Beispiel, also der Zusammenhang zwischen dem Rechnungsbetrag x_i und dem Trinkgeld y_i betrachtet. Öffnen Sie im Quelltext-Fenster ein neues Skript und speichern Sie es unter dem Namen TrinkgeldSimTeil1.R ab. Fügen Sie die üblichen zwei Anfangszeilen (Name der Datei, Leeren des Objektspeichers) hinzu. Definieren Sie den Vektor x mit den drei Werten der exogenen Variablen, also $x_1 = 10$, $x_2 = 30$ und $x_3 = 50$. Schreiben Sie hinter den Befehl den Kommentar »Werte der exogenen Variablen«. Da wir später die Anzahl der Stichproben variieren möchten, ohne alle Befehle jedesmal neu zu schreiben, ist es sinnvoll, ein Objekt mit Namen S zu definieren, welches die Anzahl der Stichproben abspeichert. Ordnen Sie diesem Objekt den Wert 1000 zu und schreiben Sie dahinter den Kommentar »Anzahl der Stichproben«.

b) Wir wissen aus der R-Box 2.2 (S. 27) und aus Aufgabe 2.4, dass R mit der Funktion rnorm() Werte erzeugen kann, welche aus einer Normalverteilung zufällig gezogen werden. Lassen Sie sich mit der arguments()-Funktion anzeigen, welche Argumente die Funktion rnorm() verarbeitet und welche Argumentwerte voreingestellt sind.

c) Erzeugen Sie für die Zufallsvariable u_1 insgesamt 1000 Zufallswerte. Verwenden Sie dafür eine Normalverteilung mit Erwartungswert $E(u_1) = 0$ und Varianz $\sigma^2 = 0{,}25$. Da die zu verwendende Varianz später noch verändert werden soll, definieren Sie das Objekt var.u = 0.25 und arbeiten Sie in Ihrem rnorm()-Befehl mit dem Objektnamen var.u statt mit der Zahl 0,25. Entsprechend sollten Sie in Ihrem rnorm()-Befehl das Objekt S statt der Stichprobenanzahl 1000 verwenden. Speichern Sie die 1000 zufällig erzeugten Werte im Vektor u1 ab. Erzeugen Sie mit der gleichen Funktion auch für die Zufallsvariablen u_2 und u_3 jeweils 1000 Werte und weisen Sie diese Werte den Vektoren u2 und u3 zu.

d) Ordnen Sie die Vektoren u1, u2 und u3 untereinander in einer Matrix an und geben Sie dieser Matrix den Namen u. Wie sind die Spalten der Matrix u zu interpretieren?

e) Nehmen Sie an, das wahre Trinkgeld-Modell laute

$$y_i = 0{,}2 + 0{,}13 x_i + u_t \ .$$

Definieren Sie ein Objekt namens alpha und weisen Sie ihm den Wert 0,2 zu. Definieren Sie auch ein Objekt beta, welches den Wert 0,13 erhält. Berechnen Sie unter Verwendung dieser beiden Objekte die 1000 Werte der endogenen Variablen y_1, die sich im Falle der Störgrößenwerte u1 bei Gültigkeit des wahren Modells ergeben würden. Speichern Sie diese 1000 Werte im Vektor y1 ab. Beachten Sie dabei, dass Gast 1 einen festen Rechnungsbetrag von $x_1 = 10$ hat. Berechnen Sie ganz analog für Gast 2 aus u2 und $x_2 = 30$ den Vektor y2 und für Gast 3 aus u3 und $x_3 = 50$ den Vektor y3.

f) Ordnen Sie die Vektoren y1, y2 und y3 untereinander in einer Matrix an und geben Sie dieser den Namen y. Wie sind die Spalten der Matrix y zu interpretieren?

g) Greifen Sie aus der Matrix y die erste Spalte heraus und speichern Sie diese als Vektor mit dem Namen y.stich1 ab. Die Werte der Vektoren x und y.stich1 können als die x_i- und y_i-Werte der ersten Stichprobe interpretiert werden. Stellen Sie die Werte der beiden Vektoren in einer Punktwolke dar. Führen Sie mit der ols()-Funktion für x und y.stich1 eine KQ-Schätzung durch und speichern Sie Ihre Ergebnisse unter dem Objektnamen stich1.est ab. Lassen Sie sich den ermittelten KQ-Schätzwert $\hat{\beta}$ anzeigen. Fügen Sie der Punktwolke die Regressionsgerade hinzu.

h) Führen Sie die gleichen Schritte auch für die zweite Spalte von y durch und fügen Sie der neuen Punktwolke ebenfalls die Regressionsgerade hinzu. Wenn Sie auf die Pfeile am oberen Rand des Plot-Fensters klicken, können Sie zwischen der ersten und zweiten Grafik hin und her schalten.

i) Die Ausprägungen der Störgrößen wurden aus einer Normalverteilung zufällig gezogen. Entsprechend können auch die KQ-Schätzwerte $\hat{\beta}$ als Ausprägungen einer Wahrscheinlichkeitsverteilung interpretiert werden. Um welche Wahrscheinlichkeitsverteilung handelt es sich?

j) Auf die Objekte x, alpha, beta, var.u, und S wird an späterer Stelle erneut zugegriffen. Speichern Sie deshalb diese Objeke im Unterordner Objekte unter dem Dateinamen TrinkgeldSim.RData ab. Den notwendigen Befehl finden Sie in der R-Box 3.9 (S. 59) beschrieben. Speichern Sie anschließend das Skript.

R-Box 4.3: (Aus-)Kommentieren

Wir hatten in verschiedenen R-Boxen das Raute-Zeichen # verwendet, um unser Skript zu kommentieren und so langfristig verständlich zu halten. Hierzu fügten wir die Raute *hinter* einem Befehl ein und schrieben unseren Kommentar hinter die Raute:

```
x <- 3 * 4    # Weise x das Produkt aus 3 und 4 zu
y <- x/2      # Weise y die Hälfte von x zu
x + y         # Bilde Summe aus x und y
x - y         # Bilde Differenz aus x und y
x * y         # Bilde Produkt aus x und y
```

Mit der Raute können wir auch gezielt Befehlszeilen *deaktivieren*, ohne sie aus dem Skript zu löschen. Hierzu fügen wir einfach die Raute *vor* einer Befehlszeile ein. Wenn wir im Augenblick kein Interesse an den Berechnungen der Zeilen 3 und 4 haben, später aber vielleicht diese Berechnungen erneut ausführen möchten, dann kommentieren wir die unerwünschten Zeilen 3 und 4 aus:

```
x <- 3 * 4    # Weise x das Produkt aus 3 und 4 zu
y <- x/2      # Weise y die Hälfte von x zu
# x + y       # Bilde Summe aus x und y
# x - y       # Bilde Differenz aus x und y
x * y         # Bilde Produkt aus x und y
```

Bei einer Ausführung des gesamten Skripts mit der Tastenkombination [Strg]+[⇑]+[↵] erkennt R anhand des Rautezeichens, dass es sich bei den Zeilen 3 und 4 um einen Kommentar handelt, der nicht ausgeführt werden soll. Als Antwort liefert R daher nur das Ergebnis der Zeile 5:

[1] 72

Besonders schnell lässt sich die »Auskommentierung« bewerkstelligen, wenn wir die betreffenden Befehle markieren und dann die Tastenkombination [Strg]+[⇑]+[C] drücken (Mac-Computer: [Cmd]+[⇑]+[C]). Alternativ können wir auch mit der Maus in der oberen Menüleiste auf Code → Comment/Uncomment

Fortsetzung auf nächster Seite ...

Fortsetzung der vorherigen Seite ...

Lines klicken. Markierte Befehlszeilen, die mit einer Raute beginnen, können mit der gleichen Tastenkombination wieder von der Raute befreit werden.

Der gezielte Einsatz der Raute ist ein wichtiges Hilfsmittel für das Programmieren in R. Die Raute macht es möglich, Befehle, die man nur gelegentlich ausführen möchte, im Skript verfügbar zu halten. Benötigen wir allerdings einen auskommentierten Befehl mit Sicherheit nicht mehr, sollten wir ihn vollständig aus dem Skript löschen. Wir verbessern damit die Lesbarkeit unseres Skriptes.

Aufgabe 4.2: Trinkgeld-Simulation (Störgrößen, Forts.)

- Auskommentieren
- R-Funktionen: `c()`, `save()`

a) Öffnen Sie erneut Ihr Skript `TrinkgeldSimTeil1.R` und kommentieren Sie in diesem Skript alle Befehle aus, die nicht notwendig sind, um die im Aufgabenteil j) der Aufgabe 4.1 abzuspeichernden Objekte auch tatsächlich abzuspeichern.

b) Führen Sie anschließend das Skript in einem Schritt aus und überprüfen Sie, ob R Ihnen eine Fehlermeldung ausgibt.

R-Box 4.4: Wiederholte Stichproben

Das ökonometrische Modell der Einfachregression lautet

$$y_i = \alpha + \beta x_i + u_i, \qquad i = 1, 2, \ldots, N. \tag{A4.1}$$

Dabei besitzen die Parameter α und β unbekannte aber *fixe* Werte. Auch für die N Werte der exogenen Variablen x_i wird angenommen, dass sie keine Zufallsvariablen sind, sondern feste Werte besitzen (im Lehrbuch ist dies die Annahme c1). Die Werte der Störgröße u_i sind hingegen zufallsabhängig. Für jede der N Beobachtungen existiert eine eigene Störgröße ($u_1, u_2, \ldots, u_N$) und jede dieser N Störgrößen ist eine eigene *Zufallsvariable*.

Eine zweite Stichprobe *mit den gleichen x_i-Werten wie in der ersten Stichprobe* bezeichnet man als (gedanklich) *wiederholte Stichprobe* (engl.: *repeated sample*). Solche Stichproben könnte man beliebig oft wiederholen. Jede wiederholte Stichprobe würde neue Ausprägungen (Werte) für die N Zufallsvariablen (Störgrößen) $u_1, u_2, \ldots, u_N$ liefern. Gleichung (A4.1) offenbart, dass sich damit auch neue Werte $y_1, y_2, \ldots, y_N$ ergeben würden. Im Rahmen der Aufgabe 4.1 hatten wir diesen Gedanken bereits konkret angewendet.

Da die y_i-Werte wiederum in die Berechnung der KQ-Schätzwerte $\widehat{\alpha}$ und $\widehat{\beta}$

Fortsetzung auf nächster Seite ...

Fortsetzung der vorherigen Seite ...

eingehen, ändern sich auch diese Schätzwerte von wiederholter Stichprobe zu wiederholter Stichprobe.

Im Programmpaket desk steht den Nutzern eine Funktion zur Verfügung, mit deren Hilfe die Idee und die Ergebnisse wiederholter Stichproben in besonders einfacher Weise veranschaulicht werden können. Diese Funktion wird mit dem Befehl repeat.sample() aufgerufen. Sie erzeugt wiederholte Stichproben, führt für jede dieser Stichproben eine eigene KQ-Schätzung durch und speichert die Ergebnisse so ab, dass man auf sie zugreifen kann.

Die Funktion hat die folgende Grundstruktur:

```
arguments(repeat.sample)

x, true.par, omit = 0, mean = 0, sd = 1, rep = 100, xnew = x,
 sig.level = 0.05, seed = NULL
```

Die Argumente omit, xnew und sig.level werden wir erst in späteren Kapiteln benötigen und das Argument seed können wir ganz ignorieren. Die Argumente x, true.par, mean, sd und rep sind notwendig, um R alle für die Erzeugung von wiederholten Stichproben notwendigen Informationen zu übergeben. Um für eine Einfachregression wiederholte Stichproben zu erzeugen, müssen die zugrunde liegenden x_i-Werte (Argument x), die wahren Werte der Parameter α und β (Argument true.par), die statistischen Eigenschaften der Störgrößen u_i (Argumente mean und sd) und die Anzahl der Stichproben (Argument rep) festgelegt werden. Voreingestellt sind in der Funktion repeat.sample() 100 wiederholte Stichproben (rep = 100). Ferner geht die Funktion von standardnormalverteilten Störgrößen (mean = 0 und sd = 1) aus. Sie lässt aber auch normalverteilte Störgrößen mit $E(u_t) \neq 0$ und Störgrößenvarianz $\sigma^2 \neq 1$ zu.

Beispielsweise erzeugen die Befehle

```
x <- c(2,3,5,6,4)
MeineStichproben <- repeat.sample(x, true.par = c(3,2),
sd = 0.5, rep = 6)
```

Resultate für sechs Stichproben (rep = 6). Diese Resultate werden dem Objekt MeineStichproben zugewiesen. In jeder dieser Stichproben sind die fünf x_i-Werte durch den gleichen Vektor x gegeben. Im Argument true.par wurde mit c(3,2) festgelegt, dass in Gleichung (A4.1) die wahren Parameterwerte $\alpha = 3$ und $\beta = 2$ sind. Auch diese Werte bleiben über alle sechs Stichproben konstant. Jeder der sechs y_i-Werte variiert jedoch von Stichprobe zu Stichprobe, denn jeder y_i-Wert wird durch Gleichung (A4.1) bestimmt und der u_i-Wert in dieser Gleichung wird für jede Stichprobe jeweils neu aus einer Normalverteilung mit einer Standardabweichung von 0,5 (sd = 0.5) und folglich mit einer Varianz von 0,25 erzeugt. Da fünf x_i-Werte vorliegen, werden in jeder Stichprobe auch

Fortsetzung auf nächster Seite ...

Fortsetzung der vorherigen Seite ...

fünf u_i-Werte erzeugt.

Welche Resultate sind im Objekt MeineStichproben zu finden? Die Funktion repeat.sample() erzeugt nicht nur die x_i- und y_i-Werte jeder Stichprobe, sie berechnet auch für jede Stichprobe die KQ-Punktschätzer $\widehat{\alpha}$ und $\widehat{\beta}$, einen Schätzwert für die Störgrößenvarianz ($\widehat{\sigma}^2$) und noch weitere Kennzahlen. Die Details zur Funktion repeat.sample() sind in R im Hilfesteckbrief zu finden.

Natürlich sollte sich im Mittel der sechs $\widehat{\sigma}^2$-Werte ungefähr jener Wert σ^2 einstellen, welcher der Erzeugung der Störgrößen zugrunde lag, im Beispiel also der Wert 0,25. Ebenso sollte sich im Mittel der Stichproben $\widehat{\alpha} \approx \alpha = 3$ und $\widehat{\beta} \approx \beta = 2$ ergeben.

Auf alle von repeat.sample() erzeugten und im Objekt MeineStichproben abgelegten Resultate kann zugegriffen werden. Die von repeat.sample() erzeugten $\widehat{\alpha}$- und $\widehat{\beta}$-Werte werden automatisch einer Matrix mit Namen coef zugewiesen, wobei die erste Zeile die $\widehat{\alpha}$-Werte der verschiedenen Stichproben enthält und die zweite Zeile die $\widehat{\beta}$-Werte. Die Matrix besitzt demnach zwei Zeilen und für jede Stichprobe eine eigene Spalte, im Beispiel also sechs Spalten. Da es sich bei dem Objekt MeineStichproben um eine *Liste* handelt, erfolgt der Zugriff auf die Matrix coef wie gewohnt mit dem $-Zeichen:

```
MeineStichproben$coef
```

R antwortet:

```
          SMPL1     SMPL2     SMPL3     SMPL4     SMPL5     SMPL6
alpha 2.6741133 3.1120891 2.5626030 2.3393743 1.8150748 3.7901065
beta  2.1799266 1.9434667 2.0275665 2.1402327 2.2815393 1.8576253
```

Für den Zugriff auf einzelne Elemente der Matrix gelten die für Matrizen üblichen Zugriffsregeln. Beispielsweise wird mit dem Befehl

```
MeineAlphas <- MeineStichproben$coef[1,]
```

auf die erzeugten $\widehat{\alpha}$-Werte zugegriffen und diese dem Objekt MeineAlphas zugewiesen.

Die von repeat.sample() erzeugten Störgrößenwerte u_i werden automatisch einer Matrix u zugewiesen. Mit dem Befehl

```
MeineStichproben$u[,4]
```

wählen wir die fünf erzeugten u_i-Werte der vierten Stichprobe (Spalte) aus:

```
[1] -0.458769018 -0.023280446  0.428189584  0.016659231 -0.461274910
```

Die mit der repeat.sample()-Funktion erzeugten Residuen $\widehat{u}_i$ werden automatisch der Matrix resid zugewiesen. Auch auf diese Werte kann

Fortsetzung auf nächster Seite ...

Fortsetzung der vorherigen Seite ...

mit den üblichen Regeln für Matrizen zugegriffen werden. Der Befehl MeineStichproben$resid[3,2] wählt das dritte Residuum der zweiten Stichprobe aus.

Die gleichen Zugriffsmöglichkeiten gelten auch für die von repeat.sample() erzeugten y_i-Werte und $\hat{y}_i$-Werte. Sie werden in der repeat.sample()-Funktion den Matrizen y und fitted zugewiesen und sind deshalb mit MeineStichproben$y und MeineStichproben$fitted abrufbar.

Es werden von der repeat.sample()-Funktion noch weitere Resultate erzeugt, deren Erläuterung jedoch im Rahmen der Übungsaufgaben erfolgt, in denen die Resultate verwendet werden.

Einige wichtige Werte, welche mit der repeat.sample()-Funktion berechnet werden, lassen sich auch grafisch leicht darstellen. Beispielsweise erzeugen wir mit

```
NeueStichproben <- repeat.sample(x, true.par = c(3,2),
sd = 0.5, rep=100)
```

100 wiederholte Stichproben. Möchten wir die 100 Punktwolken in einer gemeinsamen Übersicht betrachten, geben wir den folgenden Befehl ein:

```
plot(NeueStichproben, plot.what = "scatter")
```

Das Ergebnis ist in Abbildung A4.1(a) zu sehen.

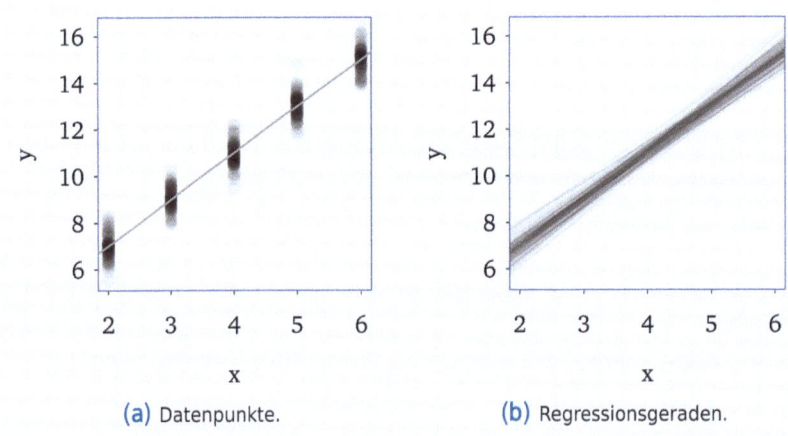

(a) Datenpunkte.　　　　　　(b) Regressionsgeraden.

Abbildung A4.1 Darstellung von wiederholten Stichproben.

Die 100 erzeugten Regressionsgeraden können wir uns mit dem Befehl

```
plot(NeueStichproben, plot.what = "reglines")
```

anzeigen lassen. Die Abbildung A4.1(b) zeigt diese Geraden.

Fortsetzung auf nächster Seite ...

Fortsetzung der vorherigen Seite ...

In beiden Fällen sind die dargestellten Punkte bzw. Geraden etwas transparent. Je dunkler also ein Bereich ist, desto größer ist die Dichte an sich überlagernden Grafikelementen. In den vorliegenden Grafiken fällt auf, dass die Dichte auf dem wahren Zusammenhang sehr groß ist und nach oben und unten immer mehr abnimmt. Dies spricht für die normalverteilten Störgrößen, welche im `repeat.sample()` verwendet wurden.

R-Box 4.5: Histogramme

Wiederholte Stichproben erzeugen verschiedene Ausprägungen. Die Werte der erzeugten Ausprägungen lassen sich in einem Histogramm darstellen. In einem von R erzeugten Histogramm zeigt die Höhe der dort abgebildeten Säulen an, wie viele der insgesamt erzeugten Ausprägungen in die jeweilige Größenklasse, also den von der Säule abgedeckten Wertebereich, fallen.

Die Funktion zur Erzeugung eines Histogramms lautet `hist()`. R muss dabei wissen, welche Werte es im Histogramm darstellen soll. Im Augenblick haben wir kein Objekt definiert, welches die Ausprägungen enthält. Deshalb erzeugen wir mit der Funktion `rnorm()` 100 Ausprägungen und speichern sie im Objekt mit dem Namen `MeineWerte` ab:

```
MeineWerte <- rnorm(100, mean = 1, sd = 3)
```

Mit dem Befehl

```
hist(MeineWerte)
```

erhalten wir die in Abbildung A4.2(a) dargestellte Grafik.

Wir sehen, dass R einige Formatierungsparameter, wie beispielsweise die Klassenbreiten (Säulenbreite) automatisch festgelegt hat. Mit dem Argument `breaks` lässt sich diese Breite verändern. Gibt man bei diesem Argument eine einzelne Zahl an, so interpretiert R diese als die gewünschte Anzahl an Klassengrenzen. R erzeugt dann Säulen einheitlicher Breite. Geben wir im Argument `breaks` hingegen einen Vektor an, so werden seine Werte als genaue Angaben zur Lage der einzelnen Klassengrenzen verstanden. Beispielsweise erzeugt der Befehl

```
hist(MeineWerte, breaks = -10:10)
```

das in Abbildung A4.2(b) dargestellte Histogramm mit den Klassengrenzen $-10, -9, \ldots, 9, 10$. Das Argument `breaks = seq(from = -10, to = 10, by = 1)` hätte genau zum gleichen Histogramm geführt.

Fortsetzung auf nächster Seite ...

Fortsetzung der vorherigen Seite ...

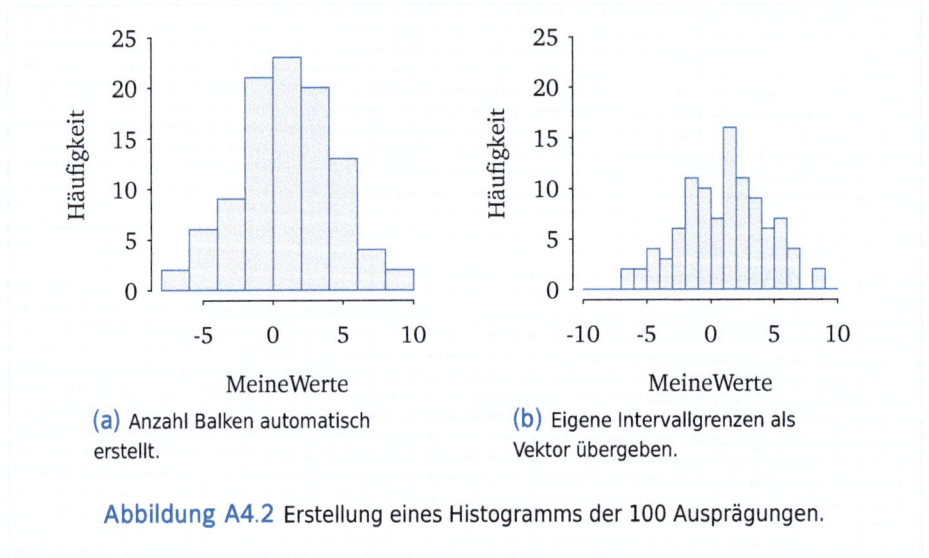

(a) Anzahl Balken automatisch erstellt.

(b) Eigene Intervallgrenzen als Vektor übergeben.

Abbildung A4.2 Erstellung eines Histogramms der 100 Ausprägungen.

Es stehen in R viele weitere Möglichkeiten zur Verfügung, das Erscheinungsbild des Histogramms vorab festzulegen. Beispielsweise könnten wir mit dem Argument main statt der automatisch erzeugten eine eigene Überschrift hinzufügen oder mit main = NA (dabei steht NA für »not available«) die Erzeugung einer Überschrift ganz unterdrücken. Mit dem Argument col könnten wir die Farbe der Säulen festlegen. Den von der horizontalen und der vertikalen Achse abgedeckten Wertebereich könnten wir mit den Argumenten xlim und ylim nach eigenen Wünschen festlegen. Das Argument probability = TRUE würde auf der vertikalen Achse die Wahrscheinlichkeitsdichten anstelle der Häufigkeiten anzeigen. Die R-Box 15.1 (S. 200) ist vollständig der Gestaltung von Grafiken gewidmet. Dort werden nicht nur Histogramme, sondern auch andere Grafiktypen behandelt.

Aufgabe 4.3: Trinkgeld-Simulation (Punktschätzer)

- Unverzerrtheit und Effizienz
- R-Funktionen: c(), hist(), load(), repeat.sample(), rm.all(), save.image(), seq(), sqrt()

a) Öffnen Sie im Quelltext-Fenster ein neues Skript und speichern Sie es unter dem Namen TrinkgeldSimTeil2.R ab. Leeren Sie den Objektspeicher und laden Sie anschließend die in der Datei TrinkgeldSim.RData gespeicherten Objekte.

b) Sie möchten für 1000 wiederholte Stichproben den jeweiligen KQ-Schätzwert

$\hat{\beta}$ ermitteln. Erzeugen Sie zunächst mit der `repeat.sample()`-Funktion 1000 wiederholte Stichproben und weisen Sie die dabei erzeugten Werte dem Objekt `stichproben1` zu. Legen Sie Ihrer Stichproben-Simulation die Grundwerte $x_1 = 10$, $x_2 = 30$, $x_3 = 50$, $E(u_t) = 0$, $\sigma^2 = 0{,}25$, $\alpha = 0{,}2$ und $\beta = 0{,}13$ zugrunde.

c) Ein Histogramm der erzeugten $\hat{\beta}$-Werte kann als Approximation an die Wahrscheinlichkeitsverteilung des KQ-Schätzers $\hat{\beta}$ interpretiert werden. Lassen Sie sich mit der `hist()`-Funktion die 1000 erzeugten KQ-Schätzwerte $\hat{\beta}$ in einem Histogramm anzeigen, dessen horizontale Achse den Wertebereich 0 bis 0,26 (`xlim = c(0, 0.26)`) und dessen vertikale Achse den Wertebereich 0 bis 250 (`ylim = c(0, 250)`) abdeckt. Fügen Sie Ihrem `hist()`-Befehl das Argument `breaks` hinzu, so dass alle Histogrammbalken eine Breite von 0,01 besitzen. Die Überschrift des Histogramms soll die zugrunde gelegte Störgrößenvarianz ($\sigma^2 = 0{,}25$) und den Beobachtungsumfang ($N = 3$) anzeigen, also `main = "var(u) = 0,25 und N = 3"`.

d) Um den Einfluss der Störgrößenvarianz auf die Wahrscheinlichkeitsverteilung der $\hat{\beta}$-Werte zu erkennen, erzeugen Sie erneut 1000 Stichproben, verwenden diesmal aber im `repeat.sample()`-Befehl die Störgrößenvarianz $\sigma^2 = 0{,}64$. Speichern Sie die Resultate im Objekt `stichproben2` und passen Sie die Überschrift des Histogramms entsprechend an. Vergleichen Sie das Histogramm mit jenem, welches für $\sigma^2 = 0{,}25$ erzeugt wurde. Welchen Einfluss hat demnach die Varianz der Störgrößen auf die Streuung der $\hat{\beta}$-Werte?

e) Bleiben Sie beim Fall $\sigma^2 = 0{,}64$. Diesmal erhöhen Sie den Beobachtungsumfang von $N = 3$ auf $N = 10$. Die zusätzlichen Werte der Variablen x_i lauten $x_4 = 18$, $x_5 = 42$, $x_6 = 21$, $x_7 = 35$, $x_8 = 27$, $x_9 = 13$ und $x_{10} = 47$. Weisen Sie dem zehnelementigen x_i-Vektor den Namen `x10` zu. Führen Sie den `repeat.sample()`-Befehl für den Vektor `x10` aus, speichern Sie die Resultate im Objekt `stichproben3`. Lassen Sie sich die $\hat{\beta}$-Werte in einem Histogramm anzeigen und passen Sie die Überschrift des zu erzeugenden Histogramms dem neuen Beobachtungsumfang an. Vergleichen Sie das Resultat mit jenem für $N = 3$ und $\sigma^2 = 0{,}64$. Welchen Einfluss hat demnach die Anzahl der Beobachtungen T auf die Streuung der $\hat{\beta}$-Werte?

f) Wir wissen, dass die Standardabweichung des KQ-Schätzers der Einfachregression

$$sd(\hat{\beta}) = \sqrt{\sigma^2/S_{xx}}$$

beträgt. Der grundlegende Einfluss der Störgrößenvarianz σ^2 und der Variation S_{xx} auf die Standardabweichung des KQ-Schätzers ist aus dieser Formel klar ersichtlich. Warum bestätigen unsere experimentell gewonnenen Erkenntnisse diesen Einfluss?

g) Speichern Sie alle erzeugten Objeke im Unterordner Objekte unter dem Dateinamen TrinkgeldSim.RData ab. Speichern Sie anschließend Ihr Skript und schließen Sie es.

> **Tipp 4 für R-fahrene: R-Output erzwingen oder unterdrücken**
>
> Sobald man in einem Skript eine Befehlszeile ausführt, werden der Befehl und der gegebenenfalls damit erzeugte Output in der Konsole sichtbar. Falls der Befehl oder der Output sehr umfangreich sind, kann es sinnvoll sein, die Übertragung zur Konsole zu unterdrücken. Dies gelingt, wenn man den Cursor wie gewohnt in der entsprechenden Befehlszeile des Skriptes platziert und dann statt der Tastenkombination [Strg]+[↵] die Tastenkombination [Strg]+[⇧]+[S] verwendet (Mac-Computer: [Cmd]+[⇧]+[S]).
>
> Umgekehrt wissen wir, dass beim Erstellen eines Objektes mit dem Zuweisungsoperator »<-« der Inhalt des Objektes standardmäßig *nicht* noch einmal in der Konsole ausgegeben wird. Falls eine Ausgabe gewünscht sein sollte, kann man die gesamte Befehlszeile in runde Klammern einfassen:
>
> ```
> (x <- c(1.7, 2.0, 1.0, 3.7, 1.7, 1.3))
>
> [1] 1.7 2.0 1.0 3.7 1.7 1.3
> ```

KAPITEL **A5**

Schätzung II: Intervallschätzer

Das ökonometrische Thema dieses Kapitels ist die Intervallschätzung. Gleichzeitig wird aber auch der Umgang mit R weiter vertieft. Neben den im letzten Kapitel vorgestellten *Funktionen* sind auch *Operatoren* ein wichtiges Werkzeug, um in R Objekte zu verarbeiten. Solche Operatoren werden in der gleich anschließenden R-Box »Objektverarbeitung II: Operatoren« vorgestellt. In den Aufgaben 5.1 und 5.2 werden einige dieser Operatoren im Kontext der Intervallschätzer verwendet. Wie man in R eigene Funktionen definiert, wird in der R-Box »Definition eigener Funktionen« (S. 95) erläutert. Erprobt werden diese Kenntnisse in Aufgabe 5.3, welche ebenfalls der Berechnung von Intervallschätzern gewidmet ist. In Aufgabe 5.4 wird die Berechnung von Intervallschätzern weiter eingeübt. Der Zusammenhang zwischen der Breite von Intervallschätzern und einigen zentralen Parametern der Regression wird in Aufgabe 5.5 veranschaulicht.

> **R-Box 5.1: Objektverarbeitung II: Operatoren**
>
> Operatoren verknüpfen zwei Objekte und liefern als Rückgabewert das Ergebnis dieser Verknüpfung. Wir unterscheiden zwischen drei Arten von Operatoren:
>
> 1. arithmetische,
>
> 2. relationale,
>
> 3. logische.
>
> Klassische Beispiele für *arithmetische Operatoren* sind die bereits vorgestellten vier Grundrechenarten. So verknüpft beispielsweise der Additionsoperator »+« zwei Zahlen und gibt als Ergebnis dieser Verknüpfung die Summe dieser
>
> *Fortsetzung auf nächster Seite ...*

Fortsetzung der vorherigen Seite ...

Zahlen aus. Neben den Rechensymbolen »+« (Addition), »−« (Subtraktion), »*« (Multiplikation) und »/« (Division) werden auch das Caret-Symbol » ^ « oder der Doppelstern »**« (beide Potenzieren) in der R-Logik als arithmetische Operatoren behandelt. Wenn zwei Zahlen mit einem arithmetischen Operator in mathematisch zulässiger Weise verknüpft werden, ist das Ergebnis wieder eine Zahl.

Die zweite Gruppe von Operatoren sind die *relationalen Operatoren*. Sie verknüpfen zwei Zahlenobjekte in Form eines Vergleichs und geben als Ergebnis keine Zahl aus, sondern entweder den *Wahrheitswert* TRUE oder den Wahrheitswert FALSE. So führt beispielsweise der Befehl 4 > 3 zur Antwort

```
4 > 3
```

```
[1] TRUE
```

weil sich durch die vorgenommene Verknüpfung der Zahlen 4 und 3 eine wahre Aussage ergibt. Wir können auch einen Schritt weiter gehen und den Wahrheitswert der relationalen Aussage als Objekt definieren und uns den Inhalt des Objektes anzeigen lassen:

```
Aussage1 <- 4 > 3
Aussage1
```

```
[1] TRUE
```

Auch im Environment-Fenster können wir sehen, dass dort das neu definierte Objekt Aussage1 aufgelistet ist und dass sein Inhalt der Wahrheitswert TRUE ist.

Wenn man statt eines »ist-größer-Vergleichs« einen »ist-gleich-Vergleich« durchführen möchte, ist Vorsicht geboten, denn genau wie der Linkspfeil <- ist das einfache Gleichheitszeichen für *Zuweisungen* reserviert (siehe R-Box 1.4, S. 11). Der Befehl

```
x = 3    # oder x <- 3
```

weist dem Zahlenobjekt x die Zahl 3 zu, anstatt beide Seiten des Gleichheitszeichens auf ihre Gleichheit zu prüfen. Für den entsprechenden relationalen Operator »ist gleich« verwendet man stattdessen das *doppelte* Gleichheitszeichen »==«. Somit ergibt sich

```
x == 3   # x enthielt bereits den Wert 3 aus vorheriger Zuweisung
```

```
[1] TRUE
```

denn x wurde im vorangegangenen R-Befehl mit dem einfachen Gleichheits-

Fortsetzung auf nächster Seite ...

Fortsetzung der vorherigen Seite ...

zeichen der Wert 3 zugewiesen, so dass x nun mit der Zahl 3 übereinstimmt. Folgerichtig ergibt sich

```
x == 1
```

[1] FALSE

Während also das einfache Gleichheitszeichen »=« dem Objekt links des Zeichens den Inhalt rechts des Zeichens (z.B. eine Zahl oder eine Zeichenkette) zuweist, löst das doppelte Gleichheitszeichen »==« eine Überprüfung aus, ob auf der linken und rechten Seite des Zeichens die gleichen Inhalte (z.B. Zahlen oder Zeichenketten) stehen. Tabelle A5.1 listet die wichtigsten relationalen Operatoren auf.

Tabelle A5.1 Relationale Operatoren.

Operator	Beschreibung
==	ist gleich
<	ist kleiner als
>	ist größer als
<=	ist kleiner oder gleich
>=	ist größer oder gleich
!=	ist ungleich

Die dritte Art von Operatoren sind die *logischen Operatoren*. Sie verknüpfen zwei Aussagen, die wahr oder falsch sein können, zu einer »Gesamtaussage«, die dann ebenfalls wahr oder falsch sein kann. Ein Beispiel ist

```
x <- 6
y <- 8
Aussage1 <- x > 5
Aussage2 <- y < 10
Aussage1 & Aussage2
```

[1] TRUE

Die beiden Teilaussagen $x > 5$ und $y < 10$ wurden mit dem Symbol & zu einer Gesamtaussage verknüpft. Das Symbol steht für »und« im Sinne von »sowohl als auch«. Die Gesamtaussage kann demzufolge nur dann wahr sein, wenn beide Teilaussagen wahr sind. R weiß, dass dem Objekt x der Wert 6 zugewiesen

Fortsetzung auf nächster Seite ...

Fortsetzung der vorherigen Seite ...

worden ist und dem Objekt y der Wert 8. Daher gelangt das Programm zu dem Schluss, dass beide Teilaussagen und damit auch die Gesamtaussage wahr sind und antwortet folglich mit dem Wahrheitswert TRUE. Wäre hingegen nur eine der beiden Teilaussagen korrekt gewesen, dann hätte R mit dem Wahrheitswert FALSE geantwortet.

Tabelle A5.2 zeigt für die vordefinierten Objekte $x = 6$ und $y = 8$ einige wichtige relationale Operatoren und zu welchem Wahrheitswert R bezüglich der Gesamtaussage jeweils kommt. Die erste Zeile ist das gerade besprochene Beispiel. In der zweiten Zeile ist die Teilaussage x < 5 falsch, aber die Teilaussage y == 8 korrekt. R antwortet mit TRUE, denn der Operator | steht für »oder« und liefert deshalb den Wahrheitswert TRUE, wenn mindestens eine der Teilaussagen wahr ist. In der dritten Zeile steht nur eine einzige Aussage: $x \neq 6$. Diese Aussage ist falsch, denn $x = 6$. Entsprechend zeigt R den Wahrheitswert FALSE an. In der letzten Zeile der Tabelle prüft R, ob *genau eine* der Teilaussagen korrekt ist. Da jedoch beide korrekt sind, antwortet R mit FALSE.

Tabelle A5.2 Einige logische Operatoren. Die Beispiele beziehen sich auf die Werte x = 6 und y = 8.

Operator	Beschreibung	Beispiel	Ergebnis
&	und	x >= 5 & y <= 10	TRUE
|	oder	x < 5 | y == 8	TRUE
!	nicht	!x == 6	FALSE
xor()	entweder oder	xor(x >= 5, y <= 10)	FALSE

Wir hatten die bisherigen Skripte mit dem Namen des Skriptes begonnen und anschließend alle Objekte aus dem Objektspeicher gelöscht. Wir empfehlen diese Anfangsroutine auch in allen nachfolgenden Aufgaben beizubehalten, obwohl sie in der Aufgabenstellung nun nicht mehr explizit genannt wird. Auch jegliche Kommentierung des eigenen Skriptes geben wir ab sofort vollständig in die Eigenverantwortung der Leser. Im Aufgabenkopf werden wir weiterhin die jeweils relevanten R-Funktionen auflisten. Ferner gehen wir davon aus, dass die Leser auch ohne explizite Aufforderung ihr Skript am Ende der Aufgabe speichern und schließen.

Aufgabe 5.1: Trinkgeld (Teil 4)

- Replikation der Numerischen Illustrationen 5.1 und 5.2 des Lehrbuches
- relationale und logische Operatoren
- R-Funktionen: c(), mean(), ols(), qnorm(), sqrt(), sum(), Sxy()

a) Öffnen Sie im Quelltext-Fenster ein neues Skript und speichern Sie es unter dem Namen TrinkgeldIntervallschaetzer.R ab. Berechnen Sie jenen Wert $z_{0,025}$, für den gilt, dass eine standardnormalverteilte Zufallsvariable mit 95% Wahrscheinlichkeit in das Intervall $[-z_{0,025}; z_{0,025}]$ fällt. Die passende Funktion hatten wir in der R-Box 2.2 (S. 27) kennengelernt. Weisen Sie den Wert einem neuen Objekt mit Namen z.025 zu.

b) Definieren Sie ein Objekt namens pruefung, welches den Wahrheitswert TRUE annimmt, wenn z.025 im Intervall [1,9 ; 2,0] liegt und den Wahrheitswert FALSE annimmt, wenn z.025 nicht in diesem Intervall liegt. Kontrollieren Sie anschließend im Environment-Fenster, ob Ihre Definition korrekt gearbeitet hat.

c) Definieren Sie den Vektor x mit den Werten 10, 30 und 50 und den Vektor y mit den Werten 2, 3 und 7. Es handelt sich bei diesen Vektoren um die Werte der exogenen und der endogenen Variablen des Trinkgeld-Beispiels (siehe Aufgabe 3.1). Führen Sie mit der Funktion ols() für x und y eine KQ-Schätzung durch und speichern Sie den Output unter dem Namen trinkgeld.est. Speichern Sie den KQ-Schätzer $\widehat{\beta}$ unter der Bezeichnung beta.dach. Kontrollieren Sie im Environment-Fenster, ob dem Objekt der korrekte Wert 0,125 zugewiesen worden ist.

d) Berechnen Sie mit der Sxy()-Funktion die Variation der exogenen Variablen, also $S_{xx} = \sum_{i=1}^{3} (x_i - \overline{x})^2$ mit $\overline{x} = (1/3) \sum_{i=1}^{3} x_i$. Speichern Sie den Wert unter dem Namen sxx. Nehmen Sie an, dass die Varianz der Störgrößen $\sigma^2 = 2$ beträgt und speichern Sie diesen Wert unter dem Namen var.u. Berechnen Sie die resultierende Standardabweichung des KQ-Schätzers, also $sd(\widehat{\beta}) = \sqrt{\sigma^2/S_{xx}}$, und speichern Sie den Wert unter dem Namen sd.beta.

e) Berechnen Sie mit der Formel $[\widehat{\beta} - z_{0,025} \cdot sd(\widehat{\beta}); \widehat{\beta} + z_{0,025} \cdot sd(\widehat{\beta})]$ ein Intervall zu Ihrer KQ-Punktschätzung $\widehat{\beta}$. Zu diesem Zweck müssen Sie die Intervallgrenzen $\widehat{\beta} - z_{0,025} \cdot sd(\widehat{\beta})$ und $\widehat{\beta} + z_{0,025} \cdot sd(\widehat{\beta})$ ermitteln. Geben Sie diesen die Namen ivg.unten und ivg.oben. Kombinieren Sie anschließend die beiden Werte zum Objekt berechnet.int. Lassen Sie sich berechnet.int anzeigen. Dieses berechnete Intervall ist das Konfidenzintervall, welches sich bei vorgegebener Störgrößenvarianz $\sigma^2 = 2$ einstellt.

Aufgabe 5.2: **Trinkgeld-Simulation (Störgrößen- und Residuenvarianz)**

- Replikation der Numerischen Illustration 5.3 des Lehrbuches
- Grundprinzip der Schätzung von σ^2
- R-Funktionen: `load()`, `mean()`, `var()`

a) Öffnen Sie im Quelltext-Fenster ein neues Skript und speichern Sie es unter dem Namen `TrinkgeldSimTeil3.R` ab. Laden Sie die in der Datei `TrinkgeldSim.RData` gespeicherten Objekte.

b) In der R-Box 4.4 (S. 81) wurde die `repeat.sample()`-Funktion vorgestellt. Sie erzeugt für wiederholte Stichproben Störgrößen u_i, führt dann KQ-Schätzungen durch und berechnet damit auch Residuen $\hat{u}_i$. Ähnlich wie bei der `ols()`-Funktion werden diese Resultate in einer Liste gespeichert, auf die für die weitere Verarbeitung zugegriffen werden kann. Wie dieser Zugriff gelingt, wurde ebenfalls in der R-Box erläutert. Im Rahmen des Skriptes `TrinkgeldSimTeil2.R` wurde für die Grundwerte $x_1 = 10$, $x_2 = 30$, $x_3 = 50$, $E(u_t) = 0$, $\sigma^2 = 0{,}25$, $\alpha = 0{,}2$ und $\beta = 0{,}13$ eine Simulation für 1000 Stichproben durchgeführt und die Ergebnisse im Objekt `stichproben1` gespeichert. Weisen Sie die dabei erzeugte Matrix der u_i-Werte (Name in der Liste `stichproben1` ist `u`) dem Objekt `u` zu und die erzeugte Matrix der $\hat{u}_i$-Werte (Name in der Liste `stichproben1` ist `residuals`) dem Objekt `u.dach`.

c) Jede Spalte der Matrix `u` repräsentiert eine eigene Stichprobe und jede Zeile eine eigene Beobachtung (Gast). Im Trinkgeld-Beispiel wäre die in der dritten Stichprobe aufgetretene Störgröße des zweiten Gastes (also des Gastes mit Rechnungsbetrag $x_2 = 30$) in der zweiten Zeile der Matrix `u` an dritter Stelle zu finden. Analoges gilt für die Matrix `u.dach`. Klicken Sie im Environment-Fenster auf das Objekt `u`. Im Quelltext-Fenster erscheint daraufhin eine Tabelle mit den u_i-Werten. Betrachten Sie die Streuung der Werte in der ersten Zeile. Klicken Sie anschließend im Environment-Fenster auf das Objekt `u.dach` und betrachten Sie auch hier wieder die Streuung innerhalb der ersten Zeile. Ist die Streuung hier kleiner oder größer als beim Objekt `u`? Prüfen Sie Ihren visuellen Eindruck mit der `var()`-Funktion. Gilt Ihr Ergebnis auch für die jeweils zweiten und dritten Zeilen?

d) Da alle Elemente der Matrix `u` mit dem gleichen Zufallsgenerator berechnet wurden, kann auch aus jeder Spalte der Matrix `u` ein eigener Schätzwert für die Störgrößenvarianz σ^2 berechnet werden. In der `repeat.sample()`-Funktion wird diese Operation mit der für die Berechnung von Stichprobenvarianzen üblichen Formel $S_{uu}/(N-1)$ automatisch für jede Spalte individuell ausgeführt; die Formel $S_{\widehat{uu}}/(N-1)$ wäre hier deplatziert, denn der hier erwünschten Berechnung liegen die u_i-Werte und nicht die $\hat{u}_i$-Werte zugrunde. Es ergibt sich ein Vektor mit geschätzten σ^2-Werten, auf den unter dem Namen `var.u` zugegriffen werden kann. Weisen Sie diesen Vektor einem eigenen Objekt mit Namen `var.u` zu. Bilden Sie den Mittelwert über Ihre in `var.u` abgelegten Schätzwerte. Welches Ergebnis sollte sich dabei in etwa einstellen, wenn die Formel $S_{uu}/(N-1)$ unverzerrt ist? Prüfen Sie im Environment-Fenster, ob Ihr Ergebnis Ihrer Vorhersage entspricht.

e) In der praktischen ökonometrischen Arbeit sind die Störgrößenwerte niemals bekannt und damit auch keine Spalte der Matrix `u`. Folglich ist für die Schätzung der Störgrößenvarianz die Formel $S_{uu}/(N-1)$ normalerweise nicht nutzbar. Die Störgrößenvarianz kann nur aus den Residuen der einen beobachteten Stichprobe geschätzt werden, also im Grunde aus jener Spalte der Matrix `residuals` die im Zuge der KQ-Schätzung tatsächlich ermittelt wurde. Die entsprechende Schätzformel lautet $\hat{\sigma}^2 = S_{\hat{u}\hat{u}}/(N-2)$. Die Formel zeigt im Nenner den Term $N-2$ statt des Terms $N-1$. Warum passt dieser Unterschied in den Formeln zu dem Streuungsvergleich, welcher in Aufgabenteil c) angestellt wurde?

f) Die Funktion `repeat.sample()` wendet die unverzerrte Schätzformel $\hat{\sigma}^2 = S_{\hat{u}\hat{u}}/(N-2)$ automatisch auf jede Spalte der Matrix `resid` an und speichert die Resultate unter dem Namen `sig.squ` ab. Weisen Sie diese $\hat{\sigma}^2$-Werte dem Vektor `sigma.quad.dach` zu. Überprüfen Sie, ob die Matrix `resid` Beleg dafür ist, dass die Schätzformel $\hat{\sigma}^2 = S_{\hat{u}\hat{u}}/(N-2)$ tatsächlich unverzerrt ist.

R-Box 5.2: Definition eigener Funktionen

In der R-Box 4.1 (S. 71) hatten wir gesehen, dass Objekte mit Funktionen weiterverarbeitet werden können und dass R bereits in der Grundausstattung viele solcher Funktionen besitzt. Wenn eine gewünschte Funktion nicht vorhanden ist, programmiert man sie sich kurzerhand selbst. Eine Funktion besitzt immer den folgenden Grundaufbau:

```
<Funktionsname>  <-  function(<Arg1>,<Arg2>,...){
                    <Befehle>
                    return(<Rückgabewert>)
                 }
```

Dabei stellt `<Funktionsname>` den von uns zu wählenden Namen der neuen Funktion dar. Unter diesem Namen wird sie dann später immer aufgerufen. Wie immer bei R muss dabei auf Groß- oder Kleinschreibung geachtet werden. Der Funktionsname `mean` wäre demnach schon vergeben, der Name `Mean` dagegen nicht. Um herauszufinden, ob ein Name bereits reserviert ist, gibt man ihn einfach in die Konsole ein. Beispielsweise geben wir `MeinName` ein und erhalten die Antwort

Fortsetzung auf nächster Seite ...

Fortsetzung der vorherigen Seite ...

```
Error in eval(expr, envir, enclos): Objekt 'MeinName' nicht gefunden
```

Nur wenn R mit dieser Meldung antwortet, kann der Name für eine neue Funktion verwendet werden. Versuchen wir beispielsweise die Namen `mean`, `c`, `t` oder `pi`, dann gibt R eine andere Antwort und wir dürfen diese Zeichenketten nicht verwenden. Ferner dürfen wir keine Leerzeichen oder arithmetischen Operatoren in Funktionsnamen verwenden. Wenn ein Name zwangsläufig aus mehreren Worten bestehen muss, können wir statt des Leerzeichens einen Punkt verwenden, also beispielsweise `Meine.Funktion`.

`<Arg1>`, `<Arg2>`,... bezeichnet die mit einem Komma getrennte Liste an Argumenten, die die Funktion verwendet, bzw. die beim Aufrufen der Funktion R mitgeteilt werden muss. `<Befehle>` steht für die von uns gewünschten Transformationen der Argumentwerte. `<Rückgabewert>` steht für die Funktionswerte, welche die Funktion am Ende als Ergebnis ausgeben soll. Wenn der Rückgabewert nicht explizit mit der Funktion `return(<Rückgabewert>)` festgelegt wird, ist der Rückgabewert automatisch immer der zuletzt einer Variablen zugewiesene Wert.

Probieren wir das Ganze einfach aus. Angenommen wir möchten eine Funktion in R haben, die uns die *n*-te Wurzel aus einer Zahl zieht, ähnlich wie die Funktion `log(x,n)` den Logarithmus von `x` zur Basis `n` ausrechnet. Wir geben im Quelltext-Fenster die Befehle

```
rootn <- function(x,n){
y <- x^(1/n)
return(y)
}
```

ein, führen sie aus und sehen, dass daraufhin in unserem Objektspeicher (Environment-Fenster) ein neues Objekt, nämlich unsere neue Funktion mit Namen `rootn` erscheint. Sie steht nun zur Verwendung bereit. Wir haben sie so programmiert, dass bei ihrer Anwendung immer zwei Argumente in den runden Klammern eingetragen werden müssen. Im Argument `x` wird festgelegt, zu welcher Zahl wir die Wurzel berechnen möchten. Der erwünschte Wurzelgrad wird im Argument `n` angegeben.

Nehmen wir an, wir möchten die Quadratwurzel der Zahl 169 ermitteln. Dies gelingt mit dem Befehl

```
rootn(x = 169, n = 2)
```

R antwortet auf diesen Befehl mit

Fortsetzung auf nächster Seite ...

Fortsetzung der vorherigen Seite ...

```
[1] 13
```

So einfach kann das Schreiben und Anwenden von neuen Funktionen in R sein!

R-Box 5.3: Intervallschätzung

Mit den Befehlen

```
x <- c(3,2,5,6)
y <- c(8,7,4,2)
MeinModell.est <- ols(y ~ x)
```

wird eine KQ-Schätzung durchgeführt und die Ergebnisse werden im Objekt MeinModell.est gespeichert. Das Paket desk enthält für Regressionsmodelle, die mit der Funktion ols() geschätzt werden, die Funktion ols.interval(). Unter anderem können mit dieser Funktion Konfidenzintervalle für den Niveau- und den Steigungsparameter berechnet werden.

Die Grundstruktur der Funktion erhalten wir mit dem Befehl

```
arguments(ols.interval)

mod, data = list(),
 type = c("confidence", "prediction", "acceptance"),
 which.coef = "all", sig.level = 0.05, q = 0,
 dir = c("both", "left", "right"), xnew,
 details = FALSE
```

Wie üblich wird im ersten Argument das zu verarbeitende Objekt angegeben. Bei der Funktion ols.interval() wird ein Objekt benötigt, welches mit der ols()-Funktion erzeugt wurde. Im Paket desk ist mod der für diese Fälle reservierte Argumentname. Er wird uns bei vielen weiteren Funktionen wieder begegnen. In unserem Beispiel geben wir einfach MeinModell.est ein (oder mod = MeinModell.est). Wir dürften beim Argument mod statt des Objektnamens auch die R-Formelschreibweise nutzen, hier also y ~ x. Dabei müssen y und x eigenständige Objekte sein. Wären sie keine eigenständigen Objekte, sondern die Namen zweier Variablen eines Dataframes, müssten wir zusätzlich mit dem Argument data den Namen des Dataframes angeben.

Das Argument type legt fest, welche Art von Intervall berechnet werden soll. Dafür stehen die drei in Anführungszeichen aufgelisteten Optionen zur Auswahl. Die Anführungszeichen zeigen an, dass die gewünschte Option als Zeichenkette angegeben werden muss. Voreingestellt ist bei solchen Auflistungen von Zeichenketten immer die erste Option, hier also type = "confidence". Lässt man das Argument type weg, berechnet die Funktion ols.interval() demnach Konfidenzintervalle. Hingegen erzeugt type = "acceptance" Ak-

Fortsetzung auf nächster Seite ...

Fortsetzung der vorherigen Seite ...

zeptanzintervalle und `type = "prediction"` Prognoseintervalle (siehe dazu die Kapitel A6 und Kapitel A7).

Mit dem Argument `which.coef` legen wir fest, für welchen Parameter ein Konfidenzintervall berechnet werden soll. Wenn wir das Argument auslassen, wird für jeden Parameter ein Konfidenzintervall berechnet. Hingegen würde `which.coef = 1` die Berechnung auf den ersten Parameter, also normalerweise den Niveauparameter, beschränken und `which.coef = c(1, 2)` würde für den ersten und zweiten Parameter ein Konfidenzintervall berechnen.

Mit dem Argument `sig.level` bestimmen wir das Signifikanzniveau. Der voreingestellte Wert ist 5%. Möchte man ein anderes Signifikanzniveau, muss das Argument explizit im Befehl aufgelistet werden, also beispielsweise `sig.level = 0.15` für ein Signifikanzniveau von 15%.

Die `ols.interval()`-Funktion kennt zusätzlich noch die Argumente `q`, `dir` und `xnew`. Die ersten beiden dieser drei Argumente sind jedoch nur bei der Berechnung von Akzeptanzintervallen relevant und das dritte nur bei der Berechnung von Prognoseintervallen. Das Argument `details` löst wie immer eine detailliertere Ausgabe der Ergebnisse aus.

Probieren wir die `ols.interval()`-Funktion am Beispiel des zuvor erzeugten Objektes `MeinModell.est` aus. Wir möchten für den Steigungsparameter ein Konfidenzintervall berechnen. Das Signifikanzniveau soll 1% betragen. Die Berechnungsformel lautet folglich

$$\left[\widehat{\beta} - t_{0,005} \cdot \widehat{sd}(\widehat{\beta}) \, ; \, \widehat{\beta} + t_{0,005} \cdot \widehat{sd}(\widehat{\beta}) \right] .$$

Der entsprechende Befehl lautet

```
ols.interval(MeinModell.est, which.coef = 2, sig.level = 0.01)
```

R antwortet mit dem folgenden Resultat:

```
Interval estimator of model parameter(s):
     center    0.5%   99.5%
x    -1.4000  -5.3388  2.5388
```

Ganz links wird die exogene Variable angezeigt, für deren Parameter die Berechnung vorgenommen wurde, hier also die Variable `x`. Ferner werden von R die Mitte, die untere Grenze und die obere Grenze des Konfidenzintervalls ausgegeben, hier also $\widehat{\beta}$, $\widehat{\beta} - t_{0,005} \cdot \widehat{sd}(\widehat{\beta})$ und $\widehat{\beta} + t_{0,005} \cdot \widehat{sd}(\widehat{\beta})$.

Aufgabe 5.3: Trinkgeld (Teil 5)

- Replikation der Numerischen Illustrationen 5.4 bis 5.8 des Lehrbuches
- Schreiben eigener Funktionen
- R-Funktionen: `c()`, `function()`, `ols.interval()`, `qt()`, `return()`, `save.image()`

Im Rahmen der nachfolgenden Aufgabenteile wird mit der Intervallschätzer-Formel $\left[\widehat{\beta} - t_{0,025} \cdot \widehat{sd}(\widehat{\beta}); \widehat{\beta} + t_{0,025} \cdot \widehat{sd}(\widehat{\beta})\right]$ ein Konfidenzintervall berechnet. Die Störgrößenvarianz σ^2 ist unbekannt und muss durch einen Schätzwert ersetzt werden. Das Signifikanzniveau soll dabei 5% betragen.

a) In Aufgabe 5.1 wurde das Skript `TrinkgeldIntervallschaetzer.R` geschrieben. Rufen Sie es in das Quelltext-Fenster auf und führen Sie es in einem Schritt aus. Unter anderem wird dabei mit der `ols()`-Funktion eine KQ-Schätzung durchgeführt, deren Ergebnisse im Objekt `trinkgeld.est` abgelegt werden. In der R-Box 3.8 (S. 53) wurde erläutert, dass es sich bei dem Objekt um eine Liste handelt und deshalb der Zugriff auf die Kennzahlen am einfachsten über die $-Schreibweise erfolgt. Speichern Sie auf diese Weise den KQ-Schätzwert $\widehat{\beta}$, die geschätzte Standardabweichung des KQ-Schätzers $\widehat{\beta}$ und die Anzahl der Freiheitsgrade in jeweils einem eigenen Objekt ab. Verwenden Sie für diese Objekte die Namen `beta.dach`, `sd.beta.dach` und `df`.

b) Berechnen Sie das 97,5%-Quantil der t-Verteilung, also den $t_{0,025}$-Wert. Speichern Sie diesen Wert unter dem Namen `t.025` und lassen Sie sich den Wert anzeigen.

c) Programmieren Sie eine eigene Funktion namens `konfint()`, welche aus dem KQ-geschätzten Koeffizienten $\widehat{\beta}$, seiner Standardabweichung, dem Signifikanzniveau und den Freiheitsgraden die Grenzen eines Konfidenzintervalls berechnet und ausgibt. Es müssen in der Funktion folglich vier Argumente berücksichtigt werden. Geben Sie diesen vier Argumenten in der Definition der Funktion die Namen `coef`, `se.coef`, `a` (für das Signifikanzniveau) und `b` (für die Freiheitsgrade). Die Befehlskette innerhalb der neuen Funktion muss mit Befehlen beginnen, die im ersten Schritt aus den Argumenten a und b den korrekten $t_{a/2}$-Wert berechnen und diesen zwischenspeichern. Beachten Sie, dass $a/2$ die Hälfte des Signifikanzniveaus a ist. Anschließend können Sie in der Funktion aus der Intervallschätzer-Formel $\left[\widehat{\beta} - t_{a/2} \cdot \widehat{sd}(\widehat{\beta}); \widehat{\beta} + t_{a/2} \cdot \widehat{sd}(\widehat{\beta})\right]$ die Grenzen des Intervalls berechnen und unter dem Namen `grenzen` zwischenspeichern. Verwenden Sie zum Abschluss der `konfint()`-Funktion die `return()`-Funktion, damit die im Objekt `grenzen` gespeicherten Intervallgrenzen automatisch angezeigt werden.

d) Probieren Sie Ihre neue Funktion für ein Signifikanzniveau von 1% aus. Berechnen Sie anschließend auch die Intervalle, die sich bei Signifikanzniveaus von 5% und 10% ergeben. Was lässt sich allgemein über den Zusammenhang zwischen Intervallbreite und Signifikanzniveau sagen?

e) Da das Trinkgeld-Beispiel mit der ols()-Funktion geschätzt wurde, können Sie Konfidenzintervalle statt mit der von Ihnen selbst programmierten konfint()-Funktion auch mit der ols.interval()-Funktion des Pakets desk berechnen. Überprüfen Sie für den Parameter β, ob sich mit ols.interval() das gleiche Resultat einstellt wie mit konfint(). Unterstellen Sie dabei jeweils ein Signifikanzniveau von 5%.

f) Berechnen Sie mit Ihrer neuen Funktion konfint() das Konfidenzintervall $[\widehat{\alpha} - t_{0,025} \cdot sd(\widehat{\alpha}); \widehat{\alpha} + t_{0,025} \cdot sd(\widehat{\alpha})]$ und überprüfen Sie mit der ols.interval()-Funktion die Richtigkeit Ihrer Berechnung.

g) Speichern Sie den Inhalt Ihres Objektspeichers in der Datei Trinkgeld.RData im Unterordner Objekte des Arbeitsordners.

Aufgabe 5.4: Bremsweg (Teil 1)

- Punkt- und Intervallschätzung
- R-Funktionen: ols(), ols.interval(), print(), save.image(), str()
- Datensatz: data.cars

Sie wollen wissen, welcher lineare Zusammenhang zwischen der Geschwindigkeit in Meilen pro Stunde (speed) und dem Bremsweg in »feet« (dist) bei Autos aus den 1920er Jahren bestand. Hierzu steht Ihnen im Paket desk der Datensatz data.cars zur Verfügung.

a) Öffnen Sie im Quelltext-Fenster ein neues Skript und speichern Sie es unter dem Namen BremswegTeil1.R ab. Lassen Sie sich mit der Funktion str(data.cars) die Grundstruktur des Objektes data.cars anzeigen. Um welche Objektklasse handelt es sich bei data.cars? Wie viele Beobachtungen liegen im Datensatz vor? Welche zwei Variablen sind im Datensatz enthalten? Warum ist das Objekt data.cars nicht im Environment-Fenster sichtbar? Weisen Sie die Werte der Variablen speed und dist des Dataframes neuen Objekten namens speed und dist zu.

b) Formulieren Sie in der R-Sprache ein lineares Regressionsmodell und schätzen Sie den beschriebenen Zusammenhang mit der ols()-Funktion. Speichern Sie die Ergebnisse im Objekt bremsweg.est ab. Lassen Sie sich mit Hilfe der print()-Funktion und dem Argument details = T die ausführliche Ergebnisübersicht anzeigen. Versuchen Sie die geschätzten Werte für den Niveau- und den Steigungsparameter zu interpretieren.

c) Wie lauten die Intervallschätzer für α und β bei einem Signifikanzniveau von 5% und unbekannter Varianz der Störgrößen? Wie sind Intervallschätzer zu interpretieren?

d) Speichern Sie den Inhalt Ihres Objektspeichers in einer neuen Datei namens Bremsweg.RData im Unterordner Objekte des Arbeitsordners.

R-Box 5.4: Konfidenzintervalle wiederholter Stichproben

In der R-Box 4.4 (S. 81) hatten wir die repeat.sample()-Funktion vorgestellt. Sie führt für eine beliebige Anzahl wiederholter Stichproben KQ-Schätzungen durch und berechnet jeweils diverse Kennzahlen. Zu diesen gehören auch Konfidenzintervalle. Betrachten wir erneut das dort verwendete Beispiel. Wir hatten für die Einfachregression $y_i = \alpha + \beta x_i + u_i$ sechs wiederholte Stichproben erzeugt. Die entsprechenden Befehle lauteten

```
x <- c(2,3,5,6,4)
MeineStichproben <- repeat.sample(x, true.par = c(3,2),
sd = 0.5, rep = 6)
```

Im Argument true.par wurde mit c(3,2) festgelegt, dass die Parameterwerte $\alpha = 3$ und $\beta = 2$ betragen. Der Vektor x und die Parameterwerte blieben über die sechs Stichproben unverändert. Hingegen variierten die fünf y_i-Werte von Stichprobe zu Stichprobe, denn in jeder Stichprobe wurden aus einer Normalverteilung mit einer Standardabweichung von 0,5 (sd = 0.5) und einem Erwartungswert von Null neue u_i-Werte zufällig gezogen und zu $\alpha + \beta x_i$ hinzuaddiert, um den jeweiligen y_i-Wert zu erhalten.

Ganz automatisch werden für jede der sechs Stichproben sowohl für α als auch für β Konfidenzintervalle berechnet. Da wir im repeat.sample()-Befehl das Argument sig.level weggelassen hatten, ging R bei der Berechnung der Konfidenzintervalle von dem voreingestellten Signifikanzniveau von 5% aus. Die Berechnung eines Konfidenzintervalls bedeutet, dass eine »untere Grenze« und eine »obere Grenze« ermittelt werden. Es wurden also in jeder Stichprobe für α und β jeweils zwei Werte berechnet. Diese sind ebenfalls im Objekt MeineStichproben gespeichert.

Wie kann auf diese Werte zugegriffen werden? In der Funktion repeat.sample() wird für jede Stichprobe jeweils eine eigene Matrix erzeugt, welche in der ersten Zeile die linke und die rechte Grenze des für α berechneten Konfidenzintervalls enthält und in der zweiten Zeile die entsprechenden Grenzen für das zu β berechnete Konfidenzintervall. Da für jede Stichprobe eine solche Matrix erzeugt wird, ergeben sich so viele Matrizen wie Stichproben. Diese Matrizen werden wie senkrecht stehende Ebenen »hintereinander« angeordnet. Aus der R-Box 3.5 (S. 44) wissen wir, dass ein solcher aus Matrizen

Fortsetzung auf nächster Seite ...

Fortsetzung der vorherigen Seite ...

zusammengesetzter Datenquader in R als *Array* bezeichnet wird. Diesem Array wird von `repeat.sample()` automatisch der Name `confint` zugewiesen und in unserem Objekt `MeineStichproben` als Unterobjekt abgespeichert.

Der Zugriff auf das Unterobjekt `confint` im Objekt `MeineStichproben` gelingt wie gewohnt mit der $-Schreibweise und der Zugriff auf einzelne Elemente des Unterobjekts `confint` durch die angehängten eckigen Klammern. Beispielsweise greift der Befehl

```
MeineStichproben$confint[2,1,4]
```

```
[1] 1.7910994
```

auf die vierte Ebene des Arrays, also die für die vierte Stichprobe erzeugte Matrix zu. Er wählt in dieser Matrix das Element in der zweiten Zeile, also den Parameter β, und in der ersten Spalte, also die untere Intervallgrenze, aus. Den gleichen Wert würden wir über den folgenden Befehl erhalten:

```
MeineStichproben$confint["beta","lower",4]
```

```
[1] 1.7910994
```

Wir können auch auf mehrere Konfidenzintervalle gleichzeitig zugreifen. Der Befehl

```
MeineStichproben$confint[1, ,1:3]
```

wählt für den ersten Parameter (also α) die untere und obere Intervallgrenze der ersten drei Stichproben aus:

```
         SMPL1      SMPL2      SMPL3
lower 1.2228262 0.98955448 1.2170381
upper 4.1254004 5.23462382 3.9081678
```

Mit der Funktion `plot()` können wir uns die von der `repeat.sample()`-Funktion erzeugten Intervalle grafisch anzeigen lassen. Dabei stehen uns ganz spezifische Argumente zur Verfügung, um der Grafik die gewünschte Gestalt zu geben. Im ersten Argument der `plot()`-Funktion wird wie immer das Objekt angegeben, welches verarbeitet werden soll. Verarbeiten heißt bei der `plot()`-Funktion, dass in einem Objekt abgelegte Informationen grafisch angezeigt werden sollen. In unserem Fall würden wir deshalb als erstes Argument der `plot()`-Funktion das Objekt `MeineStichproben` eintragen.

Mit dem Befehl

```
plot(MeineStichproben, plot.what = "confint", which.coef = 2,
xlim = c(1,3), lwd = 1.5)
```

Fortsetzung auf nächster Seite ...

Fortsetzung der vorherigen Seite ...

erzeugen wir Abbildung A5.1. Eines der sechs Intervalle deckt den wahren Wert $\beta = 2$ nicht ab. Dieses ist schwarz hervorgehoben.

Neben den grafischen Standardargumenten kann in der plot()-Funktion über das Argument plot.what festgelegt werden, welche Ergebnisse des Objektes grafisch umgesetzt werden sollen. Voreingestellt ist plot.what = "confint", also die Ausgabe von Konfidenzintervallen. Mit dem Argument which.coef wird der Parameter festgelegt, dessen Konfidenzintervalle grafisch angezeigt werden sollen. Voreingestellt ist which.coef = 2, also der Steigungsparameter. Das Argument center = F würde die Markierungen in der Mitte der Intervalle unterdrücken. Mit center.size könnten wir die Größe dieser Markierungen selbst wählen. Voreingestellt ist center.size = 1. Abbildung A5.1 hätten wir also auch mit dem Befehl

```
plot(MeineStichproben, xlim = c(1,3), lwd = 1.5)
```

erhalten.

Wir sehen in diesem Befehl, dass die Funktion plot() noch einige weitere Einstellmöglichkeiten zulässt, die auch in anderen Grafikbefehlen von R standardmäßig zur Verfügung stehen. Beispielsweise können wir mit dem Argument xlim den Wertebereich der horizontalen Achse nach eigenen Wünschen festlegen und die Dicke der Intervalllinien lässt sich mit dem Argument lwd (kurz für: »line width«) modifizieren.

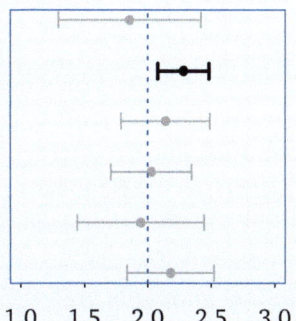

Abbildung A5.1 Konfidenzintervalle zum Steigungsparameter in sechs wiederholten Stichproben.

Aufgabe 5.5: Trinkgeld-Simulation (Intervallschätzer)

- Intervallschätzung
- R-Funktionen: c(), load(), plot(), repeat.sample(), sqrt()

a) Öffnen Sie im Quelltext-Fenster ein neues Skript und speichern Sie es unter dem Namen TrinkgeldSimTeil4.R ab. Laden Sie die in der Datei TrinkgeldSim.RData gespeicherten Objekte. Führen Sie mit der repeat.sample()-Funktion erneut eine Stichproben-Simulation aus, diesmal aber lediglich für 100 Stichproben. Legen Sie dabei wieder die folgenden Werte zugrunde: $x_1 = 10$, $x_2 = 30$, $x_3 = 50$, $E(u_t) = 0$, $\sigma^2 = 0{,}25$, $\alpha = 0{,}2$ und $\beta = 0{,}13$. Speichern Sie die Ergebnisse in einem neuen Objekt namens stichproben4.

b) Ihre Stichproben-Simulation hat unter anderem für α und β Konfidenzintervalle erzeugt, wobei jeweils ein Signifikanzniveau von 5% zugrunde gelegt wurde. Lassen Sie sich mit der Funktion plot() die erzeugten Intervalle grafisch anzeigen. Legen Sie in der plot()-Funktion fest, dass der angezeigte Wertebereich von -1 bis 1 reicht. Erzeugen Sie anschließend die Grafik. Zählen Sie in der Grafik, wie viele Intervalle den wahren Wert $\beta = 0{,}13$ nicht abdecken. Der Grafik lag ein Signifikanzniveau von 5% zugrunde. Wie groß sollte bei sehr großer Stichprobenanzahl der Anteil der Intervalle sein, welche den wahren Wert nicht abdecken?

c) Erhöhen Sie in den Grundwerten der Stichproben-Simulation die Varianz der Störgrößen auf $\sigma^2 = 0{,}64$. Führen Sie die Stichproben-Simulation erneut aus und speichern Sie die Resultate im Objekt stichproben5 ab. Lassen Sie sich auch diese Intervalle anzeigen. Vergleichen Sie die neue Grafik mit jener, welche für stichproben4 (also für $\sigma^2 = 0{,}25$) erzeugt wurde. Welchen Einfluss übt demnach die Störgrößenvarianz auf die durchschnittliche Breite der Intervalle aus? Welche Begründung kann für diesen Effekt gegeben werden?

d) Führen Sie eine weitere Stichproben-Simulation für $\sigma^2 = 0{,}64$ aus. Verwenden Sie diesmal aber statt des dreielementigen Vektors x den zehnelementigen Vektor x10 (also $N = 10$ Beobachtungen). Dieser Vektor wurde in Teil e) der Aufgabe 4.3 (S. 87) definiert und ist eines der Objekte in TrinkgeldSim.RData. Speichern Sie die Resultate im Objekt stichproben6 ab und lassen Sie sich die 100 Intervalle grafisch anzeigen. Vergleichen Sie die Grafik mit jener, welche für stichproben5 (also für $N = 3$ Beobachtungen) erzeugt wurde. Welchen Einfluss übt demnach der Beobachtungsumfang N auf die durchschnittliche Breite der Intervalle aus? Welche Begründung kann für diesen Effekt gegeben werden?

e) Führen Sie eine weitere Stichproben-Simulation für $\sigma^2 = 0{,}64$ aus. Verwenden Sie diesmal aber in der repeat.sample()-Funktion nicht das für die Erzeugung der Konfidenzintervalle standardmäßig vorgesehene Signifikanzniveau von 5%, sondern ein Niveau von 1%. Speichern Sie die Resultate im Objekt stichproben7 ab und lassen Sie sich die 100 Intervalle grafisch anzeigen. Vergleichen Sie die Grafik mit jener, welche für stichproben6 (also für ein Signifikanzniveau von 5%) erzeugt wurde. Welchen Einfluss übt demnach das Signifikanzniveau auf die durchschnittliche Breite der Intervalle aus? Welche Begründung kann für diesen Effekt gegeben werden?

> **Tipp 5 für R-fahrene: R-Skript ausführen**
>
> Wir wissen bereits, dass man ein komplettes Skript mit der Tastenkombination `Strg`+`⇑`+`↵` ausführen kann. Oftmals möchte man ein Skript nur bis zur Zeile ausführen, in der sich der Cursor befindet. Man könnte dafür alle auszuführenden Zeilen markieren und dann mit der Tastenkombination `Strg`+`↵` ausführen. Viel einfacher geht es mit der Tastenkombination `Strg`+`Alt`+`B` (Mac-Computer: `Cmd`+`Option`+`B`).

KAPITEL A6

Hypothesentest

Viele Hypothesen können mit t-Tests überprüft werden. Das Kapitel ist ausschließlich diesen t-Tests gewidmet. Aufgabe 6.1 führt einen solchen Test mit Hilfe der bereits bekannten R-Befehle durch. In der R-Box »t-Test: Testen einzelner Parameter« (S. 109) wird ein neuer R-Befehl erläutert, mit dessen Hilfe t-Tests noch einfacher durchgeführt werden können. Angewendet wird dieser Befehl in den Aufgaben 6.2 bis 6.4.

Aufgabe 6.1: Trinkgeld (Teil 6)

- Replikation der Numerischen Illustrationen 6.1 bis 6.9 des Lehrbuches
- R-Funktionen: `c()`, `load()`, `ols.interval()`, `qt()`, `save.image()`

a) Öffnen Sie im Quelltext-Fenster ein neues Skript und speichern Sie es unter der Bezeichnung `TrinkgeldHypothesentest.R` ab. Laden Sie die in der Datei `Trinkgeld.RData` abgelegten Objekte. Darunter ist auch das Objekt `trinkgeld.est`. Dieses enthält die Ergebnisse einer KQ-Schätzung des Trinkgeld-Beispiels, also einer Regression von `y` auf `x`. Lassen Sie sich die Vektoren `y` und `x` sowie die Ergebnisse in `trinkgeld.est` anzeigen.

b) Testen Sie die Nullhypothese $H_0 : \beta = 0{,}7$ auf einem Signifikanzniveau von 5%. Greifen Sie zu diesem Zweck zunächst auf die Schätzwerte $\widehat{sd}(\widehat{\beta})$ und $\widehat{\beta}$ zu. Sie besitzen die Objektnamen `sd.beta.dach` und `beta.dach`. Berechnen Sie den t-Wert Ihrer Nullhypothese, speichern Sie diesen unter dem Namen `twert.hypo` und lassen Sie sich den Wert anzeigen. Ferner findet sich im Objektspeicher der kritische Wert $t_{0{,}025}$. Er trägt die Bezeichnung `t.025`. Definieren Sie das Akzeptanzintervall $[-t_{0{,}025}\,;\,t_{0{,}025}]$ und weisen Sie diesem den Namen `akzept.int` zu. Lassen Sie sich die Grenzen des Akzeptanzintervalls anzeigen. Zu welchem Testergebnis gelangen Sie?

c) Statt den t-Wert mit dem um 0 zentrierten Akzeptanzintervall $[-t_{0,025}\,;\,t_{0,025}]$ zu vergleichen, könnte man genauso den KQ-Schätzwert $\widehat{\beta}$ mit dem um den Nullhypothesenwert $q = 0{,}7$ zentrierten Akzeptanzintervall $[q - t_{0,025} \cdot \widehat{sd}(\widehat{\beta})\,;\,q + t_{0,025} \cdot \widehat{sd}(\widehat{\beta})]$ vergleichen. Weisen Sie letzteres Akzeptanzintervall dem neuen Objekt `akzept.int.beta` zu. Der Vergleich Ihres KQ-Schätzwertes $\widehat{\beta}$ mit dem Akzeptanzintervall `akzept.int.beta` muss zur gleichen Testentscheidung führen wie der Vergleich von `twert.hypo` mit dem Akzeptanzintervall `akzept.int`. Prüfen Sie, ob der KQ-Schätzwert $\widehat{\beta}$ tatsächlich außerhalb des Akzeptanzintervalls `akzept.int.beta` liegt.

d) Als dritte Möglichkeit, um zu einer Testentscheidung zu gelangen, kann das mit dem Intervallschätzer berechnete Konfidenzintervall $[\widehat{\beta} - t_{0,025} \cdot \widehat{sd}(\widehat{\beta})\,;\,\widehat{\beta} + t_{0,025} \cdot \widehat{sd}(\widehat{\beta})]$ mit dem Nullhypothesenwert $q = 0{,}7$ verglichen werden. Überprüfen Sie, ob das Konfidenzintervall den Wert 0,7 abdeckt. Zu welcher Testentscheidung gelangen Sie diesmal?

e) Sie vermuten, dass der Rechnungsbetrag einen positiven Einfluss auf das Trinkgeld besitzt ($\beta > 0$). Versuchen Sie diese Vermutung durch einen geeigneten einseitigen Hypothesentest zu untermauern. Speichern Sie den t-Wert Ihres Tests als Objekt `twert.hypo.einseitig` ab. Unter dem Namen `df` ist im Objektspeicher die Anzahl der Freiheitsgrade Ihrer KQ-Schätzung abgelegt. Speichern Sie den kritischen Wert als Objekt `t.05` ab. Lassen Sie sich die Werte `twert.hypo.einseitig` und `t.05` anzeigen. Zu welcher Testentscheidung gelangen Sie? Zu welcher Entscheidung wären Sie gelangt, wenn die Ergebnisse für $\widehat{\beta} = 0{,}125$ und $\widehat{sd}(\widehat{\beta}) = 0{,}0433$ auf der Basis von 20 Beobachtungen zustande gekommen wären?

f) Bei Ausführung der `ols()`-Funktion wurde für den Parameter β die Nullhypothese $H_0 : \beta = 0$ automatisch überprüft und für diesen Test auch ein p-Wert berechnet, auf den zugegriffen werden kann. Welcher Wert wurde berechnet und was sagt dieser Wert aus? Zu welcher Testentscheidung gelangen Sie auf Basis des p-Wertes?

g) Zu welcher Testentscheidung gelangen Sie, wenn Sie für den in Aufgabenteil e) durchgeführten Test den p-Wert heranziehen?

h) Speichern Sie Ihre Objekte unter dem Namen `Trinkgeld.RData` im Unterordner »Objekte«.

R-Box 6.1: t-Test für einzelne Parameter

Im Rahmen der ols()-Funktion führt R automatisch die t-Tests $H_0 : \alpha = 0$ und $H_0 : \beta = 0$ aus. Es werden also die beiden t-Tests $H_0 : \alpha = q$ und $H_0 : \beta = q$ berechnet, wobei $q = 0$. Häufig sind allerdings auch t-Tests für Nullhypothesen erforderlich, bei denen sich q von Null unterscheidet. Beispielsweise hatten wir in der Aufgabe 6.1 die Nullhypothese $H_0 : \beta = 0{,}7$ überprüft. Die im Paket desk verfügbare Funktion par.t.test() ist auch für solche Tests geeignet. Sie besitzt die folgenden Argumente:

```
arguments(par.t.test)
mod, data = list(), nh, q = 0, dir = c("both", "left", "right"),
 sig.level = 0.05, details = FALSE, hyp = TRUE
```

Um die Argumente besser zu verstehen, betrachten wir ein konkretes Beispiel. Wir führen eine KQ-Schätzung des Modells

$$y_i = \alpha + \beta x_i + u_i \tag{A6.1}$$

durch, wobei die Werte von x_i und y_i durch die beiden folgenden Vektoren gegeben sind:

```
x <- c(3,5,7,4,2)
y <- c(4,1,3,2,7)
```

Die Ergebnisse werden im Objekt MeinModell.est abgelegt:

```
MeinModell.est <- ols(y ~ x)
```

Sie lauten

```
MeinModell.est

              coef   std.err  t.value  p.value
(Intercept)  6.6351   2.4004   2.7642   0.0699
x           -0.7703   0.5289  -1.4564   0.2413
```

Um für das lineare Modell (A6.1) die Nullhypothese

$$H_0 : \beta \leq -2$$

auf einem Signifikanzniveau von 10% zu testen, geben wir den Befehl

```
par.t.test(MeinModell.est, nh = c(0,1), q = -2, dir = "right",
sig.level = 0.1)
```

ein. Das erste Argument ist das Objekt, auf dem die Berechnungen des t-Tests beruhen, hier also die im Objekt MeinModell.est abgelegten Ergebnisse zum

Fortsetzung auf nächster Seite ...

Fortsetzung der vorherigen Seite ...

Regressionsmodell (A6.1). Alternativ könnten wir für diese Eingabe auch die R-Formelschreibweise des Modells angeben, hier also y ~ x. Wären dabei x und y nicht eigenständige Objekte, sondern die Namen zweier Variablen eines Dataframes, müssten wir mit dem Argument data den Namen dieses Dataframes angeben.

Die zu testende Nullhypothese wird R über die drei Argumente nh = c(0,1), q = -2 und dir = "right" mitgeteilt. Um dies zu verstehen, sollte man sich zunächst klar machen, dass wir eine Nullhypothese immer in der allgemeinen Form

$$r_0 \alpha + r_1 \beta \gtreqless q$$

aufschreiben können, wobei das Symbol » $\gtreqless$ « entweder für » $\geq$ «, » $\leq$ « oder »=« steht, je nachdem ob es sich um einen links-, rechts- oder beidseitigen Test handelt. Dabei sind r_0 und r_1 als Gewichte der Parameter α und β zu interpretieren. Bei der Nullhypothese $H_0 : \beta \leq -2$ (ein rechtsseitiger Test) steht » $\gtreqless$ « also für » $\leq$ «, die Gewichte betragen $r_0 = 0$ und $r_1 = 1$ und der Wert von q ist -2. Wir können diese Nullhypothese folglich auch in der Form

$$0 \cdot \alpha + 1 \cdot \beta \leq -2$$

aufschreiben. Die drei Komponenten nh = c(0,1), q = -2 und dir = "right" beschreiben genau diese Ungleichung. Die Gewichte $r_0 = 0$ und $r_1 = 1$ werden im Argument nh = c(0,1) festgelegt. Mit q = -2 wird die rechte Seite der Ungleichung festgelegt und dir = "right" steht für einen rechtsseitigen Test, also für » $\leq$ «. Das Argument sig.level = 0.1 legt fest, dass das Signifikanzniveau des Tests $a = 10\%$ betragen soll.

Die Antwort auf obigen Befehl lautet

```
t-test on one linear combination of parameters
-------------------------------------------------

Hypotheses:
        H0:         H1:
   1*x <= -2    1*x > -2

Test results:
   t.value  crit.value  p.value  sig.level          H0
    2.3252      1.6377   0.0513        0.1    rejected
```

Wir erhalten also den t-Wert unseres Tests, den kritischen Wert und den p-Wert. Die Ergebnisse zeigen, dass der t-Wert größer als der kritische Wert ausfällt und damit der p-Wert kleiner ist als das Signifikanzniveau von 10%. Entsprechend teilt uns R in der letzten Spalte des Outputs mit, dass es zu einer Ablehnung

Fortsetzung auf nächster Seite ...

Fortsetzung der vorherigen Seite ...

der Nullhypothese gekommen ist (`rejected`). Eine Nicht-Ablehnung würde R mit `not rejected` anzeigen.

Wir können die Resultate unseres Tests wie üblich einem eigenen Objekt, z.B. mit Namen `TestEinseitig` zuordnen:

```
TestEinseitig <- par.t.test(MeinModell.est, nh = c(0,1),
q = -2, dir = "right", sig.level = 0.1)
```

Dies erlaubt uns, jederzeit wieder auf die Resultate zuzugreifen.

Gerade für die Ökonometrie-Einsteiger ist eine grafische Veranschaulichung der im Hypothesentest berechneten Werte sehr hilfreich. Die Funktion `par.t.test()` ist deshalb so programmiert, dass die zentralen Kennzahlen des Tests mit der `plot()`-Funktion ganz bequem grafisch veranschaulicht werden. Beispielsweise erzeugen wir mit dem Befehl

```
plot(TestEinseitig, legpos = "topleft")
```

die Abbildung A6.1. Da es sich um einen rechtsseitigen Test handelt und somit die relevanten Bereiche auf der rechten Seite der Dichtefunktion liegen, setzen wir die Legende mit dem Argument `legpos = "topleft"` auf die linke obere Seite der Abbildung. Weitere Werte für dieses Argument sind in der R-Box 15.1 (S. 203) aufgelistet.

In der erstellten Abbildung A6.1 ist die gepunktete senkrechte Gerade der kritische Wert $t_{0,1} = 1{,}6377$. Die senkrechte fett gedruckte Linie ist der berechnete t-Wert. Er liegt rechts vom kritischen Wert im Ablehnungsbereich. Die Nullhypothese wird folglich verworfen.

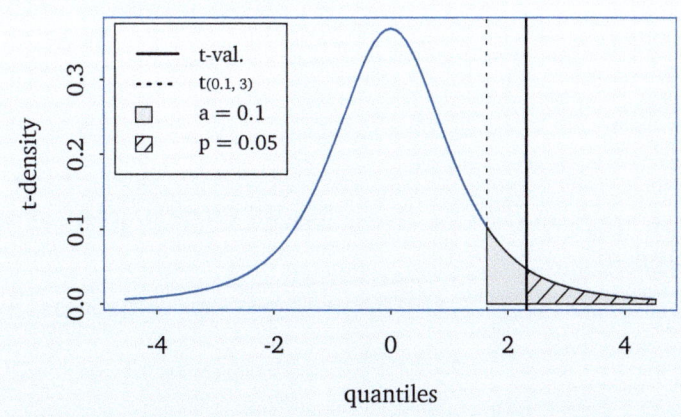

Abbildung A6.1 Grafische Veranschaulichung des im Objekt `TestEinseitig` abgespeicherten Testergebnisses.

Zur gleichen Entscheidung führt uns der Vergleich des p-Wertes mit dem

Fortsetzung auf nächster Seite ...

Fortsetzung der vorherigen Seite ...

Signifikanzniveau, welches 10% beträgt und von der grau unterlegten Fläche rechts vom kritischen Wert $t_{0,1}$ repräsentiert wird. Der *p*-Wert ist in der Grafik die schräg schraffierte Fläche, also die Fläche rechts vom *t*-Wert $t = 2{,}3252$. Diese Fläche ist deutlich kleiner als das Signifikanzniveau.

In der Funktion par.t.test() müssen nicht immer alle Argumente angegeben werden. Die Argumente mod und nh sind Pflicht. Falls das Argument q nicht angegeben wird, geht R von $q = 0$ aus. Fehlt das Argument dir, wird von einem beidseitigen Test ausgegangen. Wollten wir im R-Output die Ausgabe der Null- und Alternativhypothese unterdrücken, müssten wir das zusätzliche Argument hyp = F eingeben. Fehlt das Argument sig.level, verwendet R ein Signifikanzniveau von 5%. Um die Nullhypothese $H_0 : \alpha + 10 \cdot \beta = 0$ auf einem Signifikanzniveau von 5% zu testen, könnte man demnach statt des vollständigen Befehls

```
par.t.test(MeinModell.est, nh = c(1,10), q = 0, dir = "both",
sig.level = 0.05)
```

den viel knapperen Befehl

```
par.t.test(MeinModell.est, nh = c(1,10))
```

verwenden. R antwortet in beiden Fällen mit

```
t-test on one linear combination of parameters
-------------------------------------------------

Hypotheses:
                    H0:                          H1:
  1*(Intercept) + 10*x = 0   1*(Intercept) + 10*x <> 0

Test results:
  t.value   crit.value   p.value   sig.level          H0
  -0.3337      -3.1824    0.7606        0.05   not rejected
```

Wie beim einseitigen Test können wir auch dieses Testergebnis einem eigenen Objekt zuordnen:

```
TestZweiseitig <- par.t.test(MeinModell.est, nh = c(1,10))
```

Der Befehl

```
plot(TestZweiseitig)
```

erzeugt Abbildung A6.2, die den zweiseitigen Test grafisch veranschaulicht. Wieder sind die gepunkteten senkrechten Geraden die kritischen Werte, also in diesem Fall $-t_{0,025}$ und $t_{0,025}$. Die senkrechte fett gedruckte Linie ist der

Fortsetzung auf nächster Seite ...

Fortsetzung der vorherigen Seite ...

berechnete t-Wert. Er liegt diesmal innerhalb der kritischen Werte. Die Nullhypothese wird folglich nicht verworfen. Auch hier gelangen wir wieder zur gleichen Entscheidung, wenn wir den p-Wert (gesamte schraffierte Fläche) mit dem Signifikanzniveau in Höhe von 5% (gesamte graue Fläche) vergleichen. Der p-Wert ist deutlich größer als das Signifikanzniveau.

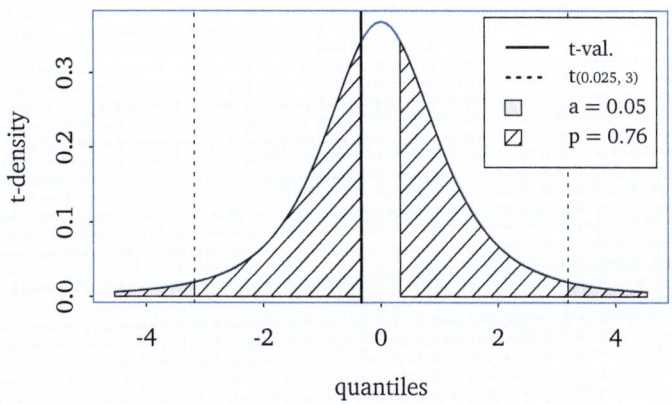

Abbildung A6.2 Grafische Veranschaulichung des im Objekt TestZweiseitig abgespeicherten Testergebnisses.

In Abschnitt 6.1.3 des Lehrbuches wird erläutert, dass der Test einer Nullhypothese $H_0 : \beta = q$ auf den Vergleich des aus der Stichprobe ermittelten $\widehat{\beta}$-Wertes mit dem Akzeptanzintervall $\left[q - t_{a/2} \cdot \widehat{sd}(\widehat{\beta}) \,;\, q + t_{a/2} \cdot \widehat{sd}(\widehat{\beta})\right]$ hinausläuft. Wir können uns dieses Akzeptanzintervall mit der Funktion ols.interval() berechnen lassen. In der R-Box 5.3 (S. 97) hatten wir diese Funktion mit ihren Argumenten vorgestellt und für die Berechnung von Konfidenzintervallen eingesetzt. Um mit dieser Funktion stattdessen Akzeptanzintervalle zu berechnen, müssen wir das Argument type = "acceptance" eingeben und zusätzlich die zu überprüfende Nullhypothese spezifizieren. Lautet die Nullhypothese wieder $H_0 : \beta \leq -2$ (rechtsseitiger Test), dann suchen wir das rechtsseitige Akzeptanzintervall $\left(-\infty \,;\, -2 + t_a \cdot \widehat{sd}(\widehat{\beta})\right]$. Liegt der Schätzer $\widehat{\beta}$ innerhalb dieses Intervalls, dann kann die Nullhypothese nicht abgelehnt werden.

Den zu testenden Parameter (hier β) legen wir über das Argument which.coef = 2 fest, den q-Wert über das Argument q = -2 und die Richtung des Tests über das Argument dir = "right". Das Signifikanzniveau geben wir mit dem Argument sig.level = 0.1 ein. Unser Befehl lautet demnach

Fortsetzung auf nächster Seite ...

Fortsetzung der vorherigen Seite ...

```
ols.interval(MeinModell.est, type = "acceptance", which.coef = 2,
q = -2, dir = "right", sig.level = 0.1)
```

R antwortet:

```
Acceptance interval for model parameter(s):
    lower      90%
x   -Inf    -1.1338
```

Da $\widehat{\beta} = -0{,}7703$ außerhalb des Akzeptanzintervalls $(-\infty\,;\,-1{,}1338]$ liegt, wird die Nullhypothese verworfen. Das gleiche Resultat ergab sich, als wir die Nullhypothese $H_0 : \beta \leq -2$ mit der Funktion par.t.test() getestet hatten.

Es sei angemerkt, dass die Funktion ols.interval() nur die Akzeptanzintervalle einfacher Nullhypothesen mit einem einzigen Parameter ermittelt. Für komplexere Nullhypothesen wie beispielsweise $H_0 : \alpha + 10 \cdot \beta = 0$ ist sie nicht geeignet.

Aufgabe 6.2: Trinkgeld (Teil 7)

- *t*-Test
- R-Funktionen: c(), par.t.test(), plot(), save.image()

a) In Aufgabe 6.1 wurde das Skript TrinkgeldHypothesentest.R geschrieben. Rufen Sie es erneut in das Quelltext-Fenster auf und führen Sie es in einem Schritt aus.

b) Führen Sie die im Skript bearbeiteten Tests der Nullhypothesen $H_0 : \beta = 0{,}7$ und $H_0 : \beta \leq 0$ mit der par.t.test()-Funktion aus und speichern Sie die Ergebnisse unter den Bezeichnungen test1 und test2. Lassen Sie sich die Testergebnisse jeweils in einer Grafik anzeigen.

c) Speichern Sie Ihre Objekte unter dem Namen Trinkgeld.RData im Unterordner »Objekte«.

Aufgabe 6.3: Lebenszufriedenheit (Teil 2)

- *t*-Test
- R-Funktionen: c(), load(), par.t.test(), save.image()
- Datensatz: data.lifesat

a) Öffnen Sie im Quelltext-Fenster ein neues Skript und speichern Sie es unter der Bezeichnung LebenszufriedenheitTeil2.R ab. Im Rahmen der Aufgabe 3.5 hatten wir untersucht, ob ein größeres Einkommen die Zufriedenheit erhöht. Das entsprechende Skript hatten wir unter dem Namen `LebenszufriedenheitTeil1.R` abgespeichert. Ferner hatten wir alle erzeugten Objekte in der Datei `Zufriedenheit.RData` im Unterordner `Objekte` gesichert. Holen Sie die Objekte dieser Datei in den aktuellen Objektspeicher (siehe R-Box 3.9, S. 59). Die Ergebnisse der KQ-Schätzung waren im Objekt `zufried.est` und die zugrunde liegenden Daten (sowie die Residuen der KQ-Schätzung) im Objekt `data.zufried` gespeichert. Werfen Sie zunächst mit der `View()`-Funktion einen Blick auf die Daten und lassen Sie sich anschließend die Ergebnisse der KQ-Schätzung in der Konsole anzeigen. Welche Interpretation besitzt der angezeigte Schätzwert $\hat{\beta}$?

b) Sie möchten empirisch untermauern, dass $\beta > 0$. Testen Sie mit der Funktion `par.t.test()` die Nullhypothese $H_0 : \beta \leq 0$ auf einem Signifikanzniveau von 5%. Was sagt diese Nullhypothese inhaltlich aus? Warum sollte man ein niedriges Signifikanzniveau wählen und nicht ein Niveau von beispielsweise 95%? Zu welchem Testergebnis kommen Sie?

c) Welche Beziehung besteht zwischen dem ausgegebenen p-Wert und dem p-Wert, welcher beim Befehl `zufried.est$p.value[2]` für den Parameter β angezeigt wird?

d) Testen Sie nun die Nullhypothese $H_0 : \beta \geq 0$ auf einem Signifikanzniveau von 5% und anschließend auf einem Signifikanzniveau von 95%. Wenn Sie nach starker empirischer Evidenz für $\beta > 0$ suchen, würden Sie dann bei diesem Test ein niedriges oder ein hohes Signifikanzniveau wählen?

e) Speichern Sie Ihr Skript und speichern Sie alle erzeugten Objekte in der Datei `Zufriedenheit.RData` im Unterordner `Objekte`.

Aufgabe 6.4: Bremsweg (Teil 2)

- t-Test
- R-Funktionen: `c()`, `load()`, `ols.interval()`, `par.t.test()`, `save.image()`
- Datensatz: `data.cars`

a) Öffnen Sie im Quelltext-Fenster ein neues Skript und speichern Sie es unter der Bezeichnung `BremswegTeil2.R` ab. Im Rahmen der Aufgabe 5.4 hatten wir untersucht, wie stark eine höhere Geschwindigkeit (gemessen in Meilen pro Stunde) den Bremsweg (gemessen in »feet«) verlängert. Betrachtet wurden Autos aus den 1920er Jahren. Alle erzeugten Objekte hatten wir in der Datei `Bremsweg.RData` im Unterordner `Objekte` des Arbeitsordners gesichert. Importieren Sie die Objekte dieser Datei in den aktuellen Objektspeicher (siehe R-Box 3.9, S. 59). Die Ergebnisse der KQ-Schätzung waren im Objekt bremsweg.est gespeichert. Lassen Sie sich die Ergebnisse der KQ-Schätzung in der Konsole anzeigen. Welche Interpretation besitzt der angezeigte Schätzwert $\hat{\beta}$?

b) Testen Sie mit der Funktion par.t.test() die Nullhypothese $H_0 : \beta \geq 5$ auf einem Signifikanzniveau von 1%. Was sagt diese Nullhypothese inhaltlich aus? Zu welchem Testergebnis kommen Sie?

c) Berechnen Sie auf dem gleichen Signifikanzniveau das Konfidenzintervall für β. Welche Nullhypothesen würden demnach bei einem Signifikanzniveau von 1% abgelehnt werden und welche nicht?

d) Speichern Sie alle erzeugten Objekte in der Datei Bremsweg.RData im Unterordner Objekte.

Tipp 6 für R-fahrene: R-Objekt finden

Statt den kompletten Namen eines Objektes einzutippen, können wir uns auch auf die ersten Buchstaben beschränken und dann die Tabulator-Taste ⇥ drücken. Es erscheint daraufhin eine Liste aller Objekte, die R kennt und die mit den eingegebenen Buchstaben beginnen. Sofern mehr als ein Objekt in der Liste erscheint, kann man mit der Taste ↓ nach unten durch die Liste scrollen. Der gewünschte Objektname kann dann durch einmaliges Drücken der Enter-Taste ↵ in die Konsole übertragen und durch ein weiteres Drücken der Enter-Taste ↵ in der Konsole ausgeführt werden.

Prognose

Das Kapitel ist den Prognosen gewidmet. In Aufgabe 7.1 werden zunächst der Zusammenhang und die Unterschiede zwischen Prognoseintervallen und den beiden anderen bislang behandelten Intervallkonzepten (Konfidenz- und Akzeptanzintervalle) thematisiert. In der anschließenden R-Box »Punktprognose und Prognoseintervall« (S. 118) wird die für Punktprognosen konzipierte Funktion `ols.predict()` des Pakets `desk` vorgestellt. Die Berechnung von Punktprognosen und Prognoseintervallen wird in Aufgabe 7.2 geübt und in der Simulationsaufgabe 7.3 weiter vertieft. Die anschließende R-Box »Grafiken für Einfachregressionen« (S. 125) stellt ein speziell für die Einfachregression entworfenes grafisches Hilfsmittel vor. Dieses wird in Aufgabe 7.4 gleich ausprobiert. Den Abschluss des Kapitels bildet Aufgabe 7.5. Sie wendet die vier Hauptaufgaben der Ökonometrie (Spezifikation, Schätzung, Hypothesentest und Prognose) auf ein neues Beispiel an.

Aufgabe 7.1: Prognoseintervall versus Konfidenz- und Akzeptanzintervall

- Abgrenzung verschiedener Intervallkonzepte

In der Ökonometrie unterscheidet man drei Arten von Intervallen. Wie lautet für den Steigungsparameter β die Berechnungsformel für

a) das Konfidenzintervall,
b) das Akzeptanzintervall und
c) das Prognoseintervall?

Geben Sie für jede Formel auch eine kurze Interpretation an und erläutern Sie, ob es sich beim Zentrum des Intervalls und beim Wert, der vom Intervall abgedeckt werden soll, um eine Zufallsvariable oder einen zufallsunabhängigen Wert handelt.

R-Box 7.1: **Punktprognose und Prognoseintervall**

Wir hatten im Rahmen der R-Box 6.1 (S. 109) mit den Befehlen

```
x <- c(3,5,7,4,2)
y <- c(4,1,3,2,7)
MeinModell.est <- ols(y ~ x)
```

eine KQ-Schätzung des Modells

$$y_i = \alpha + \beta x_i + u_i \tag{A7.1}$$

durchgeführt. Wir möchten nun wissen, welcher Wert y_0 sich gemäß unserer KQ-Schätzung in einer Welt ohne Störeinflüsse bei einem x_0-Wert von 6 einstellen würde. Manuell könnten wir den Wert von y_0 einfach durch Einsetzen in das geschätzte Modell ermitteln:

```
MeinModell.est$coef[1] + MeinModell.est$coef[2] * 6
```

```
(Intercept)
  2.0135135
```

Solche Punktprognosen können aber deutlich bequemer mit der Funktion `ols.predict()` des Pakets `desk` berechnet werden. Die Argumente des Befehls erhalten wir mit dem folgenden Befehl:

```
arguments(ols.predict)
```

```
mod, data = list(), xnew, antilog = FALSE, details = FALSE
```

Die Struktur der Funktion entspricht dem von der Funktion `ols.interval()` bereits bekannten Muster. Im Argument `mod` wird das zu verarbeitende Objekt festgelegt, auf dessen Basis die Prognose berechnet wird, hier also `MeinModell.est`. Das Argument `data` benötigen wir wieder nur dann, wenn wir in `mod` nicht den Objektnamen `MeinModell.est` eingeben, sondern die R-Formelschreibweise `y ~ x` nutzen und dabei `y` und `x` Variablen eines Dataframes sind statt eigenständige Objekte. Für welche Werte der exogenen Variablen Prognosen benötigt werden, erfährt R durch das Argument `xnew`. Wenn für einen einzigen Wert x_0 eine solche Punktprognose erstellt werden soll, gibt man einfach die entsprechende Zahl ein.

Wir erstellen für das Regressionsmodell `MeinModell.est` eine Punktprognose für den bedingenden Wert $x_0 = 6$:

```
ols.predict(MeinModell.est, xnew = 6)
```

R liefert die Punktprognose

Fortsetzung auf nächster Seite ...

Fortsetzung der vorherigen Seite ...

```
Exogenous variable values and their corresponding predictions:
     xnew  pred.val
1  6.0000    2.0135
```

Möchten wir für mehrere x_0-Werte Punktprognosen berechnen, so verknüpfen wir diese x_0-Werte mit der `c()`-Funktion zu einem Vektor, also beispielsweise `xnew = c(6,9)`.

Das Argument `antilog` benötigen wir hier noch nicht. Sein Gebrauch wird erst in der R-Box 11.1 (S. 157) vorgestellt. Mit dem Argument `details = T` können wir zusätzliche Informationen abrufen, die im Rahmen der Punktprognose berechnet wurden. Der Befehl

```
ols.predict(MeinModell.est, xnew = 1, details = T)
```

erzeugt den folgenden Output:

```
Exogenous variable values and their corresponding predictions:
     xnew  pred.val
1  1.0000    5.8649

   var.pe  sig.squ  smpl.err
1  7.8318   4.1396    3.6921
```

Für $x_0 = 1$ lautet die Punktprognose demnach $\widehat{y}_0 = 5{,}8649$. Die geschätzte Varianz des Prognosefehlers beträgt $\widehat{var}(\widehat{y}_0 - y_0) = 7{,}8317$. Die letzten beiden Zahlen des R-Outputs zerlegen diese Varianz in den Störgrößenfehler ($\widehat{\sigma}^2 = 4{,}1396$) und den Stichprobenfehler (3,6921). Diese Zerlegung ist im Abschnitt 7.1 des Lehrbuches genauer beschrieben.

Lässt man in der `ols.predict()`-Funktion das Argument `xnew` weg, dann werden automatisch Prognosen für alle Werte der exogenen Variablen x_i berechnet. Es ergeben sich natürlich die jeweiligen $\widehat{y}_i$-Werte. In unserem Beispiel sind sie in `MeinModell.est` bereits hinterlegt und mit `MeinModell.est$fitted` direkt abrufbar.

In der R-Box 5.3 (S. 97) hatten wir die Funktion `ols.interval()` mit ihren Argumenten vorgestellt und für die Berechnung von Konfidenzintervallen eingesetzt. Wir hatten damals darauf hingewiesen, dass die Funktion auch andere Intervallarten berechnen kann, nämlich Akzeptanzintervalle und Prognoseintervalle. Für letztere verwenden wir das Argument `type = "prediction"`. Ganz analog zur `ols.predict()`-Funktion geben wir über das Argument `xnew` den x_0-Wert ein, für den das Prognoseintervall berechnet werden soll. Mit der `c()`-Funktion können auch mehrere x_0-Werte angegeben werden. Dann wird für jeden x_0-Wert vollkommen unabhängig von den anderen x_0-Werten ein

Fortsetzung auf nächster Seite ...

Fortsetzung der vorherigen Seite ...

eigenständiges Prognoseintervall berechnet.

Wir wollen für die in `MeinModell.est` abgespeicherten Ergebnisse des Regressionsmodells (A7.1) für $x_0 = 6$ ein Prognoseintervall für ein Signifikanzniveau von 10% ermitteln. Dies erreichen wir mit dem folgenden Befehl:

```
ols.interval(MeinModell.est, type = "prediction", sig.level = 0.1,
xnew = 6)
```

R antwortet:

```
Interval estimator for predicted y-value(s):
   center      5%     95%
1  2.0135  -3.6901  7.7171
```

R-Box 7.2: Prognosen wiederholter Stichproben

Mit der in der R-Box 4.4 (S. 81) vorgestellten `repeat.sample()`-Funktion eröffnen sich zusätzliche Simulationsmöglichkeiten, die wir bislang noch nicht genutzt haben. Wir wissen bereits, dass diese Funktion wiederholte Stichproben erzeugt. Dabei legen wir mit den Argumenten die Werte der exogenen Variablen, die Werte der Parameter α und β, den Erwartungswert und die Standardabweichung der Störgrößen u_i sowie die Anzahl der wiederholten Stichproben fest. Die Funktion erzeugt aus diesen Angaben für jede wiederholte Stichprobe neue Koeffizienten $\widehat{\alpha}$ und $\widehat{\beta}$ sowie einige andere Größen wie beispielsweise Konfidenzintervalle und Residuen.

Wir können R aber auch veranlassen, für jede wiederholte Stichprobe Punktprognosen und Prognoseintervalle zu erzeugen. Für welchen x_0-Wert oder für welche x_0-Werte dies erfolgen soll, teilen wir R innerhalb der `repeat.sample()`-Funktion mit dem zusätzlichen Argument `xnew` mit. Fehlt dieses Argument, so werden auch keine Prognosen berechnet. Mit den Befehlen

```
xwerte <- c(2,5,3,5,6,7)
stichproben <- repeat.sample(xwerte, true.par = c(3,2),
sd = 0.5, rep = 1000, xnew = 4)
```

erzeugen wir für $x = (2, 5, 3, 5, 6, 7)$, $\alpha = 3$, $\beta = 2$, $\sigma = 0{,}5$ und $E(u_t) = 0$ insgesamt 1000 Stichproben und berechnen für jede Stichprobe zum bedingenden Wert $x_0 = 4$ die jeweilige Punktprognose $\widehat{y}_0$ sowie das entsprechende Prognoseintervall $\left[\widehat{y}_0 - t_{a/2} \cdot \widehat{sd}(\widehat{y}_0 - y_0) \, ; \, \widehat{y}_0 + t_{a/2} \cdot \widehat{sd}(\widehat{y}_0 - y_0)\right]$. Zusätzlich erzeugt R in jeder Stichprobe auch noch einen »tatsächlich eintretenden« Wert y_0, so dass überprüft werden kann, ob das Prognoseintervall der jeweiligen Stichprobe den in dieser Stichprobe tatsächlich eingetretenen y_0-Wert abdeckt.

All diese Informationen haben wir in obigem `repeat.sample()`-Befehl dem

Fortsetzung auf nächster Seite ...

Fortsetzung der vorherigen Seite ...

neuen Objekt `stichproben` zugewiesen. Um den Zugriff auf die berechneten Punktprognosen und Prognoseintervalle zu illustrieren, betrachten wir das folgende Beispiel. Der Befehl

```
stichproben$y0.fitted[ ,1:3]
```

gibt uns die folgenden Werte aus:

```
   SMPL1     SMPL2     SMPL3
10.805659 10.904624 11.008735
```

Es handelt sich dabei um die Punktprognosen der ersten drei Stichproben. Da es sich beim Objekt `stichproben` um eine Liste handelt, haben wir für den Zugriff auf die Unterobjekte die $-Schreibweise genutzt. Die Punktprognosen werden bei der `repeat.sample()`-Funktion automatisch im Unterobjekt `y0.fitted` gespeichert. Dieses Unterobjekt ist eine Matrix. Der Zugriff auf die Elemente von Matrizen und Arrays wurde in der R-Box 3.5 (S. 46) erläutert. Wir hatten dort erfahren, dass wir R über einfache eckige Klammern die auszuwählenden Elemente mitteilen.

Welche Elemente wurden bei obigem Befehl ausgewählt? Das Leerzeichen vor dem Komma der eckigen Klammern des Befehls besagt, dass wir für alle x_0-Werte in `xnew` (wir hatten ohnehin nur einen eingetragen) die jeweilige Punktprognose angezeigt bekommen möchten. Der Eintrag `1:3` hinter dem Komma schränkt die Anzeige auf die ersten drei Stichproben ein.

Die Prognoseintervalle werden bei der `repeat.sample()`-Funktion automatisch im Unterobjekt `predint` gespeichert. Dieses Unterobjekt ist ein dreidimensionaler Array, also ein Datenquader aus mehreren Zeilen, Spalten und hintereinander angeordneten Ebenen. Der Befehl

```
stichproben$predint[ , ,1:3]
```

gibt uns die folgenden Prognoseintervalle aus:

```
          SMPL1      SMPL2      SMPL3
lower  9.1870699 10.358019  9.2035534
upper 12.4242479 11.451229 12.8139160
```

Das Leerzeichen vor dem ersten Komma der eckigen Klammern des Befehls besagt wieder, dass wir für alle x_0-Werte in `xnew` die jeweiligen Prognoseintervalle angezeigt bekommen möchten. Da wir ohnehin nur einen eingetragen hatten, besitzt der Datenquader folglich nur eine Zeile. Das Leerzeichen zwischen den Kommata bedeutet, dass wir sowohl die obere als auch die untere Grenze der Prognoseintervalle sehen möchten. Der Datenquader hat also zwei Spalten. Der Eintrag `1:3` schränkt die Ausgabe wieder auf die ersten drei Stichproben ein.

Fortsetzung auf nächster Seite ...

Fortsetzung der vorherigen Seite ...

Der Datenquader setzt sich demnach aus drei hintereinander angeordneten vertikalen Ebenen zusammen.

R erkennt, dass in unserem Beispiel der Datenquader nur eine einzige Zeile besitzt. Um eine möglichst kompakte Darstellung der Prognoseintervalle zu ermöglichen, hat R deshalb in der Anzeige die Spalten in Zeilen umgewandelt und die Ebenen in Spalten. Hätten wir in der repeat.sample()-Funktion zwei oder mehr bedingende Werte x_0 eingegeben, so hätte R in der Anzeige keine solche Umwandlung vollzogen.

Der Befehl

```
stichproben$y0[,1:3]
```

```
    SMPL1     SMPL2     SMPL3
10.354615 11.435830 10.969972
```

teilt R mit, dass wir für alle x_0-Werte in xnew die in den ersten drei Stichproben »tatsächlich eingetretenen« y_0-Werte sehen wollen. Wenn wir diese Werte mit den Grenzen der Prognoseintervalle vergleichen, stellen wir fest, dass in den ersten drei Stichproben die Prognoseintervalle den tatsächlich eingetretenen y_0-Wert jeweils abdecken. Wir könnten für jede der 1000 Stichproben prüfen, ob das Prognoseintervall den y_0-Wert abdeckt. Schneller geht es mit dem Befehl

```
stichproben$outside.pi
```

```
[1] 0.051
```

Die Antwort von R sagt uns, dass der Anteil der Intervalle, die den y_0-Wert *nicht* abdecken, bei 5,1% liegt. Dies sollte nicht überraschen, denn wir hatten in der repeat.sample()-Funktion das Argument sig.level ausgelassen, also ein Signifikanzniveau von 5% zugrunde gelegt.

Aufgabe 7.2: Trinkgeld (Teil 8)

- Replikation der Numerischen Illustrationen 7.1 bis 7.3 des Lehrbuches
- R-Funktionen: c(), load(), mean(), ols.interval(), ols.predict(), qt(), save.image(), sqrt(), Sxy()

a) Öffnen Sie im Quelltext-Fenster ein neues Skript und speichern Sie es unter der Bezeichnung TrinkgeldPrognose.R ab. Importieren Sie mit der load()-Funktion die in der Datei Trinkgeld.RData gespeicherten Objekte.

b) Prognostizieren Sie, welches Trinkgeld y_0 gemäß Ihrer KQ-Schätzung in einer Welt ohne Störeinflüsse bei einem Rechnungsbetrag von $x_0 = 20$ zu erwarten wäre. Verzichten Sie dabei auf die Funktion ols.predict() und nehmen

Sie die R-Berechnungen stattdessen »manuell« vor. Definieren Sie zu diesem Zweck das Objekt x0, welches den Wert 20 besitzt. Verwenden Sie für Ihre Berechnung die KQ-Schätzwerte $\hat{\alpha}$ und $\hat{\beta}$ aus trinkgeld.est. Weisen Sie Ihrer Punktprognose den Objektnamen y0 zu.

c) Weisen Sie die Anzahl der in trinkgeld.est verwendeten Beobachtungen einem Objekt mit Namen beob zu. Speichern Sie den Schätzwert $\hat{\sigma}^2$ Ihrer KQ-Schätzung unter dem Objektnamen sigma.squ.dach. Weisen Sie das arithmetische Mittel der exogenen Variablen ($\bar{x}$) dem Objekt xmean zu und die Variation der exogenen Variablen (S_{xx}) dem Objekt sxx. Berechnen Sie anschließend mit der Formel (siehe Kapitel 7 des Lehrbuches)

$$\widehat{var}(\hat{y}_0 - y_0) = \hat{\sigma}^2 \left(1 + \frac{1}{N} + \frac{(x_0 - \bar{x})^2}{S_{xx}} \right) \quad \text{(A7.2)}$$

die Varianz des Prognosefehlers für $x_0 = 20$ und speichern Sie den Wert im Objekt progfehler.var.

d) Überprüfen Sie die Richtigkeit der Werte y0 und progfehler.var mit der Funktion ols.predict() aus dem Paket desk. Welcher Schätzwert $\hat{\sigma}^2$ wurde von dieser Funktion für die Störgrößenvarianz ermittelt? Wie groß ist der Beitrag des Stichprobenfehlers zur Varianz des Prognosefehlers?

e) Welche Punktprognose und welche Varianz würden sich für $x_0 = 5$ ergeben? Begründen Sie die Veränderung der Varianz gegenüber dem Wert bei $x_0 = 20$.

f) Berechnen Sie mit Hilfe der Formel

$$\left[\hat{y}_0 - t_{a/2} \cdot \widehat{sd}(\hat{y}_0 - y_0) \; ; \; \hat{y}_0 + t_{a/2} \cdot \widehat{sd}(\hat{y}_0 - y_0) \right]$$

das Prognoseintervall für $x_0 = 20$ und weisen Sie das Ergebnis dem Objekt prognose.int zu. Legen Sie dabei ein Signifikanzniveau von 5% zugrunde. Überprüfen Sie Ihr Ergebnis mit der Funktion ols.interval() aus dem Paket desk.

g) Interpretieren Sie das berechnete Prognoseintervall.

h) Speichern Sie Ihre Objekte unter dem Namen Trinkgeld.RData im Unterordner Objekte.

Aufgabe 7.3: Trinkgeld-Simulation (Prognose)

- Interpretation von Prognoseintervallen

- R-Funktionen: `c()`, `load()`, `repeat.sample()`, `sqrt()`

a) Öffnen Sie im Quelltext-Fenster ein neues Skript und speichern Sie es unter der Bezeichnung `TrinkgeldSimTeil5.R` ab. Importieren Sie mit der `load()`-Funktion die in der Datei `TrinkgeldSim.RData` gespeicherten Objekte.

b) Es wird weiterhin das Regressionsmodell des Trinkgeld-Beispiels betrachtet. Sie möchten für 1000 wiederholte Stichproben KQ-Schätzungen durchführen und im Objekt `stichprobenA` speichern. Legen Sie Ihrer Stichproben-Simulation die Grundwerte $x_1 = 10$, $x_2 = 30$, $x_3 = 50$, $E(u_t) = 0$, $\sigma^2 = 0{,}25$, $\alpha = 0{,}2$ und $\beta = 0{,}13$ sowie ein Signifikanzniveau von 5% zugrunde. Nutzen Sie für die Argumente der `repeat.sample()`-Funktion ausschließlich die importierten Objekte `x`, `S`, `var.u`, `alpha` und `beta`.

c) Wiederholen Sie die Stichprobenerzeugung aus Aufgabenteil b), aber lassen Sie sich diesmal zusätzlich auch für den bedingenden Wert $x_0 = 35$ in jeder Stichprobe eine Punktprognose $\hat{y}_0$, ein Prognoseintervall und einen »tatsächlich eintretenden« Wert y_0 berechnen. Überschreiben Sie die bislang im Objekt `stichprobenA` gespeicherten Ergebnisse mit den neuen Resultaten. Betrachten Sie die Punktprognosen der ersten fünf Stichproben. Lassen Sie sich für diese Stichproben auch die unteren und oberen Grenzen der Prognoseintervalle anzeigen. Bei welchem prozentualen Anteil der 1000 Stichproben deckt das jeweilige Prognoseintervall den jeweils tatsächlich eingetretenen Wert y_0 ab? Ist das ein plausibler Anteil?

d) Wiederholen Sie Ihre Simulation des Aufgabenteils c), aber diesmal mit einem Signifikanzniveau von 20%. Weisen Sie die Ergebnisse dem neuen Objekt `stichprobenB` zu. Welchen Einfluss sollte die Änderung des Signifikanzniveaus auf die Punktprognosen und die Prognoseintervalle ausüben? Vergleichen Sie dann für die Prognoseintervalle der jeweils ersten fünf Stichproben, ob Ihre theoretischen Vorhersagen auch tatsächlich eingetreten sind.

e) Wiederholen Sie Ihre Simulation des Aufgabenteils d), aber diesmal mit den zwei bedingenden Werten $x_0 = 35$ und $x_0 = 60$. Sie erhalten also für jede wiederholte Stichprobe zwei y_0-Werte, einen für $x_0 = 35$ und einen für $x_0 = 60$. Entsprechend werden auch jeweils zwei Prognoseintervalle berechnet. Speichern Sie die Resultate unter dem Namen `stichprobenC`. Welche Intervalle sollten größer ausfallen, die zu $x_0 = 35$ berechneten oder die zu $x_0 = 60$ berechneten? Überprüfen Sie Ihre Vermutung anhand der ersten drei Stichproben.

R-Box 7.3: **Grafiken für Einfachregressionen**

Wir hatten in Kapitel A3 die Funktionen plot() und abline() kennengelernt. Mit Hilfe dieser Funktionen konnten wir die Daten einer Einfachregression in einer Punktwolke darstellen und die von der ols()-Funktion erzeugte Regressionsgerade hinzufügen. Die plot()-Funktion eröffnet uns aber noch weitere Möglichkeiten, die von der ols()-Funktion erzeugten Ergebnisse einer Einfachregression grafisch darzustellen.

Mit den Befehlen

```
x <- c(2,4,5,7,7,9)
y <- c(5,4,5,2,3,2)
reg.est <- ols(y ~ x)
plot(reg.est)
```

wird eine Einfachregression durchgeführt, die Ergebnisse werden im Objekt reg.est gespeichert und die Punktwolke sowie die Regressionsgerade werden wie in Abbildung A7.1(a) dargestellt.

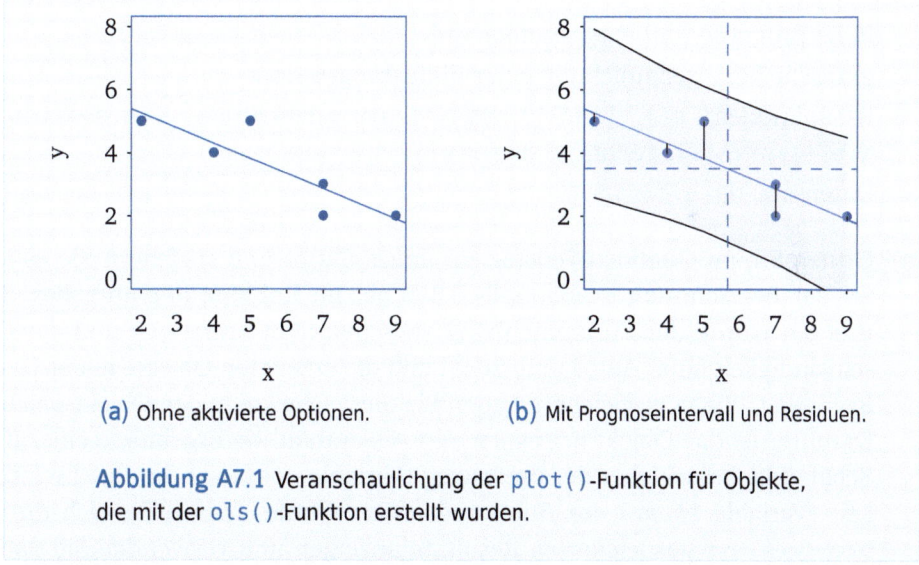

(a) Ohne aktivierte Optionen.   (b) Mit Prognoseintervall und Residuen.

Abbildung A7.1 Veranschaulichung der plot()-Funktion für Objekte, die mit der ols()-Funktion erstellt wurden.

Die plot()-Funktion erlaubt es, einige zusätzliche Elemente in die Grafik aufzunehmen. Beispielsweise erzeugt

```
plot(reg.est, center = T, pred.int = T, residuals = T)
```

die Abbildung A7.1(b). Mit dem Argument center = T wurden an den arithmetischen Durchschnittswerten der Variablen x und y (also an den Stellen $x = \bar{x}$ und $y = \bar{y}$) gestrichelte Geraden hinzugefügt, mit dem Argument residuals = T wurden die Residuen als dünne vertikale Linien eingezeichnet und mit

Fortsetzung auf nächster Seite ...

Fortsetzung der vorherigen Seite ...

dem Argument `pred.int = T` wurde für jeden *x*-Wert des Wertebereichs der *x*-Variablen das Prognoseintervall dargestellt. Dabei wurde für jeden *x*-Wert die untere und obere Grenze des jeweiligen Prognoseintervalls jeweils durch einen ganz kleinen schwarzen Punkt markiert, während der Zwischenraum grau eingefärbt wurde. Im Ergebnis ergibt sich die durch schwarze Linien eingegrenzte taillierte graue Fläche. Mit dem Argument `sig.level` könnten wir das für die Prognoseintervalle standardmäßig unterstellte Signifikanzniveau von 5% verändern.

Die Funktion `plot()` besitzt viele weitere Argumente, mit denen sich die Grafik unseren Wünschen entsprechend modifizieren lässt. Beispielsweise werden wir in der nachfolgenden Aufgabe die angezeigten Wertebereiche mit den Argumenten `xlim` und `ylim` verändern. Eine umfassende Liste der zur Verfügung stehenden Argumente bietet der Hilfesteckbrief der Funktion `plot()`.

Aufgabe 7.4: Bremsweg (Teil 3)

- Punktprognose und Prognoseintervall
- grafische Veranschaulichung einer Einfachregression
- R-Funktionen: `c()`, `load()`, `mean()`, `ols.interval()`, `ols.predict()`, `plot()`, `print()`, `range()`, `summary()`
- Datensatz: `data.cars`

a) Öffnen Sie im Quelltext-Fenster ein neues Skript und speichern Sie es unter der Bezeichnung `BremswegTeil3.R` ab. Im Rahmen der Aufgaben 5.4 und 6.4 wurde der Zusammenhang zwischen dem Bremsweg und der Geschwindigkeit eines Autos untersucht und die erzeugten Objekte in der Datei `Bremsweg.RData` gespeichert. Laden Sie diese Objekte in den Objektspeicher. Darunter ist das Objekt `bremsweg.est`. Es enthält die Ergebnisse einer KQ-Schätzung, bei welcher der Bremsweg (Variable `dist`) auf die Geschwindigkeit (Variable `speed`) des Autos regressiert wurde. Lassen Sie sich die in `bremsweg.est` gespeicherten Resultate anzeigen und verwenden Sie dabei das Argument `details = T`.

b) Welchen Bremsweg erwarten Sie bei einem Auto, welches eine Geschwindigkeit von 20 Meilen pro Stunde besitzt? Welche Varianz ergibt sich für den Prognosefehler? Zerlegen Sie die Varianz in den Stichprobenfehler und den Störgrößenfehler. Berechnen Sie auch das entsprechende Prognoseintervall auf einem Signifikanzniveau von 1%.

c) Ermitteln Sie mit der Funktion `range()` den Wertebereich der Variablen `dist`. Stellen Sie anschließend die Punktwolke, die Regressionsgerade und die Residuen der Einfachregression in einer Abbildung dar. Legen Sie dabei mit dem

Argument `ylim = c(-30,120)` den angezeigten Wertebereich der Variablen `dist` manuell fest.

d) Ergänzen Sie Ihre Abbildung um die im gesamten Wertebereich der Variable `speed` auftretenden Punktprognosen und Prognoseintervalle (Signifikanzniveau 5%).

e) Erzeugen Sie anschließend exakt die gleiche Abbildung nochmal, wählen Sie diesmal aber ein Signifikanzniveau von 10%. Welche Veränderung tritt in der Abbildung ein und welche intuitive Erklärung kann dafür gegeben werden? Zählen Sie die Punkte, die außerhalb des grauen Bereichs liegen. Entspricht die Anzahl Ihren Erwartungen?

f) Für welchen Wert der exogenen Variablen `speed` ist das Prognoseintervall am schmalsten?

Aufgabe 7.5: Speiseeis

- vier Aufgaben der Ökonometrie
- grafische Veranschaulichung einer Einfachregression
- R-Funktionen: `c()`, `ols()`, `par.t.test()`, `plot()`, `print()`
- Datensatz: `data.icecream`

a) Öffnen Sie im Quelltext-Fenster ein neues Skript und speichern Sie es unter der Bezeichnung `Speiseeis.R` ab. Im Paket desk befindet sich der Dataframe `data.icecream`. Die Daten zeigen für 35 Werktage des Jahres 2023 die zwischen 10.00 und 18.00 Uhr gemessene durchschnittliche Tagestemperatur einer mittelgroßen deutschen Stadt sowie den Eisumsatz (in Euro), der an diesem Tag in den Eisdielen der Stadt erzielt wurde.

b) Stellen Sie ein ökonometrisches Modell auf, welches für die Schätzung des Zusammenhangs zwischen Tagestemperatur und Eisumsatz geeignet ist.

c) Führen Sie auf Basis Ihres Modells eine KQ-Schätzung durch, speichern Sie diese unter der Bezeichnung `eis.est` ab und lassen Sie sich die Ergebnisse unter Verwendung des Arguments `details = T` anzeigen. Interpretieren Sie die Schätzwerte für α und β. Welches Bestimmtheitsmaß ergibt sich? Welcher p-Wert ergibt sich für den Niveauparameter? Wie ist diese Zahl zu interpretieren?

d) Stellen Sie die Punktwolke, die Regressionsgerade und die Residuen der Einfachregression in einer Abbildung dar. Beschränken Sie dabei den Wertebereich der vertikalen Achse auf −10.000 bis 30.000.

e) Es soll die Nullhypothese $H_0 : \beta \geq 700$ auf einem Signifikanzniveau von 5% getestet werden. Was sagt die Nullhypothese aus und zu welcher Testentscheidung gelangen Sie?

f) Ergänzen Sie Ihre Abbildung aus Aufgabenteil d) um die im Wertebereich der Variablen temp auftretenden Punktprognosen und Prognoseintervalle (Signifikanzniveau 5%). Wie viele der 35 Beobachtungspunkte würden Sie außerhalb der berechneten Prognoseintervalle erwarten?

Tipp 7 für R-fahrene: Zwischen Fenstern wechseln

Befehle, die R ausführen soll, können entweder in ein Skript oder direkt in die Konsole geschrieben werden. Bei der ersten Option speichert R die Befehlszeile dauerhaft. Die zweite Option ist vor allem dann nützlich, wenn Befehle ausprobiert werden sollen oder aus anderen Gründen lediglich eine einmalige Eingabe beabsichtigt ist. Um ohne Mausnutzung zwischen Skript und Konsole zu wechseln, können die Tastenkombinationen [Strg]+[1] und [Strg]+[2] genutzt werden (Mac-Computer: [Ctrl]+[1] und [Ctrl]+[1]).

KAPITEL **A8**

Spezifikation ($K > 1$)

Bislang haben wir uns auf Modelle mit einer einzigen exogenen Variablen beschränkt. In diesem Kapitel lassen wir erstmals mehrere exogene Variablen in unserem Regressionsmodell zu. Wir vollziehen also den Übergang von der Einfachregression ($K = 1$) zur Mehrfachregression ($K > 1$). Auch in der Mehrfachregression bildet die Spezifikation des ökonometrischen Modells den ersten Schritt. Die erste Übungsaufgabe dieses Kapitels widmet sich deshalb der Frage, inwieweit sich die im Lehrbuch beschriebenen A-, B- und C-Annahmen der Mehrfachregression von denen der Einfachregression unterscheiden. In der sich direkt anschließenden Aufgabe 8.2 wird das Dünger-Beispiel des Lehrbuches vorgestellt. Die R-Box »Zufallsstichproben« (S. 130) erläutert eine weitere Möglichkeit, mit R eigene Zufallswerte zu erzeugen. Ausprobiert wird diese Möglichkeit in Aufgabe 8.3.

Aufgabe 8.1: Vergleich der Annahmen

- A-, B- und C-Annahmen im mehrdimensionalen Fall

Vergleichen Sie die im Lehrbuch beschriebenen A-, B- und C-Annahmen für die Fälle $K = 1$ und $K > 1$ und überlegen Sie, ob Unterschiede zwischen den beiden Fällen bestehen.

Aufgabe 8.2: Dünger (Teil 1)

- Variablen transformieren
- R-Funktionen: `cor()`, `log()`, `plot()`, `save.image()`
- Datensatz: `data.fertilizer`

Im Lehrbuch wird die Mehrfachregression anhand eines Dünger-Beispiels illustriert. Dabei geht es um den Wirkungszusammenhang zwischen dem Gerstenertrag (in dt/ha) einer Parzelle und den auf dieser Parzelle verwendeten Mengen an Stickstoffdünger (in kg/ha) und Phosphatdünger (in kg/ha). Die Daten finden sich im Dataframe `data.fertilizer` des Pakets `desk`.

   a) Öffnen Sie im Quelltext-Fenster ein neues Skript und speichern Sie es unter dem Namen `DuengerTeil1.R` ab. Rufen Sie den Hilfesteckbrief zum Objekt `data.fertilizer` auf, um sich mit der Struktur des Datensatzes vertraut zu machen. Wie viele Beobachtungen liegen vor? Lassen Sie sich mit der `View()`-Funktion die Einzeldaten in einem neuen Fenster des Quelltext-Fensters anzeigen und schließen Sie das Fenster dann wieder.

   b) Erstellen Sie eine Punktwolke der exogenen Variablen `phos` und `nit`. Sind die beiden Variablen korreliert? Überprüfen Sie Ihre Einschätzung mit Hilfe des Korrelationskoeffizienten. Für dessen Berechnung benötigen Sie die Funktion `cor()`. Als Argumente tragen Sie in diese Funktion durch ein Komma getrennt die beiden Variablen ein, um deren Korrelation es geht.

   c) Logarithmieren Sie die drei Variablen `phos`, `nit` und `barley` (siehe R-Box 4.1, S. 75) und weisen Sie ihnen die Namen `x1`, `x2` und `y` zu (erst in Kapitel A14 werden wir genauer auf die Notwendigkeit von Variablentransformationen eingehen). Erstellen Sie auch für die zwei Variablen `x1` und `x2` eine Punktwolke.

   d) Speichern Sie alle erzeugten Objekte in der Datei `Duenger.RData` im Unterordner `Objekte`.

R-Box 8.1: Zufallsstichproben

In der R-Box 2.2 (S. 27) hatten wir erfahren, dass R einen eingebauten Zufallsgenerator besitzt, mit dem aus einer Wahrscheinlichkeitsverteilung Zufallswerte gezogen werden können. Beispielsweise erzeugt der Befehl

```
rnorm(14, mean = 1, sd = 3)
```

14 Ausprägungen aus einer Normalverteilung mit Erwartungswert 1 und Standardabweichung 3.

Statt eine Wahrscheinlichkeitsverteilung vorzugeben, können wir auch eine Grundgesamtheit vorgeben, aus der eine von uns zu wählende Anzahl an Ausprägungen zu ziehen ist. Dies gelingt mit der Funktion `sample()`. Sie besitzt die folgenden Argumente:

```
arguments(sample)

x, size, replace = FALSE, prob = NULL
```

Fortsetzung auf nächster Seite ...

Fortsetzung der vorherigen Seite ...

Mit dem ersten Argument wird die Grundgesamtheit festgelegt, aus der gezogen wird. Dies kann ein bereits definiertes Objekt sein oder ein neu festzulegender Wertebereich. Beispielsweise würde die Angabe x = 20:100 festlegen, dass ganzzahlige Werte aus dem Intervall 20 bis 100 zu ziehen sind. Wie viele Werte gezogen werden sollen, wird R im Argument size mitgeteilt. Ob mit oder ohne Zurücklegen gezogen wird, hängt vom Argument replace ab. Weglassen des Arguments oder replace = F führt zu Ziehungen ohne Zurücklegen, während replace = T Ziehungen mit Zurücklegen auslöst. In letzterem Fall können Werte der Grundgesamtheit mehrfach in der Stichprobe auftauchen. Beispielsweise werden mit dem Befehl

```
sample(x = -10:10, size = 14 , replace = T)
```

14 ganzzahlige Werte aus dem Werteintervall von −10 bis 10 mit Zurücklegen gezogen:

```
[1]  6 -9  5 -3  2 -4  4 -4 -5 -9 -7 -1 -9  3
```

Aufgabe 8.3: Perfekte Multikollinearität

- Werte aus Grundgesamtheit zufällig ziehen
- Perfekte Multikollinearität
- R-Funktionen: c(), ols(), sample()

In dieser Aufgabe wird veranschaulicht, warum die Anzahl der Beobachtungen N mindestens so groß sein muss wie die Anzahl der zu schätzenden Parameter $K+1$, wobei K wie gewohnt die Anzahl der Steigungsparameter ist. Bei $N=K$ wäre die Anforderung nicht erfüllt. Es wird gezeigt, dass $N=K$ gleichbedeutend ist mit perfekter Multikollinearität.

a) Öffnen Sie im Quelltext-Fenster ein neues Skript und speichern Sie es unter dem Dateinamen Multikollinearitaet.R ab. Erzeugen Sie mit der sample()-Funktion zwei Vektoren mit jeweils zwei ganzzahligen Zufallswerten aus dem Wertebereich von 1 bis 100. Weisen Sie den beiden Vektoren die Namen x1 und x2 zu.

b) Stellen Sie sich vor, dass die Vektoren x1 und x2 die Werte der exogenen Variablen eines ökonometrischen Modells der Form $y_i = \alpha + \beta_1 x_{1i} + \beta_2 x_{2i} + u_i$ darstellen. Regressieren Sie den Vektor x1 auf den Vektor x2 und speichern Sie die Resultate im Objekt koll.est. Lassen Sie sich die Werte der Residuen anzeigen. Was fällt Ihnen auf?

c) Lassen Sie sich die Punktwolke mit der plot()-Funktion grafisch anzeigen und fügen Sie mit der abline()-Funktion die Regressionsgerade hinzu. Bestätigt die Grafik die Residuenwerte aus Aufgabenteil b)?

d) Laut Annahme C2 besteht zwischen den beiden Vektoren x1 und x2 genau dann perfekte Multikollinearität, wenn Parameterwerte γ_0, γ_1 und γ_2 gefunden werden können, so dass für beide Beobachtungen die Beziehung

$$\gamma_0 + \gamma_1 x_{1i} + \gamma_2 x_{2i} = 0 \qquad (A8.1)$$

gilt. Division durch γ_1 und anschließendes Auflösen nach x_{1i} liefert

$$\begin{aligned} x_{1i} &= -(\gamma_0/\gamma_1) - (\gamma_2/\gamma_1) x_{2i} \\ &= \hat{\delta}_0 + \hat{\delta}_1 x_{2i}, \end{aligned} \qquad (A8.2)$$

wobei $\hat{\delta}_0 = -(\gamma_0/\gamma_1)$ und $\hat{\delta}_1 = -(\gamma_2/\gamma_1)$. Perfekte Multikollinearität besteht also genau dann, wenn Parameterwerte $\hat{\delta}_0$ und $\hat{\delta}_1$ gefunden werden können, so dass für beide Beobachtungen die Beziehung (A8.2) genau erfüllt ist. Warum ist bereits bekannt, dass für die zufällig gezogenen Vektoren x1 und x2 solche Werte existieren? Welche Schlussfolgerung können Sie hinsichtlich der Multikollinearität zweier zweielementiger Vektoren ziehen?

e) Fügen Sie jedem der beiden Vektoren x1 und x2 einen weiteren Zufallswert aus dem Wertebereich von 1 bis 100 als »dritte Beobachtung« hinzu. Überprüfen Sie erneut, ob perfekte Multikollinearität besteht.

> **Tipp 8 für R-fahrene: Schriftgröße ändern**
>
> Die Darstellung der Textgröße in RStudio kann vergrößert oder verkleinert werden. Dies gelingt durch mehrfaches Drücken der Tastenkombination [Strg]+[+] (vergrößern) bzw. [Strg]+[-] (verkleinern) (Mac-Computer: [Cmd]+[Option]+[=] bzw. [Cmd]+[Option]+[-]). Diese Möglichkeit kann sich auch für Präsentationszwecke als hilfreich erweisen (z.B. Vorstellen der Lösung einer Übungsaufgabe), damit insbesondere Quelltext und Grafiken auch in den hinteren Reihen der Hörerschaft noch gut lesbar sind.

KAPITEL A9

Schätzung ($K > 1$)

In diesem Kapitel geht es um die konkrete Durchführung und Analyse der linearen Mehrfachregression in R. Dabei werden wir uns neben der Schätzung insbesondere den Begriffen »autonome Komponente«, »autonome Variation« und »partielles Bestimmtheitsmaß« zuwenden. In der untenstehenden R-Box »KQ-Schätzung des multiplen Regressionsmodells« erläutern wir zunächst, wie eine Mehrfachregression in die Formelschreibweise von R übertragen wird, stellen dann das Argument data der ols()-Funktion vor und gehen zum Schluss auf zwei Besonderheiten der ols()-Funktion ein. Angewendet werden die neuen Erkenntnisse in den Aufgaben 9.1 bis 9.5.

> **R-Box 9.1:** KQ-Schätzung des multiplen Regressionsmodells
>
> Bislang haben wir in R nur Modelle mit einer einzigen exogenen Variablen betrachtet. Die in R zu benutzende Formelschreibweise für das Modell $y_i = \alpha + \beta x_i + u_i$ lautete y ~ x, wobei y die Werte der endogenen Variablen y_i enthält und x die Werte der exogenen Variablen x_i. Die R-Formelschreibweise für das Modell $y_i = \alpha + \beta_1 x_{1i} + \beta_2 x_{2i} + u_i$ lautet entsprechend y ~ x1 + x2. Wir können demnach mit dem Pluszeichen »+« dem Modell beliebig viele exogene Variablen hinzufügen. In einer durch das Tildezeichen »~« gekennzeichneten Formel interpretiert R das Pluszeichen als »füge Variable hinzu«. Steht kein Tildezeichen in der Befehlszeile, ist das Zeichen »+« der gewöhnliche Additionsoperator. Zur Veranschaulichung dieses Unterschieds definieren wir zunächst eine endogene und zwei exogene Variablen:
>
> *Fortsetzung auf nächster Seite ...*

Fortsetzung der vorherigen Seite ...

```
y <- c(2,4,1,5)
x1 <- c(3,2,4,5)
x2 <- c(1,2,3,1)
```

Wir könnten die zu schätzenden Modelle $y_i = \alpha + \beta_1 x_{1i} + u_i$ und $y_i = \alpha + \beta_1 x_{1i} + \beta_2 x_{2i} + u_i$ in der folgenden Weise an R übergeben und den beiden neuen Objekten `Modell01` und `Modell02` zuweisen:

```
Modell01 <- y ~ x1
Modell02 <- y ~ x1 + x2
```

Wenn man hingegen versucht, `Modell02` mit dem Befehl

```
Modell02 <- Modell01 + x2
```

zu erzeugen, ergibt sich eine Fehlermeldung, denn außerhalb der Formel wird das Pluszeichen von R als Additionsoperator interpretiert. Der Vorgang der Addition passt aber nicht zum Objekt `Modell01`, da es kein Zahlenobjekt ist.

Die Schätzung des Modells `Modell02` wird, wie gewohnt, mit der `ols()`-Funktion durchgeführt:

```
ols(Modell02)   # oder: ols(y ~ x1 + x2)

              coef    std.err   t.value   p.value
(Intercept)   4.5556  5.3823    0.8464    0.5528
x1            0.0926  1.1670    0.0793    0.9496
x2           -1.0741  1.5735   -0.6826    0.6187
```

Mehrfachregressionen mit sehr vielen exogenen Variablen bedeuten in der `ols()`-Funktion recht viel Schreibarbeit. Es gibt allerdings ein paar Tricks, wie man diese Schreibarbeit vermeiden kann. Um die nachstehenden Erläuterungen zu veranschaulichen, erzeugen wir zunächst einen zufällig generierten Dataframe mit 11 Variablen und 50 Beobachtungen aus dem Wertebereich von 0 bis 20. Diesen Dataframe speichern wir unter dem Namen `MeineDaten`:

```
MeineDaten <- data.frame(replicate(11, sample(x = 1:20, size = 50,
replace = T)))
```

Dabei haben wir die Funktion `replicate()` genutzt. Sie legt fest, dass der Befehl `sample(x = 1:20, size = 50, replace = T)` elfmal ausgeführt werden soll, also elf mit Zufallswerten bestückte Vektoren erzeugt werden sollen. Die `data.frame()`-Funktion verknüpft diese elf Vektoren zu einem Dataframe. Zum Abschluss geben wir den elf Variablen unseres Dataframes eigene Namen:

Fortsetzung auf nächster Seite ...

Fortsetzung der vorherigen Seite ...

```
names(MeineDaten) <- c("y","x1","x2","x3","x4","x5",
"x6","x7","x8","x9","x10")
```

Etwas eleganter geht die Namensgebung mit der für die Verknüpfung von Zeichenketten vorgesehenen `paste()`-Funktion:

```
names(MeineDaten) <- c("y", paste("x", 1:10, sep = ""))
```

Das Argument `sep = ""` gibt an, dass zwischen x und der jeweils angehängten Zahl keine Trennung erfolgen soll.

Die ersten vier Beobachtungen (Zeilen) des Dataframes werden uns mit folgendem Befehl angezeigt:

```
head(MeineDaten, 4)    # oder MeineDaten[1:4,]
   y x1 x2 x3 x4 x5 x6 x7 x8 x9 x10
1 13 14 18  3  5 17 10  5 20 16   1
2  7  7 10 16 16 10  7 16 18 18   6
3  4 12  9  3  7 10  6  3 10 17  13
4 15 15 16 12 12  6 19 10 17  8  18
```

Um uns bei der weiteren Verarbeitung der Variablen die Mühen der $-Schreibweise zu sparen, könnten wir den direkten Zugriff auf die Variablen des Dataframes `MeineDaten` mit der `attach()`-Funktion gepaart mit der `detach()`-Funktion herstellen. Allerdings hatten wir auch vor den Tücken beim Gebrauch dieser Funktionen gewarnt und empfohlen, auf deren Anwendung ganz zu verzichten und stattdessen die einzelnen Variablen des Dataframes als individuelle Objekte zu definieren. Wenn wir aber mit sehr vielen Variablen arbeiten, ist dieser Weg recht umständlich. Deshalb wollen wir nachfolgend einen alternativen Weg vorstellen.

Wir können innerhalb der `ols()`-Funktion angeben, auf welchen Dataframe sich unsere Regression bezieht. Dies geschieht mit dem Argument `data`. Beispielsweise gelingt die Regression von y auf x1 mit dem Befehl

```
ols(y ~ x1, data = MeineDaten)

              coef    std.err  t.value  p.value
(Intercept) 13.5468   1.5982   8.4764   <0.0001
x1          -0.0997   0.1286  -0.7756    0.4418
```

Ohne das Argument `data = MeineDaten` hätten wir in der `ols()`-Funktion auf die Variablen mit `MeineDaten$y` und `MeineDaten$x1` zugreifen müssen. Die durch das Argument `data = MeineDaten` ermöglichte direkte Zugriffsmöglichkeit besteht allerdings nur für die `ols()`-Funktion. Außerhalb der `ols()`-

Fortsetzung auf nächster Seite ...

Fortsetzung der vorherigen Seite ...

Funktion benötigen wir für den Zugriff auf eine Variable des Dataframes weiterhin die $-Schreibweise.

Falls ein Modell mit besonders vielen exogenen Variablen geschätzt werden soll, bietet R eine vereinfachende Schreibweise an. Anstatt alle Variablen des Datensatzes explizit anzugeben, kann man auch einfach den Punkt ».« verwenden. Mit dem Befehl

```
reg01.est <- ols(y ~ . , data = MeineDaten)
```

regressieren wir y auf alle anderen Variablen des Dataframes MeineDaten und weisen das Ergebnis dem Objekt reg01.est zu.

Wenn wir y auf alle Variablen des Dataframes außer x4 und x7 regressieren möchten, dann eliminieren wir diese beiden Variablen mit Hilfe des Minuszeichens »−« aus dem zu schätzenden Modell:

```
reg02.est <- ols(y ~ . - x4 - x7, data = MeineDaten)
```

Auf diese Weise könnten wir auch ein Modell ohne Niveauparameter schätzen: $y_i = \beta_1 x_{1i} + \ldots + \beta_K x_{Ki} + u_i$. Beispielsweise würden wir mit dem Befehl

```
reg03.est <- ols(y ~ -1 + x1 + x2, data = MeineDaten)
```

y allein auf die beiden Variablen x1 und x2 regressieren, also die beiden Steigungsparameter β_1 und β_2 schätzen, aber keinen Niveauparameter α. Die »1« im Befehl symbolisiert die zu eliminierende Konstante der Regression, die man sich als einen Vektor vorstellen kann, dessen Elemente alle den Wert 1 besitzen.

Die Funktion I() steht für engl. *as Is* und muss verwendet werden, wenn man *innerhalb einer R-Formel* einzelne Variablen mit einem der mathematischen Operatoren »+, −, /, *, ^ « usw. transformieren möchte. Übersetzt bedeutet » as Is « so viel wie » verwende den Operator so wie er ursprünglich definiert wurde«, also z.B. verwende das Pluszeichen »+« als Additionsoperator und nicht wie sonst innerhalb einer Formel als » füge dem Modell eine exogene Variable hinzu«.

Für unseren Datensatz MeineDaten könnten wir beispielsweise das Modell $y_i = \alpha + \beta_1 x'_{1i} + u_i$ mit $x'_{1i} = x_{1i} + 3$ schätzen, indem wir

```
ols(y ~ I(x1 + 3), data = MeineDaten)
```

eingeben. Durch das Einfassen der Rechenoperation x1+3 in die I()-Funktion teilen wir R mit, dass wir das Pluszeichen im Sinne der ursprünglichen Bedeutung »addiere zwei Zahlen« verwenden wollen. Bevor die Schätzung durchgeführt wird, addiert R daher zu allen Werten von x_{1i} die Zahl 3.

Gäben wir anstatt der Zahl 3 eine andere Variable wie beispielsweise x_2 an, dann würde R die Werte der beiden Variablen x_1 und x_2 addieren und dann

Fortsetzung auf nächster Seite ...

Fortsetzung der vorherigen Seite ...

diese Summe als einzige exogene Variable ansehen:

```
# Regressiere y auf Summe aus x1 und x2 (Einfachregression)
ols(y ~ I(x1 + x2), data = MeineDaten)
```

	coef	std.err	t.value	p.value
(Intercept)	13.3331	1.9972	6.6759	<0.0001
I(x1 + x2)	-0.0409	0.0852	-0.4797	0.6336

Würden wir hingegen die I()-Funktion vergessen, so ergäbe sich eine ganz gewöhnliche Zweifachregression, bei der y auf x1 und x2 regressiert wird:

```
# Regressiere y auf x1 und x2 (Zweifachregression)
ols(y ~ x1 + x2, data = MeineDaten)
```

	coef	std.err	t.value	p.value
(Intercept)	13.3588	2.0105	6.6445	<0.0001
x1	-0.1027	0.1312	-0.7823	0.4380
x2	0.0205	0.1307	0.1570	0.8759

Grundsätzlich empfehlen wir, die I()-Funktion immer anzuwenden, wenn mathematische Operationen innerhalb einer R Formel durchgeführt werden sollen. Wirklich notwendig ist die I()-Funktion aber nur dann, wenn in R ansonsten ein Notationskonflikt der Symbole »+, −, /, *, ^« auftreten würde. Für alle Rechenoperationen, deren Symbol von vornherein eindeutig ist, ist auch die I()-Funktion nicht erforderlich. Beispielsweise haben die mathematischen Transformationen sqrt() (Quadratwurzel) oder log() (natürlicher Logarithmus) keine Sonderstellung in der Formelschreibweise, so dass die beiden Befehle

```
ols(y ~ x1 + I(log(x2)), data = MeineDaten)
ols(y ~ x1 + log(x2), data = MeineDaten)
```

äquivalent sind. R muss hier nicht mehr explizit mitgeteilt werden, dass log() im Sinne der Rechenoperation »Logarithmus« gemeint ist, weil keine alternative Bedeutung existiert.

Die ols()-Funktion berechnet nicht nur die bislang besprochenen Kennziffern der KQ-Schätzung, sondern liefert auch für jedes Parameterpaar die Kovarianz der KQ-Schätzer, also beispielsweise $\widehat{cov}(\hat{\beta}_1, \hat{\beta}_2)$. Für die Regression

```
reg04.est <- ols(y ~ x1 + x2 + x3, data = MeineDaten)
```

existieren vier Varianzen und sechs Kovarianzen. Alle diese Varianzen und Kovarianzen können ganz einfach mit dem Befehl

Fortsetzung auf nächster Seite ...

Fortsetzung der vorherigen Seite ...

```
reg04.est$vcov   # oder: vcov(reg04.est)
```

aufgerufen werden. Der Kommentar weist darauf hin, dass auch die Funktion vcov() funktionieren würde. Der von R angezeigte Output ist die sogenannte *Varianz-Kovarianz-Matrix*:

```
            (Intercept)           x1            x2            x3
(Intercept)  4.746709198 -0.1572045491 -0.134911417 -0.0972439192
x1          -0.157204549  0.0175672811 -0.002144335 -0.0014098876
x2          -0.134911417 -0.0021443350  0.018134249 -0.0034876420
x3          -0.097243919 -0.0014098876 -0.003487642  0.0144081129
```

Die Varianzen stehen auf der Hauptdiagonale der Matrix, die Kovarianzen auf den anderen Positionen. Die Varianz des Punktschätzers $\widehat{\beta}_3$ steht demnach in der rechten unteren Ecke der Matrix und die Kovarianz zwischen $\widehat{\beta}_1$ und $\widehat{\beta}_3$ in der zweiten Zeile an letzter Position und ebenso in der zweiten Spalte an letzter Position.

Aufgabe 9.1: Dünger (Teil 2)

- Replikation der Numerischen Illustration 9.1 des Lehrbuches
- Variablentransformation innerhalb der R-Schätzformel
- R-Funktionen: I(), load(), log(), ols(), save.image(), Sxy()
- Datensatz: data.fertilizer

Die Aufgabe knüpft an das in Aufgabe 8.2 bereits vorgestellte Dünger-Beispiel des Lehrbuches an.

a) Öffnen Sie im Quelltext-Fenster ein neues Skript und speichern Sie es unter dem Namen DuengerTeil2.R ab. Laden Sie die Objekte der Datei Duenger.RData in den Objektspeicher.

b) In Ihrem Objektspeicher sind die logarithmierten Gerstenmengen (y), die logarithmierten Phosphatmengen (x1) und die logarithmierten Stickstoffmengen (x2) abgelegt. Ermitteln Sie für jede der drei Variablen ihre Variation (S_{yy}, S_{11}, S_{22}). Berechnen Sie auch die Kovariationen zwischen jeweils zwei dieser Variablen (S_{1y}, S_{2y}, S_{12}).

c) Das Regressionsmodell zum Dünger-Beispiel lautet

$$y_i = \alpha + \beta_1 x_{1i} + \beta_2 x_{2i} + u_i \,. \tag{A9.1}$$

Führen Sie eine KQ-Schätzung dieses Modells durch, regressieren Sie also y auf x1 und x2. Speichern Sie die Ergebnisse der KQ-Schätzung in einem neuen Objekt namens gerste.est ab. Lassen Sie sich die Ergebnisse anzeigen und weisen Sie die Schätzwerte der Steigungsparameter den beiden neuen Objekten `beta1.A` und `beta2.A` zu. Lassen Sie sich das Bestimmtheitsmaß Ihrer KQ-Schätzung anzeigen.

d) Führen Sie exakt die gleiche KQ-Schätzung nochmals durch. Verwenden Sie dabei aber nicht die Objekte `x1`, `x2` und `y`, sondern die im Dataframe `data.fertilizer` enthaltenen Variablen `barley`, `phos` und `nit`. Diese drei Variablen sind nicht logarithmiert und müssen deshalb innerhalb der `ols()`-Funktion logarithmiert werden. Nutzen Sie in der `ols()`-Funktion das Argument `data`. Überprüfen Sie, ob Ihre Resultate mit den früheren Ergebnissen übereinstimmen.

e) Speichern Sie alle erzeugten Objekte in der Datei `Duenger.RData` im Unterordner `Objekte`.

Aufgabe 9.2: Dünger (Teil 3)

- Replikation der Numerischen Illustrationen 9.2 bis 9.6 des Lehrbuches
- Frisch-Waugh-Lovell-Theorem
- R-Funktionen: `cor()`, `load()`, `ols()`, `save.image()`, `sqrt()`, `Sxy()`
- Datensatz: `data.fertilizer`

Die Aufgabe knüpft an das in den Aufgaben 8.2 und 9.1 bereits vorgestellte Dünger-Beispiel des Lehrbuches an.

a) Öffnen Sie im Quelltext-Fenster ein neues Skript und speichern Sie es unter dem Namen `DuengerTeil3.R` ab. Laden Sie die Objekte der Datei `Duenger.RData` in den Objektspeicher.

b) Was versteht man unter der »autonomen Komponente« $\widehat{x}_{[1]}$ der Variablen x_1? Bestimmen Sie mit Hilfe zweier geeigneter Einfachregressionen die autonomen Komponenten $\widehat{x}_{[1]}$ und $\widehat{x}_{[2]}$. Speichern Sie die Ergebnisse Ihrer beiden Einfachregressionen unter den Namen `hilfsreg1.est` und `hilfsreg2.est` und weisen Sie die autonomen Komponenten den beiden neuen Objekten `x1.auto` und `x2.auto` zu.

c) Berechnen Sie auch die Bestimmtheitsmaße Ihrer beiden Einfachregressionen. Sie sollten übereinstimmen. Berechnen Sie die Wurzel der Bestimmtheitsmaße und vergleichen Sie das Resultat mit dem Korrelationskoeffizienten der beiden Variablen `x1` und `x2`.

d) Berechnen Sie die Variationen $S_{[11]}$ und $S_{[22]}$, also die Variationen der autonomen Komponenten $\widehat{x}_{[1]}$ und $\widehat{x}_{[2]}$.

e) Die Berechnung der Vektoren `x1.auto` und `x2.auto` stellt die erste Stufe einer zweistufigen KQ-Schätzung des Dünger-Beispiels dar. In der zweiten

Stufe wird y_i allein auf $\hat{x}_{[1]}$ regressiert und in einer separaten Regression wird y_i allein auf $\hat{x}_{[2]}$ regressiert. Regressieren Sie dafür y auf x1.auto und weisen Sie im gleichen Befehl den Schätzwert des Steigungsparameters dem neuen Objekt beta1.B zu. Regressieren Sie entsprechend y auf x2.auto und weisen Sie den Schätzwert des Steigungsparameters dem Objekt beta2.B zu.

f) Die stufenweise KQ-Schätzung des Dünger-Beispiels kann auch in einer alternativen Form durchgeführt werden. Zunächst werden y_i und x_{1i} jeweils allein auf x_{2i} regressiert. Anschließend werden die Residuen dieser beiden Schätzungen ($\hat{y}_{[1]}$ und $\hat{x}_{[1]}$) aufeinander regressiert. Regressieren Sie dafür zunächst y auf x2 und weisen Sie die Residuen dieser KQ-Schätzung dem Objekt y.1.auto zu. Welche Interpretation besitzen diese Residuen? Die Residuen der Regression von x1 auf x2 waren schon an früherer Stelle im Objekt x1.auto abgelegt worden. Regressieren Sie nun y.1.auto auf x1.auto und speichern Sie den Schätzwert des Steigungsparameters im neuen Objekt beta1.C ab. Ganz analog werden y_i und x_{2i} jeweils allein auf x_{1i} regressiert und dann die Residuen dieser beiden Schätzungen ($\hat{y}_{[2]}$ und $\hat{x}_{[2]}$) aufeinander. Regressieren Sie dafür y allein auf x1 und weisen Sie die Residuen ($\hat{y}_{[2]}$) dem Objekt y.2.auto zu. Regressieren Sie danach y.2.auto auf x2.auto und speichern Sie den Wert des Steigungsparameters im neuen Objekt beta2.C ab.

g) Vergleichen Sie die für β_1 ermittelten Schätzwerte beta1.A, beta1.B und beta1.C. Vergleichen Sie auch die für β_2 berechneten Schätzwerte beta2.A, beta2.B und beta2.C.

h) Berechnen Sie für die Variablen x_1 und x_2 die partiellen Bestimmtheitsmaße $R^2_{[1]}$ und $R^2_{[2]}$. Entspricht die Summe dieser beiden Werte dem Bestimmtheitsmaß Ihrer KQ-Schätzung gerste.est?

i) Greene (2020) zeigt, dass zwischen dem partiellen Bestimmtheitsmaß einer Variablen x_k und dem t-Wert, der sich für diese Variable in einem Test der Nullhypothese $H_0 : \beta_k = 0$ ergibt, folgender Zusammenhang besteht:

$$R^2_{[k]} = \frac{t^2}{t^2 + (N - K - 1)},$$

wobei K die Anzahl der Steigungsparameter und N die Anzahl der Beobachtungen ist. Prüfen Sie diese Aussage in R.

j) Speichern Sie alle erzeugten Objekte in der Datei Duenger.RData im Unterordner Objekte.

Aufgabe 9.3: Dünger (Teil 4)

- Replikation der Numerischen Illustrationen 9.7 bis 9.10 des Lehrbuches
- Intervallschätzer
- R-Funktionen: load(), ols.interval(), qt(), save.image(), vcov()
- Datensatz: data.fertilizer

Die Aufgabe knüpft erneut an das in den Aufgaben 8.2 und 9.1 bereits vorgestellte Dünger-Beispiel des Lehrbuches an.

a) Öffnen Sie im Quelltext-Fenster ein neues Skript und speichern Sie es unter dem Namen DuengerTeil4.R ab. Laden Sie die Objekte der Datei Duenger.RData in den Objektspeicher.

b) Betrachten Sie nochmals die Ergebnisse Ihrer KQ-Schätzung gerste.est. Wie groß war die Summe der Residuenquadrate, wie groß waren die Varianzen der einzelnen KQ-Schätzer und wie groß war die Kovarianz der KQ-Schätzer $\widehat{\beta}_1$ und $\widehat{\beta}_2$?

c) Berechnen Sie mit der ols.interval()-Funktion den Intervallschätzer für β_1 und legen Sie dabei ein Signifikanzniveau von 5% zugrunde. Überprüfen Sie anschließend, ob die übliche Intervallschätzer-Formel

$$\left[\widehat{\beta}_1 - t_{\alpha/2} \cdot \widehat{sd}(\widehat{\beta}_1) \; ; \; \widehat{\beta}_1 + t_{\alpha/2} \cdot \widehat{sd}(\widehat{\beta}_1)\right]$$

zum gleichen Ergebnis geführt hätte.

d) Speichern Sie alle erzeugten Objekte in der Datei Duenger.RData im Unterordner Objekte.

Aufgabe 9.4: Ersparnisse (Teil 1)

- Formelschreibweise in der ols()-Funktion
- Erstellen und Interpretieren eines Konfidenzintervalls
- R-Funktionen: ols(), ols.interval(), save.image()
- Datensatz: data.savings

Der Datensatz data.savings aus dem Paket desk enthält Daten zu den Ersparnissen, den Einkommen und der Demographie von $N = 50$ Ländern.

a) Öffnen Sie im Quelltext-Fenster ein neues Skript und speichern Sie es unter dem Namen ErsparnisTeil1.R ab. Rufen Sie den Hilfesteckbrief zum Datensatz auf und verschaffen Sie sich mit der View()-Funktion einen Überblick über die Einzeldaten.

b) Definieren Sie ein Regressionsmodell, bei dem Sie sr auf alle übrigen Variablen regressieren und führen Sie in möglichst kompakter Weise mit der ols()-Funktion die KQ-Schätzung Ihres Modells aus. Speichern Sie die Ergebnisse unter dem Namen spar.est.

c) Berechnen Sie für ein Signifikanzniveau von 5% das Konfidenzintervall des zur Variablen ddpi gehörenden Steigungsparameters β_4. Ist die folgende Aussage korrekt: »Der Wert des wahren Parameters liegt mit 95% Wahrscheinlichkeit im Intervall von 0,0145 bis 0,8049«?

d) Bestimmen Sie auch für die anderen Parameter des Modells die Konfidenzintervalle (Signifikanzniveau 5%) und speichern Sie alle fünf Konfidenzintervalle im neuen Objekt spar.konfint ab.

e) Speichern Sie den Inhalt Ihres Objektspeichers unter dem Namen Ersparnis.RData im Unterordner Objekte.

Aufgabe 9.5: Gravitationsmodell (Teil 1)

- Variablentransformation
- KQ-Schätzung einer Zweifachregression
- R-Funktionen: data.frame(), ols(), ols.interval(), save.image()
- Datensatz: data.trade

In der einfachsten Variante des sogenannten Gravitationsmodells des Außenhandels wird das Handelsvolumen zwischen zwei Ländern durch das Bruttoinlandsprodukt der beteiligten Länder und durch ihre räumliche Distanz erklärt. Entsprechend lässt sich das Handelsvolumen Deutschlands mit seinen EU-Partnern durch ihre räumliche Distanz und durch das Bruttoinlandsprodukt der EU-Partner erklären. Im Datensatz data.trade des Pakets desk bezeichnet country das Landeskürzel des mit Deutschland handelnden EU-Partners. Außerdem wurde für jeden EU-Partner für das Jahr 2014 das Bruttoinlandsprodukt (gdp), die Importe Deutschlands aus dem betreffenden Land (imports), die Exporte Deutschlands in das jeweilige Land (exports) sowie die räumliche Distanz zwischen Deutschland und dem EU-Partner (dist) erfasst.

a) Öffnen Sie im Quelltext-Fenster ein neues Skript und speichern Sie es unter dem Namen GravitationTeil1.R ab, betrachten Sie den Hilfesteckbrief des Datensatzes data.trade und werfen Sie mit der View()-Funktion einen Blick auf die Einzeldaten. Welcher EU-Partner ist der größte Abnehmer deutscher Produkte?

b) Bilden Sie für jedes Land den arithmetischen Mittelwert der Variablen imports und exports, weisen Sie die berechneten Werte einem neuen Objekt namens vol zu, fügen Sie dieses zum Dataframe data.trade hinzu und speichern Sie den erweiterten Dataframe unter dem Namen `data.handel`. Überprüfen Sie, ob die Erweiterung des Dataframes funktioniert hat.

c) Führen Sie eine KQ-Schätzung mit der endogenen Variablen `vol` und den exogenen Variablen `gdp` und `dist` durch und weisen Sie die Ergebnisse dem neuen Objekt `gravi.est` zu. Vermeiden Sie die $-Schreibweise.

d) Lassen Sie sich die KQ-Schätzergebnisse anzeigen und interpretieren Sie alle drei Koeffizienten.

e) Berechnen Sie für alle drei Parameter das jeweilige Konfidenzintervall (Signifikanzniveau 5%) und lassen Sie sich die Ergebnisse anzeigen.

f) Speichern Sie alle erzeugten Objekte in der Datei `Gravitation.RData` im Unterordner `Objekte`.

> **Tipp 9 für R-fahrene: R-Skript beginnen**
>
> Das `desk`-Paket enthält die Funktion `new.session()`. Genau wie die Funktion `rm.all()`, löscht sie den Objektspeicher. Darüber hinaus führt die Funktion `new.session()` jedoch noch einige weitere Aktivitäten aus. Neben dem Objektspeicher werden auch die Grafiken (Fenster: Plots) und der Inhalt der Konsole gelöscht. Ist der Befehl `new.session()` Teil eines Skriptes, wird außerdem bei der Ausführung des Skriptes der Ordner, in dem sich das Skript befindet, automatisch als Arbeitsordner festgelegt. Dies ist insbesondere dann praktisch, wenn sich dort auch relevante Unterordner wie beispielsweise die von uns empfohlenen Unterordner `Daten` und `Objekte` befinden. Wäre also im Anschluss an den `new.session()`-Befehl aus dem Unterordner `Daten` der Datensatz `NeueDaten.txt` zu laden, müsste man im `file`-Argument des `read.table()`-Befehls nicht den gesamten Pfad zu dieser Datei angeben, sondern könnte einfach
>
> `read.table(file = "./Daten/NeueDaten.txt")`
>
> eingeben (gegebenenfalls ergänzt durch die für das korrekte Einlesen notwendigen Argumente `header`, `sep`, `quote` etc.). Soll der Arbeitsordner nicht geändert werden, so fügt man in den `new.session()`-Befehl das Argument `cd = FALSE` ein. Noch einfacher geht es mit dem Befehl `new.session(F)`. Je nach Arbeitsweise könnte also ein Skript jeweils mit `new.session()` statt mit `rm.all()` beginnen. Wir bleiben im Folgenden aber bei der routinemäßigen Verwendung von `rm.all()`.

KAPITEL A10

Hypothesentest ($K > 1$)

Der einfache t-Test und seine Durchführung mit Hilfe der Funktion `par.t.test()` wurde bereits in der R-Box »t-Test für einzelne Parameter« (S. 109) besprochen. Die dort getestete Hypothese bezog sich auf einen einzelnen Parameter β. Da wir inzwischen Modelle mit mehreren Steigungsparametern schätzen können, reicht eine solch einfache Hypothese oftmals nicht aus. Insbesondere könnte es notwendig sein, eine *Linearkombination* von zwei oder mehr Parametern des Modells auf einen bestimmten q-Wert zu testen. Die Umsetzung eines solchen Tests in R wird in der R-Box »t-Test einer Linearkombination« vorgestellt. In Aufgabe 10.1 kann das Erlernte gleich ausprobiert werden.

In der anschließenden R-Box »F-Test mehrerer Linearkombinationen« (S. 149) zeigen wir, wie man mit Hilfe eines F-Tests mehrere Linearkombinationen *gleichzeitig* testen kann. Die eigenständige Umsetzung dieses Testverfahrens kann in den Aufgaben 10.2 und 10.3 eingeübt werden.

> **R-Box 10.1:** t-**Test einer Linearkombination**
>
> Im Rahmen der R-Box 6.1 (S. 109) hatten wir die im Paket `desk` verfügbare Funktion `par.t.test()` kennengelernt und die korrekte Nutzung ihrer Argumente genauer beschrieben. Wir bauen hier auf diesen Kenntnissen auf.
>
> Zunächst schätzen wir mit der `ols()`-Funktion das lineare Modell
>
> $$y_i = \alpha + \beta_1 x_{1i} + \beta_2 x_{2i} + u_i$$
>
> mit $y = (4, 1, 3, 2, 7)$, $x_1 = (3, 5, 7, 4, 2)$ und $x_2 = (-3, -8, 6, -4, 10)$ und weisen die Ergebnisse dem Objekt `MeinModell.est` zu:
>
> *Fortsetzung auf nächster Seite ...*

Fortsetzung der vorherigen Seite ...

```
rm.all()
y <- c(4,1,3,2,7)
x1 <- c(3,5,7,4,2)
x2 <- c(-3,-8,6,-4,10)
MeinModell.est <- ols(y ~ x1 + x2)
```

Die Regressionsergebnisse lauten

```
MeinModell.est

             coef    std.err  t.value  p.value
(Intercept)  6.1176  0.6731   9.0885   0.0119
x1          -0.6580  0.1483  -4.4381   0.0472
x2           0.2307  0.0380   6.0642   0.0261
```

Wir können aus den p-Werten direkt ablesen, dass die t-Tests der Hypothesen $H_0 : \alpha = 0$, $H_0 : \beta_1 = 0$ und $H_0 : \beta_2 = 0$ auf einem Signifikanzniveau von 5% verworfen werden. Im Folgenden geht es aber um komplexere Nullhypothesen mit mehreren Parametern.

Wenn die Funktion `par.t.test()` auf ein Modell der Zweifachregression angewendet wird, kann mit der Funktion jede Nullhypothese getestet werden, die sich in der Form

$$H_0 : r_0 \alpha + r_1 \beta_1 + r_2 \beta_2 \gtreqless q \qquad (A10.1)$$

schreiben lässt, wobei r_0, r_1 und r_2 als Gewichte der Parameter α, β_1 und β_2 zu interpretieren sind und das Symbol »$\gtreqless$« entweder für »$\geq$«, »$\leq$« oder »$=$« steht. Bei der linken Seite des Ausdrucks (A10.1) handelt es sich um eine *Linearkombination* der Parameter α, β_1 und β_2.

Wir betrachten exemplarisch die Nullhypothese

$$H_0 : \beta_1 + \beta_2 = 0. \qquad (A10.2)$$

Sie besagt, dass die Steigungsparameter betragsmäßig identisch sind, aber unterschiedliche Vorzeichen besitzen. Diese Nullhypothese fällt in die durch (A10.1) beschriebene Klasse von Nullhypothesen, denn für $r_0 = 0$, $r_1 = 1$, $r_2 = 1$ und $q = 0$ wird (A10.1) zu (A10.2), wobei für »$\gtreqless$« das Gleichheitszeichen herangezogen wird. Wir können also die Nullhypothese (A10.2) mit der `par.t.test()`-Funktion testen. Das zu (A10.2) passende Argument für die Gewichte r_0, r_1 und r_2 lautet deshalb `nh = c(0,1,1)`. Auf den Befehl

```
par.t.test(MeinModell.est, nh = c(0,1,1), q = 0, dir = "both",
sig.level = 0.05)
```

antwortet R:

Fortsetzung auf nächster Seite ...

Fortsetzung der vorherigen Seite ...

```
t-test on one linear combination of parameters
-----------------------------------------------

Hypotheses:
               H0:                  H1:
     1*x1 + 1*x2 = 0    1*x1 + 1*x2 <> 0

Test results:
    t.value   crit.value   p.value   sig.level              H0
    -2.7114      -4.3027    0.1134        0.05    not rejected
```

Die Nullhypothese wird demnach nicht verworfen. Der Befehl

```
par.t.test(MeinModell.est, nh = c(0,1,1))
```

hätte zum gleichen Ergebnis geführt, denn `q = 0`, `dir = "both"` und `sig.level = 0.05` sind die in der Funktion `par.t.test()` voreingestellten Werte.

Wenn wir die Ergebnisse des *t*-Tests in späteren R-Befehlen weiterverarbeiten möchten, sollten wir die Testergebnisse einem Objekt zuweisen, auf das wir zugreifen können. Mit dem Befehl

```
MeinTest <- par.t.test(MeinModell.est, nh = c(0,1,1))
```

werden die Resultate dem neuen Objekt `MeinTest` zugewiesen. Es handelt sich bei diesem Objekt um eine Liste mit sechs Elementen. Die Namen dieser Elemente können wir uns folgendermaßen anzeigen lassen:

```
names(MeinTest)
```

```
[1] "hyp"       "nh"         "lcomb"      "results"   "std.err"   "nulldist"
```

Wir können die in der R-Box 3.6 (S. 47) behandelten Zugriffsregeln für Listen anwenden. Das Element »results« steht in unserem Objekt `MeinTest` an vierter Stelle. Anzeigen lassen wir es uns mit

```
MeinTest$results
```

oder mit

```
MeinTest[[4]]
```

In beiden Fällen antwortet R:

```
      t.value   crit.value    p.value   sig.level                H0
   -2.7114358   -4.3026527   0.113355        0.05      not rejected
```

Fortsetzung auf nächster Seite ...

Fortsetzung der vorherigen Seite ...

Das vierte Element der Liste MeinTest besteht demnach selbst aus fünf Elementen. Um beispielsweise auf das zweite dieser Elemente, also den kritischen Wert unseres t-Tests zuzugreifen, können wir wahlweise einen der beiden folgenden Befehle verwenden:

```
MeinTest$results[2]
MeinTest[[4]][2]
```

Beide lösen die folgende Antwort aus:

```
crit.value
-4.3026527
```

Mit dem Befehl

```
plot(MeinTest)
```

können wir uns die Testergebnisse grafisch darstellen lassen. Das Ergebnis ist in Abbildung L10.1 gezeigt.

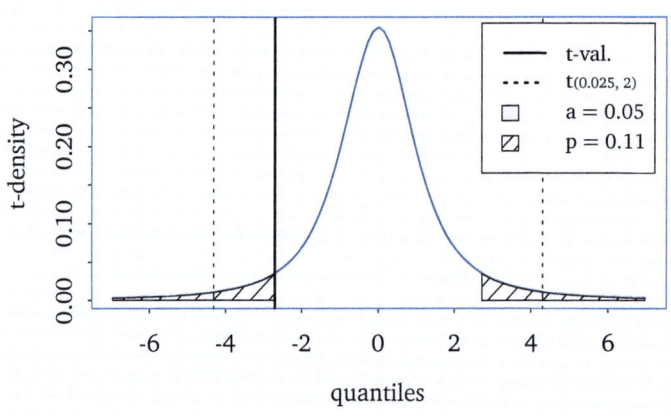

Abbildung A10.1 Grafische Veranschaulichung der Ergebnisse des t-Tests.

Aufgabe 10.1: Dünger (Teil 5)

- Replikation der Numerischen Illustrationen 10.1 bis 10.6 des Lehrbuches
- t-Test einer Linearkombination
- R-Funktionen: c(), load(), par.t.test(), qt(), save.image(), sqrt()
- Datensatz: data.fertilizer

a) Öffnen Sie im Quelltext-Fenster ein neues Skript und speichern Sie es unter dem Namen DuengerTeil5.R ab. Laden Sie die in Duenger.RData gespeicherten Objekte. Sie wurden in der Aufgabe 9.3 (S. 141) und einigen vorangegangenen Aufgaben erstellt.

b) Testen Sie im Modell gerste.est die beiden Nullhypothesen $H_0 : \alpha = 2$ und $H_0 : \beta_1 \leq 0$ jeweils auf einem Signifikanzniveau von 1%. Verwenden Sie dafür die Funktion par.t.test() des Pakets desk.

c) Die Formel zur Schätzung der Standardabweichung der Zufallsvariablen $\widehat{\beta}_1 + \widehat{\beta}_2$ lautet

$$\widehat{sd}\left(\widehat{\beta}_1 + \widehat{\beta}_2\right) = \sqrt{\widehat{var}\left(\widehat{\beta}_1\right) + \widehat{var}\left(\widehat{\beta}_2\right) + 2\widehat{cov}\left(\widehat{\beta}_1, \widehat{\beta}_2\right)}$$

(siehe Abschnitt 10.1 des Lehrbuches). Rufen Sie für das Modell gerste.est die Varianz-Kovarianzmatrix der KQ-Schätzer auf und weisen Sie diese Matrix dem Objekt vcov.matrix zu. Berechnen Sie mit Hilfe der darin enthaltenen Varianzen und Kovarianzen den Wert von $\widehat{sd}\left(\widehat{\beta}_1 + \widehat{\beta}_2\right)$ und speichern Sie diesen unter dem Namen se.sum ab. Lassen Sie sich den Wert von se.sum anzeigen.

d) Welche ökonomische Interpretation besitzt die Gleichung $\beta_1 + \beta_2 = 1$? Denken Sie daran, dass es sich bei y, x1 und x2 um logarithmierte Werte handelt.

e) Führen Sie für das Dünger-Modell einen t-Test der Nullhypothese $H_0 : \beta_1 + \beta_2 = 1$ durch (Signifikanzniveau 5%). Verwenden Sie keine vorgefertigte Testfunktion, sondern berechnen Sie den t-Wert des Tests manuell mit R. Weisen Sie diesen Wert dem Objekt t1 zu. Berechnen Sie den kritischen Wert zu Ihrem Test und weisen Sie diesen dem neuen Objekt t2 zu. Lassen Sie sich t1 und t2 anzeigen und fällen Sie eine Testentscheidung.

f) Überprüfen Sie Ihre Resultate und Ihre Testentscheidung des Aufgabenteils e) mit der Funktion par.t.test(). Weisen Sie Ihre Ergebnisse dem neuen Objekt t.test zu und lassen Sie sich das Testergebnis anzeigen.

g) Überprüfen Sie mit der Funktion par.t.test() die Vermutung, dass $\beta_1 + \beta_2 < 1$. Wie lautet die zu dieser Vermutung passende Nullhypothese? Was sagt die Vermutung ökonomisch aus?

h) Speichern Sie alle erzeugten Objekte in der Datei Duenger.RData im Unterordner Objekte.

R-Box 10.2: F-**Test mehrerer Linearkombinationen**

Wir hatten in der R-Box 6.1 (S. 109) die für t-Tests konzipierte Funktion par.t.test() vorgestellt und in der R-Box 10.1 (S. 145) eine verallgemeinerte Form solcher t-Tests behandelt. Mit dieser verallgemeinerten Form können wir jegliche Nullhypothese testen, die sich als eine *einzelne* Linearkombination schreiben lässt, also beispielsweise auch die Nullhypothese

Fortsetzung auf nächster Seite ...

Fortsetzung der vorherigen Seite ...

$H_0: \alpha + 10 \cdot \beta_1 - 2 \cdot \beta_2 = 4$. Wenn wir mehrere Linearkombinationen testen möchten, könnten wir diese Aufgabe mit einer entsprechend großen Anzahl an eigenständigen t-Tests erledigen. Häufig möchte man jedoch mehrere Linearkombinationen *gleichzeitig* in einem einzigen Test überprüfen. In einem solchen Fall benötigen wir einen F-Test.

Auch solche F-Tests können mit R ausgeführt werden. Teil des Pakets desk ist die Funktion par.f.test(), die für diese Tests programmiert wurde und dabei der gleichen Logik folgt wie die Funktion par.t.test(). Wir greifen das Beispiel der Zweifachregression

$$y_i = \alpha + \beta_1 x_{1i} + \beta_2 x_{2i} + u_i$$

aus der R-Box 10.1 (S. 145) erneut auf. Unsere KQ-Schätzung lautete

```
y <- c(4,1,3,2,7); x1 <- c(3,5,7,4,2); x2 <- c(-3,-8,6,-4,10)
MeinModell.est <- ols(y ~ x1 + x2)
```

Betrachten wir die Nullhypothese $\alpha + 8 \cdot \beta_1 = 0$. Sie kann auch in der Form

$$1 \cdot \alpha + 8 \cdot \beta_1 + 0 \cdot \beta_2 = 0 \tag{A10.3}$$

geschrieben werden. Wir würden sie folglich mit dem Befehl

```
par.t.test(MeinModell.est, nh = c(1,8,0), q = 0, sig.level = 0.1)
```

testen, wobei ein Signifikanzniveau von 10% gewählt wurde. Entsprechend kann die Nullhypothese $-0.8 \cdot \beta_1 + 4 \cdot \beta_2 = 1$ auch in der Form

$$0 \cdot \alpha + (-0.8) \cdot \beta_1 + 4 \cdot \beta_2 = 1 \tag{A10.4}$$

geschrieben werden, weshalb sie mit dem Befehl

```
par.t.test(MeinModell.est, nh = c(0,-0.8,4), q = 1, sig.level = 0.1)
```

getestet werden kann.

Wir können die beiden Nullhypothesen zu einer einzigen aus den zwei Linearkombinationen (A10.3) und (A10.4) bestehenden Nullhypothese verknüpfen. Um diese zu testen, ist ein F-Test erforderlich. Die für solche Tests zur Verfügung stehende Funktion par.f.test() besitzt nahezu die gleiche Struktur wie die Funktion par.t.test(). Die Argumente der Funktion par.f.test() lauten

```
arguments(par.f.test)

mod, data = list(), nh, q = rep(0, dim(nh)[1]), sig.level = 0.05,
  details = FALSE, hyp = TRUE
```

Fortsetzung auf nächster Seite ...

Fortsetzung der vorherigen Seite ...

Im ersten Argument muss wie gewohnt das durch die `ols()`-Funktion erzeugte Objekt angegeben werden, hier also `MeinModell.est`. Wie schon bei der `par.t.test()`-Funktion könnten wir auch hier für diese Eingabe statt des Objektnamens `MeinModell.est` die R-Formelschreibweise `y ~ x1 + x2` und bei Bedarf das Argument `data` nutzen.

Für das Argument `nh` müssen wir die Parameter auf den linken Seiten der Linearkombinationen (A10.3) und (A10.4), also die Vektoren `c(1,8,0)` und `c(0,-0.8,4)` *untereinander* anordnen. Dies gelingt wie immer mit der `rbind()`-Funktion.

Für das Argument `q` ordnen wir die jeweiligen rechten Seiten der beiden Linearkombinationen untereinander an. Die rechten Seiten der beiden Nullhypothesen sind jeweils einzelne Zahlen. Um sie in einem Objekt zu kombinieren, genügt die einfache `c()`-Funktion, hier also der Befehl `c(0,1)`. Diesen Vektor weisen wir dem Objekt `q` zu. Mit dem Argument `sig.level` können wir wie gewohnt Signifikanzniveaus festlegen, die von 5% abweichen. Der Befehl für unseren F-Test lautet demnach

```
par.f.test(MeinModell.est, nh = rbind(c(1,8,0), c(0,-0.8,4)),
q = c(0,1), sig.level = 0.1)
```

wobei weiterhin ein Signifikanzniveau von 10% gewählt wurde. R antwortet mit

```
F-Test on multiple linear combinations of parameters
----------------------------------------------------

Hypotheses:
                     H0:                         H1:
  1*(Intercept) + 8*x1 = 0    1*(Intercept) + 8*x1 <> 0
       - 0.8*x1 + 4*x2 = 1         - 0.8*x1 + 4*x2 <> 1

Test results:
  f.value  crit.value  p.value  sig.level              H0
   7.8669           9   0.1128        0.1    not rejected
```

Das Argument `dir` der `par.t.test()`-Funktion ist in der Funktion `par.f.test()` nicht vorhanden, da normalerweise nur zweiseitige F-Tests durchgeführt werden.

Wollten wir im R-Output die Ausgabe der Null- und Alternativhypothese unterdrücken, würden wir in der Funktion `par.f.test()` als zusätzliches Argument `hyp = F` eingeben.

Natürlich könnten wir die Testergebnisse auch einem Objekt zuweisen, um sie an späterer Stelle weiterzuverarbeiten. Mit dem Befehl

Fortsetzung auf nächster Seite ...

Fortsetzung der vorherigen Seite ...

```
Mein.Ftest <- par.f.test(MeinModell.est,
nh = rbind(c(1,8,0),c(0,-0.8,4)), q = c(0,1), sig.level = 0.1)
```

weisen wir die Ergebnisse dem neuen Objekt `Mein.Ftest` zu. Dieses gehört der Objektklasse »Liste« an. Die in `Mein.Ftest` gespeicherten zentralen Resultate des F-Tests lassen wir uns mit dem Befehl

```
Mein.Ftest$results
```

anzeigen:

```
  f.value crit.value   p.value sig.level              H0
7.8668595          9 0.1127795       0.1    not rejected
```

Die Summe der Residuenquadrate des Nullhypothesenmodells und des unrestringierten Modells (siehe Abschnitt 10.2.1 des Lehrbuches) könnten mit den Befehlen

```
Mein.Ftest$SSR.H0; Mein.Ftest$SSR.H1
```

abgerufen werden.

Genau wie beim t-Test können auch beim F-Test die Testergebnisse grafisch dargestellt werden. Der Befehl

```
plot(Mein.Ftest, xlim = c(4,12))
```

erzeugt die in Abbildung A10.2 dargestellte Grafik.

Eingezeichnet sind der berechnete F-Wert, der kritische Wert, der p-Wert und das Signifikanzniveau. Im vorliegenden Fall ist der F-Wert kleiner als der kritische Wert. Deshalb ist der p-Wert größer als das Signifikanzniveau von 10%. Die Nullhypothese wird folglich nicht abgelehnt.

Der im Objekt `MeinFtest` abgespeicherte F-Test überprüft die zwei Linearkombinationen $\alpha + 8 \cdot \beta_1 = 0$ und $-0.8 \cdot \beta_1 + 4 \cdot \beta_2 = 1$. Grafisch läuft ein solcher F-Test auf den Vergleich des aus der KQ-Schätzung ermittelten Punktes $(\widehat{\alpha} + 8 \cdot \widehat{\beta}_1 \,;\, -0.8 \cdot \widehat{\beta}_1 + 4 \cdot \widehat{\beta}_2)$ mit einer elliptischen Akzeptanzregion hinaus, welche den Mittelpunkt $(0; 1)$ besitzt, also die Werte auf den rechten Seiten der Linearkombinationen der Nullhypothese (siehe Abschnitt 10.4 des Lehrbuches).

Sowohl den Punkt als auch die Akzeptanzregion können wir uns von R grafisch anzeigen lassen. Dazu wenden wir erneut die `plot()`-Funktion auf das Objekt `MeinFtest` an, verwenden aber zusätzlich das Argument `plot.what = "ellipse"`:

Fortsetzung auf nächster Seite ...

Fortsetzung der vorherigen Seite ...

```
plot(Mein.Ftest, plot.what = "ellipse")
```

Das Ergebnis ist in Abbildung A10.3 zu sehen. Der Punkt liegt innerhalb der Akzeptanzregion. Das besagt erneut, dass es zu keiner Ablehnung der Nullhypothese gekommen ist.

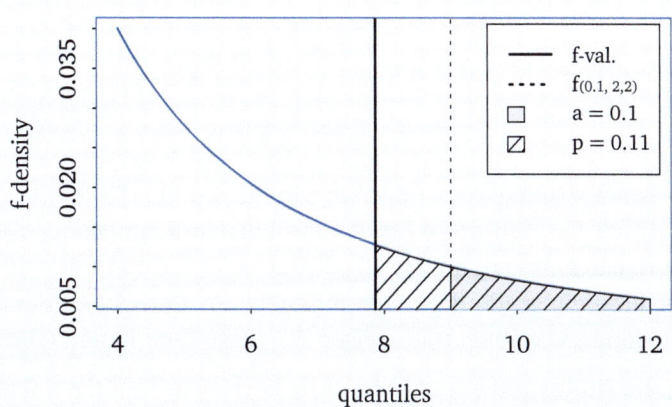

Abbildung A10.2 Grafische Veranschaulichung der Ergebnisse des F-Tests.

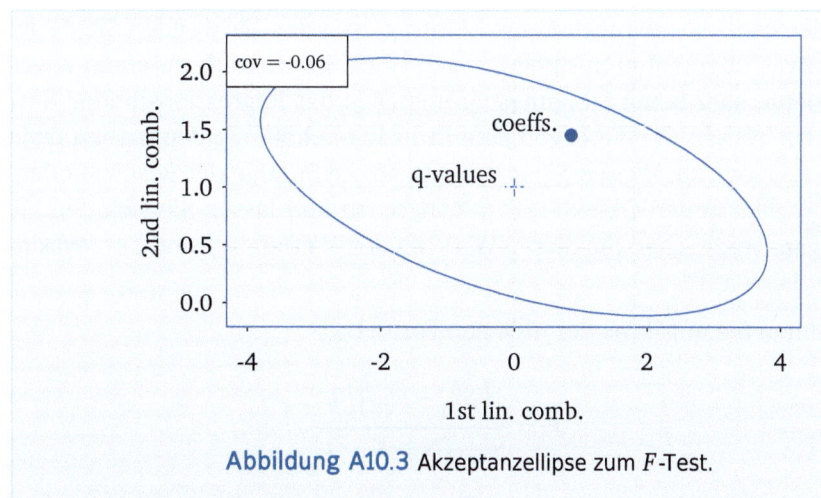

Abbildung A10.3 Akzeptanzellipse zum F-Test.

Aufgabe 10.2: Dünger (Teil 6)

- Replikation der Numerischen Illustrationen 10.7 bis 10.14 des Lehrbuches
- Anwendung von t- und F-Tests
- R-Funktionen: `c()`, `load()`, `ols()`, `par.f.test()`, `par.t.test()`, `plot()`,

qf(), rbind(), save.image(), Sxy()
- Datensatz: data.fertilizer

a) Öffnen Sie im Quelltext-Fenster ein neues Skript und speichern Sie es unter dem Namen DuengerTeil6.R ab. Laden Sie die in der Datei Duenger.RData abgelegten Objekte. Sie wurden in Aufgabe 10.1 (S. 148) und vorangegangenen Aufgaben erzeugt.

b) Das Regressionsmodell des Dünger-Beispiels lautet

$$y_i = \alpha + \beta_1 x_{1i} + \beta_2 x_{2i} + u_i \, . \tag{A10.5}$$

Die KQ-Schätzergebnisse zu diesem Modell sind im Objekt gerste.est abgelegt. Rufen Sie sich diese Ergebnisse kurz in Erinnerung. Weisen Sie die Summe der Residuenquadrate ($S_{\widehat{u}\widehat{u}}$) dem neuen Objekt ssr zu und die Anzahl der Freiheitsgrade dem neuen Objekt df. Berechnen Sie die Variation der endogenen Variablen und weisen Sie diese dem neuen Objekt syy zu.

c) Es wird die Nullhypothese $H_0 : \beta_1 = \beta_2 = 0$ (bzw. $H_0 : \beta_1 = 0$ und gleichzeitig $\beta_2 = 0$) betrachtet. Sie wird auf einem Signifikanzniveau von 5% getestet. Was wird bei diesem Test überprüft? Bilden Sie das entsprechende Nullhypothesenmodell. Führen Sie eine KQ-Schätzung dieses Modells durch. Der Befehl ols(y ~) würde zu einer Fehlermeldung führen, da R rechts vom Tildezeichen »~« zwingend einen Eintrag erwartet. Verwenden Sie deshalb den etwas ungewohnten Befehl ols(y ~ 1). Er weist R an, einen Niveauparameter, aber keine Steigungsparameter in das Regressionsmodell aufzunehmen. Weisen Sie die Ergebnisse Ihrer KQ-Schätzung dem neuen Objekt nullhypo.est zu. Weisen Sie anschließend die Summe der Residuenquadrate ($S_{\widehat{u}\widehat{u}}^0$) dem neuen Objekt ssr.nullhypo zu und lassen Sie sich den Wert anzeigen. Vergleichen Sie diesen Wert mit den Werten syy und ssr. Was fällt Ihnen dabei auf?

d) Berechnen Sie auf Basis der üblichen Formel

$$F = \frac{\left(S_{\widehat{u}\widehat{u}}^0 - S_{\widehat{u}\widehat{u}}\right) / L}{S_{\widehat{u}\widehat{u}} / (N - K - 1)}$$

den F-Wert des Hypothesentests (L ist die Anzahl der Linearkombinationen in der Nullhypothese). Ermitteln Sie für ein Signifikanzniveau von 5% den kritischen Wert Ihres Tests. Zu welcher Testentscheidung gelangen Sie?

e) Überprüfen Sie Ihre Resultate mit der Funktion par.f.test().

f) Testen Sie mit einem F-Test die Nullhypothese $H_0 : \beta_1 + \beta_2 = 1$ und gleichzeitg $\alpha = 1$. Legen Sie dabei ein Signifikanzniveau von 5% zugrunde.

g) Einzelne Linearkombinationen werden normalerweise mit einem t-Test überprüft. Alternativ zum t-Test kann aber auch ein F-Test herangezogen werden. Der t-Test der Nullhypothese $H_0 : \beta_1 + \beta_2 = 1$ wurde bereits im Aufgabenteil f) der Aufgabe 10.1 durchgeführt. Die Ergebnisse hatten wir dem Objekt t.test zugewiesen. Weisen Sie den t-Wert und den kritischen Wert den neuen Objekten t.wert und t.krit zu. Überprüfen Sie anschließend die Nullhypothese mit einem F-Test. Legen Sie auch bei diesem Test ein Signifikanzniveau von 5% zugrunde. Der F-Test einer einzelnen Linearkombination kann als die quadrierte Variante des entsprechenden t-Tests aufgefasst werden. Überprüfen Sie anhand Ihrer Ergebnisse, ob diese Aussage angemessen ist.

h) Führen Sie zunächst zwei t-Tests auf einem Signifikanzniveau von 5% durch, in denen die Nullhypothesen $H_0 : \beta_1 = 0{,}33$ und $H_0 : \beta_2 = 0{,}33$ getestet werden. Zu welchen Testentscheidungen gelangen Sie? Führen Sie anschließend bei gleichem Signifikanzniveau einen F-Test durch, der die beiden Nullhypothesen gleichzeitig überprüft. Speichern Sie die Ergebnisse des F-Tests unter der Bezeichnung Ftest und lassen Sie sich diese Ergebnisse anzeigen. Zu welcher Testentscheidung gelangen Sie?

i) Im Dünger-Beispiel des Lehrbuches wurde erläutert, dass der soeben durchgeführte F-Test auch grafisch durchgeführt werden kann. Die erste Linearkombination der Nullhypothese hat auf der linken Seite den Parameter β_1 stehen und die zweite Linearkombination den Parameter β_2. Die Schätzwerte dieser beiden Parameter lauten $\hat{\beta}_1$ und $\hat{\beta}_2$. Grafisch gesprochen wird im F-Test geprüft, ob das Wertepaar der KQ-Schätzer $(\hat{\beta}_1, \hat{\beta}_2)$ innerhalb oder außerhalb einer Akzeptanzregion liegt. Diese Region hat dabei die Form einer Ellipse, deren Zentrum durch die Werte auf der jeweiligen rechten Seite der in der Nullhypothese erscheinenden Linearkombinationen festgelegt ist, hier also durch die Werte 0,33 und 0,33. Liegt das Wertepaar $(\hat{\beta}_1, \hat{\beta}_2)$ außerhalb der Ellipse, wird die Nullhypothese abgelehnt. Im Rahmen der R-Box 10.2 (S. 149) wurde erläutert, wie diese Ellipse mit der Funktion plot() grafisch angezeigt werden kann. Erzeugen Sie die Ellipse und identifizieren Sie in der Grafik das Wertepaar $(\hat{\beta}_1, \hat{\beta}_2)$. Liegt es innerhalb oder außerhalb der angezeigten Ellipse?

j) Speichern Sie alle erzeugten Objekte in der Datei Duenger.RData im Unterordner Objekte.

Aufgabe 10.3: Ersparnisse (Teil 2)

- Anwendung von t- und F-Tests
- R-Funktionen: `c()`, `load()`, `par.f.test()`, `plot()`, `rbind()`, `save.image()`
- Datensatz: `data.savings`

a) Öffnen Sie im Quelltext-Fenster ein neues Skript und speichern Sie es unter dem Namen `ErsparnisTeil2.R` ab. Laden Sie die in Aufgabe 9.4 erstellten und in der Datei `Ersparnis.RData` abgelegten Objekte.

b) Führen Sie für die exogenen Variablen `pop15` und `pop75` getrennte Signifikanztests durch, also Tests der Art $H_0 : \beta_k = 0$. Überprüfen Sie anschließend mit einem geeigneten Test, ob die beiden Variablen `pop15` und `pop75` einen *gemeinsamen* Einfluss auf die Ersparnisse ausüben. Zu welchen Testentscheidungen gelangen Sie in den drei durchgeführten Tests, wenn Sie jeweils mit einem Signifikanzniveau von 5% arbeiten?

c) Speichern Sie die Ergebnisse des dritten Tests im Objekt `Ftest` ab. Lassen Sie sich für ein Signifikanzniveau von 5% die Akzeptanzregion grafisch anzeigen. Lassen Sie sich anschließend die Akzeptanzregion für ein Signifikanzniveau von 10% erzeugen. Was fällt Ihnen im Vergleich zur ersten Akzeptanzregion (Signifikanzniveau 5%) auf? Welche intuitive Erklärung haben Sie?

d) Speichern Sie alle erzeugten Objekte in der Datei `Ersparnis.RData` im Unterordner `Objekte`.

Tipp 10 für R-fahrene: R-Skript strukturieren

Bei sehr langen Skripten kann es für die Übersichtlichkeit sinnvoll sein, Teile des Skriptes auszublenden. Das gelingt mit dem »Befehl« `#####`. Diese fünf Rauten werden direkt vor und nach dem auszublendenden Skriptteil eingefügt. Nach Eingabe der fünf Rauten erscheint links in der betreffenden Zeile ein kleiner abwärts zeigender Pfeil. Klickt man auf diesen Pfeil, verschwindet das Skript bis zur nächsten Zeile mit fünf Rauten und der Pfeil zeigt nach rechts. Wenn keine nächste Zeile mit fünf Rauten existiert, wird das Skript bis zum Ende ausgeblendet. Um ein ausgeblendetes Skript wieder sichtbar zu machen, muss man lediglich erneut auf den kleinen Pfeil klicken. Statt der Klicks auf den kleinen Pfeil kann man Skriptteile auch mit [Strg]+[O] und [Strg]+[⇧]+[O] ein- und ausblenden ([O] ist die Buchstabentaste und nicht die Zahlentaste). Man könnte auch eine zusätzliche Information hinter die fünf Rauten platzieren, also beispielsweise die Information `##### 1. Abschnitt`.

KAPITEL **A11**

Prognose ($K > 1$)

Prognosen im Rahmen der Mehrfachregression unterscheiden sich nur unwesentlich von Prognosen im Rahmen der Einfachregression. Die in der R-Box 7.1 (S. 118) vorgestellte Funktion ols.predict() lässt sich deshalb auch in der Mehrfachregression wieder nutzen. Dies wird nachfolgend in der R-Box »Prognose in der Mehrfachregression« erläutert. Die wichtigste Neuerung in diesem Kapitel ist, dass wir Regressionsmodelle zulassen, deren endogene Variable mit dem natürlichen Logarithmus transformiert wurde. Solche endogenen (und auch exogenen) Variablen können gleichermaßen in Einfach- und Mehrfachregressionen vorkommen. In jedem Fall entsteht bei der Rücktransformation der zu prognostizierenden Werte der endogenen Variable in die ursprüngliche Einheit eine Verzerrung, die es zu korrigieren gilt. Wie dies mit der bereits verwendeten Funktion ols.predict() ganz leicht bewerkstelligt werden kann, zeigen wir ebenfalls in der R-Box »Prognose in der Mehrfachregression«. Angewendet werden diese Erkenntnisse in der Aufgabe 11.1. In der anschließenden Aufgabe 11.2 wird ausprobiert, wie mehrere Prognosewerte gleichzeitig berechnet werden können.

R-Box 11.1: Prognose in der Mehrfachregression

In der R-Box 7.1 (S. 118) hatten wir die ols.predict()-Funktion vorgestellt. Sie kann auch im Rahmen der Mehrfachregression eingesetzt werden. Lediglich die Eingabe der Werte der exogenen Variablen wird etwas komplizierter, also die korrekte Bearbeitung des Arguments xnew. Da in der Mehrfachregression mehr als eine exogene Variable x_k existiert, muss für jede dieser Variablen ein Wert festgelegt werden. In einer Zweifachregression müssen wir R also die Werte x_{10} und x_{20} mitteilen. Die Verknüpfung der beiden Werte in einen

Fortsetzung auf nächster Seite ...

Fortsetzung der vorherigen Seite ...

Vektor gelingt über die `c()`-Funktion. In der `ols.predict()`-Funktion wird dieser Vektor als Zeilenvektor interpretiert.

Wir können auch für mehrere Wertepaare (x_{10}, x_{20}) Prognosen berechnen lassen. Benötigen wir beispielsweise für S verschiedene Wertepaare jeweils eine Punktprognose, dann erzeugen wir zunächst mit der `rbind()`-Funktion eine Matrix, welche die Wertepaare untereinander anordnet, also wie einen Stapel von Zeilenvektoren arrangiert. In einer Zweifachregression entsteht also eine Matrix mit S Zeilen und 2 Spalten. Diese Matrix wird dann im Argument `xnew` an R übergeben.

Wir führen mit der `ols()`-Funktion eine KQ-Schätzung des Modells

$$y_i = \alpha + \beta_1 x_{1i} + \beta_2 x_{2i} + u_i$$

durch, wobei $y = (\ln 55, \ln 3, \ln 20, \ln 7, \ln 1096)$, $x_1 = (3, 5, 7, 4, 2)$ und $x_2 = (-3, -8, 6, -4, 10)$. Dabei sind y_i die logarithmierten Preise verschiedener Varianten eines Laborgerätes, x_{1i} die monatlichen Unterhaltskosten der Variante und x_{2i} ein Index, welcher die Haltbarkeit des Gerätes wiedergibt. Die entsprechenden Befehle lauten

```
y <- c(log(55), log(3), log(20), log(7), log(1096))
x1 <- c(3,5,7,4,2)
x2 <- c(-3,-8,6,-4,10)
preise.est <- ols(y ~ x1 + x2)
```

Wir würden erwarten, dass $\beta_1 < 0$ und $\beta_2 > 0$. Die Ergebnisse dieser Zweifachregression sind im Objekt `preise.est` abgelegt. Sie bestätigen unsere Vermutung bezüglich der Werte von β_1 und β_2:

```
preise.est

              coef    std.err   t.value   p.value
(Intercept)   6.1132  0.7149    8.5508    0.0134
x1           -0.6546  0.1575   -4.1568    0.0533
x2            0.2280  0.0404    5.6423    0.0300
```

Wir möchten eine Punktprognose für das Wertepaar $x_{10} = 1$ und $x_{20} = 0$ berechnen. Dies gelingt mit dem Befehl

```
ols.predict(preise.est, xnew = c(1,0))

Exogenous variable values and their corresponding predictions:
    xnew.1  xnew.2  pred.val
1   1.0000  0.0000  5.4586
```

Als Nächstes möchten wir gleichzeitig Punktprognosen für die drei $(x_{10},$

Fortsetzung auf nächster Seite ...

Fortsetzung der vorherigen Seite ...

x_{20})-Wertepaare $(1, 0)$, $(6, -1)$ und $(5, -2)$ ermitteln. Zunächst erzeugen wir aus den drei Wertepaaren eine Matrix, der wir den Namen x0 geben:

```
x0 <- rbind(c(1,0), c(6,-1), c(5,-2))
x0
     [,1] [,2]
[1,]    1    0
[2,]    6   -1
[3,]    5   -2
```

Der Befehl

```
prognosen <- ols.predict(preise.est, xnew = x0)
```

weist die Prognose dem Objekt prognosen zu. Es enthält die folgenden Punktprognosen:

```
prognosen

Exogenous variable values and their corresponding predictions:
  xnew.1  xnew.2  pred.val
1 1.0000  0.0000    5.4586
2 6.0000 -1.0000    1.9575
3 5.0000 -2.0000    2.3841
```

Die erste Zahl sagt aus, dass wir für ein Laborgerät mit Unterhaltskosten von $x_{10} = 1\,€$ und Haltbarkeitsindex $x_{20} = 0$ einen *logarithmierten* Preis von 5,46 € prognostizieren. Aber welchen (nicht logarithmierten) Preis prognostizieren wir damit?

Um den Logarithmus aufzulösen, wird die logarithmierte Zahl normalerweise in den Exponenten der eulerschen Zahl e geschrieben. Im vorliegenden Fall würden wir also den Wert von $e^{5,46}$ berechnen. Auf den logarithmierten Wert 5,46 kann mit prognosen$pred.val[1] zugegriffen werden. Für die Berechnung von $e^{5,46}$ geben wir deshalb den folgenden Befehl ein:

```
exp(prognosen$pred.val[1])

[1] 234.76023
```

Der prognostizierte Preis beträgt demnach 234,76 €. In Kapitel 11 des Lehrbuches wurde aber darauf hingewiesen, dass die hier vorgenommene Berechnung verzerrte Ergebnisse liefert. Um die Verzerrung zu vermeiden, muss der Wert $e^{5,46}$ mit dem Korrekturfaktor $e^{\widehat{\sigma}^2/2}$ multipliziert werden. In unserer Regression gilt $\widehat{\sigma}^2 = 0{,}3613$, denn

Fortsetzung auf nächster Seite ...

Fortsetzung der vorherigen Seite ...

```
preise.est$sig.squ
```

```
[1] 0.36131123
```

Es ergibt sich somit der prognostizierte Preis $e^{5,46}e^{0,3613/2} = 281{,}24\,€$. Mit R könnten wir diesen Preis mit folgendem Befehl berechnen:

```
exp(prognosen$pred.val[1]) * exp(preise.est$sig.squ / 2)
```

```
[1] 281.24335
```

Die korrigierte Prognose weicht erheblich von der ursprünglichen Prognose ab.

Glücklicherweise nimmt uns die Funktion `ols.predict()` die Berechnung und Anwendung des Korrekturfaktors ab. Wir müssen in dieser Funktion lediglich das Argument `antilog = T` eingeben:

```
ols.predict(preise.est, xnew = x0, antilog = T)
```

```
Predicted value corrected by factor 1.19800253653338

Exogenous variable values and their corresponding predictions:
  xnew.1  xnew.2  pred.val
1 1.0000  0.0000  281.2433
2 6.0000 -1.0000    8.4839
3 5.0000 -2.0000   12.9980
```

Aufgabe 11.1: Dünger (Teil 7)

- Replikation der Numerischen Illustrationen 11.1 bis 11.3 des Lehrbuches
- Punktprognose und Prognoseintervall in der Mehrfachregression
- R-Funktionen: `c()`, `exp()`, `load()`, `log()`, `ols.interval()`, `ols.predict()`, `rbind()`, `save.image()`
- Datensatz: `data.fertilizer`

a) Öffnen Sie im Quelltext-Fenster ein neues Skript und speichern Sie es unter dem Namen `DuengerTeil7.R` ab. Laden Sie die in früheren Aufgaben erstellten Objekte `Duenger.RData` und lassen Sie sich die in `gerste.est` abgelegten KQ-Schätzergebnisse anzeigen.

b) Bilden Sie aus den Logarithmen der Werte 29 und 120 einen Vektor und weisen Sie diesen dem neuen Objekt `x0` zu. Führen Sie mit der `ols.predict()`-Funktion für die Düngermengen 29 kg/ha Phosphat und 120 kg/ha Stickstoff eine Punktprognose für den *logarithmierten* Gersten-Output durch und speichern Sie diese im neuen Objekt `loggerst.prog`.

c) Verwenden Sie den Prognosewert im Objekt `loggerst.prog`, um mit R manuell für die Düngermengen 29 kg/ha Phosphat und 120 kg/ha Stickstoff eine Punktprognose des Gersten-Outputs (statt des logarithmierten Gersten-Outputs) zu ermitteln. Denken Sie an den für die Umrechnung notwendigen Korrekturfaktor. Überprüfen Sie dann mit dem Argument `antilog = T` in der `ols.predict()`-Funktion das Ergebnis Ihrer manuellen Berechnung. Nutzen Sie dabei auch das Argument `details = T`. Wie groß ist die Varianz des Prognosefehlers des logarithmierten Gersten-Outputs? Welcher Teil der berechneten Varianz ist dem Stichprobenfehler zuzuordnen und welcher Teil dem Störgrößenfehler?

d) Berechnen Sie für die gleichen Düngermengen ein Prognoseintervall für den logarithmierten Gersten-Output. Verwenden Sie dafür die Funktion `ols.interval()` und ein Signifikanzniveau von 5%. Berechnen Sie unter Vernachlässigung des Korrekturfaktors das entsprechende Intervall für den (nicht-logarithmierten) Gersten-Output.

e) Speichern Sie alle erzeugten Objekte in der Datei `Duenger.RData` im Unterordner `Objekte`.

Aufgabe 11.2: Mehrere Punktprognosen

- simultane Berechnung mehrerer Punktprognosen
- R-Funktionen: `c()`, `colnames()`, `ols()`, `ols.predict()`, `rbind()`, `rownames()`

Gegeben seien die folgenden Daten:

y	x_1	x_2
4	4	3
1	1	4
2	3	4
1	2	2

a) Öffnen Sie im Quelltext-Fenster ein neues Skript und speichern Sie es unter dem Namen `Punktprognosen.R` ab. Erzeugen Sie die Vektoren `y`, `x1` und `x2`, welche die Werte der Variablen y, x_1 und x_2 enthalten. Schätzen Sie das multiple Regressionsmodell

$$y_i = \alpha + \beta_1 x_{1i} + \beta_2 x_{2i} + u_i \tag{A11.1}$$

und nennen Sie es `prognose.est`.

b) Berechnen Sie mit der Funktion `ols.predict()` die Werte $\hat{y}_1$ bis $\hat{y}_4$ (siehe R-Box 7.1 auf S. 119). Welche grafische Interpretation besitzen diese Werte?

c) Erstellen Sie mit der `rbind()`-Funktion eine 3 × 2-Matrix der folgenden Form

	Variable x1	Variable x2
Beob. 1:	6	5
Beob. 2:	3	3
Beob. 3:	9	10

und nennen Sie diese Matrix `prognose.mat`. Geben Sie also den Zeilen der Matrix die Bezeichnungen »Beob. 1:«, »Beob. 2:« und »Beob. 3:« und den Spalten die Bezeichnungen »Variable x1« und »Variable x2«. Lassen Sie sich anschließend die Matrix anzeigen.

d) Jede der drei Zeilen der Matrix `prognose.mat` stellt ein Paar von (x_{10}, x_{20})-Werten dar, für die ein Prognosewert $\hat{y}_0$ errechnet werden soll. Berechnen Sie mit der Funktion `ols.predict()` diese drei Prognosewerte.

> **Tipp 11 für R-fahrene: Zeilen von R-Skripten vertauschen**
>
> Es kann vorkommen, dass wir in einem Skript eine Befehlszeile hinter die nachfolgende Befehlszeile oder aber vor die vorangehende Befehlszeile verschieben möchten. Normalerweise müssen wir die zu verschiebende Zeile ausschneiden, an den gewünschten neuen Platz kopieren und eventuell noch dadurch entstandene Leerzeilen oder -zeichen entfernen. Viel einfacher geht es mit [Alt]+[↑] und [Alt]+[↓] (Mac-Computer: [Option]+[↑] und [Option]+[↓]). Beispielsweise tauscht [Alt]+[↑] die Zeile, in der sich der Cursor befindet, mit der Zeile darüber. Ein wiederholtes Ausführen der Tastenkombination kann die Zeile über »größere Strecken« verschieben.

KAPITEL **A12**

Präsentation und Vergleich von Schätzergebnissen

Bislang haben wir die Schätzergebnisse einer KQ-Schätzung hauptsächlich in der von der `ols()`-Funktion erzeugten Tabellenform wiedergegeben. Wir hatten auch darauf hingewiesen, dass die Funktion `summary()` eine Alternative darstellt. Mit dieser Funktion könnten wir uns zudem einige statistische Kennzahlen des verwendeten Datensatzes anzeigen lassen.

Allerdings ist man mit diesen automatisch produzierten Tabellen auch einigen Einschränkungen unterworfen. Problematisch sind beispielsweise die nachträgliche Bearbeitung von Beschriftungen und Ausrichtungen der Tabelle, die Effizienz der Darstellungsweise, die Konvertierung der Tabelle in Fremdformate wie LATEX und HTML, oder die Gegenüberstellung der Schätzergebnisse mehrerer Modelle gleichzeitig. Spätestens im nächsten Kapitel, in dem wir Alternativmodelle miteinander vergleichen müssen, stoßen wir mit unseren bisherigen Möglichkeiten an Grenzen.

Abhilfe schafft das von Marek Hlavac entwickelte Zusatzpaket `stargazer` mit der gleichnamigen Funktion `stargazer()`. Dieses Kapitel beschäftigt sich hauptsächlich mit der Frage, wie diese Funktion bei der Präsentation und dem Vergleich von Schätzergebnissen und Datensätzen helfen kann.

Die R-Box »Flexible und effiziente Darstellung von Zusammenfassungen« erläutert die Einsatzmöglichkeiten der `stargazer()`-Funktion. In Aufgabe 12.1 wird ausprobiert, wie diese Funktion wichtige statistische Kennzahlen von Datensätzen berechnet und anzeigt. Anschließend wird in Aufgabe 12.2 eingeübt, wie die Einzeldaten eines Datensatzes gezielt aufgerufen und angezeigt werden können und wie berechnete KQ-Schätzergebnisse in der für wirtschaftswissenschaftliche

Zeitschriften gebräuchlichen Form dargestellt werden können.

R-Box 12.1: **Flexible und effiziente Darstellung von Zusammenfassungen**

In Aufgabe 1.3 (S. 11) hatten wir das Paket `stargazer` installiert und aktiviert. Um die Vorteile der Funktion `stargazer()` zu demonstrieren, betrachten wir nochmals den Dataframe `data.savings`. Der herkömmliche Befehl

```
summary(data.savings)
```

liefert folgenden Output:

```
      sr               pop15            pop75            dpi
Min.   : 0.600   Min.   :21.440   Min.   :0.560   Min.   :  88.94
1st Qu.: 6.970   1st Qu.:26.215   1st Qu.:1.125   1st Qu.: 288.21
Median :10.510   Median :32.575   Median :2.175   Median : 695.66
Mean   : 9.671   Mean   :35.090   Mean   :2.293   Mean   :1106.76
3rd Qu.:12.617   3rd Qu.:44.065   3rd Qu.:3.325   3rd Qu.:1795.62
Max.   :21.100   Max.   :47.640   Max.   :4.700   Max.   :4001.89
```

wobei aus Platzgründen die letzte Spalte (`ddpi`) ausgeblendet wurde. Wir sehen, dass zu jeder Variablen die jeweils wichtigsten deskriptiven Kenngrößen ausgegeben werden.

Eine vergleichbare Menge an Informationen auf deutlich weniger Raum erhält man mit dem Befehl

```
stargazer(data.savings, digits = 2, digit.separator = "",
type = "text")
```

```
=============================================
Statistic N   Mean    St. Dev.   Min    Max
---------------------------------------------
sr        50    9.67      4.48   0.60   21.10
pop15     50   35.09      9.15  21.44   47.64
pop75     50    2.29      1.29   0.56    4.70
dpi       50 1106.76    990.87  88.94 4001.89
ddpi      50    3.76      2.87   0.22   16.71
---------------------------------------------
```

Dabei spezifiziert das in der Funktion `stargazer()` verwendete Argument `digits = 2` die Anzahl der auszugebenden Nachkommastellen und `digit.separator = ""` unterdrückt die Verwendung des Kommas als Tausender-Trennzeichen. Das Argument `type = "text"` gibt an, dass die Tabelle als unformatierter Text ausgegeben werden soll. Lässt man dieses Argument weg oder definiert `type = "latex"`, so wird LaTeX-Code ausgegeben. Dies erweist sich dann als nützlich, wenn wir ein Textdokument mit LaTeX verfassen und unsere Daten oder Kennzahlen zu diesen Daten oder auch unsere ökono-

Fortsetzung auf nächster Seite ...

Fortsetzung der vorherigen Seite ...

metrischen Schätzergebnisse im LaTeX-Dokument wiedergeben möchten.

Der Export in das LaTeX- oder HTML-Format ist nicht für alle Anwender relevant. Insbesondere die Nutzer von Microsoft-Produkten wie Word oder Powerpoint benötigen eine Schnittstelle zwischen R und diesen Produkten. Dies liefert das Paket officer, auf das hier aber nicht weiter eingegangen werden kann.

In der stargazer()-Funktion lässt sich genau angeben, welche statistischen Kennzahlen in der Tabelle erscheinen sollen. Dafür eignet sich insbesondere das Argument summary.stat. Beispielsweise wird mit dem Befehl

```
stargazer(data.savings, digits = 2, digit.separator = "",
type = "text", summary.stat = c("min", "max"))
```

R mitgeteilt, für jede Variable des Dataframes jeweils nur den Minimal- und den Maximalwert anzuzeigen:

```
========================
Statistic  Min    Max
------------------------
sr         0.60   21.10
pop15      21.44  47.64
pop75      0.56   4.70
dpi        88.94  4001.89
ddpi       0.22   16.71
------------------------
```

Weitere für die Anzeige auswählbare Kennzahlen sind das arithmetische Mittel ("mean"), der Median ("median"), die Anzahl der Beobachtungen ("n"), das erste Quartil ("p25"), das dritte Quartil ("p75") und die Standardabweichung ("sd"). Möchte man einzelne Kennzahlen aus der üblichen Darstellungsform von stargazer() ausschließen, so gelingt dies über das Argument omit.summary.stat. Mit dem Argument flip = T werden die Spalten zu Zeilen und die Zeilen zu Spalten.

Wenn wir nicht an der deskriptiven Zusammenfassung des Datensatzes interessiert sind, sondern an den Daten selbst, verwenden wir in der stargazer()-Funktion das Argument summary = F. Um beim Dataframe data.savings nur die Daten der ersten vier Länder angezeigt zu bekommen, nutzen wir innerhalb der stargazer()-Funktion die für den Zugriff auf Matrizen und Dataframes übliche Schreibweise:

```
stargazer(data.savings[1:4,], type = "text", summary = F)
```

Erzeugt wird mit diesem Befehl die folgende Tabelle:

Fortsetzung auf nächster Seite ...

```
=============================================
              sr   pop15  pop75    dpi   ddpi
---------------------------------------------
Australia 11.430  29.350  2.870  2,329.680 2.870
Austria   12.070  23.320  4.410  1,507.990 3.930
Belgium   13.170  23.800  4.430  2,108.470 3.820
Bolivia    5.750  41.890  1.670    189.130 0.220
---------------------------------------------
```

Die Funktion `stargazer()` kann auch auf Objekte zugreifen, die mit der `ols()`-Funktion erzeugt wurden, also auf die KQ-Schätzergebnisse linearer Regressionsmodelle. Die Darstellung der Schätzergebnisse orientiert sich bei der `stargazer()`-Funktion an den Anforderungen wirtschaftswissenschaftlicher Zeitschriften. Das hat unter anderem den Vorteil, dass mehrere Modelle in ein und derselben Tabelle miteinander verglichen werden können.

Hierzu ein Beispiel mit zwei verschiedenen Modellen, die beide den Datensatz `data.savings` verwenden:

```
A.est <- ols(sr ~., data = data.savings)
B.est <- ols(sr ~ pop15 + pop75, data = data.savings)
stargazer(A.est, B.est, object.names = T,
single.row = T, digit.separator = "", type = "text")
```

```
=================================================================
                              Dependent variable:
                         ----------------------------------
                                       sr
                              (1)               (2)
                             A.est             B.est
-----------------------------------------------------------------
pop15                   -0.461*** (0.145)   -0.471*** (0.147)
pop75                   -1.691   (1.084)    -1.934*  (1.041)
dpi                     -0.0003  (0.001)
ddpi                     0.410** (0.196)
Constant                28.566*** (7.355)   30.628*** (7.409)
-----------------------------------------------------------------
Observations                   50                  50
R2                            0.338               0.262
Adjusted R2                   0.280               0.230
Residual Std. Error     3.803 (df = 45)     3.931 (df = 47)
F Statistic             5.756*** (df = 4; 45) 8.332*** (df = 2; 47)
=================================================================
Note:                              *p<0.1; **p<0.05; ***p<0.01
```

Die Funktion `stargazer()` zeigt demnach die jeweiligen Koeffizienten und in

Fortsetzung der vorherigen Seite ...

Klammern die geschätzten Standardabweichungen an. Darüber hinaus sind an den Koeffizienten Signifikanz-Sternchen zu sehen. Die drei Sterne am Koeffizienten -0.461*** bedeuten, dass sich im t-Test der Nullhypothese $\beta_1 = 0$ (d.h. pop15 hat keinen Einfluss auf sr) ein p-Wert von unter 1% ergab. Ein Doppelstern würde einen p-Wert zwischen 1% und 5% bedeuten und ein Einzelstern einen p-Wert zwischen 5% und 10%. Auf die Ausgabe der genauen p-Werte wird in der Standardvariante des stargazer()-Befehls ebenso verzichtet wie auf die Ausgabe der t-Werte. In den meisten Fällen würden diese Angaben keinen nennenswerten Informationsgewinn gegenüber den ohnehin angezeigten Informationen darstellen.

Mit dem Argument object.names = T wurde R aufgetragen, die Namen der Modelle (Objekte) im Kopf der Tabelle auszudrucken, hier also A.est und B.est. Ohne das Argument single.row = T würde stargazer() jeweils eine leere Zeile zwischen den Variablen einfügen und die Standardabweichungen unter die jeweiligen Koeffizienten schreiben. Zusätzlich liefert stargazer() in den untersten Zeilen Informationen, die wir auch vom Aufruf eines durch die ols()-Funktion erzeugten Objektes kennen, wenn wir dort das Argument details = T nutzen.

Sollte man mit den standardmäßig ausgegebenen Größen nicht zufrieden sein, kann man sich mit den Argumenten keep.stat oder omit.stat die Ausgabe spezifischer Kenngrößen ein- und ausstellen. Für Objekte aus der Objektklasse lm – eine spezielle Variante der Objektklasse »Liste«, zu der auch die mit der ols()-Funktion erzeugten Objekte zählen – sind in Version 5.2.3 des Pakets stargazer zahlreiche Kenngrößen für keep.stat und omit.stat zulässig. Zu diesen gehören

- adj.rsq (korrigiertes Bestimmtheitsmaß)
- f (F-Wert)
- n (Anzahl der Beobachtungen)
- rsq (Bestimmtheitmaß R^2)
- ser (geschätzter Standardfehler der Störgrößen $\hat{\sigma}$; engl.: »standard error of regression«).

Die stargazer()-Funktion enthält viele weitere Argumente, die eine individuelle Gestaltung der anzuzeigenden Tabelle ermöglichen. Beispielsweise können wir mit dem Argument intercept.bottom = F die Schätzwerte $\hat{\alpha}$ oberhalb der Schätzwerte $\hat{\beta}_k$ platzieren. Ein paar weitere Modifikationsmöglichkeiten werden im Rahmen der nachfolgenden Aufgaben ausprobiert. Wir

Fortsetzung auf nächster Seite ...

Fortsetzung der vorherigen Seite ...

werden Zeilen mit Spalten vertauschen (Argument `flip`), einzelne Variablen gezielt umbenennen (Argumente `covariate.labels` und `dep.var.labels`), zusätzliche Zeilen mit von uns selbst bestimmtem Text in die Tabelle einfügen (Argument `add.lines`) und die Auswahl der ausgegebenen Kennzahlen variieren (Argument `report`).

Die von der `stargazer()`-Funktion erzeugte Tabelle kann zwar auf gewohnte Weise auch einem Objekt zugewiesen werden, dafür ist die Funktion aber nicht gemacht. Beim erneuten Aufruf dieses Objekts ergibt sich ein nahezu unlesbares Tabellenbild. Wer dennoch die Zuweisung vornehmen und anschließend das Objekt in der Konsole ausgeben möchte, muss ein wenig Programmierarbeit auf sich nehmen. Wenn beispielsweise X der Objektname einer Stargazer-Tabelle ist, kann dieses Objekt mit

```
for(i in 1:length(X)){cat(X[i], "\n")}
```

korrekt in der Konsole angezeigt werden.

Aufgabe 12.1: Deskriptive Zusammenfassungen von Datensätzen

- Darstellung von Zusammenfassungen für Datensätze
- R-Funktionen: `c()`, `load()`, `stargazer()`, `summary()`
- Datensatz: `data.savings`

a) Öffnen Sie im Quelltext-Fenster ein neues Skript und speichern Sie es unter dem Namen `StargazerKennzahlen.R` ab.

b) In der R-Box 12.1 waren die mit dem Befehl `summary(data.savings)` erzeugten deskriptiven Kennzahlen für den Datensatz `data.savings` tabellarisch wiedergegeben. Erzeugen Sie mit der `stargazer()`-Funktion eine Tabelle, welche genau die gleichen Kennzahlen anzeigt und zwar auf drei Dezimalstellen gerundet, ohne Tausender-Trennzeichen und in der gleichen Zeilenreihenfolge wie die `summary()`-Funktion. Nutzen Sie zum selektiven Ausgeben oder Unterdrücken von Kenngrößen die Argumente `summary.stat` oder `omit.summary.stat`. Verwenden Sie außerdem das Argument `flip`.

Aufgabe 12.2: Dünger (Teil 8)

- Replikation der Numerischen Illustrationen 12.1 und 12.2 des Lehrbuches
- Darstellung und Vergleich von Schätzergebnissen
- individuelle Anpassungen der Darstellung

- R-Funktionen: `c()`, `list()`, `load()`, `ols()`, `print()`, `save.image()`, `stargazer()`
- Datensatz: `data.fertilizer`

a) Öffnen Sie im Quelltext-Fenster ein neues Skript und speichern Sie es unter dem Namen `DuengerTeil8.R` ab. Laden Sie die in früheren Aufgaben erstellten Objekte der Datei `Duenger.RData` aus dem Unterordner `Objekte`.

b) Lassen Sie sich mit der `stargazer()`-Funktion die ersten vier und die letzten vier Beobachtungen des Dataframes `data.fertilizer` in einer Datentabelle anzeigen.

c) Erzeugen Sie auch eine Tabelle, welche die Variablen des Dataframes spaltenweise anordnet und in der obersten Zeile das jeweilige Minimum, in der nächsten Zeile das jeweilige arithmetische Mittel und in der untersten Zeile das jeweilige Maximum der Variablen anzeigt. Lassen Sie sich die Werte auf zwei Dezimalstellen gerundet ausgeben.

d) Lassen Sie sich mit der `print()`-Funktion und dem Argument `details` eine umfassende Übersicht der in `gerste.est` abgespeicherten KQ-Schätzergebnisse anzeigen. Erzeugen Sie anschließend mit der Grundeinstellung der `stargazer()`-Funktion eine Tabelle mit den Ergebnissen aus `gerste.est`. Welche Informationen finden sich sowohl bei `print()` als auch bei `stargazer()` und welche Informationen werden bei nur einer Präsentationsvariante angezeigt?

e) Modifizieren Sie Ihren `stargazer()`-Befehl so, dass statt der Standardabweichungen der Koeffizienten deren p-Werte angezeigt und die Signifikanz-Sternchen weggelassen werden. Verwenden Sie dafür das Argument `report`. Beachten Sie, dass die Standardeinstellung für dieses Argument `report = "vc*s"` ist. Dabei steht `"v"` für den Variablennamen, `"c"` für die Koeffizienten, `"*"` für die Signifikanz-Sternchen und `"s"` für die Standardabweichungen.

f) Das Objekt `gerste.est` enthält die KQ-Schätzergebnisse der Regression mit den Objekten (Variablen) `x1`, `x2` und `y`. Bei diesen Variablen handelt es sich um die logarithmierten Werte der Variablen `phos`, `nit` und `barley` des Dataframes `data.fertilizer`. Führen Sie mit der `ols()`-Funktion und dem Argument `data` eine KQ-Schätzung durch, bei der die endogene Variable `barley` auf die exogenen Variablen `phos` und `nit` regressiert wird. Weisen Sie die Resultate Ihrer Regression dem neuen Objekt `gerste2.est` zu. Lassen Sie sich die Ergebnisse aus `gerste.est` und `gerste2.est` in einer gemeinsamen Tabelle anzeigen, welche die Standardabweichungen und nicht die p-Werte der Koeffizienten enthält.

g) In der ersten Spalte Ihrer zuletzt erzeugten Tabelle sollen die Variablennamen »x1«, »x2«, »phos«, »nit« und »Constant« durch die Namen »log. Phosphat«,

»log. Stickstoff«, »Phosphat«, »Stickstoff« und »Konstante« ersetzt werden. Dies gelingt mit dem im Hilfesteckbrief der `stargazer()`-Funktion beschriebenen Argument `covariate.labels`. Zusätzlich sollen die Namen der endogenen Variablen »y« und »barley« durch die Namen »log. Gerste« und »Gerste« ersetzt werden. Dies gelingt mit dem Argument `dep.var.labels`, dessen Gebrauch im gleichen Hilfesteckbrief beschrieben ist.

h) Fügen Sie direkt oberhalb der Zeile »Observations« eine zusätzliche Zeile ein, welche ganz links den Eintrag »Plausibilitaet« anzeigt, in der mit »log. Gerste« überschriebenen Spalte den Eintrag »plausibel« und in der mit »Gerste« überschriebenen Spalte den Eintrag »unplausibel«. Verwenden Sie dafür das Argument `add.lines` und beachten Sie den Hilfesteckbrief, der darauf hinweist, dass Sie beim Argument `add.lines` eine Liste aus Vektoren eingeben müssen, wobei die Einträge jeder Zeile durch einen eigenen mit Zeichenketten bestückten Vektor festgelegt wird. Hier müssen Sie also eine Liste aus lediglich einem Vektor eingeben. Dieser Vektor muss die drei Einträge als Zeichenketten enthalten. Verwenden Sie das Argument `single.row = T`, um den Output kompakt zu halten.

i) Speichern Sie alle erzeugten Objekte in der Datei `Duenger.RData` im Unterordner `Objekte`.

Tipp 12 für R-fahrene: Direkter Zugriff auf R-Paket

Die `ols()`-Funktion gehört nicht zur R-Grundausstattung, sondern ist Teil des Pakets `desk`. Um die `ols()`-Funktion zu nutzen, muss deshalb zunächst das Paket `desk` installiert und aktiviert sein. Die Aktivierung erfolgt mit der `library()`-Funktion. Das gleiche Prozedere ist für alle anderen Funktionen notwendig, welche nicht Teil der R-Grundausstattung sind, also auch für die `stargazer()`-Funktion. Als Alternative zur `library()`-Funktion kann man vor solche Funktionen den Paketnamen gefolgt von doppelten Doppelpunkten »::« schreiben. Beispielsweise führt der Befehl

```
MeineRegression <- desk::ols(y ~ x)
```

die `ols()`-Funktion des Pakets `desk` aus und weist das Ergebnis dem Objekt `MeineRegression` zu. Diese Variante der Funktionsnutzung ist vor allem dann sinnvoll, wenn in einem Skript eine bestimmte Funktion eines Paketes nur einmalig Verwendung findet oder wenn die Funktion in der Konsole nur mal kurz ausprobiert werden soll.

KAPITEL **A13**

Annahme A1: Variablenauswahl

Das Kapitel widmet sich der korrekten Auswahl der exogenen Variablen. In Aufgabe 13.1 werden zunächst die Konsequenzen aus einer fehlerhaften Variablenauswahl untersucht. Für die Variablenauswahl stehen verschiedene Kennzahlen zur Verfügung, darunter auch einige sogenannte Informationskriterien. Ihre Nutzung wird in der R-Box »Informationskriterien« (S. 173) erläutert. In Aufgabe 13.2 werden sowohl diese Informationskriterien als auch andere wichtige Instrumente der Variablenauswahl angewendet.

Mit der für Simulationen konzipierten Funktion `repeat.sample()` lassen sich die Verzerrungswirkungen ausgelassener exogener Variablen anschaulich darstellen. Dies wird in der R-Box »Simulation der Konsequenzen ausgelassener Variablen« (S. 175) erläutert und in der daran anschließenden Aufgabe 13.3 ausprobiert. Die Konsequenzen irrelevanter exogener Variablen sind Gegenstand der Aufgabe 13.4.

R erlaubt, eine automatisierte Variablenauswahl vorzunehmen. Diese Möglichkeit wird in der R-Box »Automatisierte Variablenauswahl« (S. 179) vorgestellt und in Aufgabe 13.5 direkt ausprobiert. In der abschließenden Aufgabe 13.6 werden die wesentlichen Aspekte der Variablenauswahl nochmals angewendet.

Aufgabe 13.1: **Lohnstruktur (Teil 1)**

- Replikation der Numerischen Illustrationen 13.1 bis 13.3 des Lehrbuches
- Konsequenzen fehlerhafter Variablenauswahl
- R-Funktionen: `c()`, `ols()`, `save.image()`, `stargazer()`, `Sxy()`
- Datensatz: `data.wage`

Der im Paket `desk` zu findende Dataframe `data.wage` aus Kapitel 13 des Lehrbuches enthält für 20 Beschäftigte einer Firma die Variablen wage (Monatslohn in €), educ (Ausbildungsjahre, die über den Hauptschulabschluss hinausgehen), age (Alter der Person), empl (Dauer der Firmenzugehörigkeit in Jahren), score (Punktzahl in einem Intelligenztest) und sex (Geschlecht).

a) Öffnen Sie im Quelltext-Fenster ein neues Skript und speichern Sie es unter der Bezeichnung LohnstrukturTeil1.R ab. Zerlegen Sie den Dataframe data.wage in sechs Einzelobjekte, welche jeweils eine Variable des Dataframes enthalten. Geben Sie den Objekten die Bezeichnungen lohn, ausb, alter, dauer, punktzahl und geschlecht. Die letzten beiden Objekte werden erst in späteren Aufgaben benötigt.

b) Es werden die drei folgenden Modelle untersucht:

$$\text{lohn}_i = \alpha' + \beta'_1 \text{ausb}_i + u'_i \qquad (A13.1)$$

$$\text{lohn}_i = \alpha + \beta_1 \text{ausb}_i + \beta_2 \text{alter}_i + u_i \qquad (A13.2)$$

$$\text{lohn}_i = \alpha'' + \beta''_1 \text{ausb}_i + \beta''_2 \text{alter}_i + \beta''_3 \text{dauer}_i + u''_i \qquad (A13.3)$$

Dabei ist Modell (A13.2) das korrekte Modell. Schätzen Sie die drei Modelle mit der KQ-Methode und speichern Sie die jeweiligen Ergebnisse in den Objekten lohnA.est, lohnB.est und lohnC.est.

c) Erstellen Sie mit der stargazer()-Funktion für die drei Modelle eine Übersicht der Schätzergebnisse. Unterdrücken Sie dabei mit dem Argument df = F die Ausgabe der Freiheitsgrade und mit dem Argument omit.stat = c("f", "ser") die Ausgabe der F-Werte und der geschätzten Standardabweichungen der Residuen ($\widehat{\sigma}$). Legen Sie mit dem Argument digits die Genauigkeit der Ausgabewerte auf vier Dezimalstellen fest. Vergessen Sie nicht das Argument type = "text". Welche der drei Modelle besitzen ähnliche Koeffizienten?

d) Berechnen Sie die Variationen der vier Variablen und weisen Sie die Resultate den Objekten syy, s11, s22 und s33 zu. Berechnen Sie auch die Kovariation der Variablen ausb und alter und weisen Sie diese dem Objekt s12 zu. Prüfen Sie manuell mit R nach, ob der Koeffizient des zu kleinen Modells (A13.1) auch mit der Formel

$$\widehat{\beta}'_1 = \widehat{\beta}_1 + \widehat{\beta}_2 \frac{S_{12}}{S_{11}} \qquad (A13.4)$$

ermittelt werden könnte. Was sagt Formel (A13.4) aus?

e) Vergleichen Sie die Summen der Residuenquadrate der Modelle (A13.1) und (A13.2). Vergleichen Sie auch die Schätzwerte für die Varianzen der Störgrößen ($\widehat{\sigma}^2$). Warum ist der $\widehat{\sigma}^2$-Wert des zu kleinen Modells (A13.1) verzerrt? Welche Konsequenzen ergeben sich daraus für den Intervallschätzer und für Hypothesentests, welche sich auf den Parameter β'_1 des Modells (A13.1) beziehen?

f) Vergleichen Sie die Standardabweichungen der KQ-Schätzer der Modelle (A13.2) und (A13.3); siehe die in Aufgabenteil c) erzeugte Ergebnistabelle. Welcher Schluss lässt sich daraus in Bezug auf die Schätzgenauigkeit des zu großen Modells (A13.3) im Vergleich zum korrekten Modell (A13.2) ziehen?

g) Speichern Sie Ihre Objekte unter dem Namen Loehne.RData im Unterordner Objekte.

R-Box 13.1: Informationskriterien

Die konkrete Auswahl von exogenen Variablen kann anhand von Informationskriterien vorgenommen werden. Die in Abschnitt 13.2.2 des Lehrbuches besprochenen Informationskriterien, AIC (»Akaike Informationskriterium«), SIC (»Schwarz Informationskriterium«, oftmals auch als »Bayes Informationskriterium« bezeichnet) und PC (»Prognosekriterium«) lassen sich mit den entsprechenden Formeln manuell berechnen, oder aber man verwendet die Funktion ols.infocrit() des desk-Pakets.

Die Argumente der Funktion lauten

arguments(ols.infocrit)

mod, which = "all", scaled = FALSE

Die Funktion benötigt demnach das Objekt, in welchem die mit der ols()-Funktion ermittelten KQ-Schätzergebnisse abgelegt sind. Das Argument which mit den möglichen Werten aic, sic oder pc spezifiziert, welches Kriterium berechnet werden soll. Wird which nicht angegeben, so berechnet ols.infocrit() automatisch alle drei Kriterien. Die Berechnungsformeln lauten (siehe Abschnitt 13.2.2 des Lehrbuches)

$$\text{AIC} = \ln\left(\frac{S_{\widehat{u}\widehat{u}}}{N}\right) + 2 \cdot \frac{K+1}{N}$$
$$\text{SIC} = \ln\left(\frac{S_{\widehat{u}\widehat{u}}}{N}\right) + \ln(N) \cdot \frac{K+1}{N}$$
$$\text{PC} = \frac{S_{\widehat{u}\widehat{u}}}{N} \cdot \frac{N+(K+1)}{N-(K+1)}.$$

Die drei Informationskriterien werden nicht in allen Lehrbüchern einheitlich definiert. In Maddala und Lahiri (2009) beispielsweise werden alle obigen Kriterien noch einmal mit N multipliziert. Auch diese zweite Variante der Informationskriterien kann mit der Funktion ols.infocrit() berechnet werden. Wir müssen lediglich das Argument scaled = T angeben. Alternativ kann man auch die in der Grundversion von R zur Verfügung stehende Funktion AIC() heranziehen.

Fortsetzung auf nächster Seite ...

Fortsetzung der vorherigen Seite ...

Da N in allen Vergleichsmodellen gleich groß ist, spielt es für die Modellauswahl natürlich keine Rolle, ob wir das verwendete Kriterium (z.B. AIC) mit N multiplizieren oder nicht. Wenn also beispielsweise

$$\text{AIC(Modell 2)} > \text{AIC(Modell 1)}$$

dann ist auch

$$N \cdot \text{AIC(Modell 2)} > N \cdot \text{AIC(Modell 1)}$$

und umgekehrt.

Es fällt auf, dass sich die Informationskriterien AIC und SIC nur in einer multiplikativen Konstante unterscheiden, die im Falle des SIC vom Beobachtungsumfang abhängt. Diese Konstante wird häufig als Bestrafungsfaktor (engl.: *penalty factor*) bezeichnet. Im AIC beträgt dieser Faktor 2, im SIC hingegen $\ln(N)$. Die AIC()-Funktion enthält den Bestrafungsfaktor als frei definierbaren Parameter.

Aufgabe 13.2: Lohnstruktur (Teil 2)

- Replikation der Numerischen Illustrationen 13.4 bis 13.10 des Lehrbuches
- Kennzahlen für die Variablenauswahl
- Testverfahren für die Variablenauswahl
- R-Funktionen: `c()`, `load()`, `ols()`, `ols.infocrit()`, `par.f.test()`, `par.t.test()`, `rbind()`, `save.image()`, `qt()`
- Datensatz: data.wage

a) Öffnen Sie im Quelltext-Fenster ein neues Skript und speichern Sie es unter der Bezeichnung LohnstrukturTeil2.R ab. Laden Sie die in der Datei Loehne.RData gespeicherten Objekte in den Objektspeicher. Lassen Sie sich die Bestimmtheitsmaße R^2 sowie die korrigierten Bestimmtheitsmaße $\overline{R}^2$ der drei zu vergleichenden Modelle anzeigen. Was fällt Ihnen auf?

b) Berechnen Sie mit der Funktion `ols.infocrit()` für die drei zu vergleichenden Modelle die jeweiligen Informationskriterien AIC, SIC und PC. Welches Modell wird gemäß dieser Kriterien bevorzugt?

c) Führen Sie einen Hypothesentest durch, um zwischen den Modellen (A13.1) und (A13.3) abzuwägen. Verwenden Sie ein Signifikanzniveau von 5%.

d) Was können Sie aus dem im Aufgabenteil c) berechneten F-Wert hinsichtlich des korrigierten Bestimmtheitsmaßes beider Modelle schließen? Überprüfen Sie Ihre Schlussfolgerung mit Hilfe der in Aufgabenteil a) betrachteten korrigierten Bestimmtheitsmaße.

e) Berechnen Sie für die drei zu vergleichenden Modelle die kritischen Werte, welche für zweiseitige t-Tests bei einem Signifikanzniveau von 5% herangezogen werden. Überlegen Sie anschließend, welche Nullhypothesen der Art $H_0: \beta_k = 0$ demnach abgelehnt wurden und welche nicht. Betrachten Sie zu diesem Zweck Ihre in `lohnA.est`, `lohnB.est` und `lohnC.est` gespeicherten Ergebnisse. Überprüfen Sie Ihre Überlegungen mit Hilfe der angezeigten p-Werte. Welche Schlüsse lassen sich aus den Testergebnissen im Hinblick auf die Variablenauswahl ziehen?

f) Führen Sie eine KQ-Schätzung des Modells

$$\texttt{gehalt}_i = \alpha''' + \beta_2'''\texttt{alter}_i + \beta_3'''\texttt{dauer}_i + u_i''' \tag{A13.5}$$

durch, weisen Sie die Resultate dem Objekt `lohnD.est` zu und lassen Sie sich die Ergebnisse anzeigen. Sie möchten das Modell (A13.5) mit dem korrekten Modell (A13.2) vergleichen. Warum sind die beiden Modelle nicht »genestet«? Formulieren Sie die Nullhypothesen eines für den Modellvergleich geeigneten Testverfahrens und führen Sie das Verfahren auf einem Signifikanzniveau von 5% durch. Zu welchem Ergebnis kommen Sie?

g) Speichern Sie alle erzeugten Objekte unter dem Dateinamen `Loehne.RData` im Unterordner `Objekte` ab.

R-Box 13.2: Simulation der Konsequenzen ausgelassener Variablen

Was passiert, wenn eine relevante exogene Variable in der KQ-Schätzung ausgelassen wird? Wir wollen die Konsequenzen in einer Simulation mit der `repeat.sample()`-Funktion demonstrieren. Diese Funktion wurde bereits in der R-Box 4.4 (S. 81) vorgestellt. In den Argumenten der Funktion werden die Daten der exogenen Variablen x_{ki} und der Modellparameter α, β_k, $E(u_i)$ sowie σ^2 fest vorgegeben. Auf Basis dieser Daten erzeugt die Funktion wiederholte Stichproben der Störgröße u_i, um daraus wiederum entsprechende Werte der endogenen Variablen y_i zu generieren. Im letzten Schritt führt die Funktion aus den vorgegebenen x_{ki}-Werten und den erzeugten y_i-Werten für jede Stichprobe eine KQ-Schätzung durch und speichert die Ergebnisse ab.

Wir können in der `repeat.sample()`-Funktion festlegen, dass in den KQ-Schätzungen eine oder mehrere der bei der Erzeugung der y_i-Werte beteiligten exogenen Variablen ausgelassen werden. Welche Variablen weggelassen werden, können wir mit dem Argument `omit` festlegen. Beispielsweise bedeutet in einer Zweifachregression das Argument `omit = 2`, dass die y_i-Werte zwar auf Basis aller exogenen Variablen erzeugt werden, aber in den KQ-Schätzungen die zweite exogene Variable (x_{2i}) nicht berücksichtigt wird und deshalb auch keine Schätzwerte für den Parameter β_2 berechnet werden. Die KQ-Schätzwerte für den Parameter β_1 werden hingegen ermittelt, natürlich

Fortsetzung auf nächster Seite ...

Fortsetzung der vorherigen Seite ...

mit den KQ-Schätzformeln der Einfachregression.

Wenn man letztere Schätzwerte mit denjenigen vergleicht, die sich bei einer KQ-Schätzung des vollständigen Modells (also mit x_{2i}) ergeben, erhält man einen Eindruck von der Verzerrung, die sich in der Schätzung von β_1 beim Weglassen der relevanten exogenen Variablen x_{2i} einstellt.

Aufgabe 13.3: Verzerrungen durch ausgelassene Variablen

- Simulation der Verzerrungswirkung fehlender Variablen
- R-Funktionen: `abline()`, `c()`, `cbind()`, `cor()`, `hist()`, `mean()`, `rep()`, `repeat.sample()`, `Sxy()`

Gegeben sei der wahre Zusammenhang

$$y_i = \alpha + \beta_1 x_{1i} + \beta_2 x_{2i} + u_i \;. \tag{A13.6}$$

In Kapitel 13 des Lehrbuches wird gezeigt, dass die KQ-Schätzung des Modells

$$y_i = \alpha' + \beta'_1 x_{1i} + u'_i \tag{A13.7}$$

zu einem verzerrten Schätzer des ersten Steigungsparameters β_1 führt. Konkret gilt dann

$$E\left(\widehat{\beta}'_1\right) = \beta_1 + \beta_2 \frac{S_{12}}{S_{11}} \;, \tag{A13.8}$$

wobei $\beta_2\left(S_{12}/S_{11}\right)$ den Verzerrungsterm darstellt.

a) In welchem Sonderfall erzeugt die ausgelassene exogene Variable x_{2i} bei der KQ-Schätzung des Parameters β_1 *keine* Verzerrung? Kann bei einem geringen β_2-Wert oder bei einer geringen Korrelation zwischen x_{1i} und x_{2i} immer von einer nur geringfügigen Verzerrung bei der KQ-Schätzung des Parameters β_1 ausgegangen werden?

b) Öffnen Sie im Quelltext-Fenster ein neues Skript und speichern Sie es unter der Bezeichnung AusgelasseneVariablen.R ab. Erzeugen Sie die beiden zehnelementigen Vektoren $x_1 = (3, 18, 5, 5, 0, 9, 8, 7, 9, 12)$ und $x_2 = (5, 11, 6, 8, 5, 8, 12, 9, 11, 10)$ und geben Sie diesen die Namen x1 und x2. Berechnen Sie die Korrelation der zwei Vektoren. Verknüpfen Sie die beiden Vektoren zu einer (10 × 2)-Matrix mit Namen x, die beide Variablen jeweils als Spalte beinhaltet. Die Matrix x stellt die vorgegebenen Werte unserer exogenen Variablen x_{1i} und x_{2i} dar.

c) Setzen Sie mit Hilfe der Funktion `repeat.sample()` (siehe R-Boxen 4.4 und 13.2) die folgenden Arbeitsschritte um: Nehmen Sie zunächst an, dass $u_i \sim N(0;1)$ und dass die wahren Parameter $\alpha = 4$, $\beta_1 = 3$ und $\beta_2 = 2$

lauten. Erzeugen Sie für das korrekt spezifizierte Modell (A13.6) auf Basis der gegebenen Matrix x insgesamt 100 zufällig gezogene Stichproben (d.h. x bleibt gleich, aber die Störgrößen u_i und somit die y_i-Werte ändern sich von Stichprobe zu Stichprobe) und die entsprechenden Koeffizienten der KQ-Schätzung. Weisen Sie die Ergebnisse der 100 Stichproben dem Objekt stich.korrekt zu. Wiederholen Sie die Stichprobenerzeugung, lassen Sie diesmal aber bei der KQ-Schätzung der Koeffizienten die exogene Variable x_{2i} aus. Weisen Sie die Ergebnisse dieser 100 Stichproben dem Objekt stich.falsch zu.

d) Erstellen Sie ein Histogramm der in stich.korrekt abgespeicherten $\widehat{\beta}_1$-Werte und ein weiteres Histogramm der in stich.falsch abgespeicherten $\widehat{\beta}_1'$-Werte. Verwenden Sie für beide Histogramme einen von 2,5 bis 4 reichenden Wertebereich der β_1-Werte (Argument xlim) und einen von 0 bis 40 reichenden Wertebereich für die vertikale Achse (Argument ylim). Geben Sie den Histogrammen die Überschriften »korrekt« bzw. »falsch« (Argument main) und beschriften Sie die horizontale Achse jeweils mit »beta 1« (Argument xlab) und die vertikale Achse mit »Häufigkeit« (Argument ylab). Fügen Sie den Histogrammen jeweils eine vertikale Linie an der Stelle des wahren Parameterwertes ($\beta_1 = 3$) hinzu. Verwenden Sie dafür die abline()-Funktion mit dem Argument v. Was fällt Ihnen beim Vergleich der beiden Histogramme auf?

e) Berechnen Sie für jede Stichprobe des Objekts stich.falsch die Abweichung des Schätzers $\widehat{\beta}_1'$ vom wahren Parameterwert $\beta_1 = 3$. Erzeugen Sie zu diesem Zweck zunächst einen Vektor, dessen 100 Elemente alle den Wert 3 besitzen. Bilden Sie anschließend den Mittelwert aus den Abweichungen. Vergleichen Sie diesen Mittelwert mit dem in Gleichung (A13.8) angegebenen *theoretischen* Verzerrungswert.

Aufgabe 13.4: Irrelevante exogene Variablen

- Konsequenzen irrelevanter exogener Variablen
- R-Funktionen: abline(), c(), ols(), plot(), points(), rnorm()

Gegeben seien die folgenden beiden Variablen:

i	y	x_1
1	0	0
2	2	1
3	1	2

a) Öffnen Sie im Quelltext-Fenster ein neues Skript und speichern Sie es unter der Bezeichnung IrrelevanteVariablen.R ab. Weisen Sie die Werte der Variablen y und x_1 den beiden Objekten y und x1 zu.

b) Betrachten Sie das Modell

$$y_i = \alpha + u_i .\qquad(A13.9)$$

Stellen Sie die Daten des Modells, also die y_i-Werte, mit der plot()-Funktion so dar, dass die vertikale Achse als y-Achse angezeigt wird und alle drei Punkte auf dieser Achse liegen. Definieren Sie zu diesem Zweck den Vektor z <- c(0,0,0). Berechnen Sie ohne die Hilfe von R den KQ-Schätzwert $\hat{\alpha}$ und die Summe der Residuenquadrate $S_{\hat{u}\hat{u}}$. Überprüfen Sie anschließend Ihre Resultate mit dem Befehl ols(y ~ 1) und speichern Sie die Ergebnisse unter der Bezeichnung mod0.est.

c) Betrachten Sie nun das Modell

$$y_i = \alpha + \beta x_{1i} + u_i .\qquad(A13.10)$$

Stellen Sie die Daten in einer Punktwolke dar, führen Sie eine KQ-Schätzung des Modells durch, speichern Sie die Resultate unter dem Namen mod1.est und fügen Sie Ihrer Punktwolke die Regressionsgerade hinzu. Vergleichen Sie die Punktwolke mit derjenigen des vorherigen Aufgabenteils und begründen Sie, weshalb sich von Modell (A13.9) zu Modell (A13.10) der Wert von $S_{\hat{u}\hat{u}}$ verringert haben muss. Überprüfen Sie anhand der Resultate in mod0.est und mod1.est, ob die Verringerung des $S_{\hat{u}\hat{u}}$-Wertes tatsächlich eintritt.

d) Erzeugen Sie mit der rnorm()-Funktion einen Vektor x2, welcher die Werte dreier standard-normalverteilter Zufallsvariablen enthält. Dieser Vektor repräsentiere die Variable x_{2i}. Diese Variable wird dem Regressionsmodell (A13.10) hinzugefügt:

$$y_i = \alpha + \beta_1 x_{1i} + \beta_2 x_{2i} + u_i .\qquad(A13.11)$$

Da x2 aus reinen Zufallswerten besteht, ist x_{2i} in diesem Modell eine irrelevante Variable. Welchen Wert wird $S_{\hat{u}\hat{u}}$ im Modell annehmen? Begründen Sie Ihre Antwort. Überprüfen Sie anschließend Ihre Vermutung mit Hilfe von R.

R-Box 13.3: Automatisierte Variablenauswahl

Folgt man der Steinmetz-Methodologie, so beginnt die Variablenauswahl mit einem großen Modell, das alle überhaupt in Frage kommenden Variablen enthält. Dann verkleinert man das Modell schrittweise um einzelne Variablen, um am Ende ein korrekt spezifiziertes Modell zu erhalten.

Die Funktion `step()` automatisiert diesen Prozess und orientiert sich dabei am AIC der Modelle. Als Argument muss ein Ausgangsmodell angegeben werden (z.B. `lohnC.est`). Die Funktion berechnet für das angegebene Ausgangsmodell das AIC, nimmt dann aus diesem Modell die erste exogene Variable heraus und berechnet erneut das AIC. Anschließend wird die erste exogene Variable wieder hinzugefügt und stattdessen die zweite exogene Variable eliminiert und das AIC berechnet. Dieser Vorgang wird mit allen exogenen Variablen durchgeführt. Wenn sich bei mehreren Variablen das AIC verringert hat, wird dasjenige Modell genommen, bei dem die Verringerung am größten war.

Aus diesem reduzierten Modell wird dann erneut jeweils eine Variable herausgenommen und das jeweilige AIC berechnet und verglichen. Dieser Vorgang wird so lange wiederholt, bis durch die Herausnahme von exogenen Variablen keine Verringerung des AIC mehr möglich ist.

Da dies ein sehr mechanisches Vorgehen ist, sollte dem Ergebnis nicht blind vertraut werden. Um jedoch erste Hinweise für die Relevanz und Irrelevanz möglicher exogener Variablen zu erhalten, kann die `step()`-Funktion hilfreich sein.

Aufgabe 13.5: Automobile

- automatisierte Variablenauswahl
- R-Funktionen: `ols()`, `save.image()`, `stargazer()`, `step()`
- Datensatz: `data.auto`

Der Dataframe `data.auto` im Paket `desk` enthält die Preise und Charakteristika von 52 US-amerikanischen Automodellen aus dem Jahr 1978. Es soll eine »hedonische Regression« durchgeführt werden, also eine Regression, bei der die verschiedenen Preise durch die verschiedenen qualitativen Eigenschaften der Autos erklärt werden.

a) Öffnen Sie im Quelltext-Fenster ein neues Skript und speichern Sie es unter der Bezeichnung `Autopreise.R` ab. Lesen Sie den Hilfesteckbrief zum Dataframe `data.auto` und sehen Sie sich die Daten an.

b) Führen Sie eine KQ-Schätzung durch, welche die Werte der endogenen Variablen `price` durch alle anderen Variablen außer `make` erklärt. Nutzen Sie für diese Regression die in der R-Box 9.1 (S. 133) beschriebenen Hinweise zur effizienten Nutzung der `ols()`-Funktion. Weisen Sie die Resultate dem

Objekt `auto1.est` zu und lassen Sie sich die Ergebnisse anzeigen. Welche Variablen sind auf einem Signifikanzniveau von 5% insignifikant?

c) Setzen Sie für das Ausgangsmodell `auto1.est` die `step()`-Funktion im Sinne der Steinmetz-Methodologie ein. Weisen Sie das Resultat dem Objekt `auto2.est` zu. Rekapitulieren Sie im angezeigten Output der Konsole, wie R die Variablenauswahl für Modell `auto2.est` vollzogen hat. Blättern Sie dazu in der Konsole zum Beginn des von `step()` produzierten Outputs. Er befindet sich direkt unterhalb der im vorherigen Aufgabenteil erzeugten Tabelle.

d) Stellen Sie mit der `stargazer()`-Funktion (siehe R-Box 12.1 auf S. 164) die Ergebnisse der Modelle `auto1.est` und `auto2.est` in einer Tabelle dar. Nutzen Sie die Argumente `object.names` und `single.row` und unterdrücken Sie das Tausender-Trennzeichen mit dem Argument `digit.separator`. Vergleichen Sie die Standardabweichungen der KQ-Schätzer der beiden Modelle. Was lässt sich über die Signifikanz der verbliebenen Variablen aussagen?

e) Speichern Sie alle erzeugten Objekte in der Datei `Autopreise.RData` im Unterordner `Objekte`.

Aufgabe 13.6: Computermieten (Teil 1)

- Variablenauswahl
- R-Funktionen: `log()`, `ols()`, `ols.infocrit()`, `read.table()`, `save.image()`
- Datensatz: `data.comp`

Wir bleiben bei den »hedonischen Regressionen«. Unterschiedliche Computermodelle besitzen voneinander abweichende Preise. Chow (1967) versuchte zu zeigen, dass sich diese Preise durch die jeweiligen qualitativen Eigenschaften der Computer erklären lassen. Als Chow seine Untersuchung vornahm, steckten die Computer noch in den Kinderschuhen und waren deshalb fast unerschwinglich. Brauchte man Rechenkapazitäten, so mietete man sich einen Computer. Als endogene Preisvariable verwendet die Studie deshalb die monatliche Mietgebühr eines Computers `rent`. Die exogenen, preisbeeinflussenden Variablen sind die durchschnittliche Rechenzeit einer Multiplikationsanweisung `mult`, die Hauptspeichergröße `mem` und die durchschnittliche Zugriffszeit auf den Hauptspeicher `access`. Der Dataframe `data.comp` des Pakets `desk` enthält die Daten für $N = 34$ Computer.

a) Öffnen Sie im Quelltext-Fenster ein neues Skript und speichern Sie es unter der Bezeichnung `ComputermietenTeil1.R` ab. Lesen Sie den Hilfesteckbrief zum Dataframe `data.comp` und sehen Sie sich die Daten an.

b) Gehen Sie davon aus, dass die endogene und alle exogenen Variablen logarithmiert werden müssen (erst in Kapitel A14 werden wir genauer auf die Notwendigkeit von Variablentransformationen eingehen). Speichern Sie die logarithmierten Variablen unter den Bezeichnungen `log.rent`, `log.mult`, `log.mem` und `log.access`. Wie lautet die ökonometrische Schätzgleichung unter Einbeziehung aller logarithmierter Variablen? Welche Vorzeichen erwarten Sie für die einzelnen Koeffizienten?

c) Schätzen Sie die Koeffizienten und speichern Sie Ihre Regressionsergebnisse unter dem Objektnamen `comp1.est`. Lassen Sie sich das korrigierte Bestimmtheitsmaß $\bar{R}^2$ anzeigen. Lassen Sie sich mit der Funktion `ols.infocrit()` den Wert des Akaike-Informations-Kriteriums (AIC) ausgeben.

d) Es soll nun überprüft werden, ob eine fehlerhafte Auswahl der Variablen vorgenommen wurde. Welche Konsequenzen hätte es für die vorgenommenen Punktschätzungen, für Intervallschätzungen und für Hypothesentests, wenn die Variable `log.access` irrelevant wäre? Führen Sie eine KQ-Schätzung des verkleinerten Modells durch:

$$\text{log.rent}_i = \alpha' + \beta_1' \text{log.mult}_i + \beta_2' \text{log.mem}_i + u_i'. \qquad (A13.12)$$

Speichern Sie die Ergebnisse unter der Bezeichnung `comp2.est` ab und lassen Sie sich das korrigierte Bestimmtheitsmaß sowie das AIC anzeigen.

e) Welche Konsequenzen hätte es für die im Modell (A13.12) vorgenommenen Punktschätzungen, für Intervallschätzungen und für Hypothesentests, wenn die Variable `log.access` relevant wäre?

f) Würden Sie das Modell (A13.12) dem ursprünglichen Modell vorziehen? Orientieren Sie sich bei Ihrer Entscheidung am korrigierten Bestimmtheitsmaß $\bar{R}^2$, am AIC und an einem geeigneten t-Test (Signifikanzniveau 5%).

g) Schätzen Sie nun das Modell

$$\text{log.rent}_i = \alpha'' + \beta_2'' \text{log.mem}_i + \beta_3'' \text{log.access}_i + u_i'' \qquad (A13.13)$$

und speichern Sie die Resultate unter der Bezeichnung `comp3.est` ab. Entscheiden Sie anhand eines geeigneten Tests, ob Modell (A13.12) oder (A13.13) bevorzugt werden sollte.

h) Speichern Sie die erzeugten Objekte in der Datei `Computer.RData` im Unterordner `Objekte`.

> **Tipp 13 für R-fahrene: Replizierbarkeit von Ergebnissen**

Im vorliegenden R-Arbeitsbuch wurden an verschiedenen Stellen mit dem R-Zufallsgenerator Zufallszahlen erzeugt, welche dann zu einem bestimmten Endergebnis führten. Da dieses Endergebnis zufällig erzeugt wurde, ergäbe sich bei einer wiederholten Ausführung des Befehls ein anderes Endergebnis. Das ist nicht immer erwünscht, denn manchmal möchte man ein Endergebnis replizierbar machen. Das erreicht man mit dem Befehl `set.seed(<eine beliebige Zahl>)`. Beispielsweise liefern die Befehle

```
set.seed(13)
sample(x = 1:100, 10)
```

```
[1] 88  3 64 74 77  6 48 22  4 98
```

zehn Zufallszahlen aus dem Wertebereich 1 bis 100. Zu einem späteren Zeitpunkt könnte man genau die gleichen Befehle erneut eingeben und würde exakt die gleichen zehn Zufallszahlen erhalten. Manche R-Funktionen wie beispielsweise die `repeat.sample()`-Funktion besitzen das optionale Argument `seed`. Dann kann man sich den eigenständigen `set.seed()`-Befehl sparen und kann die Reproduzierbarkeit direkt in der `repeat.sample()`-Funktion festlegen. Beispielsweise berechnen die Befehle

```
x <- c(3,1,6,8,2)
repeat.sample(x, true.par = c(0.5,2), rep = 3, seed = 1427)
```

für drei Zufallsstichproben die jeweiligen Regressionsergebnisse. Da das `seed`-Argument genutzt wurde, könnte man den Befehl später erneut auslösen und würde exakt die gleichen Regressionsergebnisse erhalten.

KAPITEL **A14**

Annahme A2: Funktionale Form

Annahme A2 fordert, dass der wahre Zusammenhang zwischen der endogenen Variablen y_i und den exogenen Variablen $x_{1i}, x_{2i}, \ldots, x_{Ki}$ linear ist. In diesem Kapitel wird untersucht, wie man mit R Nicht-Linearitäten diagnostizieren kann, welche Konsequenzen diese Annahmeverletzung hat und wie man mit ihr umgeht.

Das Kapitel beginnt mit der R-Box »RESET-Verfahren«. Diese erläutert, wie der Regression Specification Error Test (RESET) in R umgesetzt wird. Ausprobiert wird das Erlernte in Aufgabe 14.1. In der R-Box »Box-Cox-Test« (S. 187) wird die Anwendung des Box-Cox-Tests in R erläutert. Eingeübt werden diese Inhalte in Aufgabe 14.2. Die Aufgaben 14.3 und 14.4 wenden sowohl das RESET-Verfahren als auch den Box-Cox-Test an. Die Besonderheiten des logarithmischen Modells sind Gegenstand der Aufgabe 14.5. Die Aufgaben 14.6 und 14.7 beschäftigen sich mit der Linearisierung nicht-linearer Zusammenhänge sowie mit den Komplikationen, die daraus erwachsen.

> **R-Box 14.1: RESET-Verfahren**
>
> Um analytisch zu überprüfen, ob der Zusammenhang zwischen der endogenen Variablen und den exogenen Variablen durch das lineare Regressionsmodell korrekt beschrieben ist, bietet sich ein Fehlspezifikationstest wie der von Ramsey (1969) vorgeschlagene Regression Specification Error Test (RESET) an. Die grundsätzliche Idee hinter diesem Verfahren ist, die Summe der Residuenquadrate im linearen Modell mit derjenigen eines um nicht-lineare Terme erweiterten Modells zu vergleichen. Übersteigt die Summe der Residuenquadrate des linearen Modells diejenige des nicht-linearen Modells hinreichend stark, so spricht dies gegen die lineare Spezifikation und damit für eine Verletzung der Annahme A2.
>
> *Fortsetzung auf nächster Seite ...*

Fortsetzung der vorherigen Seite ...

Konkret werden die Summen der Residuenquadrate folgender zwei Modelle verglichen:

$$y_i = \alpha + \beta_1 x_{1i} + \ldots + \beta_K x_{Ki} + u_i \tag{A14.1}$$

$$y_i = \alpha + \beta_1 x_{1i} + \ldots + \beta_K x_{Ki} + \gamma_1 \hat{y}_i^2 + \ldots + \gamma_m \hat{y}_i^{m+1} + u_i \tag{A14.2}$$

Modell (A14.1) ist das gewöhnliche lineare Modell und stellt im durchzuführenden Vergleich das Basismodell dar. Das erweiterte Modell (A14.2) enthält neben allen Termen des Basismodells auch m Potenzterme mit den entsprechenden Parametern γ_1 bis γ_m und Schätzwerten $\hat{y}_i^2$ bis $\hat{y}_i^{m+1}$ aus einer Regression des Basismodells (Details sind in Abschnitt 14.3.1 des Lehrbuches beschrieben). Die Nullhypothese lautet $H_0 : \gamma_1 = \ldots = \gamma_m = 0$. Wird sie abgelehnt, so spricht dies für einen gemeinsamen Erklärungsgehalt der Terme $\gamma_1 \hat{y}_i^2$ bis $\gamma_m \hat{y}_i^{m+1}$ und damit für eine Fehlspezifikation des linearen Modells.

Das Paket desk stellt die Funktion reset.test() für das erläuterte Testverfahren zur Verfügung. Um die Umsetzung in R zu illustrieren, verwenden wir als Arbeitsbeispiel eine Einfachregression:

$$y_i = \alpha + \beta x_i + u_i \,. \tag{A14.3}$$

Wir teilen R die folgenden Werte der Variablen x_i und y_i mit:

```
x <- c(0.6, 1.1, 1.7, 2.2, 2.8, 3.3, 3.9, 4.4, 5.0)
y <- c(1.6, 2.9, 3.4, 4.5, 6.6, 7.4, 7.9, 9.9, 11.9)
```

Die KQ-Schätzung des Modells erfolgt mit dem Befehl:

```
model.est <- ols(y ~ x)
```

Das RESET-Verfahren wird mit der Funktion reset.test() ausgeführt. Die Argumente dieser Funktion lauten:

```
arguments(reset.test)
mod, data = list(), m = 2, sig.level = 0.05, details = FALSE,
   hyp = TRUE
```

Im Argument mod muss das zu untersuchende Modell angegeben werden, hier also model.est. Wie gewohnt könnten wir auch die R-Formel des Modells angeben, also y ~ x und bei Bedarf das Argument data nutzen. Diese Möglichkeit kennen wir bereits von der ols.interval()-Funktion (siehe R-Box 5.3, S. 97) und einigen anderen Funktionen.

Im dritten Argument der reset.test()-Funktion wird R mitgeteilt, um wie viele Variablen das Modell erweitert werden soll. Beispielsweise wurde

Fortsetzung auf nächster Seite ...

Kapitel A14 – Annahme A2: Funktionale Form 185

Fortsetzung der vorherigen Seite ...

das Modell (A14.1) um die drei Variablen $\hat{y}_i^2$, $\hat{y}_i^3$ und $\hat{y}_i^4$ erweitert. In der `reset.test()`-Funktion würden wir diese Erweiterung durch das Argument m = 3 eintragen. Wir teilen R also die Anzahl der Erweiterungsvariablen mit. Bei m = 2 würde R nur die zusätzlichen Variablen $\hat{y}_i^2$ und $\hat{y}_i^3$ ins Modell aufnehmen. Dies ist auch der voreingestellte Wert des Arguments.

Auch für unsere Zwecke ist dieser Wert ausreichend, so dass wir das Argument weglassen können und den folgenden einfachen Befehl eingeben:

```
reset.test(model.est)
```

R antwortet:

```
RESET Method for nonlinear functional form
-------------------------------------------

Hypotheses:
                   H0:                  H1:
  gammas = 0 (linear)  gammas <> 0 (non-linear)

Test results:
  f.value  crit.value  p.value  sig.level           H0
   1.4766     5.7861    0.3134       0.05  not rejected
```

Mit dem Argument hyp = F hätten wir die Ausgabe der Null- und Alternativhypothese unterdrücken können. Das ausgegebene Testergebnis zeigt, dass die Nullhypothese $H_0 : \gamma_1 = \gamma_2 = 0$ – also die Gültigkeit des linearen Modells (A14.1) – nicht abgelehnt werden kann. Der *p*-Wert von 0,3134 signalisiert zwar einen spürbaren Widerspruch zwischen der Nullhypothese und der empirischen Beobachtung, aber dieser Widerspruch reicht nicht aus, um mit hinreichend hoher Verlässlichkeit zur Ablehnung der Nullhypothese zu gelangen.

Aufgabe 14.1: Milch (Teil 1)

- Replikation der Numerischen Illustrationen 14.1 und 14.3 des Lehrbuches
- Transformation von Funktionen
- RESET-Verfahren
- R-Funktionen: `c()`, `log()`, `ols()`, `plot()`, `qf()`, `reset.test()`, `save.image()`, `stargazer()`
- Datensatz: `data.milk`

Der im Paket `desk` zu findende Dataframe `data.milk` aus Kapitel 14 des Lehrbuches enthält für zwölf Kühe die zugefütterte Kraftfuttermenge `feed` (in Zentner/Jahr) und die Milchleistung `milk` (in Liter/Jahr).

a) Öffnen Sie im Quelltext-Fenster ein neues Skript und speichern Sie es unter der Bezeichnung MilchTeil1.R ab. Speichern Sie die Variablen feed und milk des Dataframes data.milk als zwei getrennte Objekte und geben Sie diesen die Namen f und m. Logarithmieren Sie die Werte der Objekte f und m und speichern Sie die Resultate in den Objekten logf und logm ab. Bilden Sie zu den Werten in f die Kehrwerte und speichern Sie diese im Objekt invf ab. Quadrieren Sie die Werte in f und speichern Sie die Resultate unter dem Namen quadf.

b) Es ist unklar, welcher funktionale Zusammenhang zwischen f und m besteht. Erzeugen Sie deshalb zu den ersten sechs funktionalen Formen der nachfolgenden Tabelle die jeweilige Punktwolke und geben Sie in der Überschrift zu jeder Grafik den in der linken Spalte aufgelisteten Funktionstyp an:

Funktionstyp	lineare Funktion	Objektname
linear	$m_i = \alpha + \beta f_i + u_i$	milch.lin.est
semi-log	$m_i = \alpha + \beta \ln f_i + u_i$	milch.semilog.est
invers	$m_i = \alpha + \beta(1/f_i) + u_i$	milch.inv.est
exponential	$\ln m_i = \alpha + \beta f_i + u_i$	milch.exp.est
logarithmisch	$\ln m_i = \alpha + \beta \ln f_i + u_i$	milch.log.est
log-invers	$\ln m_i = \alpha + \beta(1/f_i) + u_i$	milch.loginv.est
quadratisch	$m_i = \alpha + \beta_1 f_i + \beta_2 f_i^2 + u_i$	milch.quad.est

Bei welchen Punktwolken ist ein linearer Zusammenhang am plausibelsten?

c) Führen Sie zu jedem Funktionstyp der Tabelle die entsprechende KQ-Schätzung mit R durch und speichern Sie die jeweiligen Resultate unter den in der rechten Spalte der Tabelle angegebenen Objektnamen. Lassen Sie sich mit der stargazer()-Funktion die Koeffizienten ($\hat{\alpha}$ und $\hat{\beta}$) sowie das Bestimmtheitsmaß (R^2) zu jenen vier der sieben Modellvarianten anzeigen, die m_i als endogene Variable besitzen (siehe R-Box 12.1, S. 164). Um einige von der stargazer()-Funktion automatisch angezeigte Kennzahlen zu unterdrücken, verwenden Sie das Argument omit.stat = c("n", "ser", "adj.rsq", "f"). Neben den Koeffizienten und Standardabweichungen werden dann nur noch die Bestimmtheitsmaße ausgegeben. Erstellen Sie eine entsprechende Tabelle für jene drei Modellvarianten, welche $\ln m_i$ als endogene Variable besitzen.

d) Führen Sie für das Regressionsmodell

$$m_i = \alpha + \beta f_i + u_i \qquad (A14.4)$$

das RESET-Verfahren manuell mit R durch. Erweitern Sie zu diesem Zweck das Modell (A14.4) um die drei »exogenen Variablen« $\widehat{m}_i^2$, $\widehat{m}_i^3$ und $\widehat{m}_i^4$:

$$m_i = \alpha + \beta f_i + \gamma_1 \widehat{m}_i^2 + \gamma_2 \widehat{m}_i^3 + \gamma_3 \widehat{m}_i^4 + u_i \,. \tag{A14.5}$$

Führen Sie mit R eine KQ-Schätzung des Modells (A14.5) durch und speichern Sie die Resultate unter dem Namen `milch.ext.est`. Berechnen Sie aus den bisherigen Resultaten den F-Wert eines Tests der Nullhypothese $H_0 : \gamma_1 = \gamma_2 = \gamma_3 = 0$. Vergleichen Sie diesen Wert mit dem kritischen Wert (Signifikanzniveau 5%). Zu welcher Testentscheidung gelangen Sie?

e) Überprüfen Sie Ihre Resultate des Aufgabenteils d) mit der Funktion `reset.test()`.

f) Welche der sieben von Ihnen geschätzten Modellvarianten können auf der Grundlage ihrer Bestimmtheitsmaße verglichen werden? Welche Modellvarianten erweisen sich aus diesem Blickwinkel als besonders attraktiv?

g) Speichern Sie Ihre Objekte unter dem Namen `Milch.RData` im Unterordner `Objekte`.

R-Box 14.2: Box-Cox-Test

In der vorangegangenen Aufgabe 14.1 wurden verschiedene Modellvarianten verglichen. Abgesehen von der quadratischen Modellvariante können alle Varianten als Spezialfälle einer noch größeren Klasse von Modellvarianten erachtet werden. Diese Klasse umfasst alle Modelle, deren Variablen in der folgenden Form dargestellt werden können (siehe Abschnitt 14.3.3 des Lehrbuches):

$$\frac{y_i^\lambda - 1}{\lambda} = \alpha + \beta_1 \frac{x_{1i}^{\psi_1} - 1}{\psi_1} + \ldots + \beta_K \frac{x_{Ki}^{\psi_K} - 1}{\psi_K} + u_i \,, \tag{A14.6}$$

wobei α den Niveauparameter dieses Modells bezeichnet und die Werte der Transformationsparameter λ sowie ψ_k ($k = 1, 2, \ldots, K$) von Null verschieden sein müssen. Das Modell (A14.6) wird als *Box-Cox-Modell* bezeichnet. Als Spezialfälle enthält diese Klasse unter anderem das lineare und das logarithmische Modell. Setzt man $\lambda = \psi = 1$, dann ergibt sich das lineare Modell. Tendieren hingegen λ und ψ_k gegen 0, dann ergeben sich in den Ausdrücken

$$\frac{y_i^\lambda - 1}{\lambda} \quad \text{und} \quad \frac{x_{ki}^{\psi_k} - 1}{\psi_k}$$

als Grenzwerte die Logarithmen $\ln y_i$ und $\ln x_{ki}$. Das allgemeine Box-Cox-Modell wird zum logarithmischen Modell.

Welche λ-ψ_1-...-ψ_K-Kombination sollte man verwenden? Um dies zu ermitteln, müsste man eine Liste von λ-ψ_1-...-ψ_K-Kombinationen vorgeben und für

Fortsetzung auf nächster Seite ...

Fortsetzung der vorherigen Seite ...

jede dieser Kombinationen eine KQ-Schätzung des Regressionsmodells (A14.6) vornehmen. Dabei wird allerdings statt y_i die Variable $y_i/\tilde{y}$ verwendet, wobei $\tilde{y}$ das geometrische Mittel der y_i-Werte ist. Anschließend kann man jene λ-ψ_1-...-ψ_K-Kombination auswählen, bei der sich die geringste Summe der Residuenquadrate ergab.

Damit wir diese mühselige Arbeit nicht selber durchführen müssen, existiert im Paket desk die Funktion bc.model(). Ihre Argumente lauten

```
arguments(bc.model)
mod, data = list(), range = seq(-2, 2, 0.1), details = FALSE
```

Das erste Argument ist ein bereits geschätztes lineares Modell, beispielsweise das Modell (A14.3) aus der vorherigen R-Box 14.1 (S. 183). Dort hatten wir die folgende KQ-Schätzung vorgenommen:

```
x <- c(0.6, 1.1, 1.7, 2.2, 2.8, 3.3, 3.9, 4.4, 5.0)
y <- c(1.6, 2.9, 3.4, 4.5, 6.6, 7.4, 7.9, 9.9, 11.9)
model.est <- ols(y ~ x)
```

Alternativ könnten wir auch hier wieder die R-Formel des Modells in die Funktion bc.model() eintragen, also y ~ x, und zusätzlich das Argument data heranziehen. Unabhängig davon wie das Modell eingegeben wurde, interpretiert R das Modell immer als jenes aus der Modellklasse (A14.6), welches die Parameterwerte $\lambda = \psi_1 = \ldots = \psi_K = 1$ besitzt.

Das Argument range gibt die Intervallgröße und die Schrittweite an, mit der wir die Parameter $\lambda, \psi_1, \ldots, \psi_K$ verändern. Voreingestellt ist seq(from = -2, to = 2, by = 0.1), also das Intervall von -2 bis 2 und die Schrittweite 0,1. Demnach werden für jeden Parameter genau 41 mögliche Werte ausprobiert. Da eine Einfachregression zwei Variablen besitzt, kommt man insgesamt auf $41^2 = 1681$ verschiedene λ-ψ-Kombinationen, für die eine Regression durchgeführt werden muss. Natürlich bietet sich hier an, R diese rechenaufwändige Aufgabe in Sekundenschnelle lösen zu lassen.

Um neben den Basisergebnissen der optimalen Regression auch Informationen zur optimalen λ-ψ_1-...-ψ_K-Kombination, zur Gesamtzahl der durchgerechneten Regressionen und zur Summe der Residuenquadrate ausgeben zu lassen, geben wir das Argument details = T mit an. Der vollständige Befehl lautet deshalb

```
bc.model(model.est, details = T)
```

Er führt zu folgendem Output:

Fortsetzung auf nächster Seite ...

Fortsetzung der vorherigen Seite ...

```
Model exhibiting minimal SSR:
              coef    std.err   t.value    p.value
(Intercept) -0.6801   0.0417   -16.2972   < 0.0001
x            0.5380   0.0235    22.8558   < 0.0001


Total number of regressions:         1681
Regression that minimizes SSR:       1132
Minimal SSR value:                   0.0414
Lambda (y):                          0.4
Lambda (x):                          0.7
```

Demnach wurden für y_i und x_i die Transformationsparameter 0,4 und 0,7 ausgewählt.

In der ökonometrischen Praxis beschränkt man sich oftmals auf den Vergleich zweier Modelle, zwischen denen die folgenden funktionalen Beziehungen bestehen:

1. Das eine Modell besitzt die endogene Variable y_i, das andere hingegen die endogene Variable $\ln y_i$.

2. Die Anzahl der exogenen Variablen ist in beiden Modellen gleich.

3. Die exogenen Variablen des Modells mit endogener Variablen $\ln y_i$ sind durch die im Rahmen des Box-Cox-Modells vorgestellten Variablentransformation $\left(x_{ki}^{\psi_k} - 1\right)/\psi_k$ mit den exogenen Variablen des Modells mit endogener Variablen y_i verknüpft. Im einfachsten Fall sind die exogenen Variablen der zu vergleichenden Modelle identisch.

Die Entscheidung zwischen den zwei verglichenen Modellen wird zusätzlich durch einen Box-Cox-Test abgesichert (siehe Abschnitt 14.3.3 des Lehrbuches). Dieser Test kann mit der Funktion `bc.test()` des Pakets `desk` durchgeführt werden. Ihre Argumente lauten

```
arguments(bc.test)

basemod, data = list(), exo = "same", sig.level = 0.05,
 details = TRUE, hyp = TRUE
```

Im ersten Argument wird R das lineare Modell mitgeteilt, welches als Referenz des Tests dient. Es handelt sich dabei um das Modell mit y_i als endogener Variablen. R berechnet für dieses Referenzmodell die Summe der Residuenquadrate und dividiert diese Summe durch das Quadrat des geometrischen Mittels

Fortsetzung auf nächster Seite ...

Fortsetzung der vorherigen Seite ...

der y_i-Werte. Das Resultat ist direkt vergleichbar mit der anschließend berechneten Summe der Residuenquadrate des Vergleichsmodells, also des Modells mit der endogenen Variablen $\ln y_i$. In der Voreinstellung geht R davon aus, dass sich das Vergleichsmodell nur in der endogenen Variablen vom Referenzmodell unterscheidet, also $\ln y_i$ statt y_i. Die exogenen Variablen beider Modelle sind demnach gleich: exo = "same". Ein Beispiel sind die Modelle

$$y_i = \alpha + \beta x_i + u_i \quad \text{und} \quad \ln y_i = \alpha + \beta x_i + u_i \,.$$

Links steht das Modell (A14.3) aus der R-Box 14.1 (S. 183) und rechts steht eine alternative Spezifikation, deren relative Eignung mit der bc.test()-Funktion überprüft werden kann. Aus Platzgründen blenden wir hier die Hypothesen mit dem zusätzlichen Argument hyp = F aus:

```
bc.test(model.est, hyp = F)
```

R antwortet:

```
Box-Cox test
-------------


Test results:
  chi.value  crit.value  p.value  sig.level         H0
     4.3224      3.8415   0.0376       0.05   rejected


SSRs of compared models:

Standardized SSR of base model                    0.0681
SSR of model with logarithmic endogenous var.     0.1778
```

Da 0,0681 < 0,1778, wird das Referenzmodell gegenüber dem Vergleichsmodell klar präferiert.

Wie zuvor erwähnt, können mit der Funktion bc.test() auch Modelle mit unterschiedlichen exogenen Variablen verglichen werden, wie beispielsweise die beiden Modelle

$$y_i = \alpha + \beta x_i + u_i \quad \text{und} \quad \ln y_i = \alpha + \beta \ln x_i + u_i \,.$$

In einem solchen Fall muss im Argument exo (für: »exogene Variable«) die logarithmierte Variable des zweiten Modells angegeben werden. Der gesamte Befehl in unserem Beispiel lautet demnach

```
bc.test(model.est, exo = log(x), hyp = F)
```

Fortsetzung auf nächster Seite ...

Kapitel A14 – Annahme A2: Funktionale Form

Fortsetzung der vorherigen Seite ...

Er erzeugt die folgende Antwort:

```
Box-Cox test
-------------


Test results:
  chi.value  crit.value  p.value  sig.level              H0
     0.0453      3.8415   0.8314       0.05    not rejected


SSRs of compared models:

Standardized SSR of base model                        0.0681
SSR of model with logarithmic endogenous var.         0.0674
```

Hier kommt es zu keiner signifikanten Präferenz für das eine oder andere Modell.

Beim Vergleich der Modelle

$$y_i = \alpha + \beta x_i + u_i \quad \text{und} \quad \ln y_i = \alpha + \beta(1/x_i) + v_i$$

würden wir das Argument `exo = 1/x` verwenden.

Die Funktion `bc.test()` überprüft, ob die (transformierte) Summe der Residuenquadrate des Referenzmodells signifikant von der Summe der Residuenquadrate des Vergleichsmodells abweicht. Mit dem Argument `details = T` können wir uns detailliertere Informationen zum Testergebnis ausgeben lassen. Wie üblich im `desk`-Paket, ermöglicht die `plot()`-Funktion eine grafische Veranschaulichung der Testentscheidung im Box-Cox-Test.

Natürlich kann der Box-Cox-Test gleichermaßen für Modelle mit mehreren exogenen Variablen eingesetzt werden. Besitzt das Referenzmodell beispielsweise die drei exogenen Variablen `x1`, `x2` und `x3`, und sollen im Vergleichsmodell `x1` und `x3` logarithmiert erscheinen, dann machen wir im Argument `exo` die folgende Eingabe: `exo = cbind(log(x1), x2, log(x3))`. Würden wir `c()` statt `cbind()` verwenden, wäre das für R die Aufforderung, die drei Vektoren `log(x1)`, `x2` und `log(x3)` einfach hintereinander als einen einzigen großen Vektor anzuordnen und es käme zu einer Fehlermeldung.

Aufgabe 14.2: Milch (Teil 2)

- Replikation der Numerischen Illustration 14.4 des Lehrbuches
- Box-Cox-Test
- R-Funktionen: `abs()`, `bc.test()`, `exp()`, `load()`, `log()`, `mean()`, `plot()`,

`qchisq()`
- Datensatz: `data.milk`

Die Aufgabe knüpft an das in Aufgabe 14.1 bereits vorgestellte Milch-Beispiel des Lehrbuches an.

a) Öffnen Sie im Quelltext-Fenster ein neues Skript und speichern Sie es unter dem Namen `MilchTeil2.R` ab. Laden Sie die Objekte der Datei `Milch.RData` in den Objektspeicher. Es soll das semi-logarithmische Modell

$$m_i = \alpha + \beta \ln f_i + u_i$$

mit dem logarithmischen Modell

$$\ln m_i = \alpha + \beta \ln f_i + u_i$$

verglichen werden, wobei m_i die im Objekt `m` gespeicherten Milchmengen der beobachteten zwölf Kühe sind und f_i die im Objekt `f` gespeicherten Kraftfuttermengen, welche den Kühen zugeteilt wurden. Die in Aufgabe 14.1 berechneten KQ-Schätzresultate des semi-logarithmischen Modells sind im Objekt `milch.semilog.est` abgespeichert und diejenigen des logarithmischen Modells im Objekt `milch.log.est`. Speichern Sie die Anzahl der Beobachtungen N unter dem Namen `beob`.

b) Die Nullhypothese des Box-Cox-Tests lautet, dass beide betrachteten Modelle gleichwertig sind. Führen Sie den Box-Cox-Test zunächst manuell mit R durch. Berechnen Sie zu diesem Zweck das geometrische Mittel der im Objekt `m` gespeicherten zwölf Milchmengen. Verwenden Sie dafür die Formel

$$\widetilde{m} = e^{(1/N) \sum_{i=1}^{N} \ln m_i} \; .$$

Speichern Sie das geometrische Mittel unter dem Namen `geomit` ab.

c) Speichern Sie die Summe der Residuenquadrate des logarithmischen Modells ($S^*_{\widehat{uu}}$) unter dem Namen `ssr.log` und lassen Sie sich den Wert anzeigen. Berechnen Sie anschließend den Quotienten aus der Summe der Residuenquadrate des semi-logarithmischen Modells ($S_{\widehat{uu}}$) und dem quadrierten geometrischen Mittel `geomit` ($\widetilde{m}$). Lassen Sie sich auch diesen Wert anzeigen und speichern Sie ihn unter dem Namen `ssr.semilog.skal`.

d) Berechnen Sie mit R den Wert der Zufallsvariablen

$$l = \frac{N}{2} \left| \ln \left(\frac{S_{\widehat{uu}}/\widetilde{m}^2}{S^*_{\widehat{uu}}} \right) \right| \sim \chi^2_{(1)}$$

und speichern Sie ihn unter dem Namen lwert. Machen Sie bei Ihrer Berechnung von der Funktion abs() Gebrauch. Sie berechnet den absoluten Betrag des in der Klammer stehenden Wertes. Die Zufallsvariable l besitzt eine $\chi^2_{(1)}$-Verteilung. Ermitteln Sie das 95%-Quantil für die $\chi^2_{(1)}$-Verteilung. Dieses Quantil ist der kritische Wert des Box-Cox-Tests. Fällt der l-Wert größer aus als der kritische Wert, wird die Nullhypothese, dass beide Modelle gleichwertig sind, abgelehnt. Zu welcher Testentscheidung gelangen Sie auf Basis Ihrer berechneten Ergebnisse?

e) Überprüfen Sie Ihre zuvor ermittelten Resultate und Ihre Testentscheidung mit der bc.test()-Funktion. Verwenden Sie dabei das Argument details = T und speichern Sie die Resultate unter dem Namen bc.result. Lassen Sie sich anschließend die Testentscheidung grafisch veranschaulichen.

Aufgabe 14.3: Gravitationsmodell (Teil 2)

- Modellspezifikation prüfen
- Box-Cox-Test und RESET-Verfahren
- R-Funktionen: bc.test(), cbind(), load(), log(), ols(), reset.test(), stargazer()
- Datensatz: data.trade

In Aufgabe 9.5 hatten wir den Einfluss des Bruttoinlandsproduktes und der Distanz auf das Handelsvolumen zwischen Deutschland und seinen EU-Handelspartnern untersucht. Die dort verwendete funktionale Form soll nun überprüft und gegebenenfalls durch eine bessere funktionale Form ersetzt werden.

a) Öffnen Sie im Quelltext-Fenster ein neues Skript und speichern Sie es unter der Bezeichnung GravitationTeil2.R ab. In Aufgabe 9.5 wurde aus dem Dataframe data.trade des Pakets desk der Dataframe data.handel konstruiert und in der Datei Gravitation.RData gespeichert. Holen Sie deshalb die in der Datei Gravitation.RData gespeicherten Objekte in den Objektspeicher. Sehen Sie sich den Dataframe data.handel an. Dabei bezeichnet die Variable vol das Handelsvolumen zwischen Deutschland und seinen EU-Handelspartnern. Die anderen Variablen sind im Hilfesteckbrief zum Dataframe data.trade beschrieben.

b) Speichern Sie die Werte der Variablen gdp und dist des Dataframes data.handel in eigenständigen Objekten ab (die Variable vol ist bereits ein eigenständiges Objekt). Verwenden Sie dabei die gleichen Namen wie im Dataframe, also gdp und dist. Logarithmieren Sie die Werte der drei Variablen vol, gdp und dist und speichern Sie die neuen Werte unter den Namen log.vol, log.gdp und log.dist ab.

c) Führen Sie KQ-Schätzungen für vier alternative Funktionstypen durch: lineares Modell (`lin.est`), semi-logarithmisches Modell (`linlog.est`), logarithmisches Modell (`log.est`) und Exponential-Modell (`loglin.est`). Stellen Sie mit der `stargazer()`-Funktion die Schätzergebnisse der vier Modelle auf zwei Dezimalstellen gerundet und ohne Tausendermarkierung in einer gemeinsamen Tabelle dar. Legen Sie dabei mit dem Argument `intercept.bottom = F` fest, dass die Schätzwerte $\hat{\alpha}$ ganz oben vor den Schätzwerten für die Steigungsparameter aufgelistet werden.

d) Welche Modelle können Sie anhand des Bestimmtheitsmaßes miteinander vergleichen? Wie fallen die Vergleiche aus?

e) Führen Sie mit der Funktion `bc.test()` für die zwei verbliebenen »besten« Modelle einen Box-Cox-Test durch (Signifikanzniveau 1%). Nutzen Sie dabei das Argument `details = T`. Zu welcher Testentscheidung gelangen Sie?

f) Führen Sie für das in Aufgabenteil e) ausgewählte Modell das RESET-Verfahren durch. Verwenden Sie ein Signifikanzniveau von 10%. Welche Schlussfolgerung können Sie aus dem Testergebnis ziehen?

Aufgabe 14.4: Computermieten (Teil 2)

- Modellspezifikation prüfen
- Box-Cox-Test und RESET-Verfahren
- R-Funktionen: `bc.test()`, `cbind()`, `head()`, `load()`, `log()`, `ols()`, `reset.test()`, `stargazer()`
- Datensatz: `data.comp`

Wir kehren nochmals zu der im vorangegangenen Kapitel in Aufgabe 13.6 betrachteten hedonischen Regressionsanalyse von Computermieten der 60er Jahre zurück. Dort wurden die Mietpreisdifferenzen zwischen den Computern durch deren unterschiedliche qualitative Eigenschaften erklärt. Der Dataframe `data.comp` des Pakets `desk` enthält die Daten für $N = 34$ Computer.

a) Öffnen Sie im Quelltext-Fenster ein neues Skript und speichern Sie es unter der Bezeichnung `ComputermietenTeil2.R` ab. Laden Sie die in der Datei `Computer.RData` gespeicherten Objekte in den Objektspeicher. Sehen Sie sich die Daten der ersten fünf Computer an.

b) Speichern Sie die Werte der vier Variablen des Dataframes in eigenständigen Objekten ab. Verwenden Sie dabei die gleichen Namen wie im Dataframe, also `rent`, `mult`, `mem` und `access`.

c) Führen Sie KQ-Schätzungen für vier alternative Funktionstypen durch: lineares Modell (`lin.est`), semi-logarithmisches Modell (`linlog.est`), logarithmisches Modell (log.est) und Exponential-Modell (loglin.est). Vergleichen Sie die Schätzresultate der vier Modelle. Verwenden Sie zu diesem Zweck die Funktion stargazer().

d) Welche zwei Modelle können aufgrund ihrer Bestimmtheitsmaße in der weiteren Analyse ausgeschlossen werden?

e) Führen Sie für die verbliebenen zwei Modelle einen Box-Cox-Test durch (Signifikanzniveau 5%). Zu welcher Testentscheidung gelangen Sie?

f) Führen Sie für das in Aufgabenteil e) ausgewählte Modell das RESET-Verfahren durch (Signifikanzniveau 5%). Welche Schlussfolgerung können Sie aus dem Testergebnis ziehen?

Aufgabe 14.5: Cobb-Douglas-Produktionsfunktion

- Cobb-Douglas-Produktionsfunktion
- Linearisierung nicht-linearer Modelle
- Testen einer Linearkombination, t-Test
- R-Funktionen: c(), log(), ols(), ols.predict(), par.t.test()
- Datensatz: data.cobbdoug

Sie wollen eine Cobb-Douglas-Produktionsfunktion

$$y_i = \alpha x_{1i}^{\beta_1} x_{2i}^{\beta_2} \tag{A14.7}$$

schätzen. Hierzu steht Ihnen der Datensatz data.cobbdoug mit der endogenen Variablen output (y_i) und den exogenen Variablen labor (x_{1i}) und capital (x_{2i}) zur Verfügung.

a) Linearisieren Sie den Zusammenhang (A14.7). Fügen Sie danach die Störgröße u_i in additiver Form hinzu. Nehmen Sie abschließend die notwendigen Umbenennungen vor, um das folgende lineare Modell zu erhalten

$$y'_i = \alpha' + \beta_1 x'_{1i} + \beta_2 x'_{2i} + u_i \,. \tag{A14.8}$$

b) Öffnen Sie im Quelltext-Fenster ein neues Skript und speichern Sie es unter der Bezeichnung CobbDouglas.R ab. Führen Sie eine KQ-Schätzung des Regressionsmodells (A14.8) durch. Nutzen Sie dabei aus, dass man in der ols()-Funktion im ersten Argument (mod) das Regressionsmodell auch mit der R-Formelschreibweise eingeben kann. Im vorliegenden Fall muss zusätzlich das Argument data = data.cobbdoug verwendet werden. Speichern Sie die KQ-Schätzergebnisse unter der Bezeichnung cobbdoug.est. Lassen Sie sich die Ergebnisse anzeigen.

c) Interpretieren Sie die in cobbdoug.est gespeicherten Koeffizienten $\widehat{\beta}_1$, $\widehat{\beta}_2$ und $\widehat{\alpha}'$. Berechnen Sie anschließend mit der Funktion ols.predict() und dem Argument antilog = T den Schätzwert für den Parameter α des Modells (A14.7) und interpretieren Sie diesen Wert.

d) Testen Sie, ob die Elastizität des Outputs in Bezug auf Arbeit und Kapital übereinstimmen (Gleichheit der Faktorelastizitäten). Testen Sie anschließend, ob konstante Skalenerträge vorliegen.

Aufgabe 14.6: Transformation von Variablen

- Linearisierung nicht-linearer Zusammenhänge
- Rolle der Störgröße bei der Transformation
- R-Funktionen: c(), length(), plot(), rnorm(), seq(), sqrt()

Betrachten Sie den deterministischen nicht-linearen Zusammenhang

$$y_i = 5\sqrt{x_i} \,. \tag{A14.9}$$

a) Öffnen Sie im Quelltext-Fenster ein neues Skript und speichern Sie es unter der Bezeichnung Transformation.R ab. Die Werte von x_i seien durch den Zahlenvektor (0,25; 0,5; 0,75; 1,0; ... ; 4) gegeben. Speichern Sie diesen Vektor unter dem Objektnamen x. Berechnen Sie anschließend die entsprechenden y_i-Werte und speichern Sie diese unter dem Objektnamen y. Erzeugen Sie aus den Wertepaaren (x_i, y_i) eine Punktwolke. Begrenzen Sie dabei den dargestellten Wertebereich für x auf das Intervall 0 bis 4.

b) Die in (A14.9) definierte Beziehung zwischen x_i und y_i ist nicht linear. Wenn Sie allerdings den Term $\sqrt{x_i}$ in $\tilde{x}_i$ umbenennen, ergibt sich in (A14.9) ein linearer (und proportionaler) Zusammenhang zwischen $\tilde{x}_i$ und y_i: $y_i = 5\tilde{x}_i$. Erzeugen Sie die Werte von $\tilde{x}_i$ und speichern Sie diese unter dem Namen x.tr. Erstellen Sie anschließend aus x.tr und y eine Punktwolke. Begrenzen Sie dabei den Wertebereich für x.tr auf 0 bis 4. Bestätigt die Punktwolke, dass zwischen $\tilde{x}_i$ und y_i ein linearer Zusammenhang besteht?

c) Die Umbenennung von $\sqrt{x_i}$ in $\tilde{x}_i$ ist nur eine mögliche Form der »Linearisierung« der Beziehung (A14.9). Alternativ können Sie die Beziehung (A14.9) auch in einen linearen Zusammenhang zwischen x_i und $\tilde{y}_i$ umformen, wobei $\tilde{y}_i$ eine Funktion von y_i darstellt. Quadrieren Sie zu diesem Zweck beide Seiten von (A14.9) und geben Sie anschließend dem Term auf der linken Seite der erzeugten Gleichung die Bezeichnung $\tilde{y}_i$. Erzeugen Sie die Werte von $\tilde{y}_i$ und speichern Sie diese unter dem Namen y.tr. Erstellen Sie anschließend aus x und y.tr eine Punktwolke. Begrenzen Sie dabei den

Wertebereich für x auf 0 bis 4. Bestätigt die Punktwolke, dass zwischen x_i und $\tilde{y}_i$ ein linearer Zusammenhang besteht?

d) In Regressionsgleichungen geht man von Zufallseinflüssen aus, welche den Wert von y_i beeinflussen. Betrachten Sie deshalb den Zusammenhang

$$y_i = 5\sqrt{x_i} + u_i, \qquad (A14.10)$$

wobei die Variable u_i eine Störgröße mit $u_i \sim N(0; 0{,}5)$ darstellt. Berechnen Sie unter Verwendung der rnorm()-Funktion auf Basis des Vektors x die gemäß (A14.10) definierten Werte von y_i und speichern Sie diese unter dem Namen y.zufall ab. Erstellen Sie anschließend aus x und y.zufall eine Punktwolke. Begrenzen Sie dabei den Wertebereich für x auf 0 bis 4. Bestätigt die Punktwolke, dass zwischen x_i und y_i ein nicht-linearer Zusammenhang besteht?

e) Die Umbenennung von $\sqrt{x_i}$ in $\tilde{x}_i$ macht aus der Beziehung (A14.10) die lineare Beziehung

$$y_i = 5\tilde{x}_i + u_i. \qquad (A14.11)$$

Erstellen Sie aus x.tr und y.zufall die zur Beziehung (A14.11) korrespondierende Punktwolke. Begrenzen Sie dabei den Wertebereich für x.tr wieder auf 0 bis 4. Bestätigt die Punktwolke, dass zwischen $\tilde{x}_i$ und y_i ein linearer Zusammenhang besteht?

f) Im Aufgabenteil c) wurde eine zweite Linearisierungsmöglichkeit betrachtet. Warum funktioniert diese zweite Variante bei der Ausgangsgleichung (A14.9), nicht aber bei der Ausgangsgleichung (A14.10)?

g) Betrachten Sie den nicht-linearen Zusammenhang

$$y_i = 5\sqrt{x_i} e^{u_i} \qquad (A14.12)$$

mit der Störgröße $u_i \sim N(0; 0{,}5)$. Logarithmieren Sie beide Seiten der Gleichung. Wie können Sie die resultierende Gleichung am einfachsten in einen linearen Zusammenhang verwandeln?

Aufgabe 14.7: Linearisierung

- Linearisierbarkeit eines Modells

Welche der folgenden funktionalen Formen sind linearisierbar? Geben Sie die hierfür notwendige(n) Transformation(en) an. Nutzen Sie gegebenenfalls die Rechenregeln $\ln(a^b) = b \ln a$, $\ln(ab) = \ln a + \ln b$ und $\ln(e^a) = a$.

a) $y_i = \alpha + \beta x_i^2$

b) $y_i = \alpha x_i^\beta$

c) $y_i = e^{\alpha + \beta x_i}$

d) $y_i = \alpha + \ln\left(x_i^\beta\right) + x_i$

> **Tipp 14 für R-fahrene: Simultane mehrzeilige Modifikation von R-Skripten**
>
> Wir können in einem Skript in mehreren aufeinanderfolgenden Zeilen an der gleichen Stelle simultan einen identischen Text hinzufügen. Dafür müssen wir die relevanten Zeilen zunächst mit [Strg]+[Alt]+[↑] oder [Strg]+[Alt]+[↓] markieren (Mac-Computer: [Ctrl]+[Option]+[↑] oder [Ctrl]+[Option]+[↓]). Es erscheint ein Cursor, der über sämtliche ausgewählten Zeilen reicht. Diesen bewegen wir an die gewünschte Stelle und geben dann den zusätzlichen Text ein. Er wird daraufhin in allen ausgewählten Zeilen gleichzeitig sichtbar.

KAPITEL **A15**

Annahme A3: Konstante Parameterwerte

Die Erzeugung von Grafiken gehört sicherlich nicht zum Pflichtkanon der Ökonometrie-Ausbildung. Warum eröffnen wir dieses Kapitel dennoch mit der R-Box »Grafiken gestalten und exportieren«? Grafiken dienen in vielen Fällen der Veranschaulichung und helfen bei der Analyse formaler Zusammenhänge. Die Identifizierung von nicht-konstanten Parameterwerten bzw. Strukturbrüchen ist ein solcher Fall. Daher geben wir zunächst eine kurze Einführung in das Gestalten und Exportieren von Grafiken und wenden anschließend die neu erworbenen Grafik-Kenntnisse in Aufgabe 15.1 an.

Im Zusammenhang mit Strukturbrüchen spielen die sogenannten »Dummy-Variablen« eine zentrale Rolle. Wie diese mit R erzeugt werden, erläutern wir in der R-Box »Dummy-Variablen« (S. 208). Die Anwendung solcher Dummy-Variablen auf den Fall von Strukturbrüchen wird in Aufgabe 15.2 behandelt.

Ob tatsächlich zu einem vorgegebenen Zeitpunkt ein Strukturbruch in den Daten vorliegt, kann normalerweise mit gewöhnlichen t-Tests und F-Tests überprüft werden. In besonderen Fällen ist der Prognostische Chow-Test erforderlich. Der Zeitpunkt eines Strukturbruches ist jedoch nicht immer offensichtlich. Er lässt sich aber oftmals mit dem QLR-Test identifizieren. Wie dies mit R gelingt, ist Gegenstand der R-Box »Prognostischer Chow-Test und QLR-Test« (S. 212). In Aufgabe 15.3 werden diese Tests angewendet.

Wie man aus Datensätzen über Filterkriterien Teilmengen auswählt, wird in der R-Box »Datensätze filtern« (S. 216) erläutert. Die daran anschließende Aufgabe 15.4 widmet sich einem Anwendungsgebiet von Dummy-Variablen, welches außerhalb des Themas Strukturbrüche liegt.

R-Box 15.1: **Grafiken gestalten und exportieren**

An früherer Stelle hatten wir die Grafik-Funktion `plot()` kennengelernt. Unter anderem können wir mit dieser Funktion Punktwolken darstellen. Betrachten wir das folgende Beispiel:

```
xwert <- c(2,4,5,7,7,9)
ywert <- c(5,4,5,2,3,2)
plot(xwert, ywert)
```

Die erzeugte Punktwolke ist in Abbildung A15.1(a) wiedergegeben. Uns stehen zahlreiche Möglichkeiten zur Verfügung, das Erscheinungsbild der Punktwolke nach eigenen Wünschen zu verändern. Wir können hier nur die wichtigsten ansprechen, einige davon hatten wir schon an früherer Stelle kennengelernt.

Das Standardsymbol, mit dem Punkte einer Punktwolke dargestellt werden, ist der Kreis. Wir können aber auch andere Symbole auswählen. Das gewünschte Symbol legen wir mit dem Argument `pch` fest. Beispielsweise erzeugen wir mit `pch = 5` kleine Rauten statt Kreise. Tabelle A15.1 gibt einen Überblick über 25 mögliche Symbole.

Tabelle A15.1 Die Werte 1 bis 25 des Grafikparameters `pch` und die resultierenden Symbole.

1	2	3	4	5
○	△	+	×	◇
6	7	8	9	10
▽	⊠	✳	⊕	⊕
11	12	13	14	15
✡	⊞	⊠	◩	■
16	17	18	19	20
●	▲	◆	●	•
21	22	23	24	25
○	□	◇	△	▽

Wir wissen bereits, dass wir mit den Argumenten `xlim` und `ylim` den angezeigten Wertebereich der Achsen selbst wählen können. Der Befehl

Fortsetzung auf nächster Seite ...

Fortsetzung der vorherigen Seite ...

```
plot(xwert, ywert, xlim = c(0,10), ylim = c(0,6),
xlab = "x-Werte", ylab = "y-Werte", pch = 5)
```

sorgt dafür, dass der Ursprung des Koordinatensystems in der Grafik enthalten ist und dass für die Punktwolke das Rauten-Symbol verwendet wird. Mit den Argumenten xlab = "x-Werte" und ylab = "y-Werte" haben wir die automatischen Achsenbeschriftungen durch unsere eigenen Beschriftungen »x-Werte« und »y-Werte« ersetzt. Da es sich jeweils um die Hinzufügung von Zeichenketten handelte, musste der gewünschte Text in Anführungszeichen gesetzt werden. Das Resultat ist in Abbildung A15.1(b) zu sehen. Um die automatische Beschriftung der horizontalen Achse ersatzlos zu unterdrücken, würden wir das Argumente xlab = " " oder auch xlab = NA verwenden.

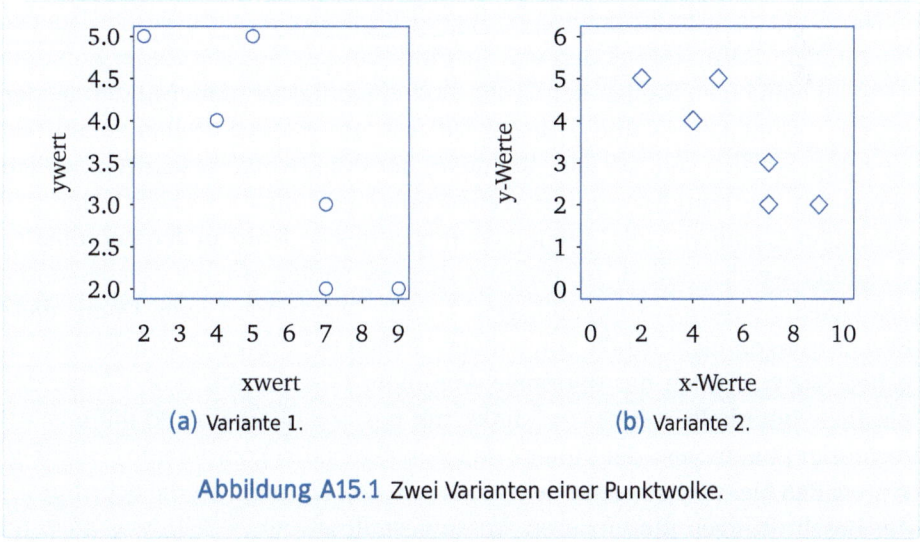

Abbildung A15.1 Zwei Varianten einer Punktwolke.

Mit dem Argument main könnten wir die Grafik durch eine Überschrift ergänzen. Wir können auch die Farbe der Punktwolke modifizieren. Um eine rote Punktwolke zu erzeugen, würden wir in der plot()-Funktion als Argument col = "red" hinzufügen. Das Kürzel col steht dabei für »color«. Neben red sind natürlich auch alle anderen Standardfarben, wie blue, green, orange etc. vordefiniert. Die Liste aller 657 vordefinierten Farben kann man sich mit der Funktion colors() ausgeben lassen. Sollte diese Palette immer noch nicht ausreichen, kann man mit der Funktion rgb() eine Farbe mit genau spezifiziertem Rot- Grün- und Blauanteil selbst definieren.

Die in Abbildung A15.1(b) dargestellte Punktwolke besteht aus sechs Einzelpunkten, denn die Vektoren xwert und ywert besitzen je sechs Elemente. Wir können die Einzelpunkte einer Punktwolke in beliebiger Weise beschriften. Beispielsweise könnten wir mit den Beschriftungen »p1« bis »p6« kenntlich

Fortsetzung auf nächster Seite ...

Fortsetzung der vorherigen Seite ...

machen, an welcher Position sich der jeweilige Punkt in den Vektoren befindet. Dafür erzeugen wir zunächst ein neues Objekt, welches die gewünschten Beschriftungen »p1« bis »p6« enthält und speichern es unter dem Namen beschriftung ab. Dies gelingt etwas umständlich mit

```
beschriftung <- c("p1","p2","p3","p4","p5","p6")
```

oder eleganter mit der für die Verknüpfung von Zeichenketten vorgesehenen paste()-Funktion:

```
beschriftung <- paste("p", 1:6, sep="")
```

Da es sich auch bei den Beschriftungen um Zeichenketten handelt, werden diese ebenfalls in Anführungsstriche gesetzt.

Nun können wir der zuletzt erzeugten Punktwolke diese Beschriftungen hinzufügen. Dafür verwenden wir die Funktion text(). Mit dieser Funktion kann an beliebigen Stellen der Grafik Text eingefügt werden. Mit den beiden ersten Argumenten (x und y) legen wir fest, an welchen Stellen genau Text eingefügt werden soll. Da wir die Punkte der Punktwolke beschriften wollen, geben wir die Koordinaten der sechs Punkte ein, also x = xwert und y = ywert. Im Argument labels teilen wir R mit, welche Texte an den Koordinaten eingefügt werden sollen. In unserem Beispiel wollen wir die Zeichenketten des Objekts beschriftung einfügen: labels = beschriftung. Damit diese Beschriftungen nicht direkt auf, sondern neben die Punkte gedruckt werden, geben wir zusätzlich das optionale Argument pos ein. Mit pos = 1 werden die Texte unterhalb, mit pos = 2 links, mit pos = 3 oberhalb und mit pos = 4 rechts der Punkte (also der durch x und y angegebenen Koordinaten) eingefügt. Wir wählen hier pos = 1. Mit dem Argument cex könnten wir die Schriftgröße der Beschriftungen modifizieren. Voreingestellt ist cex = 1.0, was auch für unsere Zwecke geeignet ist. Wir können das Argument deshalb weglassen. Unser Beschriftungsbefehl lautet demnach

```
text(x = xwert, y = ywert, labels = beschriftung, pos = 1)
```

Die daraufhin von R ausgegebene Grafik ist in Abbildung A15.2(a) wiedergegeben.

Es bleibt zu klären, wie die links unten platzierte Legende in diese Grafik gelangt ist. Dies erreichen wir mit der Funktion legend(). Beispielsweise erzeugen wir mit

```
legend("bottomleft", legend = "Meine Beob.")
```

eine Legende mit dem Eintrag »Meine Beob.«. Das Argument "bottomleft" platziert die Legende im linken unteren Eck. Folgende Platzierungscodes stehen

Fortsetzung auf nächster Seite ...

Fortsetzung der vorherigen Seite ...

zur Auswahl: "bottomright", "bottom", "bottomleft", "left", "topleft", "top", "topright", "right" und "center". Im Argument legend – es gibt also in der Funktion legend() ein Argument gleichen Namens – haben wir den auszudruckenden Text festgelegt. Um dem Legendeneintrag das Rauten-Symbol voranzustellen, fügen wir einfach das Argument pch = 5 hinzu:

```
legend("bottomleft", legend = "Meine Beob.", pch = 5)
```

Das Ergebnis ist in Abbildung A15.2(a) zu sehen.

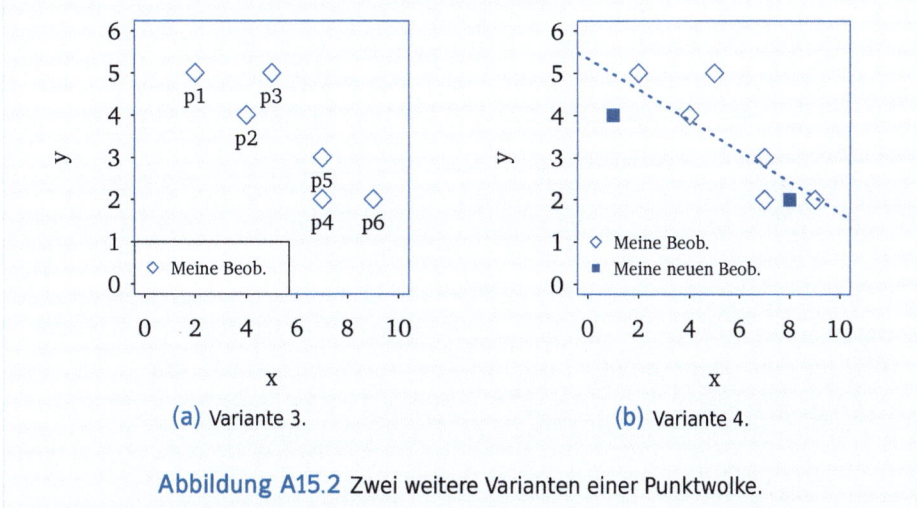

(a) Variante 3.   (b) Variante 4.

Abbildung A15.2 Zwei weitere Varianten einer Punktwolke.

Die Platzierung der Legende kann alternativ auch durch einen Koordinatenpunkt geschehen. Dieser Punkt wird durch die Argumente x und y festgelegt. Erhöhen wir den x-Wert, verschiebt sich die Legende nach rechts, erhöhen wir den y-Wert, dann wandert die Legende nach oben.

Wir können unsere Punktwolke um zusätzliche Punkte erweitern. Dies gelingt mit der Funktion points(). Um die Punkte mit den Koordinaten (1, 4) und (8, 2) als ausgemalte Quadrate hinzuzufügen, geben wir die folgenden Befehle ein:

```
xneu <- c(1,8)
yneu <- c(4,2)
points(xneu, yneu, pch = 15)
```

Wir können auch die Legende entsprechend anpassen:

```
legend("bottomleft", legend = c("Meine Beob.",
"Meine neuen Beob."), pch = c(5, 15), bty = "n")
```

Der Legendeneintrag besteht nun aus den zwei Elementen »Meine Beob.« und

Fortsetzung auf nächster Seite ...

Fortsetzung der vorherigen Seite ...

»Meine neuen Beob.«. Entsprechend haben wir auch im Argument pch die zwei Symbolnummern 5 (für Rauten) und 15 (für ausgemalte Quadrate) eingetragen. Mit dem Argument bty = "n" (dabei steht bty für »boxtype«) haben wir den Rahmen um die Legende entfernt. Das Resultat ist in Abbildung A15.2(b) dargestellt.

Wie ist die gepunktete Gerade in die Grafik gelangt? Mit dem Befehl

```
reg.est <- ols(c(ywert, yneu) ~ c(xwert, xneu))
```

führen wir zunächst eine KQ-Schätzung für alle sieben Punkte durch und speichern die Ergebnisse im Objekt reg.est ab. Grafisch bedeutet dieser Befehl, dass eine Regressionsgerade in die Punktwolke eingepasst wird. Wir wissen bereits, dass wir mit dem Befehl abline(reg.est) unserer vorher erzeugten Punktwolke diese Regressionsgerade hinzufügen können. Die Farbe der Geraden könnten wir mit dem Argument col selbst festlegen. Möchten wir die Gerade nicht durch ihre Farbgebung, sondern durch ihre Linienart hervorheben, so bieten sich die Argumente lwd (für: *line width*) und lty (für: *line type*) an. Das Argument lwd ist auf 1 voreingestellt und erzeugt bei größeren Zahlen entsprechend dickere Linien. Für das Argument lty ist der Wert 1 voreingestellt, der gleichbedeutend ist mit der Zeichenkette "solid" (durchgezogen). Die zulässigen Werte für lty sind in Tabelle A15.2 aufgeführt.

Tabelle A15.2 Mögliche Linienstile (lty) und drei verschiedene Linienstärken (lwd) für das Zeichnen von Geraden.

lty	lwd		
	1	2	3
0 bzw. "blank"			
1 bzw. "solid"	———	———	———
2 bzw. "dashed"	- - - - -	- - - - -	- - - - -
3 bzw. "dotted"	··········	··········	··········
4 bzw. "dotdash"	-·-·-·-	-·-·-·-	-·-·-·-
5 bzw. "longdash"	—— ——	—— ——	—— ——
6 bzw. "twodash"	-- - -- -	-- - -- -	-- - -- -

Mit dem Befehl

```
abline(reg.est, lty = "dotted", lwd = 2)
```

fügen wir der Punktwolke die erzeugte Regressionsgerade als gepunktete (lty = "dotted") Gerade der Stärke 2 (lwd = 2) hinzu. Abbildung A15.2(b) zeigt

Fortsetzung auf nächster Seite ...

Fortsetzung der vorherigen Seite ...

das Ergebnis.

Die `abline()`-Funktion kann viel mehr als nur Regressionsgeraden in Punktwolken einfügen. Mit dieser Funktion können wir einer Grafik beliebige Geraden hinzufügen. Eine senkrechte Gerade an der Stelle $x = 5$ würden wir mit dem Befehl

```
abline(v = 5)
```

erzeugen. Dabei steht das v für vertikal und die 5 für die Position in Bezug auf die x-Achse. Entsprechend würden wir mit

```
abline(h = 4)
```

der Grafik eine horizontale Gerade auf der Höhe $y = 4$ hinzufügen. Mit dem Befehl

```
abline(a = 2, b = 0.5)
```

erzeugen wir eine Gerade, welche die vertikale Achse auf der Höhe $y = 2$ schneidet und eine Steigung von 0,5 besitzt. Das Argument a legt also den Schnittpunkt der Geraden mit der y-Achse fest und das Argument b die Steigung der Geraden. Entsprechend würden wir mit dem Befehl

```
abline(a = 0, b = 1)
```

eine Winkelhalbierende erzeugen.

Im Hilfesteckbrief der `abline()`-Funktion finden sich noch weitere Gestaltungsmöglichkeiten für selbst erzeugte Geraden.

Die `lines()`-Funktion ist eine zweite Möglichkeit, Geraden in eine bestehende Grafik einzufügen. Sie bietet sich insbesondere an, wenn bereits definierte Punkte durch eine Linie verbunden werden sollen. Um beispielsweise in Abbildung A15.1(b) die durch xwert und ywert definierten Punkte durch gerade Liniensegmente zu verbinden, würde man direkt hinter dem damaligen `plot()`-Befehl den Befehl

```
lines(xwert, ywert)
```

einfügen. Auch für so erzeugte Linien stehen die üblichen Gestaltungsmöglichkeiten (z.B. Tabelle A15.2) zur Verfügung.

Als Nächstes wollen wir verraten, wie es in den Abbildungen dieser R-Box gelungen ist, jeweils zwei Grafiken nebeneinander anzuordnen. Dafür haben wir das in der Grundausstattung von R enthaltene Paket graphics genutzt. Die Funktion `par()` dieses Pakets erlaubt uns, eine riesige Zahl sehr grundlegender Parameter für den grafischen Output festzulegen. Zu diesen Parametern gehört auch die Anordnung mehrerer Einzelgrafiken in einer Abbildung. Mit

Fortsetzung auf nächster Seite ...

Fortsetzung der vorherigen Seite ...

dem »multiple figures«-Argument `mfcol = c(3,2)` würden wir R vorschreiben, dass eine Abbildung aus sechs Einzelgrafiken zu bestehen hat, die in drei Zeilen und zwei Spalten angeordnet sind, wobei die sechs Positionen spaltenweise aufgefüllt werden. Das Argument `mfrow = c(3,2)` hätte fast genau die gleiche Wirkung. Einziger Unterschied: Die sechs Positionen werden zeilenweise aufgefüllt. Der Befehl muss im R-Skript vor den `plot()`-Befehlen zur Erzeugung der Einzelgrafiken platziert werden. Das eingegebene Argument `mfcol` gilt im R-Skript so lange, bis es durch einen neuen `par()`-Befehl verändert wird. Voreingestellt ist in R `par(mfcol = c(1,1))`, also eine Einzelgrafik pro Abbildung. Die zweiteiligen Abbildungen dieser R-Box haben wir mit dem Befehl `par(mfrow = c(1,2))` erzeugt, denn die zwei Einzelgrafiken sind in einer einzigen Zeile angeordnet, welche zwei Spalten enthält.

Eine im Plots-Fenster angezeigte Abbildung lässt sich als eigenständige Bilddatei abspeichern. Es kann allerdings vorkommen, dass in der angezeigten Abbildung die Größe der Legende oder auch die Größe der Achsenbeschriftungen relativ zur Gesamtgrafik zu groß ausgefallen ist. Das Problem können wir oftmals dadurch beheben, dass wir zunächst die Größe des Plots-Fensters in RStudio vergrößern und anschließend die Grafik erneut erzeugen.

Für die Speicherung der angezeigten Abbildung sind alle gängigen Grafikformate verfügbar (z.B. pdf, jpg, png, tiff, bmp, eps). Als Bilddatei kann die Grafik anschließend in beliebige externe Dokumente eingefügt werden. Um unsere Abbildung aus dem Plots-Fenster als Bilddatei zu speichern, verwenden wir die im Plots-Fenster sichtbare Schaltfläche »Export«. Nach einem Klick auf diese Schaltfläche erscheint ein Menü. Wenn wir die Abbildung als pdf-Datei speichern möchten, klicken wir auf »Save as PDF...«. Es können nun weitere Einstellungen vorgenommen werden. In der Zeile »File name:« tragen wir den gewünschten Dateinamen `MeineGrafik` ein. Wenn wir nicht über die Schaltfläche »Directory...« einen anderen Speicherort wählen, wird die Abbildung im Arbeitsordner gespeichert. Um die erzeugte pdf-Datei sofort kontrollieren zu können, sollte vor der Zeile »View plot after saving« ein Haken gesetzt sein. Sobald wir auf die Schaltfläche »Save« klicken, wird die pdf-Datei erzeugt, auf dem Bildschirm angezeigt und im Arbeitsordner gespeichert.

Über die Schaltfläche »Export« kann die im Plots-Fenster sichtbare Abbildung auch in anderen Grafikformaten (z.B. als jpg-Datei) gespeichert werden. Dazu klicken wir auf »Save as Image...« und öffnen damit ein Dialogfenster, in welchem wir das Grafikformat, den Speicherort und den Dateinamen festlegen. Auch hier können wir für Kontrollzwecke vor die Zeile »View plot after saving« einen Haken setzen. Ein Klick auf die Schaltfläche »Save« führt die Speicherung aus.

Wir konnten hier lediglich einige grundlegende Grafikfunktionen für das

Fortsetzung auf nächster Seite ...

Fortsetzung der vorherigen Seite ...

ökonometrische Arbeiten mit R beschreiben. Weitere Grafik-Optionen, die mit `par()` verändert werden können, sind im entsprechenden Hilfesteckbrief erläutert und über `?par` aufrufbar. Darüber hinaus können auch exotische grafische Darstellungsformen wie Blasendiagramme, Punktreihen, Tiefendiagramme, oder Violin-Plots nach Bedarf über entsprechende Zusatzpakete in R umgesetzt werden. Eine Einführung in den grafischen Funktionsumfang, der sich dann dem R-Benutzer erschließt, liefert beispielsweise Plank (2010). Neben `graphics` existieren in R weitere Grafik-Pakete, die hier aber nicht weiter erläutert werden.

Aufgabe 15.1: Wirkung der Hartz-IV-Gesetze (Teil 1)

- Erzeugung von Grafiken
- R-Funktionen: `abline()`, `c()`, `legend()`, `length()`, `plot()`, `points()`, `text()`
- Datensatz: `data.unempl`

Um die positiven Wirkungen des Wirtschaftswachstums auf die Beschäftigung zu stärken, wurde unter Kanzler Gerhard Schröder mit Beginn des Jahres 2005 die Agenda 2010 in Kraft gesetzt. War die Reform erfolgreich? Untersuchen Sie den Einfluss des Wirtschaftswachstums auf die Veränderung der Erwerbslosenquote in Deutschland. Im Datensatz `data.unempl` des Pakets `desk` stehen Ihnen die Jahresdaten des Zeitraums 1992 bis 2021 zur Verfügung.

a) Öffnen Sie im Quelltext-Fenster ein neues Skript und speichern Sie es unter der Bezeichnung `ErwerbslosigkeitTeile1und2.R` ab. Verschaffen Sie sich über den Hilfesteckbrief des Dataframes `data.unempl` einen Überblick über die Daten. Weisen Sie die Variablen `year` (Beobachtungsjahr), `gdp` (Veränderung des Bruttoinlandsproduktes) und `unempl` (Veränderung der Erwerbslosenquote) des Dataframes den Objekten `jahr`, `x` und `y` zu. Speichern Sie mit der `length()`-Funktion die Anzahl der Elemente im Objekt `jahr` unter dem Namen `final` ab. Bilden Sie aus den jeweils ersten 13 Elementen der Objekte `x` und `y` die Objekte `x.I` und `y.I` und aus den jeweils verbleibenden Elementen die Objekte `x.II` und `y.II`.

b) Stellen Sie mit der `plot()`-Funktion die 13 Beobachtungen der ersten Phase (1992-2004) in einer Punktwolke als Kreise dar (Argument `pch = 1`). Geben Sie der Grafik die Überschrift »Wirksamkeit der Hartz-IV-Gesetze« (Argument `main`), beschriften Sie die Achsen mit »Wachstumsrate x« und »Veränd. der Erwerbslosenquote y« (Argumente `xlab` und `ylab`) und beschränken Sie den Wertebereich der horizontalen Achse auf $[-6; 6]$ und den Wertebereich der vertikalen Achse auf $[-2; 2]$ (Argumente `xlim` und `ylim`).

c) Fügen Sie mit der `points()`-Funktion Ihrer Grafik die Beobachtungen ab 2005 als ausgemalte Punkte hinzu (Argument `pch = 19`).

d) Platzieren Sie anschließend in der rechten oberen Ecke Ihrer Grafik eine rahmenlose Legende. Dies gelingt mit der Funktion `legend()` und den Argumenten `"x = topright"` und `bty = "n"`. In der oberen Zeile der Legende soll dabei der Eintrag »○ = 1992-2004« erscheinen und in der unteren Zeile der Eintrag »● = 2005-2021«. Notwendig hierfür sind die Argumente `legend` und `pch`.

e) Beschriften Sie mit Hilfe der `text()`-Funktion die Punkte für die Jahre 2007 bis 2010 mit den entsprechenden Jahreszahlen. Diese Zahlen befinden sich im Vektor `jahr`. Sie müssen die Zahlen nicht in Zeichenketten umwandeln, da R die Umwandlung automatisch ausführt. Positionieren Sie die Jahreszahlen jeweils rechts vom Punkt.

f) Ergänzen Sie Ihre Grafik durch eine vertikale gepunktete Gerade an der Position $x = 0$. Verwenden Sie dafür die `abline()`-Funktion. Fügen Sie der Grafik auch eine horizontale gepunktete Linie an der Position $y = 0$ hinzu.

R-Box 15.2: Dummy-Variablen

Häufig benötigen wir in Regressionen sogenannte *Dummy-Variablen*. Bei Strukturbrüchen spielen sie eine zentrale Rolle. In ihrer einfachsten Form besitzen diese Variablen nur zwei mögliche Zahlenwerte, nämlich 0 oder 1. Solche Variablen werden auch als *binäre Variablen* bezeichnet. Oftmals müssen wir eine Dummy-Variable aus einer anderen Variablen herleiten. Betrachten wir beispielsweise die Variable `monat`, welche die zwölf Monate eines Jahres in Zahlenform enthält:

```
monat <- c(1:12)    # oder monat <- 1:12
```

Wir möchten aus diesem Objekt (Variable) ein neues zwölfelementiges Objekt (Dummy-Variable) bilden, welches für die Sommermonate Juni, Juli und August die Zahl 1 besitzt und für alle anderen Monate die Zahl 0.

Wir wissen aus der R-Box 3.2 (S. 32), dass R insbesondere drei elementare Datentypen kennt: Zahlen, Zeichen und logische Werte. Je nachdem, aus welchen Datentypen ein Objekt zusammengesetzt ist, wird es von R einer anderen Objektklasse zugeordnet. Da das Objekt `monat` ausschließlich aus *ganzen* Zahlen besteht, besitzt es den Datentyp `numeric` und gehört der Objektklasse `integer` an:

```
class(monat)

[1] "integer"
```

Fortsetzung auf nächster Seite ...

Fortsetzung der vorherigen Seite ...

Wir erzeugen aus dem Objekt monat ein weiteres Objekt mit ebenfalls zwölf Elementen. Es soll den Namen sommer besitzen und ausschließlich aus logischen Werten bestehen, also aus den Elementen TRUE (bzw. T) und FALSE (bzw. F). Jedes Element im Objekt monat, das einen Sommermonat bezeichnet, soll im Objekt sommer den logischen Wert TRUE annehmen und jedes andere Element im Objekt monat soll im Objekt sommer den logischen Wert FALSE annehmen. Damit die Monate Juni, Juli und August den logischen Wert TRUE erhalten, ist folgender Befehl notwendig (siehe R-Box 5.1, S. 89):

```
sommer <- (6 <= monat) & (monat <= 8)
```

Dieser Befehl besagt, dass Elemente des Objekts monat, welche die rechts des Zuweisungspfeils stehende Bedingung erfüllen (Monatszahl liegt im Intervall 6 bis 8), im Objekt sommer den logischen Wert TRUE erhalten und alle anderen Elemente den logischen Wert FALSE. Wir überprüfen, ob unser Befehl das erwünschte Ergebnis erzeugt, indem wir das Objekt

```
sommer
```

aufrufen und erhalten die Antwort

```
 [1] FALSE FALSE FALSE FALSE FALSE  TRUE  TRUE  TRUE FALSE FALSE FALSE
[12] FALSE
```

Das Objekt sommer gehört der Objektklasse logical an:

```
class(sommer)

[1] "logical"
```

Abschließend leiten wir aus dem Objekt sommer ein weiteres zwölfelementiges Objekt ab, welches statt des logischen Wertes TRUE die Zahl 1 und statt des logischen Wertes FALSE die Zahl 0 besitzt. Wir wandeln also ein Objekt der Objektklasse logical in ein Objekt der Objektklasse numeric um. Natürlich muss die Anzahl der Elemente des Objektes bei dieser Umwandlung unverändert bleiben. All dies gelingt mit der Funktion as.numeric(). Dem neuen Objekt geben wir den Namen dummy1:

```
dummy1 <- as.numeric(sommer)
dummy1

 [1] 0 0 0 0 0 1 1 1 0 0 0 0
```

Das Objekt dummy1 erfüllt die gewünschten Eigenschaften. Es nimmt für die Sommermonate Juni, Juli und August den Wert 1 an und für alle anderen Monate den Wert 0. Das Objekt repräsentiert also eine Dummy-Variable.

Fortsetzung auf nächster Seite ...

Fortsetzung der vorherigen Seite ...

Um das Objekt `dummy1` aus dem Objekt `monat` herzuleiten, haben wir zwei Schritte benötigt. Schneller geht es mit folgendem Befehl:

```
dummy2 <- as.numeric((6 <= monat) & (monat <= 8))
dummy2
```

```
[1] 0 0 0 0 0 1 1 1 0 0 0 0
```

Wir haben uns also die Zuweisung zum Objekt `sommer` gespart und die Bedingung für dieses Objekt direkt in die Funktion `as.numeric()` eingetragen. Wir empfehlen, in der eigenen Arbeit diesen schnelleren Weg zu nutzen.

Wie würden wir vorgehen, wenn der Ausgangsvektor nicht aus Zahlen, sondern aus Monatsnamen bestünde und damit der Objektklasse `character` angehörte? Wie können wir also das Objekt

```
name <- c("Januar", "Februar", "März", "April", "Mai", "Juni", "Juli",
"August", "September", "Oktober", "November", "Dezember")
```

in eine Dummy-Variable überführen? Auch hierfür können wir die logischen Operatoren einsetzen:

```
dummy3 <- as.numeric(name=="Juni" | name=="Juli" | name=="August")
```

Dabei ist zu beachten, dass der vertikale Strich für das logische »oder« steht und im Rahmen der in Klammern erscheinenden Bedingung keine Zuweisung, sondern eine Gleichheitsüberprüfung vorgenommen wird. Folglich muss das doppelte Gleichheitszeichen verwendet werden. Die in runde Klammern eingefasste Aussage lautet demnach: Das Element im Objekt `name` entspricht der Zeichenkette »Juni« oder »Juli« oder »August«. Wenn für das erste Element im Objekt `name` diese Bedingung erfüllt ist, trägt R an der ersten Stelle des neu geschaffenen zwölfelementigen Objektes `dummy3` die Zahl 1 ein, ansonsten die Zahl 0. Die gleiche Regel wird auch für die anderen elf Elemente des Objekts `name` angewendet. Das erzeugte Objekt `dummy3` stimmt ebenfalls genau mit dem Objekt `dummy1` überein:

```
dummy3
```

```
[1] 0 0 0 0 0 1 1 1 0 0 0 0
```

Wir können die bisherigen Ausführungen folgendermaßen zusammenfassen: Um aus einem Ausgangsvektor wie beispielsweise dem Vektor `monat` oder dem Vektor `name` einen Dummy-Variablen-Vektor zu konstruieren, können wir die Funktion `as.numeric()` heranziehen, wobei in den Klammern eine logische Bedingung einzusetzen ist, die festlegt, welche Elemente des Ausgangsvektors im Dummy-Variablen-Vektor den Wert 1 und welche den Wert 0 besitzen sollen.

Aufgabe 15.2: Wirkung der Hartz IV Gesetze (Teil 2)

- Replikation der Numerischen Illustrationen 15.1 bis 15.3 des Lehrbuches
- Dummy-Variablen und Strukturbruchmodell
- R-Funktionen: abline(), as.numeric(), ols(), save.image()
- Datensatz: data.unempl

a) Öffnen Sie im Quelltext-Fenster das in Aufgabe 15.1 erstellte Skript ErwerbslosigkeitTeil1und2.R und führen Sie es in einem Schritt aus.

b) Erstellen Sie eine Dummy-Variable namens dummy, die für die Beobachtungen vor 2005 den Wert 0 und für die Beobachtungen ab 2005 den Wert 1 besitzt. Multiplizieren Sie jedes Element im Vektor x mit dem entsprechenden Element im Vektor dummy und speichern Sie die so erzeugte Interaktions-Dummy-Variable unter dem Namen xdummy.

c) Es wird davon ausgegangen, dass bis einschließlich des Jahres 2004 (Phase I) ein anderer Wirkungszusammenhang bestand als während der nachfolgenden Jahre (Phase II). Stellen Sie das entsprechende Strukturbruchmodell auf. Es besitzt den Niveauparameter der Phase I (α_I), die Veränderung des Niveauparameters (γ), den Steigungsparameter der Phase I (β_I) und die Veränderung des Steigungsparameters (δ). Führen Sie eine KQ-Schätzung des Strukturbruchmodells durch. Speichern Sie Ihre Ergebnisse unter der Bezeichnung erwerbslos.est und lassen Sie sich diese Ergebnisse anzeigen.

d) Speichern Sie die Koeffizienten der Parameter α_I, γ, β_I und δ unter den Namen alpha.I, gamma, beta.I und delta. Berechnen Sie die Koeffizienten der Parameter α_{II} und β_{II} und speichern Sie die Werte unter den Bezeichnungen alpha.II und beta.II ab (Hinweis: $\alpha_{II} = \alpha_I + \gamma$ und $\beta_{II} = \beta_I + \delta$). Lassen Sie sich die beiden Werte anzeigen.

e) Führen Sie getrennte KQ-Schätzungen für die Phasen I und II durch und speichern Sie die Ergebnisse unter den Namen erwerbslos.I.est und erwerbslos.II.est. Vergleichen Sie die Koeffizienten, die Standardfehler der Koeffizienten, die t-Werte und die p-Werte mit denjenigen aus dem Strukturbruchmodell. Was ist die Ursache für die Unterschiede? Fügen Sie Ihrer Grafik mit der abline()-Funktion die beiden Regressionsgeraden als gestrichelte Linien hinzu.

f) Nehmen Sie an, es läge kein Strukturbruch vor. Führen Sie eine entsprechende KQ-Schätzung durch und speichern Sie die Ergebnisse unter der Bezeichnung erwerbslos.falsch.est. Fügen Sie Ihrer Grafik die erzeugte Regressionsgerade als durchgezogene Linie hinzu.

g) Speichern Sie die erzeugten Objekte in der Datei Erwerbslosigkeit.RData im Unterordner Objekte.

R-Box 15.3: **Prognostischer Chow-Test und QLR-Test**

Wir haben für das vergangene Jahr für eine mexikanische Kleinstadt Monatsdaten zu zwei Variablen: Die Variable x_t gibt für jeden der zwölf Monate den Zeitanteil an, bei dem Stromausfall herrschte; die Variable y_t ist die Anzahl der im betreffenden Monat registrierten Einbrüche. Diese Zeitreihendaten sind in den Variablen month, blackout und burglary des Dataframes data.burglary aus dem Paket desk gespeichert. Zunächst weisen wir die Variablen den Vektoren monat, ausfall und einbruch zu:

```
monat <- data.burglary$month
ausfall <- data.burglary$blackout
einbruch <- data.burglary$burglary
```

Die Ergebnisse einer einfachen KQ-Schätzung werden im Objekt einbruch.est abgespeichert:

```
einbruch.est <- ols(einbruch ~ ausfall)
```

Nach Eingabe des Objektnamens

```
einbruch.est
```

erhalten wir die Antwort

```
                coef    std.err  t.value  p.value
(Intercept)    13.3087  14.9353  0.8911   0.3938
ausfall      1490.1977  279.5752 5.3302   0.0003
```

Am 1. Dezember hat der Bürgermeister verfügt, bei Stromausfall sofort alle verfügbaren Polizisten auf Straßenpatrouille zu schicken. Wir möchten wissen, ob die Maßnahme Erfolg hatte, ob sich also im Übergang von November auf Dezember ein Strukturbruch in den Daten ereignet hat. Phase I besteht hier aus den elf Monaten Januar bis November, Phase II hingegen nur aus einem einzigen Monat, dem Dezember. Die KQ-Schätzung eines Strukturbruchmodells ist folglich nicht möglich. Wir können aber den Prognostischen Chow-Test einsetzen. Er ist in Abschnitt 15.2.3 des Lehrbuches beschrieben.

Im Paket desk steht dafür die Funktion pc.test() zur Verfügung. Sie besitzt die folgenden Argumente:

```
arguments(pc.test)

mod, data = list(), split, sig.level = 0.05, details = FALSE,
hyp = TRUE
```

Im Argument mod müssen wir das ohne Strukturbrüche spezifizierte Regressionsmodell angeben, welches dem Test zugrunde liegen soll. In unserem Fall

Fortsetzung auf nächster Seite ...

Fortsetzung der vorherigen Seite ...

geben wir also `einbruch.est` ein. Im Argument `split` wird R mitgeteilt, wie viele Beobachtungen die erste Phase des Tests umfasst. Bei uns lautet das Argument `split = 11`, denn der zu überprüfende Strukturbruch findet direkt nach dem elften Monat statt. Die anderen Argumente kennen wir bereits aus vielen anderen Funktionen und müssen deshalb nicht weiter erläutert werden.

In unserem Beispiel lautet der Befehl:

```
pc.test(einbruch.est, split = 11)

Prognostic Chow test on structural break
-------------------------------------------

Hypotheses:
                             H0:                              H1:
   No immediate break after t = 11   Immediate break after t = 11

Test results:
   f.value  crit.value  p.value  sig.level              H0
    1.9326      5.1174   0.1979       0.05    not rejected
```

Die Nullhypothese, dass kein Strukturbruch stattgefunden hat, kann demnach nicht abgelehnt werden. Es ist also nicht gelungen, einen statistisch signifikanten Beleg für die Wirksamkeit der Straßenpatrouillen zu erhalten.

Wir bekommen nun die neue Information, dass die Straßenpatrouillen nicht die einzige Maßnahme zur Eindämmung der Kriminalität in der mexikanischen Kleinstadt war. Seit Anfang August existiert in der Stadt ein System der Nachbarschaftshilfe. Die Bewohner achten selbst darauf, dass sich in den Häusern ihrer Nachbarn bei deren Abwesenheit keine Diebe zu schaffen machen. Es ist allerdings unklar, ob dieses System bereits im August Diebe abschreckte oder erst im September oder sogar erst im Oktober. Der Zeitpunkt des Strukturbruches ist hier also unklar. Wir können aber versuchen, den Zeitpunkt mit dem QLR-Test zu identifizieren. Dieser Test ist in Abschnitt 15.2.4 des Lehrbuches genauer beschrieben. Hier beschränken wir uns auf seine Anwendung in R.

Wir möchten wissen, ob sich in den Übergängen auf August, September oder Oktober ein Strukturbruch in unseren Daten ereignet hat. Im Rahmen des QLR-Tests wird für jeden der drei Fälle ein eigener F-Test durchgeführt. Die Nullhypothese lautet jeweils: Es liegt kein Strukturbruch vor. Für jeden F-Test wird der jeweilige F-Wert berechnet. Da es sich aber um eine Sequenz von F-Tests handelt, werden die F-Werte nicht mit den für F-Tests üblichen kritischen Werten verglichen. Stattdessen wird zunächst für die Sequenz von F-Tests ein λ-Wert berechnet. Anschließend werden aus der von Andrews (2003) bereit gestellten Tabelle die zwei λ-Werte herausgesucht, die dem berechneten

Fortsetzung auf nächster Seite ...

Fortsetzung der vorherigen Seite ...

λ-Wert am nächsten kommen. Einer dieser Werte ist größer als der berechnete λ-Wert, der andere ist kleiner. Für diese beiden λ-Werte wird aus der Tabelle der jeweilige kritische Wert abgelesen und mit dem größten der zuvor berechneten F-Werte verglichen. Ist dieser größte F-Wert größer als der kritische Wert, dann wird die Nullhypothese » kein Strukturbruch « abgelehnt. Als wahrscheinlichster Zeitpunkt des Strukturbruchs wird dann jene Periode erachtet, für die sich der größte F-Wert ergeben hatte.

Alle diese Aufgaben übernimmt in R die Funktion `qlr.test()` des Pakets `desk`. Ihre Argumente lauten

```
arguments(qlr.test)

mod, data = list(), from, to, sig.level = 0.05, details = FALSE
```

Das erste Argument (`mod`) legt das ohne Strukturbruch spezifizierte Regressionsmodell fest, hier also `einbruch.est`. Wie gewohnt könnten wir auch hier für diese Eingabe statt `einbruch.est` die R-Formelschreibweise `einbruch ~ ausfall` und bei Bedarf das Argument `data` nutzen. Das Argument `from` ist der frühstmögliche Zeitpunkt für den Strukturbruch, bei uns also der August: `from = 8`. Den letzten möglichen Zeitpunkt geben wir im Argument `to` an, hier also `to = 10`. Somit lautet der vollständige Befehl:

```
qlr.ergebnis <- qlr.test(einbruch.est, from = 8, to = 10)
```

Der Test liefert das folgende Ergebnis:

```
qlr.ergebnis

QLR-Test for structural breaks at unknown date
-------------------------------------------------

Hypotheses:
                     H0:                    H1:
  No break in t = 8...10  Some break in t = 8...10

Test results:
   f.value   lower.cv   upper.cv   p.value   sig.level    H0
    5.2997      4.565        4.9     0.028        0.05   rej.


Number of periods considered:    3
Period of break:                 8
Lambda value:                  2.5
```

Der Output zeigt, dass der Übergang zum achten Monat der wahrscheinlichste

Fortsetzung auf nächster Seite ...

Fortsetzung der vorherigen Seite ...

Zeitpunkt für den Strukturbruch ist. Der größte F-Wert beträgt 5,2997 und ist damit etwas größer als der (obere) kritische Wert, der 4,9 beträgt.

Mit der plot()-Funktion können wir uns die Resultate des QLR-Tests grafisch anzeigen lassen. Das erste Argument in der plot()-Funktion ist das Objekt mit den Ergebnissen des QLR-Tests. Nach Eingabe des Befehls

```
plot(qlr.ergebnis)
```

erhalten wir die Abbildung A15.3.

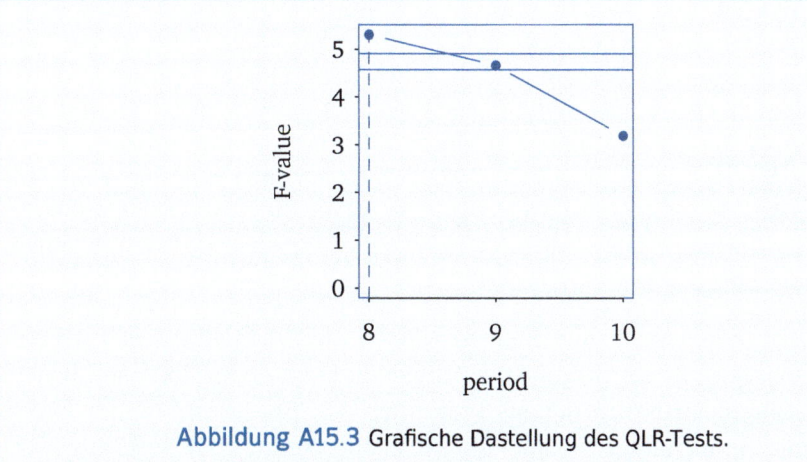

Abbildung A15.3 Grafische Dastellung des QLR-Tests.

Die senkrechte gepunktete Linie markiert den Zeitpunkt des höchsten F-Werts. Dieser F-Wert liegt über dem oberen kritischen Wert. Aus diesem Grund wurde die Nullhypothese des Tests abgelehnt. Der obere und untere kritische Wert sind in der Grafik durch die durchgezogenen horizontalen Geraden markiert.

Aufgabe 15.3: Wirkung der Hartz IV Gesetze (Teil 3)

- Replikation der Numerischen Illustrationen 15.4 bis 15.8 des Lehrbuches
- Strukturbrüche identifizieren
- R-Funktionen: as.numeric(), c(), data.frame(), ols(), par.f.test(), pc.test(), plot(), qf(), qlr.test(), rbind(), save.image()
- Datensatz: data.unempl

a) Öffnen Sie im Quelltext-Fenster ein neues Skript und speichern Sie es unter der Bezeichnung ErwerbslosigkeitTeil3.R ab. Holen Sie die in der Datei Erwerbslosigkeit.RData gespeicherten Objekte in den Objektspeicher. Testen Sie, ob sich im Übergang vom Jahr 2004 auf das Jahr 2005 überhaupt ein Strukturbruch ereignet hat. Führen Sie einen geeigneten F-Test durch und speichern Sie das Ergebnis unter dem Namen `f05` ab. Wählen Sie in Ihrem Test ein Signifikanzniveau von 5%.

b) Testen Sie individuell die Nullhypothesen $H_0 : \gamma = 0$ und $H_0 : \delta = 0$ auf einem Signifikanzniveau von 5%. Greifen Sie dabei auf Ihre früheren Resultate zurück.

c) Nehmen Sie an, es lägen nur die Beobachtungen der Jahre 1992 bis 2005 vor. Führen Sie eine KQ-Schätzung für diesen Zeitraum durch und unterstellen Sie dabei, dass kein Strukturbruch stattgefunden hat. Speichern Sie Ihre Ergebnisse unter der Bezeichnung `erwerbslos.stern.est` und geben Sie der berechneten Summe der Residuenquadrate den Namen `ssr.stern`. Geben Sie der Summe der Residuenquadrate aus dem Objekt `erwerbslos.I.est` den Namen `ssr.I`. Überprüfen Sie anschließend mit dem Prognostischen Chow-Test, ob im Übergang von 2004 auf 2005 ein Strukturbruch stattgefunden hat. Speichern Sie den F-Wert unter der Bezeichnung `f.prog` und vergleichen Sie ihn mit dem kritischen Wert Ihres Tests. Zu welcher Testentscheidung gelangen Sie? Überprüfen Sie das Ergebnis Ihres Prognostischen Chow-Tests mit der Funktion `pc.test()`.

d) Es stehen nun wieder alle Beobachtungen zur Verfügung. Überprüfen Sie ganz analog zu Ihrem Vorgehen in Aufgabenteil a), ob im Übergang von 2003 auf 2004 ein Strukturbruch stattgefunden hat. Speichern Sie das Ergebnis unter der Bezeichnung `f04` ab. Führen Sie entsprechende F-Tests auch für die Übergänge 2005-2006, 2006-2007 und 2007-2008 durch und speichern Sie die Ergebnisse ab. Lassen Sie sich alle fünf berechneten F-Werte gemeinsam anzeigen. Welcher F-Wert ist der größte?

e) Um die Signifkanz des größten F-Werts zu überprüfen, müssen Sie diesen Wert mit dem korrekten kritischen Wert vergleichen. Führen Sie deshalb mit der Funktion `qlr.test()` einen QLR-Test (siehe Abschnitt 15.2.4 des Lehrbuches) durch, der genau die gleichen F-Tests durchführt, die auch in der vorangegangenen Teilaufgabe durchgeführt wurden. Speichern Sie die Ergebnisse unter der Bezeichnung `qlr.ergebnis` und weisen Sie R an, diese Ergebnisse grafisch anzuzeigen.

f) Speichern Sie die erzeugten Objekte in der Datei `Erwerbslosigkeit.RData` im Unterordner `Objekte`.

R-Box 15.4: Datensätze filtern

Manchmal möchten wir aus Datensätzen einzelne Beobachtungen nach bestimmten Kriterien eliminieren und aus den verbliebenen Beobachtungen einen neuen Datensatz formen. Als Beispiel betrachten wir nochmals die Einbruchsdaten der R-Box 15.3 (S. 212; Datensatz `data.burglary`). Dort hatten wir die

Fortsetzung auf nächster Seite ...

Fortsetzung der vorherigen Seite ...

beiden Vektoren `ausfall` und `einbruch` definiert:

```
ausfall <- data.burglary$blackout
einbruch <- data.burglary$burglary
```

Wir wollen aus diesen beiden Vektoren bestimmte Elemente auswählen und die restlichen Elemente entfernen. Beispielsweise können wir aus dem Vektor `einbruch` alle Elemente (Beobachtungen) auswählen, die sich auf Monate mit maximal 80 Einbrüchen beziehen. Die schnellste und einfachste Umsetzung erfolgt mit dem Befehl

```
einbruch[einbruch <= 80]
```

Die Antwort von R lautet

```
[1] 34 54 70 45 67 75
```

Wir können diese Teilmenge des Vektors `einbruch` einem neuen Objekt mit dem Namen `einbruch.wenig` zuweisen:

```
einbruch.wenig <- einbruch[einbruch <= 80]
```

Ganz analog können wir auch einen Vektor `ausfall.wenig` definieren, welcher aus dem Vektor `ausfall` nur jene Beobachtungen behält, die bei der Variablen `einbruch` einen Wert von maximal 80 aufweisen:

```
ausfall.wenig <- ausfall[einbruch <= 80]
```

Grafisch gesprochen haben wir mit diesen beiden Befehlen alle Punkte (Beobachtungen), die in Abbildung A15.4 oberhalb der auf Höhe 80 eingezeichneten horizontalen Linie liegen, aus dem Datensatz entfernt.

Ein allgemeineres Hilfsmittel für solche Datenfilterungen bietet die Funktion `subset()`. Wie üblich benötigt die Funktion als erstes Argument das Objekt, welches gefiltert werden soll. Dies können Dataframes, Vektoren, Matrizen oder andere Objekte sein. Am häufigsten werden Dataframes und Vektoren herangezogen. Die Funktion `subset()` besitzt ein Argument gleichen Namens. In diesem muss angegeben werden, nach welchem Kriterium gefiltert wird.

Um die Verwendung der Funktion `subset()` zu veranschaulichen, weisen wir nochmals alle Beobachtungen mit maximal 80 Einbrüchen den Objekten `einbruch.wenig` und `ausfall.wenig` zu:

```
einbruch.wenig <- subset(einbruch, subset = einbruch <= 80)
ausfall.wenig <- subset(ausfall, subset = einbruch <= 80)
```

Wendet man die `subset()`-Funktion auf Dataframes an, ist oftmals auch das dritte Argument (`select`) hilfreich. Mit diesem Argument kann man aus-

Fortsetzung auf nächster Seite ...

Fortsetzung der vorherigen Seite ...

wählen, welche Variablen des Dataframes in den neuen Dataframe übernommen werden sollen. Um die Anwendung des Arguments zu illustrieren, bilden wir zunächst aus den Variablen einbruch und ausfall den Dataframe data.einbruch:

data.einbruch <- data.frame(einbruch, ausfall)

Mit dem Befehl

data.einbruch.auswahl <- subset(data.einbruch, subset = ausfall <= 0.06, select = einbruch)

wählen wir aus dem Dataframe data.einbruch die Variable einbruch aus und behalten dabei auch nur diejenigen Beobachtungen, bei denen die Variable ausfall einen Wert von maximal 0,06 annahm.

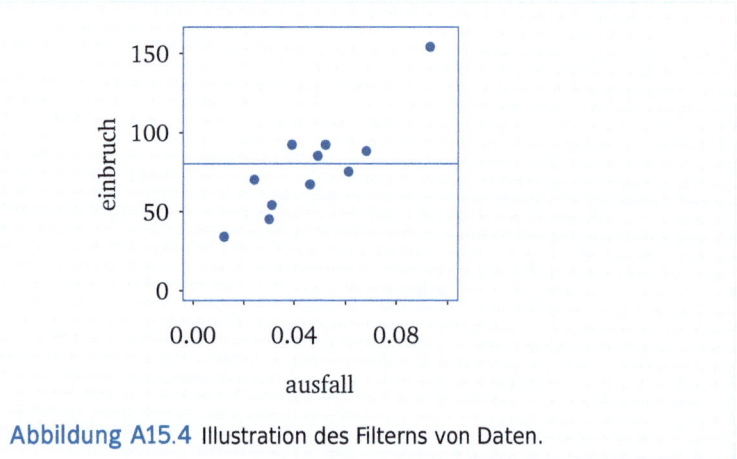

Abbildung A15.4 Illustration des Filterns von Daten.

Aufgabe 15.4: **Lohndiskriminierung**

- Replikation der Numerischen Illustration 15.9 des Lehrbuches
- Dummy-Variablen
- R-Funktionen: c(), load(), ols(), ols.predict(), par.f.test(), rbind(), save.image(), subset()
- Datensatz: data.wage

Wir hatten in den Aufgaben 13.1 und 13.2 die unterschiedlichen Löhne von 20 Beschäftigten durch deren Ausbildung und Alter erklärt. Wir werden nun überprüfen, ob auch das Geschlecht eine Rolle spielt – was auf Diskriminierung hindeuten würde. Die Variable sex des im desk-Paket enthaltenen Datensatzes data.wage offenbart, dass die Beschäftigten $i = 1, 4, 7, 9, 11, 16, 17$ und 19 weiblich sind.

a) Öffnen Sie im Quelltext-Fenster ein neues Skript und speichern Sie es unter der Bezeichnung `LohnstrukturTeil3.R` ab. Weisen Sie die Variablen `wage` (Monatslohn in €), `educ` (Ausbildungsjahre, die über den Hauptschulabschluss hinausgehen), und `age` (Alter der Person) des Dataframes `data.wage` vier neuen Objekten mit den Bezeichnungen `lohn`, `ausb` und `alter` zu. Definieren Sie eine neue 20-elementige Dummy-Variable mit der Bezeichnung `dummy`. Diese Variable soll für die männlichen Beschäftigten den Wert 0 besitzen und für die weiblichen den Wert 1. Definieren Sie für die Variablen `ausb` und `alter` die entsprechenden Interaktions-Dummy-Variablen `ausb.dummy` und `alter.dummy`.

b) Mit welchem Regressionsmodell lässt sich die Diskriminierungsfrage klären? Führen Sie eine KQ-Schätzung dieses Modells durch und speichern Sie die Ergebnisse unter der Bezeichnung `diskrim.est`. Welche Koeffizienten sprechen für eine Diskriminierung der Frauen und welche für eine Diskriminierung der Männer?

c) Berechnen Sie mit der `ols.predict()`-Funktion das zu erwartende Einkommen eines 18-jährigen Mannes mit einjähriger Ausbildung und das zu erwartende Einkommen einer 18-jährigen Frau mit einjähriger Ausbildung. Welche Einkommensdifferenz ergibt sich? Erhöht oder reduziert sich die Einkommensdifferenz mit zunehmendem Alter und zunehmender Ausbildung? Berechnen Sie die Einkommensdifferenz zwischen einem 65-jährigen Mann und einer 65-jährigen Frau, die beide eine 10-jährige Ausbildung besitzen.

d) Überprüfen Sie, ob die Koeffizienten, die für eine Diskriminierung der Frauen oder der Männer sprechen, signifikant sind.

e) Bilden Sie ein neues Objekt `lohn.frau`, welches ausschließlich aus denjenigen Elementen des Objektes `lohn` besteht, welche sich auf Frauen beziehen. Ziehen Sie für diese Aufgabe den Vektor `dummy` heran. Bilden Sie ganz analog die Objekte `ausb.frau` und `alter.frau`. Führen Sie anschließend eine KQ-Schätzung durch, bei der `lohn.frau` auf `ausb.frau` und `alter.frau` regressiert wird. Speichern Sie die Ergebnisse unter dem Namen `lohn.frau.est`. Vergleichen Sie die sich ergebenden Koeffizienten mit jenen, welche Sie bei gemeinsamer Schätzung von Frauen und Männern erhalten haben (`diskrim.est`).

f) Speichern Sie die erzeugten Objekte in der Datei `Loehne.RData` im Unterordner `Objekte`.

Tipp 15 für R-fahrene: Datentyp umwandeln

Jedes Element eines Objekts besitzt einen elementaren Datentyp (`numeric`, `character` oder `logical`). Manchmal ist es möglich und auch notwendig einen Datentyp in einen anderen Datentyp zu verwandeln. Die `as.character()`-Funktion transformiert ein Objekt mit den Datentypen `numerical` oder `logical` in ein Objekt mit dem elementaren Datentyp `character`. Besteht ein Objekt ausschließlich aus den Zahlen 0 und 1, kann es mit der `as.logical()`-Funktion in ein Objekt mit dem Datentyp `logical` umgewandelt werden. Die Funktion `as.numeric()` hatten wir in der R-Box »Dummy-Variablen« (S. 208) bereits kennengelernt. Dort transformierte sie ein Objekt des Datentyps `logical` in ein Objekt des Datentyps `numeric`.

Wir hatten erläutert, dass Objekte aus einem oder mehreren Elementen bestehen und dass die Bündelung mehrerer Elemente in der Form von Datenstrukturen erfolgt (Vektor, Matrix, Array, Dataframe und Liste). R bietet die Möglichkeit, eine Datenstruktur in eine alternative Datenstruktur umzuwandeln. Beispielsweise wurde bereits darauf hingewiesen, dass mit der `as.data.frame()`-Funktion eine beliebige Matrix in einen Dataframe verwandelt wird. Umgekehrt transformiert die `as.matrix()`-Funktion einen Dataframe, der nur einen einzigen elementaren Datentyp besitzt, in eine Matrix des gleichen Datentyps. Wenn der Dataframe unterschiedliche Datentypen besitzt, wird eine Matrix des Datentyps `character` erzeugt.

KAPITEL **A16**

Annahme B1: Erwartungswert der Störgröße

Weicht der Erwartungswert der Störgrößen von Null ab, schränkt das die Aussagekraft unserer ökonometrischen Schätzungen erheblich ein. Eine mögliche Ursache für $E(u_i) \neq 0$ sind konstante Messfehler bei der Erfassung der Daten. Aufgabe 16.1 ist diesem Thema gewidmet.

Ein sehr arbeitssparendes Instrument bei der Erstellung ökonometrischer Skripte sind Schleifen. Wie solche Schleifen in ganz einfacher Weise programmiert werden können, wird in der R-Box »Schleifen« (S. 222) erläutert. Ausprobiert wird das Erlernte in Aufgabe 16.2, die auch die Konsequenzen gestutzter Daten untersucht.

Aufgabe 16.1: **Produktion von Kugellagern**

- Replikation der Numerischen Illustration 16.1 des Lehrbuches
- R-Funktionen: `abline()`, `c()`, `ols()`, `plot()`, `points()`
- Datensatz: `data.ballb`

Untersuchen Sie, ob bei der Produktion von Kugellagern eine Erhöhung der Anzahl der Produktionsschichten, die zwischen zwei Wartungsschichten liegen, den Anteil der fehlerhaft gefertigten Kugellager erhöht. Im Datensatz `data.ballb` des Pakets `desk` stehen Ihnen die Daten von sechs Beobachtungen zur Verfügung.

a) Öffnen Sie im Quelltext-Fenster ein neues Skript und speichern Sie es unter der Bezeichnung `Wartung.R` ab. Verschaffen Sie sich über den Hilfesteckbrief des Datensatzes `data.ballb` einen Überblick über die Daten. Weisen Sie die

Variablen `nshifts` (Anzahl der Produktionsschichten) und `defbb` (Anteil der defekten Kugellager in Promille) des Dataframes den Objekten `x` und `y` zu.

b) Führen Sie eine KQ-Schätzung durch, welche den Einfluss der Anzahl der Produktionsschichten (`x`) auf den Ausschuss in der Fertigung (`y`) wiedergibt. Speichern Sie Ihre Ergebnisse unter der Bezeichnung `wartung.est`.

c) Nehmen Sie nun an, dass der Anteil der fehlerhaften Kugellager konstant um den Wert 8 zu hoch gemessen wird. Definieren Sie deshalb eine neue Variable namens `yfalsch`, welche bei allen Elementen eine um 8 höhere Zahl aufweist als die Variable `y`. Regressieren Sie `yfalsch` auf `x` und speichern Sie die Ergebnisse unter dem Namen `yfalsch.est`. Vergleichen Sie die Ergebnisse mit den Ergebnissen in `wartung.est`.

d) Fertigen Sie eine Grafik an, welche die korrekte Punktwolke (`x` und `y`) als Kreise anzeigt. Geben Sie der Grafik die Überschrift »Konstante Messfehler«, beschriften Sie die Achsen mit »Produktionsschichten x« und »Ausschussanteil y«, geben Sie für die horizontale Achse den Wertebereich von 0 bis 50 vor und für die vertikale Achse den Wertebereich von 0 bis 40. Fügen Sie anschließend die Punktwolke hinzu, welche sich bei dem beschriebenen Messfehler ergibt (`x` und `yfalsch`). Stellen Sie die Punkte dabei als ausgemalte Kreise dar (`pch = 19`). Zeichnen Sie die zur korrekten Punktwolke korrespondierende Regressionsgerade als gestrichelte Linie ein und die zur falschen Punktwolke korrespondierende Regressionsgerade als durchgezogene Linie.

e) Nehmen Sie nun an, dass zwar der Anteil der fehlerhaften Kugellager korrekt gemessen wird (`y`), dass aber die Anzahl der Produktionsschichten um den konstanten Wert 10 zu hoch gemessen wird. Definieren Sie deshalb eine neue Variable namens `xfalsch`, welche bei allen Elementen eine um 10 höhere Zahl aufweist als die Variable `x`. Regressieren Sie `y` auf `xfalsch` und speichern Sie die Ergebnisse unter dem Namen `xfalsch.est`. Vergleichen Sie die Ergebnisse mit den Ergebnissen in `wartung.est`.

f) Fügen Sie Ihrer Grafik die Punktwolke hinzu, welche sich bei dem beschriebenen Messfehler in der exogenen Variablen ergibt (`xfalsch` und `y`). Stellen Sie die Punkte dabei als ausgemalte Dreiecke dar (`pch = 17`). Zeichnen Sie die zur neuen Punktwolke korrespondierende Regressionsgerade als durchgezogene Linie ein.

R-Box 16.1: Schleifen

Häufig müssen wir eine Kette von Befehlen für jedes einzelne Element eines Objektes (z.B. eines Vektors) ausführen. Durch die Programmierung einer Schleife können wir den notwendigen Arbeitsaufwand deutlich verringern. Nehmen wir

Fortsetzung auf nächster Seite ...

Fortsetzung der vorherigen Seite ...

an, wir hätten die Matrix M mit den folgenden Werten:

```
     [,1] [,2] [,3] [,4]
[1,]   3    7    5    9
[2,]   4    1    2    2
[3,]   8    1    6    3
```

Wir möchten für jede Spalte die jeweilige Summe berechnen. Die Summe der ersten Spalte erhalten wir mit

```
SumSpalte1 <- sum(M[,1])
SumSpalte1

[1] 15
```

Dabei haben wir die üblichen Konventionen für den Zugriff auf Vektoren- und Matrixwerte genutzt, wie sie in den R-Boxen 3.3 (S. 34) und 3.4 (S. 38) beschrieben worden sind. Entsprechend können wir auch die Summen der anderen Spalten berechnen. Anschließend speichern wir die Ergebnisse in einem Vektor namens SumSpalten ab und sehen sie uns an:

```
SumSpalte2 <- sum(M[,2])
SumSpalte3 <- sum(M[,3])
SumSpalte4 <- sum(M[,4])
SumSpalten <- c(SumSpalte1, SumSpalte2, SumSpalte3, SumSpalte4)
SumSpalten

[1] 15  9 13 14
```

Viel schneller kommen wir zu diesem Resultat, wenn wir eine kleine Schleife programmieren. Zu diesem Zweck legen wir zunächst einen noch leeren Vektor namens Spaltensummen an, in den wir die Ergebnisse, die innerhalb der Schleife berechnet werden, »einspeisen«. Wenn wir noch nicht wissen, wie viele Elemente der Vektor Spaltensummen haben soll, könnten wir den folgenden Befehl verwenden:

```
Spaltensummen <- c()
```

Besser ist es jedoch, sofort die richtige Dimension anzugeben. Nehmen wir an, wir möchten die Schleife viermal durchlaufen lassen, also vier Werte berechnen. Dann können wir die Vektordefinition

```
Spaltensummen <- rep(NA, 4)
```

verwenden. Dabei steht die Funktion rep() für »replicate« bzw. »replizieren« und »NA« steht für »not available« bzw. »unbekannter Wert«. Die »4« teilt R mit, dass der Vektor aus vier »NA«-Elementen bestehen soll. R legt dar-

Fortsetzung auf nächster Seite ...

Fortsetzung der vorherigen Seite ...

aufhin einen Vektor namens Spaltensummen an, der für vier Elemente Platz hat. Die Werte der Elemente sind jedoch noch unbekannt. Ein Blick auf das Environment-Fenster offenbart, dass der Befehl tatsächlich ein vierelementiges Objekt namens Spaltensummen angelegt hat und dass dieses Objekt noch keine Werte enthält.

Schleifen führen einen Befehl oder eine Kette von Befehlen mehrmals hintereinander aus. Dazu müssen in der Schleife mehrere Aspekte festgelegt werden: Welche Befehle sollen jeweils ausgeführt werden, auf welche Objekte sollen die Befehle zugreifen und wie oft sind diese Befehle auszuführen (Anzahl der Schleifendurchläufe)?

Da wir für jede Spalte der Matrix M jeweils die gleiche Rechnung durchführen wollen, müssen wir den Spalten einen Index zuordnen, mit dessen Hilfe wir in der Schleife auf die jeweilige Spalte zugreifen. Der gebräuchlichste Index in Schleifen ist i und auch wir wollen uns an diese Konvention halten. Andere Buchstaben sind aber gleichermaßen zulässig. Nur t sollte, wenn möglich, vermieden werden, denn t() bezeichnet eine Funktion (Transponierung einer Matrix). Da die Matrix M aus vier Spalten besteht, nimmt unser Index i nacheinander die Werte 1 bis 4 an.

Um die Summe einer Spalte i zu berechnen und das Ergebnis im Vektor Spaltensummen abzuspeichern, verwenden wir den Befehl Spaltensummen[i] <- sum(M[,i]). Mit diesem Befehl wird an der Position i des Vektors Spaltensummen die Summe der Werte der Spalte i der Matrix M eingetragen. Wir haben also die ganz normalen Zugriffsregeln auf Vektoren und Matrizen verwendet. Nun müssen wir R noch mitteilen, dass dieser Befehl für jede der vier Spalten, also für $i = 1,2,3,4$ ausgeführt werden soll. Die einfachste Übersetzung in die R-Sprache ist: for(i in c(1:4)). Dies ist der Auftakt unserer Schleife. Daran anschließend setzen wir in geschweifte Klammern den für jede Spalte auszuführenden Befehl, hier also Spaltensummen[i] <- sum(M[,i]). Unsere Schleife hat dann das folgende Aussehen:

```
for(i in c(1:4)){
Spaltensummen[i] <- sum(M[,i])
}
```

Die Schleife beginnt ihre Arbeit mit dem Wert $i = 1$ und führt für diesen Wert den Befehl in geschweiften Klammern aus: Spaltensummen[1] <- sum(M[,1]). Dieser Befehl berechnet die Summe aus den Werten der ersten Spalte von M und fügt dann das Ergebnis an der ersten Position des zuvor noch leeren Vektors Spaltensummen ein. Anschließend wird der Befehl in geschweiften Klammern für $i = 2$ durchgeführt: Spaltensummen[2] <- sum(M[,2]). Nachdem dieser Vorgang auch für $i = 3$ und $i = 4$ abgearbeitet worden ist, ist

Fortsetzung auf nächster Seite ...

Fortsetzung der vorherigen Seite ...

die Schleife beendet.

Welches Resultat hat unsere Schleife produziert? Um dies zu überprüfen, lassen wir uns den Vektor Spaltensummen anzeigen:

```
Spaltensummen
[1] 15  9 13 14
```

In den anfangs noch leeren Vektor Spaltensummen wurden vier Zahlen hineingeschrieben und zwar genau jene, die auch in dem früher erzeugten Vektor SumSpalten stehen.

Natürlich können innerhalb der geschweiften Klammer der Schleife auch mehrere Befehle stehen. Auch Schleifen innerhalb von Schleifen sind zulässig. Bei solchen Doppelschleifen ist darauf zu achten, dass die innere Schleife einen anderen Index erhält als die äußere (z.B. j für die innere Schleife und i für die äußere).

Aufgabe 16.2: Bremsweg (Teil 4)

- gestutzte Daten
- Programmierung von Schleifen
- R-Funktionen: abline(), c(), load(), ols(), plot(), points(), rep(), save.image(), subset()
- Datensatz: data.cars

Wir hatten in den Aufgaben 5.4, 6.4 und 7.4 die Wirkung der Geschwindigkeit auf den Bremsweg von US-amerikanischen Autos der 1920er Jahre untersucht. Grundlage war der Dataframe data.cars des Pakets desk. Wir wollen nun die Wirkung gestutzter Daten veranschaulichen.

a) Öffnen Sie im Quelltext-Fenster ein neues Skript und speichern Sie es unter der Bezeichnung BremswegTeil4.R ab. Im Rahmen der Aufgabe 5.4 hatten wir die Objekte speed (Geschwindigkeit, gemessen in Meilen pro Stunde) und dist (Bremsweg, gemessen in Fuß) definiert und für diese beiden Variablen eine Einfachregression durchgeführt. Die Ergebnisse dieser KQ-Schätzung waren im Objekt bremsweg.est abgespeichert. Die erzeugten Objekte wurden in Bremsweg.RData gespeichert. Laden Sie die in Bremsweg.RData gespeicherten Objekte und lassen Sie sich die Ergebnisse der KQ-Schätzung nochmals anzeigen.

b) Programmieren Sie in R eine kleine Schleife, welche aus den zwei in bremsweg.est gespeicherten Koeffizienten die daneben stehenden t-Werte *manuell* berechnet. Weisen Sie die manuell berechneten Werte dem neuen

Objekt `twerte` zu und überprüfen Sie, ob diese mit den in `bremsweg.est` abgespeicherten t-Werten übereinstimmen.

c) Eliminieren Sie aus den Variablen `speed` und `dist` alle Beobachtungen, bei denen der Bremsweg länger als 80 Fuß war. Verwenden Sie für diese Aufgabe die `subset()`-Funktion. Nennen Sie die neuen Variablen `speed.gestutzt` und `dist.gestutzt`.

d) Lassen Sie sich die Punktwolke zu `speed.gestutzt` und `dist.gestutzt` als ausgemalte Kreise (`pch = 19`) anzeigen. Geben Sie der Grafik die Überschrift »Gestutzte Daten«. Begrenzen Sie den Wertebereich der horizontalen Achse auf 0 bis 30 und denjenigen der vertikalen Achse auf 0 bis 120. Fügen Sie Ihrer Grafik eine horizontale gepunktete Linie auf Höhe 80 hinzu.

e) Eliminieren Sie diesmal aus den Variablen `speed` und `dist` alle Beobachtungen, bei denen der Bremsweg nicht länger als 80 Fuß war. Nennen Sie die neuen Variablen `speed.elim` und `dist.elim`. Fügen Sie mit der `points()`-Funktion die aus den Variablen `speed.elim` und `dist.elim` gebildete Punktwolke Ihrer Grafik als Kreise (`pch = 1`) hinzu.

f) Führen Sie eine KQ-Schätzung durch, bei der Sie `dist.gestutzt` auf `speed.gestutzt` regressieren. Fügen Sie Ihrer Grafik die soeben berechnete Regressionsgerade als gestrichelte Linie und die in `bremsweg.est` gespeicherte Regressionsgerade als durchgezogene Linie hinzu. Vergleichen Sie den Verlauf der beiden Geraden. Deckt sich der Verlauf mit den theoretischen Vorhersagen, die für den Fall gestutzter Daten gemacht werden können?

g) Speichern Sie die erzeugten Objekte in der Datei `Bremsweg.RData` im Unterordner `Objekte`.

Tipp 16 für R-fahrene: Spalten- oder zeilenweise Berechnungen

Die in der R-Box 16.1 (S. 222) beschriebene Programmierung von Schleifen ist nicht immer effizient. Insbesondere wenn die Daten einer Matrix oder eines Dataframes zeilenweise oder spaltenweise zu bearbeiten sind, ist die `apply()`-Funktion die bessere Alternative. Ihre Argumente lauten

```
arguments(apply)
X, MARGIN, FUN, simplify = TRUE, ...
```

Dabei wird mit `X` das zu verarbeitende Objekt spezifiziert. Das Argument `MARGIN` legt fest, ob die Berechnungen zeilenweise (`MARGIN = 1`) oder spaltenweise (`MARGIN = 2`) erfolgen sollen. Im Argument `FUN` wird R mitgeteilt, welche Funktion auf die Zeilen bzw. Spalten angewendet werden soll. Beispielsweise weist der Befehl

Fortsetzung auf nächster Seite ...

Fortsetzung der vorherigen Seite ...

```
apply(data.burglary, MARGIN = 2, FUN = mean)
```

R an, mit der Funktion mean() für jede Spalte des Dataframes data.burglary das arithmetische Mittel zu berechnen. Wenn die Funktion im Argument FUN nicht zum elementaren Datentyp (numeric, character oder logical) des Objektes X passt, gibt R eine Fehlermeldung aus. Ein Beispiel wäre der Befehl

```
apply(data.trade, MARGIN = 2, FUN = mean)
```

denn die erste Spalte im Dataframe data.trade besitzt den Datentyp character und für diesen kann kein arithmetisches Mittel berechnet werden.

KAPITEL **A17**

Annahme B2: Homoskedastizität

Das Kapitel widmet sich dem Fall heteroskedastischer Störgrößen, also Störgrößen, welche die Annahme der Homoskedastizität verletzen. In Aufgabe 17.1 geht es vor allem um die grafische Veranschaulichung heteroskedastischer Störgrößen. Die R-Box »Datensätze umsortieren« (S. 231) erläutert, wie die Elemente von Vektoren oder Dataframes nach bestimmten Kriterien umgeordnet werden können. Diese Möglichkeit wird uns helfen, Aufgabe 17.2 zu bearbeiten, in der ein Goldfeld-Quandt-Test zur Diagnose von Heteroskedastizität durchgeführt wird.

Im R-Paket desk existieren einige sehr bequeme Funktionen, mit denen Regressionsmodelle auf Heteroskedastizität geprüft werden können. Diese Funktionen werden in der R-Box »Heteroskedastizität testen« (S. 235) vorgestellt. Ferner wird dort erklärt, wie das von White (1980) für den Fall heteroskedastischer Störgrößen vorgeschlagene Korrekturverfahren in R umgesetzt werden kann. Die R-Funktion für den Goldfeld-Quandt-Test wird in Aufgabe 17.3 direkt angewendet. Ferner wird dort der angemessene Umgang mit heteroskedastischen Störgrößen thematisiert. In Aufgabe 17.5 werden mehrere Aspekte der Heteroskedastizität beleuchtet und die Funktionen für den Breusch-Pagan-Test und den White-Test ausprobiert. Im Rahmen der abschließenden Aufgabe 17.6 kommt das Korrekturverfahren von White zum Einsatz.

Aufgabe 17.1: Mietpreise (Teil 1)

- Replikation der Numerischen Illustration 17.1 des Lehrbuches
- grafische Veranschaulichung heteroskedastischer Störgrößen
- R-Funktionen: abline(), c(), I(), ols(), plot(), save.image()
- Datensatz: data.rent

Die Höhe der in einem Stadtviertel üblichen Mieten (y_i) wird durch die Entfernung des Stadtviertels zum Stadtzentrum (x_i) erklärt:

$$y_i = \alpha + \beta x_i + u_i \,. \quad (A17.1)$$

Im Dataframe data.rent des Pakets desk finden sich für zwölf zufällig ausgewählte gewerbliche Mietobjekte aus unterschiedlichen Stadtvierteln die Nettokaltmiete (rent) und die Entfernung des jeweiligen Stadtviertels zum Zentrum (dist). Die weiteren Variablen des Dataframes benötigen wir hier noch nicht.

a) Öffnen Sie im Quelltext-Fenster ein neues Skript und speichern Sie es unter der Bezeichnung MietenTeil1.R ab. Verschaffen Sie sich über den Hilfesteckbrief des Datensatzes data.rent einen Überblick über die Daten und lassen Sie sich die Daten in einem zusätzlichen Quelltext-Fenster anzeigen. Weisen Sie die Variablen dist (Entfernung zum Zentrum, gemessen in *km*) und rent (Mieten, gemessen in Euro pro m^2) des Dataframes den Objekten x und y zu.

b) Erzeugen Sie aus den Variablen x und y eine Punktwolke aus ausgemalten Kreisen (pch = 19). Geben Sie Ihrer Grafik die Achsenbeschriftungen »Entfernung zum Zentrum x« und »Miete y«. Begrenzen Sie den Wertebereich der horizontalen Achse auf 0 bis 5 und denjenigen der vertikalen Achse auf 12 bis 17. Warum deutet die Grafik auf Heteroskedastizität hin?

c) Führen Sie mit R eine KQ-Schätzung der Gleichung (A17.1) durch und speichern Sie die Resultate unter dem Namen miete.est. Interpretieren Sie die Koeffizienten $\widehat{\alpha}$ und $\widehat{\beta}$ Ihrer KQ-Schätzung.

d) Erzeugen Sie aus der Variablen x und den Residuen Ihrer KQ-Schätzung eine Punktwolke und fügen Sie der Punktwolke eine horizontale Linie auf der Höhe 0 hinzu. Warum bestätigt die Punktwolke den Verdacht auf Heteroskedastizität?

e) Nehmen Sie an, dass die Varianz der Störgrößen des Modells (A17.1) durch $\sigma_i^2 = \sigma^2 x_i^2$ gegeben ist. Division des Modells (A17.1) durch x_i ergibt das transformierte Modell

$$\frac{y_i}{x_i} = \alpha \frac{1}{x_i} + \beta + \frac{u_i}{x_i}$$

und damit das Modell

$$y_i^* = \beta + \alpha z_i^* + u_i^* \,, \quad (A17.2)$$

mit $y_i^* = y_i/x_i$, $z_i^* = 1/x_i$ und $u_i^* = u_i/x_i$. Warum ist die Störgröße des Modells (A17.2) homoskedastisch?

f) Führen Sie mit R eine KQ-Schätzung des Modells (A17.2) durch, also eine VKQ-Schätzung. Nutzen Sie für diesen Zweck in der ols()-Funktion die I()-Funktion von R. Speichern Sie die Resultate Ihrer KQ-Schätzung unter dem Namen miete.vkq1.est. Vergleichen Sie die Ergebnisse aus miete.vkq1.est mit jenen aus miete.est.

g) Erzeugen Sie eine Punktwolke aus den Variablen x und den Residuen aus `miete.vkq1.est`. Beschriften Sie die vertikale Achse mit »VKQ-Residuen«. Fügen Sie der Punktwolke eine horizontale Linie auf der Höhe 0 hinzu. Hegen Sie auch für das Modell (A17.2) einen Verdacht auf Heteroskedastizität?

h) Speichern Sie Ihre Objekte unter dem Namen `Mieten.RData` im Unterordner `Objekte`.

R-Box 17.1: Datensätze umsortieren

Unser Anwendungsbeispiel kommt aus dem Gebiet der Politischen Ökonomie. Für die Erklärung der Ausgaben, welche im Jahr 2005 von der EU-25 an die Mitgliedsländer flossen, stehen fünf Variablen zur Verfügung: (1) Der Bevölkerungsanteil des Landes an der Gesamtbevölkerung der EU-25, (2) das reale Bruttoinlandsprodukt pro Kopf des Landes, (3) der Anteil der im Agrarbereich Erwerbstätigen an sämtlichen Erwerbstätigen des Landes, (4) der Stimmenanteil des Landes im Ministerrat der EU relativ zum Bevölkerungsanteil des Landes an der Gesamtbevölkerung der EU-25 und (5) die logarithmierte Anzahl der Monate, die das Land bis Januar 2005 bereits EU-Mitglied war. Die Daten sind unter dem Namen `data.eu` im Paket `desk` als Dataframe gespeichert und besitzen die Namen `pop`, `gdp`, `farm`, `votes` und `mship`. Zusätzlich sind in diesem Dataframe die Variablen `expend` (die EU-Finanzmittel, die dem EU-Mitglied im Jahr 2005 zugeflossen sind) und `member` (bezeichnet das EU-Mitglied).

Um uns lediglich die Daten der ersten acht Länder anzeigen zu lassen, verwenden wir die `head()`-Funktion:

```
head(data.eu, 8)
```

Sie liefert den folgenden Output:

```
        member  expend     pop     gdp   farm  votes   mship
1      Austria  1.8596  1.7783  122.8  0.9664 1.7545  4.7875
2      Belgium  5.6761  2.2636  118.0  0.7435 1.6523  6.3351
3       Cyprus  0.2241  0.1623   88.8  2.4140 7.6998  2.0844
4 Czech Republic 1.1192  2.2147   73.6  0.9460 1.6887  2.0844
5      Denmark  1.6156  1.1726  121.7  1.2147 1.8591  5.9506
6      Estonia  0.2590  0.2920   59.7  1.8560 4.2808  2.0844
7      Finland  1.4055  1.1347  110.4  0.8610 1.9211  4.7875
8       France 14.1800 13.5474  108.4  1.6515 0.6665  6.3351
```

Wir möchten die Reihenfolge der Beobachtungen verändern. Die Beobachtungen sollen nach der Größe der Bevölkerung (Variable `pop`) aufsteigend sortiert werden. Für diese Aufgabe steht in R die Funktion `order()` zur Verfügung. Sie kann auf verschiedene Objekte angewendet werden. Wir wenden sie zunächst auf einen Dataframe an, hier also auf den Dataframe `data.eu`.

Fortsetzung auf nächster Seite ...

Fortsetzung der vorherigen Seite ...

Wir erinnern uns, dass beim Zugriff auf Dataframes eckige Klammern eingesetzt werden können und in diesen Klammern die gewünschten Zeilen links und die Spalten rechts vom Komma angegeben werden. Da unsere Beobachtungen zeilenweise angeordnet sind, bedeutet »umsortieren«, dass wir eine Veränderung der Zeilenreihenfolge vornehmen wollen und diese soll sich auf alle Spalten in der gleichen Weise auswirken. Deshalb geben wir die erwünschte Veränderung der Zeilen links vom Komma ein, während wir rechts vom Komma keinen Eintrag machen, die Veränderung also alle Spalten erfasst. Die Anweisung zur Umsortierung der Zeilen erfolgt über die Funktion order(). Das einzige verpflichtende Argument dieser Funktion ist das Objekt, welches für die Sortierung maßgeblich ist. Wir wollen nach der Bevölkerungsgröße sortieren und geben deshalb die Variable pop an. Da sie Teil des Dataframes data.eu ist, verwenden wir für den Zugriff die $-Schreibweise. Mit der Befehlzeile

```
data.eu[order(data.eu$pop),]
```

bringen wir die Beobachtungen des Dataframes data.eu in die gewünschte Reihenfolge.

Natürlich können wir den umsortierten Datensatz in gewohnter Weise abspeichern:

```
data.eu.ord <- data.eu[order(data.eu$pop),]
```

Um den Erfolg unserer Bemühungen zu überprüfen, lassen wir uns aus dem neuen Dataframe data.eu.ord die ersten drei Beobachtungen, also die Daten der drei bevölkerungsärmsten Länder, anzeigen:

```
head(data.eu.ord, 8)
      member expend    pop   gdp   farm  votes  mship
17      Malta 0.1402 0.0873  74.0 1.2418 10.6583 2.0844
16  Luxemburg 1.1459 0.0986 250.8 0.3387 12.6780 6.3351
3      Cyprus 0.2241 0.1623  88.8 2.4140  7.6998 2.0844
6     Estonia 0.2590 0.2920  59.7 1.8560  4.2808 2.0844
22   Slovenia 0.3811 0.4329  81.8 1.7179  2.8877 2.0844
14     Latvia 0.4009 0.4998  48.6 2.1279  2.5010 2.0844
15  Lithuania 0.6931 0.7422  52.0 2.9263  2.9370 2.0844
12    Ireland 2.5960 0.8904 138.7 1.3379  2.4482 5.9506
```

Wir wissen nun, wie man die Beobachtungen eines Dataframes neu ordnet. Mit der order()-Funktion können wir aber auch die Elemente von Vektoren umsortieren. Um dies zu veranschaulichen, weisen wir zunächst die Variablen des ursprünglichen Dataframes data.eu eigenen Vektoren zu:

Fortsetzung auf nächster Seite ...

Fortsetzung der vorherigen Seite ...

```
land     <- data.eu$member
ausgaben <- data.eu$expend
einwohner <- data.eu$pop
bip      <- data.eu$gdp
agrar    <- data.eu$farm
stimmen  <- data.eu$votes
mzeit    <- data.eu$mship
```

Mit dem Befehl

```
einw.ord <- einwohner[order(einwohner)]
```

ordnen wir die Elemente des Vektors `einwohner` aufsteigend nach der Bevölkerungsgröße neu an und speichern das Resultat unter dem Namen `einwohner.ord`. Nun ist aber die Reihenfolge der Beobachtungen im Vektor `einwohner.ord` eine andere als in den anderen sechs Vektoren. Damit Beobachtungen nicht »auseinander gerissen« werden, müssen wir in den anderen sechs Vektoren die gleichen Platzierungswechsel vornehmen wie im Vektor `einwohner`. Für den Vektor `land` erreichen wir das mit dem folgenden Befehl:

```
land.ord <- land[order(einwohner)]
```

Bei den Vektoren `ausgaben`, `bip`, `agrar`, `stimmen` und `mzeit` gehen wir ganz analog vor:

```
ausg.ord    <- ausgaben[order(einwohner)]
bip.ord     <- bip[order(einwohner)]
agrar.ord   <- agrar[order(einwohner)]
stimmen.ord <- stimmen[order(einwohner)]
mzeit.ord   <- mzeit[order(einwohner)]
```

Mit dem Befehl

```
head(data.frame(land.ord, ausg.ord, einw.ord, bip.ord,
agrar.ord, stimmen.ord, mzeit.ord), 5)
```

kontrollieren wir das Ergebnis:

```
   land.ord ausg.ord einw.ord bip.ord agrar.ord stimmen.ord mzeit.ord
1     Malta   0.1402   0.0873    74.0    1.2418     10.6583     2.0844
2 Luxemburg   1.1459   0.0986   250.8    0.3387     12.6780     6.3351
3    Cyprus   0.2241   0.1623    88.8    2.4140      7.6998     2.0844
4   Estonia   0.2590   0.2920    59.7    1.8560      4.2808     2.0844
5  Slovenia   0.3811   0.4329    81.8    1.7179      2.8877     2.0844
```

Ein Vergleich mit den Daten des Dataframes `data.eu.ord` zeigt, dass keine Beobachtungen »zerrissen« worden sind.

Aufgabe 17.2: Mietpreise (Teil 2)

- Replikation der Numerischen Illustrationen 17.2 bis 17.5 des Lehrbuches
- Goldfeld-Quandt-Test auf Heteroskedastizität
- R-Funktionen: `data.frame()`, `load()`, `ols()`, `order()`, `pf()`, `qf()`, `save.image()`
- Datensatz: `data.rent`

a) Es wird das Mieten-Beispiel aus Aufgabe 17.1 erneut aufgenommen. Öffnen Sie deshalb im Quelltext-Fenster ein neues Skript und speichern Sie es unter der Bezeichnung `MietenTeil2.R` ab. Laden Sie die von Ihnen in Aufgabe 17.1 erzeugten und in der Datei `Mieten.RData` abgespeicherten Objekte in den Objektspeicher.

b) In den nachfolgenden Aufgabenteilen wird mit einem Goldfeld-Quandt-Test überprüft, ob die Störgrößen des Modells (A17.1) homoskedastisch sind. Sortieren Sie zu diesem Zweck zunächst die Elemente der beiden Vektoren x und y so um, dass ihre Reihenfolge die Nähe des zugrunde liegenden Stadtviertels zum Stadtzentrum widerspiegelt. Das zentralste Stadtviertel steht also bei beiden umsortierten Vektoren an vorderster Stelle. Geben Sie den neuen Vektoren die Bezeichnungen `ord.x` und `ord.y`. Fügen Sie die beiden Vektoren zum Dataframe `data.ord.miete` zusammen.

c) Führen Sie eine KQ-Schätzung auf Basis der ersten fünf Beobachtungen (zentrale Stadtviertel) durch. Nutzen Sie für diesen Zweck in der `ols()`-Funktion das Argument `data`. Mit diesem können Sie die zu berücksichtigenden Beobachtungen auf die ersten fünf einschränken. Speichern Sie die Ergebnisse unter dem Namen `mieteI.est`. Lassen Sie sich die Summe der Residuenquadrate und die geschätzte Störgrößenvarianz anzeigen. Führen Sie die gleichen Schritte auch für die anderen sieben Beobachtungen (periphere Stadtviertel) durch.

d) Sie haben die Vermutung, dass die Störgrößen der peripheren Stadtviertel stärker streuen als diejenigen der zentralen Stadtviertel. Testen Sie deshalb mit dem Goldfeld-Quandt-Test die Nullhypothese $H_0 : \sigma_I^2 \geq \sigma_{II}^2$ auf einem Signifikanzniveau von 5%. Um den F-Wert des Tests zu berechnen, bilden Sie den Quotienten aus den geschätzten Störgrößenvarianzen $\hat{\sigma}_I^2$ und $\hat{\sigma}_{II}^2$, wobei $\hat{\sigma}_{II}^2$ im Zähler steht. Speichern Sie den F-Wert unter dem Namen `fwert`. Berechnen Sie den kritischen Wert Ihres Tests. Was besagt das Resultat im Hinblick auf die Homoskedastizität der Störgröße des Modells (A17.1)?

e) Speichern Sie Ihre Objekte unter dem Namen `Mieten.RData` im Unterordner `Objekte`.

Kapitel A17 – Annahme B2: Homoskedastizität

R-Box 17.2: **Heteroskedastizität testen**

In dieser R-Box wird gezeigt, wie die Tests von Goldfeld und Quandt (1965), Breusch und Pagan (1979) und von White (1980) umgesetzt werden. Wir betrachten erneut das Beispiel der EU-Ausgaben, welches in der R-Box 17.1 (S. 231) vorgestellt wurde. Dessen zugrunde liegende Daten sind im Dataframe `data.eu` verfügbar. Wir hatten in der R-Box 17.1 die Variablen des Dataframes den Objekten `land`, `ausgaben`, `einwohner`, `bip`, `agrar`, `stimmen`, und `mzeit` zugewiesen. Das Beispiel der EU-Ausgaben besagt, dass sich die Ausgaben (`ausgaben`), welche im Jahr 2005 von der EU-25 an die Mitgliedsländer flossen, durch die fünf exogenen Variablen (`einwohner`, `bip`, `agrar`, `stimmen` und `mzeit`) erklären lassen. Mit dem Befehl

```
eu.est <- ols(ausgaben ~ einwohner + bip + agrar + stimmen + mzeit)
```

führen wir eine KQ-Schätzung des Modells aus und erhalten die folgenden Resultate:

```
eu.est
```

	coef	std.err	t.value	p.value
(Intercept)	-3.7120	1.6340	-2.2717	0.0349
einwohner	0.7032	0.0920	7.6402	<0.0001
bip	-0.0120	0.0219	-0.5466	0.5910
agrar	1.0095	0.4828	2.0907	0.0502
stimmen	0.1099	0.2014	0.5454	0.5918
mzeit	0.9613	0.4386	2.1915	0.0411

Um die Analyse und Interpretation dieser Resultate kümmern wir uns erst in Aufgabe 17.6.

Wir vermuten, dass Mitgliedsländer mit höheren Einwohnerzahlen eine höhere Streuung bei den Ausgaben und damit auch bei den Residuen aufweisen. Mit dem Goldfeld-Quandt-Test (siehe Abschnitt 17.2.2 des Lehrbuches) gehen wir dieser Vermutung nach. Wie man einen Goldfeld-Quandt-Test in R manuell umsetzt, hatten wir bereits in der vorangegangenen Aufgabe gesehen. Wir hatten zunächst die Beobachtungen mit der `order()`-Funktion umsortiert, dann die Beobachtungen in die zwei Gruppen I und II zerlegt, für jede Gruppe separat eine KQ-Schätzung durchgeführt, jeweils die Varianz der Störgrößen geschätzt ($\hat{\sigma}_I^2$ bzw. $\hat{\sigma}_{II}^2$), aus dem Quotienten $\hat{\sigma}_{II}^2/\hat{\sigma}_I^2$ einen F-Wert berechnet und schließlich mit dem kritischen Wert verglichen.

Alle diese Aufgaben erledigt die Funktion `gq.test()` des Pakets `desk` in einem einzigen Schritt. Ihre Argumente lauten

Fortsetzung auf nächster Seite ...

Fortsetzung der vorherigen Seite ...

```
arguments(gq.test)

mod, data = list(), split = 0.5, omit.obs = 0,
  ah = c("increasing", "unequal", "decreasing"),
  order.by = NULL, sig.level = 0.05, details = FALSE, hyp = TRUE
```

Über die Argumente der Funktion können wir R alle notwendigen Informationen geben. An erster Stelle steht das Argument mod. Es teilt R mit, welches Modell getestet werden soll, hier also mod = eu.est.

Im Argument split wird festgelegt, welche Beobachtung die letzte Beobachtung der Gruppe I ist. Wir weisen die 13 bevölkerungsschwächsten Länder der Gruppe I zu und die anderen 12 Länder der Gruppe II. Daraus folgt das Argument split = 13. Man kann auch eine Zahl kleiner als 1 eingeben. Dann wird diese Zahl als der *Anteil* der Beobachtungen interpretiert, welcher der Gruppe I zuzuordnen ist. Voreingestellt ist der Wert 0,5. Möchte man diesen Anteil verwenden, muss das Argument also nicht explizit aufgenommen werden.

Mit dem optionalen Argument omit.obs könnten wir einige Beobachtungen mit mittlerer Einwohnerzahl eliminieren, um die Effizienz des Tests zu erhöhen. Ganz in Analogie zum Argument split würden omit.obs = 0.1 maximal 10 Prozent der Beobachtungen und omit.obs = 3 genau drei Beobachtungen ausschließen. In unserem Beispiel verzichten wir allerdings auf den Ausschluss von Beobachtungen. Da omit.obs = 0 voreingestellt ist, können wir das Argument auch weglassen.

Im optionalen Argument ah (für engl.: *alternative hypothesis*) werden die Alternativhypothese und damit indirekt die Nullhypothese festgelegt. Die Voreinstellung ist ah = "increasing", also $\sigma_I^2 < \sigma_{II}^2$. Damit ist automatisch festgelegt, dass R den Quotienten $\hat{\sigma}_{II}^2/\hat{\sigma}_I^2$ berechnet und die Nullhypothese $H_0: \sigma_I^2 \geq \sigma_{II}^2$ lautet, was der von uns zu testenden Nullhypothese entspricht. Wir können das Argument ah deshalb weglassen.

Sehr praktisch ist in der Funktion gq.test() das Argument order.by. Es nimmt uns das vorherige Umsortieren des Datensatzes ab. Entsprechend unserer Vermutung, dass die Streuung der Störgrößen mit der Einwohnerzahl der Länder wächst, geben wir order.by = einwohner ein. Wenn es sich um eine Einfachregression handelt und die eine exogene Variable für die Heteroskedastizität verantwortlich ist, kann man das Argument order.by auch weglassen.

Die im Rahmen des Tests durchgeführten Hilfsregressionen und einige informative Statistiken können über das Argument details = T ausgegeben werden. Aus Platzgründen belassen wir hier diese Option auf dem voreingestellten Wert details = F.

Zusammengefasst können wir für unseren Fall den Goldfeld-Quandt-Test mit

Fortsetzung auf nächster Seite ...

Fortsetzung der vorherigen Seite ...

dem folgenden Befehl durchführen:

```
gq.ergebnis <- gq.test(eu.est, split = 13, order.by = einwohner)
```

Nach Aufruf von `gq.ergebnis` erhalten wir folgendes Resultat:

```
Goldfeld-Quandt test for heteroskedastic errors in a linear model
-----------------------------------------------------------------

Hypotheses:
                    H0:                H1:
   sigma I >= sigma II    sigma I < sigma II

Test results:
   f.value   crit.value   p.value   sig.level        H0
   90.0155        3.866  < 0.0001        0.05  rejected
```

Der p-Wert des Ergebnisses zeigt an, dass die Nullhypothese $H_0 : \sigma_I^2 \geq \sigma_{II}^2$, und damit auch »homoskedastische Störgrößen«, sogar auf einem Signifikanzniveau von weit unter 1% abgelehnt werden müsste. Es ist also von ansteigender Störgrößenvarianz der Form $\sigma_I^2 < \sigma_{II}^2$ auszugehen. Wir finden folglich unsere Anfangsvermutung bestätigt.

Das Ergebnis unseres Tests können wir uns auch grafisch anzeigen lassen. Mit dem Befehl

```
plot(gq.ergebnis)
```

erzeugen wir Abbildung A17.1. Der F-Wert ist in diesem Beispiel allerdings so groß, dass er rechts außerhalb des standardmäßig angezeigten Wertebereichs liegt und den kritischen Wert um ein Vielfaches übersteigt. Folglich fällt der berechnete p-Wert deutlich kleiner als das Signifikanzniveau aus.

Wie können wir vorgehen, wenn unsere Anfangsvermutung $\sigma_I^2 > \sigma_{II}^2$ lautet, also die Streuung der Störgrößen mit dem Wert der betrachteten exogenen Variablen abnimmt statt ansteigt? Für diesen Fall geben wir das Argument `ah = "decreasing"` ein. R weiß dann, dass in der Alternativhypothese (dies ist unsere Anfangsvermutung) von $\sigma_I^2 > \sigma_{II}^2$, also einer abnehmenden Störgrößenvarianz von Gruppe I zu Gruppe II ausgegangen wird. Die entsprechende Nullhypothese lautet $H_0 : \sigma_I^2 \leq \sigma_{II}^2$. R berechnet nun den Quotienten $\hat{\sigma}_I^2/\hat{\sigma}_{II}^2$. Gegen die Nullhypothese sprechen F-Werte, also $\hat{\sigma}_I^2/\hat{\sigma}_{II}^2$-Werte, die deutlich größer als 1 sind. Folglich berechnet R im Falle von `ah = "decreasing"` den p-Wert wie gewohnt am rechten Rand der F-Verteilung. Fällt dieser p-Wert kleiner aus als das Signifikanzniveau, ist die Nullhypothese abzulehnen.

Fortsetzung auf nächster Seite ...

Fortsetzung der vorherigen Seite ...

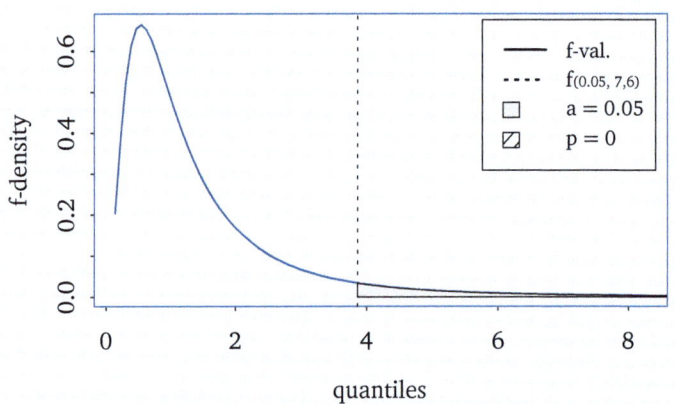

Abbildung A17.1 Grafische Veranschaulichung des Goldfeld-Quandt-Tests: Variante 1.

In unserem Beispiel verwenden wir den Befehl

```
gq.ergebnis2 <- gq.test(eu.est, split = 13,
order.by = einwohner, ah = "decreasing")
```

Die Resultate rufen wir folgendermaßen ab:

```
gq.ergebnis2
Goldfeld-Quandt test for heteroskedastic errors in a linear model
------------------------------------------------------------------

Hypotheses:
                    H0:                  H1:
    sigma I <= sigma II    sigma I > sigma II

Test results:
  f.value   crit.value   p.value   sig.level               H0
   0.0111       4.2067         1        0.05     not rejected
```

Der F-Wert ist so klein, dass der p-Wert das Signifikanzniveau weit übersteigt. Die grafische Veranschaulichung des Testresultates ist in Abbildung A17.2 wiedergegeben.

Wenn wir uns zwischen den Anfangsvermutungen $\sigma_I^2 < \sigma_{II}^2$ oder $\sigma_I^2 > \sigma_{II}^2$ nicht entscheiden können oder wollen, dann sollten wir mit der Variante ah = "unequal" arbeiten. Es handelt sich dann um einen zweiseitigen Test, bei dem sowohl sehr große als auch sehr kleine F-Werte gegen die Nullhypothese sprechen. Da wir in unserem Beispiel jedoch von $\sigma_{II}^2 > \sigma_I^2$ und damit vom

Fortsetzung auf nächster Seite ...

Fortsetzung der vorherigen Seite ...

voreingestellten Standardfall ausgingen, konnten wir das Argument ah einfach weglassen. Die Eingabe von ah = "increasing" hätte zum gleichen Ergebnis geführt.

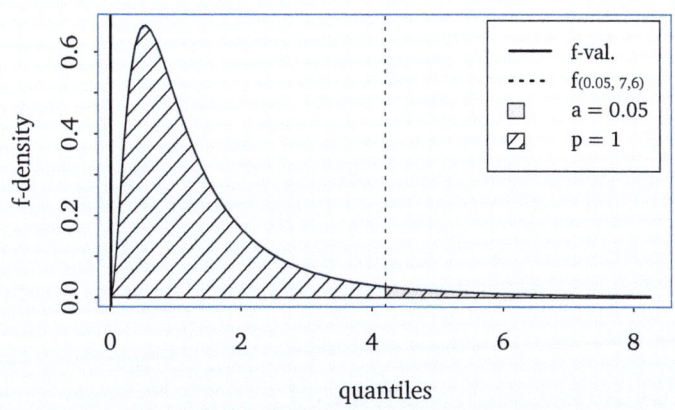

Abbildung A17.2 Grafische Veranschaulichung des Goldfeld-Quandt-Tests: Variante 2.

Im Breusch-Pagan-Test wird geprüft, ob sich die Residuenquadrate in einer »Hilfsregression« als lineare Funktion der exogenen Variablen des Modells oder externer Variablen erklären lassen (siehe Abschnitt 17.2.3 des Lehrbuches). Auch dieser Test kann in R manuell umgesetzt werden. Einfacher ist jedoch die Funktion bp.test() des Pakets desk. Ihre Argumente lauten

```
arguments(bp.test)
```

```
mod, data = list(), varmod = NULL, koenker = TRUE,
 sig.level = 0.05, details = FALSE, hyp = TRUE
```

Auch bei diesem Test wird mit dem Argument mod das zugrunde liegende Modell angegeben. In unserem Fall lautet das Argument also wieder mod = eu.est. Über das Argument varmod könnte man R dazu bringen, bei der Hilfsregression nicht genau diejenigen exogenen Variablen zu verwenden, die im Regressionsmodell (hier also im Modell eu.est) eingesetzt werden. Beispielsweise würde varmod = ~einwohner + nbi festlegen, dass in der Hilfsregression nur die Variablen einwohner und die im Modell eu.est nicht verwendete Variable nbi stehen. In unserem Beispiel können wir auf das Argument varmod verzichten. Der Befehl lautet deshalb

```
bp.test(eu.est)
```

Er liefert den Output

Fortsetzung auf nächster Seite ...

Fortsetzung der vorherigen Seite ...

```
Breusch-Pagan test (Koenker's version)
----------------------------------------

Hypotheses:
                        H0:                              H1:
  sig2(i) = sig2 (Homosked.)   sig2(i) <> sig2 (Heterosked.)

Test results:
   chi.value   crit.value   p.value   sig.level          H0
      5.2757      11.0705    0.3832        0.05   not rejected
```

Der Breusch-Pagan-Test kommt – im Gegensatz zum Goldfeld-Quandt-Test – zu keiner Ablehnung der Nullhypothese »homoskedastische Störgrößen«. Der *p*-Wert übersteigt 5% deutlich. Wie gewohnt könnten wir uns die Ergebnisse des Breusch-Pagan-Tests mit der `plot()`-Funktion grafisch anzeigen lassen.

Ähnlich wie im Breusch-Pagan-Test wird im White-Test geprüft, ob sich die Residuenquadrate in einer »Hilfsregression« als Funktion der exogenen Variablen des Modells erklären lassen (siehe Abschnitt 17.2.4 des Lehrbuches). Es dürfen hier zwar keine externen Variablen in der Hilfsregression aufgenommen werden, dafür sind aber auch nicht-lineare Zusammenhänge zugelassen. Um diese abzubilden, werden in der Hilfsregression die quadrierten Werte der exogenen Variablen (x_{ki}^2) und alle Kreuzprodukte zwischen den exogenen Variablen ($x_{ki} x_{li}$) aufgenommen. Der White-Test lässt sich in R mit der `wh.test()`-Funktion des Pakets `desk` umsetzen. Ihre Argumente lauten

```
arguments(wh.test)

mod, data = list(), sig.level = 0.05, details = FALSE,
  hyp = TRUE
```

Alle diese Argumente kennen wir bereits von der für den Breusch-Pagan-Test vorgesehenen Funktion `bp.test()`.

Unser Verdacht, dass die Störgrößenvarianz mit der Größe der Bevölkerung zunimmt, überprüfen wir mit dem einfachen Befehl

```
wh.test(eu.est, hyp = F)

White test for heteroskedastic errors
----------------------------------------



Test results:
   chi.value   crit.value   p.value   sig.level          H0
     21.4672      31.4104    0.3701        0.05   not rejected
```

Fortsetzung auf nächster Seite ...

Fortsetzung der vorherigen Seite ...

wobei wir diesmal mit hyp = F die Ausgabe der Nullhypothese unterdrückt haben. Auch hier gelangen wir zu keiner Ablehnung der Nullhypothese »homoskedastische Störgrößen« (Signifikanzniveau 5%). Auch die Ergebnisse des White-Tests könnten wir uns mit der plot()-Funktion grafisch veranschaulichen lassen.

Der durch heteroskedastische Störgrößen ausgelöste Effizienz-Verlust der KQ-Schätzung ist normalerweise gering. Deshalb wird oftmals an der KQ-Schätzung festgehalten, aber bei der Berechnung der geschätzten Standardabweichungen die von White (1980) vorgeschlagene Korrektur eingesetzt. Diese Korrektur ist ebenfalls in R implementiert. Sie gelingt beispielsweise mit der Funktion hcc() des Pakets desk. Die Argumente der Funktion lauten

```
arguments(hcc)

mod, data = list(), digits = 4
```

Im Argument mod geben wir an, welches Modell der KQ-Schätzung unterzogen werden soll, hier also mod = eu.est. Alternativ könnten wir wieder die R-Formelschreibweise und bei Bedarf das Argument data verwenden.

Wir geben den folgenden Befehl ein:

```
vcov.matrix <- hcc(mod = eu.est)
```

Das Ergebnis ist eine Matrix mit sechs Zeilen und sechs Spalten:

```
vcov.matrix
        [,1]    [,2]    [,3]    [,4]    [,5]    [,6]
[1,]  1.8665 -0.0566 -0.0098 -0.6751  0.0363  0.0129
[2,] -0.0566  0.0078  0.0006  0.0258 -0.0013 -0.0141
[3,] -0.0098  0.0006  0.0001  0.0049 -0.0007 -0.0022
[4,] -0.6751  0.0258  0.0049  0.2837 -0.0225 -0.0461
[5,]  0.0363 -0.0013 -0.0007 -0.0225  0.0060  0.0100
[6,]  0.0129 -0.0141 -0.0022 -0.0461  0.0100  0.0704
```

Die Matrix hat auf der Hauptdiagonalen die geschätzten Varianzen der KQ-Schätzer, also $\widehat{var}(\hat{\beta}_k)$. Die anderen Werte sind Kovarianzen. Der Zugriff auf die einzelnen Werte erfolgt in der bei Matrizen und Dataframes gebräuchlichen Weise. Beispielsweise greifen wir mit

```
sqrt(vcov.matrix[6,6])

[1] 0.26532998
```

auf den ganz rechten unteren Wert der Matrix, also auf den Wert von $\widehat{var}(\hat{\beta}_5)$, zu und berechnen die Wurzel dieses Wertes, also die geschätzte Standardab-

Fortsetzung auf nächster Seite ...

Fortsetzung der vorherigen Seite ...

weichung $\widehat{sd}(\hat{\beta}_5)$. Der berechnete Wert ist hier deutlich kleiner als jener, den wir bei der KQ-Schätzung ermittelt hatten.

Aufgabe 17.3: Mietpreise (Teil 3)

- Replikation der Numerischen Illustrationen 17.2 bis 17.7 des Lehrbuches
- Tests auf Heteroskedastizität
- R-Funktionen: `bp.test()`, `c()`, `gq.test()`, `I()`, `load()`, `ols()`, `par.f.test()`, `rbind()`, `save.image()`, `wh.test()`
- Datensatz: `data.rent`

a) Wir setzen das Mieten-Beispiel aus den Aufgaben 17.1 und 17.2 fort. Öffnen Sie deshalb im Quelltext-Fenster ein neues Skript und speichern Sie es unter der Bezeichnung `MietenTeil3.R` ab. Holen Sie die von Ihnen in den Aufgaben 17.1 und 17.2 erzeugten und in der Datei `Mieten.RData` abgespeicherten Objekte in den Objektspeicher.

b) Wiederholen Sie zunächst den Goldfeld-Quandt-Test, den Sie in der Aufgabe 17.2 bereits durchgeführt hatten. Verwenden Sie diesmal aber die `gq.test()`-Funktion. Speichern Sie das Resultat im Objekt `gq.ergebnis` ab und lassen Sie sich das Testresultat anzeigen.

c) Weisen Sie die Variablen `share` und `area` des Dataframes `data.rent` den Variablen `q` und `f` zu. Die Variable `q` gibt an, welcher Anteil der gewerblichen Mietobjekte des Statdviertels in die Zufallsauswahl eingegangen ist. Die Fläche des ausgewählten Mietobjekts ist durch die Variable `f` erfasst.

d) Wir haben den Verdacht, dass neben der Variablen `x` auch die Variable `q` eine Ursache der Heteroskedastizität darstellen könnte. Überprüfen Sie diesen Verdacht mit der Funktion `bp.test()` und nutzen Sie dabei das Argument `varmod`. Die Hilfsregression des Breusch-Pagan-Tests lautet

$$\widehat{u}_i^2 = \gamma_0 + \gamma_1 x_i + \gamma_2 q_i + w_i,$$

wobei w_i eine Störgröße darstellt. Führen Sie einen F-Test der Nullhypothese $H_0 : \gamma_1 = \gamma_2 = 0$ durch und vergleichen Sie das Testergebnis mit dem des Breusch-Pagan-Tests.

e) Überprüfen Sie, ob die Fläche des Mietobjektes (die Variable `f`) einen Einfluss auf die Miete ausübt. Führen Sie zu diesem Zweck eine Regression mit den exogenen Variablen `x` und `f` durch und speichern Sie das Resultat unter `miete2.est`.

f) Führen Sie für das Modell aus Aufgabenteil e) einen Goldfeld-Quandt-Test – gleiche Gruppeneinteilung wie in Aufgabenteil a) – und einen White-Test durch (Signifikanzniveau 5%). Kommen die beiden Tests zu identischen Testentscheidungen?

g) Speichern Sie Ihre Objekte unter dem Namen Mieten.RData im Unterordner Objekte.

Aufgabe 17.4: **Mietpreise (Teil 4)**

- Replikation der Numerischen Illustrationen 17.8 und 17.9 des Lehrbuches
- Schätzverfahren bei Heteroskedastizität
- R-Funktionen: abline(), c(), hcc(), I(), load(), mean(), ols(), plot(), rep(), save.image(), sqrt(), sum(), Sxy()
- Datensatz: data.rent

a) Wir setzen das Mieten-Beispiel aus den Aufgaben 17.1 bis 17.3 fort. Öffnen Sie deshalb im Quelltext-Fenster ein neues Skript und speichern Sie es unter der Bezeichnung MietenTeil4.R ab. Holen Sie die von Ihnen in den Aufgaben 17.1 bis 17.3 erzeugten und in der Datei Mieten.RData abgespeicherten Objekte in den Objektspeicher.

b) Nehmen Sie an, dass die Varianz der Störgrößen des Modells (A17.1) durch $\sigma_i^2 = \sigma^2 x_i$ gegeben ist. Wie müssen Sie Modell (A17.1) transformieren, damit ein Regressionsmodell mit homoskedastischer Störgröße entsteht?

c) Führen Sie mit R eine KQ-Schätzung Ihres transformierten Modells aus und nutzen Sie dabei in der ols()-Funktion die Funktion I(). Speichern Sie die Resultate Ihrer KQ-Schätzung unter dem Namen miete.vkq2.est. Erzeugen Sie eine Punktwolke aus der Variablen x und den Residuen Ihrer KQ-Schätzung. Beschriften Sie die vertikale Achse mit »Residuen«. Fügen Sie der Punktwolke eine horizontale Linie auf der Höhe 0 hinzu. Vergleichen Sie die Punktwolke mit der Punktwolke, welche im Aufgabenteil g) der Aufgabe 17.1 aus den Variablen x und den Residuen aus miete.vkq1.est erzeugt wurde. Welche Annahme scheint plausibler, $\sigma_i^2 = \sigma^2 x_i$ oder $\sigma_i^2 = \sigma^2 x_i^2$?

d) Es sei nun angenommen, dass die Störgrößen des Modells (A17.1) in der folgenden Form heteroskedastisch sind: $\sigma_i^2 = \sigma_I^2$ für die fünf zentralen Stadtviertel (Gruppe I) und $\sigma_i^2 = \sigma_{II}^2$ für die sieben peripheren Stadtviertel (Gruppe II). Um homoskedastische Störgrößen zu erhalten, kann das Modell (A17.1) für die Beobachtungen der Gruppe I durch σ_I und für die Beobachtungen der Gruppe II durch σ_{II} geteilt werden:

$$y_i^* = \alpha z_i^* + \beta x_i^* + u_i^*,$$

wobei

Gruppe I: $\quad y_i^* = \dfrac{y_i}{\sigma_I}, \; z_i^* = \dfrac{1}{\sigma_I}, \; x_i^* = \dfrac{x_i}{\sigma_I}, \; u_i^* = \dfrac{u_i}{\sigma_I}$,

Gruppe II: $\quad y_i^* = \dfrac{y_i}{\sigma_{II}}, \; z_i^* = \dfrac{1}{\sigma_{II}}, \; x_i^* = \dfrac{x_i}{\sigma_{II}}, \; u_i^* = \dfrac{u_i}{\sigma_{II}}$.

Warum sind die resultierenden Störgrößen u_i^* homoskedastisch?

e) Berechnen Sie die Werte der Variablen y_i^*, z_i^* und x_i^* und weisen Sie diese den Objekten y.stern, z.stern und x.stern zu. Verwenden Sie bei der Berechnung statt der unbekannten Werte σ_I und σ_{II} deren Schätzwerte. Letztere erhalten Sie unmittelbar aus den Ergebnissen in mieteI.est und mieteII.est, welche Sie in Teilaufgabe c) der Aufgabe 17.2 (S. 234) ermittelt hatten und die durch das Laden von Mieten.RData im Environment-Fenster aufgelistet sind.

f) Regressieren Sie y.stern auf z.stern und x.stern und denken Sie daran, den Niveauparameter von der Regression auszuschließen. Speichern Sie die Ergebnisse unter dem Namen miete.gvkq.est ab. Vergleichen Sie die Koeffizienten mit denjenigen, welche Sie für Modell (A17.1) erhalten hatten.

g) Wir wissen aus der Arbeit von White (1980), dass bei Heteroskedastizität die Varianz des KQ-Schätzers für den Steigungsparameter β des Modells (A17.1) mit der Formel

$$\widehat{var}(\widehat{\beta})^{HK} = \dfrac{1}{S_{xx}^2} \sum (x_i - \overline{x})^2 \widehat{u}_i^2 \qquad (A17.3)$$

geschätzt werden kann. Führen Sie mit R manuell eine solche Schätzung durch. Überprüfen Sie anschließend mit der hcc()-Funktion aus dem Paket desk Ihr Rechenergebnis. Berechnen Sie auch den Wert von $\widehat{sd}(\widehat{\beta})^{HK}$.

h) Speichern Sie Ihre Objekte unter dem Namen Mieten.RData im Unterordner Objekte.

Aufgabe 17.5: Ausgaben der US-Bundesstaaten

- Breusch-Pagan-Test und White-Test
- R-Funktionen: abline(), bp.test(), c(), cor(), I(), load(), ols(), plot(), qchisq(), save.image(), sqrt(), wh.test()
- Datensatz: data.govexpend

Der Dataframe data.govexpend des Pakets desk ist ein Datensatz zum Ausgabeverhalten der US-Bundesstaaten im Jahr 2013. Das entsprechende lineare Regressionsmodell lautet

$$\text{expend}_i = \alpha + \beta_1 \text{aid}_i + \beta_2 \text{gdp}_i + \beta_3 \text{pop}_i + u_i \qquad (A17.4)$$

mit

$\text{expend}_i =$ Staatsausgaben des Bundesstaates i
$\text{aid}_i =$ vom Bund erhaltene Ausgleichszahlungen des Bundesstaates i
$\text{gdp}_i =$ Bruttoinlandsprodukt des Bundesstaates i
$\text{pop}_i =$ Einwohnerzahl des Bundesstaates i

a) Öffnen Sie im Quelltext-Fenster ein neues Skript und speichern Sie es unter der Bezeichnung Staatsausgaben.R ab. Verschaffen Sie sich mit dem Hilfesteckbrief des Datensatzes data.govexpend einen Überblick über die Daten. Berechnen Sie mit der cor()-Funktion die Korrelationskoeffizienten der exogenen Variablen aid, gdp und pop.

b) Weisen Sie die vier numerischen Variablen des Dataframes jeweils einem eigenen Objekt mit dem Namen der Variablen zu. Führen Sie eine KQ-Schätzung für das ökonometrische Modell (A17.4) durch und speichern Sie es unter der Bezeichnung ausgaben.est. Werfen Sie einen Blick auf die Ergebnisse. Besitzen alle Koeffizienten das erwartete Vorzeichen? Erzeugen Sie eine Punktwolke aus der Variablen pop und den Residuen Ihrer KQ-Schätzung. Beschriften Sie die vertikale Achse mit »Residuen«. Vermittelt die Punktwolke den Eindruck, dass möglicherweise Heteroskedastizität besteht?

c) Testen Sie mit dem Breusch-Pagan-Test und anschließend mit dem White-Test, ob Heteroskedastizität vorliegt. Führen Sie den Test immer erst manuell durch und prüfen Sie anschließend das Ergebnis mit der jeweiligen direkten Funktion des Pakets desk. Lassen Sie sich die Resultate des Breusch-Pagan-Tests und anschließend auch die Ergebnisse des White-Tests grafisch veranschaulichen. Welche Konsequenzen hat Ihr Testergebnis für die Eigenschaften der KQ-Schätzer aus Aufgabenteil b) sowie für Intervallschätzer und Hypothesentests?

d) Nehmen Sie an, dass sich in Modell (A17.4) die Varianz der Störgröße proportional zur Einwohnerzahl entwickelt:

$$\sigma_i^2 = \sigma^2 \cdot \text{pop}_i \ .$$

Zeigen Sie, wie Sie bei dieser Heteroskedastizitätsform die Parameter des Modells (A17.4) unverzerrt und effizient schätzen können. Speichern Sie die Ergebnisse aus der KQ-Schätzung des transformierten Modells unter dem Namen ausgaben.vkq1.est. Setzen Sie Ihr vorgeschlagenes Verfahren in R um. Erzeugen Sie wieder eine Punktwolke aus den Variablen pop und den Residuen Ihrer KQ-Schätzung. Geben Sie der Grafik die Überschrift »VKQ1« und beschriften Sie die vertikale Achse mit »Residuen«. Beschränken Sie den Wertebereich der horizontalen Achse auf 0 bis 40 und denjenigen der vertikalen Achse auf −8000 bis 8000. Fügen Sie der Grafik eine auf der Höhe 0 verlaufende horizontale Linie hinzu. Führen Sie für das transformierte Modell einen Breusch-Pagan-Test durch.

e) Prüfen Sie, ob die Annahme

$$\sigma_i^2 = \sigma^2 \cdot \left(\text{pop}_i\right)^2$$

zu noch plausibleren Ergebnissen führt. Speichern Sie dafür die Ergebnisse aus der KQ-Schätzung des transformierten Modells unter dem Namen ausgaben.vkq2.est und führen Sie einen Breusch-Pagan-Test durch. Erzeugen Sie auch hier eine Punktwolke aus den Variablen pop und den Residuen Ihrer KQ-Schätzung. Geben Sie der Grafik die Überschrift »VKQ2« und übernehmen Sie ansonsten die Argumente aus der vorangegangenen Punktwolke.

f) Speichern Sie Ihre Objekte unter dem Namen Staatsausgaben.RData im Unterordner Objekte.

Aufgabe 17.6: Ausgaben der EU-25

- White-Korrektur
- R-Funktionen: abs(), cbind(), for(), hcc(), load(), ols(), pt(), rep(), round(), save.image(), sqrt()
- Datensatz: data.eu

Es wird das Beispiel aus den R-Boxen 17.1 (S. 231) und 17.2 (S. 235) erneut aufgenommen. Die Daten befinden sich im Dataframe data.eu des Pakets desk.

a) Öffnen Sie im Quelltext-Fenster ein neues Skript und speichern Sie es unter der Bezeichnung EU-Budget.R ab. Weisen Sie die Variablen expend, pop, gdp, farm, votes und mship des Dataframes data.eu eigenen Objekten zu. Verwenden Sie dabei die Objektnamen ausgaben, einwohner, bip, agrar, stimmen und mzeit.

b) Führen Sie eine KQ-Schätzung des Regressionsmodells

$$\text{ausgaben}_i = \alpha + \beta_1 \text{einwohner}_i + \beta_2 \text{bip}_i + \beta_3 \text{agrar}_i \quad \text{(A17.5)}$$
$$+ \beta_2 \text{stimmen}_i + \beta_3 \text{mzeit}_i + u_i$$

durch und speichern Sie die Ergebnisse im Objekt eu.est. Lassen Sie sich die in eu.est gespeicherten Ergebnisse anzeigen und interpretieren Sie die Koeffizienten der Steigungsparameter.

c) Im Rahmen der R-Box 17.2 (S. 235) war gezeigt worden, dass die Störgrößen des Modells (A17.5) heteroskedastisch sind. Was bedeutet dies für die in eu.est angegebenen geschätzten Standardabweichungen?

d) Berechnen Sie mit R für alle sechs Parameter heteroskedastizitäts-konsistente geschätzte Standardabweichungen und darauf aufbauend die entsprechenden t-Werte und p-Werte. Programmieren Sie dazu eine kleine Schleife (siehe R-Box 16.1 auf S. 222). Sie müssen vor der Schleife zunächst drei »sechselementige leere« Vektoren definieren, die im Rahmen der Schleife »bestückt« werden. Bezeichnen Sie die leeren Vektoren durch se.werte, t.werte und p.werte. Verwenden Sie innerhalb der Schleife für die Erzeugung der se.werte die Funktionen sqrt() und hcc(). Für die Erzeugung der p.werte erweisen sich die Funktionen pt() und abs() als hilfreich.

e) Verknüpfen Sie die bestückten Vektoren se.werte, t.werte und p.werte mit der cbind()-Funktion. Runden Sie dabei alle Werte auf vier Dezimalstellen. Vergleichen Sie die Werte mit den entsprechenden Werten in eu.est.

f) Prüfen Sie, ob die Ausgaben der EU-25, welche an die einzelnen Länder fließen, als Ergebnis eines politischen »Kuhhandels« interpretiert werden können. Wäre die Kuhhandelsvermutung korrekt, dann müsste Ländern mit überproportionalem Stimmenanteil und lange etablierten Vernetzungsstrukturen (also langer EU-Mitgliedschaft) ein überproportionaler Anteil an den Ausgaben der EU-25 zufließen. Wie können Sie diese Einsicht nutzen, um die Kuhhandelsvermutung empirisch zu testen? Formulieren Sie die entsprechende(n) Nullhypothese(n) und prüfen Sie ihre Gültigkeit auf Basis der Ergebnisse des Aufgabenteils d).

g) Speichern Sie Ihre Objekte unter dem Namen EU-Budget.RData im Unterordner Objekte.

> **Tipp 17 für R-fahrene: R-Skript durchsuchen**
>
> Möchte man in umfangreichen Skripten einen bestimmten Befehl finden, kann man die aus Windows bekannte Tastenkombination [Strg]+[F] nutzen. Sie öffnet im oberen Bereich des Quelltext-Fensters eine Leiste, in welche man den Begriff eingeben kann, nach dem gesucht werden soll. Wollte man den Begriff durch einen anderen Begriff ersetzen, gäbe es in der gleichen Leiste weiter rechts die Möglichkeit den neuen Begriff einzugeben. Die Leiste kann durch einen Klick auf das graue Kreuz in der rechten oberen Ecke geschlossen werden.

KAPITEL A18

Annahme B3: Freiheit von Autokorrelation

Wenn man mit Zeitreihendaten arbeitet, stellen die Residuen $\hat{u}_t$ einer KQ-Schätzung eine zeitliche Sequenz geschätzter Störgrößen u_t dar, wobei t der Beobachtungsindex ist (statt i). Oftmals zeigt sich in solchen KQ-Schätzungen eine statistische Abhängigkeit zwischen $\hat{u}_t$ und $\hat{u}_{t-1}$, welche auf einen autoregressiven Prozess erster Ordnung, kurz AR(1)-Prozess, in den Störgrößen u_t hindeutet. Ein solcher Prozess ist durch die Beziehung

$$u_t = \rho u_{t-1} + e_t \qquad (A18.1)$$

charakterisiert. Dabei bezeichnet ρ eine Konstante mit $-1 < \rho < 1$ und e_t ist eine unabhängig normalverteilte Störgröße mit Erwartungswert 0 und Varianz σ_e^2 (siehe Abschnitt 18.1.1 des Lehrbuches). Um den Umgang mit solchen autokorrelierten Störgrößen geht es in diesem Kapitel.

In der R-Box »AR(1)-Prozesse simulieren« wird eine Funktion vorgestellt, mit dessen Hilfe AR(1)-Prozesse simuliert und grafisch dargestellt werden können. Die Funktion ist Grundlage für Aufgabe 18.1, welche ein Gefühl für die relevanten Bestimmungsgrößen eines AR(1)-Prozesses vermittelt.

Ob die Störgrößen eines Regressionsmodells autokorreliert sind, kann unter anderem mit dem Durbin-Watson-Test überprüft werden. Die R-Box »Autokorrelation testen« (S. 253) erläutert die Umsetzung dieses Tests in R. Angewendet wird dieses Wissen in Aufgabe 18.2.

Die anschließende R-Box »Schätzung bei Autoregression« (S. 258) erklärt, wie sich die auf Autokorrelation zugeschnittenen Schätzverfahren auf einfache Weise in R umsetzen lassen. Ausprobiert wird das Ganze in der Aufgabe 18.3.

R-Box 18.1: **AR(1)-Prozesse simulieren**

Mit der Funktion arlsim() des Pakets desk können wir AR(1)-Prozesse der Form (A18.1) simulieren. Ihre Argumente lauten

```
arguments(ar1sim)
```

```
n = 50, rho, u0 = 0, var.e = 1, details = FALSE, seed = NULL
```

Das Argument n legt in der Funktion fest, wie viele Perioden und damit u_t-Werte erzeugt werden. Der erste dieser Werte ist ein festgelegter Startwert u_0 und die anderen $(n-1)$ Werte werden mit dem AR(1)-Prozess (A18.1) zufällig erzeugt. Wir wollen uns hier auf n = 30 (also der Startwert u_0 und die 29 zufällig erzeugten Werte u_1 bis u_{29}) statt der voreingestellten n = 50 Werte beschränken. Voreingestellt ist der Startwert $u_0 = 0$. Mit dem optionalen Argument u0 können wir diesen Wert aber ändern. Wir wählen u0 = 2, um zu veranschaulichen, wie die Werte über die Zeit zurück zum Wert 0 tendieren. Das Argument rho legt den Wert der Konstanten ρ im AR(1)-Prozess (A18.1) und damit die Richtung und das Ausmaß der Korrelation fest. Wir wollen hier einen AR(1)-Prozess mit einer starken positiven Korrelation simulieren und setzen rho = 0.7. Die Varianz σ_e^2 der Störgröße e_t im AR(1)-Prozess (A18.1) geben wir mit dem optionalen Argument var.e ein. Wir wählen var.e = 0 statt der voreingestellten Varianz von 1. Damit werden zufällige Störungen im AR(1)-Prozess vollkommen ausgeschlossen. Die erzeugten 30 Werte speichern wir unter dem Namen sim.ohne.e ab:

```
sim.ohne.e <- ar1sim(n = 30, u0 = 2, rho = 0.7, var.e = 0)
```

In der zweiten Simulation verwenden wir genau die gleichen Argumentwerte wie in der ersten Simulation, setzen aber die Störgrößenvarianz auf var.e = 0.1:

```
sim.mit.e <- ar1sim(n = 30, u0 = 2, rho = 0.7, var.e = 0.1)
```

Im Vergleich der beiden Simulationen wird der Einfluss der zufälligen Störungen deutlich.

Objekte, die mit der Funktion ar1sim() erstellt wurden, können mit der plot()-Funktion grafisch dargestellt werden. Die Befehle

```
plot(sim.ohne.e, ylim = c(-1,2))
plot(sim.mit.e, ylim = c(-1,2))
```

erzeugen beispielsweise die Abbildung A18.1. Man sieht deutlich den Unterschied zwischen der im Teil (a) dargestellten Simulation mit $\sigma_e^2 = 0$ und der im Teil (b) dargestellten Simulation mit $\sigma_e^2 = 0{,}1$.

Die gleichen Grafiken entstünden, wenn man der plot()-Funktion das Argu-

Fortsetzung auf nächster Seite ...

Fortsetzung der vorherigen Seite ...

ment `plot.what = "time"` hinzufügen würde. Dieser voreingestellte Wert besagt lediglich, dass eine Grafik erzeugt werden soll, die für jeden Beobachtungs- bzw. Zeitindex t den Störgrößenwert u_t anzeigt.

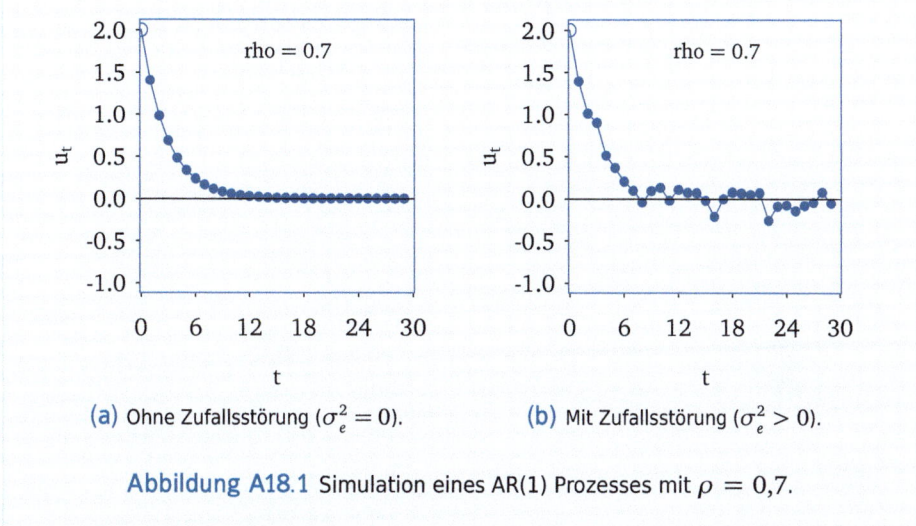

(a) Ohne Zufallsstörung ($\sigma_e^2 = 0$). (b) Mit Zufallsstörung ($\sigma_e^2 > 0$).

Abbildung A18.1 Simulation eines AR(1) Prozesses mit $\rho = 0{,}7$.

Verwenden wir hingegen das Argument `plot.what = "lag"`, ergibt sich ein anderer Grafiktyp. Aus den mit der `ar1sim()`-Funktion erzeugten Werten $u_1, u_2, \ldots, u_T$ können nämlich auch $(T-1)$ Wertepaare (u_{t-1}, u_t) gebildet werden (siehe Abschnitt 18.2.2 des Lehrbuches). Das Argument `plot.what = "lag"` ruft eine Grafik auf, welche diese Wertepaare als Punktwolke zeigt, wobei die horizontale Achse die Werte der zeitverschobenen (engl.: *lagged*) Variablen u_{t-1} wiedergibt. Zusätzlich wird auch eine Gerade durch den Ursprung mit der in der `ar1sim()`-Funktion festgelegten Steigung `rho` wiedergegeben. Die Punktwolke kann helfen, Ausmaß und Richtung der Autokorrelation zu beurteilen.

Mit dem Argument `lag = 2` könnten wir die Wertepaare (u_{t-2}, u_t) statt der Wertepaare (u_{t-1}, u_t) anzeigen lassen. Voreingestellt ist jedoch `lag = 1`, was auch für unsere Zwecke der richtige Wert ist. Die `plot()`-Funktion besitzt neben den üblichen Argumenten `xlim` und `ylim` viele weitere optionale Argumente, mit denen man die genaue grafische Darstellungsweise steuern kann. Wir wollen hier nicht weiter auf diese Möglichkeiten eingehen und weisen stattdessen R an, die Befehle

```
plot(sim.ohne.e, plot.what = "lag")
plot(sim.mit.e, plot.what = "lag")
```

auszuführen. Wir erzeugen damit die Abbildung A18.2. Die Punkte bewegen sich im Zeitablauf von rechts außen in Richtung Ursprung.

Fortsetzung auf nächster Seite ...

Fortsetzung der vorherigen Seite ...

Mit dem zusätzlichen Argument `ols.line = T` könnten wir R anweisen, eine KQ-Schätzung des Regressionsmodells (A18.1) durchzuführen und die Regressionsgerade in der Grafik einzuzeichnen. Damit ließe sich grafisch feststellen, wie gut der KQ-Schätzer für ρ den wahren Wert abbildet. In Teil (a) der Abbildung A18.2 würden die Regressionsgerade und die »wahre Gerade« deckungsgleich verlaufen, im Teil (b) nahezu deckungsgleich.

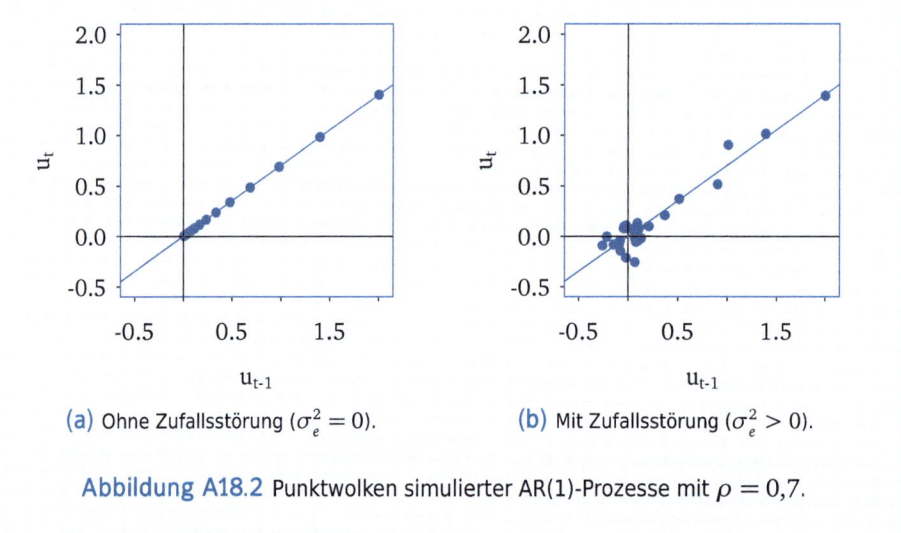

(a) Ohne Zufallsstörung ($\sigma_e^2 = 0$).   (b) Mit Zufallsstörung ($\sigma_e^2 > 0$).

Abbildung A18.2 Punktwolken simulierter AR(1)-Prozesse mit $\rho = 0{,}7$.

Aufgabe 18.1: Simulation von AR(1)-Prozessen

- Daten aus AR(1)-Prozessen künstlich erzeugen
- grafische Veranschaulichung verschiedener AR(1)-Prozesse
- R-Funktionen: `ar1sim()`, `c()`, `for()`, `par()`, `plot()`

a) Öffnen Sie im Quelltext-Fenster ein neues Skript und speichern Sie es unter der Bezeichnung `AR1Sim.R`. Stellen Sie sicher, dass das Paket `graphics` aktiviert ist. Weisen Sie R mit der `par()`-Funktion an, im Folgenden immer zwei Einzelgrafiken nebeneinander in einer Abbildung anzuordnen (siehe R-Box 15.1 auf Seite 206).

b) Im weiteren Verlauf des R-Skriptes wird der Einfluss des Korrelationsparameters ρ und der Störgrößenvarianz σ_e^2 auf die durch den AR(1)-Prozess $u_t = \rho u_{t-1} + e_t$ erzeugten Werte veranschaulicht. Es sei ein AR(1)-Prozess gegeben mit $\rho = 0{,}5$, $u_0 = 10$ und $\sigma_e^2 = 1$. Erzeugen Sie mit der `ar1sim()`-Funktion für diese Vorgaben eine aus 30 Elementen bestehende Wertesequenz (u_1 bis u_{30}) und geben Sie dieser den Namen `sim1`.

Stellen Sie mit der `plot()`-Funktion die erzeugten Werte einmal als Zeitreihe dar und einmal als Punktwolke der Wertepaare (u_t, u_{t-1}). Beschränken Sie bei der Zeitreihengrafik den angezeigten Wertebereich der vertikalen Achse auf −10 bis 10 und bei der Punktwolkengrafik den angezeigten Wertebereich beider Achsen auf −8 bis 8. Wie viele Punkte enthält die Punktwolke?

c) Verändern Sie zunächst die par()-Funktion, so dass eine Abbildung aus acht Grafiken besteht, welche in zwei Zeilen und vier Spalten angeordnet sind. Dabei sollen die acht Positionen der Abbildung spaltenweise mit Grafiken aufgefüllt werden. Führen Sie anschließend exakt die gleichen Schritte wie in Aufgabenteil b) für die folgenden ρ-Werte durch: $\rho = 0{,}8$, $\rho = 0$, $\rho = -0{,}5$ und $\rho = -0{,}8$. Schreiben Sie zu diesem Zweck eine einfache for-Schleife, in der Sie den ρ-Wert verändern und ansonsten die gleichen Befehle wie in Aufgabenteil b) verwenden. Ihre Schleife sollte die folgende Grundstruktur besitzen, wobei mein.rho ein selbst gewählter Name ist (siehe R-Box 16.1 auf Seite 222):

```
for(mein.rho in c(0.8, 0, -0.5, -0.8)){
< Befehle >
}
```

Was fällt Ihnen beim Vergleich der jeweiligen oberen Grafik (sie zeigt die Zeitreihe der erzeugten u_t-Werte) mit der jeweiligen unteren Grafik (sie zeigt die Punktwolke) auf?

d) Verändern Sie den par()-Befehl erneut, so dass zwei Einzelgrafiken nebeneinander in einer Abbildung angeordnet werden. Führen Sie nochmals die Schritte aus Aufgabenteil b) aus, diesmal aber mit $\rho = -0.8$ und $\sigma_e^2 = 0$. Speichern Sie die Werte unter dem Namen sim2 ab. Vergleichen Sie die erzeugten Grafiken mit den für $\rho = -0.8$ und $\sigma_e^2 = 1$ erzeugten Grafiken aus Aufgabenteil c).

R-Box 18.2: Autokorrelation testen

Die Sorge um den Arbeitsplatzverlust könnte bei Arbeitnehmern dazu beitragen, dem Arbeitgeber nicht zu viele Krankheitstage zuzumuten. Bei hoher Arbeitslosigkeit sollte demnach der Krankenstand besonders niedrig ausfallen. Lässt sich diese Vermutung für Deutschland empirisch belegen? Wenn x_t die Erwerbslosenquote und y_t den Krankenstand bezeichnet, dann sollte in der Einfachregression

$$y_t = \alpha + \beta x_t + u_t$$

der Parameter β einen negativen Wert besitzen. Uns stehen im Dataframe data.sick des Pakets desk Jahresdaten für den Zeitraum 1992 bis 2014 für die beiden Variablen Erwerbslosenquote (jobless) und durchschnittliche Krankheits-Fehltage eines Arbeitnehmers im Jahr (sick) zur Verfügung. Wir beschränken uns allerdings auf den Zeitraum 2005 bis 2014.

Fortsetzung auf nächster Seite ...

Fortsetzung der vorherigen Seite ...

Mit dem Befehl

```
kstand.est <- ols(sick ~ jobless, data = data.sick[14:23,])
```

wird für die Jahre 2005 bis 2014, also für die Beobachtungen 14 bis 23, der Krankenstand `sick` auf die Erwerbslosenquote `jobless` regressiert und die Resultate im Objekt `kstand.est` abgespeichert. Die Schätzergebnisse lauten

```
kstand.est
```

```
              coef   std.err  t.value  p.value
(Intercept)  10.5602  0.5085  20.7654  <0.0001
jobless      -0.2526  0.0721  -3.5023   0.0081
```

Es ergibt sich der vermutete negative Einfluss der Erwerbslosenquote auf den Krankenstand ($\hat{\beta} = -0.2526$).

Wir möchten nun den Zusammenhang zwischen den Residuen $\hat{u}_t$ und $\hat{u}_{t-1}$ unserer KQ-Schätzung untersuchen. Für die Erstellung der Werte von $\hat{u}_t$ und der um eine Periode verschobenen Werte $\hat{u}_{t-1}$ steht die Funktion `lagk()` des Pakets `desk` zur Verfügung. Sie besitzt drei Argumente:

```
arguments(lagk)

u, lag = 1, delete = TRUE
```

Das Argument `u` ist der Basisvektor, im Beispiel also `kstand.est$resid`, die Residuen unseres Modells. Im Argument `lag` wird angegeben, bis zu welcher Anzahl an Perioden die Elemente des Basisvektors »verschoben« werden sollen. In unserem Fall würden wir `lag = 1` eingeben. Da dies aber auch der voreingestellte Wert der Funktion ist, könnten wir auf dieses Argument verzichten. Im Vektor $\hat{u}_{t-1}$ steht für $t=1$ keine Beobachtung $\hat{u}_0$ zur Verfügung. Die Funktion `lagk()` füllt deshalb die Einträge für die Beobachtung $t=1$ automatisch mit »NA« (engl.: *not available*). Das voreingestellte Argument `delete = T` bewirkt, dass Paare ($\hat{u}_t, \hat{u}_{t-1}$), die ein »NA« enthalten, automatisch gelöscht werden. Sollte diese Löschung unerwünscht sein, kann man das Argument auf `delete = F` setzen.

Wir möchten mit der `lagk()`-Funktion aus dem Basisvektor `kstand.est$resid` nicht nur die Werte von $\hat{u}_t$ und $\hat{u}_{t-1}$ erzeugen, sondern auch die Werte von $\hat{u}_{t-2}$ und $\hat{u}_{t-3}$. Die Werte sollen unter dem Namen `resid.lag` gespeichert werden. Dies gelingt mit dem folgenden Befehl:

```
lagk(kstand.est$resid, lag = 3)
```

Dieser Befehl erzeugt eine Matrix mit vier Spalten, welche in der ersten Spalte

Fortsetzung auf nächster Seite ...

Fortsetzung der vorherigen Seite ...

den Basisvektor enthält und in den folgenden Spalten den um eine, zwei und drei Perioden und damit Positionen »nach unten« verschobenen Basisvektor. Das auf zwei Dezimalstellen gerundete Ergebnis sieht wie folgt aus (nur die ersten drei Zeilen sind hier angezeigt):

```
   lag0  lag1  lag2  lag3
4 -0.42 -0.66 -0.09  0.64
5 -0.37 -0.42 -0.66 -0.09
6  0.26 -0.37 -0.42 -0.66
```

Die erste Zeile zeigt die Werte der Periode $t = 4$. Der Zugriff auf die einzelnen Spalten würde auf die für Matrizen übliche Weise, also mit der Zeilen- und Spaltenangabe in angehängten eckigen Klammern, erfolgen. Um auf den Wert -0.66 zuzugreifen, würden wir also [1,2] anhängen.

Deuten die Residuen unserer KQ-Schätzung auf Störgrößen hin, welche in der Form eines AR(1)-Prozesses autokorreliert sind? Um dies zu prüfen, könnten wir die erste Spalte von resid.lag auf die zweite Spalte regressieren und den t-Wert oder p-Wert des Steigungsparameters ρ betrachten (siehe Abschnitt 18.2.2 des Lehrbuches). Angesichts des geringen Datenumfangs sollten wir aber besser den von Durbin und Watson (1950) entwickelten Autokorrelationstest heranziehen.

Dafür steht im Paket desk die Funktion dw.test() zur Verfügung. Ihre Argumente lauten

```
arguments(dw.test)

mod, data = list(), dir = c("left", "right", "both"),
 method = c("pan1", "pan2", "paol", "spa"), crit.val = TRUE,
 sig.level = 0.05, details = FALSE, hyp = TRUE
```

Im ersten Argument teilen wir R das KQ-geschätzte Modell mit, um dessen Störgrößen es geht, hier also kstand.est. Die Art der zu testenden Autokorrelation und damit die Richtung des Tests wird im Argument dir (für engl.: *direction*) festgelegt. Wir vermuten, dass positive Autokorrelation vorliegt. Unsere Alternativhypothese lautet deshalb $H_1 : \rho > 0$ und unsere Nullhypothese $H_0 : \rho \leq 0$. Diese Hypothesen sind gleichbedeutend mit $H_0 : d \geq 2$ und $H_1 : d < 2$, wobei d der zu berechnende Durbin-Watson-Wert ist. Ein d-Wert, der deutlich »links« vom Wert 2 liegt, spricht gegen die Null- und für die Alternativhypothese. Es handelt sich beim Test auf positive Autokorrelation folglich um einen *linksseitigen* Test. Da das Argument dir = "left" bereits voreingestellt ist, lassen wir es weg. Mit dem Argument method könnte man bei der Berechnung der p-Werte vom voreingestellten Algorithmus abweichen. Wir nutzen jedoch den voreingestellten Algorithmus und verwenden auch bei den anderen Argumenten die

Fortsetzung auf nächster Seite ...

Fortsetzung der vorherigen Seite ...

voreingestellten Werte. Wir schreiben deshalb

```
dw.result <- dw.test(kstand.est)
```

Das dem Objekt `dw.result` zugewiesene Ergebnis unseres Durbin-Watson-Tests lautet

```
dw.result

Durbin-Watson Test on AR(1) autocorrelation
-------------------------------------------

Hypotheses:
                          H0:                       H1:
   d >= 2 (rho <= 0, no pos. a.c.)  d < 2 (rho > 0, pos. a.c.)

Test results:
       dw   crit.value   p.value   sig.level        H0
    1.0503      1.3128    0.0146        0.05  rejected
```

Der berechnete Durbin-Watson-Wert ist deutlich kleiner als zwei, deutet also auf eine positive Autokorrelation hin. Der *p*-Wert zeigt direkt an, dass die Nullhypothese $H_0 : \rho \leq 0$ auf einem Signifikanzniveau von 5% abgelehnt wird. Wir müssen folglich von positiver Autokorrelation der Störgrößen ausgehen.

Die grafische Darstellung des Tests (vgl. Abb. A18.3) gelingt mit

```
plot(dw.result)
```

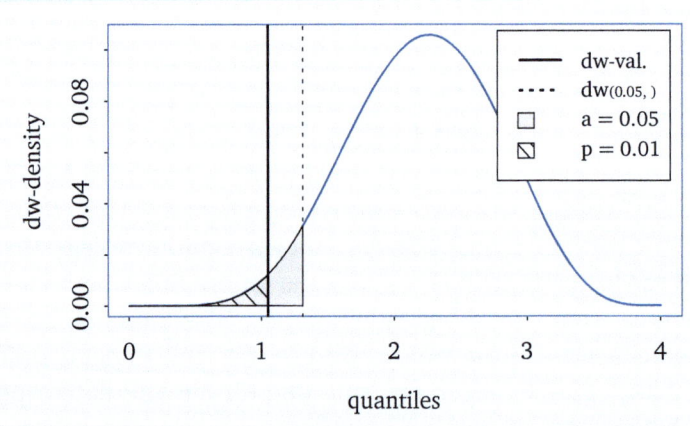

Abbildung A18.3 Grafische Darstellung des im Objekt `dw.result` abgespeicherten Durbin-Watson-Testergebnisses.

Aufgabe 18.2: Filter (Teil 1)

- Replikation der Numerischen Illustrationen 18.1 bis 18.6 des Lehrbuches
- Autokorrelation testen
- R-Funktionen: `abline()`, `c()`, `data.frame()`, `diff()`, `dw.test()`, `lagk()`, `ols()`, `plot()`, `save.image()`, `sum()`
- Datensatz: `data.filter`

Der Absatz von Trinkwasserfiltern (y_t) hängt vom Ladenpreis dieser Filter (x_t) ab:

$$y_t = \alpha + \beta x_t + u_t . \qquad (A18.2)$$

Für den Marktführer sind die Absatz- und Preisdaten der vergangenen 24 Monate im Dataframe `data.filter` des Pakets `desk` verfügbar.

a) Öffnen Sie im Quelltext-Fenster ein neues Skript und speichern Sie es unter der Bezeichnung `FilterTeil1.R` ab. Verschaffen Sie sich mit dem Hilfesteckbrief des im Paket `desk` enthaltenen Dataframes `data.filter` einen Überblick über die Daten. Lassen Sie sich die Daten in einem zusätzlichen Quelltext-Fenster anzeigen. Weisen Sie die im Dataframe enthaltenen Variablen `price` (Durchschnittspreis des Monats; in Euro) und `sales` (Monatsabsatz; in Einheiten von 1000 Stück) den Objekten `x` und `y` zu.

b) Erzeugen Sie aus den Variablen `x` und `y` eine Punktwolke. Verbinden Sie die Punkte durch Eingabe des Arguments `type = "b"`. Beschriften Sie die Achsen mit »Preis x« und »Absatz y«. Beschränken Sie den Wertebereich der horizontalen Achse auf 24 bis 34 und denjenigen der vertikalen Achse auf 1000 bis 2500.

c) Führen Sie eine KQ-Schätzung des Modells (A18.2) durch und speichern Sie die Resultate unter dem Namen `filter.est`. Lassen Sie sich die Resultate anzeigen und interpretieren Sie die beiden Koeffizienten Ihrer Schätzung. Fügen Sie mit der `abline()`-Funktion der Punktwolke aus Aufgabenteil b) eine Regressionsgerade hinzu.

d) Erzeugen Sie die gleiche Punktwolke (mit Regressionsgerade) wie in den vorangegangenen beiden Teilaufgaben, indem Sie die `plot()`-Funktion direkt auf das geschätzte Modell anwenden.

e) Erzeugen Sie mit `lagk()` eine Matrix mit den $\hat{u}_t$- und $\hat{u}_{t-1}$-Werten Ihrer KQ-Schätzung und weisen Sie ihr den Objektnamen `lags` zu. Führen Sie in einem einzigen Befehl bei der Matrix `lags` folgende drei Modifikationen durch: (1) Vertauschen der beiden Spalten, (2) Vergabe der Variablennamen `resid.lag` und `resid`, (3) Umwandlung in einen Dataframe mit dem Befehl `data.frame()` oder `as.data.frame()`. Stellen Sie mit Hilfe der `plot()`-Funktion die Wertepaare ($\hat{u}_{t-1}$, $\hat{u}_t$) durch eine Punktwolke dar. Beschränken Sie dabei den Wertebereich der beiden Achsen auf −600 bis 600.

f) Schätzen Sie nun das Modell $\widehat{u}_t = \rho\widehat{u}_{t-1} + e_t$ wie gewohnt mit der `ols()`-Funktion und denken Sie daran, dass kein Niveauparameter zu schätzen ist. Speichern Sie Ihre Ergebnisse unter dem Namen `korr.est`. Zeichnen Sie die Regressionsgerade in die Punktwolke der vorangegangenen Teilaufgabe ein. Zu welcher Testentscheidung gelangen Sie, wenn Sie auf Basis Ihrer KQ-Schätzung mit einem gewöhnlichen t-Test die Nullhypothese $H_0 : \rho = 0$ auf einem Signifikanzniveau von 5% testen? Warum ist dieser t-Test möglicherweise nicht voll aussagekräftig?

g) Sie vermuten, dass $\rho > 0$ gilt. Sie wollen deshalb einen Durbin-Watson-Test der Nullhypothese $H_0 : \rho \leq 0$ durchführen. Berechnen Sie manuell mit R zunächst den Durbin-Watson-Wert d und speichern Sie ihn unter der Bezeichnung `d`. Diesen Wert erhält man mit der Formel

$$d = \frac{\sum_{t=2}^{T}\left(\widehat{u}_t - \widehat{u}_{t-1}\right)^2}{\sum_{t=1}^{T}\widehat{u}_t^2}. \qquad (A18.3)$$

Die Differenzen $\widehat{u}_t - \widehat{u}_{t-1}$ für $t = 2$ bis T lassen sich am einfachsten mit der `diff()`-Funktion berechnen. Im vorliegenden Fall müssen Sie den Befehl `diff(resid)` einsetzen. Spricht der berechnete d-Wert tendenziell für oder gegen die Gültigkeit der Nullhypothese?

Führen Sie nun den Durbin-Watson-Test mit der Funktion `dw.test()` des Pakets `desk` durch. Vergleichen Sie den angezeigten d-Wert mit jenem, den Sie zuvor manuell mit R ermittelt haben. Welche Testentscheidung ergibt sich auf Basis der mit der `dw.test()`-Funktion erzeugten Ergebnisse? Berechnen Sie auch einen d-Wert aus der Formel

$$d = 2\left(1 - \widehat{\rho}\right),$$

wobei $\widehat{\rho}$ der in `korr.est` gespeicherte KQ-Schätzwert für ρ ist.

h) Speichern Sie Ihre Objekte unter dem Namen `Filter.RData` im Unterordner `Objekte`.

R-Box 18.3: Schätzung bei Autokorrelation

In unserem Anwendungsbeispiel der R-Box 18.2 (S. 253; Datensatz `data.sick`) hatten wir mit dem Befehl

`kstand.est <- ols(sick ~ jobless, data = data.sick[14:23,])`

den Krankenstand in Deutschland auf die Erwerbslosenquote regressiert und festgestellt, dass die Störgrößen dieses Modells autokorreliert sind. Die KQ-Methode ist deshalb ungeeignet. Stattdessen können wir das Modell mit der

Fortsetzung auf nächster Seite ...

Fortsetzung der vorherigen Seite ...

VKQ-Methode von Hildreth und Lu (1960) schätzen (siehe Abschnitt 18.3.2 des Lehrbuches).

Die Funktion hilu() des Pakets desk steht für diesen Zweck zur Verfügung. Sie besitzt die folgenden Argumente:

```
arguments(hilu)

mod, data = list(), range = seq(-1, 1, 0.01), details = FALSE
```

Das zugrunde liegende Modell wird wie gewohnt im ersten Argument angegeben, im Anwendungsbeispiel also kstand.est. Normalerweise probiert die Funktion alle Korrelationswerte ρ im Intervall von -1 bis 1 aus, wobei ein Werteabstand von 0,01 verwendet wird. Es werden also standardmäßig 201 unterschiedliche ρ-Werte geprüft. Möchte man ein anderes Intervall oder einen anderen Werteabstand, so steht dafür das Argument range zur Verfügung. Mit diesem Argument werden die Intervalluntergrenze, die Intervallobergrenze und der Werteabstand festgelegt. Beispielsweise würden wir mit range = seq(from = -0.2, to = 0.4, by = 0.05) alle ρ-Werte zwischen $-0,2$ und $0,4$ prüfen und dabei einen Werteabstand von 0,05 verwenden.

In unserem Beispiel wählen wir das Intervall von -1 bis 1 und einen Werteabstand von 0,001:

```
hilu.est <- hilu(kstand.est, range = seq(from=-1, to=1, by=0.001))
```

Als Resultat erhalten wir:

```
hilu.est

Hildreth and Lu estimation given AR(1)-autocorrelated errors
-----------------------------------------------------------

Minimal SSR Regression results:
              coeff.    std. err.   t-value   p-value
(Intercept)  10.0930    0.4534      22.2619   <0.0001
jobless      -0.1727    0.0643      -2.6865   0.0276


Total number of regressions:      2001
Regression that minimizes SSR:    1604
Rho value that minimizes SSR:     0.603
```

Demnach hat $\rho = 0{,}603$ die geringste Summe der Residuenquadrate erzeugt. Die KQ-Schätzergebnisse für $\rho = 0{,}603$ sind im oberen Teil des R-Outputs angezeigt. Erneut zeigt sich der negative Zusammenhang zwischen der Erwerbslosenquote und dem Krankenstand ($\widehat{\beta} = -0{,}1727$).

Fortsetzung auf nächster Seite ...

Fortsetzung der vorherigen Seite ...

Wir können uns die Berechnung auch grafisch darstellen lassen. Mit dem Befehl

```
plot(hilu.est)
```

erzeugen wir die Abbildung A18.4. Auf der horizontalen Achse wird der zugrunde liegende ρ-Wert angezeigt und auf der vertikalen Achse die resultierende Summe der Residuenquadrate. Das Minimum ergibt sich bei $\rho = 0{,}603$.

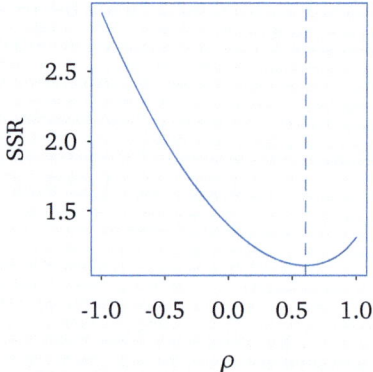

Abbildung A18.4 Summe der Residuenquadrate über ρ im Hildreth-Lu-Verfahren.

Eine Alternative zu dieser VKQ-Methode ist die GVKQ-Methode von Cochrane und Orcutt (1949) sowie Prais und Winsten (1954); siehe Abschnitt 18.3.3 des Lehrbuches. In R lässt sich diese Methode mit der Funktion `cochorc()` des Pakets `desk` umsetzen. Ihre Argumente lauten

```
arguments(cochorc)
```

```
mod, data = list(), iter = 10, tol = 0.0001, pwt = TRUE,
 details = FALSE
```

Auch bei dieser Funktion wird im ersten Argument das zugrunde liegende Modell angegeben, hier also `kstand.est`. Im Argument `iter` wird die Anzahl der maximal ausgeführten Iterationen festgelegt. Wir wollen maximal 30 Iterationen durchführen: `iter = 30`. Verändert sich die Summe der Residuenquadrate nicht mehr hinreichend stark, so werden die Iterationen schon zu einem früheren Zeitpunkt abgebrochen. Was »hinreichend stark« genau heißt, können wir mit dem Argument `tol` (für »tolerance«) selbst festlegen. Voreingestellt ist 0,0001. Die Funktion `cochorc()` führt für die erste Beobachtung des Datensatzes standardmäßig die Prais-Winsten-Transformation durch (siehe Abschnitt 18.3.1 des Lehrbuches). Möchte man stattdessen die erste Beobach-

Fortsetzung auf nächster Seite ...

tung ausgeschlossen haben, fügt man in den Befehl das Argument `pwt = F` ein. In unserem Beispiel verwenden wir den Befehl

```
cochorc.result <- cochorc(kstand.est, iter = 30)
```

und erhalten:

```
cochorc.result
Cochrane-Orcutt estimation given AR(1)-autocorrelated errors
-----------------------------------------------------------
              coef    std.err.  t.value   p.value
(Intercept)  10.1668   0.7173   14.1728   <0.0001
jobless      -0.1856   0.0981   -1.8929    0.095


Number of iterations performed:     14
Final rho value:                    0.5327
```

In der mit »Number of iterations performed« beginnenden Zeile teilt uns R mit, dass die 13. Iteration das endgültige Resultat liefert. Das bedeutet, dass R auch eine 14. Iteration durchgerechnet hat, aber der resultierende $\hat{\rho}$-Wert um weniger als 0,0001 vom $\hat{\rho}$-Wert der 13. Iteration abwich. Die Entwicklung der $\hat{\rho}$-Werte über die 13 Iterationen könnten wir uns mit dem Befehl

```
plot(cochorc.result)
```

anzeigen lassen.

Mit dem Argument `details = T` könnten wir uns eine detailliertere Ergebnisübersicht anzeigen lassen. Ferner könnten wir auf die Werte der transformierten Variablen zugreifen. Beispielsweise erhalten wir die Residuen der tatsächlich verwendeten 13. Iteration mit `cochorc.result$resid`. Der Befehl `cochorc.result$all.regs` würde uns die Regressionsergebnisse sämtlicher Iterationen anzeigen.

Aufgabe 18.3: Filter (Teil 2)

- Replikation der Numerischen Illustrationen 18.7 und 18.8 des Lehrbuches
- Schätzung bei Autokorrelation
- R-Funktionen: `abline()`, `cochorc()`, `hilu()`, `load()`, `plot()`, `seq()`
- Datensatz: `data.filter`

a) Es wird das Filter-Beispiel aus Aufgabe 18.2 erneut aufgegriffen. Öffnen Sie deshalb im Quelltext-Fenster ein neues Skript und speichern Sie es unter der

Bezeichnung `FilterTeil2.R` ab. Laden Sie die von Ihnen in Aufgabe 18.2 erzeugten und in der Datei `Filter.RData` abgespeicherten Objekte.

b) Wenden Sie die VKQ-Methode von Hildreth und Lu auf das Modell (A18.2) an. Probieren Sie dabei die ρ-Werte von 0,40 bis 0,50 in Schritten von 0,01 aus. Setzen Sie für Ihre Berechnungen die `hilu()`-Funktion ein und speichern Sie Ihre Resultate unter dem Namen `hilu.result`. Welcher ρ-Wert wird ausgewählt? Lassen Sie sich die für die unterschiedlichen ρ-Werte erzeugten Summen der Residuenquadrate grafisch anzeigen.

c) Verwenden Sie für die Schätzung des Modells (A18.2) die GVKQ-Methode von Cochrane und Orcutt mit der Prais-Winsten-Transformation. Setzen Sie dafür die `cochorc()`-Funktion ein. Verwenden Sie alle voreingestellten Argumentwerte der Funktion und speichern Sie die Resultate unter dem Namen `cochorc.result`. Hat sich der geschätzte ρ-Wert zwischen der ersten und zweiten Iteration verändert?

d) Lassen Sie sich mit der `plot()`-Funktion die zeitliche Abfolge der Residuenwerte Ihrer GVKQ-Schätzung anzeigen. Um die zeitliche Abfolge der Residuen deutlicher zu machen, verwenden Sie das Argument `type = "b"`. Es verknüpft die Einzelpunkte durch Verbindungslinien. Fügen Sie Ihrer Grafik eine horizontale Linie auf Höhe 0 hinzu. Deutet die Grafik auf Autokorrelation?

Tipp 18 für R-fahrene: Faktorvariablen

Die Variable `religion` des Dataframes `data.wage` gibt für alle 20 Beschäftigten an, ob sie evangelisch oder katholisch sind oder keiner dieser beiden Konfessionen zugeordnet werden können. Die Elemente der Variablen sind Zeichenketten (Datentyp `character`) und haben die drei Ausprägungen »protestant«, »catholic« und »other«. Es handelt sich also eigentlich um eine kategoriale Variable mit drei Kategorien. Für manche statistischen Auswertungen des Datensatzes kann es hilfreich sein, aus der Variablen eine sogenannte *Faktorvariable* zu definieren. Dies gelingt mit dem Befehl

`konfession <- as.factor(data.wage$religion)`

Das Objekt `konfession` gibt für jede Beobachtung statt der Zeichenkette die jeweilige Kategorie an. Entsprechend gibt der Befehl

`summary(konfession)`

unmittelbar aus, wie viele Beschäftigte in die jeweilige Kategorie fallen:

Fortsetzung auf nächster Seite ...

Fortsetzung der vorherigen Seite ...

```
   catholic       other protestant
         8            5           7
```

Der Befehl

```
summary(data.wage$religion)
```

würde hingegen den wenig aussagekräftigen Output

```
   Length     Class      Mode
       20 character character
```

liefern.

KAPITEL **A19**

Annahme B4: Normalverteilte Störgrößen

In diesem Kapitel geht es ausschließlich um die Frage, ob die Störgrößen des zu untersuchenden Regressionsmodells normalverteilt sind, ob also Annahme B4 erfüllt ist. Ein populärer Test ist in diesem Zusammenhang der Jarque-Bera-Test. Seine Umsetzung in R wird in der R-Box »Jarque-Bera-Test« erläutert. Angewendet wird der Test in Aufgabe 19.1, in welcher auch grafische Hilfsmittel zur Überprüfung der Normalverteilungsannahme vorgestellt werden. In der anschließenden R-Box »Wahrscheinlichkeitsverteilungen grafisch darstellen« erlernen wir, wie Wahrscheinlichkeitsverteilungen grafisch angezeigt werden können. In Aufgabe 19.2 probieren wir diese Möglichkeiten aus.

> **R-Box 19.1: Jarque-Bera-Test**
>
> Als Anwendungsbeispiel kehren wir nochmals zum Dünger-Beispiel der Kapitel 8 bis 12 zurück. Die KQ-Schätzergebnisse waren im Objekt `gerste.est` in der Datei `Duenger.RData` gespeichert. Empirische Grundlage war der Dataframe `data.fertilizer` im Paket `desk`. Mit dem von Jarque und Bera (1987) vorgeschlagenen Test können wir überprüfen, ob für die Störgrößen, welche dem Regressionsmodell zugrundeliegen, die Normalverteilungsannahme plausibel ist (siehe Abschnitt 19.2.2 des Lehrbuches).
>
> In R gelingt die Umsetzung dieses Tests mit der Funktion `jb.test()` des Pakets `desk`. Die Argumente der Funktion lauten
>
> *Fortsetzung auf nächster Seite ...*

Fortsetzung der vorherigen Seite ...

```
arguments(jb.test)

x, data = list(), sig.level = 0.05, details = FALSE, hyp = TRUE
```

Im ersten Argument teilen wir R mit, welche Residuen überprüft werden sollen. Wir können hier einfach gerste.est eingeben:

```
jb.test(gerste.est)
```

Als Antwort erhalten wir:

```
Jarque-Bera test for normality
-------------------------------

Hypotheses:
                          H0:                            H1:
  skew = 0 and kur = 3 (norm.)   skew <> 0 or kur <> 3 (non-norm.)

Test results:
      JB   crit.value   p.value    sig.level          H0
  0.7101      5.9915     0.7011       0.05      not rejected
```

Demnach kann die Nullhypothese, dass normalverteilte Störgrößen vorliegen, nicht abgelehnt werden.

Statt gerste.est hätten wir als erstes Argument auch gerste.est$resid, also einen Zahlenvektor, eingeben können. Wie gewohnt, könnten wir mit der plot()-Funktion das Testergebnis grafisch veranschaulichen lassen.

Aufgabe 19.1: Pro-Kopf-Einkommen

- Replikation der Numerischen Illustrationen 19.1 bis 19.3 des Lehrbuches
- Normalverteilung der Störgrößen testen
- R-Funktionen: abline(), c(), hist(), jb.test(), length(), mean(), ols(), plot(), qchisq(), seq(), sqrt()
- Datensatz: data.income

In einer Arbeit von Mankiw et al. (1992) wird das logarithmierte Pro-Kopf-Einkommen y_i eines Landes durch seine logarithmierte Sparquote (x_{1i}) und durch die logarithmierte Summe der Raten des Bevölkerungswachstums, des technischen Fortschritts und der Kapitalabschreibungen (x_{2i}) erklärt:

$$y_i = \alpha + \beta_1 x_{1i} + \beta_2 x_{2i} + u_i \,.$$

Die Daten der 75 erfassten Länder sind im Dataframe data.income des Pakets desk verfügbar.

a) Öffnen Sie im Quelltext-Fenster ein neues Skript und speichern Sie es unter der Bezeichnung Einkommen.R ab. Verschaffen Sie sich über den Hilfesteckbrief des Dataframes data.income einen Überblick über die Daten. Lassen Sie sich die Daten in einem zusätzlichen Quelltext-Fenster anzeigen. Weisen Sie die im Dataframe enthaltenen Variablen loginc, logsave und logsum den Objekten y, x1 und x2 zu.

b) Regressieren Sie y auf x1 und x2 und speichern Sie die Resultate unter dem Namen einkom.est und die entsprechenden Residuen ($\widehat{u}_i$) unter dem Namen resid.

c) Lassen Sie sich die Werte der Residuen mit der plot()-Funktion anzeigen. Begrenzen Sie dabei den Wertebereich der horizontalen Achse auf 0 bis 80 und den der vertikalen Achse auf -2 bis 2. Beschriften Sie die vertikale Achse mit »Residuen« und die horizontale Achse mit »Land«. Fügen Sie der Grafik eine horizontale Null-Linie hinzu.

d) Speichern Sie die geschätzte Standardabweichung der Residuen ($\widehat{\sigma}$) unter der Bezeichnung se.u. Erzeugen Sie dann mit der seq()-Funktion einen Vektor, der aus den Werten $-4\widehat{\sigma}, -3{,}5\widehat{\sigma}, \ldots, 0, \ldots, 3{,}5\widehat{\sigma}, 4\widehat{\sigma}$ besteht und speichern Sie diesen unter der Bezeichnung grenzen. Erzeugen Sie anschließend für die Werte der Residuen ein Histogramm, dessen Grenzen die Werte des Vektors grenzen sind. Geben Sie dabei der horizontalen Achse die Bezeichnung »Residuen« und der vertikalen Achse die Bezeichnung »Anzahl der Residuen«.

e) Prüfen Sie mit dem Jarque-Bera-Test, ob die Störgrößen als normalverteilt betrachtet werden können (Signifikanzniveau 5%). Berechnen Sie zu diesem Zweck manuell mit R Maßzahlen für die Schiefe und die Kurtosis der Verteilung der Residuen. Verwenden Sie dafür die Formeln

$$\widehat{asym}(u_i) = \frac{\frac{1}{N}\sum \widehat{u}_i^3}{\left(\frac{1}{N}\sum \widehat{u}_i^2\right)^{3/2}}$$

$$\widehat{kur}(u_i) = \frac{\frac{1}{N}\sum \widehat{u}_i^4}{\left(\frac{1}{N}\sum \widehat{u}_i^2\right)^2}$$

und speichern Sie die Resultate unter den Bezeichnungen asym und kur. Berechnen Sie anschließend auf Basis der Formel

$$JB = N \left[\frac{\left[\widehat{asym}(u_i)\right]^2}{6} + \frac{\left[\widehat{kur}(u_i) - 3\right]^2}{24} \right]$$

den Jarque-Bera-Wert *JB* und speichern Sie diesen unter der Bezeichnung `jbwert`. Ermitteln Sie mit R den kritischen Wert der $\chi^2_{(2)}$-Verteilung und speichern Sie ihn unter dem Namen `krit`. Zu welcher Testentscheidung gelangen Sie?

f) Überprüfen Sie den manuell berechneten Jarque-Bera-Wert mit der Funktion `jb.test()` des Pakets `desk`. Passt der ausgewiesene *p*-Wert zu Ihren Ergebnissen des Aufgabenteils e)?

R-Box 19.2: **Wahrscheinlichkeitsverteilungen grafisch darstellen**

Die Funktion `dnorm()` gibt die Wahrscheinlichkeitsdichten der Normalverteilung an. Beispielsweise gibt der Befehl `dnorm(x = 3)` für die Ausprägung 3 die Wahrscheinlichkeitsdichte einer Standard-Normalverteilung aus: 0,00443. Die Wahrscheinlichkeitsdichten sämtlicher möglicher Ausprägungen liefert der Befehl `dnorm(x)`. Mit dem Argument `mean` können wir einen von 0 abweichenden Erwartungswert der Normalverteilung festlegen. Entsprechend können wir mit dem Argument `sd` eine von 1 abweichende Standardabweichung wählen.

Die Funktion `curve()` stellt mathematische Funktionen (z.B. $y = x^2$) oder auch Wahrscheinlichkeitsverteilungen (z.B. Normalverteilung) grafisch dar. Mit den Argumenten `from` und `to` oder auch mit `xlim` können wir auf gewohnte Weise den angezeigten Bereich der Grafik beschränken. Beispielsweise erzeugt der Befehl

```
curve(x^2, from = -2, to = 2)
```

eine Parabel, welche für den Wertebereich $[-2, 2]$ angezeigt wird. Der Befehl

```
curve(dnorm(x, mean = 1, sd = 2), xlim = c(-6,8))
```

erzeugt für den Wertebereich $[-6, 8]$ die Kurve einer Normalverteilung mit Erwartungswert 1 und Standardabweichung 2. Auch für andere Wahrscheinlichkeitsverteilungen könnten solche Grafiken erzeugt werden. Die Argumente `xlab` und `ylab` erlauben es, wie gewohnt eigene Achsenbeschriftungen zu wählen. Mit dem Argument `add = TRUE` kann die mit der `curve()`-Funktion definierte Kurve einer zuvor erzeugten Grafik hinzugefügt werden.

Aufgabe 19.2: **Normalverteilung**

- Veranschaulichung der Normalverteilung und Vergleich mit *t*-Verteilung
- R-Funktionen: `c()`, `curve()`, `dnorm()`, `hist()`, `jb.test()`, `mean()`, `rnorm()`, `rt()`, `sd()`

a) Öffnen Sie im Quelltext-Fenster ein neues Skript und speichern Sie es unter der Bezeichnung Normalverteilung.R ab. Erzeugen Sie mit der Funktion rnorm() (siehe R-Box 2.2, S. 27) aus einer Standard-Normalverteilung 100.000 Zufallswerte und speichern Sie diese im Objekt u1 ab. Lassen Sie sich mit dem hist()-Befehl (siehe R-Box 4.5, S. 85) die Verteilung der Zufallswerte anzeigen. Beschränken Sie die Darstellung auf den Wertebereich [−6,6]. Um eine genauere Darstellung zu erhalten, fügen Sie dem hist()-Befehl die Argumente breaks = 100 (Anzahl an Klassengrenzen) und probability = TRUE (auf der vertikalen Achse werden Wahrscheinlichkeitsdichten statt Häufigkeiten angezeigt) hinzu. Unterdrücken Sie mit main = "NA" die automatische Erzeugung einer Überschrift.

b) Lassen Sie sich mit der Funktion mean() den arithmetischen Mittelwert der Zufallswerte im Objekt u1 anzeigen. Berechnen Sie mit der Funktion sd() die Standardabweichung der Zufallswerte. Warum betragen der berechnete Mittelwert und die berechnete Standardabweichung nicht genau 0 und 1?

c) Fügen Sie Ihrer Grafik mit den Funktionen dnorm() und curve() die Glockenkurve einer Standardnormalverteilung hinzu. Wählen Sie dabei eine Liniendicke von lwd = 2. Ergänzen Sie Ihre Grafik durch eine Normalverteilung mit Erwartungswert 1 und Standardabweichung 1. Wählen Sie für die Darstellung eine gestrichelte Linie (Argument lty = "dashed"). Fügen Sie abschließend Ihrer Grafik als gepunktete Linie (Argument lty = "dotted") eine Normalverteilung mit Erwartungswert 1 und Standardabweichung 2 hinzu.

d) Erzeugen Sie mit der Funktion rt() (siehe R-Box 2.2, S. 27) aus einer t-Verteilung mit 15 Freiheitsgraden (also df = 15) 100.000 Zufallswerte und speichern Sie diese im Objekt u2 ab. Lassen Sie sich mit dem hist()-Befehl die Verteilung der Zufallswerte anzeigen. Beschränken Sie den Wertebereich der horizontalen Achse auf −6 bis 6 und nutzen Sie die Argumente probability = TRUE, breaks = 100 und main = "NA".

e) Berechnen Sie für die Zufallswerte in Objekt u2 den Erwartungswert und die Standardabweichung. Fügen Sie anschließend Ihrer Grafik die Glockenkurve einer Normalverteilung mit dem soeben berechneten Erwartungswert und der soeben berechneten Standardabweichung hinzu. Warum unterscheidet sich trotz identischer Standardabweichung die Glockenkurve der Normalverteilung von der Glockenkurve der t-Verteilung?

f) Prüfen Sie mit Jarque-Bera-Tests, ob die Zufallswerte der Objekte u1 und u2 normalverteilt sind.

Tipp 19 für R-fahrene: Gruppenweise Berechnungen

Im Tipp für R-fahrene des Kapitels A18 hatten wir die Konfession der 20 Beschäftigten in der Faktorvariablen `konfession` abgespeichert. Der Lohn der Beschäftigten war in `data.wage$wage` zu finden. Wir könnten nun auf sehr effiziente Weise prüfen, ob beispielsweise der Durchschnittslohn der Protestanten höher oder niedriger ist als der Durchschnittslohn der Katholiken. Dafür nutzen wir die `by()`-Funktion. Ihre Argumente lauten

```
arguments(by)

data, INDICES, FUN, simplify = TRUE, ...
```

Während wir mit dem Argument `data` angeben, welches Objekt wir auswerten wollen, spezifizieren wir mit dem Argument `INDICES` welche Gruppen gebildet werden sollen. Das Argument `FUN` legt fest, welche Funktion auf die jeweilige Gruppe angewendet werden soll. Unsere spezifische Fragestellung können wir folglich mit folgendem Befehl beantworten:

```
by(data = data.wage$wage, INDICES = konfession, FUN = mean)

konfession: catholic
[1] 1506.25
------------------------------------------------------------
konfession: other
[1] 2060
------------------------------------------------------------
konfession: protestant
[1] 1621.4286
```

Die Protestanten verdienen demnach im Durchschnitt mehr als die Katholiken, aber weniger als die Gruppe der anderen Konfessionen bzw. Konfessionslosen.

KAPITEL **A20**

Annahme C1: Zufallsunabhängige exogene Variablen

Besteht in einer Regressionsgleichung zwischen mindestens einer exogenen Variablen und der Störgröße eine kontemporäre Korrelation, dann liefert die KQ-Methode verzerrte und nicht-konsistente Ergebnisse. Stattdessen sollte eine zweistufige KQ-Schätzung eingesetzt werden (ZSKQ-Schätzung). Sie ist ein Spezialfall der Instrumentvariablen-Schätzung (IV-Schätzung). In der Aufgabe 20.1 wird eine ZSKQ-Schätzung mit Hilfe unserer bisherigen R-Kenntnisse durchgeführt. Wie die ZSKQ-Schätzung in R noch bequemer umgesetzt werden kann, wird in der R-Box »Zweistufige KQ-Schätzung« erläutert. In der anschließenden Aufgabe 20.2 wird das neue Verfahren gleich ausprobiert. Eine weitere Anwendung bietet die Aufgabe 20.3.

Aufgabe 20.1: Versicherungsverkäufe (Teil 1)

- Replikation der Numerischen Illustrationen 20.1 bis 20.5 des Lehrbuches
- ZSKQ-Schätzung, IV-Schätzung
- R-Funktionen: `abline()`, `c()`, `mean()`, `ols()`, `plot()`, `points()`, `save.image()`, `Sxy()`
- Datensatz: `data.insurance`

Die Anzahl der verkauften Versicherungen hängt vom Verkaufstalent der im Außendienst tätigen Beschäftigten ab. Im Dataframe `data.insurance` des Pakets `desk` liegen für 30 Beschäftigte die folgenden Informationen vor: Die Anzahl der im abgelaufenen Jahr verkauften Versicherungen (`contr`), der im Vorjahr verkauften Versicherungen (`contrprev`), die erreichte Punktzahl in einem Assessmentcenter, in welchem die Verkaufsbefähigung geprüft wurde (score), und das eigentlich nicht beobachtbare wahre Verkaufstalent (ability).

a) Öffnen Sie im Quelltext-Fenster ein neues Skript und speichern Sie es unter der Bezeichnung VersicherungTeil1.R ab. Verschaffen Sie sich über den Hilfesteckbrief des Dataframes data.insurance einen Überblick über die Daten. Lassen Sie sich die Daten in einem zusätzlichen Quelltext-Fenster anzeigen. Weisen Sie die im Dataframe enthaltenen Variablen contr, score, contrprev und ability den Objekten y, x, z und x.stern zu.

b) Das korrekte Modell laute

$$y_i = \alpha + \beta x_i^* + e_i, \qquad (A20.1)$$

wobei e_i eine Störgröße und x_i^* die wahre Verkaufsbefähigung sind. Leider seien aber die Werte von x_i^* unbekannt, weshalb ersatzweise mit der Proxyvariablen x_i (Punktzahl im Assessmentcenter) gearbeitet wird. Es wird unterstellt, dass die x_i-Werte rein zufällig um das wahre Verkaufstalent herum schwanken:

$$x_i = x_i^* + v_i, \qquad (A20.2)$$

wobei v_i eine Störgröße mit den üblichen Eigenschaften ist.

Erzeugen Sie eine Punktwolke aus den Vektoren x und y (also den Variablen x_i und y_i), bei der Sie den Wertebereich von x auf 10 bis 100 und denjenigen von y auf 0 bis 40 begrenzen. Stellen Sie die Punkte als ausgemalte Kreise dar (pch = 19). Fügen Sie der ersten Punktwolke eine weitere hinzu, welche die Variablen x.stern und y (also die Variablen x_i^* und y_i) wiedergibt. Stellen Sie diese Punkte als leere Kreise dar (pch = 1). Spricht ein Vergleich der beiden Punktwolken gegen die in Gleichung (A20.2) gemachte Annahme, dass die Werte von v_i rein zufällig um den Wert 0 herum schwanken?

c) Besitzt eine Punktwolke einen »flacheren Verlauf« als die andere? Handelt es sich dabei um eine Zufälligkeit? Was bedeutet Ihre Antwort für eine KQ-Schätzung auf Basis der Daten x und y?

d) Führen Sie eine KQ-Schätzung des Modells

$$y_i = \alpha + \beta x_i + u_i \qquad (A20.3)$$

durch und speichern Sie die Resultate unter dem Namen kq.est.

e) Ergänzen Sie die x-y-Punktwolke (ausgemalte Kreise) durch eine als durchgezogene Linie gezeichnete KQ-Regressionsgerade. Fügen Sie auch der x.stern-y-Punktwolke (leere Kreise) eine als gestrichelte Linie (lty = "dashed") gezeichnete KQ-Regressionsgerade hinzu. Nutzen Sie dabei aus, dass Sie die ols()-Funktion als Argument direkt in die abline()-Funktion schreiben können. Finden Sie Ihre Mutmaßung aus Aufgabenteil c) bestätigt?

f) Zeigen Sie algebraisch, dass bei Gültigkeit der Gleichung (A20.2) die Störgröße u_i im Regressionsmodell (A20.3) die folgende Form besitzt:

$$u_i = e_i - \beta v_i \,. \tag{A20.4}$$

Warum lässt sich aus den Gleichungen (A20.2) und (A20.4) unmittelbar ablesen, dass im Falle von $\beta > 0$ die Variablen x_i und u_i negativ miteinander korreliert sind?

g) Führen Sie eine zweistufige KQ-Schätzung (ZSKQ-Schätzung) durch. Verwenden Sie dabei als Instrumentvariable die in z gespeicherten Verkaufszahlen aus dem Vorjahr. Regressieren Sie zunächst x auf z. Schätzen Sie also das Modell

$$x_i = \pi_0 + \pi_1 z_i + w_i \,, \tag{A20.5}$$

wobei w_i eine Störgröße darstellt. Speichern Sie Ihre Ergebnisse im Objekt stufe1.est. Nutzen Sie dabei das Argument details = TRUE und lassen Sie sich die Resultate anzeigen. Weisen Sie die in Ihrer Regression geschätzten Werte $\hat{x}_i$ dem neuen Vektor x.dach zu. Regressieren Sie anschließend y auf x.dach und speichern Sie Ihre Ergebnisse im Objekt stufe2.est. Speichern Sie die ZSKQ-Schätzwerte $\hat{\alpha}^{ZSKQ}$ und $\hat{\beta}^{ZSKQ}$ unter den Namen alpha.zskq und beta.zskq. Lassen Sie sich die beiden Werte anzeigen.

h) Die ZSKQ-Schätzwerte $\hat{\alpha}^{ZSKQ}$ und $\hat{\beta}^{ZSKQ}$ lassen sich auch mit den Formeln

$$\hat{\beta}^{ZSKQ} = \frac{\sum (z_i - \bar{z})(y_i - \bar{y})}{\sum (z_i - \bar{z})(x_i - \bar{x})} = \frac{S_{zy}}{S_{zx}}$$

$$\hat{\alpha}^{ZSKQ} = \bar{y} - \hat{\beta}^{ZSKQ} \bar{x}$$

berechnen. Überprüfen Sie Ihre Resultate aus Aufgabenteil g) mit diesen Formeln.

i) Erzeugen Sie aus den Werten der Variablen x.dach und y eine Punktwolke. Begrenzen Sie auch hier den Wertebereich von x.dach auf 10 bis 100 und denjenigen von y auf 0 bis 40. Stellen Sie die Punkte als ausgemalte Dreiecke dar (pch = 17). Fügen Sie dieser Punktwolke erneut die x.stern-y-Punktwolke aus leeren Kreisen (pch = 1) hinzu. Ergänzen Sie die x.dach-y-Punktwolke durch die als durchgezogene Linie gezeichnete ZSKQ-Regressionsgerade und die x.stern-y-Punktwolke durch die als gestrichelte Linie (lty = "dashed") gezeichnete KQ-Regressionsgerade. Entsprechen die beiden Regressionsgeraden Ihren Erwartungen?

j) Speichern Sie alle erzeugten Objekte in der Datei Versicherung.RData im Unterordner Objekte.

R-Box 20.1: **Zweistufige KQ-Schätzung**

Betrachten wir exemplarisch den Dataframe data.iv des Pakets desk:

```
data.iv
    y   x1 x2 z1 z2
1  90  67 10 79  5
2 137  97  7 15  3
3 102  69  9 67  4
4 135  97 20 28  9
5 104  86 20 36 10
6 113  80 12 49  6
7  96  70 16 55  8
8  57  49 13 95  6
```

Wir möchten die Variable y auf die Variablen x1 und x2 regressieren. Allerdings hegen wir den Verdacht, dass sowohl x1 als auch x2 mit der Störgröße korreliert sind. Wir führen deshalb keine KQ-Schätzung, sondern eine ZSKQ-Schätzung durch (siehe Abschnitt 20.3.2 des Lehrbuches). Wir erachten die Variablen z1 und z2 als geeignete Instrumentvariablen.

Für die ZSKQ-Schätzung steht im Paket desk die Funktion ivr() mit den folgenden Argumenten zur Verfügung:

```
arguments(ivr)

formula, data = list(), endog, iv, contrasts = NULL,
 details = FALSE, ...
```

Das erste Funktionsargument ist wie gewohnt das zu verarbeitende Objekt. Es handelt sich dabei nicht um ein bereits geschätztes Modell (der Argumentname wäre dann mod), sondern um die Gleichung eines Regressionsmodells. Entsprechend besitzt das erste Argument der ivr()-Funktion den Argumentnamen formula statt dem in vielen anderen Funktionen anzutreffenden Argumentnamen mod. Im obigen Beispiel tragen wir also das Regressionsmodell in R-Schreibweise ein: y ~ x1 + x2. Wie schon bei der ols()-Funktion, so steht uns auch bei der ivr()-Funktion das Argument data zur Verfügung. Es ermöglicht den direkten Zugriff auf die Variablen des zugrundeliegenden Dataframes.

Im Argument endog werden jene exogenen Variablen aufgelistet, welche im Verdacht stehen, mit der Störgröße korreliert zu sein. Die Namen der Variablen werden dabei in Anführungszeichen gesetzt. Wenn es mehrere Variablen sind, werden sie mit der c()-Funktion zu einem Vektor verknüpft. Im obigen Beispiel lautet das Argument folglich endog = c("x1", "x2"). Danach folgt das Argument iv, welches R die zu verwendenden Instrumentvariablen mit-

Fortsetzung auf nächster Seite ...

Fortsetzung der vorherigen Seite ...

teilt. Im Beispiel geben wir `iv = c("z1", "z2")` ein. Natürlich wären auch Regressionen mit mehr als zwei exogenen Variablen möglich. Die Anzahl der Instrumentvariablen muss dabei aber immer mindestens so groß sein wie die Anzahl der mit den Störgrößen korrelierten exogenen Variablen. Die Funktion `ivr()` besitzt noch einige weitere Argumente, die für uns aber weniger relevant sind.

Wie schon bei der `ols()`-Funktion, so werden auch bei der `ivr()`-Funktion zahlreiche weitere Kennzahlen der Schätzung berechnet. Alle diese Resultate können wie gewohnt einzeln oder in ihrer Gesamtheit einem Objekt zugewiesen werden. In obigem Beispiel können wir die folgende Zuweisung vornehmen:

```
zskq.est <- ivr(y ~ x1 + x2, endog = c("x1", "x2"),
iv = c("z1", "z2"), data = data.iv)
```

Um direkt auf die Variablen des Dataframes `data.iv` zugreifen zu können, haben wir innerhalb der `ivr()`-Funktion das Argument `data` eingesetzt.

Auf den Befehl

```
zskq.est
```

antwortet R mit den Kernergebnissen unserer Schätzung:

```
2SLS-Regression of model y ~ x1 + x2
-------------------------------------

              coef    std.err  t.value  p.value
(Intercept) -2.0372  12.7468  -0.1598   0.8793
x1           1.5500   0.1568   9.8866   0.0002
x2          -0.9621   0.5160  -1.8643   0.1213


Endogenous regressors:   x1, x2
Exogenous regressors:
Instruments:             z1, z2
```

Wie schon bei der `ols()`-Funktion erhalten wir eine Tabelle mit den Koeffizienten, den geschätzten Standardabweichungen, den t-Werten und den p-Werten. Der Zugriff auf einzelne Werte der Tabelle erfolgt mit den gleichen Zugriffsregeln wie bei der `ols()`-Funktion.

Die `ivr()`-Funktion berechnet immer auch einen F-Wert, der uns angibt, ob wir starke oder schwache Instrumentvariablen verwendet haben (siehe Abschnitt 20.3.3 des Lehrbuches). Der Zugriff auf diesen F-Wert erfolgt mit

Fortsetzung auf nächster Seite ...

Fortsetzung der vorherigen Seite ...

```
zskq.est$f.instr
        x1         x2
41.429326 113.309230
```

Eine Faustregel von Staiger und Stock (1997) besagt, dass ein F-Wert von unter 10 auf schwache Instrumente hindeutet. In unserem Beispiel stellen die Variablen z1 und z2 sowohl für x1 als auch für x2 starke Instrumente dar.

Aufgabe 20.2: Versicherungsverkäufe (Teil 2)

- Replikation der Numerischen Illustrationen 20.5 bis 20.8 des Lehrbuches
- ZSKQ-Schätzung, IV-Schätzung
- R-Funktionen: cor(), ivr(), load(), ols(), qt(), Sxy()
- Datensatz: data.insurance

Die Aufgabe knüpft an das in Aufgabe 20.1 bereits vorgestellte Versicherungs-Beispiel des Lehrbuches an. Es wird mit dem Wu-Hausman-Test überprüft, ob eine IV-Schätzung überhaupt notwendig ist.

a) Öffnen Sie im Quelltext-Fenster ein neues Skript und speichern Sie es unter der Bezeichnung VersicherungTeil2.R ab. Laden Sie die Objekte der Datei Versicherung.RData.

b) Sie möchten das Modell

$$y_i = \alpha + \beta x_i + u_i \qquad (A20.6)$$

schätzen, sind sich aber nicht sicher, ob eine KQ-Schätzung ausreicht oder ob eine IV-Schätzung mit z als Instrumentvariablen erforderlich ist. Die Ergebnisse der KQ-Schätzung waren im Objekt kq.est abgespeichert. Weisen sie die Residuen der KQ-Schätzung dem Objekt u.dach zu. Führen Sie mit der Funktion ivr() eine ZSKQ-Schätzung mit z als Instrumentvariablen durch. Speichern Sie Ihre Ergebnisse im Objekt zskq.est. Speichern Sie die Summe der Residuenquadrate unter dem Namen ssr.zskq und die geschätzte Störgrößenvarianz unter dem Namen sig.squ.zskq. Prüfen Sie, ob die Punktschätzer der ivr()-Funktion mit jenen aus Teil g) der Aufgabe 20.1 übereinstimmen. Vergleichen Sie die ZSKQ-Punktschätzer auch mit den KQ-Punktschätzern.

c) Im Teil g) der Aufgabe 20.1 wurde auf der ersten Stufe der ZSKQ-Schätzung die Hilfsregression (A20.5) durchgeführt. Die Ergebnisse waren im Objekt stufe1.est abgelegt. Wenn sich im F-Test der Nullhypothese $H_0 : \pi_1 = 0$ ein F-Wert von unter 10 ergibt, dann muss z als schwache Instrumentvariable eingestuft werden (siehe Abschnitt 20.3.3 des Lehrbuches). Überprüfen Sie anhand der Ergebnisse in stufe1.est, ob z eine schwache oder starke Instrumentvariable ist. Speichern Sie anschließend die Residuen $\widehat{w}_i$ unter dem Namen w.dach.

d) In der ZSKQ-Schätzung einer Einfachregression ergibt sich die geschätzte Störgrößenvarianz aus der üblichen Formel (siehe Abschnitt 20.3.5 des Lehrbuches):

$$\widehat{\sigma}^2 = \frac{S_{\widehat{u}\widehat{u}}^{ZSKQ}}{N-2}.$$

Die Summe der Residuenquadrate $S_{\widehat{u}\widehat{u}}^{ZSKQ}$ wurde in Aufgabenteil b) unter dem Namen ssr.zskq gespeichert. Berechnen Sie daraus den Wert von $\widehat{\sigma}^2$ und vergleichen Sie das Resultat mit dem Wert sig.squ.zskq, der ebenfalls in Aufgabenteil b) berechnet wurde.

e) In der Einfachregression lautet die Varianz des ZSKQ-Schätzers $\widehat{\beta}^{ZSKQ}$ (siehe Abschnitt 20.3.5 des Lehrbuches)

$$\widehat{var}(\widehat{\beta}^{ZSKQ}) = \frac{\widehat{\sigma}^2 S_{zz}}{S_{zx}^2}.$$

Berechnen Sie mit R auf Basis dieser Formel den Wert von $\widehat{var}(\widehat{\beta}^{ZSKQ})$. Passt das Resultat zur Standardabweichung des ZSKQ-Schätzers $\widehat{\beta}^{ZSKQ}$, die in zskq.est abgespeichert ist?

f) Überprüfen Sie, ob in der ZSKQ-Schätzung die Nullhypothese $H_0 : \beta = 0$ auf einem Signifikanzniveau von 5% oder sogar 1% abgelehnt wird.

g) Prüfen Sie die Korrelation zwischen den Residuen der beiden Schätzungen, w.dach und u.dach. Auf welches Problem bei der KQ-Schätzung des Modells (A20.6) könnte das Resultat einen Hinweis geben? Führen Sie eine KQ-Schätzung des erweiterten Regressionsmodells

$$y_i = \alpha + \beta x_i + \gamma \widehat{w}_i + u_i' \qquad (A20.7)$$

durch und speichern Sie das Resultat im Objekt erweitert.est ab. Testen Sie die Nullhypothese $H_0 : \gamma = 0$ mit einem t-Test (Wu-Hausman-Test). Interpretieren Sie das Resultat.

h) Führen Sie nochmals die ZSKQ-Schätzung aus Aufgabenteil b) durch und aktivieren Sie in der ivr()-Funktion mit dem Argument details = T die Option für den Test auf schwache Instrumente und den Wu-Hausman-Test. Vergleichen Sie das für den Test auf schwache Instrumente angegebene Ergebnis mit dem Ergebnis aus Aufgabenteil c). Der Output zeigt außerdem für den Wu-Hausman-Test einen F-Wert. Steht dieser F-Wert im Widerspruch zu dem im Aufgabenteil g) ermittelten t-Wert? Warum zeigt der Wu-Hausman-Test standardmäßig F-Werte statt t-Werte an?

Aufgabe 20.3: **Windschutzscheiben**

- Instrumentvariablen-Schätzung in der Mehrfachregression
- R-Funktionen: `c()`, `ivr()`, `ols()`
- Datensatz: `data.windscreen`

Eine Unternehmensberatung wurde von einem Franchise-Unternehmen für Autoglasreparaturen beauftragt, die Effizienz der 248 Filialen zu untersuchen. Die Unternehmensberatung erfasste in den 248 Filialen die Anzahl der im vergangenen Jahr ausgetauschten Windschutzscheiben. Das theoretische Modell der Unternehmensberatung besagt, dass die Unterschiede in der Anzahl der ausgetauschten Windschutzscheiben durch die unterschiedliche Anzahl an Kfz-Mechanikern und deren Kompetenzunterschiede sowie durch die unterschiedliche Größe des für den Scheibentausch eingesetzten Maschinenparks der Filialen erklärt werden kann. Bei den Kfz-Mechanikern wird zwischen Meistern und Gesellen unterschieden. Das theoretische Modell lautet

$$ws_i = \alpha + \beta_1 m_i + \beta_2 g_i + \beta_3 mquali_i + \beta_4 gquali_i + \beta_5 masch_i + u_i, \quad (A20.8)$$

wobei

ws_i	=	Anzahl der ausgetauschten Windschutzscheiben in Betrieb i
m_i	=	Anzahl der Meister in Betrieb i
g_i	=	Anzahl der Gesellen in Betrieb i
$mquali_i$	=	durchschnittliche Kompetenz der Meister in Betrieb i
$gquali_i$	=	durchschnittliche Kompetenz der Gesellen in Betrieb i
$masch_i$	=	Gesamtwert der Maschinen für Scheibentausch in Betrieb i

Die Werte der Variablen $mquali_i$ und $gquali_i$ sind der Unternehmensberatung allerdings nicht bekannt. Sie zieht als Proxyvariablen deshalb das durchschnittliche Gehalt der Meister und das durchschnittliche Gehalt der Gesellen der betreffenden Filiale heran. Die Daten der 248 Filialen sind im Dataframe `data.windscreen` des Pakets `desk`.

a) Öffnen Sie im Quelltext-Fenster ein neues Skript und speichern Sie es unter der Bezeichnung `Windschutzscheiben.R` ab. Verschaffen Sie sich über den Hilfesteckbrief des Dataframes `data.windscreen` einen Überblick über die Daten. Lassen Sie sich die Daten in einem zusätzlichen Quelltext-Fenster anzeigen. Weisen Sie die im Dataframe enthaltenen Variablen `screen`, `foreman`, `assist`, `f.wage`, `a.wage` und `capital` den Vektoren `ws`, `m`, `g`, `m.lohn`, `g.lohn` und `masch` zu.

b) Regressieren Sie in einer KQ-Schätzung `ws` auf `m`, `g`, `m.lohn`, `g.lohn` und `masch`. Lassen Sie sich die Resultate anzeigen. Warum führt Ihre KQ-

Schätzung normalerweise zu verzerrten und inkonsistenten Schätzergebnissen?

c) Im Dataframe `data.windscreen` sind auch das durchschnittliche Alter der Meister und das durchschnittliche Alter der Gesellen der betreffenden Filiale aufgelistet: `f.age` und `a.age`. Weisen Sie diese beiden Variablen den Vektoren `m.alter` und `g.alter` zu. Unter welchen Umständen kommen diese beiden Vektoren als Instrumentvariablen in Frage?

d) Führen Sie die erste Stufe einer ZSKQ-Schätzung durch. Regressieren Sie dabei jede Proxyvariable jeweils auf die drei »unproblematischen« exogenen Variablen `m`, `g` und `masch` sowie auf die beiden Instrumentvariablen `m.alter` und `g.alter`. Ermitteln Sie die Werte, welche Sie für die zweite Stufe der ZSKQ-Schätzung benötigen und geben Sie diesen die Namen `m.lohn.dach` und `g.lohn.dach`. Führen Sie anschließend die zweite Stufe der ZSKQ-Schätzung durch und lassen Sie sich die Schätzergebnisse für den Niveauparameter α und die vier Steigungsparameter β_k anzeigen. Vergleichen Sie die Schätzwerte für β_3 und β_4 mit jenen, die Sie in Ihrer KQ-Schätzung des Aufgabenteils b) ermittelt hatten.

e) Führen Sie die ZSKQ-Schätzung mit der `ivr()`-Funktion des Pakets `desk` durch und speichern Sie die Ergebnisse unter dem Namen `scheiben.est`. Überprüfen Sie, ob die Schätzergebnisse mit denen aus Aufgabenteil d) übereinstimmen.

Tipp 20 für R-fahrene: Zahlen abrunden und aufrunden

Mit der Funktion `ceiling()` können Zahlen wie −3,35 oder 6,912 auf den nächsthöheren ganzzahligen Wert aufgerundet werden:

`ceiling(c(-3.35, 6.912))`

`[1] -3  7`

Die Funktion `floor()` führt zu einer Abrundung auf den nächstniedrigeren ganzzahligen Wert:

`floor(c(-3.35, 6.912))`

`[1] -4  6`

KAPITEL A21

Annahme C2: Keine perfekte Multikollinearität

Das Kapitel widmet sich den Problemen, die aus der Korrelation zwischen den exogenen Variablen erwachsen. In Aufgabe 21.1 wird veranschaulicht, dass die Berechnung der paarweisen Korrelationen nicht ausreicht, um einen Eindruck von der tatsächlich vorherrschenden Multikollinearität der exogenen Variablen zu erhalten. Die anschließende R-Box »Korrelationstabelle« (S. 282) stellt eine Funktion vor, welche auf einfache Weise einen Eindruck von der Multikollinearität in den Daten vermittelt. Aufgabe 21.2 nutzt diese Funktion und widmet sich der KQ-Schätzung von Modellen mit multikollinearen exogenen Variablen sowie der restringierten KQ-Schätzung.

Aufgabe 21.1: Perfekte Multikollinearität

- Replikation der Numerischen Illustration 21.1 des Lehrbuches
- hohe Multikollinearität trotz niedriger Korrelation
- R-Funktionen: c(), cbind(), cor(), ols(), round()

In einem kleinen numerischen Beispiel lässt sich veranschaulichen, dass es trotz niedriger paarweiser Korrelation der exogenen Variablen zu hoher und sogar zu perfekter Multikollinearität kommen kann.

a) Öffnen Sie im Quelltext-Fenster ein neues Skript und speichern Sie es unter der Bezeichnung PerfekteMultikoll.R ab. Berechnen Sie für die drei Vektoren

```
x1 <- c(-1,5,9,4,-6)
x2 <- c(9,-3,3,-4,5)
x3 <- c(8,2,12,0,-1)
```

die paarweisen Korrelationen. Verwenden Sie dabei als Maß das jeweilige Bestimmtheitsmaß R^2.

b) Perfekte Multikollinearität der Vektoren x1, x2 und x3 liegt vor, wenn sich Parameterwerte $\gamma_0, \gamma_1, \gamma_2$ und γ_3 finden lassen, für welche die Beziehung

$$\gamma_0 + \gamma_1 x1 + \gamma_2 x2 + \gamma_3 x3 = 0 \tag{A21.1}$$

für alle fünf Beobachtungen erfüllt ist. Um dies mit R zu überprüfen, können Sie Gleichung (A21.1) nach einer der Variablen (z.B. nach x1) auflösen und anschließend diese Variable auf die anderen beiden Variablen regressieren. Speichern Sie die Resultate unter dem Namen result.est. Wo in Ihren Ergebnissen können Sie erkennen, dass tatsächlich perfekte Multikollinearität zwischen den drei Variablen x1, x2 und x3 herrscht? Für welche Werte von $\gamma_0, \gamma_1, \gamma_2$ und γ_3 ist Gleichung (A21.1) erfüllt?

R-Box 21.1: Korrelationstabelle

Um das Ausmaß der Multikollinearität in den exogenen Variablen schneller einschätzen zu können, ist es hilfreich, sämtliche mögliche Regressionen *innerhalb* der exogenen Variablen durchzuführen, die jeweiligen Bestimmtheitsmaße zu berechnen und in einer Tabelle darzustellen. Dies gelingt mit der Funktion mc.table() des Pakets desk. Ihre Argumente lauten

```
arguments(mc.table)
x, intercept = TRUE, digits = 3
```

Im Argument x wird R mitgeteilt, welche Variablen aufeinander regressiert werden. Für die Eingabe der Variablen stehen verschiedene Varianten zur Verfügung. Es können die einzelnen Variablen mit der cbind()-Funktion verknüpft und als Argument übergeben werden. Alternativ können wir einen Dataframe angeben und dessen zu berücksichtigenden Variablen festlegen.

Zur Veranschaulichung können wir nochmals die Regression der Aufgabe 13.5 heranziehen. Dort hatten wir die Autopreise US-amerikanischer Automodelle durch die unterschiedlichen qualitativen Eigenschaften der Autos erklärt. Wir führten eine KQ-Schätzung durch, welche die Werte der endogenen Variablen price durch die Variablen displacement, length und weight des im Paket desk enthaltenen Dataframes data.auto erklärt:

Fortsetzung auf nächster Seite ...

```
auto.est <- ols(price ~ displacement + length + weight ,
data = data.auto)
```

Wir möchten die Multikollinearität zwischen diesen drei exogenen Variablen prüfen. Die Variablen stehen in den Spalten 6, 7 und 9 des Dataframes. Der Befehl

```
mc.table(x = data.auto[,c(6,7,9)])
```

liefert uns die folgende Tabelle:

```
  1 (weight) 2 (length) 3 (displacement)
1  2+3 0.898  1+3 0.849      1+2 0.715
2    3 0.712    3 0.576        2 0.576
3    2 0.848    1 0.848        1 0.712
```

Wir sehen in der mit »1 (weight)« überschriebenen Spalte die Bestimmtheitsmaße, welche sich aus der Regression der Variablen weight auf alle möglichen Variablenkombinationen ergeben. Der in der zweiten Zeile zu findende Eintrag »2+3« sagt uns, dass weight auf die Variablen 2 und 3, also auf die Variablen length und displacement regressiert wurde. Direkt rechts daneben steht das Bestimmtheitsmaß dieser Regression: $R^2 = 0{,}898$. Wird weight ausschließlich auf displacement (Variable 3) regressiert, sinkt das Bestimmtheitsmaß auf $R^2 = 0{,}712$. Eine Einfachregression von weight auf length (Variable 2) liefert ein Bestimmtheitsmaß von $R^2 = 0{,}848$. Auch in den anderen Spalten ergeben sich hohe Bestimmtheitsmaße. Insgesamt vermittelt die Tabelle den Eindruck stark multikollinearer Daten.

Aufgabe 21.2: Preise von Laserdruckern

- Replikation der Numerischen Illustrationen 21.2 bis 21.5 des Lehrbuches
- Multikollinearität erkennen
- restringierte KQ-Schätzung
- R-Funktionen: c(), cbind(), mc.table(), ols(), ols.infocrit(), par.f.test(), rbind()
- Datensatz: data.printer

Der Preis eines Laserdruckers (y_i) wird durch seine qualitativen Eigenschaften bestimmt. Im Dataframe data.printer des Pakets desk sind für 44 Drucker neben ihren Preisen vier Eigenschaften erfasst: Die Variable speed bezeichnet die Druckgeschwindigkeit des Druckers (x_{1i}), size die Größe (x_{2i}), mcost die Unterhalts- und Ersatzteilkosten (x_{3i}) und tdiff die in Monaten gemessene zeitliche Differenz zwischen der Markteinführung des betrachteten Druckers und der Markteinführung des ersten im Datensatz enthaltenen Druckers (x_{4i}). Die Daten decken den Zeitraum von Februar 1992 bis August 2001 ab.

a) Öffnen Sie im Quelltext-Fenster ein neues Skript und speichern Sie es unter der Bezeichnung `Laserdrucker.R` ab. Verschaffen Sie sich über den Hilfesteckbrief des Dataframes `data.printer` einen Überblick über die Daten und lassen Sie sich die Daten in einem zusätzlichen Quelltext-Fenster anzeigen. Weisen Sie die Variablen `price`, `speed`, `size`, `mcost` und `tdiff` des Dataframes den Objekten `y`, `x1`, `x2`, `x3` und `x4` zu. Das Regressionsmodell lautet folglich

$$y_i = \alpha + \beta_1 x_{1i} + \beta_2 x_{2i} + \beta_3 x_{3i} + \beta_4 x_{4i} + u_i \,. \tag{A21.2}$$

b) Betrachten Sie das Bestimmtheitsmaß einer Regression von `x1` auf `x4`. Betrachten Sie auch das Bestimmtheitsmaß der umgekehrten Regression. Was fällt Ihnen auf?

c) Lassen Sie sich mit der `mc.table()`-Funktion die Bestimmtheitsmaße anzeigen, die sich ergeben, wenn die exogenen Variablen in allen möglichen Kombinationen aufeinander regressiert werden. Betrachten Sie zunächst alle paarweisen Bestimmtheitsmaße. Bei welchen Steigungsparametern β_k könnte angesichts der bislang berechneten Bestimmtheitsmaße eine hohe Streuung der KQ-Schätzwerte auftreten?

d) Betrachten Sie die Bestimmtheitsmaße einer Regression von `x1` auf `x2` und `x4`, einer Regression von `x2` auf `x1` und `x4` sowie einer Regression von `x4` auf `x1` und `x2`. Stimmen die drei Bestimmtheitsmaße überein?

e) Führen Sie eine KQ-Schätzung des Regressionsmodells (A21.2) durch und speichern Sie die Resultate unter der Bezeichnung `drucker.est`. Lassen Sie sich die Resultate anzeigen. Finden Sie Ihre Befürchtungen aus Aufgabenteil c) bestätigt? Welches Bestimmtheitsmaß ergibt sich in Ihrer KQ-Schätzung?

f) Testen Sie die Nullhypothese $H_0 : \beta_2 = \beta_3 = 0$ auf einem Signifikanzniveau von 5%. Zu welcher Testentscheidung gelangen Sie? Was bedeutet Ihr Resultat für die Relevanz der Variablen `x2` und `x3`? Zu welcher Testentscheidung gelangen Sie beim Test der Nullhypothese $H_0 : \beta_1 = \beta_2 = \beta_3 = \beta_4 = 0$ (Signifikanzniveau 5%)?

g) Angesichts der geringen Signifikanz der Schätzer $\widehat{\beta}_2$ und $\widehat{\beta}_3$ könnte man sich entschließen, die exogenen Variablen `x2` und `x3` wegzulassen:

$$y_i = \alpha + \beta_1 x_{1i} + \beta_4 x_{4i} + u_i \,. \tag{A21.3}$$

Führen Sie eine KQ-Schätzung dieses Modells durch und speichern Sie die Resultate unter dem Namen `drucker2.est`. Vergleichen Sie die korrigierten

Bestimmtheitsmaße der Modelle (A21.2) und (A21.3). Liefern die Informationskriterien für die Modelle (A21.2) und (A21.3) die gleiche Modellpräferenz wie die korrigierten Bestimmtheitsmaße?

h) Sie erhalten aus einer anderen Studie die Informationen, dass im Modell (A21.2) die Beziehungen $\beta_2 = 0$ und $\beta_3 = -2 \cdot \beta_1$ gelten. Setzen Sie diese Informationen in Modell (A21.2) ein und schätzen Sie das resultierende Modell. Speichern Sie die Ergebnisse dieser restringierten KQ-Schätzung (RKQ-Schätzung) unter dem Namen rkq.est. Berechnen Sie $\widehat{var}(\hat{\beta}_1^{RKQ})$ und $\widehat{var}(\hat{\beta}_4^{RKQ})$ sowie $\hat{\beta}_3^{RKQ}$ und $\widehat{var}(\hat{\beta}_3^{RKQ})$. Sie möchten die Plausibilität der erhaltenen Informationen überprüfen. Zu welcher Testentscheidung gelangen Sie bei einem Test der Nullhypothese $H_0 : \beta_2 = 0$ und gleichzeitig $\beta_3 = -2 \cdot \beta_1$?

Tipp 21 für R-fahrene: Dimensionen der R-Objekte ausgeben

Die Funktion dim() ermittelt die Dimensionen einer Datenstruktur (Vektor, Matrix oder Dataframe). Das Ergebnis kann man sich anzeigen lassen oder auch einem Objekt zuordnen. Beispielsweise liefert der Befehl

dim(data.printer)

[1] 44 5

die Spalten- und Zeilenanzahl des Dataframes data.printer. Mit dem Befehl

Anzahl.Beobachtungen <- dim(data.printer)[1]

würde man die Anzahl der Beobachtungen (Zeilen) dem Objekt Anzahl.Beobachtungen zuweisen.

KAPITEL **A22**

Dynamische Modelle

Dynamische Regressionsmodelle werden eingesetzt, wenn eine oder mehrere exogene Variablen nicht nur einen unmittelbaren, sondern auch einen zeitlich verzögerten Einfluss auf die endogene Variable ausüben. Ein Beispiel wird in Aufgabe 22.1 betrachtet. Dieses wird auch in Kapitel 22 des Lehrbuches behandelt, wo auch die grundlegenden theoretischen Konzepte dargestellt sind. Ein einfaches grafisches Hilsmittel für die Prüfung der Stationarität von Zeitreihen wird in der R-Box »Stationarität grafisch prüfen« (S. 288) vorgestellt und in der mit Scheinkorrelation befassten Aufgabe 22.2 gleich ausprobiert. Die R-Box »Datenlücken« (S. 292) gibt ein paar Hinweise für den Umgang mit unvollständigen Datensätzen. Eine einfache Anwendung bietet die Aufgabe 22.3. Die abschließende Aufgabe 22.4 widmet sich dem Fehlerkorrekturmodell.

Aufgabe 22.1: Anpassung des Personalbestands

- Replikation der Numerischen Illustration 22.1 des Lehrbuches
- Schätzung dynamischer Modelle
- R-Funktionen: c(), cbind(), ivr(), lagk(), sum()
- Datensatz: data.software

Wir ermitteln für ein Software-Unternehmen die Anpassungszeit, mit der die Beschäftigtenzahl des Unternehmens den Schwankungen in der Auftragslage angepasst wurde. Die Beschäftigtenzahl (empl) und die Neuaufträge (orders) der vergangenen 36 Monate sind im Paket desk im Dataframe data.software gespeichert.

a) Der Zusammenhang zwischen der Beschäftigtenzahl in Periode t und den Neuaufträgen, welche in Periode t und den Vorperioden eingingen, sei durch das folgende Modell beschrieben:

$$y_t = \alpha + \beta_0 x_t + \beta_1 x_{t-1} + \beta_2 x_{t-2} + \ldots + v_t, \quad (A22.1)$$

wobei v_t die Störgröße ist und

$$\beta_k = \beta_0 \lambda^k. \quad (A22.2)$$

Formen Sie dieses Modell zum Koyck-Modell

$$y_t = \alpha_0 + \beta_0 x_t + \lambda y_{t-1} + u_t \quad (A22.3)$$

um. Wie sind dabei α_0 und u_t definiert? Warum ist die KQ-Schätzung des Koyck-Modells (A22.3) unzulässig?

b) Öffnen Sie im Quelltext-Fenster ein neues Skript und speichern Sie es unter der Bezeichnung Personalanpassung.R ab. Weisen Sie die Variablen empl und orders des Dataframes data.software den Objekten y und x zu. Definieren Sie mit Hilfe der lagk()-Funktion zu y und x die um eine Periode verzögerten Lag-Variablen und geben Sie diesen die Namen y.lag und x.lag. Entfernen Sie anschließend die jeweils erste Beobachtung der Vektoren y und x. Lassen Sie sich mit Hilfe der cbind()-Funktion die vier Variablen x, x.lag, y und y.lag als Tabelle anzeigen.

c) Führen Sie mit der ivr()-Funktion eine ZSKQ-Schätzung des Koyck-Modells (A22.3) durch und verwenden Sie dabei die Anzahl der Neuaufträge der Vorperiode (x.lag) als Instrumentvariable. Speichern Sie Ihre Resultate unter dem Namen koyck.est und lassen Sie sich die Resultate anzeigen.

d) Welcher Schätzwert ergab sich in der ZSKQ-Schätzung für den Trägheitsparameter λ? Weisen Sie den Wert dem Objekt lambda zu. Welchen Wert besitzt der kurzfristige Multiplikator und wie ist er zu interpretieren? Weisen Sie den Wert dem Objekt beta0 zu. Berechnen Sie auch den langfristigen Multiplikator und interpretieren Sie ihn. Berechnen Sie aus Ihren Resultaten die Schätzwerte für die Parameter β_1, β_2, β_3 und β_4 des Modells (A22.1). Interpretieren Sie den Schätzwert für β_3. Wie groß ist der Median-Lag? Was sagt er aus? Berechnen Sie den Schätzwert für α.

R-Box 22.1: **Stationarität grafisch prüfen**

Stationarität einer Sequenz von Zufallsvariablen $x_1, x_2, x_3, \ldots, x_T$ erfordert, dass die statistischen Eigenschaften dieser Zufallsvariablen über die Zeit konstant bleiben, also $E(x) = \mu$, $var(x_t) = \sigma_x^2$ und $cov(x_t, x_{t+\tau}) = \gamma_\tau$, wobei μ,

Fortsetzung auf nächster Seite ...

Kapitel A22 – Dynamische Modelle

Fortsetzung der vorherigen Seite ...

σ_x^2 und γ_τ Konstanten darstellen (siehe Abschnitt 22.1 des Lehrbuches). Ob diese Bedingungen erfüllt sind, lässt sich oftmals an den tatsächlichen Ausprägungen der Zufallsvariablen, also an der beobachteten Zeitreihe feststellen. Dabei kann es sich als hilfreich erweisen, eine „geglättete" Variante der Zeitreihe zu erzeugen. Zu diesem Zweck könnte man einem beobachteten Wert x_t die beobachteten Werte x_{t-1} und x_{t+1} hinzuaddieren und die Summe durch drei teilen. Man erhält einen Durchschnittswert $\tilde{x}_t$. Auf genau die gleiche Weise könnte man auch für die nachfolgenden Perioden die entsprechenden Durchschnittswerte $\tilde{x}_{t+1}, \tilde{x}_{t+2}, \ldots$ berechnen. Im Ergebnis erhält man die geglättete Zeitreihe $\tilde{x}_t, \tilde{x}_{t+1}, \tilde{x}_{t+2}, \ldots$.

Das Paket desk stellt für diese Glättung die Funktion roll.win() zur Verfügung. Der Name steht für den englischen Begriff *rolling window*. Damit ist ein Zeitfenster konstanter Breite (zum Beispiel drei Perioden) gemeint, welches sich um jeweils eine Periode weiter nach vorne schiebt.

Die Argumente der Funktion lauten

```
arguments(roll.win)

x, window = 3, indicator = c("mean", "var", "cov"), tau = NULL
```

Dabei bezeichnet x die Zeitreihe, die betrachtet werden soll und window ist die Anzahl der Perioden, die das Fenster abdeckt. Voreingestellt sind drei Perioden. Das Fenster zur Periode t bezieht neben der Periode t die Perioden $t-1$ und $t+1$ in die Glättung ein. Mit window = 5 würden zusätzlich die Perioden $t-2$ und $t+2$ für die Glättung herangezogen werden. Das Argument indicator erlaubt es, für jedes Fenster statt des arithmetischen Mittelwertes ("mean", ist voreingestellt) die Varianz ("var") oder die Kovarianz ("cov") zu berechnen. Wird die Kovarianz ausgewählt, muss mit dem Argument tau der zeitliche Abstand zwischen den zwei in die Kovarianz eingehenden Variablen angegeben werden. Voreingestellt ist tau = NULL, was auf die Berechnung der Varianz hinausläuft. Um für die aus 60 Werten bestehende Zeitreihe

```
x <- c(rnorm(30), rnorm(30, sd = 3))
```

für eine Fensterbreite von fünf Perioden zu jedem Fenster die Varianz zu ermitteln, würde man also den Befehl

```
var.x <- roll.win(x, window = 5, indicator = "var")
```

verwenden. Die in var.x abgespeicherten Ergebnisse können wir uns mit der plot()-Funktion grafisch darstellen lassen. Der Befehl

Fortsetzung auf nächster Seite ...

Fortsetzung der vorherigen Seite ...

```
plot(var.x)
```

erzeugt die in Abbildung A22.1 wiedergegebene Grafik. Der erste Punkt zeigt die Varianz der ersten fünf Werte der Zeitreihe, der zweite Punkt die aus dem zweiten bis sechsten Wert errechnete Varianz. Der letzte Punkt ist die Varianz der letzten fünf Werte der Zeitreihe. Insgesamt werden folglich 56 Varianzen errechnet. Wir erkennen, dass die Zeitreihe in der zweiten Hälfte eine größere Varianz als in der ersten Hälfte besitzt. Das ist nicht weiter überraschend, denn die ersten 30 Werte von x wurden mit einer Standardweichung von 1 und die zweiten 30 Werte mit einer Standardabweichung von 3 erzeugt.

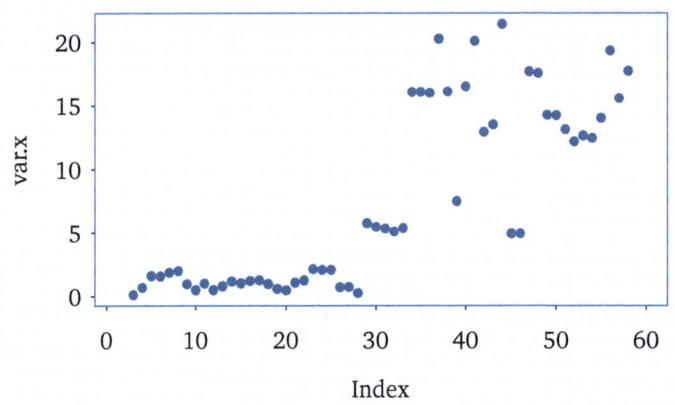

Abbildung A22.1 Varianzen für ein sich über fünf Perioden erstreckendes wanderndes Fenster (*Rolling Window*).

Aufgabe 22.2: Scheinbare Regressionsbeziehungen (Teil 1)

- scheinbare Regressionsbeziehungen
- Stationarität in Zeitreihen(modellen) mit Differenzenbildung
- R-Funktionen: `abline()`, `diff()`, `ols()`, `plot()`, `roll.win()`, `save.image()`
- Datensatz: `data.spurious`

Wenn zwei Zeitreihen aufeinander regressiert werden, die in keinem Wirkungszusammhang zueinander stehen, aber einen aufsteigenden oder absteigenden zeitlichen Trend aufweisen, ergibt sich zwischen diesen Zeitreihen eine hohe Korrelation. Da hinter dieser Korrelation aber kein kausaler Wirkungszusammenhang steht, wird sie als *Scheinkorrelation* bezeichnet. Der Dataframe `data.spurious` im Paket `desk` bietet ein Beispiel. Der Dataframe enthält die Jahresdaten für die globale Erderwärmung gegenüber dem vorindustriellen Zeitalter (`temp`, ab dem Jahr 1880), die Zahl der bislang entdeckten chemischen Elemente (`elements`, ab

1880), den Goldpreis (gold, ab 1968) und die US-Inflationsrate (cpi, ab 1968). Die Variable year enthält die Jahreszahlen ab dem Jahr 1880.

a) Öffnen Sie im Quelltext-Fenster ein neues Skript und speichern Sie es unter der Bezeichnung ScheinkorrelationTeil1.R ab. Verschaffen Sie sich über den Hilfesteckbrief des Dataframes data.spurious einen Überblick über die Daten. Weisen Sie die im Dataframe enthaltenen Variablen year und temp den Objekten year und temp zu.

b) Erstellen Sie eine Grafik mit den Jahreszahlen (year) auf der horizontalen Achse und der globalen Erderwärmung (temp) auf der vertikalen Achse. Verwenden Sie das Argument type = "l", um die Zeitreihe als durchgehende Linie statt als Sequenz von Punkten darzustellen. Geben Sie eine Einschätzung ab, ob temp die am Anfang der R-Box 22.1 aufgelisteten drei Anforderungen an einen stationären stochastischen Prozess erfüllt. Nutzen Sie die plot()- und die roll.win()-Funktion, um die Zeitreihe der geglätteten Werte der Variablen temp in einer neuen Grafik darzustellen. Verwenden Sie für die Glättung eine Fensterbreite von fünf Perioden (Argument window). Beschriften Sie die horizontale Achse der neuen Abbildung mit »year« und die vertikale Achse mit »temp (gegl.)« (Argumente xlab und ylab). Beachten Sie, dass die geglättete Zeitreihe keine Werte für die ersten beiden und letzten beiden Jahre berechnet, also für die Beobachtungen 1, 2, 142 und 143. Die roll.win()-Funktion erzeugt an diesen Positionen NA-Einträge.

c) Weisen Sie die im Dataframe data.spurious enthaltene Variable elements dem Objekt elements zu. Stellen Sie analog zu Aufgabenteil b) auch die Werte der Variablen elements grafisch als Zeitreihe dar. Warum kann diese Zeitreihe nicht stationär im Erwartungswert sein?

d) Regressieren Sie temp auf elements und speichern Sie das Ergebnis im Objekt spurious.est ab. Lassen Sie sich das Ergebnis auch grafisch anzeigen, indem Sie die Punktwolke der Variablen temp und elements erzeugen und mit der abline()-Funktion die Regressionsgerade in die Punktwolke einfügen. Versuchen Sie den Koeffizienten des Steigungsparameters der Regression zu interpretieren. Nach wie vielen entdeckten Elementen würde demnach die globale Temperatur um 1°C ansteigen? Erklären Sie, warum es sich dabei um eine Scheinkorrelation handelt.

e) Um die Scheinkorrelation aufzulösen, genügt es in vielen Fällen in der Regression statt der Variablenwerte ihre Veränderungen zu verwenden. Berechnen Sie mit der diff()-Funktion für elements die Veränderungen und bezeichnen Sie die neue Variable durch elements.diff. Regressieren Sie temp auf elements.diff. Warum müssen Sie bei dieser Regression die erste Beobachtung in temp ausschließen? Ist der geschätzte Steigungsparameter signifikant?

f) Speichern Sie die erzeugten Objekte im Unterordner `Objekte` unter dem Namen `Scheinkorrelation.RData`.

R-Box 22.2: **Datenlücken**

Datensätze sind nicht immer vollständig. Wenn in einem Vektor, einer Matrix oder einem Dataframe für ein bestimmtes Element kein Wert vorliegt, fügt R an dieser Position das Kürzel `NA` (engl.: *not available*) ein. Oftmals möchte man solche Elemente entfernen. Hilfreich dabei ist die Funktion `na.omit()` oder auch die Funktion `is.na()`. Beispielsweise können wir mit der `na.omit()`-Funktion aus dem Vektor

```
mit.luecken <- c(7,2,NA,5,NA,8)
```

alle Elemente mit einem `NA`-Eintrag eliminieren und erhalten einen Vektor der verbliebenen Elemente:

```
ohne.luecken <- na.omit(mit.luecken)
ohne.luecken
[1] 7 2 5 8
attr(,"na.action")
[1] 3 5
attr(,"class")
[1] "omit"
```

Zusätzlich zum neuen Vektor `ohne.luecken` gibt R die Positionen der gelöschten Elemente an, hier also die Positionen 3 und 5. Den gleichen Vektor würden wir auf etwas umständlichere Weise mit der `is.na()`-Funktion erzeugen können:

```
keine.luecken <- mit.luecken[!is.na(mit.luecken)]
keine.luecken

[1] 7 2 5 8
```

Die an den Vektor `mit.luecken` angefügten eckigen Klammern geben wie gewohnt an, welche Elemente des Vektors ausgewählt werden. Dabei selektiert `is.na(mit.luecken)` aus dem Vektor `mit.luecken` die Positionen mit `NA`-Eintrag. Da das Ausrufezeichen `!` für *not* steht, dreht `!is.na(mit.luecken)` die vorherige Selektion um, so dass nur die Positionen ohne `NA`-Eintrag ausgewählt werden.

Auch für Dataframes können beide Funktionen eingesetzt werden. Betrachten wir den folgenden Dataframe:

Fortsetzung auf nächster Seite ...

Kapitel A22 – Dynamische Modelle

Fortsetzung der vorherigen Seite ...

```
dataframe.mit.luecken

     [,1] [,2] [,3]
[1,]    2    4   NA
[2,]    1    3    2
[3,]   NA    2    2
[4,]    4    2    1
[5,]   NA   NA    3
[6,]    2    3    3
```

Wir möchten aus dem Dataframe `dataframe.mit.luecken` alle Beobachtungen (Zeilen) eliminieren, die ein NA enthalten. Dies gelingt am einfachsten mit dem Befehl

```
na.omit(dataframe.mit.luecken)

     [,1] [,2] [,3]
[1,]    1    3    2
[2,]    4    2    1
[3,]    2    3    3
attr(,"na.action")
[1] 3 5 1
attr(,"class")
[1] "omit"
```

Demnach wurden die Beobachtungen (Zeilen) 1, 3 und 5 aus dem ursprünglichen Dataframe eliminiert.

Wir könnten aus dem Dataframe `dataframe.mit.luecken` auch nur jene Zeilen eliminieren, die beispielsweise in der ersten Spalte ein NA haben. Für diese Aufgabe eignet sich die `is.na()`-Funktion besser. Der entsprechende Befehl lautet

```
dataframe.mit.luecken[!is.na(dataframe.mit.luecken[,1]),]

     [,1] [,2] [,3]
[1,]    2    4   NA
[2,]    1    3    2
[3,]    4    2    1
[4,]    2    3    3
```

Dabei werden jene Zeilen des Dataframes `dataframe.mit.luecken` ausgewählt, welche in der ersten Spalte keinen NA-Eintrag haben.

Aufgabe 22.3: Scheinbare Regressionsbeziehungen (Teil 2)

- scheinbare Regressionsbeziehungen
- Eliminierung unvollständiger Beobachtungen
- R-Funktionen: `c()`, `na.omit()`, `ols()`, `plot()`
- Datensatz: `data.spurious`

a) Es wird das Beispiel aus Aufgabe 22.2 erneut aufgenommen. Öffnen Sie deshalb im Quelltext-Fenster ein neues Skript und speichern Sie es unter der Bezeichnung `ScheinkorrelationTeil2.R` ab. Laden Sie die von Ihnen in Aufgabe 22.2 erzeugten und in der Datei `Scheinkorrelation.RData` abgespeicherten Objekte in den Objektspeicher.

b) Im Dataframe `data.spurious` liegen die Werte der Variablen `temp` und `elements` ab dem Jahr 1880 vor. Die Werte der Variablen `gold` und `cpi` beginnen hingegen erst im Jahr 1968. Eliminieren Sie aus dem Dataframe `data.spurious` alle unvollständigen Beobachtungen und verwenden Sie für diese Aufgabe die `na.omit()`-Funktion. Geben Sie dem verkleinerten Dataframe den Namen `data.spurious.neu`.

c) Weisen Sie die im Dataframe `data.spurious.neu` enthaltenen Variablen `gold`, `year`, `cpi` und `temp` den Objekten `gold`, `year`, `cpi` und `temp` zu (Sie überschreiben damit die in Aufgabe 22.2 erzeugten Objekte `year` und `temp`). Stellen Sie die Zeitreihe aus den Werten des Objektes `gold` als Linie dar. Geben Sie der vertikalen Achse die Beschriftung »Euro« (Argument `ylab`) und beschränken Sie ihren Wertebereich auf die Werte 0 bis 1800 (Argument `ylim`).

d) Regressieren Sie die Variable `temp` auf die Variable `gold` und speichern Sie das Resultat unter dem Namen `temp.est` ab. Lassen Sie sich das Resultat anzeigen. Interpretieren Sie den Steigungsparameter. Welche Veränderung des Goldpreises würde die globale Temperatur um 1°C senken?

e) Um die Inflation aus der Goldpreisentwicklung herauszurechnen dividieren Sie die Werte in `gold` durch die Werte in `cpi` und bezeichnen Sie die neuen Werte als `gold.real`. Stellen Sie auch diese Werte als Zeitreihe grafisch dar. Regressieren Sie `temp` auf `gold.real`. Liegt weiterhin eine Scheinkorrelation vor?

Aufgabe 22.4: Fehlerkorrekturmodell

- Fehlerkorrekturmodell
- R-Funktionen: `diff()`, `lagk()`, `legend()`, `lines()`, `ols()`, `plot()`, `roll.win()`

- Datensatz: data.macro

a) Öffnen Sie im Quelltext-Fenster ein neues Skript und speichern Sie es unter der Bezeichnung Fehlerkorrekturmodell.R ab. Verschaffen Sie sich über den Hilfesteckbrief des Dataframes data.macro einen Überblick über die Daten. Es handelt sich um Quartalsdaten des deutschen Bruttoinlandsproduktes und der Privaten Konsumausgaben. Der Datensatz erstreckt sich vom 1. Quartal 1991 bis zum 1. Quartal 2023. Weisen Sie die im Dataframe enthaltenen Variablen quarter, year, gdp und consump den Objekten quarter, year, x und y zu. Die ebenfalls im Dataframe enthaltenen Variablen invest, gov und netex werden wir erst im nächsten Kapitel verwenden.

b) Die keynesianische Konsumfunktion einer Volkswirtschaft lautet $C(Y) = c_0 + c_1 \cdot Y$, wobei C den Privaten Konsum und Y das Bruttoinlandsprodukt (Approximation des verfügbaren Einkommens) bezeichnen. Als Einfachregression geschrieben, lautet die keynesianische Konsumfunktion:

$$y_t = \alpha + \beta x_t + u_t, \qquad (A22.4)$$

wobei die Werte für y_t und x_t durch die Daten in y und x gegeben sind und die Parameter α und β für c_0 und c_1 stehen. Führen Sie eine KQ-Schätzung des Modells (A22.4) durch und interpretieren Sie die Schätzergebnisse für α und β.

c) Stellen Sie die Daten des Objektes x als Zeitreihe grafisch dar. Um eine aussagekräftige Beschriftung der horizontalen Achse zu erhalten, erzeugen Sie aus den Variablen year und quarter die neue Variable quartal, welche für die erste Beobachtung (das erste Quartal des Jahres 1991) den Wert 1991,25 besitzt und sich für jede weitere Beobachtung um den Wert 0,25 erhöht (im Tipp für R-fahrene am Ende des Kapitels wird auf eine einfachere Methode für den Umgang mit Zeitreihendaten hingewiesen). Verwenden Sie im plot()-Befehl die Variablen quartal und x. Wählen Sie mit Hilfe des Arguments ylim für die vertikale Achse einen Wertebereich von 300 bis 850. Nutzen Sie das Argument type = "l", damit statt Punkten eine Linie erzeugt wird. Fügen Sie Ihrer Grafik anschließend mit der lines()-Funktion eine gestrichelte Linie hinzu (lty = "dashed"), welche die im Objekt y gespeicherten Zeitreihenwerte des Bruttoinlandsproduktes darstellt. Platzieren Sie in der oberen linken Ecke Ihrer Grafik eine rahmenlose Legende. Nutzen Sie dafür die legend()-Funktion (siehe R-Box 15.1, S. 202).

d) Führen Sie mit roll.win() eine grafische Analyse der Stationaritätseigenschaften von x und y durch. Wählen Sie für die Glättung der Zeitreihen x und y die Fensterbreite window = 5. Warum ist das bei Quartalsdaten eine geeignete Fensterlänge? Ziehen Sie in Ihre Stationaritätsanalyse auch die geglätteten Varianzen und Kovarianzen (indicator = "var" und indicator

= "cov") ein. Nutzen Sie für die Analyse der Kovarianz das Argument tau = 4. Warum ist das ein geeigneter Wert? Warum sprechen die Ergebnisse der grafischen Analyse gegen eine KQ-Schätzung des Modells (A22.4)?

e) An Modell (A22.4) könnte man außerdem kritisieren, dass der Konsum in Periode t (y_t) vermutlich nicht nur vom Bruttoinlandsprodukt der Periode t (x_t), sondern auch vom Bruttoinlandsprodukt früherer Perioden (x_{t-1}, x_{t-2}, ...) beeinflusst wird. Warum sind dann die KQ-Schätzer des Modells (A22.4) weder unverzerrt noch konsistent?

f) Eine denkbare Alternative zum Modell (A22.4) ist das folgende ADL(1,1)-Modell:
$$y_t = \alpha_0 + \beta_0 x_t + \mu x_{t-1} + \lambda y_{t-1} + u_t .$$
Seine Fehlerkorrektur-Formulierung lautet
$$\Delta y_t = \beta_0 \Delta x_t - (1-\lambda)\left[y_{t-1} - \frac{\alpha_0}{1-\lambda} - \frac{\beta_0 + \mu}{1-\lambda} x_{t-1}\right] + u_t , \qquad (A22.5)$$
wobei $\Delta y_t = y_t - y_{t-1}$ und $\Delta x_t = x_t - x_{t-1}$. Interpretieren Sie die drei Summanden auf der rechten Seite der Gleichung (A22.5).

g) Bevor das Fehlerkorrekturmodell (A22.5) geschätzt werden kann, müssen die Werte der Variablen Δy_t, Δx_t, y_{t-1} und x_{t-1} ermittelt werden. Berechnen Sie mit der diff()-Funktion die Veränderungsbeträge Δy_t und Δx_t und speichern Sie die neuen Variablen als y.delta und x.delta ab. Erstellen Sie mit der Funktion lagk() die Lag-Variablen y_{t-1} und x_{t-1} und speichern Sie diese als y.lag und x.lag ab. Für welches Quartal konnte bei den vier Zeitreihen kein Wert erzeugt werden? Stellen Sie die Daten der zwei Objekte y.delta und x.delta als Zeitreihen dar und begrenzen Sie dabei den Wertebereich der vertikalen Achse auf −80 bis 80. Sind x und y $I(0)$ oder $I(1)$ oder weder noch?

h) Damit Gleichung (A22.5) geschätzt werden kann, müssen x und y kointegriert sein, das heißt, es muss zwischen x und y und damit auch zwischen x.lag und y.lag ein langfristiger Wirkungszusammenhang bestehen. Regressieren Sie y.lag auf x.lag und speichern Sie die Residuen $\widehat{e}_{t-1}$ als e.dach ab. Prüfen Sie analog zu Aufgabenteil d) die Stationarität der Residuen e.dach. Nutzen Sie also wieder die Argumente window = 5, tau = 4 und type = "l". Verzichten Sie diesmal im plot()-Befehl auf den Eintrag quartal.

i) Ersetzt man den eckigen Klammerterm in Gleichung (A22.5) durch die Residuen $\widehat{e}_{t-1}$, ergibt sich das Modell
$$\Delta y_t = \beta_0 \Delta x_t - (1-\lambda)\widehat{e}_{t-1} + u_t . \qquad (A22.6)$$

Dies ist ein Modell mit zwei Steigungsparametern aber keinem Niveauparameter. Fügen Sie für die KQ-Schätzung des Modells (A22.6) deshalb in der Funktion ols() den Ausdruck -1 + oder 0 + hinzu. Speichern Sie die Ergebnisse in keynes.est ab und lassen Sie sich die Ergebnisse anzeigen. Interpretieren Sie Ihr Schätzergebnis $\hat{\beta}_0$. Vergleichen Sie das Resultat mit dem Ergebnis aus dem Modell (A22.4). Berechnen Sie auch den Schätzwert des Trägheitsparameters λ. Interpretieren Sie diesen Wert.

> **Tipp 22 für R-fahrene: Zeitreihenobjekte definieren**
>
> Um effizient mit Zeitreihendaten arbeiten zu können, stellt R die Funktion ts() bereit. Sie verwandelt einen aus Zeitreihendaten gebildeten Vektor (oder Matrix) in ein Zeitreihenobjekt. Der wesentliche Vorteil eines Zeitreihenobjektes besteht darin, dass neben den beobachteten Werten auch die Zeitindexierung im Objekt abgelegt ist. Beispielsweise stellten wir in Teil c) der Aufgabe 22.4 die Zeitreihe data.macro$gdp grafisch dar. Um an der horizontalen Achse eine aussagekräftige Zeitindexierung zu erhalten, bildeten wir die neue Variable quartal. Einfacher geht es mit der Funktion ts().
>
> Mit dem Befehl
>
> ```
> bip.zeitreihe <- ts(data.macro$gdp, start = c(1991, 1), frequency=4)
> ```
>
> fügen wir dem Vektor data.macro$gdp die Quartale hinzu. Im Argument start teilen wir R mit, dass die Zeitreihe im Jahr 1991 im ersten Quartal beginnt. Dass für jedes Jahr (die übergeordnete Zeiteinheit) jeweils vier Beobachtungen vorliegen, ist im Argument frequency spezifiziert. Das Zeitreihenobjekt bip.zeitreihe hat das folgende Aussehen (wobei wir uns aus Platzgründen auf die Quartale der ersten vier Jahre beschränken):
>
> ```
>         Qtr1    Qtr2    Qtr3    Qtr4
> 1991 557.498 554.547 553.337 560.449
> 1992 568.978 564.666 563.683 561.867
> 1993 557.725 557.574 560.978 560.524
> 1994 568.241 569.603 573.612 580.421
> ```
>
> Hätte man es mit Tages- anstatt Quartalsdaten zu tun, würden sich, anstelle von Jahren, Kalenderwochen als übergeordnete Zeiteinheit anbieten. Beim Argument frequency würde man dann die Zahl 7 eintragen.

KAPITEL **A23**

Interdependente Gleichungssysteme

Viele Wirkungszusammenhänge besitzen eine komplexe Kausalitätsstruktur, die sich nicht durch eine einzelne Regressionsgleichung darstellen lässt. Notwendig sind dann interdependente Gleichungssysteme. Wie solche Systeme zu interpretieren und zu schätzen sind, ist Gegenstand der Aufgabe 23.1. In der R-Box »Große Datensätze durchsuchen« (S. 301) wird erläutert, wie man in großen Datensätzen die Positionen identifiziert, welche ein für die Analyse interessierendes Merkmal aufweisen. Eine Anwendung im Kontext interdependenter Gleichungssysteme findet sich in der Aufgabe 23.2. Auch die abschließende Aufgabe 23.3 widmet sich der Interpretation und Schätzung solcher Gleichungssysteme.

Aufgabe 23.1: **Werbung und Absatz**

- Replikation der Numerischen Illustrationen 23.1 bis 23.4 des Lehrbuches
- Schätzung interdependenter Gleichungssysteme
- R-Funktionen: c(), ivr(), names(), ols(), ols.predict(), seq()
- Datensatz: data.pharma

Es wird die Wirkung von Werbung auf den Absatz eines Rheuma-Medikaments untersucht. Die Daten der vergangenen 24 Quartale sind im Paket desk im Dataframe data.pharma gespeichert. Es handelt sich im Einzelnen um den Preis und den Absatz des Medikaments (price und sales), die Anzahl der geschalteten Werbeseiten (ads) und den Preis pro Werbeseite (adsprice).

a) Der Einfluss der geschalteten Werbeseiten (w_t) und des Herstellerpreises (p_t) auf den Absatz des Produkts (a_t) sei durch folgende Gleichung beschrieben:

$$a_t = \alpha + \beta_1 w_t + \beta_2 p_t + u_t. \tag{A23.1}$$

Allerdings beeinflussen der Absatz des Medikaments und der Preis der Werbeanzeigen (q_t) die Anzahl der geschalteten Werbeseiten:

$$w_t = \gamma + \delta_1 a_t + \delta_2 q_t + v_t \,. \tag{A23.2}$$

Warum ist dann in Gleichung (A23.1) die Variable w_t mit der Störgröße u_t kontemporär korreliert und in Gleichung (A23.2) die Variable a_t mit der Störgröße v_t?

b) Öffnen Sie im Quelltext-Fenster ein neues Skript und speichern Sie es unter der Bezeichnung Werbung.R ab. Verschaffen Sie sich über den Hilfesteckbrief des Dataframes data.pharma einen Überblick über die Daten und lassen Sie sich diese in einem zusätzlichen Quelltext-Fenster anzeigen. Weisen Sie die Variablen sales, ads, price und adsprice des Dataframes den Objekten a, w, p und q zu.

c) Das Gleichungssystem (A23.1) und (A23.2) wird als strukturelle Form bezeichnet. Die reduzierte Form dieses Gleichungssystems lautet

$$a_t = \pi_1 + \pi_2 p_t + \pi_3 q_t + u_t^* \tag{A23.3}$$
$$w_t = \pi_4 + \pi_5 p_t + \pi_6 q_t + v_t^* \,, \tag{A23.4}$$

wobei

$$\alpha = \pi_1 - \frac{\pi_3 \pi_4}{\pi_6}, \qquad \beta_1 = \frac{\pi_3}{\pi_6}, \qquad \beta_2 = \pi_2 - \frac{\pi_3 \pi_5}{\pi_6}, \tag{A23.5}$$
$$\gamma = \pi_4 - \frac{\pi_1 \pi_5}{\pi_2}, \qquad \delta_1 = \frac{\pi_5}{\pi_2}, \qquad \delta_2 = \pi_6 - \frac{\pi_3 \pi_5}{\pi_2} \,. \tag{A23.6}$$

Führen Sie eine indirekte KQ-Schätzung (IKQ-Schätzung) vor (siehe Abschnitt 23.2 des Lehrbuches). Schätzen Sie zu diesem Zweck die Gleichungen (A23.3) und (A23.4) mit der KQ-Methode und speichern Sie die Resultate unter den Namen redu.a.est und redu.w.est. Lassen Sie sich die Ergebnisse anzeigen. Weisen Sie die geschätzten Koeffizienten π_1 bis π_6 den Objekten pi1 bis pi6 zu. Berechnen Sie anschließend mit Hilfe der Beziehungen (A23.5) und (A23.6) die Schätzwerte für die Parameter der Gleichungen (A23.1) und (A23.2). Weisen Sie diese Schätzwerte den Objekten alpha.ikq, beta1.ikq, beta2.ikq, gamma.ikq, delta1.ikq und delta2.ikq zu. Ersetzen Sie mit der names()-Funktion die von R automatisiert erzeugten Namen der Variablen der Objekte beta1.ikq, beta2.ikq, delta1.ikq und delta2.ikq durch die Namen »Werbung«, »Preis«, »Absatz« und »Anzeigenpreis«. Lassen Sie sich die sechs Schätzwerte anzeigen.

d) Führen Sie eine KQ-Schätzung der strukturellen Form (A23.1) und (A23.2) durch und vergleichen Sie die Schätzwerte der Parameter zu jenen, welche Sie aus der IKQ-Schätzung erhalten hatten.

e) Nehmen Sie nun an, dass der Absatz nicht durch Gleichung (A23.1) bestimmt wird, sondern durch die folgende Gleichung:

$$a_t = \alpha + \beta_1 w_t + \beta_2 p_t + \beta_3 t + u_t, \tag{A23.7}$$

wobei t eine Trendvariable ist, welche die Werte 1 bis 24 besitzt. Wie lautet die reduzierte Form zu den Gleichungen (A23.7) und (A23.2)?

f) Definieren Sie in R das Objekt `trend`, welches die Werte der Trendvariablen t enthält. Führen Sie anschließend manuell mit R eine ZSKQ-Schätzung der Gleichung (A23.2) durch. Nehmen Sie zu diesem Zweck zunächst eine KQ-Schätzung der relevanten Gleichung der reduzierten Form vor (ihre endogene Variable ist a_t) und lassen Sie sich die Resultate anzeigen. Speichern Sie die $\hat{a}_t$-Werte dieser KQ-Schätzung unter dem Namen `a.dach`. Führen Sie anschließend eine KQ-Schätzung der modifizierten Gleichung (A23.2) durch und speichern Sie die Resultate unter dem Namen `zskq.w.est` ab.

g) Überprüfen Sie die Resultate aus Aufgabenteil f) mit der Funktion `ivr()`. Warum weichen die von der `ivr()`-Funktion berechneten Standardweichungen, t-Werte und p-Werte von den in Aufgabenteil f) ermittelten Werten ab?

R-Box 23.1: Große Datensätze durchsuchen

Bei großen Datensätzen kann eine visuelle Analyse sehr mühselig werden. Um dies zu vermeiden, stellt R verschiedene Funktionen bereit. Wir beschränken uns hier auf die Funktion `which()`. Sie könnte beispielsweise eingesetzt werden, um herauszufinden, an welchen Positionen ein Vektor, eine Matrix oder ein Dataframe `NA`-Einträge aufweist. Für den aus der R-Box 22.2 (S. 292) bereits bekannten Vektor

```
mit.luecken <- c(7,2,NA,5,NA,8)
```

lautet der entsprechende Befehl:

```
which(is.na(mit.luecken))
```

```
[1] 3 5
```

Der Output besagt, dass an den Positionen 3 und 5 des Vektors `mit.luecken` `NA`-Einträge stehen. Die `which()`-Funktion kann aber auch für andere Suchaufgaben genutzt werden. Beispielsweise könnten wir uns anzeigen lassen, an welchen Positionen des Vektors `mit.luecken` Werte stehen, welche größer als 2 sind:

```
which(mit.luecken > 2)
```

```
[1] 1 4 6
```

Aufgabe 23.2: Makroökonomisches Modell

- Schätzung interdependenter Gleichungssysteme
- R-Funktionen: `c()`, `names()`, `ols()`, `round()`, `which()`
- Datensatz: `data.macro`

Es wird ein Keynesianisches makroökonomisches Modell geschätzt. Grundlage ist wie schon in Aufgabe 22.4 der Dataframe `data.macro` des Pakets `desk`. Es handelt sich um deutsche Quartalsdaten des Bruttoinlandsproduktes (`gdp`), der Privaten Konsumausgaben (`consump`), der Bruttoinvestitionen (`invest`), der Staatsausgaben (`gov`) und der Nettoexporte (`netex`). Der Datensatz erstreckt sich vom 1. Quartal 1991 bis zum 1. Quartal 2023.

a) Die deutsche Volkswirtschaft sei durch folgendes makroökonomisches Gleichungssystem beschrieben:

$$c_t = \alpha + \beta y_t + u_t \qquad (A23.8)$$
$$y_t = c_t + i_t + g_t + nx_t \,. \qquad (A23.9)$$

Dabei bezeichnen c_t den Konsum, y_t das Bruttoinlandsprodukt bzw. das Einkommen, i_t die Investitionen, g_t die Staatsausgaben und nx_t die Nettoexporte während des Quartals t. Gleichung (A23.9) ist eine sogenannte Identität und wird nicht geschätzt. Die Gleichheit ist durch die Daten definiert. Dennoch handelt es sich hier um ein interdependentes Gleichungssystem. Warum wäre eine KQ-Schätzung der Gleichung (A23.8) unzulässig?

b) Öffnen Sie im Quelltext-Fenster ein neues Skript und speichern Sie es unter der Bezeichnung `Makromodell.R` ab. Verschaffen Sie sich über den Hilfesteckbrief des Dataframes `data.macro` einen Überblick über die Daten. Weisen Sie die im Dataframe enthaltenen Variablen `consump` und `gdp` den Objekten `c` und `y` zu. Da wir uns insbesondere für den Zusammenhang zwischen Konsum und Einkommen interessieren, müssen wir zwischen den verbliebenen Variablen nicht unterscheiden. Erstellen Sie daher das Objekt `x` aus der Summe von `invest`, `gov` und `netex`.

c) Durch die Zuweisung in Aufgabenteil b) vereinfacht sich Gleichung (A23.9) zu

$$y_t = c_t + x_t \,. \qquad (A23.10)$$

Zeigen Sie mit der `which()`-Funktion und dem logischen Operator `!=`, dass für die Daten `y`, `c` und `x` Gleichung (A23.10) nicht für alle Quartale exakt erfüllt ist, dass aber die Abweichungen erst jenseits der zehnten Dezimalstelle auftreten.

d) Welche der Gleichungen (A23.8) und (A23.10) sind genau identifiziert?

e) Wandeln Sie das Gleichungssystem – Gleichungen (A23.8) und (A23.10) – von der strukturellen in die reduzierte Form um. Bezeichnen Sie die Parameter der reduzierten Form durch π_1 bis π_4. Zeigen Sie, dass sowohl die Parameter π_1 und π_3 als auch die Störgrößen der beiden Gleichungen identisch sind. Welche Beziehung besteht zwischen den Parametern π_2 und π_4? Stellen Sie die Parameter α und β in Abhängigkeit der Parameter der reduzierten Form (π_1 bis π_4) dar.

f) Führen Sie eine indirekte KQ-Schätzung (IKQ-Schätzung) durch. Schätzen Sie zu diesem Zweck die Gleichungen der reduzierten Form aus Aufgabenteil e) mit der KQ-Methode und speichern Sie die Resultate unter den Namen `redu.c.est` und `redu.y.est` ab. Lassen Sie sich die Ergebnisse anzeigen. Weisen Sie die geschätzten Koeffizienten π_1 bis π_4 den Objekten `pi1` bis `pi4` zu. Prüfen Sie, ob $\widehat{\pi}_1 = \widehat{\pi}_3$ und $\widehat{\pi}_4 = 1 + \widehat{\pi}_2$.

g) Berechnen Sie aus den Schätzwerten $\widehat{\pi}_1$ und $\widehat{\pi}_2$ die eigentlichen Ergebnisse der IKQ-Schätzung, also die Schätzwerte $\widehat{\alpha}$ und $\widehat{\beta}$. Dem Schätzwert $\widehat{\beta}$ ist in R automatisch der Name »x« zugewiesen worden. Ändern Sie mit der `names()`-Funktion diesen Namen zu »y«. Lassen Sie sich die Schätzwerte $\widehat{\alpha}$ und $\widehat{\beta}$ anzeigen und interpretieren Sie diese Werte.

Aufgabe 23.3: Regionale Lebenshaltungskosten

- Schätzung interdependenter Gleichungssysteme
- R-Funktionen: `c()`, `ivr()`, `legend()`, `order()`, `plot()`, `points()`, `subset()`
- Datensatz: `data.regional`

In Auer und Weinand (2022) wurden für die 401 Kreise und Städte in Deutschland die jeweiligen Lebenshaltungskosten berechnet. Es handelt sich um einen Index mit Referenz 100 (durchschnittliches Preisniveau in Deutschland). Die regionalen Lebenshaltungskosten werden maßgeblich durch die regionalen Löhne beeinflusst. Umgekehrt werden aber auch die regionalen Löhne durch die regionalen Lebenshaltungskosten beeinflusst. Die Wechselbeziehung kann in einem interdependenten Gleichungssystem erfasst werden. Im Dataframe `data.regional` des Pakets `desk` sind für jede Region neben den Lebenshaltungskosten (Variable `coli`, Abkürzung für *cost of living index*) die Identifikationsnummer (`id`), der Name (`region`), die Fläche (`area`), die Bevölkerungszahl (`pop`), der Medianlohn (`wage`) und die Arbeitslosenquote (`unempl`) gespeichert.

a) Öffnen Sie im Quelltext-Fenster ein neues Skript und speichern Sie es unter der Bezeichnung `Regional.R` ab. Verschaffen Sie sich über den Hilfesteckbrief des Dataframes `data.regional` einen Überblick über die Daten und lassen Sie sich diese in einem zusätzlichen Quelltext-Fenster anzeigen. Weisen Sie die Variablen `coli`, `wage` und `unempl` des Dataframes den Objekten `coli`, `lohn` und `alquote` zu. Berechnen Sie aus den Variablen `area` und `pop` die regionale Bevölkerungsdichte jeder Region und weisen das Ergebnis dem Objekt `dichte` zu.

b) Neben der Lohnhöhe könnte auch die regionale Bevölkerungsdichte einen Einfluss auf die regionalen Lebenshaltungskosten ausüben. Führen Sie deshalb eine KQ-Schätzung der Gleichung

$$\text{coli}_i = \alpha + \beta_1 \text{lohn}_i + \beta_2 \text{dichte}_i + u_i \qquad (A23.11)$$

durch und speichern Sie die Ergebnisse im Objekt `coli.kq.est`. Die regionale Lohnhöhe könnte neben den Lebenshaltungskosten auch von der regionalen Arbeitslosenquote beeinflusst werden. Führen Sie deshalb eine KQ-Schätzung der Gleichung

$$\text{lohn}_i = \gamma + \delta_1 \text{coli}_i + \delta_2 \text{alquote}_i + v_i \qquad (A23.12)$$

durch und speichern Sie die Ergebnisse im Objekt `lohn.kq.est`. Warum sind die hier berechneten KQ-Schätzer vermutlich weder unverzerrt noch konsistent?

c) Prüfen Sie, ob die Gleichungen (A23.11) und (A23.12) jeweils genau identifiziert sind.

d) Führen Sie mit der `ivr()`-Funktion und den system-exogenen Variablen `dichte` und `alquote` eine zweistufige KQ-Schätzung durch. Vergleichen Sie die Resultate mit den KQ-Schätzergebnissen aus Aufgabenteil b).

e) Ein wirtschaftspolitisches Ziel der deutschen Bundesregierung ist die Angleichung der Löhne in Ost- und Westdeutschland. Berechnen Sie für alle Regionen den realen Medianlohn, also den mit der Zahl 100 multiplizierten Quotienten aus `lohn` und `coli`. Weisen Sie die realen Medianlöhne dem neuen Objekt `real.lohn` zu. Die Identifikationsnummern der Regionen sind in der Variablen `data.regional$id` gespeichert. Weisen Sie diese Nummern dem neuen Objekt `id` zu. Ordnen Sie anschließend mit der `order()`-Funktion die Werte der Objekte `real.lohn` und `id` so um, dass sich in beiden Objekten das erste Element auf die Region mit dem geringsten realen Medianlohn bezieht und alle nachfolgenden Elemente einen immer größer werdenden Reallohn aufweisen. Bezeichnen Sie die beiden neuen Objekte durch `real.lohn.ord` und `id.ord` (Kontrolle: die jeweils letzten Elemente der Objekte `real.lohn.ord` und `id.ord` sollten 4438.284 und 3103 lauten).

f) Die Stadtstaaten Berlin, Bremen und Hamburg besitzen die Identifikationsnummern 11000, 4011 und 2000. Da die Stadtstaaten eine Sonderrolle spielen, sollen sie aus den Objekten `real.lohn.ord` und `id.ord` eliminiert werden. Gleichzeitig sollen alle Elemente, welche sich auf Regionen mit Identifikationsnummern größer 11000 beziehen (also die neuen Bundesländer), dem neuen Objekt `real.lohn.ost` zugeordnet werden und alle anderen Regionen dem neuen Objekt `real.lohn.west`. Verwenden Sie für diese Aufgaben die in der R-Box 15.4 vorgestellte `subset()`-Funktion.

g) Stellen Sie die Werte des Objektes `real.lohn.west` mit der `plot()`-Funktion als kleine ausgemalte Punkte (Argument `pch = 20`) dar und beschriften Sie die horizontale Achse mit »Region« (Argument `xlab`) und die vertikale Achse mit »realer Medianlohn« (Argument `ylab`). Beschränken Sie den Wertebereich der vertikalen Achse auf 2000 bis 4500 (Argument `ylim`). Fügen Sie Ihrer Grafik die Werte des Objektes `real.lohn.ost` hinzu. Verwenden Sie für die Darstellung ausgemalte graue Punkte (`col = "gray"`). Platzieren Sie mit der `legend()`-Funktion in der linken oberen Ecke der Grafik eine rahmenlose Legende (siehe R-Box 15.1, S. 202). Würden Sie angesichts Ihrer grafischen Ergebnisse das wirtschaftspolitische Ziel der Lohnangleichung in Ost und West als fast erreicht erachten?

> **Tipp 23 für R-fahrene: Rechenzeit prognostizieren**
>
> Wenn R große Datensätze zu verarbeiten hat, sollte man vorher prüfen, wie viel Zeit benötigt wird. Das Problem stellt sich insbesondere bei Skripten mit einer oder mehreren (möglicherweise ineinander verschachtelten) Schleifen.
>
> Wenn jeder Schleifendurchlauf in etwa die gleiche Zeit benötigt, könnte man vorab die Zeit für einen einzigen Schleifendurchlauf ermitteln und dann auf die benötigte Gesamtzeit hochrechnen. Eine Schleife beginnt üblicherweise mit einer Anweisung der Form `for(i in c(1:N))`, wobei die Anzahl der Schleifen `N` sehr groß sein kann. Um die für eine einzelne Schleife notwendige Zeit zu ermitteln, können wir `N` vorübergehend auf 1 setzen, also in der Konsole den Befehl `N <- 1` absenden. Ferner sollten wir im Skript direkt vor die Schleife den Befehl
>
> `Startzeit <- proc.time()`
>
> und direkt hinter die Schleife den Befehl
>
> `(proc.time() - Startzeit)[3]`
>
> eintragen. Die beiden Befehle und die von ihnen eingeschlossene Schleife sollten markiert und dann ausgeführt werden. Der erste Befehl setzt eine Stoppuhr in Gang, während der letzte Befehl die Stoppuhr anhält und die vergangene Zeit berechnet und ausgibt. Multipliziert man das Ergebnis mit der tatsächlichen Schleifenanzahl `N`, erhält man einen guten Schätzwert für die von R benötigte Gesamtzeit.

TEIL L

Lösungen

KAPITEL **L1**

Einleitung

Lösung zu Aufgabe 1.1: **Was ist Ökonometrie?**

a) Mit den Instrumenten der Ökonometrie ist man in der Lage, Hypothesen empirisch zu testen, die ansonsten nur einer logischen Prüfung unterzogen werden könnten. Wenn geeignete Daten zur Verfügung stehen, lässt sich untersuchen, ob das Einkommen einen Einfluss auf die Lebenszufriedenheit hat. Sollte sich dieses Resultat in der empirischen Untersuchung einstellen, wäre es ein starker Beleg für die Ungültigkeit der Postmaterialismus-Hypothese.

b) Ausgangspunkt ist die ökonomische (hier auch soziologische und psychologische) Frage, ob die Höhe des eigenen Einkommens x die eigene Lebenszufriedenheit y positiv beeinflusst. In formaler Schreibweise lautet der vermutete Zusammenhang

$$y = f(x) \quad \text{mit} \quad \frac{dy}{dx} > 0.$$

Dieses ökonomische Modell muss *spezifiziert* werden (funktional, Störgröße, Variablen). Es wird eine lineare Beziehung zwischen dem Einkommen einer Person i und der Lebenszufriedenheit dieser Person unterstellt. Ferner wird eine Störgröße u_i aufgenommen, die zufällige Abweichungen vom »normalen Zusammenhang« zulässt. Für jede Person i lautet das ökonometrische Modell

$$y_i = \alpha + \beta x_i + u_i.$$

Wir betrachten dieses Modell als das »wahre Modell«, welches die Realität korrekt beschreibt.

c) Auf Basis des ökonometrischen Modells erfolgt die *Schätzung*. Für den Zusammenhang müssen die unbekannten Parameter α und β mit Hilfe eines geeigneten statistischen Verfahrens geschätzt werden. Die Schätzung wird dadurch erschwert, dass der wahre Einfluss von x_i auf y_i durch die in der Störgröße erfassten Zufälligkeiten der Realität verschleiert wird. Ferner sind nicht alle Daten der Realität berücksichtigt, sondern nur die zur Verfügung stehende Stichprobe. Die Schätzung liefert das geschätzte Modell für den Zusammenhang zwischen Einkommen und Lebenszufriedenheit. Es kann in zwei Varianten aufgeschrieben werden:

$$\widehat{y}_i = \widehat{\alpha} + \widehat{\beta} x_i \quad \text{oder}$$
$$y_i = \widehat{\alpha} + \widehat{\beta} x_i + \widehat{u}_i \,.$$

Dabei bezeichnet $\widehat{y}_i$ die Lebenszufriedenheit, die sich gemäß der Schätzwerte $\widehat{\alpha}$ und $\widehat{\beta}$ in einer Welt ohne Störeinflüsse ergeben würde. Hätte man die Schätzergebnisse $\widehat{\alpha} = -0{,}3$ und $\widehat{\beta} = 0{,}00002$ berechnet, so ergäbe sich

$$\widehat{y}_i = -0{,}3 + 0{,}00002 x_i \quad \text{bzw.}$$
$$y_i = -0{,}3 + 0{,}00002 x_i + \widehat{u}_i \,.$$

d) Das geschätzte Modell mit seiner Schätzung für α und β und seinen geschätzten Störgrößen (Residuen) bildet die Ausgangsbasis für *Hypothesentests*. Im Hypothesentest kann die Plausibilität von Behauptungen bezüglich des wahren Zusammenhangs überprüft werden. In unserem Zusammenhang könnte die Behauptung lauten: »Das Einkommen hat keinen positiven Einfluss auf die Lebenszufriedenheit«. In formaler Schreibweise würde diese Behauptung lauten: $\beta \leq 0$.

Ebenfalls auf Basis des geschätzten Modells erfolgt die *Prognose*. Dies ist die vierte Aufgabe der Ökonometrie. Ausgehend vom geschätzten Modell lässt sich bei bekanntem Einkommen die Lebenszufriedenheit prognostizieren. Wenn $x_i = 50.000$, dann ergibt sich

$$\widehat{y}_i = \widehat{\alpha} + \widehat{\beta} \cdot x_i = -0{,}3 + 0{,}00002 \cdot 50.000 = 0{,}7 \,.$$

Lösung zu Aufgabe 1.2: Datensatztypen

Der Datensatz in Tabelle A1.1 zeigt für sieben verschiedene Jahre und drei unterschiedliche Länder das jeweilige nationale durchschnittliche Einkommen x_i und die jeweilige nationale durchschnittliche Lebenszufriedenheit y_i. Die Daten sind in modifizierter Form auszugsweise in Tabelle L1.1 wiedergegeben.

Zeitreihendaten betrachten ein bestimmtes Objekt (hier: Land) über verschiedene Zeitpunkte (Einträge in einer Spalte), *Querschnittsdaten* betrachten zu einem

Tabelle L1.1 Beispieldaten zu drei Datentypen.

	Japan	...	U.S.A.
1984	$(x_1, y_1) = (10979,\ 6{,}59)$	...	$(x_3, y_3) = (17121,\ 7{,}71)$
1994	$(x_4, y_4) = (39934,\ 6{,}53)$	...	$(x_6, y_6) = (27695,\ 7{,}76)$
1999	...	...	...
2004	...	...	...
2009	...	...	...
2014	...	...	...
2022	$(x_{19}, y_{19}) = (33815,\ 6{,}76)$	...	$(x_{21}, y_{21}) = (76399,\ 7{,}27)$

festen Zeitpunkt verschiedene Objekte (Einträge einer Zeile). Bei *Paneldaten* werden sowohl verschiedene Zeitpunkte als auch verschiedene Objekte betrachtet (Einträge mehrerer Zeilen und Spalten). Es handelt sich beim Datensatz der Tabelle A1.1 folglich um einen Paneldatensatz.

Lösung zu Aufgabe 1.3: Installation von Paketen in RStudio
Die *Installation* erfolgt so wie in R-Box 1.3 beschrieben. Es muss nur der Paketname desk durch den entsprechenden Namen der neuen Pakete ersetzt werden. Die *Aktivierung* erfolgt wahlweise durch das Setzen der entsprechenden Haken in der Packages-Liste oder durch das Eintippen der vier Befehlszeilen

library(desk)
library(stargazer)
library(stats)

Dabei wird zunächst die erste Befehlszeile unten links in der Bedienoberfläche hinter das Symbol »>« eingegeben und direkt anschließend durch das Drücken von Enter ⏎ ausgeführt. Die nachfolgenden zwei Befehlszeilen werden der gleichen Prozedur unterzogen. Falls die Aktivierung der Pakete beim Start von RStudio in Zukunft immer automatisch erfolgen soll, nutzt man den »Tipp für R-fahrene« auf Seite 18.

Lösung zu Aufgabe 1.4: Spendenbereitschaft
a) Die Störgröße u_i muss noch hinzuaddiert werden. Das ökonometrische Modell lautet dann
$$y_i = \beta x_i + u_i\ .$$
Einen Parameter α nehmen wir nicht auf, da von einem proportionalen Zu-

sammenhang ausgegangen wird.

b) Wir verwenden die folgenden Befehle:
```
x22 <- c(81000, 53000, 49000)
y22 <- c(81, 159, 98)
anteile <- y22/x22
anteile
```

In der Konsole erhalten wir dann das folgende Resultat:
```
[1] 0.001 0.003 0.002
```

c) Wir können den Durchschnitt aus den drei Werten des Objektes `anteile` bilden:
```
betadach <- mean(anteile)
betadach
```
```
[1] 0.002
```

Die drei Familien haben im Durchschnitt lediglich 0,2% ihres Einkommens gespendet. Hätten wir den Befehl
```
betadach <- mean(0.001, 0.003, 0.002)
betadach
```
verwendet, gäbe R als Antwort:
```
[1] 0.001
```

Wo liegt der Fehler? Um gleichzeitig mehrere Werte an R zu übergeben, muss immer mit der `c()`-Funktion gearbeitet werden. Die korrekte Eingabe lautet also:
```
betadach <- mean(c(0.001, 0.003, 0.002))
betadach
```
```
[1] 0.002
```

Warum R beim Befehl `mean(0.001, 0.003, 0.002)` das Ergebnis 0,001847 ausgibt, wird klarer, wenn wir in R-Box 4.1 (S. 71) das Konstruktionsprinzip von R-Funktionen erläutern.

Ein anderer Rechenansatz ist ebenfalls denkbar: Zunächst werden das Gesamteinkommen (nachfolgend als `Summe.x22` bezeichnet) und die Gesamtspenden (nachfolgend als `Summe.y22` bezeichnet) der drei Familien berechnet und anschließend die Gesamtspenden durch das Gesamteinkommen geteilt:
```
Summe.x22 <- sum(x22)
Summe.y22 <- sum(y22)
betadach2 <- Summe.y22 / Summe.x22
betadach2
```
```
[1] 0.0018469945
```

Bei dem zweiten Verfahren erhalten die drei Familien allerdings unterschiedliche Gewichte. Die Familie mit dem höchsten Einkommen hat den stärksten Einfluss auf die Berechnung des Schätzwertes. Daher sind die beiden Verfahren nicht äquivalent.

d) Der Wert in der Hypothese des Verhaltensforschers ist mehr als doppelt so groß wie unser Schätzwert. Unsere Ergebnisse liefern also keinen starken Beleg für die Hypothese. Allerdings hatten wir lediglich drei Beobachtungen, also eine sehr schwache Datenbasis. Die deutliche Abweichung zwischen der eigenen Schätzung und der Hypothese des Verhaltensforschers könnte deshalb auch ein Zufallsprodukt sein.

e) Der zu berechnende Prognosewert ergibt sich aus
```
ydach <- betadach * 50000
ydach
[1] 100
```

f) Es handelt sich um einen Paneldatensatz. Die notwendigen Befehle lauten:
```
x20 <- c(80000, 49000, 40000)
y20 <- c(90, 152, 110)
x21 <- c(83000, 51000, 45000)
y21 <- c(258, 122, 79)
spenden <- cbind(x20, y20, x21, y21, x22, y22)
colnames(spenden) <- c("x2020", "y2020", "x2021",
"y2021", "x2022", "y2022")
rownames(spenden) <- c("v. Auer", "Hoffmann", "Kranz")
```

Als Antwort auf den Befehl
```
spenden
```
erhalten wir eine Matrix mit drei Zeilen und sechs Spalten:
```
         x2020 y2020 x2021 y2021 x2022 y2022
v. Auer  80000    90 83000   258 81000    81
Hoffmann 49000   152 51000   122 53000   159
Kranz    40000   110 45000    79 49000    98
```

Lösung zu Aufgabe 1.5: Kellner mit zwei Gästen

a) Die Befehle lauten:
```
kellner <- rbind(c(10,2), c(30,3))
kellner
```

In der Konsole wird daraufhin der folgende Output erzeugt:
```
     [,1] [,2]
[1,]   10    2
```

```
[2,]   30    3
```

Natürlich hätten wir die Daten auch mit dem Befehl
```
kellner <- cbind(c(10,30), c(2,3))
```
korrekt eingeben können.

b) Der passende Schätzwert $\widehat{\beta}$ für Beobachtung 1 beträgt 0,2, denn $0{,}2 \cdot 10 = 2$. In R ergibt sich dieser Schätzwert aus:
```
beta1 <- 2/10
beta1
[1] 0.2
```

Ganz analog berechnen wir:
```
beta2 <- 3/30
beta2
[1] 0.1
```

Den Durchschnittswert erhalten wir mit
```
betawerte <- c(beta1, beta2)
betadach <- mean(betawerte)
betadach
[1] 0.15
```

Der Durchschnitt beider Schätzwerte beträgt demnach 0,15. Die zwei Schätzwerte könnten auch grafisch hergeleitet werden: Eine Gerade durch den Ursprung und den Punkt $(x_1, y_1) = (10, 2)$ besitzt eine Steigung von 0,2. Analog würde ein isolierter $\widehat{\beta}$-Wert des Gastes 2 mit Datenpunkt $(x_2, y_2) = (30, 3)$ den Wert 0,1 annehmen.

c) Die Werte $\widehat{y}_1$ und $\widehat{y}_2$ ergeben sich aus
```
y1dach <- betadach*10
y1dach
[1] 1.5

y2dach <- betadach*30
y2dach
[1] 4.5
```

Gefragt ist nach den Residuen $\widehat{u}_i$. Sie sind die Schätzwerte für die eingetretenen Störgrößenwerte und ergeben sich aus

$$\widehat{u}_i = y_i - 0{,}15 \cdot x_i$$
$$= y_i - \widehat{y}_i \, .$$

Die Umsetzung in R gelingt mit

```
u1dach <- 2 - y1dach
u1dach
```
```
[1] 0.5
```

```
u2dach <- 3 - y2dach
u2dach
```
```
[1] -1.5
```

Unsere Schätzungen für die Störgrößenwerte betragen demnach $\hat{u}_1 = 0{,}5$ und $\hat{u}_2 = -1{,}5$.

KAPITEL **L2**

Spezifikation

Lösung zu Aufgabe 2.1: A-, B- und C-Annahmen

a) Folgende Annahmen könnten verletzt sein:

   (a) $a1$ (kein erkennbarer Zusammenhang)
   (b) $a2$ (nicht-linearer Zusammenhang) und $a3$ (Strukturbruch)
   (c) $b2$ (Heteroskedastizität)
   (d) $a2$ (nicht-linearer Zusammenhang) und $b3$ (positive Autokorrelation)
   (e) $b3$ (negative Autokorrelation) und $b4$ (Normalverteilung)
   (f) $a3$ (Veränderung im Niveauparameter)

b) Die wichtigsten Kandidaten sind die Annahmen $a1$ und $b1$, denn fehlende Variablen sind oftmals schwer zu erkennen ($a1$) und auch ein konstanter Messfehler ist kaum zu bemerken ($b1$).

c) Annahme $c1$ besagt, dass die exogenen Variablen (Regressoren) nicht zufallsabhängig (nicht stochastisch) sind, sondern wie in einem Experiment kontrolliert werden können. Annahme $c2$ besagt, dass die Werte der exogenen Variablen unterschiedlich sein müssen.

Lösung zu Aufgabe 2.2: Spezifikation in der Einfachregression

a) Zunächst öffnen wir ein neues Quelltext-Fenster über die Tastenkombination [Strg]+[⇧]+[N] oder über das Menü File → New File → R Script. In das leere Quelltext-Fenster fügen wir den genannten Quelltext ein:

```
# Spezifikation.R
rm.all()
x <- c(3,3,3,3,3)
y <- c(1,3,2,4,1)
plot(x,y)
```

Mit ⌈Strg⌉+⌈S⌉ oder mit File → Save as... öffnet sich das Dialogfenster zur Speicherung von R-Skripten. Wir geben den Dateinamen Spezifikation.R ein und klicken auf »OK«.

b) Wenn »Spezifikation.R« der einzige Reiter im Quelltext-Fenster ist, dann wird sich durch den Klick auf das graue Kreuz im Reiter das Quelltext-Fenster vollständig schließen. Im rechten unteren Fenster sind verschiedene Reiter sichtbar. Ein Klick auf den Reiter »Files« bringt das Files-Fenster in den Vordergrund. Mit einem Klick auf den Dateinamen Spezifikation.R bringen wir das Skript zurück ins Quelltext-Fenster. Wir führen das gesamte Skript mit der Tastenkombination ⌈Strg⌉+⌈⇑⌉+⌈↵⌉ aus. Alternativ gelingt dies auch durch einen Klick auf die Schaltfläche »Source«.

c) Alle Datenpunkte liegen vertikal auf einer Linie. Das bedeutet, die Variation der x-Werte ist Null und somit ist Annahme c2 verletzt.

d) Der Vektor x enhält fünf mal die gleiche Zahl 3 und weist daher eine Variation von Null auf. Um die Annahmeverletzung zu beheben, müssten sich zumindest einige x-Werte voneinander unterscheiden. Wir definieren deshalb das Objekt x neu und erzeugen anschließend eine Punktwolke:

```
x <- c(2,3,1,5,1)
plot(x,y)
```

Daraufhin zeigt R im Plots-Fenster die in Abbildung L2.1 dargestellte Grafik. Sie lässt erkennen, dass die Variation der x-Werte größer als Null ist, weil die Lage der Punkte in horizontaler Richtung variiert.

e) Es existieren mehrere Möglichkeiten, das Problem in R zu lösen. Der naheliegendste, aber auch umständlichste Weg ist, alle Summanden explizit zu addieren:

```
xquer = mean(x)
sxx = (2-xquer)^2+(3-xquer)^2+(1-xquer)^2+(5-xquer)^2+(1-xquer)^2
sxx
[1] 11.2
```

Etwas übersichtlicher wird es, wenn man sich die Definition des Objektes xquer spart, die Funktion sum() verwendet und die Fähigkeit von R ausnutzt, mit Vektoren zu rechnen:

```
sxx <- sum((x-mean(x))^2)
sxx
```

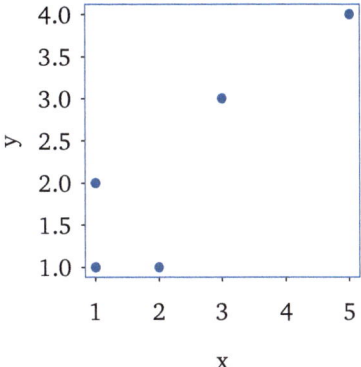

Abbildung L2.1 Punktwolke nach Korrektur der Annahmeverletzung c2.

```
[1] 11.2
```

Dabei ist bemerkenswert, dass R den richtigen Wert berechnet, obwohl das Objekt x fünf Werte enthält, das Objekt mean(x) aber nur einen. R hätte eigentlich erwartet, dass auch mean(x) ein Vektor mit fünf Werten ist. Da diese Erwartung nicht erfüllt wird, interpretiert R unseren Befehl automatisch um. R geht davon aus, dass der Wert mean(x) von jedem Wert in x abzuziehen ist. So war der Befehl von uns gemeint. Deshalb ergibt sich aus unserem unpräzisen Befehl kein Problem. Es sind aber auch Fälle denkbar, bei denen unpräzise Befehle zu Fehlinterpretationen und damit zu unerkannten falschen Ergebnissen führen. Im vorliegenden Beispiel könnten wir dieses Risiko dadurch vermeiden, dass wir einen Vektor definieren, welcher viermal den Wert mean(x) enthält. Diesen Vektor könnten wir ohne Bedenken von x subtrahieren.

f) Am einfachsten lässt sich die Variation von *x* mit der Funktion Sxy() aus dem Paket desk berechnen:

```
Sxy(x,x)    # oder Sxy(x)
[1] 11.2
```

Mit der Tastenkombination [Strg]+[S] oder über das Menü File → Save speichern wir das Skript ab. Geschlossen wird es mit einem Klick auf das Kreuz im Reiter.

Lösung zu Aufgabe 2.3: Statistisches Repetitorium

a) Wir öffnen ein neues Quelltext-Fenster über die Tastenkombination [Strg]+[⇑]+[N] oder alternativ über das Menü File → New File → R Script. Die Datei trägt automatisch die Bezeichnung »Untitled1«. Zunächst werden die sechs möglichen Ausprägungen im Vektor u1 zusammengefasst. Alle Ausprägungen sind gleich wahrscheinlich. Deshalb liefert der Mittelwertbefehl `mean(u1)` direkt den Erwartungswert $E(u_1)$:

```
u1 <- c(1,2,3,4,5,6)
E.u1 <- mean(u1)
E.u1
[1] 3.5
```

Mit `File → Save as...` öffnet sich das Dialogfenster zur Speicherung von R-Skripten. Wir geben den Dateinamen `Wuerfeln.R` ein und klicken »OK«. Solange ein Skript einen von R automatisch erzeugten Namen (hier: »Untitled1«) besitzt, kann für die Neubenennung und Speicherung auch Strg+S verwendet werden. Wir schließen die Datei durch einen Klick auf das Kreuz im Reiter des Quelltext-Fensters oder mit `File → Close`.

b) Mit `File → Recent Files → Wuerfeln.R` oder mit `File → Open File → Wuerfeln.R` öffnen wir das zuvor erstellte Skript. Das Rautezeichen gefolgt vom Namen der Datei schreiben wir in die erste Zeile des Skriptes. Mit der Eingabetaste gelangen wir in die nächste Zeile und schreiben dort `rm.all()`. Der Kopf des Skriptes hat dann folgendes Aussehen:

```
# Wuerfeln.R
rm.all()
```

Wir führen das gesamte Skript mit der Tastenkombination Strg+⇑+↵ aus.

c) Auch die Berechnung der Varianz vereinfacht sich dadurch, dass alle sechs Ausprägungen gleich wahrscheinlich sind. Nachdem der Vektor `abweichung.u1` erzeugt wurde, können wir die Werte dieses Vektors quadrieren und anschließend den Mittelwert über diese quadrierten Werte bilden:

```
abweichung.u1 <- u1 - E.u1
abweichung.quad.u1 <- abweichung.u1^2
var.u1 <- mean(abweichung.quad.u1)
var.u1
[1] 2.9166667
```

Die drei Schritte hätten natürlich auch in einem einzigen Schritt gebündelt werden können:

```
var.u1 <- mean((u1-E.u1)^2)
var.u1
[1] 2.9166667
```

Schließlich sei nochmals auf das Problem hingewiesen, dass der Vektor `u1` aus sechs Werten besteht, während `E.u1` nur ein einzelner Wert ist. R zieht aus der Asymmetrie den korrekten Schluss, dass wohl von jedem Wert in `u1` der gleiche Wert `E.u1` abzuziehen ist.

d) In unserer Aufgabe werden alle möglichen Ausprägungen des Würfels betrachtet. Wir haben es also mit einer Grundgesamtheit und nicht mit einer Stichprobe zu tun. Die in R zur Verfügung stehende Funktion var() berechnet hingegen die Varianz einer Stichprobe, dividiert also die Summe der quadratischen Abweichungen durch $N-1$ statt, wie es bei der Varianz einer Grundgesamtheit erforderlich ist, durch N (siehe Abschnitt 2.4 des Lehrbuches). Deshalb liefert

```
var(u1)
[1] 3.5
```

das falsche Ergebnis und

```
var(u1) * 5/6
[1] 2.9166667
```

das korrekte Ergebnis.

e) Auch hier liefert der Mittelwertbefehl mean(u6) direkt den Erwartungswert $E(u_6)$:

```
u6 <- c(1,2,2,3,2,4)
E.u6 <- mean(u6)
```

f) Die Kovarianz ergibt sich aus

```
cov.u1u6 <- mean((u1-E.u1)*(u6-E.u6))
cov.u1u6
[1] 1.3333333
```

Aus

```
cov(u1,u6)
[1] 1.6
```

können wir ersehen, dass es sich, wie schon bei der var()-Funktion, bei der cov()-Funktion um eine Funktion für Stichproben und nicht für Grundgesamtheiten handelt. Das korrekte Ergebnis erhalten wir erst wieder, wenn wir den Korrekturfaktor an die cov()-Funktion anhängen:

```
cov(u1,u6) * 5/6
[1] 1.3333333
```

g) Das ergänzte R-Skript speichern wir mit [Strg]+[S] oder mit File → Save oder mit einem Klick auf das Diskettensymbol erneut ab.

Lösung zu Aufgabe 2.4: Zufallswerte

a) Mit der Tastenkombination [Strg]+[⇑]+[N] oder mit File → New File → R Script öffnen wir ein noch leeres R-Skript. Wir schreiben in dieses Skript die üblichen Anfangsbefehle:

```
# Zufallswerte.R
rm.all()
```

Mit Strg+S oder mit File → Save as... können wir es als Datei Zufallswerte.R abspeichern.

b) Eine Varianz von 0,36 entspricht einer Standardabweichung von 0,6, denn $0{,}6^2 = 0{,}36$. Es werden für die drei Zufallsvariablen u_1, u_2 und u_3 jeweils fünf verschiedene Ausprägungen erzeugt und als Vektoren definiert:

```
u1.zufall <- rnorm(5, mean = 0, sd = 0.6)
u2.zufall <- rnorm(5, mean = 0, sd = 0.6)
u3.zufall <- rnorm(5, mean = 0, sd = 0.6)
```

c) Die drei Vektoren werden mit rbind() zum neuen Objekt u.zufall verknüpft und mit Zeilen- und Spaltennamen versehen:

```
u.zufall <- rbind(u1.zufall, u2.zufall, u3.zufall)
rownames(u.zufall) <- c("Gast 1", "Gast 2", "Gast 3")
colnames(u.zufall) <- c("1", "2", "3", "4", "5")
```

Das Objekt u.zufall sieht folgendermaßen aus:

```
u.zufall
                1          2          3           4          5
Gast 1 -1.22269590  0.67561793 -0.70251910 -0.01073406  1.28403773
Gast 2 -0.58088714 -0.51539492  0.49205880 -0.40845273  0.40153503
Gast 3 -0.36981420  0.97986628  0.38627911 -0.30413264 -0.25948588
```

Das ergänzte R-Skript speichern wir mit Strg+S oder mit File → Save oder mit einem Klick auf das Diskettensymbol erneut ab.

KAPITEL L3

Schätzung I: Punktschätzung

Lösung zu Aufgabe 3.1: Trinkgeld (Teil 1)

a) Wir öffnen ein neues Quelltext-Fenster über die Tastenkombination Strg+⇑+N und speichern es mit File → Save as... unter dem Namen Trinkgeld.R ab. Die ersten Befehle unseres Skriptes lauten:

```
# Trinkgeld.R
rm.all()
```

b) Die entsprechenden Befehle lauten:

```
# Dateneingabe
x <- c(10,30,50)
y <- c(2,3,7)
x; y
[1] 10 30 50
[1] 2 3 7

Beobachtung2 <- c(x[2],y[2])
```

Im Environment-Fenster (rechtes oberes Fenster) sind x, y und Beobachtung 2 mit ihren Werten aufgelistet.

c) Nach der Eingabe von

```
plot(x,y)
```

erhalten wir die in Abbildung L3.1(a) dargestellte Punktwolke. In RStudio ist sie im »Plots«-Fenster zu sehen. Der Reiter »Plots« ist heller als die anderen

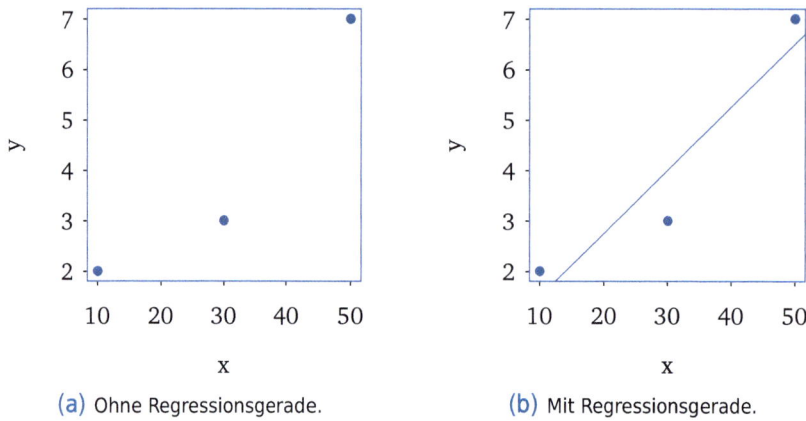

(a) Ohne Regressionsgerade.   (b) Mit Regressionsgerade.

Abbildung L3.1 Punktwolke der Daten im Trinkgeld-Beispiel.

Reiter und damit als aktiv markiert.

d) Die notwendigen Befehle lauten:
```
sxx <- sum((x - mean(x))^2)
syy <- sum((y - mean(y))^2)
sxy <- sum((x - mean(x)) * (y - mean(y)))
```

e) Die entsprechenden Befehle lauten:
```
# Regression
beta.dach <- sxy/sxx
alpha.dach <- mean(y) - beta.dach*mean(x)
alpha.dach; beta.dach
[1] 0.25
[1] 0.125
```

f) Etwas umständlich, dafür aber sehr einleuchtend, sind die Befehle:
```
ydach1 <- alpha.dach + beta.dach*10
ydach2 <- alpha.dach + beta.dach*30
ydach3 <- alpha.dach + beta.dach*50
ydach <- c(ydach1, ydach2, ydach3)
udach1 <- 2 - ydach1
udach2 <- 3 - ydach2
udach3 <- 7 - ydach3
udach <- c(udach1, udach2, udach3)
```

Schneller geht es mit den Befehlen:
```
ydach <- alpha.dach + beta.dach*x
udach <- y - ydach
```

Der Befehl für die Summe der Residuenquadrate lautet:

Kapitel L3 – Schätzung I: Punktschätzung

```
ssr <- sum(udach^2)
```

Der Wert von `ssr` kann im Environment-Fenster betrachtet werden.

g) Das Ergebnis des Befehls

```
abline(a = 0.25, b = 0.125)
```

ist im Plots-Fenster von RStudio zu sehen und entspricht der in Abbildung L3.1(b) dargestellten Punktwolke. Die Regressionsgerade wurde der Punktwolke hinzugefügt.

h) Unser Skript `Trinkgeld.R` wird mit [Strg]+[S] abgespeichert.

Lösung zu Aufgabe 3.2: Trinkgeld (Teil 2)

a) Mit File → Recent Files → Trinkgeld.R oder mit File → Open File → Trinkgeld.R öffnen wir das zuvor erstellte Skript. Mit [Strg]+[⇑]+[↵] führen wir das gesamte Skript erneut aus. Alternativ können wir auch alle Befehle des Skriptes markieren und anschließend [Strg]+[↵] drücken. Da `rm.all()` der erste Befehl des Skriptes ist, werden zunächst alle Einträge im Environment-Fenster gelöscht, bevor die weiteren Befehle ausgeführt werden.

b) Wir benötigen aus den Vektoren `x` und `y` jeweils das erste Element und verknüpfen diese beiden Werte mit den zuvor berechneten einelementigen Objekten `ydach1` und `udach1` zum neuen Vektor `gast1`. Ganz analog gehen wir für die Vektoren `gast2` und `gast3` vor:

```
gast1 <- c(x[1], y[1], ydach1, udach1)
gast2 <- c(x[2], y[2], ydach2, udach2)
gast3 <- c(x[3], y[3], ydach3, udach3)
```

c) Die Verknüpfung der drei Vektoren und die Anzeige in der Konsole erfolgt mit den folgenden zwei Befehlen:

```
Datenmatrix <- rbind(gast1, gast2, gast3)
Datenmatrix
      [,1] [,2] [,3] [,4]
gast1   10    2  1.5  0.5
gast2   30    3  4.0 -1.0
gast3   50    7  6.5  0.5
```

Wenn wir hingegen

```
Datenmatrix <- rbind(gast1, gast2, gast3, deparse.level = 0)
```

verwenden, bleiben die Vektorennamen in der Anzeige unterdrückt:

```
Datenmatrix
```

```
      [,1] [,2] [,3] [,4]
[1,]    10    2  1.5  0.5
[2,]    30    3  4.0 -1.0
[3,]    50    7  6.5  0.5
```

Wir hätten die Matrix auch über die Verknüpfung der Spaltenvektoren x, y, ydach und udach erzeugen können:

```
Datenmatrix <- cbind(x, y, ydach, udach, deparse.level = 0)
Datenmatrix
      [,1] [,2] [,3] [,4]
[1,]    10    2  1.5  0.5
[2,]    30    3  4.0 -1.0
[3,]    50    7  6.5  0.5
```

Der Zugriff auf das letzte Element der obersten Zeile gelingt mit

```
Datenmatrix[1,4]
[1] 0.5
```

Die letzte Spalte können wir mit folgendem Befehl auswählen:

```
Datenmatrix[,4]
[1]  0.5 -1.0  0.5
```

d) Um Zeichenketten (z.B. »Gast 1«) von Zahlen und Wahrheitswerten zu unterscheiden, müssen Zeichenketten mit Anführungsstrichen versehen werden. Das vierte Element soll den Namen »Gericht« erhalten. Die Liste erzeugen wir mit der Funktion list():

```
Gast1 <- list("Gast 1", x[1], y[1], Gericht = "Flammkuchen")
Gast2 <- list("Gast 2", x[2], y[2], Gericht = "Lasagne")
Gast3 <- list("Gast 3", x[3], y[3], Gericht = "Brokkoli Nuggets")
```

Der Zugriff auf die Elemente der Liste erfolgt über den Indexwert in der Liste:

```
Gast3[[1]]
[1] "Gast 3"
```

Für das vierte Element der Liste Gast1 war allerdings ein Name definiert, so dass für den Zugriff auf dieses Element auch der Name in Verbindung mit dem $-Zeichen genutzt werden kann. Die folgenden Befehle führen deshalb beide zum korrekten Zugriff:

```
Gast1[[4]]
[1] "Flammkuchen"
```

```
Gast1$Gericht
[1] "Flammkuchen"
```

e) Der Vektor gericht könnte folgendermaßen erzeugt werden:

Kapitel L3 – Schätzung I: Punktschätzung

```
gericht <- c(Gast1[[4]], Gast2[[4]], Gast3[[4]])
# oder
gericht <- c(Gast1$Gericht, Gast2$Gericht, Gast3$Gericht)
```

Im Environment-Fenster ist der Eintrag `gericht` hinzugekommen, welcher aus drei Elementen besteht. Diese zeigen die Gerichte der drei Gäste an. Der Vektor `gast` kann mit

```
gast <- c(Gast1[[1]], Gast2[[1]], Gast3[[1]])
```

oder auch mit

```
gast <- c("Gast 1", "Gast 2", "Gast 3")
```

erzeugt werden.

f) Die notwendigen Befehle lauten:

```
# Dataframe
data.trinkgeld <- data.frame(gast, x, y, gericht)
data.trinkgeld
    gast  x y          gericht
1 Gast 1 10 2       Flammkuchen
2 Gast 2 30 3           Lasagne
3 Gast 3 50 7   Brokkoli Nuggets
```

Der Zugriff auf den zweiten Eintrag der dritten Spalte erfolgt mit

```
data.trinkgeld[2,3]
[1] 3
```

g) Unser Skript `Trinkgeld.R` wird mit [Strg]+[S] abgespeichert.

Lösung zu Aufgabe 3.3: Trinkgeld (Teil 3)

a) Wir führen das gesamte Skript mit der Tastenkombination [Strg]+[⇑]+[↵] aus. Die erforderlichen R-Einträge lauten:

```
# KQ-Schätzung mit ols()-Befehl
trinkgeld.est <- ols(y ~ x)
```

b) Ein möglicher Befehl lautet:

```
trinkgeld.est    # oder print(trinkgeld.est)
```

In der Konsole erscheint daraufhin:

	coef	std.err	t.value	p.value
(Intercept)	0.2500	1.4790	0.1690	0.8934
x	0.1250	0.0433	2.8868	0.2123

Den umfangreichen Output erhalten wir mit dem Befehl

```
trinkgeld.est <- ols(y ~ x, details = T)
```

oder mit dem Befehl

```
print(trinkgeld.est, details = T)
```

Beide Befehle liefern in der Konsole die folgenden Informationen:

```
              coef    std.err  t.value  p.value
(Intercept)   0.2500  1.4790   0.1690   0.8934
x             0.1250  0.0433   2.8868   0.2123


Number of observations:    3
Number of coefficients     2
Degrees of freedom:        1
R-squ.:                    0.8929
Adj. R-squ.:               0.7857
Sum of squ. resid.:        1.5
Sig.-squ. (est.):          1.5
F-Test (F-value):          8.3333
F-Test (p-value):          0.2123
```

Um gezielt auf die Koeffizienten zuzugreifen, könnten wir den folgenden Befehl verwenden:

```
trinkgeld.est$coef
(Intercept)          x
    0.250        0.125
```

c) Die Befehle lauten:

```
trinkgeld.est$fitted
  1   2   3
1.5 4.0 6.5
```

```
trinkgeld.est$resid
  1    2   3
0.5 -1.0 0.5
```

```
trinkgeld.est$ssr
[1] 1.5
```

Die erzeugten Werte stimmen mit den früher erzeugten Werten überein.

d) Die Befehle lauten:

```
R2 = trinkgeld.est$r.squ
R2
```

Kapitel L3 – Schätzung I: Punktschätzung   329

```
[1] 0.89285714
```

```
sxy^2/(sxx*syy)
```
```
[1] 0.89285714
```

Auch hier stimmen die Werte überein.

e) Die Befehle
```
plot(x,y)
abline(trinkgeld.est)
```

erzeugen erneut die Abbildung L3.1(b).

f) Unser Skript Trinkgeld.R wird mit Strg+S abgespeichert.

Lösung zu Aufgabe 3.4: Anscombes Quartett

a)
```
# Anscombe.R
rm.all()
```

In der Konsole geben wir den Befehl
```
View(data.anscombe)
```

ein und sehen daraufhin im Quelltext-Fenster ein neues Fenster mit dem Reiter »data.anscombe«. Das Fenster zeigt uns die Datentabelle in übersichtlicher Form an. Wir schließen das Fenster mit einem Klick auf das kleine Kreuz im Reiter. Da wir diese Datentabelle nicht bei jeder Durchführung im Quelltext-Fenster angezeigt bekommen wollen, haben wir den Befehl View(data.anscombe) in der Konsole und nicht im Skript eingegeben.

b) Die Befehle für die KQ-Schätzungen lauten:
```
a.est <- ols(data.anscombe$y1 ~ data.anscombe$x1)
b.est <- ols(data.anscombe$y2 ~ data.anscombe$x2)
c.est <- ols(data.anscombe$y3 ~ data.anscombe$x3)
d.est <- ols(data.anscombe$y4 ~ data.anscombe$x4)
```

Die Schätzergebnisse des ersten Modells lauten:
```
a.est

                  coef   std.err  t.value  p.value
(Intercept)     3.0001    1.1247   2.6673   0.0257
data.anscombe$x1 0.5001   0.1179   4.2415   0.0022
```

Für das zweite Modell ergibt sich:
```
b.est
```

```
                      coef    std.err  t.value  p.value
(Intercept)          3.0009   1.1253   2.6668   0.0258
data.anscombe$x2     0.5000   0.1180   4.2386   0.0022
```

Das dritte Modell liefert

`c.est`

```
                      coef    std.err  t.value  p.value
(Intercept)          3.0025   1.1245   2.6701   0.0256
data.anscombe$x3     0.4997   0.1179   4.2394   0.0022
```

und das vierte Modell

`d.est`

```
                      coef    std.err  t.value  p.value
(Intercept)          3.0017   1.1239   2.6708   0.0256
data.anscombe$x4     0.4999   0.1178   4.2430   0.0022
```

Die Ergebnistabellen zeigen, dass die Punktschätzer nahezu identisch sind. Auch die anderen ausgegebenen Kenngrößen unterscheiden sich kaum. Man könnte geneigt sein, daraus einen jeweils identischen wahren Zusammenhang hinter den vier Datensätzen abzuleiten.

c) Die vier Punktwolken mit den Regressionsgeraden können wie üblich mit der plot()-Funktion und der abline()-Funktion erzeugt werden. Wichtig ist, dass der für eine bestimmte Punktwolke vorgesehene abline()-Befehl von R noch vor dem nächsten plot()-Befehl und damit vor der nächsten Punktwolke abgearbeitet wird:

```
plot(data.anscombe$x1, data.anscombe$y1); abline(a.est)
plot(data.anscombe$x2, data.anscombe$y2); abline(b.est)
plot(data.anscombe$x3, data.anscombe$y3); abline(c.est)
plot(data.anscombe$x4, data.anscombe$y4); abline(d.est)
```

Die Verwendung des Semikolons »;« erlaubt uns mehrere Befehle in eine Zeile zu schreiben. Das Ergebnis der Befehlssequenz ist in Abbildung L3.2 dargestellt. Man erkennt, dass die Zusammenhänge alles andere als identisch sind, obwohl unser ökonometrisches Modell und sogar das geschätzte Modell jeweils identisch sind.

Im ersten Datensatz könnte unser lineares ökonometrisches Modell ein adäquates Modell für den wahren Zusammenhang sein. In der Punktwolke ist ein linearer Anstieg von $y1$ bei wachsendem $x1$ zu erkennen. Der zweite Datensatz repräsentiert eindeutig einen nicht-linearen Zusammenhang zwischen $y2$ und $x2$. Der Zusammenhang des dritten Datensatzes scheint linear zu sein, wird aber durch einen Ausreißer so verfälscht, dass der geschätzte Zusammenhang zufällig dem aller anderen Datensätze entspricht. Im letzten

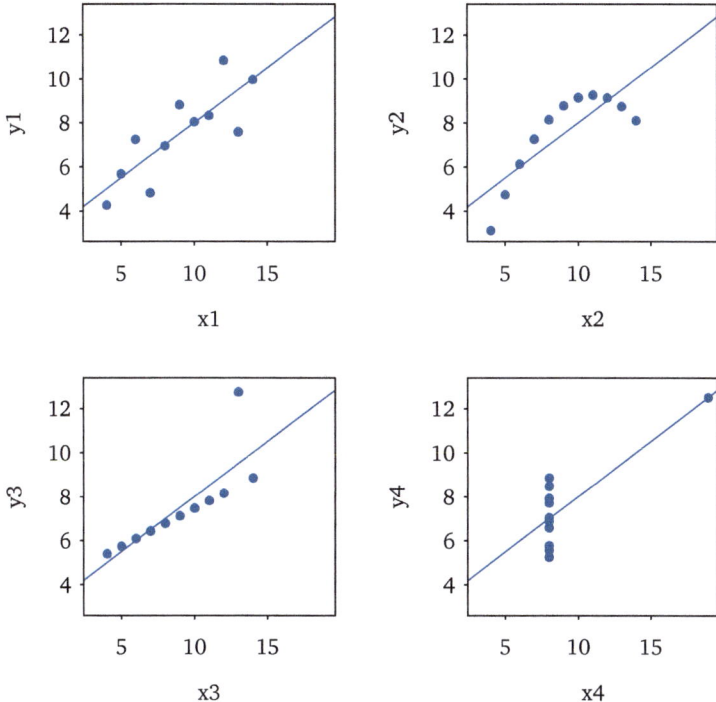

Abbildung L3.2 Anscombes vier Datensätze grafisch dargestellt.

Datensatz ist keine Variation in $x4$ zu erkennen mit Ausnahme eines Ausreißers, der somit einen übergroßen Einfluss auf die Schätzung nimmt.

Insgesamt müssen wir schlussfolgern, dass die zusammenfassenden Kennzahlen einer linearen Regression nicht notwendigerweise die richtige »Geschichte« hinter den Daten erzählen. Wenn möglich, sollte die Auswertung von Kennzahlen immer von grafischen Darstellungen begleitet werden.

d) Unser Skript wird mit [Strg]+[S] abgespeichert und anschließend geschlossen.

Lösung zu Aufgabe 3.5: Lebenszufriedenheit (Teil 1)

a) Wir öffnen ein neues Quelltext-Fenster über die Tastenkombination [Strg]+[⇧]+[N] und speichern es mit File → Save as... unter dem Namen LebenszufriedenheitTeil1.R ab. In die ersten Zeilen des Skriptes tragen wir den Dateinamen sowie den üblichen Löschbefehl ein:

```
# LebenszufriedenheitTeil1.R
rm.all()
```

b) Der Export des Datensatzes gelingt mit dem Befehl
```
write.table(data.lifesat, file = "./Daten/Lebenszufriedenheit.txt",
row.names = F)
```

c) Mit dem Befehl
```
data.zufried <- read.table("./Daten/Lebenszufriedenheit.txt",
header = T, sep = " ", dec = ".", na.strings = ".")
```
holen wir den Datensatz in den Objektspeicher von R und speichern ihn dort als Dataframe mit der Bezeichnung `data.zufried` ab. Nachdem wir in der Konsole
```
View(data.zufried)
```
eingegeben haben, erscheinen die Daten im Quelltext-Fenster in einem neuen Fenster. Mit einem Klick auf den Reiter »LebenszufriedenheitTeil1.R« kehren wir zum Skript zurück.

d) Die Befehle lauten:
```
land <- data.zufried$country
zufried <- data.zufried$lsat
einkom <- data.zufried$income/1000
```

e) Die mit dem Befehl
```
plot(einkom, zufried)
```
erzeugte Punktwolke der Abbildung L3.3 deutet auf keinen oder einen leicht positiven Zusammenhang zwischen dem durchschnittlichen Pro-Kopf-Einkommen eines Landes (`einkom`) und seiner durchschnittlichen Lebenszufriedenheit (`zufried`) hin.

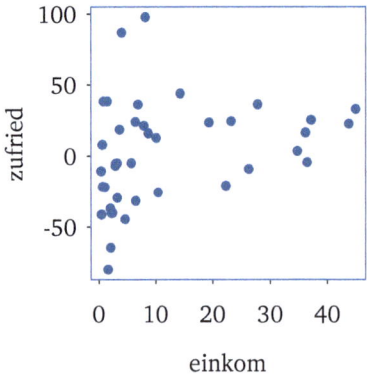

Abbildung L3.3 Daten zur Lebenszufriedenheit.

f) Die Befehle

```
zufried.est <- ols(zufried ~ einkom)
zufried.est
```

liefern in der Konsole den Output

```
              coef    std.err   t.value   p.value
(Intercept) -7.3345   7.5381   -0.9730   0.3367
einkom       0.7791   0.4199    1.8554   0.0713
```

Der Steigungsparameter besitzt demnach den KQ-Schätzwert $\hat{\beta} = 0{,}7791$. Eine Einkommenserhöhung um eine Einheit (also 1000 Dollar) würde die Zufriedenheit um 0,7791 Einheiten erhöhen. Eine Erhöhung um 10.000 Dollar ist eine Erhöhung um 10 Einheiten. Die Zufriedenheit steigt dann um 7,791 Einheiten.

g) Zunächst erzeugen wir die Variable `resid`:

```
resid <- zufried.est$resid
```

Nun müssen wir die Variable zum Dataframe hinzufügen. Die `c()`-Funktion führt hier nicht zum Ziel, denn sie kann nur angewendet werden, wenn vollkommen klar ist, in welcher Weise die Objekte zu kombinieren sind. Hier kombinieren wir jedoch einen Dataframe mit einem Vektor, also zwei unterschiedliche Objektklassen. Wir verwenden deshalb wieder die Funktion `data.frame()`:

```
data.zufried <- data.frame(data.zufried, resid)
```

Um die umskalierte Variable in den Dataframe einzufügen, verwenden wir den Befehl:

```
data.zufried$income <- einkom
```

h) Der Export des Dataframes gelingt mit dem Befehl

```
write.table(data.zufried, file = "./Daten/Zufriedenheit.csv",
row.names = F, sep = ";", dec = ",")
```

i) In der R-Box 3.9 (S. 59) wurde beschrieben, wie der Unterordner `Objekte` angelegt werden kann. Mit dem Befehl

```
save.image(file = "./Objekte/Zufriedenheit.RData")
```

werden alle Objekte der laufenden Sitzung in der Datei `Zufriedenheit.RData` im neu angelegten Unterordner `Objekte` abgespeichert. Unser Skript `LebenszufriedenheitTeil1.R` wird mit Strg+S abgespeichert.

KAPITEL L4

Indikatoren für die Qualität von Schätzverfahren

Lösung zu Aufgabe 4.1: **Trinkgeld-Simulation (Störgrößen Teil 1)**

a) Zunächst öffnen wir ein neues Quelltext-Fenster über die Tastenkombination [Strg]+[⇧]+[N] und speichern es mit File → Save as... unter dem Namen TrinkgeldSimTeil1.R ab. Die ersten Befehle lauten:

```
# TrinkgeldSimTeil1.R
rm.all()
x <- c(10, 30, 50) # Werte der exogenen Variablen
S <- 1000 # Anzahl der Stichproben
```

b) `arguments(rnorm)`

   n, mean = 0, sd = 1

   Die Funktion benötigt demnach als Argument die Anzahl der zu erzeugenden Zufallswerte. Auf die Eingabe des Erwartungswertes und der Standardabweichung der zugrunde liegenden Normalverteilung könnte man verzichten. R würde dann von den voreingestellten Werten 0 und 1 ausgehen.

c) Es ist zu beachten, dass der Befehl `rnorm()` als Argument die Standardabweichung und nicht die Varianz der Normalverteilung erwartet. Die Befehle lauten deshalb:

```
var.u <- 0.25 # Varianz der Störgrössen
u1 <- rnorm(S, mean = 0, sd = sqrt(var.u))
u2 <- rnorm(S, mean = 0, sd = sqrt(var.u))
u3 <- rnorm(S, mean = 0, sd = sqrt(var.u))
```

Das Argument mean = 0 hätte auch weggelassen werden können, da es als Grundwert voreingestellt ist.

d) `u <- rbind(u1, u2, u3)`

Jede Spalte der Matrix u kann als eine eigene Stichprobe aufgefasst werden. Die drei Werte in der ersten Spalte von u können als die in der ersten Stichprobe aufgetretenen Störgrößenwerte der drei Gäste interpretiert werden. Entsprechend sind die drei Werte in der zweiten Spalte von u die Störgrößenwerte der zweiten Stichprobe. Insgesamt liegen in u Störgrößenwerte für $S = 1000$ Stichproben vor.

e)
```
alpha <- 0.2
beta <- 0.13
y1 <- alpha + beta*10 + u1
y2 <- alpha + beta*30 + u2
y3 <- alpha + beta*50 + u3
```

f) `y <- rbind(y1, y2, y3)`

Die erste Spalte der Matrix y repräsentiert die Werte der endogenen Variablen der ersten Stichprobe des Trinkgeld-Beispiels (y_1, y_2 und y_3). Analoges gilt für die anderen Spalten.

g)
```
y.stich1 <- y[,1]
plot(x, y.stich1)
stich1.est <- ols(y.stich1 ~ x)
```

Den KQ-Schätzwert für β erhalten wir mit dem Befehl

```
stich1.est$coef[2]
          x
0.10860353
```

und die Regressionsgerade mit

`abline(stich1.est)`

Die erzeugte Grafik ist in Abbildung L4.1(a) zu sehen. Da es sich bei den y_t-Werten um Zufallswerte handelt, sollte die von den Lesern selbst erzeugte Grafik geringfügig anders aussehen.

h)
```
y.stich2 <- y[,2]
plot(x, y.stich2)
stich2.est <- ols(y.stich2 ~ x)
stich2.est$coef[2]
          x
0.14741115
```

Die Regressionsgerade wird mit dem Befehl

```
abline(stich2.est)
```

hinzugefügt. Die erzeugte Grafik ist in Abbildung L4.1(b) zu sehen.

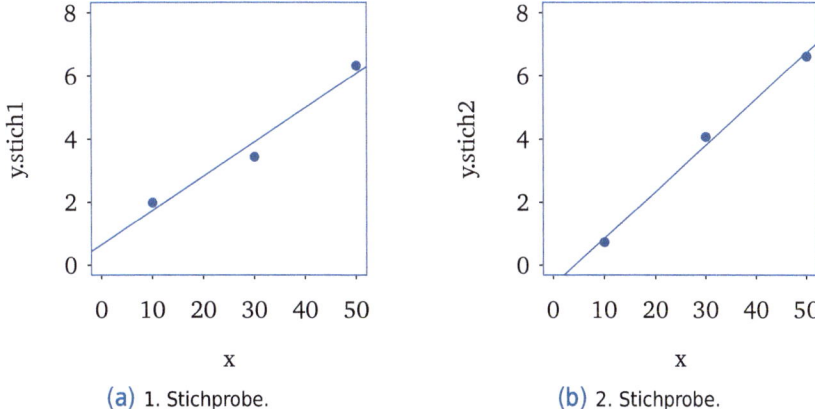

(a) 1. Stichprobe. (b) 2. Stichprobe.

Abbildung L4.1 Punktwolken und Regressionsgeraden der ersten beiden Stichproben.

i) Die drei Störgrößen u_1, u_2 und u_3 sind voneinander unabhängige und normalverteilte Zufallsvariablen. y_1 ist eine lineare Transformation von u_1. Entsprechendes gilt für y_2 und y_3. Folglich sind auch y_1, y_2 und y_3 voneinander unabhängige und normalverteilte Zufallsvariablen. Die KQ-Schätzformel für $\widehat{\beta}$ ist eine lineare Transformation der drei y_i-Werte. Deshalb ist $\widehat{\beta}$ ebenfalls normalverteilt.

j) Die Objekte speichern wir mit dem Befehl

```
save(x, alpha, beta, var.u, S,
file = "./Objekte/TrinkgeldSim.RData")
```

Das Skript wird mit Strg + S gespeichert.

Lösung zu Aufgabe 4.2: Trinkgeld-Simulation (Störgrößen Teil 2)

a) Mit File → Recent Files → TrinkgeldSimTeil1.R oder mit File → Open File → TrinkgeldSimTeil1.R öffnen wir das zuvor erstellte Skript. Um die überflüssigen Befehle auszukommentieren, markieren wir sie und nutzen anschließend die Tastenkombination Strg + ⇧ + C. Alternativ können wir das gleiche Resultat auch durch Klicks auf Code → Comment/Uncomment Lines in der oberen Menüleiste erreichen. Das Skript hat schließlich das folgende Aussehen:

```
# TrinkgeldSimTeil.R
rm.all()
x <- c(10, 30, 50) # Werte der exogenen Variablen
S <- 1000   # Anzahl der Stichproben
var.u <- 0.25
# u1 <- rnorm(S, mean = 0, sd = sqrt(var.u))
# u2 <- rnorm(S, mean = 0, sd = sqrt(var.u))
# u3 <- rnorm(S, mean = 0, sd = sqrt(var.u))
# u <- rbind(u1, u2, u3)
alpha <- 0.2
beta <- 0.13
# y1 <- alpha + beta*10 + u1
# y2 <- alpha + beta*30 + u2
# ...
# stich2.est$coef[2]
# abline(stich2.est)
save(x, alpha, beta, var.u, S,
file = "./Objekte/TrinkgeldSim.RData")
```

wobei wir hier einige der auskommentierten Zeilen ausgelassen haben.

b) Mit ⌈Strg⌉+⌈⇑⌉+⌈↵⌉ führen wir das gesamte Skript aus. Alternativ können wir auch alle Befehle des Skriptes markieren und anschließend ⌈Strg⌉+⌈↵⌉ drücken.

Lösung zu Aufgabe 4.3: Trinkgeld-Simulation (Punktschätzer)

a) Zunächst öffnen wir ein neues Quelltext-Fenster über die Tastenkombination ⌈Strg⌉+⌈⇑⌉+⌈N⌉ und speichern es mit File → Save as... unter dem Namen TrinkgeldSimTeil2.R ab. Die ersten Befehle lauten:

```
# TrinkgeldSimTeil2.R
rm.all()
load("./Objekte/TrinkgeldSim.Rdata")
```

b) In den Argumenten des Befehls repeat.sample() ist x der Vektor der exogenen Variablen, true.par sind die wahren Werte der Parameter, hier also die Werte von α und β, mean ist der Erwartungswert und sd die Standardabweichung der bei der u_i-Erzeugung zugrunde liegenden Normalverteilung. Das Argument rep legt die Anzahl der zu erzeugenden Stichproben fest. Da wir von $E(u_i) = 0$ ausgehen, können wir das Argument mean auslassen. Wir müssen aber angeben, dass die Standardabweichung bei der Erzeugung der zufälligen u_t-Werte nicht 1, sondern $\sqrt{\sigma^2} = \sqrt{0{,}25} = 0{,}5$ beträgt. Für die 1000 Stichproben des Trinkgeld-Beispiels lautet der Befehl:

```
stichproben1 <- repeat.sample(x = x, true.par = c(0.2, 0.13),
rep = S, sd = sqrt(var.u))
```

Kapitel L4 – Indikatoren für die Qualität von Schätzverfahren

Statt S hätte man natürlich auch die Zahl 1000 eintragen können und statt sqrt(var.u) hätte man 0.5 verwenden können. Beim Eintrag x = x steht das rechte x für das an früherer Stelle definierte Objekt x, also für den Vektor (10, 30, 50). Das linke x ist der Name des Arguments der Funktion repeat.sample(). Statt x = x hätte auch einfach der Eintrag x genügt.

c)
```
hist(stichproben1$coef[2,], xlim = c(0,0.26), ylim = c(0, 250),
breaks = seq(from = 0.0, to = 0.26, by = 0.01),
main = "var(u) = 0,25 und N = 3")
```

Die erzeugte Grafik ist in Abbildung L4.2(a) zu sehen. Die Überschriften wurden dort allerdings weggelassen.

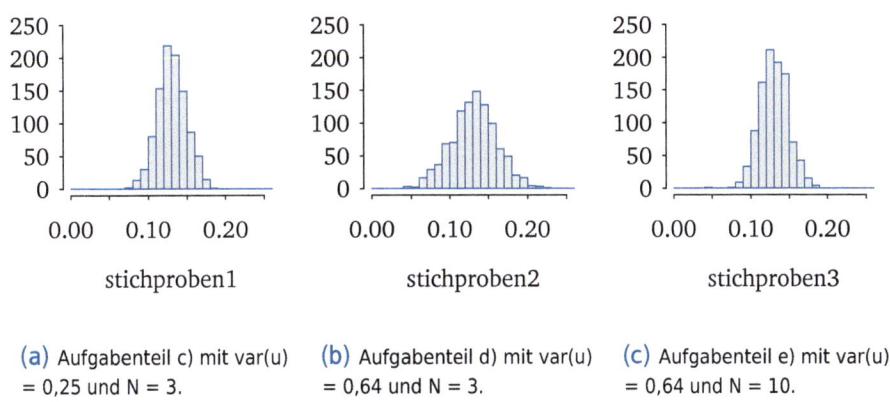

(a) Aufgabenteil c) mit var(u) = 0,25 und N = 3.

(b) Aufgabenteil d) mit var(u) = 0,64 und N = 3.

(c) Aufgabenteil e) mit var(u) = 0,64 und N = 10.

Abbildung L4.2 Direkter Vergleich der Histogramme der Aufgabe 4.3.

d)
```
stichproben2 <- repeat.sample(x, true.par = c(0.2, 0.13),
rep = S, sd = 0.8)
hist(stichproben2$coef[2,], xlim = c(0,0.26), ylim = c(0, 250),
breaks = seq(from = 0.0, to = 0.26, by = 0.01),
main = "var(u) = 0,64 und N = 3")
```

Die Erhöhung der Störgrößenvarianz erhöht auch die Streuung des KQ-Schätzers $\widehat{\beta}$. Die erzeugte Grafik ist in Abbildung L4.2(b) zu sehen.

e)
```
x10 <- c(10, 30, 50, 18, 42, 21, 35, 27, 13, 47)
stichproben3 <- repeat.sample(x10, true.par = c(0.2, 0.13),
rep = S, sd = 0.8)
hist(stichproben3$coef[2,], xlim = c(0,0.26), ylim = c(0, 250),
breaks = seq(from = 0.0, to = 0.26, by = 0.01),
main = "var(u) = 0,64 und N = 10")
```

Die Erhöhung des Beobachtungsumfangs senkt die Streuung des KQ-Schätzers $\widehat{\beta}$. Die erzeugte Grafik ist in Abbildung L4.2(c) zu sehen.

f) Die Formel besagt, dass $sd(\widehat{\beta})$ umso größer ist, je größer die Störgrößenvarianz ist. Dies hatten wir im Vergleich der Aufgabenteile c) und d) auch experimentell beobachtet. Ferner ist $sd(\widehat{\beta})$ umso kleiner, je größer die Variation der exogenen Variablen S_{xx} ist. Letztere steigt mit dem Beobachtungsumfang N. Die senkende Wirkung auf $sd(\widehat{\beta})$ hatten wir im Vergleich der Aufgabenteile d) und e) demonstriert.

g) Die Objekte speichern wir mit dem Befehl:
```
save.image("./Objekte/TrinkgeldSim.RData")
```

Wir speichern das Skript mit [Strg]+[S].

KAPITEL L5

Schätzung II: Intervallschätzer

Lösung zu Aufgabe 5.1: Trinkgeld (Teil 4)

a) Zunächst öffnen wir über die Tastenkombination [Strg]+[⇑]+[N] im Quelltext-Fenster ein neues Skript und speichern es mit File → Save as... unter dem Namen TrinkgeldIntervallschaetzer.R ab. Unser Skript beginnt mit den folgenden Befehlen:
```
# TrinkgeldIntervallschaetzer.R
rm.all()
z.025 <- qnorm(0.975, mean = 0, sd = 1)
```

b)
```
pruefung <- (1.9 <= z.025) & (z.025 <= 2.0)
```
Nach dem Ausführen dieser Befehlszeile sollte im Environment-Fenster beim Objekt pruefung der Eintrag TRUE sichtbar sein, denn das Objekt z.025 besitzt den Wert 1,959964 und liegt damit zwischen 1,9 und 2,0.

c)
```
x <- c(10,30,50)
y <- c(2,3,7)
trinkgeld.est <- ols(y ~ x)
beta.dach <- trinkgeld.est$coef[2]
```

d)
```
sxx <- Sxy(x,x) # oder sxx <- Sxy(x) oder sxx <- sum((x-mean(x))^2)
var.u <- 2
sd.beta <- sqrt(var.u/sxx)
```

e)
```
ivg.unten <- beta.dach - z.025 * sd.beta
ivg.oben <- beta.dach + z.025 * sd.beta
berechnet.int <- c(ivg.unten, ivg.oben)
```

```
berechnet.int
       x           x
0.027001801 0.222998199
```

Lösung zu Aufgabe 5.2: **Trinkgeld-Simulation (Störgrößen- und Residuenvarianz)**

a) Wir öffnen über die Tastenkombination [Strg]+[⇑]+[N] ein neues Skript und speichern es mit File → Save as... unter dem Namen TrinkgeldSimTeil3.R ab. Die ersten Befehle unseres Skriptes lauten:
```
# TrinkgeldSimTeil3.R
rm.all()
load(file = "./Objekte/TrinkgeldSim.RData")
```

b)
```
u <- stichproben1$u
u.dach <- stichproben1$residuals
```

c) Der Vergleich der Objekte u und u.dach zeigt, dass die Streuung in der ersten Zeile von u größer ausfällt als in der ersten Zeile von u.dach. Das bedeutet, die Streuung der Störgrößen übersteigt die Streuung der Residuen. Das gleiche Resultat gilt auch für die Zeilen 2 und 3. Die var()-Funktion bestätigt unseren visuellen Eindruck:
```
var(u[1,]); var(u[2,]); var(u[3,])
[1] 0.25172323
[1] 0.25998538
[1] 0.24984851

var(u.dach[1,]); var(u.dach[2,]); var(u.dach[3,])
[1] 0.041118677
[1] 0.16447471
[1] 0.041118677
```
Die Varianz der Störgrößen innerhalb einer Zeile von u sollte ungefähr $\sigma^2 = 0{,}25$ betragen, denn mit dieser Varianz wurden die Werte erzeugt. Die Varianz der Residuen innerhalb einer Zeile ist deutlich kleiner. Dies ist kein Zufall. Durch das Einpassen der Geraden in die Punktwolke sind die absoluten Beträge der Residuen $\widehat{u}_i$ im Durchschnitt kleiner als die absoluten Beträge der tatsächlichen Störgrößen u_i.

d)
```
var.u <- stichproben1$var.u
mean(var.u)
[1] 0.25844702
```
Da die Formel unverzerrt ist, sollte der Mittelwert nahe bei 0,25 liegen.

e) Es gilt $N - 2 < N - 1$. Würde man die Formel $\widehat{\sigma}^2 = S_{\widehat{u}\widehat{u}}/(N-1)$ verwenden, wären die Schätzwerte für σ^2 im Durchschnitt zu gering. Durch die Verwendung von $(N-2)$ statt $(N-1)$ werden die Schätzwerte $\hat{\sigma}^2$ etwas angehoben. Damit wird ausgeglichen, dass, wie in Aufgabenteil c) erläutert, $S_{\widehat{u}\widehat{u}}$ kleiner ist als S_{uu}.

f) Jede Spalte der Matrix residuals liefert einen eigenen Schätzwert $\hat{\sigma}^2$. Unverzerrt bedeutet, dass der Durchschnitt dieser $\hat{\sigma}^2$-Werte etwa 0,25 betragen muss. Dies prüfen wir mit den folgenden Befehlen:

```
sigma.quad.dach <- stichproben1$sig.squ
mean(sigma.quad.dach)
[1] 0.246487
```

Lösung zu Aufgabe 5.3: Trinkgeld (Teil 5)

a) Wir öffnen das Skript TrinkgeldIntervallschaetzer.R und führen es mit der Tastenkombination [Strg]+[⇑]+[↵] in einem Schritt aus. Die drei Objekte beta.dach, sd.beta.dach und df erzeugen wir mit den Befehlen:

```
beta.dach <- trinkgeld.est$coef[2]
sd.beta.dach <- trinkgeld.est$std.err[2]
df <- trinkgeld.est$df
```

b)
```
t.025 <- qt(0.975, df)   # oder t.025 <- -qt(0.025, df)
t.025
[1] 12.706205
```

c) Die neue Funktion konfint wird durch die folgende Befehlssequenz definiert:

```
konfint <- function(coef, se.coef, a, b){
quantil <- 1 - (a/2)
t.wert <- qt(quantil, df = b)
grenzen <- c(coef - t.wert * se.coef, coef + t.wert * se.coef)
return(grenzen)
}
```

In der ersten Zeile der Befehlssequenz wird festgelegt, dass der Name der Funktion konfint lauten soll. Ferner werden die vier Argumente definiert, die beim späteren Gebrauch der Funktion immer anzugeben sind: coef, se.coef, a und b. Die in diesen Argumenten angegebenen Werte werden in den Befehlen der Funktion verarbeitet. Beispielsweise legt das Argument a das Signifikanzniveau fest, für das ein Konfidenzintervall berechnet werden soll. In der zweiten Zeile der Funktion wird aus dem Signifikanzniveau das relevante Quantil (ein neues Objekt mit Namen quantil) für die anschließende Berechnung des $t_{a/2}$-Wertes ermittelt. Beim Signifikanzniveau von 5%, also bei a = 0.05, würde quantil den Wert 0,975 annehmen. In der dritten Zeile wird mit der bereits vordefinierten Funktion qt() der t-Wert (ein neues Objekt mit Namen t.wert) berechnet, für den Folgendes gilt: Mit einer Wahrscheinlichkeit von $1 - a/2$, im Beispiel also 97,5%, fällt eine t-verteilte Zufallsvariable kleiner oder gleich diesem t-Wert aus. Da dieser t-Wert auch von der Anzahl der Freiheitsgrade abhängt, müssen diese ebenfalls berücksichtigt werden. Deshalb findet sich in der Funktion `qt()` auch das Argument `df = b`, wobei der Wert für `b` bereits als eines der vier Argumente der Funktion `konfint()` eingegeben wurde. Aus dem Objekt `t.wert` und den in den ersten beiden Argumenten der Funktion `konfint()` eingegebenen Werten von `coef` und `se.coef` werden in der vierten Zeile die untere und obere Grenze des Konfidenzintervalls berechnet und dem neuen Objekt `grenzen` zugewiesen. In der fünften Zeile der Funktion wird mit `return()` festgelegt, dass die Funktion `konfint` als Funktionswert den Inhalt des Objektes `grenzen`, also die Grenzen des Konfidenzintervalls, ausgeben soll.

d) Um die Funktion `konfint()` anzuwenden, müssen wir in den Klammern die Werte der vier Argumente festlegen. Wir möchten für den zuvor ermittelten Koeffizienten `beta.dach`, also `coef = beta.dach`, und die zuvor berechnete Standardabweichung `sd.beta.dach`, also `se.coef = sd.beta.dach`, ein Konfidenzintervall für ein Signifikanzniveau von 1%, also `a = 0.01`, berechnen. Die Anzahl der Freiheitsgrade soll dabei dem zuvor ermittelten Wert `df` entsprechen, also `b = df`:

```
konfint(coef = beta.dach, se.coef = sd.beta.dach, a = 0.01, b = df)
         x            x
     -2.6314177   2.8814177
```

Entsprechend geben wir für die Signifikanzniveaus 5% und 10% die folgenden zwei Befehle ein:

```
konfint(coef = beta.dach, se.coef = sd.beta.dach, a = 0.05, b = df)
         x            x
     -0.4251948   0.6751948
```

```
konfint(coef = beta.dach, se.coef = sd.beta.dach, a = 0.10, b = df)
          x             x
     -0.14839346   0.39839346
```

Je größer das Signifikanzniveau, umso schmaler ist das berechnete Intervall.

e) `ols.interval(trinkgeld.est, type = "confidence", which.coef = 2, sig.level = 0.05)`

```
Interval estimator of model parameter(s):
    center      2.5%      97.5%
x   0.1250    -0.4252    0.6752
```

Es ergibt sich das gleiche Resultat wie bei der von uns programmierten Funktion.

f) Die Befehle

```
alpha.dach <- trinkgeld.est$coef[1]
sd.alpha.dach <- trinkgeld.est$std.err[1]
konfint(coef = alpha.dach, se.coef = sd.alpha.dach, a = 0.05, b=df)
```

liefern für unsere programmierte Funktion `konfint()` das Resultat

```
(Intercept) (Intercept)
  -18.54273    19.04273
```

Für die Funktion `ols.interval()` erhalten wir

```
ols.interval(trinkgeld.est, which.coef = 1)

Interval estimator of model parameter(s):
              center      2.5%     97.5%
(Intercept)   0.2500   -18.5427   19.0427
```

Auch hier stimmen die Resultate der beiden Funktionen überein.

g) `save.image(file = "./Objekte/Trinkgeld.RData")`

Lösung zu Aufgabe 5.4: Bremsweg (Teil 1)

a)
```
# Bremsweg.R
rm.all()
str(data.cars)

'data.frame':  50 obs. of  2 variables:
 $ speed: num  4 4 7 7 8 9 10 10 10 11 ...
 $ dist : num  2 10 4 22 16 10 18 26 34 17 ...
```

Es handelt sich bei `data.cars` um einen Dataframe mit zwei Variablen mit jeweils 50 Beobachtungen. Im Environment-Fenster erscheinen immer nur Objekte, die im Rahmen der aktuellen R-Sitzung durch eigene Befehle erzeugt wurden. Mit dem Befehl

```
data.cars <- data.cars
```

könnte das Objekt `data.cars` neu erzeugt werden. Es wäre dann im Environment-Fenster aufgelistet. Die zwei neuen Objekte erzeugen wir mit den Befehlen:

```
dist  <- data.cars$dist
speed <- data.cars$speed
```

b)
```
bremsweg.est <- ols(dist ~ speed)
print(bremsweg.est, details = T)
```

```
                    coef    std.err  t.value  p.value
(Intercept)      -17.5791   6.7584  -2.6011   0.0123
speed              3.9324   0.4155   9.4640  <0.0001


Number of observations:          50
Number of coefficients            2
Degrees of freedom:              48
R-squ.:                       0.6511
Adj. R-squ.:                  0.6438
Sum of squ. resid.:       11353.5211
Sig.-squ. (est.):           236.5317
F-Test (F-value):            89.5671
F-Test (p-value):                 0
```

Für $\hat{\alpha}$ ist keine sinnvolle Interpretation möglich. Der Wert -17.5791 würde bedeuten, dass für ein Auto, das sich nicht bewegt, ein negativer Bremsweg von -17.5791 *feet* vorhergesagt würde. Der Schätzwert für $\hat{\beta}$ besagt, dass bei einem Anstieg der Geschwindigkeit um eine Meile pro Stunde der Bremsweg um 3.9324 *feet* steigen müsste.

c) `ols.interval(bremsweg.est)`

```
Interval estimator of model parameter(s):
              center      2.5%      97.5%
(Intercept)  -17.5791  -31.1678   -3.9903
speed          3.9324    3.0970    4.7679
```

Da keines der optionalen Argumente in den Befehl aufgenommen wurde, werden die voreingestellten Werte verwendet. Es werden also für alle Parameter für ein Signifikanzniveau von 5% Konfidenzintervalle berechnet. Die Schätzformel ist so gewählt, dass bei unendlich oft wiederholten Stichproben bei einem Anteil von 95% das jeweils berechnete Intervall den wahren Wert abdecken würde. Dies ist die gewöhnliche Interpretation von Intervallschätzern.

d) `save.image(file = "./Objekte/Bremsweg.RData")`

Lösung zu Aufgabe 5.5: Trinkgeld-Simulation (Intervallschätzer)

a) Wir öffnen über die Tastenkombination [Strg]+[⇧]+[N] ein neues Skript und speichern es mit `File` → `Save as...` unter dem Namen `TrinkgeldSimTeil4.R` ab. Die ersten Befehle unseres Skriptes lauten:

```
# TrinkgeldSimTeil4.R
rm.all()
load("./Objekte/TrinkgeldSim.RData")
```

Kapitel L5 – Schätzung II: Intervallschätzer 347

```
stichproben4 <- repeat.sample(x, true.par = c(alpha, beta),
rep = 100, sd = sqrt(var.u))
```

Damit werden 100 neue Stichproben erzeugt und dem neuen Objekt stichproben4 zugewiesen. Im letzten Befehl wurde ausgenutzt, dass in der Datei TrinkgeldSim.RData die Objekte alpha, beta und var.u bereits existieren und die korrekten Werte für α, β und σ^2 besitzen.

b) Nach Eingabe des Befehls

```
plot(stichproben4, xlim = c(-1, 1), center = F)
```

sollte sich eine Grafik ergeben, die der Abbildung L5.1(a) ähnelt.

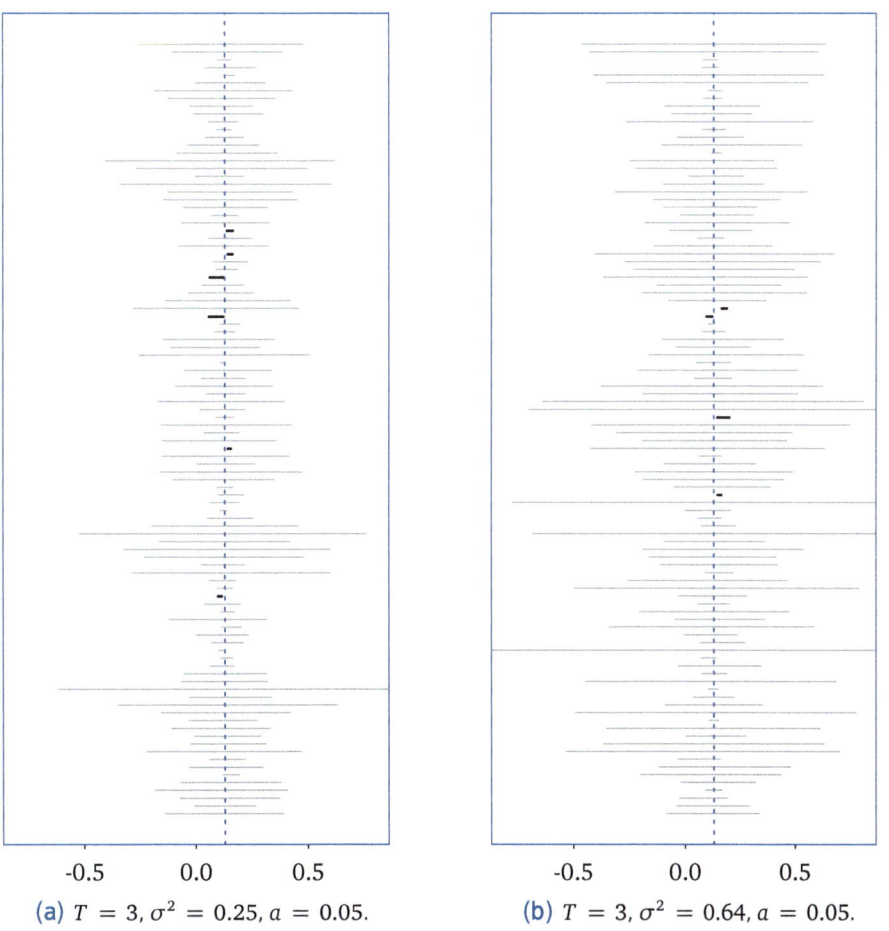

(a) $T = 3, \sigma^2 = 0.25, a = 0.05$. (b) $T = 3, \sigma^2 = 0.64, a = 0.05$.

Abbildung L5.1 Konfidenzintervalle der Aufgabe 5.5, Aufgabenteile b) und c).

Der Anteil der Intervalle, welche den wahren Wert nicht abdecken (die fetter gedruckten Intervalle), sollte in etwa dem Signifikanzniveau entsprechen, denn dies ist die Interpretation des Signifikanzniveaus bei theoretisch unendlich vielen Wiederholungen. In unserem speziellen Fall ergeben sich 6 von 100 Intervallen, was dem Signifikanzniveau von 5% schon sehr nahe kommt.

c) Zunächst generieren wir erneut 100 Zufallsstichproben:

```
stichproben5 <- repeat.sample(x, true.par = c(alpha, beta),
rep = 100, sd = 0.8)
```

Um die Grafiken sinnvoll vergleichen zu können, sollte der Wertebereich erneut auf -1 bis 1 festgelegt werden. Der folgende R-Code führt zu einer Grafik, die der in Abbildung L5.1(b) ähneln sollte:

```
plot(stichproben5, xlim = c(-1, 1), center = F)
```

Eine höhere Störgrößenvarianz führt zu ungenaueren Punktschätzern $\widehat{\beta}$ und folglich zu einem größeren $\widehat{sd}(\widehat{\beta})$-Wert. Folglich schwanken die Mitten der Konfidenzintervalle stärker um den wahren Wert β. Damit im Durchschnitt trotzdem 95 von 100 Intervallen den wahren β-Wert abdecken, müssen die Intervalle breiter ausfallen.

d) Der Vektor `x10` besitzt die folgenden Werte:

```
x10
```
```
[1] 10 30 50 18 42 21 35 27 13 47
```

Die Befehle

```
stichproben6 <- repeat.sample(x10, true.par = c(alpha, beta),
rep = 100, sd = 0.8)
plot(stichproben6, xlim = c(-1, 1), center = F)
```

führen zu der in Abbildung L5.2(a) dargestellten Grafik. Eine Erhöhung der Anzahl der Beobachtungen pro Stichprobe erhöht die Informationsmenge und führt folglich zu genaueren Punktschätzern $\widehat{\beta}$, also zu einer Senkung von $\widehat{sd}(\widehat{\beta})$ und damit zu deutlich schmaleren Intervallen.

e) In Abbildung L5.2(b) sehen wir das Ergebnis des R-Codes

```
stichproben7 <- repeat.sample(x10, true.par = c(alpha, beta),
rep = 100, sd = 0.8, sig.level = 0.01)
plot(stichproben7, xlim = c(-1, 1), center = F)
```

Bei einem Signifikanzniveau von 1% müssen im Durchschnitt 99 von 100 Intervallen den wahren Wert abdecken. Um dies zu erfüllen, müssen die Intervalle breiter als bei einem Signifikanzniveau von 5% sein. Für unsere speziellen Stichproben deckt tatsächlich nur eines der 100 Intervalle den wahren Wert nicht ab.

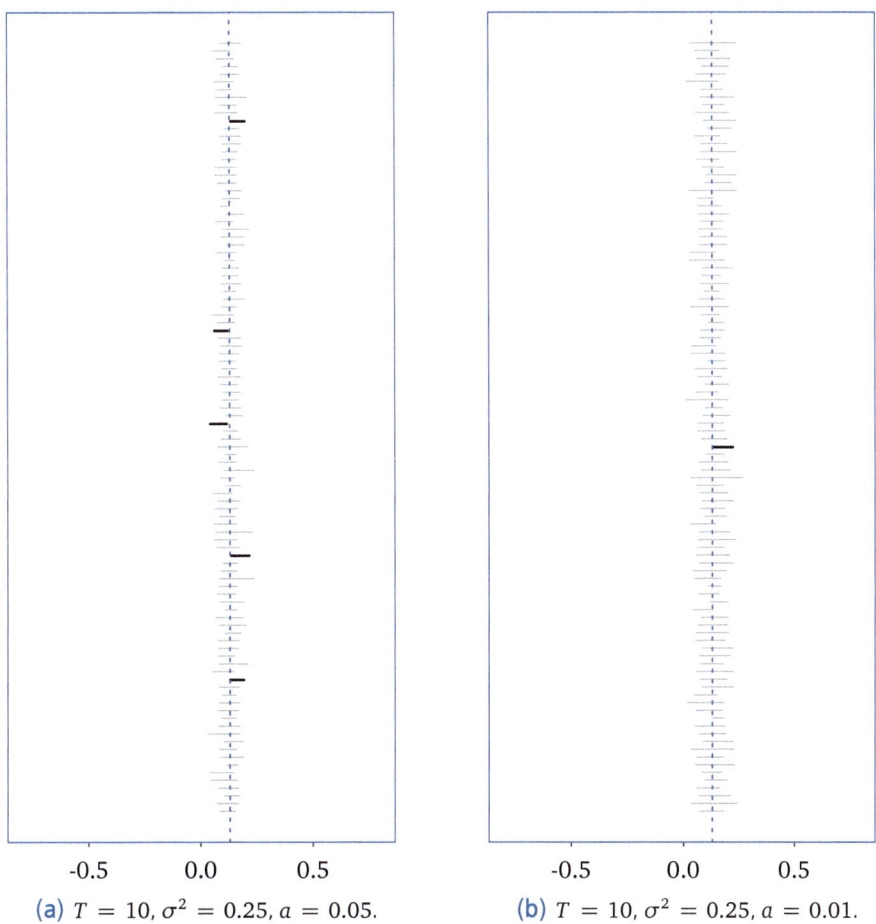

Abbildung L5.2 Konfidenzintervalle der Aufgabe 5.5, Aufgabenteile d) und e).

KAPITEL L6

Hypothesentest

Lösung zu Aufgabe 6.1: **Trinkgeld (Teil 6)**

a) Ein neues Quelltext-Fenster öffnen wir mit [Strg]+[⇧]+[N] und wir speichern es mit [Strg]+[S] unter dem Namen TrinkgeldHypothesentest.R ab. Die ersten Befehlszeilen lauten:

```
# TrinkgeldHypothesentest.R
rm.all()
load("./Objekte/Trinkgeld.RData")
x; y; trinkgeld.est
[1] 10 30 50
[1] 2 3 7
              coef    std.err   t.value   p.value
(Intercept)  0.2500   1.4790    0.1690    0.8934
x            0.1250   0.0433    2.8868    0.2123
```

b)
```
twert.hypo <- (beta.dach - 0.7)/sd.beta.dach
twert.hypo
         x
-13.279056

akzept.int <- c(-t.025,t.025)
akzept.int # Akzeptanzintervall fuer t (um t = 0 zentriert)
[1] -12.706205  12.706205
```

Der t-Wert liegt außerhalb des Akzeptanzintervalls. Die Nullhypothese wird deshalb verworfen.

c) ```
akzept.int.beta <- c(0.7 - t.025 * sd.beta.dach,
                     0.7 + t.025 * sd.beta.dach)
akzept.int.beta # Akzeptanzintervall fuer beta (um q=0,7 zentriert)
        x   x
0.1498052 1.2501948
```

Der KQ-Schätzwert $\widehat{\beta} = 0{,}125$ liegt außerhalb des Akzeptanzintervalls. Es kommt auch auf diesem Wege zur Ablehnung der Nullhypothese.

d) ```
ols.interval(trinkgeld.est, which.coef = 2)

Interval estimator of model parameter(s):
    center    2.5%   97.5%
x   0.1250  -0.4252  0.6752
```

Dieses Intervall deckt den Wert $q = 0{,}7$ nicht ab. Auch in dieser dritten Variante ergibt sich eine Ablehnung der Nullhypothese. Dies ist kein Zufall, denn alle drei Varianten sind ineinander überführbar, gelangen also immer zur gleichen Testentscheidung.

e) Um eine Anfangsvermutung zu stützen, wird das Gegenteil der Vermutung, also $\beta \leq 0$, als Nullhypothese formuliert, denn eine Ablehnung dieser Nullhypothese bei kleinem Signifikanzniveau wäre eine sehr verlässliche Bestätigung der Anfangsvermutung. Wenn der t-Wert größer als der kritische Wert $t_{0{,}05}$ ausfällt, wird die Nullhypothese verworfen und damit die Anfangsvermutung gestützt. Als t-Wert ergibt sich:

```
twert.hypo.einseitig <- (beta.dach - 0) / sd.beta.dach
twert.hypo.einseitig
       x
2.8867513
```

Den kritischen Wert erhalten wir aus

```
t.05 <- qt(0.95, df)
t.05
[1] 6.3137515
```

Es kommt folglich zu keiner Ablehnung der Nullhypothese. Die Daten liefern keine verlässliche Bestätigung für die Anfangsvermutung. Bei einem Beobachtungsumfang von 20 (also 18 Freiheitsgrade) wäre diese Bestätigung allerdings eingetreten, denn der kritische Wert wäre deutlich kleiner:

```
qt(0.95, 18)
[1] 1.7340636
```

f) Bei der `ols()`-Funktion wird immer auch der zweiseitige Test der Nullhypothese $H_0 : \beta = 0$ ausgeführt und der entsprechende t-Wert ermittelt. Er beträgt:

```
trinkgeld.est$t.value[2]
        x
2.8867513
```

Der berechnete p-Wert gibt die Wahrscheinlichkeitsmasse an, die außerhalb des Intervalls $[-t\,;\,t]$, also außerhalb von $[-2{,}887\,;\,2{,}887]$ liegt. Im obigen Beispiel erhält man den p-Wert mit dem Befehl:

```
trinkgeld.est$p.value[2]
        x
0.21229562
```

Der p-Wert beträgt demnach 21,2% und ist folglich größer als das Signifikanzniveau, welches 5% betrug. Die Nullhypothese kann deshalb nicht abgelehnt werden.

g) Die Wahrscheinlichkeitsmasse von 21,2% teilt sich symmetrisch auf das linke und das rechte Ende des t-Wertebereichs auf. Rechterhand von 2,887 (dem t-Wert zu $H_0 : \beta \leq 0$) ist demnach eine Wahrscheinlichkeitsmasse von etwa 10,6%.

```
0.5*trinkgeld.est$p.value[2]
        x
0.10614781
```

Dieser »einseitige« p-Wert ist größer als das Signifikanzniveau, welches $a = 5\%$ betrug. Es gilt also $p > a$. Die Nullhypothese kann folglich nicht verworfen werden. Wäre $t > t_{0,05}$ gewesen, hätte sich automatisch auch $p < a$ ergeben und es wäre zu einer Ablehnung der Nullhypothese gekommen.

h) `save.image("./Objekte/Trinkgeld.RData")`

Lösung zu Aufgabe 6.2: Trinkgeld (Teil 7)

a) Wir öffnen das Skript `TrinkgeldHypothesentest.R` und führen es mit der Tastenkombination [Strg]+[⇑]+[↵] in einem Schritt aus.

b) Den ersten Hypothesentest führen wir mit dem Befehl

```
test1 <- par.t.test(trinkgeld.est, nh = c(0,1), q = 0.7)
```

durch. Die entsprechende Grafik rufen wir mit

```
plot(test1)
```

auf. Sie ist in Abbildung L6.1 zu sehen.

Entsprechend liefern

```
test2 <- par.t.test(trinkgeld.est, nh = c(0,1), q = 0, dir = "right")
plot(test2)
```

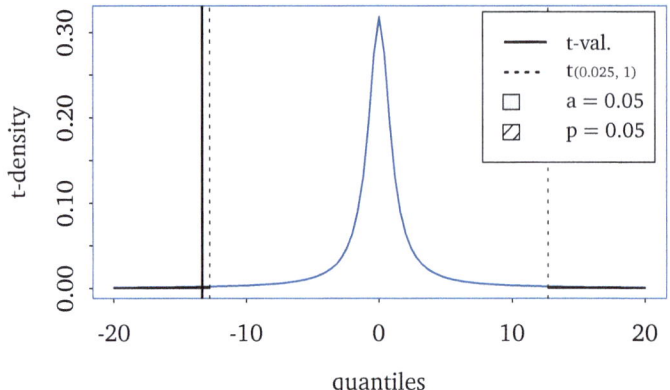

Abbildung L6.1 Grafische Darstellung des t-Tests zu $H_0 : \beta = 0{,}7$.

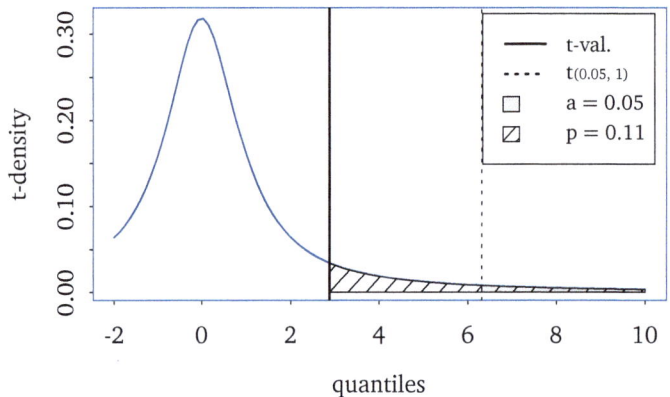

Abbildung L6.2 Grafische Darstellung des t-Tests zu $H_0 : \beta \leq 0$.

für den zweiten Hypothesentest die Grafik in Abbildung L6.2.

c) save.image("./Objekte/Trinkgeld.RData")

Lösung zu Aufgabe 6.3: Lebenszufriedenheit (Teil 2)

a) Ein neues Quelltext-Fenster öffnen wir mit [Strg]+[↑]+[N] und wir speichern es mit [Strg]+[S].

```
# LebenszufriedenheitTeil2.R
rm.all()
load(file = "./Objekte/Zufriedenheit.RData")
```

Um die Daten zu betrachten, können wir in die Konsole View(data.zufried) eingeben oder im Environment-Fenster auf den Eintrag data.zufried klicken. Daraufhin öffnet sich im Quelltext-Fenster eine Tabelle mit den Daten.

Die Ergebnisse der KQ-Schätzung erhalten wir mit

```
zufried.est
```

```
                coef   std.err  t.value   p.value
(Intercept)  -7.3345   7.5381   -0.9730   0.3367
einkom        0.7791   0.4199    1.8554   0.0713
```

Der Schätzwert $\widehat{\beta} = 0{,}7791$ besagt, dass eine Erhöhung des Einkommens um eine Einheit (1000 Euro) die Zufriedenheit um 0,7791 Punkte erhöht.

b) Die Nullhypothese besagt, dass das Einkommen keinen positiven Einfluss auf die Lebenszufriedenheit ausübt. Es handelt sich um einen rechtsseitigen Test. Das Signifikanzniveau entspricht dem Typ-I-Fehlerrisiko, also der maximalen Wahrscheinlichkeit, dass es im Falle einer wahren Nullhypothese dennoch zu ihrer Ablehnung kommt (irrtümliche Ablehnung). Ist diese Wahrscheinlichkeit gering und kommt es dennoch zu einer Ablehnung, dann ist diese Ablehnung sehr verlässlich. In der Aufgabe geht es um die Ablehnung der Nullhypothese $H_0 : \beta \leq 0$. Wird sie bei geringem Signifikanzniveau abgelehnt, dann ist die Ablehnung verlässlich und damit ein starker Beleg für die Anfangsvermutung $\beta > 0$. Der Befehl

```
par.t.test(zufried.est, nh = c(0,1), dir = "right")
```

liefert das folgende Ergebnis:

```
t-test on one linear combination of parameters
-------------------------------------------------

Hypotheses:
               H0:           H1:
     1*einkom <= 0   1*einkom > 0

Test results:
   t.value   crit.value   p.value   sig.level          H0
    1.8554        1.686    0.0357        0.05    rejected
```

Es kommt folglich zur erhofften Ablehnung.

c) Der hier angezeigte p-Wert sollte genau halb so groß sein wie der p-Wert, der von `zufried.est$p.value[2]` angezeigt wird, denn dort wird die Nullhypothese $H_0 : \beta = 0$ statt der Nullhypothese $H_0 : \beta \leq 0$ getestet. Ablehnungen können dann sowohl auf der rechten als auch auf der linken Seite erfolgen. Entsprechend verdoppelt sich der p-Wert gegenüber $H_0 : \beta \leq 0$. Überprüfen können wir diese Überlegungen mit

```
0.5 * zufried.est$p.value[2]
     einkom
0.035655147
```

d) Die Befehle zur Nullhypothese $H_0 : \beta \geq 0$ (Signifikanzniveau 5%) und die entsprechenden R-Resultate lauten:

```
par.t.test(zufried.est, nh = c(0,1), dir = "left",
sig.level = 0.05)
t-test on one linear combination of parameters
-----------------------------------------------

Hypotheses:
            H0:           H1:
  1*einkom >= 0  1*einkom < 0

Test results:
  t.value  crit.value  p.value  sig.level              H0
   1.8554      -1.686   0.9643       0.05    not rejected
```

Für ein Signifikanzniveau von 95% ergibt sich:

```
par.t.test(zufried.est, nh = c(0,1), dir = "left",
sig.level = 0.95)
t-test on one linear combination of parameters
-----------------------------------------------

Hypotheses:
            H0:           H1:
  1*einkom >= 0  1*einkom < 0

Test results:
  t.value  crit.value  p.value  sig.level              H0
   1.8554       1.686   0.9643       0.95    not rejected
```

Bei keinem der beiden Signifikanzniveaus kommt es zu einer Ablehnung der Nullhypothese. Die Vermutung $\beta > 0$ ist bei der Nullhypothese $H_0 : \beta \geq 0$ nur dann empirisch untermauert, wenn es im Test zu keiner Ablehnung kommt und gleichzeitig Nichtablehnungen selten unberechtigt sind, also das Typ-II-Fehlerrisiko gering ist. Um das Typ-II-Fehlerrisiko gering zu halten, muss ein großes Signifikanzniveau (Typ-I-Fehlerrisiko) gewählt werden. Im Test kommt es sogar beim Signifikanzniveau von 95% zu keiner Ablehnung, was ein starker Beleg für die Richtigkeit der Vermutung $\beta > 0$ ist.

Der zweite Test war eigentlich überflüssig, denn aus dem p-Wert des ersten Tests war schon ablesbar, dass sich erst bei Signifikanzniveaus von 96,43% oder mehr eine Ablehnung ergibt.

e) `save.image(file = "./Objekte/Zufriedenheit.RData")`

Kapitel L6 – Hypothesentest

Lösung zu Aufgabe 6.4: Bremsweg (Teil 2)

a) Ein neues Quelltext-Fenster öffnen wir mit [Strg]+[⇧]+[N] und wir speichern es mit [Strg]+[S]. Die ersten Befehle lauten:

```
# BremswegTeil2.R
rm.all()
load(file = "./Objekte/Bremsweg.RData")
```

Die KQ-Schätzergebnisse rufen wir wie gewohnt ab:

```
bremsweg.est

              coef    std.err  t.value  p.value
(Intercept) -17.5791   6.7584  -2.6011   0.0123
speed         3.9324   0.4155   9.4640  <0.0001
```

Der KQ-Schätzwert $\widehat{\beta} = 3{,}9324$ besagt, dass sich mit jeder zusätzlichen Geschwindigkeitseinheit (Meilen pro Stunde) der Bremsweg um 3,9324 Einheiten (*feet*) verlängert.

b) Die Nullhypothese besagt, dass sich mit jeder zusätzlichen Geschwindigkeitseinheit der Bremsweg um mindestens fünf Einheiten verlängert. Es handelt sich um einen linksseitigen Test. Der entsprechende Befehl lautet:

```
par.t.test(bremsweg.est, nh = c(0,1), q = 5.0, dir = "left",
sig.level = 0.01)
```

Er liefert das folgende Ergebnis:

```
t-test on one linear combination of parameters
-------------------------------------------------

Hypotheses:
              H0:           H1:
    1*speed >= 5    1*speed < 5

Test results:
   t.value   crit.value   p.value   sig.level         H0
   -2.5693     -2.4066    0.0067        0.01    rejected
```

Es kommt demnach zu einer Ablehnung der Nullhypothese. Die Verlängerung des Bremsweges ist demzufolge vielleicht doch nicht so stark, wie in der Nullhypothese behauptet.

c) Das Konfidenzintervall ermittelt man mit

```
ols.interval(bremsweg.est, which.coef = 2, sig.level = 0.01)

Interval estimator of model parameter(s):
         center    0.5%    99.5%
speed    3.9324   2.8179   5.0469
```

Demnach würden alle *zweiseitigen* Nullhypothesen, in denen β einen Wert außerhalb des Intervalls [2,8179 ; 5,0469] besitzt, abgelehnt werden. Man beachte, dass im vorangegangenen Aufgabenteil die *einseitige* Nullhypothese $H_0 : \beta \leq 5$ getestet wurde. Die dort berechnete Ablehnung stellt deshalb keinen Widerspruch zum jetzigen Ergebnis dar.

d) `save.image(file = "./Objekte/Bremsweg.RData")`

KAPITEL L7

Prognose

Lösung zu Aufgabe 7.1: Prognoseintervall versus Konfidenz- und Akzeptanzintervall

a) Die Formel für die Berechnung des *Konfidenzintervalls* wird Intervallschätzer genannt. Die Formel lautet

$$\left[\widehat{\beta} - t_{a/2} \cdot \widehat{sd}(\widehat{\beta}) \,;\, \widehat{\beta} + t_{a/2} \cdot \widehat{sd}(\widehat{\beta})\right].$$

Das Zentrum dieses Intervalls ist der Punktschätzer $\widehat{\beta}$ und damit eine Zufallsvariable. Auch die Breite des Intervalls ist zufallsabhängig. Bei einem Signifikanzniveau von a ist die Formel so konstruiert, dass bei einem Anteil von $1-a$ der unendlich oft wiederholten Stichproben das jeweilige Konfidenzintervall den wahren zufallsunabhängigen Wert β abdeckt. Es geht demnach um ein zufälliges Intervall, welches mit Wahrscheinlichkeit $1-a$ einen festen Wert abdeckt.

b) In Hypothesentests der Form $H_0 : \beta = q$ wird mit *Akzeptanzintervallen* gearbeitet. Beim t-Test lautet die Formel:

$$\left[-t_{a/2} \,;\, t_{a/2}\right].$$

Dieses Intervall ist um den zufallsunabhängigen Wert 0 zentriert. Da $t_{a/2}$ einen festen Wert repräsentiert, ist auch die Breite des Intervalls zufallsunabhängig. Bei einem Signifikanzniveau von a ist die Formel so konstruiert, dass, falls $H_0 : \beta = q$ wahr ist, bei einem Anteil von $1-a$ der unendlich oft wiederholten Stichproben der in der jeweiligen Stichprobe auftretende t-Wert in das feste Akzeptanzintervall fällt. Hier geht es demnach um einen zufälligen t-Wert, der mit Wahrscheinlichkeit $1-a$ in ein festes Intervall fällt, also genau umgekehrt wie beim Konfidenzintervall.

c) Ein *Prognoseintervall* wird mit der Formel

$$\left[\hat{y}_0 - t_{a/2} \cdot \widehat{sd}(\hat{y}_0 - y_0)\ ;\ \hat{y}_0 + t_{a/2} \cdot \widehat{sd}(\hat{y}_0 - y_0)\right]$$

berechnet. Das Zentrum des Intervalls ist die auf Basis der vorhandenen Stichprobe geschätzte Zufallsvariable (Punktprognose) $\hat{y}_0$. Bei einem Signifikanzniveau von a ist die Formel so konstruiert, dass, bei einem Anteil von $1-a$ der unendlich oft wiederholten Stichproben das jeweilige Prognoseintervall den tatsächlich eintretenden Wert y_0 abdecken würde. Folglich haben wir es mit einem zufallsabhängigen Intervall zu tun, welches mit Wahrscheinlichkeit $1-a$ einen zufallsabhängigen Wert abdeckt. Oder umgekehrt ausgedrückt: Der zufallsabhängige Wert fällt mit Wahrscheinlichkeit $1-a$ in das zufallsabhängige Intervall.

Lösung zu Aufgabe 7.2: Trinkgeld (Teil 8)

a) Das neue Quelltext-Fenster öffnen wir mit ⌃+⇧+N und wir speichern es mit ⌃+S. Die ersten Befehle lauten:

```
# TrinkgeldPrognose.R
rm.all()
load(file = "./Objekte/Trinkgeld.RData")
```

b)
```
x0 <- 20
y0 <- trinkgeld.est$coef[1] + trinkgeld.est$coef[2] * x0
y0
```
```
(Intercept)
       2.75
```

c)
```
beob <- trinkgeld.est$nobs
sigma.squ.dach <- trinkgeld.est$sig.squ
xmean <- mean(x)
sxx <- Sxy(x)
progfehler.var <- sigma.squ.dach * (1 + 1/beob + (x0 - xmean)^2/sxx)
progfehler.var
```
```
[1] 2.1875
```

d) `ols.predict(trinkgeld.est, xnew = x0, details = T)`

```
Exogenous variable values and their corresponding predictions:
    xnew   pred.val
1  20.00       2.75

    var.pe   sig.squ   smpl.err
1   2.1875       1.5     0.6875
```

Die Punktprognose beträgt demnach $\hat{y}_0 = 2{,}75$ und die Varianz des Prognosefehlers $\widehat{var}(\hat{y}_0 - y_0) = 2{,}1875$. Der Stichprobenfehler hat zu diesem Wert lediglich 0,6875 beigetragen. Der Rest geht auf das Konto des Störgrößenfehlers. Der Schätzwert für die Varianz der Störgrößen beträgt $\hat{\sigma}^2 = 1{,}5$.

e) `ols.predict(trinkgeld.est, xnew = 5, details = T)`

```
Exogenous variable values and their corresponding predictions:
    xnew   pred.val
1   5.000    0.875

    var.pe  sig.squ  smpl.err
1   3.1719     1.5    1.6719
```

Die Varianz des Prognosefehlers ist beim Durchschnittswert $x_0 = \bar{x} = 30$ minimal (vgl. Formel A7.2, S. 123). Die Varianz wird umso größer, je weiter man sich von der Stelle $\bar{x} = 30$ wegbewegt, denn man entfernt sich vom Kernbereich, für den Informationen vorliegen. Bei $x_0 = 5$ liegt man sogar außerhalb des Wertebereichs, für den in der Stichprobe x-Werte vorliegen.

f) Die Formel kann in R folgendermaßen umgesetzt werden:

```
t.025 <- qt(0.975, 1)
c(y0 - t.025*sqrt(progfehler.var), y0 + t.025*sqrt(progfehler.var))
(Intercept) (Intercept)
  -16.04273    21.54273
```

Einfacher geht die Berechnung mit

```
prognose.int <- ols.interval(trinkgeld.est, type = "prediction",
sig.level = 0.05, xnew = x0)
prognose.int

Interval estimator for predicted y-value(s):
     center      2.5%     97.5%
1    2.7500  -16.0427   21.5427
```

g) Bei unendlich oft wiederholten Stichproben würden 95% der berechneten Intervalle den an der Stelle $x_0 = 20$ jeweils tatsächlich eintretenden y_0-Wert abdecken. Die konkrete Ausprägung des Intervalls $[-16{,}04\,;\,21{,}54]$ (nur eine einzige Stichprobe) lässt keine solche Interpretation zu. Man kann anhand der großen Breite des Intervalls aber sagen, dass es kaum zusätzliche Informationen hinsichtlich der Prognose liefert.

h) `save.image("./Objekte/Trinkgeld.RData")`

Lösung zu Aufgabe 7.3: **Trinkgeld-Simulation (Prognose)**

a) Das neue Quelltext-Fenster öffnen wir mit [Strg]+[⇑]+[N] und wir speichern es mit [Strg]+[S]. Die ersten Befehle lauten:
```
# TrinkgeldSimTeil5.R
rm.all()
load(file = "./Objekte/TrinkgeldSimulation.RData")
```

b)
```
stichprobenA <- repeat.sample(x, true.par = c(alpha, beta),
   rep = S, sd = sqrt(var.u))
```

c) Zunächst überschreiben wird das Objekt stichprobenA mit:
```
stichprobenA <- repeat.sample(x, true.par = c(alpha, beta),
   rep = S, sd = sqrt(var.u), xnew = 35)
```

Dann geben wir die entsprechenden Daten des Objektes in der Konsole aus:
```
stichprobenA$y0.fitted[ ,1:5]
    SMPL1     SMPL2     SMPL3     SMPL4     SMPL5
4.5682313 4.9971775 4.7229956 4.4412348 4.8747341
```
```
stichprobenA$predint[ , ,1:5]
          SMPL1      SMPL2      SMPL3      SMPL4      SMPL5
lower 3.8792575 0.56373998 -2.0272738 -0.2308763 0.58157839
upper 5.2572051 9.43061503 11.4732650  9.1133459 9.16788986
```
```
stichprobenA$outside.pi
[1] 0.051
```

Bei 5,1% der 1000 Stichproben deckt das jeweilige Prognoseintervall den jeweiligen y_0-Wert ab. Das ist plausibel, denn bei unendlich vielen wiederholten Stichproben sollte der Anteil genau dem Signifikanzniveau der Simulation entsprechen, hier also 5%. Wir hatten im repeat.sample()-Befehl kein Signifikanzniveau angegeben. Dem Hilfesteckbrief der Funktion ist zu entnehmen, dass R dann automatisch von einem Signifikanzniveau von 5% ausgeht.

d) Die Punktprognosen sollten durch die Änderung keine systematischen Veränderungen (z.B. Mittelwert, Streuung) erfahren. Die Prognoseintervalle hingegen sollten im Durchschnitt enger ausfallen als bei einem Signifikanzniveau von 5%, denn nun sollten im Durchschnitt nur 80% statt 95% der Prognoseintervalle den tatsächlich eintretenden Wert y_0 abdecken. Wir überprüfen diese Überlegungen mit dem Befehl:
```
stichprobenB <- repeat.sample(x, true.par = c(alpha, beta),
   rep = S, sd = sqrt(var.u), sig.level = 0.2, xnew = 35)
```

Die Punktprognosen der ersten fünf Stichproben erhalten wir mit

```
stichprobenB$y0.fitted[ ,1:5]
   SMPL1     SMPL2     SMPL3     SMPL4     SMPL5
4.9119849 5.2100308 4.4194898 4.7112544 3.8469875
```

Die Prognoseintervalle der ersten fünf Stichproben rufen wir mit dem Befehl

```
stichprobenB$predint[ , ,1:5]
          SMPL1     SMPL2     SMPL3     SMPL4     SMPL5
lower 3.1392349 5.0648668 3.6744168 1.6880782 3.2510816
upper 6.6847349 5.3551949 5.1645629 7.7344306 4.4428934
```

auf. Unsere Mutmaßungen finden sich tendenziell bestätigt.

e) Der bedingende Wert $x_0 = 60$ ist weiter vom arithmetischen Mittel der exogenen Variablen ($\bar{x} = 30$) entfernt als der bedingende Wert $x_0 = 35$. Die Unsicherheit für die Prognosen ist bei $x_0 = 60$ deshalb größer als bei $x_0 = 35$. Entsprechend müssen die Prognoseintervalle breiter angelegt werden, um trotzdem bei 80% der unendlich oft wiederholten Stichproben den tatsächlich eintretenden Wert y_0 abzudecken. Wir überprüfen diese Überlegung mit den Befehlen:

```
stichprobenC <- repeat.sample(x, true.par = c(alpha, beta),
rep = S, sd = sqrt(var.u), sig.level = 0.2, xnew = c(35,60))
stichprobenC$predint[ , ,1:3]
```

Sie liefern den Output:

```
, , SMPL1

      lower     upper
1 3.9610799 4.9561562
2 6.8590708 8.1946718

, , SMPL2

      lower     upper
1 4.8847360 5.5006084
2 7.4514649 8.2780947

, , SMPL3

         lower     upper
1 -1.3961292066 11.322289
2 -0.0087068649 17.062077
```

In jeder Stichprobe ist das zweite, also das zu $x_0 = 60$ gehörende Prognoseintervall breiter als das erste Prognoseintervall. Unsere Überlegung war also korrekt.

Lösung zu Aufgabe 7.4: Bremsweg (Teil 3)

a) Das Quelltext-Fenster öffnen wir mit [Strg]+[⇑]+[N]. Abgespeichert wird das Skript mit [Strg]+[S]. Die Objekte werden mit den Befehlen

```
# BremswegTeil3.R
rm.all()
load(file = "./Objekte/Bremsweg.RData")
```

geladen. Die Ergebnisse der KQ-Schätzung lassen wir uns wie gewohnt mit folgendem Befehl anzeigen:

```
print(bremsweg.est, details = T)

                coef    std.err  t.value  p.value
(Intercept)   -17.5791   6.7584  -2.6011   0.0123
speed           3.9324   0.4155   9.4640  <0.0001


Number of observations:         50
Number of coefficients:          2
Degrees of freedom:             48
R-squ.:                          0.6511
Adj. R-squ.:                     0.6438
Sum of squ. resid.:          11353.5211
Sig.-squ. (est.):              236.5317
F-Test (F-value):               89.5671
F-Test (p-value):                0
```

Gäbe man aus Versehen den Befehl `bremsweg.est(details = T)` ein, würde R nach der *Funktion* `bremsweg.est` suchen. Da eine solche Funktion nicht existiert, käme es zu einer Fehlermeldung.

b) `ols.predict(bremsweg.est, xnew = 20, details = T)`

```
Exogenous variable values and their corresponding predictions:
     xnew   pred.val
1  20.0000   61.0691

       var.pe   sig.squ   smpl.err
1    244.9156  236.5317   8.3839
```

Die Punktprognose beträgt demnach $\widehat{y}_0 = 61{,}07$ und die Varianz des Prognosefehlers $\widehat{var}(\widehat{y}_0 - y_0) = 244{,}92$. Der Stichprobenfehler hat zu diesem Wert lediglich 8,38 beigetragen. Der Rest geht auf das Konto des Störgrößenfehlers. Das Prognoseintervall ergibt sich aus

```
ols.interval(bremsweg.est, type = "prediction", xnew = 20,
sig.level = 0.01)
```

```
Interval estimator for predicted y-value(s):
    center      0.5%      99.5%
1  61.0691   19.0932   103.0450
```

c) Den Wertebereich der Variablen dist erhalten wir mit dem folgenden Befehl:
```
range(dist)    # oder summary(dist)
[1]    2 120
```

Das Ergebnis des Befehls
```
plot(bremsweg.est, ylim = c(-30,120), residuals = T)
```

wäre genau wie in Abbildung L7.1(a), aber noch ohne die dort dargestellten Prognoseintervalle (grau hinterlegte Fläche).

d) `plot(bremsweg.est, pred.int = T, ylim = c(-30,120), residuals = T)`

Die Punktprognosen entsprechen der Regressionsgeraden, denn sie ergeben sich direkt aus dem geschätzten Modell. Die Prognoseintervalle sind in Abbildung L7.1(a) durch die von den schwarzen Linien eingefasste geringfügig taillierte graue Fläche dargestellt.

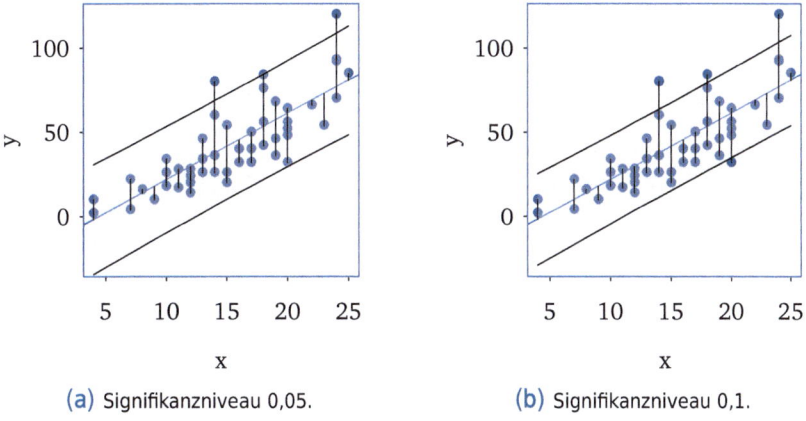

(a) Signifikanzniveau 0,05. (b) Signifikanzniveau 0,1.

Abbildung L7.1 Punktwolke, KQ-Schätzergebnisse und Prognoseintervalle des Bremsweg-Beispiels.

e) ```
plot(bremsweg.est, pred.int = T, ylim = c(-30,120),
     residuals = T, sig.level = 0.1)
```

Gegenüber Abbildung L7.1(a) verengt sich in Abbildung L7.1(b) die graue Fläche der Prognoseintervalle, denn bei einem Anteil von nur noch 90% der unendlich oft wiederholten Stichproben müsste das Prognoseintervall den tatsächlich eintretenden Wert abdecken. Es ist zu erwarten, dass etwa 5 der 50 Beobachtungspunkte außerhalb des grauen Bereichs liegen. Tatsächlich
```

sind es aber nur 4 Beobachtungspunkte.

f) Das schmalste Prognoseintervall ergibt sich immer beim arithmetischen Mittel der exogenen Variablen, hier also beim arithmetischen Mittel der Variablen speed. Dieses ermitteln wir mit dem Befehl:

mean(speed)
[1] 15.4

Das Zentrum des Intervalls, welches auf der x-Achse dem arithmetischen Mittel der Variablen speed entspricht, lässt sich in die Grafik einzeichnen, indem wir der plot()-Funktion das Argument center = T hinzufügen.

Lösung zu Aufgabe 7.5: Speiseeis

a) Mit Strg+⇧+N öffnen wir im Quelltext-Fenster ein neues Skript und mit Strg+S speichern wir es ab. Der Auftakt des Skriptes lautet:

```
# Speiseeis.R
rm.all()
```

b) Das ökonometrische Modell lautet

$$y_i = \alpha + \beta x_i + u_i ,$$

wobei y_i der Umsatz und x_i die Tagestemperatur am Tag i sind.

c) Die Einfachregression wird mit dem Befehl

eis.est <- ols(data.icecream$revenue ~ data.icecream$temp)

ausgeführt. Die $-Schreibweise ist notwendig, denn revenue und temp sind keine eigenständigen Objekte, sondern Variablen innerhalb des Objektes data.icecream, also Variablen eines Dataframes. Nach der Eingabe von

print(eis.est, details = T)

erhalten wir die folgenden Ergebnisse:

```
                        coef    std.err   t.value  p.value
(Intercept)          6513.9144  1851.2425  3.5187   0.0013
data.icecream$temp    395.0509   109.5265  3.6069   0.0010


Number of observations:                35
Number of coefficients                  2
Degrees of freedom:                    33
R-squ.:                            0.2828
Adj. R-squ.:                        0.261
Sum of squ. resid.:        1231538708.1092
```

```
Sig.-squ. (est.):                37319354.7912
F-Test (F-value):                      13.0097
F-Test (p-value):                       0.001
```

Der Parameter α ist der Eisumsatz an einem Tag mit 0°C. Er beträgt laut Schätzung 6513,91 Euro. Der Parameter β misst den Anstieg im Eisumsatz pro zusätzlichem Grad Celsius Tagestemperatur, hier also 395,05 Euro. Der Output zeigt an, dass das Bestimmtheitsmaß 28,28% beträgt. Der p-Wert des Niveauparameters beträgt 0,0013%. Dies ist die Wahrscheinlichkeit, dass im Falle von $\alpha = 0$ das Schätzergebnis $|\hat{\alpha}| \geq 6513{,}91$ eintritt.

d) Die mit dem Befehl

```
plot(eis.est, ylim = c(-10000,30000), residuals = T)
```

erzeugte Grafik entspricht Abbildung L7.2, wobei die graue Fläche erst in der Teilaufgabe f) hinzugefügt wird.

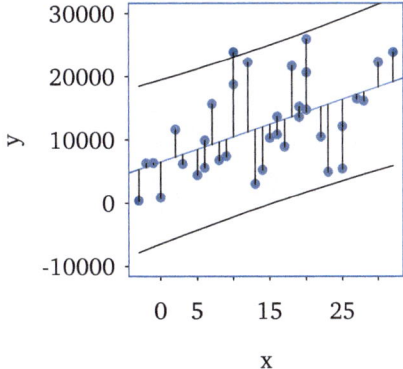

Abbildung L7.2 Regressionsergebnisse für das Speiseeis-Beispiel.

e) Die Nullhypothese besagt, dass ein zusätzliches Grad Tagestemperatur den Eisumsatz um mindestens 700 Euro erhöht. Gegen die Nullhypothese würden t-Werte im stark negativen Bereich sprechen. Es handelt sich also um einen linksseitigen Test. Der entsprechende Befehl lautet deshalb:

```
par.t.test(eis.est, nh = c(0,1), q = 700, dir = "left")
```

R antwortet:

```
t-test on one linear combination of parameters
-------------------------------------------------

Hypotheses:
                         H0:                              H1:
   1*data.icecream$temp >= 700   1*data.icecream$temp < 700
```

```
Test results:
  t.value   crit.value  p.value  sig.level          H0
  -2.7843     -1.6924   0.0044        0.05    rejected
```

Die Nullhypothese wird demnach verworfen.

f) Der Befehl

```
plot(eis.est, pred.int = T, ylim = c(-1000,3000))
```

erzeugt Abbildung L7.2. Die Punktprognosen entsprechen der Regressionsgeraden. Bei unendlich vielen Beobachtungen würden wir 5% der Beobachtungspunkte außerhalb des grauen Bereichs erwarten, bei 35 Punkten also ein oder zwei Punkte. Abbildung L7.2 zeigt, dass in unserem Fall nur ein Punkt außerhalb des grauen Bereichs liegt.

KAPITEL **L8**

Spezifikation ($K > 1$)

Lösung zu Aufgabe 8.1: A-Annahmen

Annahme A1 fordert, dass das Modell keine irrelevanten Variablen enthält und keine relevanten fehlen. Das gilt für die Fälle $K = 1$ und $K > 1$ gleichermaßen. Annahme A2 setzt eine lineare Beziehung zwischen der endogenen und den exogenen Variablen voraus und Annahme A3 verlangt konstante Parameter des Modells über alle Beobachtungen. Auch im Hinblick auf diese beiden A-Annahmen besteht kein Unterschied zwischen den Fällen $K = 1$ und $K > 1$.

Sämtliche B-Annahmen beziehen sich ausschließlich auf die Störgrößen und sind daher ohnehin unabhängig von der Anzahl der exogenen Variablen K.

Annahme C1 fordert, dass die Ausprägungen aller exogenen Variablen nicht zufallsabhängig sind. Auch diese Annahme gilt gleichermaßen für ein Modell mit einer einzigen exogenen Variablen und einem Modell mit mehreren exogenen Variablen. Annahme c2 fordert für die Einfachregression eine positive Variation $S_{xx} > 0$. In der Mehrfachregression verlangt die Annahme C2 hingegen, dass die exogenen Variablen nicht perfekt linear abhängig voneinander sind (keine perfekte Multikollinearität). Im Lehrbuch wird gezeigt, dass letztere Forderung eine Verallgemeinerung der für die Einfachregression aufgestellten Forderung $S_{xx} > 0$ darstellt.

Lösung zu Aufgabe 8.2: Dünger (Teil 1)

a) ``# DuengerTeil1.R
rm.all()``

Den Hilfesteckbrief können wir mit dem Befehl ?data.fertilizer und die

Daten mit dem Befehl `View(data.fertilizer)` aufrufen.

b) Da es sich bei `phos` und `nit` um Variablen eines Dataframes handelt, verwenden wir für den Zugriff die $-Schreibweise:

```
plot(data.fertilizer$phos, data.fertilizer$nit,
xlab = "nit", ylab = "phos")
```

Die Punktwolke ist in Abbildung L8.1(a) angezeigt. Man kann keinen Zusammenhang zwischen den beiden Variablen erkennen. Dies lässt sich auch mit Hilfe des Korrelationskoeffizienten bestätigen:

```
cor(data.fertilizer$phos, data.fertilizer$nit)
[1] -0.041556873
```

c) Die Variablendefinitionen lauten:

```
x1 <- log(data.fertilizer$phos)
x2 <- log(data.fertilizer$nit)
y  <- log(data.fertilizer$barley)
```

Die Punktwolke erzeugen wir mit

```
plot(x1, x2)
```

Sie ist in Abbildung L8.1(b) zu sehen.

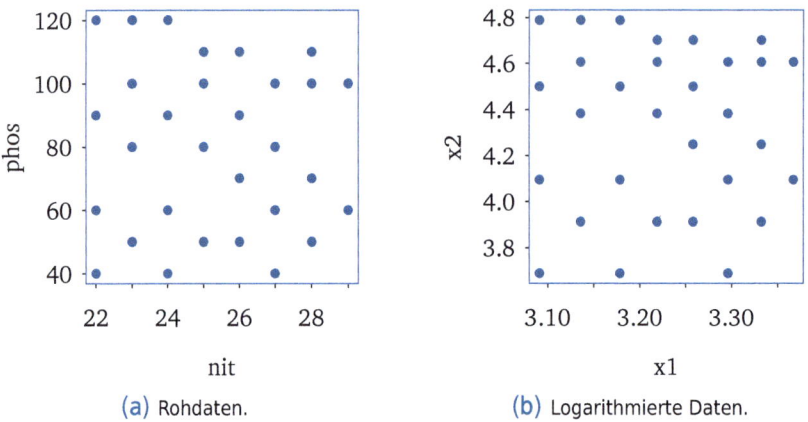

(a) Rohdaten. (b) Logarithmierte Daten.

Abbildung L8.1 Punktwolken zum Dünger-Beispiel.

d) `save.image(file = "./Objekte/Duenger.RData")`

Lösung zu Aufgabe 8.3: Perfekte Multikollinearität

a) Wir beginnen das Skript mit den folgenden Befehlen:

```
# Multikollinearitaet.R
rm.all()
x1 <- sample(x = 1:100, size = 2)
x2 <- sample(x = 1:100, size = 2)
```

b) Es handelt sich um eine Einfachregression mit zwei Beobachtungen. Die zwei Residuen der Regression erhalten wir aus

```
koll.est <- ols(x1 ~ x2)
koll.est$resid
1 2
0 0
```

Beide Residuen besitzen den Wert Null.

c) Für die Punkte der Punktwolke liefert das Objekt x2 liefert die Werte der horizontalen Achse und das Objekt x1 die Werte der vertikalen Achse. Die Befehle

```
plot(x2, x1)
abline(koll.est)
```

erzeugen Abbildung L8.2. Es wird dabei eine möglichst gut passende Gerade in zwei Beobachtungspunkte eingepasst. Bei nur zwei Beobachtungspunkten kann diese Gerade aber *immer* so eingepasst werden, dass die Beobachtungspunkte genau auf der Geraden liegen und die Residuen demnach alle den Wert Null haben.

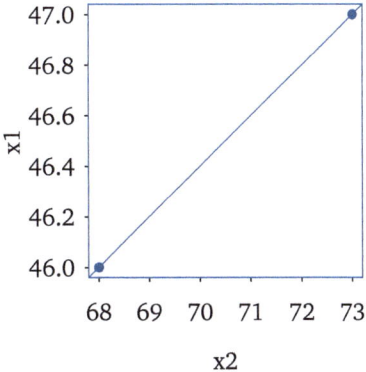

Abbildung L8.2 Regressionsgerade bei perfekter Multikollinearität.

d) Die Regression von x1 auf x2 lieferte die Schätzwerte $\widehat{\delta}_0$ und $\widehat{\delta}_1$. Die Residuen dieser Regression besaßen alle den Wert Null. Die Gleichung

$$x_{1i} = \widehat{\delta}_0 + \widehat{\delta}_1 x_{2i} \tag{L8.1}$$

ist also für beide Beobachtungen genau erfüllt. Für einen beliebigen γ_1-Wert und $\gamma_0 = -\widehat{\delta}_0 \gamma_1$, $\gamma_2 = -\widehat{\delta}_1 \gamma_1$ ist folglich auch Gleichung (A8.1) erfüllt.

Da die zwei zweielementigen Vektoren x1 und x2 vollkommen zufällig erzeugt wurden und Gleichung (L8.1) dennoch erfüllt ist, können wir schlussfolgern, dass diese Gleichung, und damit auch Gleichung (A8.1), für jegliche zweielementigen Vektoren x1 und x2 erfüllt ist. Allgemeiner ausgedrückt: Wenn die Anzahl der exogenen Variablen genau der Anzahl der Beobachtungen entspricht, besteht immer perfekte Multikollinearität und Annahme C2 ist automatisch verletzt.

e)
```
x1 <- c(x1, sample(x = 1:100, size = 1))
x2 <- c(x2, sample(x = 1:100, size = 1))
ols(x1 ~ x2)$resid
         1          2          3
1.67898886 -1.82372927  0.14474042
```

Nun weichen die Werte der Residuen von Null ab. Folglich besteht auch keine perfekte Multikollinearität. Annahme C2 wäre für die aus jeweils drei Beobachtungen bestehenden zwei exogenen Variablen x_1 und x_2 erfüllt.

KAPITEL L9

Schätzung ($K > 1$)

Lösung zu Aufgabe 9.1: **Dünger (Teil 2)**

a) ```
# DuengerTeil2.R
rm.all()
load(file = "./Objekte/Duenger.RData")
```

b) ```
Sxy(x1,x1); Sxy(x2,x2); Sxy(y,y)
[1] 0.22369219
[1] 3.6792002
[1] 0.44628986

Sxy(x1,x2); Sxy(x1,y); Sxy(x2,y)
[1] -0.0055572807
[1] 0.13197776
[1] 0.96266811
```

c) Die Befehle

```
gerste.est <- ols(y ~ x1 + x2)
gerste.est
```

liefern die folgenden KQ-Schätzergebnisse:

	coef	std.err	t.value	p.value
(Intercept)	0.9543	0.4694	2.0329	0.0520
x1	0.5965	0.1379	4.3264	0.0002
x2	0.2626	0.0340	7.7228	<0.0001

Die Zuweisungen lauten:

```
beta1.A <- gerste.est$coef[2]
beta2.A <- gerste.est$coef[3]
```

Das Bestimmtheitsmaß beträgt

```
gerste.est$r.squ
[1] 0.74274209
```

d) Die einfachste Umsetzung der Anweisung gelingt mit dem Befehl

```
ols(log(barley) ~ log(phos) + log(nit), data = data.fertilizer)

              coef   std.err  t.value  p.value
(Intercept)  0.9543  0.4694   2.0329   0.0520
log(phos)    0.5965  0.1379   4.3264   0.0002
log(nit)     0.2626  0.0340   7.7228   <0.0001
```

Die Ergebnisse stimmen mit jenen aus Aufgabenteil c) überein. Umständlicher wäre

```
ols(I(log(data.fertilizer$barley)) ~
I(log(data.fertilizer$phos)) + I(log(data.fertilizer$nit)))
```

denn mit dem Argument `data = data.fertilizer` könnten wir uns die $-Schreibweise ersparen und für die Logarithmierung innerhalb der `ols()`-Funktion ist die `I()`-Funktion nicht notwendig.

e) `save.image(file = "./Objekte/Duenger.RData")`

Lösung zu Aufgabe 9.2: Dünger (Teil 3)

a) ```
# DuengerTeil3.R
rm.all()
load(file = "./Objekte/Duenger.RData")
```

b) Die autonome Komponente einer exogenen Variablen ist derjenige Teil der Variablen, der *nicht* durch die andere exogene Variable erklärt werden kann. Die autonome Komponente $\widehat{x}_{[1]i}$ erhält man als Residuum der Regression von $x_1$ auf $x_2$. Entsprechend erhält man die autonome Komponente $\widehat{x}_{[2]i}$ als Residuum der Regression von $x_2$ auf $x_1$:

```
hilfsreg1.est <- ols(x1 ~ x2)
x1.auto <- hilfsreg1.est$resid
hilfsreg2.est <- ols(x2 ~ x1)
x2.auto <- hilfsreg2.est$resid
```

c) Die Bestimmtheitsmaße können mit den folgenden Befehlen abgerufen werden:
```

```
hilfsreg1.est$r.squ; hilfsreg2.est$r.squ
[1] 0.000037524976
[1] 0.000037524976
```

Ihre Wurzel stimmt betragsmäßig mit dem Korrelationskoeffzienten überein:

```
sqrt(hilfsreg2.est$r.squ)
[1] 0.0061257633

cor(x1,x2)
[1] -0.0061257633
```

d)
```
Sxy(x1.auto)      # oder Sxy(x1.auto, x1.auto)
[1] 0.2236838

Sxy(x2.auto)      # oder Sxy(x2.auto, x2.auto)
[1] 3.6790622
```

e) Eine sehr kompakte Umsetzung der Aufgabe gelingt mit den Befehlen:
```
beta1.B <- ols(y ~ x1.auto)$coef[2]
beta2.B <- ols(y ~ x2.auto)$coef[2]
```

f) `y.1.auto <- ols(y ~ x2)$resid`

Die Variable y.1.auto ist jene Komponente in y, die nicht durch x2 erklärt werden kann. Die weiteren Befehle lauten:

```
beta1.C <- ols(y.1.auto ~ x1.auto)$coef[2]
y.2.auto <- ols(y ~ x1)$resid
beta2.C <- ols(y.2.auto ~ x2.auto)$coef[2]
```

g) Die drei Schätzvarianten führen zu den gleichen Ergebnissen (Frisch-Waugh-Lovell-Theorem):

```
beta1.A; beta1.B; beta1.C
       x1
0.5965199
   x1.auto
0.5965199
   x1.auto
0.5965199

beta2.A; beta2.B; beta2.C
        x2
0.26255248
   x2.auto
0.26255248
   x2.auto
0.26255248
```

h) ```
r.squ.x1 <- ols(y.1.auto ~ x1.auto)$r.squ
r.squ.x2 <- ols(y.2.auto ~ x2.auto)$r.squ
r.squ.x1; r.squ.x2
```
```
[1] 0.40942463
[1] 0.68837046
```

Die Addition der beiden partiellen Bestimmtheitsmaße liefert:

```
r.squ.x1 + r.squ.x2
```
```
[1] 1.0977951
```

Es ergibt sich also ein Wert, der größer als Eins ist. Das Bestimmtheitsmaß aus gerste.est erhalten wir mit

```
gerste.est$r.squ
```
```
[1] 0.74274209
```

Die Summe der partiellen Bestimmtheitsmaße $R^2_{[1]}$ und $R^2_{[2]}$ stimmt demnach nicht mit dem Bestimmtheitsmaß aus gerste.est überein.

i) Wir berechnen zunächst den quadrierten $t$-Wert zum Parameter $\beta_1$ und setzen diesen dann in die angegebene Formel ein:

```
t.squ.x1 <- (gerste.est$t.value[2])^2
t.squ.x1 / (t.squ.x1 + gerste.est$df)
```
```
      x1
0.40942463
```

Die gleichen Schritte führen wir auch für den Parameter $\beta_2$ durch:

```
t.squ.x2 <- (gerste.est$t.value[3])^2
t.squ.x2 / (t.squ.x2 + gerste.est$df)
```
```
      x2
0.68837046
```

Ein Vergleich mit den ersten beiden Ergebnissen der Teilaufgabe h) offenbart, dass die Aussage korrekt ist.

j) `save.image(file = "./Objekte/Duenger.RData")`

### Lösung zu Aufgabe 9.3: Dünger (Teil 4)

a) ```
# DuengerTeil4.R
rm.all()
load(file = "./Objekte/Duenger.RData")
```

b) Die Summe der Residuenquadrate ergibt sich aus

```
gerste.est$ssr
```
```
[1] 0.1148116
```

Die Varianzen und die Kovarianz ermittelt man am schnellsten über die Varianz-Kovarianz Matrix:

```
gerste.est$vcov    # oder: vcov(gerste.est)
              (Intercept)             x1              x2
(Intercept)  0.2203666940  -0.061446749884  -0.005090498070
x1          -0.0614467499   0.019010234301   0.000028714177
x2          -0.0050904981   0.000028714177   0.001155805795
```

Die Varianzen finden sich auf der Hauptdiagonalen der angezeigten Matrix. Die Kovarianz der KQ-Schätzer $\widehat{\beta}_1$ und $\widehat{\beta}_2$ findet sich in der zweiten Zeile an dritter Position und auch in der dritten Zeile an zweiter Position.

c) `ols.interval(gerste.est, which.coef = 2)`

```
Interval estimator of model parameter(s):
     center    2.5%   97.5%
x1   0.5965   0.3136  0.8794
```

Die manuelle Berechnung der unteren und der oberen Intervallgrenzen sieht folgendermaßen aus:

```
gerste.est$coef[2] - qt(0.975, gerste.est$df)*gerste.est$std.err[2]
       x1
0.31361842
```

```
gerste.est$coef[2] + qt(0.975, gerste.est$df)*gerste.est$std.err[2]
       x1
0.87942138
```

Beide Verfahren führen also zum gleichen Ergebnis.

d) `save.image(file = "./Objekte/Duenger.RData")`

Lösung zu Aufgabe 9.4: **Ersparnisse (Teil 1)**

a) Der Anfangsbefehl lautet:

```
# ErsparnisTeil1.R
rm.all()
```

Der Befehl `?data.savings` öffnet den Hilfesteckbrief zu diesem Datensatz. Seine Variablen haben die folgende Bedeutung:

- `sr`: (für engl.: *savings ratio*) private Ersparnis geteilt durch verfügbares Einkommen
- `pop15`: prozentualer Anteil der Bevölkerung unter 15 Jahren
- `pop75`: prozentualer Anteil der Bevölkerung über 75 Jahren
- `dpi`: verfügbares Einkommen pro Kopf (in US-Dollar; für engl.: *disposable income*)

- ddpi: prozentuale Wachstumsrate von dpi

Mit dem Befehl View(data.savings) können die Daten in einem eigenen Quelltext-Fenster betrachtet werden.

b) `spar.est <- ols(sr ~ ., data = data.savings)`

Bei dieser kompakten Formulierung wurde ausgenutzt, dass der Punkt ».« hinter dem Tildezeichen »~« eine Kurzschreibweise für »alle Variablen im Datensatz außer der endogenen Variablen« darstellt und dass mit dem Argument data die ansonsten für den Zugriff auf die Variablen eines Dataframes notwendige $-Schreibweise vermieden werden kann.

c) `ols.interval(spar.est, which.coef = 5)`

```
Interval estimator of model parameter(s):
      center    2.5%    97.5%
ddpi  0.4097   0.0145   0.8049
```

Die berechneten Zahlen stimmen zwar mit den in der Aussage genannten Zahlen überein, die Aussage ist aber trotzdem falsch. Das Konfidenzintervall basiert immer auf den Daten der einen zur Verfügung stehenden Stichprobe. Würde man weitere Stichproben untersuchen, ergäbe sich in jeder Stichprobe jeweils ein anderes Konfidenzintervall. Wir könnten eine dieser Stichproben zufällig auswählen. Bei einem Signifikanzniveau von 5% würden wir mit 95% Wahrscheinlichkeit eine Stichprobe erwischen, deren Konfidenzintervall den wahren Wert des Parameters abdeckt. Mit anderen Worten: Bei unendlich vielen Stichproben würden 95% aller Konfidenzintervalle den wahren Wert des Parameters beinhalten. Das in der einen vorliegenden Stichprobe berechnete Konfidenzintervall ist eine bereits realisierte »Ausprägung«. Für eine bereits realisierte Ausprägung lässt sich *keine* Wahrscheinlichkeitsaussage ableiten. Da das Intervall bereits realisiert ist, deckt es den wahren Wert β_4 ab oder es deckt ihn nicht ab, aber es deckt ihn nicht mit einer bestimmten Wahrscheinlichkeit ab.

d) `spar.konfint <- ols.interval(spar.est)`

e) `save.image("./Objekte/Ersparnis.RData")`

Lösung zu Aufgabe 9.5: Gravitationsmodell (Teil 1)

a) Mit dem Befehl ?data.trade erhalten wir im Hilfe-Fenster einen Überblick über die Struktur des Datensatzes. Der Befehl View(data.trade) öffnet im Quelltext-Fenster ein neues Fenster, welches die Einzeldaten in Tabellenform anzeigt. Ein Blick auf die Spalte exports zeigt, dass Frankreich der wichtigste Abnehmer deutscher Produkte ist, dicht gefolgt von Großbritannien. Die

ersten Befehle lauten:

```
# GravitationTeil1.R
rm.all()
```

b) ```
vol <- (data.trade$imports + data.trade$exports)*0.5
data.handel <- data.frame(vol, data.trade)
```

Wir überprüfen die Ergänzung des Dataframes entweder mit einem Klick auf den Eintrag `data.handel` im Environment-Fenster oder mit dem Befehl `View(data.handel)`.

c) Wir nutzen das Argument `data` der `ols()`-Funktion:

```
gravi.est <- ols(vol ~ gdp + dist, data = data.handel)
```

d) `gravi.est`

```
                  coef    std.err  t.value  p.value
(Intercept)  27310.7431  5728.2787   4.7677   0.0001
gdp              0.0317     0.0040   8.0000  <0.0001
dist           -17.0709     4.5364  -3.7631   0.0010
```

Bei einem Bruttoinlandsprodukt von Null und einer Distanz von Null würde das Handelsvolumen (Durchschnitt aus Exporten und Importen) 27.311 Mio. € betragen – was natürlich eine ziemlich sinnlose hypothetische Aussage ist. Eine Erhöhung des Bruttoinlandsproduktes um 1 Mio. € bei gleichzeitiger »Konstanthaltung« der Entfernung würde das Handelsvolumen um 0,0317 Mio. €, also um 31.700 € erhöhen. Eine Erhöhung der Entfernung um einen Kilometer senkt bei konstantem Bruttoinlandsprodukt das Handelsvolumen um 17,0709 Mio. €.

e) `ols.interval(gravi.est)`

```
Interval estimator of model parameter(s):
                  center        2.5%         97.5%
(Intercept)  27310.7431   15488.1570    39133.3293
gdp              0.0317       0.0235        0.0399
dist           -17.0709     -26.4335       -7.7083
```

f) ```
save.image(file = "./Objekte/Gravitation.RData")
```

KAPITEL L 10

Hypothesentest ($K > 1$)

Lösung zu Aufgabe 10.1: Dünger (Teil 5)

a) ```
# DuengerTeil5.R
rm.all()
load("./Objekte/Duenger.RData")
```

b) Der Befehl
```
par.t.test(gerste.est, nh = c(1,0,0), q = 2, dir = "both",
sig.level = 0.01)
```

erzeugt die folgende Antwort:
```
t-test on one linear combination of parameters

Hypotheses:
              H0:   H1:
  1*(Intercept) = 2   1*(Intercept) <> 2

Test results:
   t.value   crit.value   p.value   sig.level   H0
   -2.2276   -2.7707   0.0344   0.01   not rejected
```

Entsprechend liefert der Befehl
```
par.t.test(gerste.est, nh = c(0,1,0), q = 0, dir = "right",
sig.level = 0.01)
```

die Antwort:
```

```
t-test on one linear combination of parameters
-------------------------------------------------

Hypotheses:
       H0:         H1:
   1*x1 <= 0   1*x1 > 0

Test results:
   t.value   crit.value   p.value   sig.level          H0
    4.3264      2.4727    0.0001       0.01     rejected
```

c)
```
vcov.matrix <- gerste.est$vcov
se.sum <- sqrt(vcov.matrix[2,2] + vcov.matrix[3,3]
+ 2*vcov.matrix[2,3])
se.sum
[1] 0.14220924
```

d) Die Gleichung $\beta_1 + \beta_2 = 1$ besagt, dass die Produktion konstante Skalenerträge aufweist, also eine gleichzeitige prozentuale Erhöhung der beiden Düngermengen um jeweils z Prozent zu einer z-prozentigen Erhöhung des Gersten-Outputs führen würde.

e) Die Befehle für eine manuelle Ausführung des Tests lauten:
```
t1 <- (gerste.est$coef[2] + gerste.est$coef[3] - 1) / se.sum
t2 <- qt(0.975, 27)
t1; t2
         x1
-0.99098779
[1] 2.0518305
```

Es handelt sich um einen zweiseitigen Test. Der berechnete t-Wert t1 liegt demnach innerhalb des Akzeptanzintervalls $[-2{,}0518\,;\,2{,}0518]$. Die Nullhypothese $H_0 : \beta_1 + \beta_2 = 1$ wird folglich nicht abgelehnt.

f) Zum gleichen Resultat gelangen wir mit den Befehlen:
```
t.test <- par.t.test(gerste.est, nh = c(0,1,1), q = 1)
t.test$results
    t.value  crit.value    p.value  sig.level           H0
-0.99098779  -2.0518305 0.33049005       0.05 not rejected
```

g) Das Gegenteil der Vermutung lautet $\beta_1 + \beta_2 \geq 1$. Dies ist zugleich die Nullhypothese. Sie besagt, dass die Produktion steigende oder konstante Skalenerträge aufweist, also eine gleichzeitige prozentuale Erhöhung der beiden Düngermengen um jeweils z Prozent mindestens zu einer z-prozentigen Erhöhung des Gersten-Outputs führen würde. Zur Ablehnung käme es, wenn der Wert von $\widehat{\beta}_1 + \widehat{\beta}_2$ hinreichend weit links vom Wert 1 liegen würde. Es handelt sich also um einen linksseitigen Test:

```
par.t.test(gerste.est, nh = c(0,1,1), q = 1, dir = "left")
t-test on one linear combination of parameters
--------------------------------------------------

Hypotheses:
                    H0:                 H1:
      1*x1 + 1*x2 >= 1     1*x1 + 1*x2 < 1

Test results:
    t.value   crit.value   p.value   sig.level                H0
    -0.991    -1.7033      0.1652    0.05         not rejected
```

Es kommt zu keiner Ablehnung und damit auch nicht zur gewünschten Bestätigung der Anfangsvermutung fallender Skalenerträge.

h) `save.image(file = "./Objekte/Duenger.RData")`

Lösung zu Aufgabe 10.2: Dünger (Teil 6)

a) ```
# DuengerTeil6.R
rm.all()
load("./Objekte/Duenger.RData")
```

b) ```
gerste.est

              coef     std.err   t.value   p.value
(Intercept)   0.9543   0.4694    2.0329    0.0520
x1            0.5965   0.1379    4.3264    0.0002
x2            0.2626   0.0340    7.7228    <0.0001

ssr <- gerste.est$ssr
df <- gerste.est$df
syy <- Sxy(y)  # oder Sxy(y,y)
```

c) In diesem Test wird überprüft, ob die exogenen Variablen überhaupt einen linearen Einfluss auf die endogene Variable ausüben, ob also Dünger im Gerstenanbau wirksam ist. Das Nullhypothesenmodell ergibt sich immer dadurch, dass die Restriktionen der Nullhypothese in das unrestringierte Modell eingesetzt werden. In unserem Fall lauten die Restriktionen der Nullhypothese $\beta_1 = 0$ und $\beta_2 = 0$. Einsetzen in das unrestringierte Modell (A10.5) liefert das Nullhypothesenmodell

$$y_i = \alpha + u_i \, .$$

Für eine KQ-Schätzung dieses Modells mit der `ols()`-Funktion würde man intuitiv den Befehl `ols(y ~)` ausprobieren, denn das Nullhypothesenmodell enthält keine exogenen Variablen. R erwartet aber rechts vom Tildezeichen »~« einen Eintrag. Der Befehl `ols(y ~ 1)` löst das Problem. Mit der »1«

wird R explizit angezeigt, dass ein Niveauparameter im Regressionsmodell enthalten sein soll. Die Befehle lauten deshalb:

```
nullhypo.est <- ols(y ~ 1)
ssr.nullhypo <- nullhypo.est$ssr
ssr.nullhypo; syy; ssr
[1] 0.44628986
[1] 0.44628986
[1] 0.1148116
```

Wenn die Nullhypothese die Parameter aller exogenen Variablen auf Null setzt, dann wissen wir aus der ökonometrischen Theorie, dass die Summe der Residuenquadrate des Nullhypothesenmodells ($S_{\widetilde{uu}}^0$) genau der Variation der endogenen Variablen entspricht (siehe Abschnitt 10.2.1 des Lehrbuches). Unsere Ergebnisse bestätigen dies, denn `ssr.nullhypo` stimmt mit `syy` genau überein. Ferner übersteigen diese beiden Werte die Summe der Residuenquadrate des unrestringierten Modells (`ssr`). Auch dies passt zu den Erkenntnissen der ökonometrischen Theorie.

d) ```
((ssr.nullhypo - ssr)/2) / (ssr/df)
[1] 38.97652

qf(0.95, 2, df)
[1] 3.3541308
```

Der berechnete $F$-Wert übersteigt den kritischen Wert deutlich. Die Nullhypothese wird folglich abgelehnt.

e) ```
par.f.test(gerste.est, nh = rbind(c(0,1,0), c(0,0,1)), q = c(0,0),
sig.level = 0.05)
F-Test on multiple linear combinations of parameters
-------------------------------------------------------

Hypotheses:
        H0:           H1:
  1*x1 = 0     1*x1 <> 0
  1*x2 = 0     1*x2 <> 0

Test results:
  f.value  crit.value   p.value  sig.level         H0
  38.9765      3.3541  < 0.0001       0.05   rejected
```

Die Ergebnisse der Funktion `par.f.test()` stimmen folglich mit den manuell hergeleiteten Ergebnissen überein. Die Voreinstellungen der Funktion `par.f.test()` nutzend hätte der Befehl

```
par.f.test(gerste.est, nh = rbind(c(0,1,0), c(0,0,1)))
```

zum gleichen Ergebnis geführt.

f) par.f.test(gerste.est, nh = rbind(c(0,1,1),c(1,0,0)), q = c(1,1))
   F-Test on multiple linear combinations of parameters

   Hypotheses:
                    H0:   H1:
        1*x1 + 1*x2 = 1   1*x1 + 1*x2 <> 1
        1*(Intercept) = 1   1*(Intercept) <> 1

   Test results:
     f.value   crit.value   p.value   sig.level   H0
     89.8018   3.3541   < 0.0001   0.05   rejected

g) Die Zuweisung der Werte aus t.test erfolgt mit den Befehlen:
   t.wert <- t.test$results[1]
   t.krit <- t.test$results[2]

   Mit den Befehlen

   t.wert^2; t.krit^2
       t.value
     0.9820568
     crit.value
     4.2100085

   führen wir eine Quadrierung der Werte des t-Tests durch. Die quadrierten Werte stimmen mit denjenigen des entsprechenden F-Tests überein:

   par.f.test(gerste.est, nh = rbind(c(0,1,1)), q = 1)
   F-Test on multiple linear combinations of parameters

   Hypotheses:
                   H0:   H1:
        1*x1 + 1*x2 = 1   1*x1 + 1*x2 <> 1

   Test results:
     f.value   crit.value   p.value   sig.level   H0
      0.9821   4.21   0.3305   0.05   not rejected

h) Die Voreinstellungen der par.t.test()-Funktion nutzend lautet der auf β_1 bezogene t-Test:
   par.t.test(gerste.est, nh = c(0,1,0), q = 0.33)

```
t-test on one linear combination of parameters
-------------------------------------------------

Hypotheses:
          H0:          H1:
   1*x1 = 0.33   1*x1 <> 0.33

Test results:
   t.value  crit.value  p.value  sig.level              H0
    1.933      2.0518    0.0638      0.05      not rejected
```

Der auf β_2 bezogene Test lautet:

```
par.t.test(gerste.est, nh = c(0,0,1), q = 0.33)
t-test on one linear combination of parameters
-------------------------------------------------

Hypotheses:
          H0:          H1:
   1*x2 = 0.33   1*x2 <> 0.33

Test results:
   t.value  crit.value  p.value  sig.level              H0
   -1.9839    -2.0518    0.0575      0.05      not rejected
```

Demnach wird keine der Nullhypothesen abgelehnt. Der entsprechende F-Test lautet:

```
Ftest <- par.f.test(gerste.est, nh = rbind(c(0,1,0), c(0,0,1)),
q = c(0.33,0.33))
Ftest
F-Test on multiple linear combinations of parameters
-------------------------------------------------

Hypotheses:
          H0:          H1:
   1*x1 = 0.33   1*x1 <> 0.33
   1*x2 = 0.33   1*x2 <> 0.33

Test results:
   f.value  crit.value  p.value  sig.level              H0
    3.8599     3.3541    0.0335      0.05          rejected
```

Diese Nullhypothese wird folglich abgelehnt.

i) Die gewünschte Grafik erhalten wir mit dem Befehl:

```
plot(Ftest, plot.what = "ellipse")
```

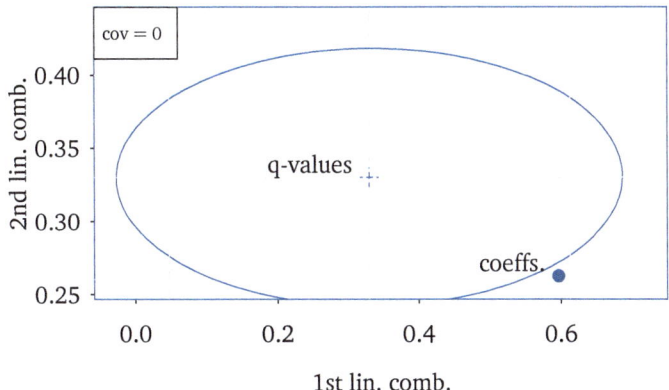

Abbildung L 10.1 Akzeptanzellipse zum F-Test.

Das Ergebnis ist in Abbildung L10.1 wiedergegeben.

Das Wertepaar $(\widehat{\beta}_1, \widehat{\beta}_2)$ befindet sich rechts unten außerhalb der Ellipse. Die Nullhypothese wird folglich auch auf grafischem Wege abgelehnt.

j) save.image(file = "./Objekte/Duenger.RData")

Lösung zu Aufgabe 10.3: Ersparnisse (Teil 2)

a) # ErsparnisTeil2.R
rm.all()
load("./Objekte/Ersparnis.RData")

b) Unser Modell lautet:

$$y_i = \alpha + \beta_1 \text{pop15}_i + \beta_2 \text{pop75}_i + \beta_3 \text{dpi}_i + \beta_4 \text{ddpi}_i + u_i \,.$$

Die KQ-Schätzergebnisse hatten wir im Objekt spar.est gespeichert. Wenn wir die Steigungsparameter individuell auf Signifikanz testen, verwenden wir jeweils einen t-Test. Soll hingegen die gemeinsame Signifikanz aller Steigungsparameter überprüft werden, so ist ein F-Test heranzuziehen. Die Ergebnisse können voneinander abweichen. Bezogen auf die Aufgabenstellung überprüfen wir im t-Test die beiden Nullhypothesen

- $H_0: \beta_1 = 0$ versus $H_1: \beta_1 \neq 0$
- $H_0: \beta_2 = 0$ versus $H_1: \beta_2 \neq 0$.

Im F-Test wird hingegen die folgende Nullhypothese überprüft:

- $H_0: \beta_1 = \beta_2 = 0$ versus $H_1: \beta_1 \neq 0$ und/oder $\beta_2 \neq 0$.

Die Ergebnisse der *t*-Tests können direkt im Objekt `spar.est` abgerufen werden:

```
spar.est$p.value[2:3]   # oder: spar.est$t.value[2:3]
      pop15          pop75
0.0026030189 0.1255297940
```

Die *p*-Werte zeigen unmittelbar an, dass es im ersten *t*-Test zu einer Ablehnung kommt (`pop15` ist also signifikant), im zweiten hingegen nicht (`pop75` ist nicht signifikant).

Der *F*-Test lautet:

```
par.f.test(spar.est, nh = rbind(c(0,1,0,0,0), c(0,0,1,0,0)))
F-Test on multiple linear combinations of parameters
-------------------------------------------------------

Hypotheses:
           H0:              H1:
  1*pop15 = 0     1*pop15 <> 0
  1*pop75 = 0     1*pop75 <> 0

Test results:
   f.value  crit.value  p.value  sig.level           H0
    6.0167      3.2043   0.0048       0.05     rejected
```

Hier kommt es also zu einer Ablehnung.

c) Die Befehle

```
Ftest <- par.f.test(spar.est, nh = rbind(c(0,1,0,0,0), c(0,0,1,0,0)))
plot(Ftest, plot.what = "ellipse")
```

erzeugen Abbildung L10.2. Das Zentrum der erzeugten Ellipse (Akzeptanzregion) ist durch die jeweiligen rechten Seiten der zu testenden Linearkombinationen $\beta_1 = 0$ und $\beta_2 = 0$ gegeben, also durch die Koordinaten $(0;0)$. Das Zentrum entspricht hier also dem Ursprung des Koordinatensystems. Es wird im *F*-Test überprüft, ob der Punkt aus den geschätzten Werten der linken Seite der Linearkombinationen, also der Punkt mit den Koordinaten $(\hat{\beta}_1; \hat{\beta}_2)$, innerhalb oder außerhalb der Akzeptanzellipse liegt. Da dieser Punkt im vorliegenden Fall außerhalb liegt, wird die Nullhypothese abgelehnt.

Die Erhöhung des Signifikanzniveaus auf 10% muss in der `plot()`-Funktion explizit angegeben werden:

```
plot(Ftest, plot.what = "ellipse", sig.level = 0.1)
```

Die erzeugte Akzeptanzellipse ist in Abbildung L10.3 wiedergegeben. Sie ist etwas kleiner, denn sie muss lediglich 90% und nicht mehr 95% der gesamten Wahrscheinlichkeitsmasse von insgesamt 1 abdecken.

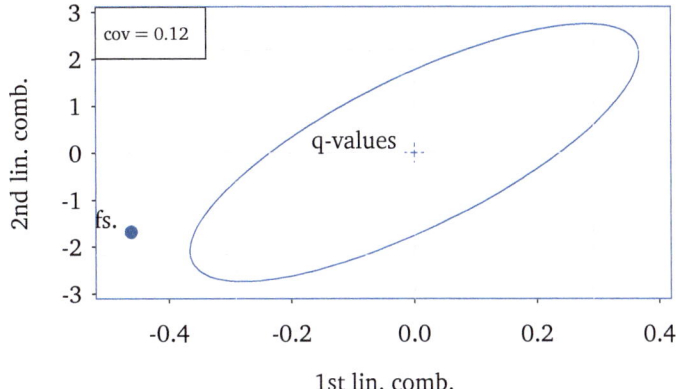

Abbildung L10.2 Akzeptanzellipse zum F-Test mit Signifikanzniveau 5%.

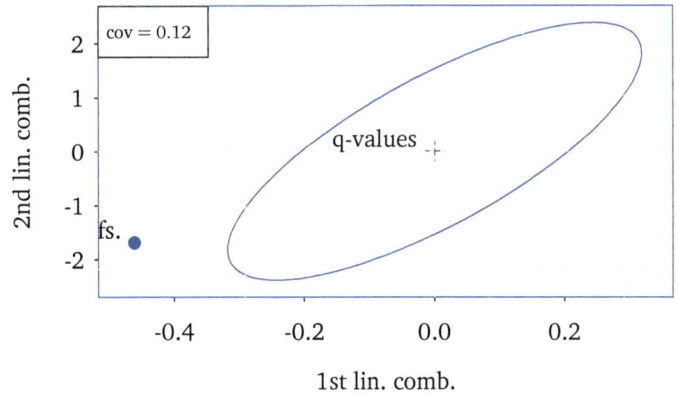

Abbildung L10.3 Akzeptanzellipse zum F-Test mit Signifikanzniveau 10%.

d) `save.image("./Objekte/Ersparnis.RData")`

KAPITEL L 11

Prognose ($K > 1$)

Lösung zu Aufgabe 11.1: Dünger (Teil 7)

a) ```
# DuengerTeil7.R
rm.all()
load("./Objekte/Duenger.RData")
gerste.est
```

```
              coef    std.err  t.value  p.value
(Intercept)   0.9543  0.4694   2.0329   0.0520
x1            0.5965  0.1379   4.3264   0.0002
x2            0.2626  0.0340   7.7228   <0.0001
```

b) Die Zuweisung erfolgt mit

```
x0 <- c(log(29), log(120))   # oder x0 <- rbind(c(log(29), log(120)))
```

Die im Objekt `gerste.est` gespeicherten Ergebnisse beziehen sich auf ein Regressionsmodell, bei dem der logarithmierte Gerstenoutput auf die logarithmierten Düngermengen regressiert wurde. Das Objekt `x0` enthält die logarithmierten Düngermengen. Um den logarithmierten Gerstenoutput zu prognostizieren, können wir deshalb direkt auf die Ergebnisse in `gerste.est` und das Objekt `x0` zugreifen:

```
loggerst.prog <- ols.predict(gerste.est, xnew = x0)
```

c) Die manuelle Berechnung gelingt mit

```
exp(loggerst.prog$pred.val) * exp(gerste.est$sig.squ / 2)
[1] 68.174331
```
```

Wir kontrollieren das Ergebnis mit

```
ols.predict(gerste.est, xnew = x0, antilog = T, details = T)
```

Predicted value corrected by factor 1.00212840252303

```
Exogenous variable values and their corresponding predictions:
    xnew.1  xnew.2   pred.val
1   3.3673  4.7875   68.1743

    var.pe  sig.squ  smpl.err
1   0.005   0.0043   0.0008
```

Die Varianz des Prognosefehlers beträgt demnach 0,005. Sie setzt sich (unter Vernachlässigung eines kleinen Rundungsfehlers) aus dem Störgrößenfehler 0,0043 und dem Stichprobenfehler in Höhe von 0,0008 zusammen.

d) `loggerst.int <- ols.interval(gerste.est,`
   `type = "prediction", xnew = x0)`

Der Zugriff auf die Punktprognose würde mit `loggerst.int$results[2]` erfolgen. Der Zugriff auf die Intervallgrenzen und die Auflösung des Logarithmus gelingt mit den Befehlen

`exp(loggerst.int$results[2]); exp(loggerst.int$results[3])`

[1] 58.819216
[1] 78.682073

Die eigentlich notwendige Hinzufügung des Korrekturfaktors würde im vorliegenden Fall nur zu geringfügigen Änderungen führen.

e) `save.image(file = "./Objekte/Duenger.RData")`

Lösung zu Aufgabe 11.2: Mehrere Punktprognosen

a) `rm.all()`
   `y <- c(4,1,2,1);   x1 <- c(4,1,3,2);   x2 <- c(3,4,4,2)`
   `prognose.est <- ols(y ~ x1 + x2)`

b) Wenn in der `ols.predict()`-Funktion keine Angaben darüber gemacht werden, für welche Werte der exogenen Variablen Punktprognosen erstellt werden sollen, berechnet die Funktion Punktprognosen für alle Beobachtungen des zugrundeliegenden Modells. Es werden also die geschätzten Werte $\hat{y}_i$ ermittelt (engl.: *fitted values*):

`ols.predict(prognose.est)    # oder: prognose.est$fitted`

```
Exogenous variable values and their corresponding predictions:
  xnew.1  xnew.2  pred.val
1 4.0000  3.0000    3.4815
2 1.0000  4.0000    0.6111
3 3.0000  4.0000    2.6481
4 2.0000  2.0000    1.2593
```

In einer Zweifachregression bilden die Beobachtungen (y_i, x_{1i}, x_{2i}) eine Punktwolke im Raum. In diesem Raum spannen die x_1- und x_2-Achse eine Grundebene auf. Auf der gesamten Grundebene gilt $y = 0$. Die KQ-Schätzung fügt eine möglichst gut passende Schätzebene in die Punktwolke ein. Der $\hat{y}_i$-Wert einer Beobachtung i ist der vertikale Abstand der Schätzebene zur Grundebene an der Stelle (x_{1i}, x_{2i}). Liegt die Schätzebene unterhalb der Grundebene, ergibt sich dort ein negativer $\hat{y}_i$-Wert.

c)
```
prognose.mat <- rbind(c(6, 5), c(3, 3), c(9, 10))
rownames(prognose.mat) <- c("Beob. 1:", "Beob. 2:", "Beob. 3:")
colnames(prognose.mat) <- c("Variable x1", "Variable x2")
prognose.mat
         Variable x1 Variable x2
Beob. 1:           6           5
Beob. 2:           3           3
Beob. 3:           9          10
```

d) Wir weisen die Matrix `prognose.mat` dem Argument `xnew` der `ols.predict()`-Funktion zu. Der Befehl berechnet dann die zu den Werten in `xnew` gehörigen Prognosewerte $\hat{y}_0$:

```
ols.predict(prognose.est, xnew = prognose.mat)

Exogenous variable values and their corresponding predictions:
  xnew.1  xnew.2   pred.val
1 6.0000  5.0000    5.8889
2 3.0000  3.0000    2.4630
3 9.0000 10.0000    9.8704
```

… KAPITEL **L 12**

Präsentation und Vergleich von Schätzergebnissen

Lösung zu Aufgabe 12.1: Deskriptive Zusammenfassungen von Datensätzen

a) ```
# StargazerKennzahlen.R
rm.all()
```

b) Die summary()-Funktion liefert die in der R-Box 12.1 abgebildete Tabelle. Ein wichtiger Nachteil der summary()-Funktion besteht darin, dass sie die Zeilenbezeichnungen in jeder Spalte wiederholt. Das schadet der Übersichtlichkeit. Eine kompaktere Ansicht der gleichen Informationen erhalten wir mit dem Befehl:

```
stargazer(data.savings,
digits = 3, # Verwende drei Nachkommastellen
digit.separator = "", # Unterdruecke Tausender-Trennzeichen
summary.stat = c("min", "p25", "median", "mean", "p75", "max"),
flip = T, # Vertausche Achsen
type = "text")
```

Er produziert den folgenden Output:

```
===============================================
Statistic   sr      pop15  pop75  dpi      ddpi
-----------------------------------------------
Min         0.600   21.440 0.560  88.940   0.220
Pctl(25)    6.970   26.215 1.125  288.207  2.002
Median      10.510  32.575 2.175  695.665  3.000
Mean        9.671   35.090 2.293  1106.758 3.758
```
```

```
Pctl(75)   12.617 44.065 3.325 1795.622  4.477
Max        21.100 47.640 4.700 4001.890 16.710
```

Lösung zu Aufgabe 12.2: Dünger (Teil 8)

a) ```
# DuengerTeil8.R
rm.all()
load("./Objekte/Duenger.RData")
```

b) Die Betrachtung der Daten gelingt mit dem Befehl
```
stargazer(data.fertilizer[c(1:4, 27:30),], type = "text",
summary = F)
```
```
===================
   phos nit barley
----
1   22   40 38.360
2   22   60 49.030
3   22   90 59.870
4   22 120 59.350
27 28 100 59.390
28 28 110 68.170
29 29   60 59.250
30 29 100 64.390

```

c) Die gewünschten deskriptiven Kennzahlen erhalten wir mit dem Befehl
```
stargazer(data.fertilizer, digits = 2, summary.stat =
c("min", "mean", "max"), flip = T, type = "text")
```
```
==============================
Statistic phos   nit   barley

Min   22   40   38.36
Mean   25.27 80.00   55.76
Max   29   120   68.17

```

d) Der Befehl
```
print(gerste.est, details = T)
```

erzeugt den Ouput:

```
             coef   std.err t.value p.value
(Intercept) 0.9543   0.4694   2.0329   0.0520
x1   0.5965   0.1379   4.3264   0.0002
x2   0.2626   0.0340   7.7228 <0.0001
```
```

```
Number of observations:      30
Number of coefficients        3
Degrees of freedom:          27
R-squ.:                      0.7427
Adj. R-squ.:                 0.7237
Sum of squ. resid.:          0.1148
Sig.-squ. (est.):            0.0043
F-Test (F-value):           38.9765
F-Test (p-value):             0
```

Der Befehl

```
stargazer(gerste.est, type = "text")
```

erzeugt den Output:

```
===============================================
                      Dependent variable:
                      -------------------
                              y
-----------------------------------------------
x1                         0.597***
                           (0.138)

x2                         0.263***
                           (0.034)

Constant                   0.954*
                           (0.469)

-----------------------------------------------
Observations                  30
R2                          0.743
Adjusted R2                 0.724
Residual Std. Error    0.065 (df = 27)
F Statistic          38.977*** (df = 2; 27)
===============================================
Note:                *p<0.1; **p<0.05; ***p<0.01
```

Die Koeffizienten und die Standardabweichungen der KQ-Schätzer werden in beiden Tabellen wiedergegeben. Dies gilt auch für die Anzahl der Beobachtungen, das Bestimmtheitsmaß, die Kennzahl »Adjusted R2« bzw. »Adj. r-squ.« (welche wir erst in Kapitel 13 kennenlernen) und den F-Wert des F-Tests, welcher die gemeinsame Signifikanz der exogenen Variablen überprüft. In der stargazer()-Tabelle fehlen die t- und p-Werte, die Anzahl der Koeffizienten, die Freiheitsgrade, die Summe der Residuenquadrate und der p-Wert des F-Tests. In der print()-Tabelle fehlen die Signifikanz-Sternchen und die Freiheitsgrade des *F*-Tests. Die `print()`-Tabelle zeigt die geschätzte Varianz der Störgrößen ($\hat{\sigma}^2$) an, während die `stargazer()`-Tabelle die entsprechende Standardabweichung wiedergibt ($\hat{\sigma}$).

e) Das Argument `report` erlaubt uns, die Ausgabe der Kennzahlen entsprechende der Aufgabenstellung zu steuern. Der Befehl

```
stargazer(gerste.est, report = "vcp", type = "text")
```

produziert den folgenden Output:

```
=================================================
                         Dependent variable:
                     ----------------------------
                                 y
-------------------------------------------------
x1                              0.597
                            p = 0.0002

x2                              0.263
                            p = 0.00000

Constant                        0.954
                            p = 0.053

-------------------------------------------------
Observations                     30
R2                              0.743
Adjusted R2                     0.724
Residual Std. Error       0.065 (df = 27)
F Statistic           38.977*** (df = 2; 27)
=================================================
Note:              *p<0.1; **p<0.05; ***p<0.01
```

f) Die KQ-Schätzung erfolgt mit dem Befehl:

```
gerste2.est <- ols(barley ~ phos + nit, data = data.fertilizer)
```

Die Darstellung in einer gemeinsamen Tabelle gelingt mit

```
stargazer(gerste.est, gerste2.est, type = "text")
```

Dies liefert den Output:

```
=================================================
                         Dependent variable:
                     ----------------------------
                             y          barley
                            (1)          (2)
-------------------------------------------------
x1                        0.597***
                          (0.138)
```

x2	0.263***	
	(0.034)	
phos		1.323***
		(0.320)
nit		0.181***
		(0.027)
Constant	0.954*	7.832
	(0.469)	(8.474)
Observations	30	30
R2	0.743	0.690
Adjusted R2	0.724	0.667
Residual Std. Error (df = 27)	0.065	3.804
F Statistic (df = 2; 27)	38.977***	30.091***

Note: *p<0.1; **p<0.05; ***p<0.01

g) Die Veränderung der Variablennamen ist eine wichtige Option in der `stargazer()`-Funktion. Dafür steht das Argument `covariate.labels` bereit. Es lässt sich in flexibler Weise nutzen. Die Befehle

```
stargazer(gerste.est, gerste2.est,
covariate.labels = c("log Phosphat", "log Stickstoff",
"Phosphat", "Stickstoff", "Konstante"),
dep.var.labels = c("log.Gerste", "Gerste"), type = "text")
```

erzeugen die nachfolgende Tabelle. Auf der linken Seite der Tabelle erscheinen die neuen Variablennamen.

	Dependent variable:	
	log.Gerste	Gerste
	(1)	(2)
log Phosphat	0.597***	
	(0.138)	
log Stickstoff	0.263***	
	(0.034)	
Phosphat		1.323***
		(0.320)

```
Stickstoff                                      0.181***
                                                (0.027)

Konstante                         0.954*         7.832
                                  (0.469)        (8.474)
-----------------------------------------------------------------
Observations                        30             30
R2                                 0.743          0.690
Adjusted R2                        0.724          0.667
Residual Std. Error (df = 27)      0.065          3.804
F Statistic (df = 2; 27)          38.977***      30.091***
=================================================================
Note:                         *p<0.1; **p<0.05; ***p<0.01
```

h) Der Befehl

```
stargazer(gerste.est, gerste2.est,
covariate.labels = c("log Phosphat", "log Stickstoff",
"Phosphat", "Stickstoff", "Konstante"),
dep.var.labels = c("log.Gerste", "Gerste"), single.row = T,
add.lines = list(c("Plausibilitaet", "plausibel", "unplausibel")),
type = "text")
```

liefert den gewünschten Output:

```
=================================================================
                                    Dependent variable:
                                ---------------------------------
                                  log.Gerste        Gerste
                                     (1)             (2)
-----------------------------------------------------------------
log Phosphat                    0.597*** (0.138)
log Stickstoff                  0.263*** (0.034)
Phosphat                                          1.323*** (0.320)
Stickstoff                                        0.181*** (0.027)
Konstante                       0.954* (0.469)    7.832 (8.474)
-----------------------------------------------------------------
Plausibilitaet                    plausibel       unplausibel
Observations                         30              30
R2                                  0.743           0.690
Adjusted R2                         0.724           0.667
Residual Std. Error (df = 27)       0.065           3.804
F Statistic (df = 2; 27)           38.977***       30.091***
=================================================================
Note:                         *p<0.1; **p<0.05; ***p<0.01
```

i) save.image("./Objekte/Duenger.RData")

KAPITEL L13
Annahme A1: Variablenauswahl

Lösung zu Aufgabe 13.1: Lohnstruktur (Teil 1)

a) Das Skript beginnt wie gewohnt mit den Zeilen
```
# LohnstrukturTeil1.R
rm.all()
```
Die Zuweisungen lauten:
```
lohn <- data.wage$wage
ausb <- data.wage$educ
alter <- data.wage$age
dauer <- data.wage$empl
punktzahl <- data.wage$score
geschlecht <- data.wage$sex
```

b) Die drei KQ-Regressionen und die entsprechenden Zuweisungen erreichen wir mit den Befehlen
```
lohnA.est <- ols(lohn ~ ausb)
lohnB.est <- ols(lohn ~ ausb + alter)
lohnC.est <- ols(lohn ~ ausb + alter + dauer)
```

c) Die Befehle
```
stargazer(lohnA.est, lohnB.est, lohnC.est,
type = "text", df = F, omit.stat = c("f", "ser"), digits = 4)
```
erzeugen eine umfangreiche Tabelle, welche dem Betrachter einen guten Überblick über die Schätzergebnisse verschafft:

```
===============================================
                    Dependent variable:
                    ---------------------------
                              lohn
                    (1)        (2)        (3)
-----------------------------------------------
ausb          89.2817***  62.5745***  62.4284**
              (19.8198)   (21.1906)   (21.8345)

alter                     10.6020**   12.3539
                          (4.5765)    (10.6575)

dauer                                 -2.6203
                                      (14.2970)

Constant    1,354.6577*** 1,027.8058*** 1,000.4545***
              (94.2224)   (164.4731)  (225.7268)

-----------------------------------------------
Observations     20         20           20
R2              0.5299     0.6427       0.6435
Adjusted R2     0.5038     0.6007       0.5766
===============================================
Note:                *p<0.1; **p<0.05; ***p<0.01
```

Die Modelle (A13.2) und (A13.3) besitzen recht ähnliche Koeffizienten. Die Abweichungen zum Modell (A13.1) sind hingegen deutlich.

d)
```
syy <- Sxy(lohn)
s11 <- Sxy(ausb)
s22 <- Sxy(alter)
s33 <- Sxy(alter)
s12 <- Sxy(ausb, alter)
```

In R-Schreibweise lautet die rechte Seite der Formel (A13.4):

```
lohnB.est$coef[2] + lohnB.est$coef[3] * s12/s11
     ausb
89.281706
```

Es ergibt sich also der gleiche Wert, wie aus der KQ-Schätzung des Modells (A13.1). Die Formel besagt, dass der KQ-Schätzer $\widetilde{\beta}_1'$ des zu kleinen Modells (A13.1) um $\widehat{\beta}_2(S_{12}/S_{11})$ vom KQ-Schätzer $\widehat{\beta}_1$ des korrekt spezifizierten Modells (A13.2) abweicht. Dieser Abweichungsterm ist ein Indikator für die Verzerrung im KQ-Schätzer des zu kleinen Modells.

e) Die Summen der Residuenquadrate erhalten wir mit den Befehlen

```
lohnA.est$ssr; lohnB.est$ssr
[1] 1260028.1
[1] 957698.11
```

Die Störgößenvarianzen lauten:

```
lohnA.est$sig.squ; lohnB.est$sig.squ
[1] 70001.559
[1] 56335.183
```

Der auf den Residuen des zu kleinen Modells (A13.1) basierende Schätzer

$$\widehat{\sigma}^2 = \frac{S_{\widehat{u}'\widehat{u}'}}{N-2} \tag{L13.1}$$

wäre nur dann unverzerrt, wenn das Modell (A13.1) die B-Annahmen B1 bis B3 erfüllen würde (siehe Abschnitt 13.1.1 des Lehrbuches). Da aber $E(u'_i) \neq 0$ gilt, ist Annahme B1 verletzt und damit (L13.1) ein verzerrter Schätzer. Der verzerrte Schätzwert $\widehat{\sigma}^2$ geht in die Schätzung von $var(\widehat{\beta}'_1)$ ein, die damit ebenfalls verzerrt ist. Dieser Schätzwert ist wiederum eine zentrale Größe in der Berechnung des Intervallschätzers und in Hypothesentests zu β'_1. Sie werden somit wertlos.

f) Die Standardabweichungen der KQ-geschätzten Koeffizienten des zu großen Modells (A13.3) werden unverzerrt geschätzt. Die Werte in der Tabelle sind deshalb aussagekräftig. Sie sind größer als die entsprechenden Werte im korrekten Modell (A13.2). Letzteres besitzt folglich eine höhere Schätzgenauigkeit.

g) `save.image("./Objekte/Loehne.RData")`

Lösung zu Aufgabe 13.2: **Lohnstruktur (Teil 2)**

a)
```
# LohnstrukturTeil2.R
rm.all()
load(file = "./Objekte/Loehne.RData")
```

Die Bestimmtheitsmaße der drei Modelle können aus `lohnA.est`, `lohnB.est` und `lohnC.est` abgerufen werden:

```
lohnA.est$r.squ; lohnB.est$r.squ; lohnC.est$r.squ
[1] 0.52992798
[1] 0.64271662
[1] 0.64346514
```

Sie offenbaren, dass R^2 kontinuierlich mit der Anzahl der exogenen Variablen ansteigt. Die korrigierten Bestimmtheitsmaße betragen

```
lohnA.est$r.squ; lohnB.est$r.squ; lohnC.est$r.squ
[1] 0.52992798
[1] 0.64271662
[1] 0.64346514

lohnA.est$adj.r.squ; lohnB.est$adj.r.squ; lohnC.est$adj.r.squ
[1] 0.50381286
[1] 0.60068328
[1] 0.57661485
```

Die korrigierten Bestimmtheitsmaße $\bar{R}^2$ weisen ein Maximum beim korrekten Modell auf.

b)
```
ols.infocrit(lohnA.est)
         AIC          SIC          PC
   11.250912    11.350486   77001.714678

ols.infocrit(lohnB.est)
         AIC          SIC          PC
   11.076556    11.225915   64785.460557

ols.infocrit(lohnC.est)
         AIC          SIC          PC
   11.174458    11.373605   71676.876863
```

Die Werte der Informationskriterien sprechen für das korrekte Modell (A13.2), denn für dieses ergibt sich der jeweils kleinste Wert.

c) Wir überprüfen, ob im Modell (A13.3) die Nullhypothese $H_0: \beta_2 = \beta_3 = 0$ abgelehnt werden kann.

```
par.f.test(lohnC.est, nh = rbind(c(0,0,1,0),c(0,0,0,1)))
F-Test on multiple linear combinations of parameters
------------------------------------------------------

Hypotheses:
           H0:              H1:
   1*alter = 0      1*alter <> 0
   1*dauer = 0      1*dauer <> 0

Test results:
   f.value   crit.value   p.value   sig.level                  H0
    2.5476       3.6337    0.1095        0.05        not rejected
```

Die Nullhypothese kann demnach nicht verworfen werden. Es ist damit nicht gelungen, Modell (A13.1) auf einem Signifikanzniveau von 5% zugunsten von Modell (A13.3) zu verwerfen.

d) Da der F-Wert des Tests größer als 1 ausgefallen ist, muss das korrigierte Bestimmtheitsmaß des Modells (A13.3) größer sein als dasjenige des Modells (A13.1); siehe Abschnitt 13.2.5 des Lehrbuches. Die korrigierten Bestimmtheitsmaße des Aufgabenteils a) bestätigen dies.

e) Die kritischen Werte erhalten wir aus

```
qt(0.975, 18); qt(0.975, 17); qt(0.975, 16)
[1] 2.100922
[1] 2.1098156
[1] 2.1199053
```

Die t-Werte und p-Werte der drei Modelle können wir beispielsweise mit den folgenden Befehlen abrufen:

lohnA.est

	coef	std.err	t.value	p.value
(Intercept)	1354.6577	94.2224	14.3772	<0.0001
ausb	89.2817	19.8198	4.5047	0.0003

lohnB.est

	coef	std.err	t.value	p.value
(Intercept)	1027.8058	164.4731	6.2491	<0.0001
ausb	62.5745	21.1906	2.9529	0.0089
alter	10.6020	4.5765	2.3166	0.0333

lohnC.est

	coef	std.err	t.value	p.value
(Intercept)	1000.4545	225.7268	4.4321	0.0004
ausb	62.4284	21.8345	2.8592	0.0114
alter	12.3539	10.6575	1.1592	0.2634
dauer	-2.6203	14.2970	-0.1833	0.8569

Demnach können im Modell (A13.3) die Nullhypothesen $H_0 : \beta_2 = 0$ und $H_0 : \beta_3 = 0$ nicht verworfen werden. Die Variablen alter und dauer sind folglich nicht signifikant. Entfernen wir aus Modell (A13.3) die insignifikante Variable dauer, so ergibt sich das korrekte Modell (A13.2). In diesem Modell werden alle Nullhypothesen $H_0 : \beta_k = 0$ verworfen, alle exogenen Variablen sind signifikant. Dies gilt auch für Modell (A13.1). Dort fehlt aber die in Modell (A13.2) signifikante Variable alter. Die p-Werte offenbaren diese Testergebnisse noch direkter. Insgesamt sprechen die Ergebnisse für das korrekte Modell (A13.2).

f) Die KQ-Schätzung lautet:

```
lohnD.est <- ols(lohn ~ alter + dauer)
lohnD.est
```

```
                 coef    std.err  t.value  p.value
(Intercept)  921.4426   267.1537   3.4491   0.0031
alter         20.6770    12.2257   1.6913   0.1090
dauer         -4.1127    17.0378  -0.2414   0.8121
```

Für genestete Modelle müssen immer alle Variablen eines Modells im anderen Modell enthalten sein. Ansonsten ist es nicht möglich, durch Nullsetzen von Parametern das eine Modell in das andere zu überführen. Die zu vergleichenden Modelle (A13.2) und (A13.5) sind hingegen ungenestet. Es muss ein ungenesteter F-Test durchgeführt werden. Das Mega-Modell dieses Tests ist Modell (A13.3), weil es alle exogenen Variablen der beiden zu vergleichenden Modelle in sich vereint. Auf Basis des Mega-Modells wird die Nullhypothese $H_0 : \beta_3 = 0$ überprüft:

```
par.f.test(lohnC.est, nh = rbind(c(0,0,0,1)))
F-Test on multiple linear combinations of parameters
-----------------------------------------------------------

Hypotheses:
            H0:            H1:
   1*dauer = 0     1*dauer <> 0

Test results:
  f.value  crit.value  p.value  sig.level            H0
   0.0336       4.494   0.8569       0.05  not rejected
```

Funktionieren würden auch die beiden auf t-Werten basierenden Varianten

```
par.t.test(lohnC.est, nh = c(0,0,0,1))
lohnC.est$t.value[4]
```

Außerdem wird die Nullhypothese $H_0 : \beta_1 = 0$ überprüft:

```
par.f.test(lohnC.est, nh = rbind(c(0,1,0,0)))
F-Test on multiple linear combinations of parameters
-----------------------------------------------------------

Hypotheses:
           H0:            H1:
   1*ausb = 0     1*ausb <> 0

Test results:
  f.value  crit.value  p.value  sig.level        H0
   8.1748       4.494   0.0114       0.05  rejected

# oder: par.t.test(lohnC.est, nh = c(0,1,0,0))
# oder: lohnC.est$t.value[2]
```

Während die Nullhypothese $H_0 : \beta_3 = 0$ im Mega-Modell nicht verworfen werden kann, wird die Nullhypothese $H_0 : \beta_1 = 0$ klar verworfen. Insgesamt spricht der ungenestete F-Test deshalb für das korrekte Modell (A13.2).

g) save.image("./Objekte/Loehne.RData")

Lösung zu Aufgabe 13.3: Verzerrungen durch ausgelassene Variablen

a) Das Auslassen der relevanten exogenen Variablen x_2 erzeugt nur dann keine Verzerrung, wenn $\beta_2(S_{12}/S_{11}) = 0$, also wenn $S_{12} = 0$ und damit x_1 und x_2 unkorreliert sind. Es kommt zwar häufig vor, dass zwei beliebige exogene Variablen eine geringe Korrelation aufweisen, aber der Fall vollständiger Unkorreliertheit ist höchst selten. Auch bei geringer Korrelation zwischen x_1 und x_2 kann eine erhebliche Verzerrung entstehen, nämlich dann, wenn der Einfluss der weggelassenen Variablen x_2 hinreichend groß ist, also β_2 deutlich von 0 verschieden ist. Umgekehrt kann eine weggelassene relevante Variable x_2 trotz kleinen β_2-Wertes eine starke Verzerrung auslösen. Dieser Fall tritt ein, wenn die weggelassene Variable x_2 hinreichend stark mit der anderen exogenen Variablen x_1 korreliert ist, also S_{12}/S_{11} einen großen Wert besitzt.

b)
```
# AusgelasseneVariablen.R
rm.all()
x1 <- c(3,18,5,5,0,9,8,7,9,12)
x2 <- c(5,11,6,8,5,8,12,9,11,10)
cor(x1,x2)
```
[1] 0.75932884

Beide Variablen korrelieren recht stark miteinander. Die Matrix x erzeugen wir mit

```
x <- cbind(x1,x2)
```

c)
```
stich.korrekt <- repeat.sample(x, true.par = c(4,3,2), rep = 100)
stich.falsch <- repeat.sample(x, true.par = c(4,3,2), rep = 100, omit = 2)
```

d)
```
# Histogramm des vollstaendigen Modells
hist(stich.korrekt$coef[2,], xlim = c(2.5, 4), ylim = c(0, 40),
     main = "korrekt", xlab = "beta 1", ylab = "Häufigkeit")
abline(v = stich.korrekt$true.par[2])
# Histogramm des unvollstaendigen Modells
hist(stich.falsch$coef[2,], xlim = c(2.5, 4), ylim = c(0,40),
     main = "falsch", xlab = "beta 1", ylab = "Häufigkeit")
abline(v = stich.falsch$true.par[2])
```

Das Resultat dieser Befehle ist, unter Auslassung der Überschriften, in Abbildung L13.1(a) und (b) zu sehen.

Beim Vergleich fällt auf, dass die KQ-Schätzwerte von stich.korrekt im Mittel korrekt sind, während die von stich.falsch systematisch zu groß ausfallen, denn das Zentrum des Histogramms liegt weit oberhalb des wahren Wertes $\beta_1 = 3$. Ferner scheinen die Schätzwerte eine geringere Streuung aufzuweisen als im korrekt spezifizierten Modell.

e) Mit rep(3,100) erzeugen wir einen Vektor, dessen 100 Elemente alle den Wert 3 besitzen. Das Mittel der Abweichungen wird dann folgendermaßen berechnet:

```
diff <- stich.falsch$coef[2,] - rep(3,100)
mean(diff)
[1] 0.78205679
```

Die theoretische Verzerrung beträgt:

```
2*Sxy(x1,x2)/Sxy(x1)
[1] 0.77540107
```

Die mittlere Abweichung liegt demnach sehr dicht an der theoretischen Verzerrung.

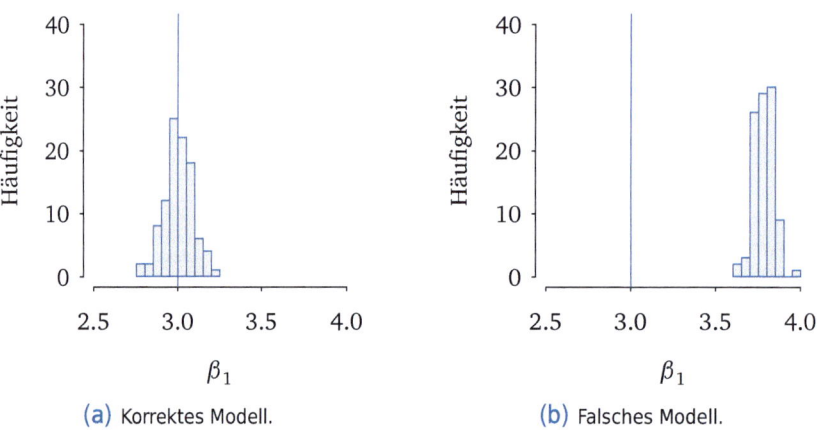

Abbildung L13.1 Die Stichprobenverteilung des Schätzers für β_1.

Lösung zu Aufgabe 13.4: Irrelevante exogene Variablen

a)
```
# IrrelevanteVariablen.R
rm.all()
y <- c(0,2,1)
x1 <- c(0,1,2)
```

b) Die Grafik erzeugen wir mit

```
z <- c(0,0,0)
plot(z, y, xaxt = "n", xlab = " ", ylab = "y")
points(0,1, col = "black")
```

Eine etwas modifizierte und um die Residuen ergänzte Form der Grafik ist in Abbildung L13.2(a) zu sehen.

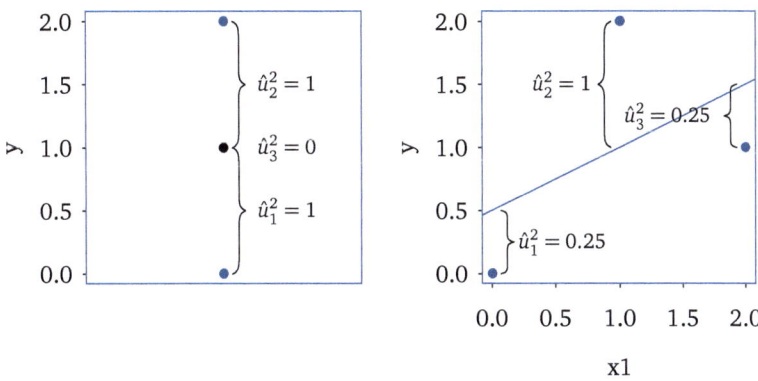

(a) Modell mod0 (keine exog. Variable). (b) Modell mod1 (eine exog. Variable).

Abbildung L 13.2 Einfluss von K auf die Qualität der Anpassung.

Das Regressionsmodell (A13.9) besitzt keine exogene Variable, die zur Erklärung der endogenen Variablen beitragen kann ($K = 0$). Das Ergebnis der KQ-Schätzung ist daher nur ein *Punkt* $\hat{\alpha}$ auf der y-Achse (keine Gerade!). Die Summe der Residuenquadrate wird für $\hat{\alpha} = \bar{y} = 1$ minimal, weil dies der Punkt ist, der in der Summe den geringsten (quadratischen) Abstand zu den Beobachtungen $y_1 = 0$, $y_2 = 2$ und $y_3 = 1$ aufweist. Daher ergibt sich

$$S_{\widetilde{\hat{u}\hat{u}}}^{\text{mod0}} = (0-1)^2 + (2-1)^2 + (1-1)^2 = 2 = S_{yy}.$$

In R überprüfen wir unser Ergebnis mit den Befehlen:

```
mod0.est <- ols(y ~ 1)
mod0.est$coef
(Intercept)
          1

mod0.est$ssr
[1] 2
```

c) Die Punktwolke erzeugen wir mit

```
plot(x1, y)
```

und die Regressionsgerade mit

```
mod1.est <- ols(y ~ x1)
abline(mod1.est)
```

Eine etwas modifizierte und um die Residuen ergänzte Form der Grafik ist in Abbildung L13.2(b) wiedergegeben. Im Gegensatz zum Modell (A13.9) beinhaltet das Modell (A13.10) eine exogene Variable, die zur Erklärung der Werte der endogenen Variablen beitragen kann ($K = 1$). Anstatt auf der y-Achse einen Punkt zu finden, der möglichst »mittig« zu allen y-Werten ist, können wir jetzt eine Gerade zwischen drei Punkte einpassen, die nun auch horizontal verteilt liegen. Wir können also zusätzlich zum Niveau auch eine Steigung wählen. Durch diese erhöhte Flexibilität wird sich die Qualität unserer Anpassung verbessern. Es ergeben sich folglich kleinere quadrierte vertikale Abstände unserer Schätzgeraden zu den Beobachtungen (vgl. Abb. L13.2) als beim Modell (A13.9). Entsprechend ist der unerklärte Anteil $S_{\widehat{uu}}$ an der Variation der y-Werte kleiner als im Modell (A13.9). Wir können also mit Hilfe des größeren Modells (A13.10) die Variation der y-Werte besser erklären. Die Summe der Residuenquadrate erhalten wir mit dem Befehl:

```
mod1.est$ssr
```

```
[1] 1.5
```

Die Summe ist demnach von $S_{\widehat{uu}}^{\mathrm{mod}0} = 2$ auf $S_{\widehat{uu}}^{\mathrm{mod}1} = 1{,}5$ gefallen.

d) Da wir erneut eine Variable hinzufügen, werden wir auch erneut die Flexibilität bei der Anpassung an die Daten erhöhen. Statt eine einzige Steigung in x_1-Richtung anzupassen, haben wir nun die Möglichkeit, die Steigung einer Schätzebene in x_1- und x_2-Richtung zu verändern. Dieser Effekt wird zu einer weiteren Senkung von $S_{\widehat{uu}}$ führen, obwohl x_2 eine irrelevante Variable ist.

In unserem speziellen Fall haben wir nur $n = 3$ Beobachtungen, was genau der Anzahl $K + 1$ an zu schätzenden Parametern entspricht. Das bedeutet, wir passen in der KQ-Schätzung eine Ebene in drei im dreidimensionalen Raum befindliche Punkte möglichst gut ein. Bei drei Punkten ist es aber immer möglich, die Ebene »genau durch« diese Punkte zu legen. Folglich gilt nun sogar $S_{\widehat{uu}}^{\mathrm{mod}2} = 0$. Das können wir mit folgendem R-Code bestätigen:

```
x2 <- rnorm(3)
mod2.est <- ols(y ~ x1 + x2)
mod2.est$ssr
```

```
[1] 0
```

Man könnte geneigt sein, das Ergebnis $S_{\widehat{uu}}^{\mathrm{mod}2} = 0$ als positiv und das Modell (A13.11) deshalb als »gut« zu beurteilen. Dies ist leider ein Trugschluss. Die zu erklärenden Werte der endogenen Variablen stellen immer nur eine bestimmte Zufallsstichprobe dar. Diese Stichprobe enthält neben Informationen über den wahren Zusammenhang auch die durch u_i repräsentierten zufälligen bzw. unsystematischen Einflüsse. Fügt man einem Modell mit einer festen Zahl an Beobachtungen mehr und mehr exogene Variablen hinzu, wird das zwar den Erklärungsgehalt des Modells immer weiter erhöhen, aber irgendwann ist der Punkt erreicht, ab dem das Modell stärker den unsystematischen und unvorhersehbaren Komponenten angepasst wird als den systematischen Zusammenhängen. Spätestens wenn die Anzahl der exogenen Variablen zuzüglich Eins der Anzahl der Beobachtungen entspricht, haben wir ein Modell aufgestellt, das zwar äußerst präzise die Daten erklären kann, auf deren Basis es erstellt wurde, aber kläglich versagt, wenn es um die Vorhersage der Modellparameter für eine neue Stichprobe mit neuen Zufallsausprägungen geht. Blindes Erweitern des Modells um neue exogene Variablen führt irgendwann zu einer »Überanpassung« (engl.: *overfitting*), welche die Streuung der Parameterschätzer stark vergrößert.

Lösung zu Aufgabe 13.5: **Automobile**

a) Eingabe von `?data.auto` in der Konsole ruft den Hilfesteckbrief des Dataframes auf. Um die Daten zu betrachten, können wir in der Konsole `View(data.auto)` eingeben.

b) ```
# Autopreise.R
rm.all()
auto1.est <- ols(price ~ . - make , data = data.auto)
auto1.est
```

|  | coef | std.err | t.value | p.value |
|---|---|---|---|---|
| (Intercept) | 5751.3725 | 9225.6919 | 0.6234 | 0.5363 |
| mpgall | 126.5783 | 138.5012 | 0.9139 | 0.3659 |
| headroom | -621.7092 | 451.2086 | -1.3779 | 0.1754 |
| trunk | 137.0680 | 140.5099 | 0.9755 | 0.3348 |
| weight | 5.0744 | 1.4648 | 3.4641 | 0.0012 |
| length | -112.8509 | 53.5383 | -2.1079 | 0.0409 |
| turn | -14.4592 | 140.7124 | -0.1028 | 0.9186 |
| displacement | 14.8767 | 7.9069 | 1.8815 | 0.0667 |
| gear_ratio | 62.1636 | 1463.5334 | 0.0425 | 0.9663 |

An den *p*-Werten ist abzulesen, dass auf einem Signifikanzniveau von 5% nur die exogenen Variablen `weight` und `length` signifikant sind. Die Variable `displacement` ist immerhin fast signifikant.
```

c) Der Befehl lautet:

```
auto2.est <- step(auto1.est)
```

Er erzeugt folgenden Output:

```
Start:  AIC=803.28
price ~ (make + mpgall + headroom + trunk + weight + length +
    turn + displacement + gear_ratio) - make

                Df Sum of Sq        RSS     AIC
- gear_ratio     1       7895  188173028  801.285
- turn           1      46206  188211339  801.295
- mpgall         1    3654953  191820087  802.283
- trunk          1    4164173  192329307  802.421
<none>                         188165134  803.283
- headroom       1    8307886  196473020  803.529
- displacement   1   15490679  203655813  805.396
- length         1   19442482  207607616  806.396
- weight         1   52511623  240676757  814.082

Step:  AIC=801.28
price ~ mpgall + headroom + trunk + weight + length + turn +
    displacement

                Df Sum of Sq        RSS     AIC
- turn           1      48113  188221142  799.298
- mpgall         1    3670282  191843311  800.289
- trunk          1    4372696  192545725  800.479
<none>                         188173028  801.285
- headroom       1    8387816  196560844  801.552
- length         1   21051577  209224605  804.799
- displacement   1   22263400  210436428  805.099
- weight         1   53671690  241844718  812.333

Step:  AIC=799.3
price ~ mpgall + headroom + trunk + weight + length + displacement

                Df Sum of Sq        RSS     AIC
- mpgall         1    4090508  192311650  798.416
- trunk          1    4856302  193077443  798.623
<none>                         188221142  799.298
- headroom       1    8348903  196570045  799.555
- displacement   1   22567306  210788447  803.186
- length         1   26470999  214692141  804.141
- weight         1   53656425  241877567  810.340

Step:  AIC=798.42
```

Kapitel L13 – Annahme A1: Variablenauswahl

```
price ~ headroom + trunk + weight + length + displacement

                Df Sum of Sq        RSS     AIC
- trunk          1   5260545  197572195  797.819
<none>                        192311650  798.416
- headroom       1  10740936  203052586  799.242
- displacement   1  21956399  214268049  802.038
- length         1  31788512  224100162  804.371
- weight         1  50040260  242351909  808.442

Step:  AIC=797.82
price ~ headroom + weight + length + displacement

                Df Sum of Sq        RSS     AIC
- headroom       1   6002250  203574445  797.376
<none>                        197572195  797.819
- displacement   1  21860681  219432876  801.276
- length         1  26821693  224393888  802.439
- weight         1  46858095  244430290  806.886

Step:  AIC=797.38
price ~ weight + length + displacement

                Df Sum of Sq        RSS     AIC
<none>                        203574445  797.376
- displacement   1  19271440  222845885  800.079
- length         1  39717317  243291763  804.643
- weight         1  53502718  257077164  807.509
```

Der von `step()` erzeugte Output zeigt ganz oben den Wert des Akaike-Informations-Kriteriums (AIC = 803,28) und direkt darunter die zugrunde liegende Regression. Anschließend kommt eine Tabelle, in deren Mitte sich eine mit dem Eintrag `<none>` (für »keine ausgeschlossene Variable«) beginnende Zeile befindet. Der Wert ganz rechts in dieser Zeile ist erneut der AIC-Wert der Regression. Alle exogenen Variablen, die oberhalb dieser Zeile angezeigt werden, würden bei Ausschluss nur dieser Variablen den Wert des AICs senken, also einen besseren AIC-Wert liefern. Am stärksten fällt die Senkung beim Ausschluss der Variablen `gear_ratio` aus. Deshalb wird diese Variable als erstes ausgeschlossen und mit den verbliebenen Variablen erneut eine Regression durchgeführt. Diese zweite Regression führt zum Ausschluss der Variablen `turn`. Weitere Ausschlüsse ergeben sich für die Variablen `mpgall`, `trunk` und `headroom`. Ein Ausschluss der nun noch verbliebenen Variablen `displacement`, `length` und `weight` würde den AIC-Wert erhöhen und unterbleibt deshalb. Der Prozess endet demnach mit genau jenen Variablen, die auch im Aufgabenteil b) die höchste Signifikanz aufwiesen.

d) Der Befehl

```
stargazer(auto1.est, auto2.est, object.names = T,
single.row = T, digit.separator = "", type = "text")
```

erzeugt die folgende Tabelle:

```
=============================================================
                           Dependent variable:
                  -------------------------------------------
                                    price
                         (1)                    (2)
                       auto1.est              auto2.est
-------------------------------------------------------------
mpgall              126.578  (138.501)
headroom           -621.709  (451.209)
trunk               137.068  (140.510)
weight                5.074*** (1.465)       4.611*** (1.298)
length             -112.851** (53.538)    -113.476*** (37.081)
turn                -14.459  (140.712)
displacement         14.877*   (7.907)      13.494**  (6.330)
gear_ratio           62.164 (1463.533)
Constant           5751.372 (9225.692)    9878.724** (4244.350)
-------------------------------------------------------------
Observations              52                      52
R2                      0.615                   0.584
Adjusted R2             0.544                   0.558
Residual Std. Error 2091.873 (df = 43)     2059.401 (df = 48)
F Statistic         8.599*** (df = 8; 43) 22.448*** (df = 3; 48)
=============================================================
Note:                              *p<0.1; **p<0.05; ***p<0.01
```

Die Standardabweichungen der KQ-Schätzer sind im Modell auto2.est deutlich geringer. Die zwei Sterne am Koeffizienten der exogenen Variablen displacement zeigen an, dass der p-Wert nun unter 5% liegt. Die Variable ist also signifikant auf einem Signifikanzniveau von 5%. Die anderen beiden exogenen Variablen weisen nun sogar p-Werte von unter 1% auf.

e) save.image(file = "./Objekte/Autopreise.RData")

Lösung zu Aufgabe 13.6: Computermieten (Teil1)

a) Mit ?data.comp rufen wir den Hilfesteckbrief des Dataframes auf. Um die Daten zu betrachten, können wir in der Konsole View(data.comp) eingeben. Der Anfang unseres Skriptes lautet:

```
# ComputermietenTeil1.R
rm.all()
```

b) Die Logarithmierung nehmen wir folgendermaßen vor:
```
log.rent   <- log(data.comp$rent)
log.mult   <- log(data.comp$mult)
log.mem    <- log(data.comp$mem)
log.access <- log(data.comp$access)
```

Die Schätzgleichung lautet:

$$\log.\text{rent}_i = \alpha + \beta_1 \log.\text{mult}_i + \beta_2 \log.\text{mem}_i + \beta_3 \log.\text{access}_i + u_i \ . \quad \text{(L13.2)}$$

Wir erwarten, dass $\widehat{\beta}_1 < 0$, $\widehat{\beta}_2 > 0$ und $\widehat{\beta}_3 < 0$.

c) Mit den Befehlen
```
comp1.est <- ols(log.rent ~ log.mult + log.mem + log.access)
comp1.est
```

wird diese Erwartung überprüft. Das Ergebnis lautet:

```
              coef   std.err  t.value  p.value
(Intercept) -1.3239  0.3807   -3.4775   0.0016
log.mult    -0.0944  0.0455   -2.0767   0.0465
log.mem      0.6176  0.0533   11.5835  <0.0001
log.access  -0.0771  0.0670   -1.1501   0.2592
```

Wir finden alle Erwartungen bezüglich der Steigungsparameter bestätigt. Das korrigierte Bestimmtheitsmaß und das Akaike-Informationskriterium erhalten wir mit

`comp1.est$adj.r.squ`

`[1] 0.8652421`

```
ols.infocrit(comp1.est)
       AIC         SIC         PC
-1.65942547 -1.47985365  0.19045662
```

d) Verglichen werden die beiden Modelle (L13.2) und

$$\log.\text{rent}_i = \alpha' + \beta'_1 \log.\text{mult}_i + \beta'_2 \log.\text{mem}_i + u'_i \ . \quad \text{(L13.3)}$$

Wenn (L13.3) korrekt ist und wir dennoch das zu große Modell (L13.2) schätzen, dann sind die Punktschätzer unverzerrt, aber ineffizient, die Intervallschätzer sind unverzerrt, aber ineffizient und Hypothesentests sind durchführbar, aber unscharf. Die Befehle

```
comp2.est <- ols(log.rent ~ log.mult + log.mem)
comp2.est
```

liefern:

```
              coef   std.err   t.value   p.value
(Intercept) -1.3364   0.3825   -3.4936   0.0015
log.mult    -0.1305   0.0331   -3.9439   0.0004
log.mem      0.6300   0.0525   12.0007  <0.0001
```

Das korrigierte Bestimmtheitsmaß und das Akaike-Informationskriterium erhalten wir mit

```
comp2.est$adj.r.squ
[1] 0.86383875

ols.infocrit(comp2.est)
       AIC         SIC          PC
-1.67509915 -1.54042028  0.18737581
```

Das korrigierte Bestimmtheitsmaß hat sich etwas verschlechtert, das Akaike-Informationskriterium hingegen etwas verbessert, denn es hat sich verkleinert (es war negativ und ist nun noch weiter in den negativen Bereich gewandert).

e) Wenn das Modell (L13.2) korrekt ist und wir schätzen das zu kleine Modell (L13.3), dann sind die Punktschätzer und Intervallschätzer verzerrt und Hypothesentests sind wertlos.

f) Wir hatten die korrigierten Bestimmtheitsmaße und die AIC-Werte bereits berechnet. Das korrigierte Bestimmtheitsmaß spricht für das größere Modell (L13.2). Allerdings ergibt sich in diesem Modell für die Variable log.access ein p-Wert von 0,26. Der t-Test der Nullhypothese $H_0: \beta_3 = 0$ würde also eher für das kleine Modell (L13.3) sprechen. Die Informationskriterien (AIC, SIC und PC) sprechen ebenfalls für das kleine Modell (L13.3).

g) Verglichen werden jetzt die Modelle (L13.3) und

$$\texttt{log.rent}_i = \alpha'' + \beta_2'' \texttt{log.mem}_i + \beta_3'' \texttt{log.access}_i + u_i''. \tag{L13.4}$$

Die KQ-Schätzung des neuen Modells lautet:

```
comp3.est <- ols(log.rent ~ log.mem + log.access)
comp3.est

              coef   std.err   t.value   p.value
(Intercept) -1.6461   0.3658   -4.5005   0.0001
log.mem      0.6273   0.0559   11.2256  <0.0001
log.access  -0.1731   0.0511   -3.3908   0.0019
```

Die Modelle (L13.3) und (L13.4) sind nicht »genested«, weil keines der Modelle durch geeignete Parameterwahl in das andere überführt werden kann. Es ist folglich ein ungenesteter F-Test erforderlich. Das Mega-Modell ist das

Ursprungsmodell (L13.2). Für dieses Modell testen wir nacheinander diejenigen Parameter (jeweils mit F- oder, falls möglich, t-Test), die *exklusiv* in einem der Modelle vorkommen, also

$$H_0 : \beta_1 = 0$$
$$H_0' : \beta_3 = 0 \,.$$

Die p-Werte zu diesen Tests kennen wir bereits aus Aufgabenteil b). Die Variable `log.mult` ist demnach signifikant ($p = 0{,}0465$), die Variable `log.access` hingegen nicht ($p = 0{,}259$). Daher fällt unsere Entscheidung zugunsten von Modell (L13.3) aus.

h) `save.image("./Objekte/Computer.RData")`

KAPITEL L 14

Annahme A2: Funktionale Form

Lösung zu Aufgabe 14.1: Milch (Teil 1)

a)
```
# MilchTeil1.R
rm.all()
m <- data.milk$milk
f <- data.milk$feed
logm <- log(m)
logf <- log(f)
invf <- 1/f
quadf <- f^2
```

b)
```
plot(f, m, main = "linear")                      #(a) linear
plot(logf, m, main = "semi-log")                 #(b) semi-logarithmisch
plot(invf, m, main = "invers")                   #(c) invers
plot(f, logm, main = "exponential")              #(d) exponential
plot(logf, logm, main = "logarithmisch")         #(e) logarithmisch
plot(invf, logm, main = "log-invers")            #(f) log-invers
```

Die resultierenden sechs Grafiken sind in Abbildung L14.1 dargestellt, wobei die Überschriften weggelassen wurden. Die höchste Plausibilität für einen linearen Zusammenhang zeigt sich beim logarithmischen und beim semi-logarithmischen Funktionstyp.

c)
```
milch.lin.est <- ols(m ~ f)
milch.semilog.est <- ols(m ~ logf)
milch.inv.est <- ols(m ~ invf)
milch.exp.est <- ols(logm ~ f)
milch.log.est <- ols(logm ~ logf)
```

(a) Linear. (b) Semi-log. (c) Invers.

(d) Exponential. (e) Logarithmisch. (f) Log-invers.

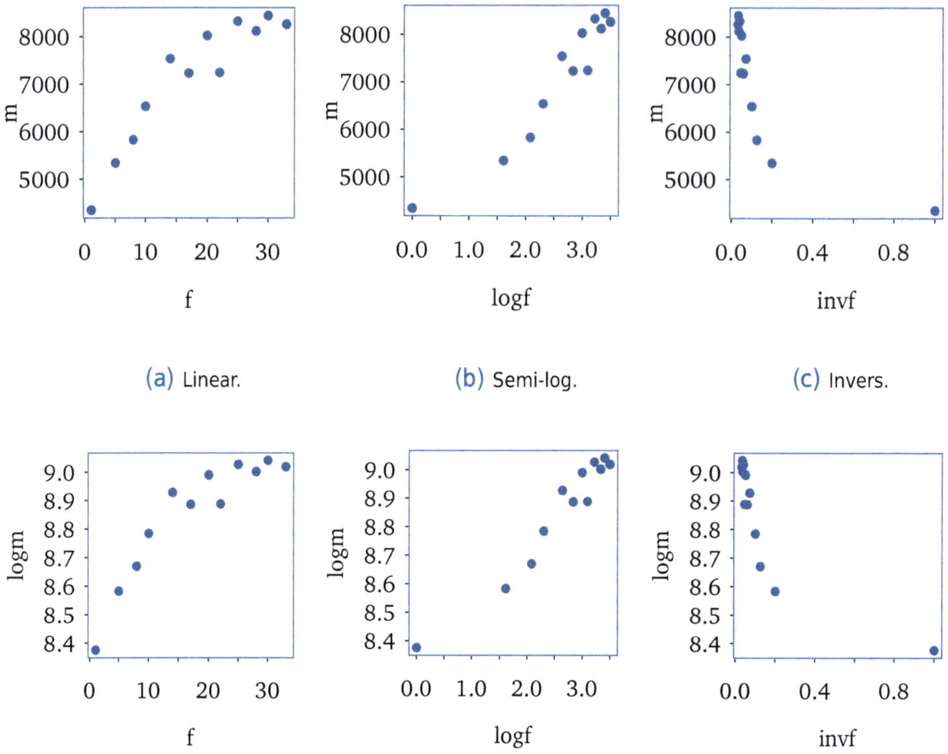

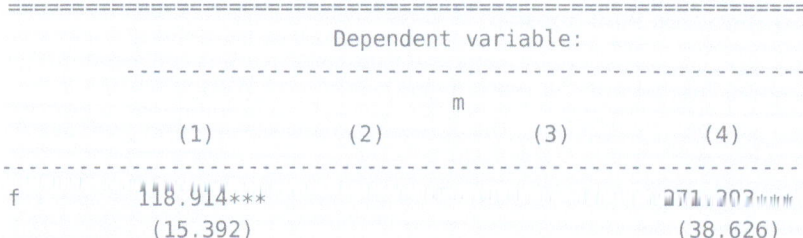

Abbildung L14.1 Punktwolken der sechs Funktionstypen.

```
milch.loginv.est <- ols(logm ~ invf)
milch.quad.est <- ols(m ~ f + quadf)
```

Mit dem Befehl

```
stargazer(milch.lin.est, milch.semilog.est, milch.inv.est,
milch.quad.est, omit.stat = c("n", "ser", "adj.rsq", "f"),
type = "text")
```

erzeugen wir die folgende Ergebnistabelle:

```
=====================================================================
                           Dependent variable:
          -----------------------------------------------------------
                                     m
              (1)           (2)           (3)            (4)
---------------------------------------------------------------------
f          118.914***                                 271.202***
           (15.392)                                    (38.626)
```

logf		1,268.803***		
		(130.080)		
invf			-3,762.321***	
			(981.083)	
quadf				-4.432***
				(1.087)
Constant	4,985.270***	3,818.334***	7,657.231***	4,109.445***
	(312.844)	(358.202)	(294.823)	(290.487)
R2	0.856	0.905	0.595	0.950

Note: *p<0.1; **p<0.05; ***p<0.01

Für die verbliebenen drei Modellvarianten geben wir R die folgende Anweisung:

```
stargazer(milch.exp.est, milch.log.est, milch.loginv.est,
omit.stat = c("n", "ser", "adj.rsq", "f"), type = "text")
```

R antwortet:

```
===========================================
             Dependent variable:
             ------------------------------
                         logm
               (1)        (2)        (3)
-------------------------------------------
```

	(1)	(2)	(3)
f	0.018***		
	(0.003)		
logf		0.204***	
		(0.016)	
invf			-0.631***
			(0.138)
Constant	8.524***	8.323***	8.943***
	(0.055)	(0.045)	(0.042)
R2	0.820	0.940	0.676

Note: *p<0.1; **p<0.05; ***p<0.01

d) ```
m.dach <- milch.lin.est$fitted
m2.dach <- m.dach^2
m3.dach <- m.dach^3
m4.dach <- m.dach^4
milch.ext.est <- ols(m ~ f + m2.dach + m3.dach + m4.dach)
f.wert <- ((milch.lin.est$ssr - milch.ext.est$ssr)/3)/
((milch.ext.est$ssr)/milch.ext.est$df)
f.krit <- qf(0.95, 3, milch.ext.est$df)
f.wert; f.krit
[1] 4.643701
[1] 4.3468314
```

Der $F$-Wert übersteigt den kritischen Wert, was gleichbedeutend ist mit einem $p$-Wert, der kleiner ist als das Signifikanzniveau (5%). Die Nullhypothese $H_0 : \gamma_1 = \gamma_2 = \gamma_3 = 0$ wird folglich abgelehnt. Dies ist ein verlässliches Signal dafür, dass die Annahme A2 verletzt ist, denn die Wahrscheinlichkeit, dass wir die Nullhypothese ablehnen, obwohl sie richtig ist, beträgt nur 5%.

e) ```
reset.test(milch.lin.est, m = 3)
RESET Method for nonlinear functional form
-------------------------------------------

Hypotheses:
                    H0:                        H1:
  gammas = 0 (linear)   gammas <> 0 (non-linear)

Test results:
   f.value  crit.value   p.value   sig.level          H0
    4.6437     4.3468    0.0433        0.05    rejected
```

Die Funktion `reset.test()` bestätigt demnach die zuvor manuell berechneten Ergebnisse.

f) Die Bestimmtheitsmaße der sieben Modellvarianten wurden in Aufgabenteil c) bereits berechnet und angezeigt. Als Vergleichskriterium kann das Bestimmtheitsmaß nur dann angewendet werden, wenn die betrachteten Modelle sowohl die gleiche endogene Variable als auch die gleiche Anzahl an Parametern besitzen. Die zweite Bedingung verhindert einen Vergleich des quadratischen Modells mit den anderen sechs Modellvarianten. Die erste Bedingung bedeutet, dass wir es mit zwei unterschiedlichen Gruppen zu tun haben. In der einen Gruppe (logarithmisches Modell, Exponential-Modell und log-inverses Modell) sind die Modelle mit logarithmierter endogener Variablen, in der anderen Gruppe (lineares Modell, semi-logarithmisches Modell und inverses Modell) diejenigen mit nicht-logarithmierter endogener Variablen. Innerhalb der Modellgruppe mit nicht-logarithmierter endogener Variablen scheint das semi-logarithmische Modell am besten geeignet. Innerhalb der Gruppe mit logarithmierter endogener Variablen besitzt das logarithmische Modell das höchste Bestimmtheitsmaß. Das quadratische Modell ist ebenfalls ein interessanter Kandidat.

g) `save.image(file = "./Objekte/Milch.RData")`

Lösung zu Aufgabe 14.2: Milch (Teil 2)

a)
```
# MilchTeil2.R
rm.all()
load(file = "./Objekte/Milch.RData")
beob <- milch.log.est$nobs
```

b)
```
geomit <- exp(mean(logm))
geomit
```
`[1] 6965.286`

c) Die Summe der Residuenquadrate beträgt
```
ssr.log <- milch.log.est$ssr
ssr.log
```
`[1] 0.028731273`

und der Quotient aus der Summe der Residuenquadrate und dem geometrischen Mittel ($\tilde{m}$) beträgt
```
ssr.semilog.skal <- milch.semilog.est$ssr/geomit^2
ssr.semilog.skal
```
`[1] 0.038070801`

d)
```
lwert <- (beob/2)* abs(log(ssr.semilog.skal/ssr.log))
lwert
```
`[1] 1.6887686`

```
chi.krit <- qchisq(0.95,1)
chi.krit
```
`[1] 3.8414588`

Da der l-Wert kleiner als der kritische Wert ist, kann die Nullhypothese der Gleichwertigkeit nicht abgelehnt werden. Dennoch würden wir das logarithmische Modell vorziehen, denn seine Summe der Residuenquadrate (`ssr.log`) ist kleiner als die umskalierte Summe der Residuenquadrate des semi-logarithmischen Modells (`ssr.semilog.skal`).

e)
```
bc.result <- bc.test(milch.semilog.est, details = T)
bc.result
```

```
Box-Cox test
-------------

Hypotheses:
                        H0:                 H1:
    SSR.base = SSR.star    SSR.base <> SSR.star

Test results:
    chi.value  crit.value  p.value  sig.level              H0
       1.6888      3.8415   0.1938       0.05    not rejected


SSRs of compared models:

Standardized SSR of base model                      0.0381
SSR of model with logarithmic endogenous var.       0.0287
```

Wir sehen, dass die ausgegebenen Werte mit den zuvor berechneten Werten übereinstimmen. Die mit dem Befehl

`plot(bc.result)`

erzeugte Grafik ist in Abbildung L14.2 wiedergegeben.

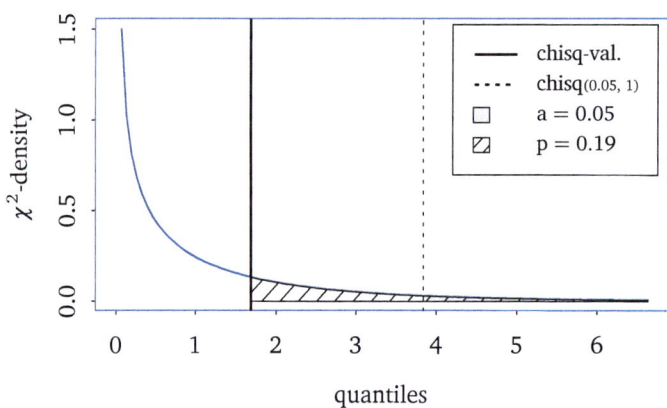

Abbildung L14.2 Grafische Dastellung des Box-Cox-Tests.

Lösung zu Aufgabe 14.3: **Gravitationsmodell (Teil 2)**

a) ```
# GravitationTeil2.R
rm.all()
load(file = "./Objekte/Gravitation.RData")
```

b) Die Variablendefinitionen lauten:
```

```
gdp      <- data.handel$gdp
dist     <- data.handel$dist
log.vol  <- log(vol)
log.gdp  <- log(gdp)
log.dist <- log(dist)
```

c) Die KQ-Schätzungen gelingen mit
```
lin.est    <- ols(vol ~ gdp + dist)
linlog.est <- ols(vol ~ log.gdp + log.dist)
log.est    <- ols(log.vol ~ log.gdp + log.dist)
loglin.est <- ols(log.vol ~ gdp + dist)
```

Einen Ergebnisüberblick über alle vier Modellvarianten verschaffen wir uns mit dem Befehl:
```
stargazer(lin.est, linlog.est, log.est, loglin.est,
digits = 2,
digit.separator = "",
intercept.bottom = F,
type = "text")
```

Dieser Befehl liefert eine zu Tabelle L14.1 (S. 427) äquivalente Tabelle, allerdings nicht im hier verwendeten LaTeX- sondern im ASCII-Textformat (Konsole).

d) Das Bestimmtheitsmaß darf nur für Modelle mit identischer endogener Variablen angewendet werden. In der mit der stargazer()-Funktion erzeugten Tabelle können Modelle (1) und (2) anhand des R^2 verglichen werden und ebenso die Modelle (3) und (4). Die R^2-Werte offenbaren, dass (1) und (3) die jeweils bevorzugten Modelle sind, also das lineare Modell und das logarithmische Modell.

e) Der mit der Funktion bc.test() ausgeführte Box-Cox-Test kann immer dann eingesetzt werden, wenn zwei Modelle zu vergleichen sind, von denen das eine die endogene Variable y_i besitzt und das andere die endogene Variable $\ln(y_i)$. Diese Anforderung ist beim linearen und logarithmischen Modell erfüllt. Die Nullhypothese des Box-Cox-Tests lautet immer, dass beide Modelle in ihrer Spezifikation gleichwertig sind.

Die KQ-Schätzergebnisse sind im Objekt lin.est abgelegt. Da sich die exogenen Variablen der beiden Modelle unterscheiden, muss in der bc.test()-Funktion mit Hilfe des Arguments exo explizit angegeben werden, welche exogenen Variablen bei der Schätzung des Vergleichsmodells – hier des logarithmischen Modells – eingesetzt werden:
```
bc.test(lin.est, exo = cbind(log.gdp, log.dist),
sig.level = 0.01, details = T)
```

```
Box-Cox test
------------

Hypotheses:
                       H0:                    H1:
        SSR.base = SSR.star    SSR.base <> SSR.star

Test results:
   chi.value   crit.value   p.value    sig.level        H0
     30.9806       6.6349  < 0.0001         0.01  rejected


SSRs of compared models:

Standardized SSR of base model                   46.057
SSR of model with logarithmic endogenous var.     4.6414
```

Demnach ist das logarithmische Modell signifikant besser als das lineare Modell. Die Nullhypothese (Gleichwertigkeit der beiden Modelle) wird also verworfen.

f) `reset.test(log.est, sig.level = 0.1)`

```
RESET Method for nonlinear functional form
------------------------------------------

Hypotheses:
                    H0:                        H1:
     gammas = 0 (linear)      gammas <> 0 (non-linear)

Test results:
   f.value   crit.value   p.value   sig.level            H0
    0.5089       2.5613    0.6081         0.1  not rejected
```

Der *p*-Wert zeigt uns, dass die Nullhypothese »logarithmisches Modell ist korrekt spezifiziert« sogar auf einem Signifikanzniveau von 60% nicht abgelehnt werden könnte. Dies spricht für die Güte unseres Modells.

Lösung zu Aufgabe 14.4: Computermieten (Teil 2)

a)
```
# ComputermietenTeil2.R
rm.all()
load(file = "./Objekte/Computer.RData")
head(data.comp, n = 5)
```

Kapitel L14 – Annahme A2: Funktionale Form

Tabelle L 14.1 Vergleich von vier Modellvarianten.

	Dependent variable:			
	vol	vol	log.vol	log.vol
	(1)	(2)	(3)	(4)
Constant	27310.74***	−41476.08	5.73***	10.06***
	(5728.28)	(44994.06)	(1.44)	(0.43)
gdp	0.03***			0.0000***
	(0.004)			(0.0000)
dist	−17.07***			−0.001***
	(4.54)			(0.0003)
log.gdp		12703.57***	0.87***	
		(1813.26)	(0.06)	
log.dist		−12833.26**	−1.02***	
		(5095.84)	(0.16)	
Observations	27	27	27	27
R^2	0.78	0.74	0.93	0.68
Adjusted R^2	0.76	0.71	0.92	0.65
Residual Std. Error (df = 24)	12503.06	13697.70	0.44	0.95
F Statistic (df = 2; 24)	42.53***	33.43***	158.94***	24.98***

Note: *p<0.1; **p<0.05; ***p<0.01

```
  rent  mem access mult
1 12.0  480   0.60   10
2 12.0 1152   0.70   22
3 75.0 3840   0.50    1
4 12.0  576   4.30   12
5  3.3  144   1.75    6
```

b) Die Variablendefinitionen lauten:

```
rent <- data.comp$rent
mult <- data.comp$mult
mem <- data.comp$mem
access <- data.comp$access
```

c) Die KQ-Schätzungen gelingen mit

```
lin.est    <- ols(rent ~ mult + mem + access)
linlog.est <- ols(rent ~ log(mult) + log(mem) + log(access))
log.est    <- ols(log(rent) ~ log(mult) + log(mem) + log(access))
loglin.est <- ols(log(rent) ~ mult + mem + access)
```

Einen Ergebnisüberblick über alle vier Modellvarianten verschaffen wir uns mit dem Befehl:

```
stargazer(lin.est, linlog.est, log.est, loglin.est, digits = 2,
digit.separator = "", intercept.bottom = F, type = "text")
```

Er liefert die in Tabelle L14.2 (S. 430) dargestellten Resultate, allerdings nicht im LaTeX- sondern im ASCII-Textformat (Konsole).

d) Das Bestimmtheitsmaß darf nur für Modelle mit identischer endogener Variablen angewendet werden. Folglich können die Modelle (2) und (4) von der weiteren Betrachtung ausgeschlossen werden. Es verbleiben das lineare Modell und das logarithmische Modell.

e) Da sich die exogenen Variablen der beiden Modelle unterscheiden, muss in der bc.test()-Funktion mit Hilfe des Arguments exo explizit angegeben werden, welche exogenen Variablen bei der Schätzung des Vergleichsmodells – hier des logarithmischen Modells – eingesetzt werden. Der Befehl

```
bc.test(lin.est, exo = cbind(log(mult), log(mem), log(access)))
```

führt zu folgendem Ergebnis:

```
Box-Cox test
-------------

Hypotheses:
                      H0:                      H1:
  SSR.base = SSR.star    SSR.base <> SSR.star

Test results:
   chi.value   crit.value    p.value   sig.level         H0
      35.179       3.8415   < 0.0001        0.05   rejected

SSRs of compared models:

Standardized SSR of base model                        40.4875
SSR of model with logarithmic endogenous var.          5.1123
```

Demnach ist das logarithmische Modell signifikant besser als das lineare Modell. Die Nullhypothese (Gleichwertigkeit der beiden Modelle) wird also verworfen.

f) reset.test(log.est)

```
RESET Method for nonlinear functional form
-------------------------------------------

Hypotheses:
                    H0:                      H1:
     gammas = 0 (linear)    gammas <> 0 (non-linear)

Test results:
    f.value  crit.value  p.value  sig.level              H0
    1.5736      3.3404    0.2251       0.05    not rejected
```

Die Nullhypothese, dass das logarithmische Modell korrekt spezifiziert ist, kann auf einem Signifikanzniveau von 5% nicht abgelehnt werden. Die Nullhypothese wäre sogar auf einem Signifikanzniveau von 20% nicht abgelehnt worden.

Lösung zu Aufgabe 14.5: Cobb-Douglas-Produktionsfunktion

a) Wir logarithmieren beide Seiten der Gleichung (A14.7):

$$\ln(y_i) = \ln\left(\alpha x_{1i}^{\beta_1} x_{2i}^{\beta_2}\right)$$
$$= \ln \alpha + \ln\left(x_{1i}^{\beta_1}\right) + \ln\left(x_{2i}^{\beta_2}\right)$$
$$= \ln \alpha + \beta_1 \ln x_{1i} + \beta_2 \ln x_{2i} \,.$$

Nachdem wir die Störgröße in additiver Form hinzugefügt haben, hat das Modell die folgende Gestalt:

$$\ln y_i = \ln \alpha + \beta_1 \ln x_{1i} + \beta_2 \ln x_{2i} + u_i \,.$$

Die Definitionen $y_i' = \ln y_i$, $x_{1i}' = \ln x_{1i}$ und $x_{2i}' = \ln x_{2i}$ sowie $\alpha' = \ln \alpha$ führen zum Modell (A14.8).

b) Wie in der Aufgabenstellung bereits angedeutet, erlaubt das Argument data eine sehr effiziente Programmierung:

```
cobbdoug.est <- ols(log(output) ~ log(labor) + log(capital),
  data = data.cobbdoug)
cobbdoug.est

                  coef   std.err   t.value   p.value
(Intercept)     0.1196    0.2770    0.4318    0.6669
log(labor)      0.3950    0.0239   16.5175   <0.0001
log(capital)    0.5930    0.0196   30.2843   <0.0001
```

c) Da sowohl die endogene Variable als auch die exogenen Variablen logarithmiert sind, stellen die Koeffizienten β_1 und β_2 Elastizitäten dar.

Tabelle L 14.2 Vergleich von vier Modellvarianten.

	Dependent variable:			
	rent		log(rent)	
	(1)	(2)	(3)	(4)
Constant	3.40*	−26.39***	−1.32***	1.52***
	(1.87)	(9.42)	(0.38)	(0.14)
mult	−0.0003			−0.0001**
	(0.001)			(0.0001)
mem	0.01***			0.001***
	(0.001)			(0.0001)
access	0.001			0.0004
	(0.01)			(0.0004)
log(mult)		−2.57**	−0.09**	
		(1.12)	(0.05)	
log(mem)		7.91***	0.62***	
		(1.32)	(0.05)	
log(access)		1.51	−0.08	
		(1.66)	(0.07)	
Observations	34	34	34	34
R^2	0.76	0.65	0.88	0.72
Adjusted R^2	0.74	0.61	0.87	0.69
Residual Std. Error (df = 30)	8.39	10.21	0.41	0.62
F Statistic (df = 3; 30)	32.23***	18.50***	71.63***	25.90***

Note: $^*p<0.1$; $^{**}p<0.05$; $^{***}p<0.01$

$\widehat{\beta}'_1 = 0{,}395$ misst die Elastizität des Outputs in Bezug auf den Arbeitseinsatz. Erhöht man bei unverändertem Kapitaleinsatz den Arbeitseinsatz um 1%, erhöht sich der Output um 0,395%.

$\widehat{\beta}_2 = 0{,}593$ misst die Elastizität des Outputs hinsichtlich des Kapitaleinsatzes. Erhöht man bei unverändertem Arbeitseinsatz den Kapitaleinsatz um 1%, erhöht sich der Output um 0,593%.

$\widehat{\alpha}' = 0{,}12$ ist der logarithmierte Output $\widehat{y}'_i$, der sich bei logarithmierten Inputmengen in Höhe von $x'_{1i} = x'_{2i} = 0$ ergeben würde. Wir wissen, dass $\ln x_{1i} = x'_{1i}$, $\ln x_{2i} = x'_{2i}$ und $\ln 1 = 0$. Folglich ist $x'_{1i} = x'_{2i} = 0$ gleichbedeutend mit $x_{1i} = x_{2i} = 1$.

Relevanter als die Interpretation von $\widehat{\alpha}'$ ist jedoch die Interpretation von $\widehat{\alpha}$. Da $\alpha' = \ln \alpha$ gilt, kann aus dem Schätzwert $\widehat{\alpha}'$ ein Schätzwert $\widehat{\alpha}$ berechnet werden. Wie dies korrekt geschieht, wurde in der R-Box 11.1 beschrieben. Im vorliegenden Fall verwenden wir den Befehl:

```
ols.predict(cobbdoug.est, xnew = c(0,0), antilog = T)
```

```
Predicted value corrected by factor 1.00294806584533

Exogenous variable values and their corresponding predictions:
    xnew.1  xnew.2  pred.val
1   0.0000  0.0000    1.1303
```

Aus Gleichung (A14.7) wird die Interpretation von α deutlich: Der Parameter ist ein Indikator für die Effizienz der Technologie. Je größer sein Wert, umso mehr Output kann mit einem gegebenen Input produziert werden. Vergleicht man verschiedene Werte von α über die Zeit, so kann die Veränderung in der Effizienz gemessen werden. Ein einzelner Wert von α hat hingegen wenig Aussagekraft.

d) Um die Gleichheit der Elastizitäten zu prüfen, testen wir die Nullhypothese $H_0 : \beta_1 = \beta_2$:

```
par.t.test(cobbdoug.est, nh = c(0,1,-1))
t-test on one linear combination of parameters
-----------------------------------------------------

Hypotheses:
                              H0:
    1*log(labor) - 1*log(capital) = 0
                              H1:
    1*log(labor) - 1*log(capital) <> 0

Test results:
    t.value  crit.value   p.value  sig.level        H0
    -6.0661    -1.9847  < 0.0001       0.05  rejected
```

Folglich ist von unterschiedlichen Elastizitäten auszugehen. Konstante Skalenerträge können hingegen mit der Nullhypothese $H_0 : \beta_1 + \beta_2 = 1$ überprüft werden:

```
par.t.test(cobbdoug.est, nh = c(0,1,1), q = 1)
t-test on one linear combination of parameters
-----------------------------------------------

Hypotheses:
                                    H0:
  1*log(labor) + 1*log(capital) = 1
                                    H1:
  1*log(labor) + 1*log(capital) <> 1

Test results:
  t.value  crit.value  p.value  sig.level              H0
   -0.412     -1.9847   0.6813       0.05    not rejected
```

Das Ergebnis spricht für konstante Skalenerträge.

Lösung zu Aufgabe 14.6: Transformation von Variablen

a)
```
# Transformation.R
x <- seq(from = 0.25, to = 4, by = 0.25)
y <- 5*sqrt(x)
plot(x, y, xlim = c(0,4))
```

Die erzeugte Grafik ist in Abbildung L14.3 dargestellt.

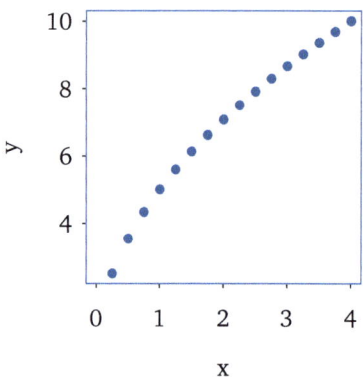

Abbildung L14.3 Ein nicht-linearer Zusammenhang ohne Störgröße.

b)
```
x.tr <- sqrt(x)
plot(x.tr, y, xlim = c(0,4))
```

Die Umbenennung läuft auf eine Umskalierung der horizontalen Achse hinaus: $\tilde{x}_i$ statt x_i. Die resultierende Punktwolke ist in Abbildung L14.4(a) dargestellt. Es fällt auf, dass die horizontalen Abstände zwischen den Datenpunkten kleiner werden, da die x_i-Werte mit einer konkaven Funktion (Wurzel) transformiert wurden.

c) Die Quadrierung der Gleichung (A14.9) liefert

$$(y_i)^2 = 25x_i \ .$$

Wir setzen $\tilde{y}_i = (y_i)^2$ und erhalten den linearen (und proportionalen) Zusammenhang

$$\tilde{y}_i = 25x_i \ .$$

Diese Transformation läuft auf eine Umskalierung der vertikalen Achse hinaus: $\tilde{y}_i$ statt y_i. Die mit den Befehlen

```
y.tr <- y^2
plot(x, y.tr, xlim = c(0,4))
```

erzeugte Punktwolke ist in Abbildung L14.4(b) dargestellt. Es zeigt sich ein linearer Zusammenhang. Da die x_i-Werte nicht transformiert werden, sind die horizontalen Abstände zwischen den Punkten wie in Abbildung L14.3. Bei der in Aufgabenteil b) betrachteten Transformation der exogenen Variablen x_i handelte es sich lediglich um eine Umbenennung, während im gegenwärtigen Aufgabenteil eine Transformation der gesamten Gleichung erfolgte.

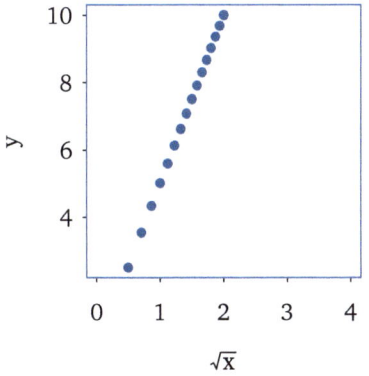

(a) Linearisierung durch Umbenennung der Variablen x.

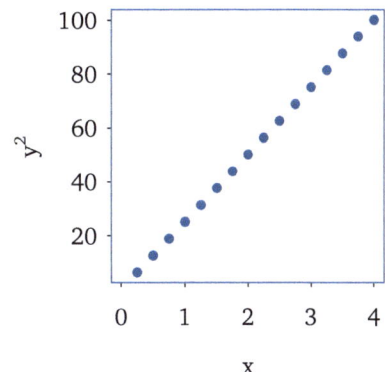

(b) Linearisierung durch Quadrierung der Gleichung und Umbennung der Variablen y.

Abbildung L 14.4 Linearisierung ohne Störgröße.

d) Eine sehr kompakte Umsetzung der Aufgabe gelingt mit den Befehlen

```
y.zufall <- 5*sqrt(x) + rnorm(length(x), mean = 0, sd = 0.5)
plot(x, y.zufall, xlim = c(0,4))
```

Sie erzeugen die Abbildung L14.5(a). Der Zusammenhang ist nicht linear.

e) Der Befehl

```
x.tr <- sqrt(x)
plot(x.tr, y.zufall, xlim = c(0,4))
```

liefert Abbildung L14.5(b). Es fällt wieder auf, dass die horizontalen Abstände zwischen den Datenpunkten kleiner werden, da die x_i-Werte mit einer konkaven Funktion (Wurzel) transformiert wurden. Der Zusammenhang ist aber linear geworden.

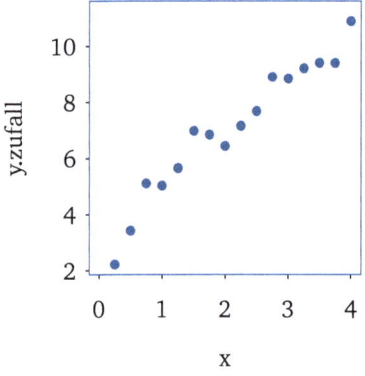
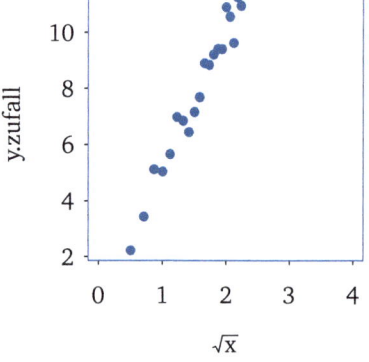

(a) Ein nicht-linearer Zusammenhang mit Störgröße.

(b) Linearisierung durch Transformation der Variablen x.

Abbildung L 14.5 Linearisierung mit Störgröße.

f) In der Ausgangsgleichung (A14.9) war keine Störgröße enthalten. Quadrieren wir hingegen die Ausgangsgleichung (A14.10), so ergibt sich

$$(y_i)^2 = \left(5\sqrt{x_i} + u_i\right)^2$$
$$= 25x_i + 10\sqrt{x_i}u_i + (u_i)^2 . \quad \text{(L14.1)}$$

Wir könnten zwar wieder $(y_i)^2$ in $\tilde{y}_i$ umbenennen, aber auf der rechten Seite der Gleichung (L14.1) bleibt $\sqrt{x_i}$ stehen. Die Gleichung ist also nicht linear in x_i. Eine zusätzliche Umbenennung von $\sqrt{x_i}$ in $\tilde{x}_i$ würde die Beziehung

$$\tilde{y}_i = 25(\tilde{x}_i)^2 + 10\tilde{x}_i u_i + (u_i)^2$$

liefern, also ebenfalls keine Linearisierung bewirken. Wir halten fest, dass es nicht-lineare ökonometrische Modelle gibt, die nicht durch Transformation der endogenen Variablen linearisiert werden können.

g) Die Logarithmierung beider Seiten von (A14.12) führt zur Gleichung

$$\ln y_i = \ln\left(5\sqrt{x_i}e^{u_i}\right)$$
$$= \ln 5 + \ln(x_i)^{0,5} + \ln e^{u_i}$$
$$= \ln 5 + 0{,}5 \ln x_i + u_i ,$$

wobei im letzten Schritt die Logarithmus-Rechenregeln $\ln x^a = a \ln x$ und $\ln e^a = a$ ausgenutzt wurden. Schließlich setzen wir noch $\tilde{x}_i = \ln x_i$ sowie $\tilde{y}_i = \ln y_i$ und erhalten die Beziehung

$$\tilde{y}_i = \ln 5 + 0{,}5 \tilde{x}_i + u_i \,. \tag{L14.2}$$

Da $\ln 5$ eine konstante Zahl ist, handelt es sich bei der Gleichung (L14.2) um eine lineare Beziehung zwischen $\tilde{x}_i$ und $\tilde{y}_i$.

Lösung zu Aufgabe 14.7: Linearisierung

a) Wir definieren $\tilde{x}_i = x_i^2$ und erhalten damit den linearen Zusammenhang

$$y_i = \alpha + \beta \tilde{x}_i \,.$$

b) Die Linearisierung beginnt mit einer Logarithmierung:

$$\ln y_i = \ln\left(\alpha x_i^\beta\right)$$
$$= \ln \alpha + \beta \ln x_i \,.$$

Anschließend definieren wir $\tilde{y}_i = \ln y_i$ sowie $\tilde{x}_i = \ln x_i$ und erhalten

$$\tilde{y}_i = \ln \alpha + \beta \tilde{x}_i \,.$$

Dabei kann $\ln \alpha$ als eine Konstante aufgefasst werden, genau wie α im Aufgabenteil a).

c) Auch hier beginnen wir mit einer Logarithmierung:

$$\ln y_i = \ln\left(e^{\alpha + \beta x_i}\right)$$
$$= \ln(e^\alpha) + \ln\left(e^{\beta x_i}\right)$$
$$= \alpha + \beta x_i \,.$$

Abschließend definieren wir $\tilde{y}_i = \ln y_i$ und erhalten den linearen Zusammenhang

$$\tilde{y}_i = \alpha + \beta x_i \,.$$

d) Da hier die Variable x_i in zwei verschiedenen Formen auftaucht, ist die Funktion nicht linearisierbar.

KAPITEL **L15**

Annahme A3: Konstante Parameterwerte

Lösung zu Aufgabe 15.1: **Reform der Hartz-IV-Gesetze (Teil 1)**

a) ```
# ErwerbslosigkeitTeile1und2.R
rm.all()
jahr <- data.unempl$year
final <- length(jahr)
x <- data.unempl$gdp
y <- data.unempl$unempl
x.I <- x[1:13]
x.II <- x[14:final]
y.I <- y[1:13]
y.II <- y[14:final]
```

b) ```
plot(x.I, y.I, xlim = c(-6,6), ylim = c(-2,2),
   xlab = "Wachstumsrate x", ylab = "Veränd. der Erwerbslosenquote y",
   main = "Wirksamkeit der Hartz IV Gesetze", pch = 1)
```

Das Ergebnis dieses Befehls und der Befehle der nachfolgenden Teilaufgaben ist in Abbildung L15.1 zu sehen.

c) ```
points(x.II, y.II, pch = 19)
```

d) ```
legend("topright", legend = c("= 1992-2004", "= 2005-2021"),
   pch = c(1, 19), bty = "n")
```

e) Das Jahr 2007 ist die 16. Beobachtung und das Jahr 2010 die 19. Beobachtung:

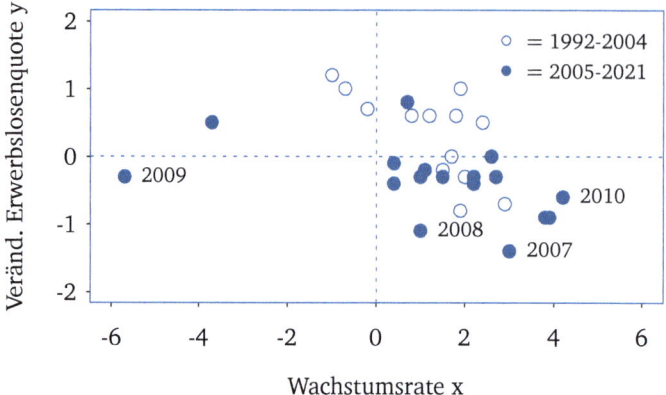

Abbildung L15.1 Wirksamkeit der Hartz IV Gesetze: Punktwolke

```
   text(x[16:19], y[16:19], labels = jahr[16:19], pos = 4)
f) abline(v = 0, lty = "dotted")
   abline(h = 0, lty = "dotted")
```

Lösung zu Aufgabe 15.2: Reform der Hartz IV Gesetze (Teil 2)

a) Wir führen das gesamte Skript mit der Tastenkombination Strg + ⇧ + ↵ aus.

b) ```
dummy <- as.numeric(jahr >= 2005)
xdummy <- dummy * x
```

c) Das Strukturbruchmodell lautet:

$$y_t = \alpha_I + \gamma d_t + \beta_I x_t + \delta(x_t d_t) + u_t, \tag{L15.1}$$

wobei die Daten von $y_t$, $d_t$, $x_t$ und $(x_t d_t)$ in den Objekten y, dummy, x und xdummy abgelegt sind. Da es sich um Zeitreihendaten handelt, wurde der Beobachtungsindex $t$ statt $i$ verwendet. Mit dem Befehl

```
erwerbslos.est <- ols(y ~ dummy + x + xdummy)
```

erhalten wir die folgenden Schätzergebnisse:

```
erwerbslos.est
               coef   std.err  t.value  p.value
(Intercept)   0.7829   0.2039   3.8405   0.0007
dummy        -1.0282   0.2447  -4.2025   0.0003
x            -0.3690   0.1202  -3.0694   0.0050
xdummy        0.2737   0.1296   2.1115   0.0445
```
```

d) ```
alpha.I <- erwerbslos.est$coef[1]
gamma <- erwerbslos.est$coef[2]
beta.I <- erwerbslos.est$coef[3]
delta <- erwerbslos.est$coef[4]
alpha.II <- alpha.I + gamma
beta.II <- beta.I + delta
alpha.II; beta.II
```
```
(Intercept)
-0.24529222
          x
-0.095306679
```

e) Die getrennten Schätzungen führen wir mit den folgenden Befehlen durch:
```
erwerbslos.I.est <- ols(y.I ~ x.I)
erwerbslos.II.est <- ols(y.II ~ x.II)
```

Die KQ-Schätzergebnisse der ersten Phase lauten:
```
erwerbslos.I.est
```

|             | coef    | std.err | t.value | p.value |
|-------------|---------|---------|---------|---------|
| (Intercept) | 0.7829  | 0.2071  | 3.7794  | 0.0031  |
| x.I         | -0.3690 | 0.1222  | -3.0205 | 0.0116  |

Die Ergebnisse der zweiten Phase lauten:
```
erwerbslos.II.est
```

|             | coef    | std.err | t.value | p.value |
|-------------|---------|---------|---------|---------|
| (Intercept) | -0.2453 | 0.1337  | -1.8352 | 0.0864  |
| x.II        | -0.0953 | 0.0479  | -1.9904 | 0.0651  |

Die Koeffizienten der getrennten Schätzung der Phase I sind mit denjenigen des Strukturbruchmodells identisch. Die Standardfehler der Koeffizienten, die $t$-Werte und die $p$-Werte weichen jedoch voneinander ab. Dies liegt an den unterschiedlichen Schätzungen der Störgrößenstreuung $\sigma^2$. Bei den getrennten Regressionen gehen jeweils weniger Beobachtungen in die $\hat{\sigma}^2$-Schätzung ein als beim Strukturbruchmodell.

Ein Blick auf die Resultate des Aufgabenteils d) offenbart, dass auch die Koeffizienten aus der getrennten Schätzung der Phase II mit den Koeffizienten des Strukturbruchmodells übereinstimmen.

Die Ergänzung der Grafik gelingt mit
```
abline(erwerbslos.I.est, lty = 2)
abline(erwerbslos.II.est, lty = 2)
```

Das Ergebnis ist in Abbildung L15.2 wiedergegeben, in der auch das Ergebnis der anschließenden Teilaufgabe zu sehen ist.
```

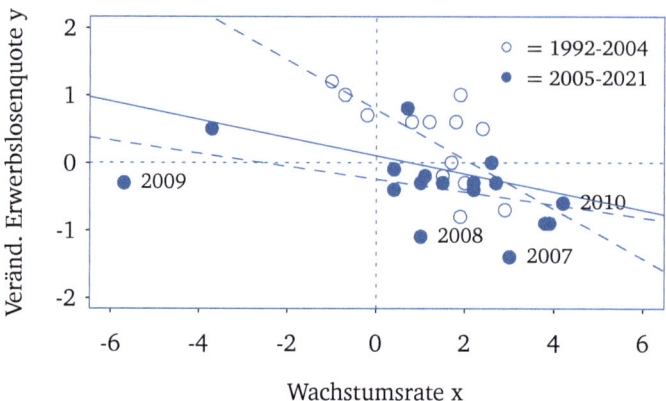

Abbildung L15.2 Wirksamkeit der Hartz IV Gesetze: Punktwolke und Regressionsgeraden.

f) ```
erwerbslos.falsch.est <- ols(y ~ x)
abline(erwerbslos.falsch.est)
```

g) ```
save.image(file = "./Objekte/Erwerbslosigkeit.RData")
```

Lösung zu Aufgabe 15.3: Reform der Hartz IV Gesetze (Teil 3)

a) ```
# ErwerbslosigkeitTeil3.R
rm.all()
load(file = "./Objekte/Erwerbslosigkeit.RData")
```

Wir testen für Modell (L15.1) die Nullhypothese $H_0 : \gamma = \delta = 0$:

```
f05 <- par.f.test(erwerbslos.est, nh = rbind(c(0,1,0,0),c(0,0,0,1)))
```

Das Argument q konnte weggelassen werden, da der voreingestellte Wert der Nullvektor ist. Das Testergebnis lautet:

```
f05
F-Test on multiple linear combinations of parameters
-------------------------------------------------------

Hypotheses:
              H0:              H1:
   1*dummy   = 0    1*dummy   <> 0
   1*xdummy  = 0    1*xdummy  <> 0

Test results:
   f.value  crit.value  p.value  sig.level         H0
    9.2231       3.369   0.0009       0.05   rejected
```
```

Kapitel L15 – Annahme A3: Konstante Parameterwerte

Die Nullhypothese, dass kein Strukturbruch stattgefunden hat, wird auf einem Signifikanzniveau von 5% verworfen. Der *p*-Wert signalisiert, dass es sogar auf einem Signifikanzniveau von 1% zu einer deutlichen Ablehnung gekommen wäre.

b) erwerbslos.est

```
               coef    std.err  t.value  p.value
(Intercept)   0.7829   0.2039    3.8405   0.0007
dummy        -1.0282   0.2447   -4.2025   0.0003
x            -0.3690   0.1202   -3.0694   0.0050
xdummy        0.2737   0.1296    2.1115   0.0445
```

Die in erwerbslos.est gespeicherten Ergebnisse zeigen, dass $H_0 : \gamma = 0$ abgelehnt wird (*p*-Wert beträgt 0,03%) und dass $H_0 : \delta = 0$ ebenfalls abgelehnt wird (*p*-Wert beträgt 4,45%).

c)
```
erwerbslos.stern.est <- ols(y[1:14] ~ x[1:14])
ssr.stern <- erwerbslos.stern.est$ssr
ssr.I <- erwerbslos.I.est$ssr
f.prog <- ((ssr.stern - ssr.I)/1)/(ssr.I/(13 - 2))
f.prog
[1] 0.27013958

qf(0.95, df1 = 1, df2 = 11)
[1] 4.8443357
```

Die Nullhypothese, dass kein Strukturbruch stattgefunden hat, kann demnach nicht verworfen werden. Die den Zeitraum 1992-2005 abdeckenden Daten reichen nicht aus, um einen im Übergang auf das Jahr 2005 stattfindenden Strukturbruch mit hinreichender empirischer Evidenz zu belegen. Viel schneller können wir den Prognostischen Chow-Test mit dem folgenden Befehl durchführen:

```
pc.test(erwerbslos.stern.est, split = 13)
Prognostic Chow test on structural break
-----------------------------------------

Hypotheses:
                    H0:                              H1:
  No immediate break after t = 13  Immediate break after t = 13

Test results:
   f.value   crit.value   p.value   sig.level              H0
   0.2701       4.8443    0.6135       0.05      not rejected
```

Das Objekt erwerbslos.stern.est liefert das zugrunde liegende Modell ohne Strukturbruch. Phase I besteht aus 13 Beobachtungen.

d) Die Befehle für den ersten Test lauten:
```
dummy.04 <- as.numeric(jahr >= 2004)
xdummy.04 <- dummy.04*x
erwerbslos04.est <- ols(y ~ dummy.04 + x + xdummy.04)
f04 <- par.f.test(erwerbslos04.est,
nh = rbind(c(0,1,0,0),c(0,0,0,1)))
```

Die anderen drei Tests werden ganz analog durchgeführt. Die F-Werte lassen sich übersichtlich als Dataframe darstellen:
```
data.frame(f04$results[1], f05$results[1], f06$results[1],
f07$results[1], f08$results[1])
    f.value f.value.1 f.value.2 f.value.3 f.value.4
1 6.7836674  9.223105  14.54724  14.606371  14.109832
```

Die Ergebnisse signalisieren, dass im untersuchten Zeitraum ein Strukturbruch stattgefunden hat und dass der Übergang von 2006 auf 2007 der plausibelste Zeitpunkt für diesen Strukturbruch ist. Die Betrachtung einer Sequenz aus F-Tests ist jedoch noch kein sauberes statistisches Verfahren. Das korrekte Verfahren wird in der folgenden Teilaufgabe erläutert.

e) Die KQ-Schätzergebnisse des Modells ohne Strukturbruch hatten wir im Objekt `erwerbslos.falsch.est` gespeichert. Der Übergang auf das Jahr 2004 ist der Übergang auf die 13. Periode. Entsprechend ist der Übergang auf das Jahr 2008 der Übergang auf die 17. Periode. Es wurden in jedem F-Test zwei Linearkombinationen gleichzeitig getestet ($H_0 : \gamma = \delta = 0$). Der Befehl für den QLR-Test lautet folglich:
```
qlr.ergebnis <- qlr.test(erwerbslos.falsch.est, from = 13, to = 17)
```

Als Output erhalten wir:
```
qlr.ergebnis
QLR-Test for structural breaks at unknown date
-----------------------------------------------

Hypotheses:
                    H0:                        H1:
  No break in t = 13...17   Some break in t = 13...17

Test results:
  f.value  lower.cv  upper.cv   p.value  sig.level    H0
  14.6064     4.125     4.565  < 0.0001       0.05   rej.


Number of periods considered:       5
Period of break:                   15
Lambda value:                  1.7101
```

Der kritische F-Wert beträgt demnach 4,565. Er ist deutlich kleiner als der größte F-Wert aus unserer Sequenz von F-Tests. Die Nullhypothese, dass kein Strukturbruch stattgefunden hat, kann demnach verworfen werden. Wir sollten also von einem Strukturbruch ausgehen und diesen im Übergang auf das Jahr 2007 setzen.

Mit dem Befehl

```
plot(qlr.ergebnis)
```

wird Abbildung L15.3 erzeugt.

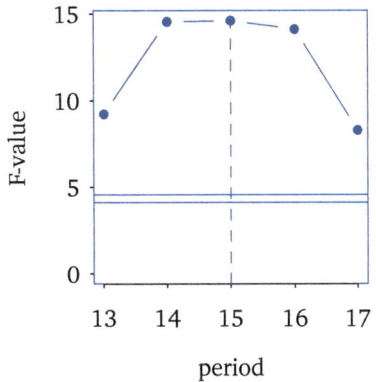

Abbildung L15.3 Ergebnis des QLR-Tests.

f) save.image(file = "./Objekte/Erwerbslosigkeit.RData")

Lösung zu Aufgabe 15.4: **Lohndiskriminierung**

a) ```
# LohnstrukturTeil3.R
rm.all()
lohn <- data.wage$wage
ausb <- data.wage$educ
alter <- data.wage$age
dummy <- data.wage$sex
ausb.dummy <- ausb * dummy
alter.dummy <- alter * dummy
```

b) Das Modell lautet:

$$\text{lohn}_i = \alpha + \gamma \text{dummy}_i + \beta_1 \text{ausb}_i + \delta_1 \text{ausb.dummy}_i \\ + \beta_2 \text{alter}_i + \delta_2 \text{alter.dummy}_i + u_i\,.$$

Die KQ-Schätzung dieses Modells erfolgt mit dem Befehl
```

```
diskrim.est <- ols(lohn ~ dummy + ausb + ausb.dummy +
   alter + alter.dummy)
```

Er liefert den folgenden Output:

```
diskrim.est

                 coef    std.err   t.value   p.value
(Intercept)  930.1539   136.3385    6.8224   <0.0001
dummy        142.5142   211.6740    0.6733    0.5117
ausb          60.3345    15.3347    3.9345    0.0015
ausb.dummy   -45.1015    32.7564   -1.3769    0.1902
alter         16.1964     3.6369    4.4533    0.0005
alter.dummy   -7.6693     6.2094   -1.2351    0.2371
```

Das Resultat $\hat{\gamma} = 142{,}51$ besitzt die folgende formale Interpretation: Eine Frau im Alter von 0 Jahren ($\text{alter}_i = 0$) und ohne zusätzliche Ausbildung ($\text{ausb}_i = 0$) verdient 142,51 Euro mehr als ein Mann im selben Alter und mit der gleichen Ausbildung. Hingegen ist aus $\hat{\delta}_1 = -45{,}10$ abzulesen, dass jedes Ausbildungjahr bei Frauen um 45,10 Euro geringer entlohnt wird als bei Männern. Entsprechend besagt $\hat{\delta}_2 = -7{,}67$, dass jedes Lebensjahr bei Frauen um 7,67 Euro geringer entlohnt wird als bei Männern. Der Koeffizient $\hat{\gamma} = 142{,}51$ spricht demnach für eine Diskriminierung der Männer, während die Koeffizienten $\hat{\delta}_1 = -45{,}10$ und $\hat{\delta}_2 = -7{,}67$ für eine Diskriminierung der Frauen sprechen.

c) Für das Argument xnew der ols.predict()-Funktion müssen wir zunächst für die fünf Steigungsparameter die Werte der entsprechenden exogenen Variablen des 18-jährigen Mannes mit einjähriger Ausbildung als obere Zeile einer Matrix definieren und die entsprechenden Werte der exogenen Variablen der Frau als die untere Zeile dieser Matrix. Der Matrix geben wir den Namen neu1:

```
neu1 <- rbind(c(0,1,0,18,0),c(1,1,1,18,18))
```

Die zu erwartenden Einkommen berechnen wir mit dem Befehl:

```
pred1 <- ols.predict(diskrim.est, xnew = neu1)
pred1
```

```
Exogenous variable values and their corresponding predictions:
    xnew.1   xnew.2   xnew.3   xnew.4   xnew.5    pred.val
1   0.0000   1.0000   0.0000  18.0000   0.0000   1282.0228
2   1.0000   1.0000   1.0000  18.0000  18.0000   1241.3873
```

Die Differenz aus den beiden ausgegebenen Werten liefert uns die zu erwartende Einkommensdifferenz:

```
pred1$pred.val[1] - pred1$pred.val[2]
[1] 40.635457
```

Der Einkommensnachteil der Frauen beträgt demnach 40,64 Euro. Er steigt mit zunehmender Ausbildung und zunehmenden Alter.

Ganz analog erfolgt der zweite Einkommensvergleich (Alter 65 Jahre, Ausbildung 10 Jahre) mit den Befehlen:

```
neu2 <- rbind(c(0,10,0,65,0), c(1,10,10,65,65))
pred2 <- ols.predict(diskrim.est, xnew = neu2)
pred2
```

```
Exogenous variable values and their corresponding predictions:
   xnew.1   xnew.2   xnew.3   xnew.4   xnew.5   pred.val
1  0.0000  10.0000   0.0000  65.0000   0.0000  2586.2619
2  1.0000  10.0000  10.0000  65.0000  65.0000  1779.2542
```

```
pred2$pred.val[1] - pred2$pred.val[2]
[1] 807.00774
```

Der Einkommensnachteil der Frauen ist auf 807,01 Euro angewachsen.

d) Um die Signifikanz des Koeffizienten $\hat{\gamma} = 142{,}51$ zu prüfen, genügt ein Blick auf den in Teilaufgabe b) produzierten Output. Er besagt, dass $\hat{\gamma}$ nicht signifikant von Null verschieden ist (p-Wert ist 0,512). Der Koeffizient, der für eine Diskriminierung der Männer spricht, ist also nicht signifikant. Die gemeinsame Signifikanz der Koeffizienten $\hat{\delta}_1 = -45{,}10$ und $\hat{\delta}_2 = -7{,}67$ wird in einem F-Test geprüft, den wir mit folgendem Befehl durchführen:

```
par.f.test(diskrim.est, hyp = F,
nh = rbind(c(0,0,0,1,0,0), c(0,0,0,0,0,1)))
```

Das Argument `hyp = F` bewirkt, dass die Hypothesen des Tests nicht mit ausgegeben werden und wir somit ein wenig Platz sparen:

```
F-Test on multiple linear combinations of parameters
-----------------------------------------------------



Test results:
  f.value  crit.value  p.value  sig.level          H0
    4.547      3.7389   0.0301       0.05    rejected
```

Die Koeffizienten, die für eine Diskriminierung der Frauen sprechen, sind demnach gemeinsam signifikant.

e) Die Vektoren erzeugen wir mit den Befehlen:

```
lohn.frau <- lohn[dummy == 1]
# oder lohn.frau <- subset(lohn, dummy == 1)
ausb.frau <- ausb[dummy == 1]
alter.frau <- alter[dummy == 1]
```

Die KQ-Schätzung

```
lohn.frau.est <- ols(lohn.frau ~ ausb.frau + alter.frau)
```

liefert:

```
lohn.frau.est
```

```
                 coef    std.err   t.value   p.value
(Intercept)   1072.6681   75.4126   14.2240   <0.0001
ausb.frau       15.2330   13.4811    1.1300    0.3098
alter.frau       8.5270    2.3440    3.6378    0.0149
```

Die Koeffizienten stimmen mit jenen in diskrim.est überein, denn der dort berechnete Niveauparameter für Frauen beträgt

```
diskrim.est$coef[1] + diskrim.est$coef[2]
```
```
(Intercept)
  1072.6681
```

und die beiden Steigungsparameter für Frauen betragen

```
diskrim.est$coef[3] + diskrim.est$coef[4]
```
```
     ausb
15.233043
```

```
diskrim.est$coef[5] + diskrim.est$coef[6]
```
```
    alter
8.5270092
```

f) `save.image(file = "./Objekte/Loehne.RData")`

KAPITEL L 16

Annahme B1: Erwartungswert der Störgröße

Lösung zu Aufgabe 16.1: **Produktion von Kugellagern**

a) ```
# Wartung-R
rm.all()
y <- data.ballb$defbb
x <- data.ballb$nshifts
```

b) ```
wartung.est <- ols(y ~ x)
wartung.est
```

	coef	std.err	t.value	p.value
(Intercept)	8.7810	3.5950	2.4426	0.0710
x	0.5857	0.1561	3.7532	0.0199

c) ```
yfalsch <- y + 8
yfalsch.est <- ols(yfalsch ~ x)
yfalsch.est
```

|              | coef    | std.err | t.value | p.value |
|--------------|---------|---------|---------|---------|
| (Intercept)  | 16.7810 | 3.5950  | 4.6679  | 0.0095  |
| x            | 0.5857  | 0.1561  | 3.7532  | 0.0199  |

Unterschiede ergeben sich nur in der Zeile des Niveauparameters. Die Koeffizienten unterscheiden sich um den Messfehler. Entsprechend kommt es auch zu Unterschieden beim $t$- und $p$-Wert.

d) Die mit den Befehlen
```

```
plot(x, y, xlim = c(0,50), ylim = c(0,40), pch = 1,
  xlab = "Produktionsschichten x", ylab = "Ausschussanteil y",
  main = "Konstante Messfehler")
points(x, yfalsch, pch = 19)
abline(wartung.est, lty = "dashed")
abline(yfalsch.est)
```

erzeugte Grafik ist in Abbildung L16.1 wiedergegeben, wobei die Überschrift weggelassen wurde und die in der Grafik sichtbaren Dreiecke und die zugehörige Regressionsgerade erst in Teilaufgabe f) hinzugefügt werden.

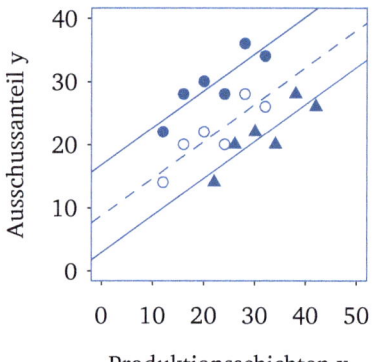

Abbildung L16.1 Konstante Messfehler.

e)
```
xfalsch <- x + 10
xfalsch.est <- ols(y ~ xfalsch)
xfalsch.est

              coef    std.err   t.value   p.value
(Intercept)  2.9238   5.1063    0.5726    0.5976
xfalsch      0.5857   0.1561    3.7532    0.0199
```

Auch hier ist wieder nur die Zeile des Niveauparameters von dem Messfehler betroffen.

f) Die Ergänzung erfolgt mit den Befehlen:
```
points(xfalsch, y, pch = 17)
abline(xfalsch.est)
```

Das Ergebnis ist ebenfalls in Abbildung L16.1 wiedergegeben.

Lösung zu Aufgabe 16.2: Bremsweg (Teil 4)

a)
```
# BremswegTeil4.R
rm.all()
load(file = "./Objekte/Bremsweg.RData")
```

bremsweg.est

```
              coef    std.err  t.value  p.value
(Intercept) -17.5791   6.7584  -2.6011   0.0123
speed         3.9324   0.4155   9.4640  <0.0001
```

b) Zunächst bilden wir einen leeren zweielementigen Vektor mit Namen twerte:

twerte <- rep(NA, 2)

Die t-Werte für die Nullhypothesen $H_0 : \alpha = 0$ und $H_0 : \beta = 0$ lassen sich aus

$$t = \frac{\widehat{\alpha} - 0}{\widehat{sd}(\widehat{\alpha})} \quad \text{und} \quad t = \frac{\widehat{\beta} - 0}{\widehat{sd}(\widehat{\beta})}$$

berechnen. Auf die Koeffizienten $\widehat{\alpha}$ und $\widehat{\beta}$ in bremsweg.est greifen wir mit bremsweg.est$coef zu und auf die geschätzten Standardabweichungen $\widehat{sd}(\widehat{\alpha})$ und $\widehat{sd}(\widehat{\beta})$ mit bremsweg.est$std.err. Die Schleife lautet folglich:

```
for(i in c(1:2)){
twerte[i] <- (bremsweg.est$coef[i] - 0) / bremsweg.est$std.err[i]
}
```

Als Ergebnis erhalten wir

twerte

[1] -2.601058 9.463990

Die Werte stimmen mit den t-Werten in bremsweg.est überein.

c) speed.gestutzt <- subset(speed, dist <= 80)
dist.gestutzt <- subset(dist, dist <= 80)

d) Die mit den Befehlen

```
plot(speed.gestutzt, dist.gestutzt, xlim = c(0,30),
ylim = c(0,120), main = "Gestutzte Daten", pch = 19)
abline(h = 80, lty = "dotted")
```

erzeugte Grafik ist in Abbildung L16.2 wiedergegeben, wobei die Kreise oberhalb der gepunkteten Horizontalen und auch die Regressionsgeraden erst in den anschließenden Aufgabenteilen erzeugt werden und die Überschrift weggelassen wurde.

e) Abbildung L16.2 zeigt die mit

speed.elim <- subset(speed, dist > 80)
dist.elim <- subset(dist, dist > 80)

und

```
points(speed.elim, dist.elim, pch = 1)
```

erzeugten Kreise. Der Gesamtdatensatz setzt sich aus den Kreisen und den ausgemalten Kreisen zusammen.

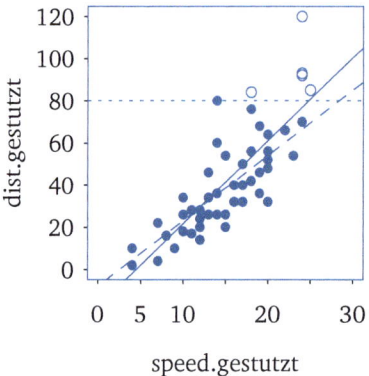

Abbildung L 16.2 Wirkung gestutzter Daten.

f) Das Ergebnis der Befehle

```
bremsweg.gestutzt.est <- ols(dist.gestutzt ~ speed.gestutzt)
abline(bremsweg.gestutzt.est, lty = "dashed")
abline(bremsweg.est)
```

ist ebenfalls in Abbildung L16.2 zu sehen. Beim gestutzten Datensatz fehlen vor allem jene Beobachtungen, welche am rechten Ende des Wertebereichs der exogenen Variablen positive Störgrößen aufweisen und deshalb die Regressionsgerade in diesem Bereich nach oben ziehen. Folglich kommt es zu einer zu flach verlaufenden Regressionsgeraden. Tatsächlich verläuft die eingezeichnete KQ-Regressionsgerade der gestutzten Daten flacher als diejenige des vollständigen Datensatzes.

g) `save.image(file = "./Objekte/Bremsweg.RData")`

KAPITEL L17

Annahme B2: Homoskedastizität

Lösung zu Aufgabe 17.1: Mietpreise (Teil 1)

a) Mit `View(data.rent)` lassen wir uns die Daten in einem separaten Quelltext-Fenster anzeigen. Die Zuweisungen lauten:

```
# MietenTeil1.R
rm.all()
x <- data.rent$dist
y <- data.rent$rent
```

b) Der Befehl

```
plot(x, y, xlim = c(0,5), ylim = c(12,17),
xlab = "Entfernung zum Zentrum x", ylab = "Miete y", pch = 19)
```

erzeugt Abbildung L17.1. Die Grafik zeigt, dass die Punkte bei den peripheren Stadtvierteln (große x_i-Werte) stärker vertikal streuen als bei den zentralen Stadtvierteln (kleine x_i-Werte).

c) `miete.est <- ols(y ~ x)`
   `miete.est`

	coef	std.err	t.value	p.value
(Intercept)	17.3930	0.5271	32.9953	<0.0001
x	-1.0735	0.1818	-5.9057	0.0001

Die gewerbliche Nettokaltmiete in einem Stadtviertel, das vollkommen zentral liegt ($x_i = 0$), würde 17,393 Euro pro Quadratmeter betragen. Jeder zusätzliche Kilometer Entfernung zum Stadtviertel würde die Miete um 1,0735

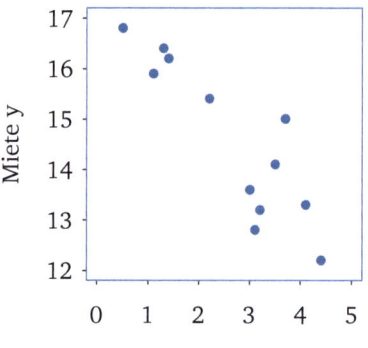

Abbildung L17.1 Punktwolke zum Mieten-Beispiel.

Euro senken.

d) Mit den Befehlen
```
plot(x, miete.est$resid)
abline(h = 0)
```
erzeugen wir die Abbildung L17.2(a). Sie zeigt, dass die Punkte bei den peripheren Stadtvierteln größere Residuen aufweisen als bei den zentralen Stadtvierteln. Da die Residuen die Schätzwerte der Störgrößen darstellen, dürften auch die Störgrößen mit zunehmenden x_i-Wert stärker streuen, was Heteroskedastizität bedeuten würde.

e) Es gilt
$$var(u_i^*) = var\left(\frac{u_i}{x_i}\right) = \left(\frac{1}{x_i}\right)^2 \underbrace{var(u_i)}_{\sigma_i^2} = \frac{1}{x_i^2}\sigma^2 x_i^2 = \sigma^2.$$

f)
```
miete.vkq1.est <- ols(I(y/x) ~ I(1/x))
miete.vkq1.est
```

	coef	std.err	t.value	p.value
(Intercept)	-1.0477	0.1210	-8.6579	< 0.0001
I(1/x)	17.3470	0.1618	107.2180	< 0.0001

Bei den Koeffizienten sind die Unterschiede sehr gering. Bei den geschätzten Standardabweichungen, den t-Werten und den p-Werten ergeben sich hingegen teilweise deutliche Unterschiede.

g) Der Befehl

```
plot(x, miete.vkq1.est$resid)
abline(h = 0)
```

erzeugt Abbildung L17.2(b). Im Gegensatz zur Abbildung L17.2(a) ist keine klare Abhängigkeit der Streuung der Punkte von der exogenen Variablen zu erkennen. Folglich dürfte keine Heteroskedastizität vorliegen.

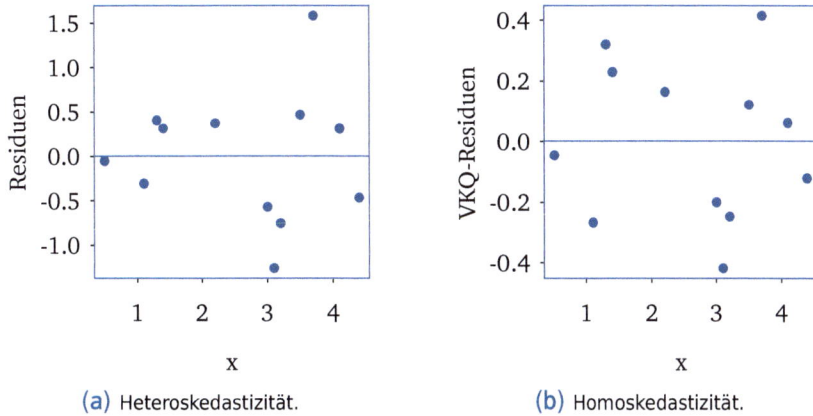

Abbildung L 17.2 Punktwolken aus exogener Variablen und Residuen.

h) `save.image(file = "./Objekte/Mieten.RData")`

Lösung zu Aufgabe 17.2: Mietpreise (Teil 2)

a)
```
# MietenTeil2.R
rm.all()
load(file = "./Objekte/Mieten.RData")
```

b)
```
ord.x <- x[order(x)]
ord.y <- y[order(x)]
data.ord.miete <- data.frame(ord.x, ord.y)
```

c) Für die zentralen Stadtviertel ergibt sich:
```
mieteI.est <- ols(ord.y ~ ord.x, data = data.ord.miete[1:5,])
mieteI.est$ssr; mieteI.est$sig.squ
[1] 0.2456
[1] 0.081866667
```

Für die peripheren Stadtviertel erhalten wir:
```
mieteII.est <- ols(ord.y ~ ord.x, data = data.ord.miete[6:13,])
mieteII.est$ssr; mieteII.est$sig.squ
```

```
[1] 4.6659044
[1] 0.93318089
```

d) Den F-Wert erhalten wir aus dem Quotienten

```
fwert <- mieteII.est$sig.squ / mieteI.est$sig.squ
fwert
[1] 11.398789
```

Die Freiheitsgrade der zwei KQ-Schätzungen betragen 5 für Gruppe II und 3 für Gruppe I. Aus Goldfeld und Quandt (1965) wissen wir, dass dann der Quotient eine $F_{(5,3)}$-Verteilung besitzt (siehe Abschnitt 17.2.2 des Lehrbuches). Wir können den Quotienten deshalb mit dem entsprechenden kritischen Wert der $F_{(5,3)}$-Verteilung vergleichen:

```
qf(0.95, df1 = 5, df2 = 3)
[1] 9.0134552
```

Alternativ könnten wir aus der $F_{(5,3)}$-Verteilung auch den p-Wert des Quotienten berechnen:

```
1 - pf(fwert, df1 = 5, df2 = 3)
[1] 0.036273111
```

Beide Verfahren müssen immer zur gleichen Testentscheidung kommen. Hier lautet sie: Die Nullhypothese »homoskedastische Störgrößen« wird auf einem Signifikanzniveau von 5% verworfen.

e) `save.image(file = "./Objekte/Mieten.RData")`

Lösung zu Aufgabe 17.3: Mietpreise (Teil 3)

a) ```
# MietenTeil3.R
rm.all()
load(file = "./Objekte/Mieten.RData")
```

b) ```
gq.ergebnis <- gq.test(miete.est, split = 5, order.by = x)
gq.ergebnis
Goldfeld-Quandt test for heteroskedastic errors in a linear model
-----------------------------------------------------------------

Hypotheses:
                  H0:                    H1:
    sigma I >= sigma II    sigma I < sigma II

Test results:
   f.value   crit.value    p.value    sig.level         H0
   11.3988       9.0135     0.0363         0.05   rejected
```

Auf das Argument `order.by = x` hätten wir verzichten können, da bei diesem einfachen Regressionsmodell ohnehin nur die Variable `x` als Referenz in Frage kommt. Am *p*-Wert des Testergebnisses sehen wir sofort, dass die Nullhypothese »homoskedastische Störgrößen« auf einem Signifikanzniveau von 5% abgelehnt wird und somit von ansteigender Störgrößenvarianz von Gruppe I zu Gruppe II auszugehen ist. Zur gleichen Einschätzung gelangen wir, wenn wir den berechneten *F*-Wert mit dem kritischen Wert der $F_{(5,3)}$-Verteilung vergleichen: $11{,}3988 > 9{,}0135$.

c) ```
q <- data.rent$share
f <- data.rent$area
```

d) ```
bp.test(mod = miete.est, varmod = ~ x + q)
Breusch-Pagan test (Koenker's version)
-------------------------------------

Hypotheses:
                       H0:                           H1:
   sig2(i) = sig2 (Homosked.)   sig2(i) <> sig2 (Heterosked.)

Test results:
   chi.value   crit.value   p.value   sig.level             H0
      4.0393       5.9915    0.1327        0.05   not rejected
```

Der Test zeigt zwar einen Widerspruch zur Nullhypothese der Homoskedastizität an, dieser aber ist nicht hinreichend groß, um die Nullhypothese auf einem Signifikanzniveau von 5% abzulehnen. Beim Goldfeld-Quandt-Test kam es hingegen zu einer klaren Ablehnung. Ein auf die Hilfsregression des Breusch-Pagan-Tests bezogener *F*-Test der Nullhypothese $H_0: \gamma_1 = \gamma_2 = 0$ führt ebenfalls zu keiner Ablehnung.

```
bp.est <- ols(I(miete.est$resid)^2 ~ x + q)
par.f.test(bp.est, nh = rbind(c(0,1,0), c(0,0,1)), q=c(0,0),
sig.level = 0.05)
F-Test on multiple linear combinations of parameters
-------------------------------------

Hypotheses:
         H0:          H1:
   1*x = 0      1*x <> 0
   1*q = 0      1*q <> 0

Test results:
   f.value   crit.value   p.value   sig.level             H0
    2.2833       4.2565    0.1578        0.05   not rejected
```

e) Das erweiterte Modell liefert den folgenden Output:

```
miete2.est <- ols(y ~ x + f)
miete2.est

              coef    std.err   t.value   p.value
(Intercept)  17.6778   0.5310   33.2896   <0.0001
x            -1.0200   0.1748   -5.8353    0.0002
f            -0.0028   0.0019   -1.5092    0.1655
```

Demnach besitzt die zusätzliche exogene Variable das erwartete negative Vorzeichen, ist aber auf einem Signifikanzniveau von 5% nicht signifikant.

f) ```
gq.test(mod = miete2.est, order.by = x, split = 5)
Goldfeld-Quandt test for heteroskedastic errors in a linear model
----

Hypotheses:
                      H0:   H1:
         sigma I >= sigma II   sigma I < sigma II

Test results:
   f.value   crit.value   p.value   sig.level   H0
    70.719   19.2468   0.014   0.05   rejected
```

Erneut kommt es beim Goldfeld-Quandt-Test zu einer klaren Ablehnung der Nullhypothese der Homoskedastizität. Beim White-Test gelingt diese Ablehnung hingegen nicht:

```
wh.test(mod = miete2.est)
White test for heteroskedastic errors
-------------------------------------

Hypotheses:
                       H0:                              H1:
         sig2(i) = sig2 (Homosked.)    sig2(i) <> sig2 (Heterosked.)

Test results:
   chi.value   crit.value   p.value   sig.level              H0
     5.7729      11.0705     0.3289        0.05    not rejected
```

g) `save.image(file = "./Objekte/Mieten.RData")`

Lösung zu Aufgabe 17.4: Mietpreise (Teil 4)

a) ```
# MietenTeil4.R
rm.all()
load(file = "./Objekte/Mieten.RData")
```

b) In diesem Fall ist das Ausgangsmodell durch $\sqrt{x_i}$ zu dividieren:

Kapitel L17 – Annahme B2: Homoskedastizität

$$y_i^* = \alpha z_i^* + \beta x_i^* + u_i^*,$$

wobei $y_i^* = y_i/\sqrt{x_i}$, $z_i^* = 1/\sqrt{x_i}$, $x_i^* = x_i/\sqrt{x_i}$ und $u_i^* = u_i/\sqrt{x_i}$. Dies ist eine Zweifachregression *ohne* Niveauparameter. Für die Störgröße erhält man:

$$var(u_i^*) = var\left(\frac{u_i}{\sqrt{x_i}}\right) = \left(\frac{1}{\sqrt{x_i}}\right)^2 \underbrace{var(u_i)}_{\sigma_i^2} = \frac{1}{x_i}\sigma^2 x_i = \sigma^2.$$

c)
```
miete.vkq2.est <- ols(I(y/sqrt(x)) ~
-1 + I(1/sqrt(x)) + I(x/sqrt(x)) )
plot(x, miete.vkq2.est$resid)
abline(h = 0)
```

Die erzeugte Grafik ist in Abbildung L17.3 dargestellt. Die im Aufgabenteil g) der Aufgabe 17.1 erzeugte Punktwolke war in Abbildung L17.2(b) wiedergegeben. Sie erinnert stärker an homoskedastische Störgrößen als die Punktwolke in Abbildung L17.3. Wir entscheiden uns also für die in Aufgabe 17.1 verwendete Annahme $\sigma_i^2 = \sigma^2 x_i^2$.

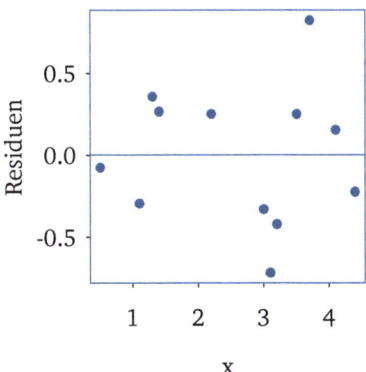

Abbildung L 17.3 Punktwolke aus exogener Variablen und Residuen.

d) Die Störgrößenvarianz beträgt für die beiden transformierten Modelle jeweils 1, denn

$$var\left(\frac{u_i}{\sigma_I}\right) = \frac{1}{\sigma_I^2} \cdot var(u_i) = \frac{1}{\sigma_I^2}\sigma_I^2 = 1$$

$$var\left(\frac{u_i}{\sigma_{II}}\right) = \frac{1}{\sigma_{II}^2} \cdot var(u_i) = \frac{1}{\sigma_{II}^2}\sigma_{II}^2 = 1.$$

e) Die geschätzten Standardabweichungen $\widehat{\sigma}_I$ und $\widehat{\sigma}_{II}$ erhalten wir aus

```
mieteI.sig  <- sqrt(mieteI.est$sig.squ)
mieteII.sig <- sqrt(mieteII.est$sig.squ)
```

Die Variablen x_i^* und y_i^* erzeugen wir mit

```
y.stern <- c(ord.y[1:5]/mieteI.sig, ord.y[6:12]/mieteII.sig)
x.stern <- c(ord.x[1:5]/mieteI.sig, ord.x[6:12]/mieteII.sig)
```

Für die Definition der Variablen z_i^* nutzen wir die `rep()`-Funktion, mit deren Hilfe ein Vektor mit einheitlichen Elementen erzeugt werden kann. Der Befehl lautet:

```
z.stern <- c(rep(1/mieteI.sig, 5), rep(1/mieteII.sig, 7))
```

f)
```
miete.gvkq.est <- ols(y.stern ~ - 1 + z.stern + x.stern)
miete.gvkq.est
```

	coef	std.err	t.value	p.value
z.stern	17.4162	0.2519	69.1256	< 0.0001
x.stern	-1.0137	0.1410	-7.1901	< 0.0001

Die Koeffizienten weichen kaum ab von denjenigen in `miete.est`.

g) Die manuelle Berechnung gelingt mit den Befehlen:

```
sxx <- Sxy(x)
x.mean <- mean(x)
(1/sxx)^2 * sum((x - x.mean)^2*(miete.est$resid)^2)
[1] 0.015777397
```

Schneller geht es mit

```
hcc(miete.est)[2,2]
[1] 0.0158
```

Die Standardabweichung erhalten wir mit

```
sqrt(hcc(miete.est)[2,2])
[1] 0.12569805
```

h) `save.image(file = "./Objekte/Mieten.RData")`

Lösung zu Aufgabe 17.5: Ausgaben der US-Bundesstaaten

a)
```
# Staatsausgaben.R
rm.all()
load(file = "./Objekte/Staatsausgaben.RData")
```

Die Korrelationen können mit der `cor()`-Funktion berechnet werden. Da diese Funktion auch ganze Dataframes als Argument akzeptiert, übergeben wir den um die ersten beiden Spalten reduzierten Dataframe `data.govexpend`:

```
cor(data.govexpend[,3:5])
               aid        gdp        pop
aid   1.00000000 0.97859226 0.96738551
gdp   0.97859226 1.00000000 0.98594964
pop   0.96738551 0.98594964 1.00000000
```

Die Ergebnisse zeigen, dass die exogenen Variablen hoch korreliert sind.

b) Die Zuweisungen lauten:
```
expend <- data.govexpend$expend
pop    <- data.govexpend$pop
gdp    <- data.govexpend$gdp
aid    <- data.govexpend$aid
```

Die KQ-Schätzung erfolgt mit
```
ausgaben.est <- ols(expend ~ aid + gdp + pop)
```

Die Ergebnisse lauten:
```
ausgaben.est
                  coef     std.err   t.value   p.value
(Intercept)  3891.0895  1660.2185    2.3437    0.0235
aid             1.6116     0.4266    3.7775    0.0005
gdp             0.0646     0.0220    2.9433    0.0051
pop         -1360.6646   950.9719   -1.4308    0.1592
```

Es überrascht das negative Vorzeichen des Koeffizienten der Variablen pop. Allerdings ist der Koeffizient auf einem Signifikanzniveau von 5% nicht signifikant. Die Punktwolke erzeugen wir mit dem Befehl:
```
plot(pop, ausgaben.est$resid, ylab = "Residuen")
```

Das Ergebnis ist in Abbildung L17.4 wiedergegeben. Es vermittelt den Eindruck heteroskedastischer Störgrößen.

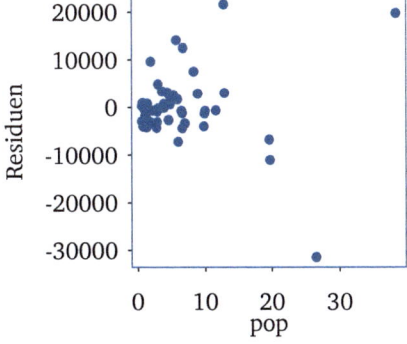

Abbildung L17.4 Punktwolke, die auf Heteroskedastizität hindeutet.

c) Den Wert der Breusch-Pagan-Teststatistik berechnen wir mit

```
bp.est <- ols(I((ausgaben.est$resid)^2) ~ pop + gdp + aid)
bp.est$r.squ * bp.est$nobs
```
[1] 25.158125

Der kritische Wert lautet (Signifikanzniveau 5%):

```
qchisq(0.95,3)
```
[1] 7.8147279

Die Nullhypothese »homoskedastische Störgrößen« wird demnach deutlich verworfen. Das gleiche Resultat ergibt sich unter Verwendung der Funktion bp.test() aus dem desk-Paket:

```
bp.ergebnis <- bp.test(ausgaben.est)
bp.ergebnis
Breusch-Pagan test (Koenker's version)
----------------------------------------

Hypotheses:
                         H0:                        H1:
  sig2(i) = sig2 (Homosked.)  sig2(i) <> sig2 (Heterosked.)

Test results:
   chi.value  crit.value   p.value   sig.level        H0
     25.1581      7.8147  < 0.0001        0.05  rejected
```

Der Befehl

```
plot(bp.ergebnis)
```

erzeugt Abbildung L17.5.

Auch beim White-Test wird zunächst eine Hilfsregression durchgeführt und anschließend ein $\chi^2_{(v)}$-Wert berechnet:

```
white.est <- ols(I((ausgaben.est$resid)^2) ~
(pop + gdp + aid)^2 + I(pop^2) + I(gdp^2) + I(aid^2))
white.est$r.squ * white.est$nobs
```
[1] 37.875211

Dabei stellt der Ausdruck (pop + gdp + aid)^2 eine Kurzschreibweise für pop + gdp + aid + I(pop*gdp) + I(pop*aid) + I(gdp*aid) dar. Da in der Hilfsregression insgesamt neun Steigungsparameter geschätzt werden, ergibt sich der kritische Wert aus

```
qchisq(0.95, df = 9)
```
[1] 16.918978

Auch hier kommt es zur Ablehnung der Nullhypothese. Zum gleichen Resultat gelangt man mit

Kapitel L17 – Annahme B2: Homoskedastizität

```
wh.ergebnis <- wh.test(ausgaben.est, hyp = F)
wh.ergebnis
White test for heteroskedastic errors
-----------------------------------------


Test results:
  chi.value  crit.value   p.value   sig.level          H0
    37.8752     16.919   < 0.0001      0.05      rejected
```

Die grafische Veranschaulichung erfolgt mit dem Befehl:

`plot(wh.ergebnis)`

Er führt zur Abbildung L17.6.

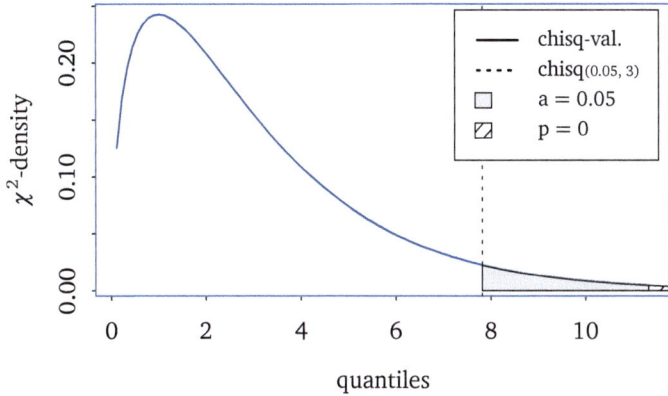

Abbildung L17.5 Grafische Veranschaulichung des Breusch-Pagan-Tests.

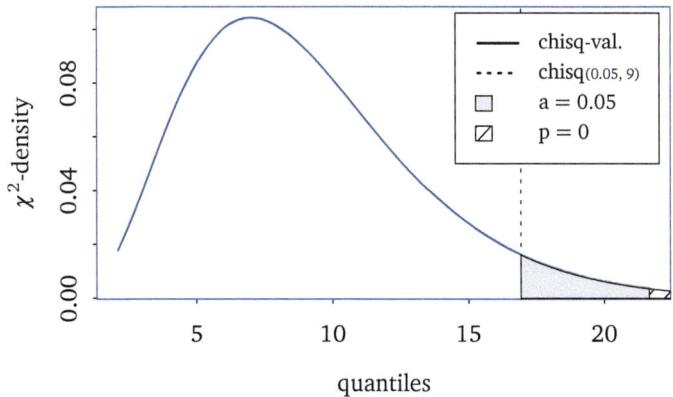

Abbildung L17.6 Grafische Veranschaulichung des White-Tests.

Die Heteroskedastizität bedeutet, dass die KQ-Schätzung zwar unverzerrt, aber nicht effizient ist und dass die Standardabweichungen verzerrt geschätzt sind. In der Folge sind auch die daraus abgeleiteten Intervallschätzer verzerrt und Hypothesentests sind ohne Aussagekraft.

d) Das Modell (A17.4) muss durch die Variable $\sqrt{pop_i}$ dividiert werden. Auf Basis der transformierten Variablen wird anschließend eine KQ-Schätzung durchgeführt. In R gelingt dies mit den folgenden Befehlen:

```
ausgaben.vkq1.est <- ols(I(expend/sqrt(pop)) ~
- 1 + I(1/sqrt(pop)) + I(aid/sqrt(pop))
+ I(gdp/sqrt(pop)) + I(pop/sqrt(pop)))
```

Die Grafik erstellen wir mit

```
plot(pop, ausgaben.vkq1.est$resid, main = "VKQ1",
xlim = c(0,40), ylim = c(-8000, 8000), ylab = "Residuen")
abline(h = 0)
```

Abbildung L17.7(a) zeigt das Ergebnis, wobei die Überschrift weggelassen wurde. Der Breusch-Pagan-Test lautet:

```
bp.test(ausgaben.vkq1.est)
Breusch-Pagan test (Koenker's version)
-----------------------------------------

Hypotheses:
                        H0:                            H1:
   sig2(i) = sig2 (Homosked.)   sig2(i) <> sig2 (Heterosked.)

Test results:
   chi.value  crit.value  p.value  sig.level            H0
       3.263      9.4877   0.5148       0.05  not rejected
```

Die Nullhypothese »homoskedastische Störgrößen« kann nun nicht mehr auf einem Signifikanzniveau von 5% verworfen werden.

e) Das Modell (A17.4) muss in diesem Fall durch die Variable pop_i dividiert werden. Es ergibt sich ein Modell mit Niveauparameter β_3:

```
ausgaben.vkq2.est <- ols(I(expend/(pop)) ~
I(1/pop) + I(aid/pop) + I(gdp/pop))
```

Die mit den Befehlen

```
plot(pop, ausgaben.vkq2.est$resid, main = "VKQ2",
xlim = c(0,40), ylim = c(-8000,8000), ylab = "Residuen")
abline(h=0)
```

erzeugte Punktwolke ist in Abbildung L17.7(b) zu sehen. Der Breusch-Pagan-Test lautet:

Kapitel L17 – Annahme B2: Homoskedastizität

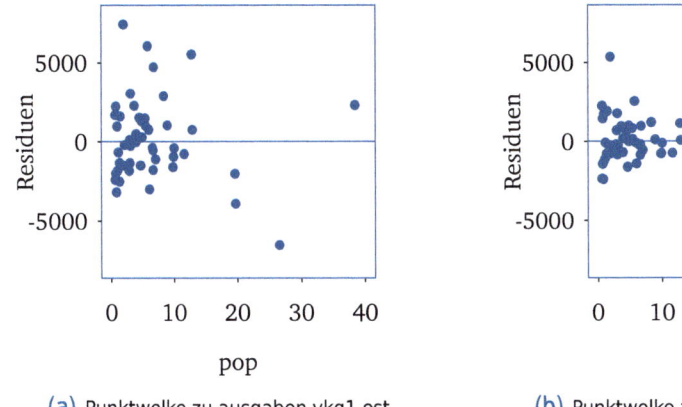

(a) Punktwolke zu ausgaben.vkq1.est. (b) Punktwolke zu ausgaben.vkq2.est.

Abbildung L17.7 Residuen der VKQ-Schätzungen.

```
bp.test(ausgaben.vkq2.est)
Breusch-Pagan test (Koenker's version)
----------------------------------------

Hypotheses:
                            H0:                           H1:
      sig2(i) = sig2 (Homosked.)   sig2(i) <> sig2 (Heterosked.)

Test results:
    chi.value   crit.value   p.value   sig.level              H0
        5.119       7.8147    0.1633        0.05    not rejected
```

Der p-Wert ist deutlich kleiner als in Aufgabenteil d), eine Ablehnung der Nullhypothese »homoskedastische Störgrößen« also weniger weit entfernt. Folglich erscheint die Annahme aus Aufgabenteil d) plausibler.

f) `save.image(file = "./Objekte/Staatsausgaben.RData")`

Lösung zu Aufgabe 17.6: Ausgaben der EU-25

a)
```
# EU-Budget.R
rm.all()
land <- data.eu$member; ausgaben <- data.eu$expend;
einwohner <- data.eu$pop; bip <- data.eu$gdp; agrar <- data.eu$farm;
stimmen <- data.eu$votes; mzeit <- data.eu$mship
```

b)
```
eu.est <- ols(ausgaben ~ einwohner + bip + agrar + stimmen + mzeit)
eu.est
```

```
              coef    std.err   t.value   p.value
(Intercept) -3.7120   1.6340   -2.2717    0.0349
einwohner    0.7032   0.0920    7.6402   <0.0001
bip         -0.0120   0.0219   -0.5466    0.5910
agrar        1.0095   0.4828    2.0907    0.0502
stimmen      0.1099   0.2014    0.5454    0.5918
mzeit        0.9613   0.4386    2.1915    0.0411
```

Eine Erhöhung des Bevölkerungsanteils an der Gesamtbevölkerung der EU-25 um 1 Prozentpunkt erhöht den aus dem zentralen EU-Budget dem Mitgliedsstaat zufließenden Ausgabenanteil um 0,7032 Prozentpunkte. Eine Erhöhung des realen Bruttoinlandsprodukts pro Kopf des Mitgliedsstaates senkt hingegen den zufließenden Ausgabenanteil um 0,012 Prozentpunkte. Erhöht sich der Anteil des Agrarsektors eines Staates an seinem Bruttoinlandsprodukt um einen Prozentpunkt, so erhöht sich der zufließende Ausgabenanteil um 1,0095 Prozentpunkte. Ein Anstieg des Stimmen-Index um 1 führt zu einem Anstieg des zufließenden Ausgabenanteils um 0,1099 Prozentpunkte. Steigt der Logarithmus der Anzahl der Monate, die ein Staat Mitglied der EU ist, um den Wert 1, so erhöht sich der Anteil des zufließenden Ausgabenanteils um 0,9613 Prozentpunkte.

c) Die Standardabweichungen sind verzerrt. In der Folge sind auch die daraus abgeleiteten Intervallschätzer verzerrt und Hypothesentests sind ohne Aussagekraft.

d) Die drei leeren Vektoren erzeugen wir mit

```
se.werte <- rep(NA, 6)
t.werte <- rep(NA, 6)
p.werte <- rep(NA, 6)
```

Die Schleife lautet:

```
for(i in 1:6){
se.werte[i] <- sqrt(hcc(eu.est)[i,i])
t.werte[i] <- eu.est$coef[i]/se.werte[i]
p.werte[i] <- 2*(1 - pt( abs(t.werte[i]), df = eu.est$df))
}
```

Bei der Berechnung der *p*-Werte haben wir R angewiesen, jeweils den *Betrag* des eigentlichen *t*-Wertes zu verwenden, die Wahrscheinlichkeitsmasse rechterhand dieses Betrages zu berechnen und zu verdoppeln.

e) Der Befehl

```
round(cbind(se.werte, t.werte, p.werte), digits = 4)
```

erzeugt folgenden Output:

```
       se.werte  t.werte  p.werte
[1,]     1.3662  -2.7170   0.0137
[2,]     0.0883   7.9623   0.0000
[3,]     0.0100  -1.1963   0.2463
[4,]     0.5326   1.8952   0.0734
[5,]     0.0775   1.4182   0.1723
[6,]     0.2653   3.6229   0.0018
```

Ein Vergleich zeigt, dass sich alle Standardabweichungen durch die Korrektur verändert haben. Richtung und Ausmaß der Veränderung sind bei den einzelnen Parametern unterschiedlich. Im Durchschnitt sind die Standardabweichungen durch die Korrektur kleiner geworden. In der Folge haben sich natürlich auch die t-Werte und p-Werte verändert. Die t-Werte sind tendenziell gestiegen und die p-Werte damit tendenziell gefallen.

f) Es würde für die Kuhhandelshypothese sprechen, wenn $\widehat{\beta}_4$ und $\widehat{\beta}_5$, die Koeffizienten von stimmen und mzeit, signifikant positiv wären. Aus den Ergebnissen der KQ-Schätzung im Aufgabenteil b) wissen wir, dass beide Koeffizienten positiv sind, also für die Kuhhandelsvermutung sprechen. Um die Signifikanz der Koeffizienten zu testen, führen wir die einseitigen t-Tests zu den Nullhypothesen $H_0 : \beta_4 \leq 0$ und $H_0 : \beta_5 \leq 0$ durch. Schlussfolgerungen bezüglich der Signifikanz der exogenen Variablen können nur aus den korrigierten t- und p-Werten gezogen werden. Die Ergebnisse der Teilaufgabe e) zeigen die korrigierten Standardabweichungen und für die zweiseitigen Hypothesentests die korrigierten t-Werte und p-Werte. Für einseitige Hypothesentests würden sich die p-Werte halbieren. Beim einseitigen Test der Nullhypothese $H_0 : \beta_4 \leq 0$ liegt der p-Wert zwar unter 10%, aber immer noch über 5%. Beim einseitigen Test der Nullhypothese $H_0 : \beta_5 \leq 0$ ist der p-Wert hingegen kleiner als 0,2%, also deutlich geringer als 5%. Es liegt demnach sehr starke Evidenz für $\beta_5 > 0$ und etwas weniger starke Evidenz für $\beta_4 > 0$ vor. Insgesamt bestätigen die Ergebnisse die Kuhhandelsvermutung.

g) `save.image(file = "./Objekte/EU-Budget.RData")`

KAPITEL **L 18**

Annahme B3: Freiheit von Autokorrelation

Lösung zu Aufgabe 18.1: **Simulation von AR(1)-Prozessen**

a) Wir steuern die Anordnung der Grafiken mit

```
# AR1Sim.R
rm.all()
par(mfrow = c(1,2)) # alternativ: par(mfcol = c(1,2))
```

b) Die Befehle

```
sim1 <- ar1sim(n = 30, u0 = 10, rho = 0.5, var.e = 1)
plot(sim1, ylim = c(-10,10))
plot(sim1, plot.what = "lag", xlim = c(-8,8), ylim = c(-8,8))
```

erzeugen die beiden Grafiken der Abbildung L18.1. Im linken Teil sehen wir, dass die Werte nach wenigen Perioden zurück zur horizontalen Null-Linie tendieren und dann um diese schwanken. Dabei folgen auf positive Werte tendenziell häufiger positive als negative Werte und auf negative Werte häufiger negative als positive (positive Korrelation). Deshalb befinden sich in Abbildung L18.1(b) mehr Punkte im linken unteren und rechten oberen Quadranten als in den anderen beiden Quadranten. In Abbildung L18.1(a) werden die Werte u_0 bis u_{29} angezeigt. Für die Punktwolke der Abbildung L18.1(b) werden von R insgesamt 29 Punkte erzeugt; der Punkt (u_{-1}, u_0) existiert nicht. Durch die Beschränkung der Achsen auf -8 bis 8 liegt der Punkt (u_0, u_1) jedoch außerhalb des abgebildeten Bereichs, denn $u_0 = 10$. Es

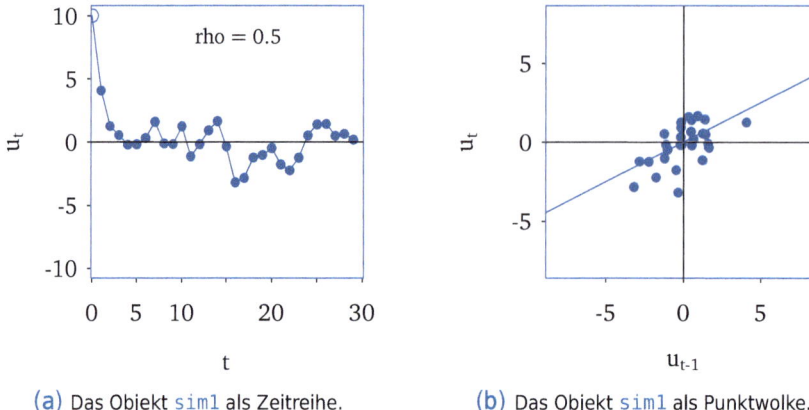

(a) Das Objekt sim1 als Zeitreihe.   (b) Das Objekt sim1 als Punktwolke.

Abbildung L 18.1 Zwei Darstellungsformen eines simulierten AR(1)-Prozesses mit $\rho = 0{,}5$.

sind somit lediglich 28 Punkte zu sehen.

c) Um die acht Positionen in der Abbildung spaltenweise aufzufüllen, muss in der par()-Funktion das Argument mfcol und nicht das Argument mfrow verwendet werden. Die Befehle

```
par(mfcol = c(2,4))
for (mein.rho in c(0.8, 0, -0.5, -0.8)){
sim <- ar1sim(n = 30, u0 = 10, rho = mein.rho, var.e = 1)
plot(sim, ylim = c(-10,10))
plot(sim, plot.what = "lag", xlim = c(-8,8), ylim = c(-8,8))
}
```

erzeugen die Abbildung L18.2. Wegen $u_0 = 10$ sind in den unteren vier Positionen jeweils nur 28 der 29 Punkte zu sehen.

$\rho = 0{,}8$: Die Rückkehr zur Null-Linie benötigt einige Perioden, denn der Vorperiodenwert hat durch die sehr hohe positive Korrelation einen starken Einfluss auf den gegenwärtigen Wert, hält ihn also länger oberhalb der Null-Linie. Entsprechend sind im unteren Teil der Grafik die Punkte stark auf den rechten oberen und deutlich schwächer auf den linken unteren Quadranten konzentriert. In den beiden anderen Quadranten finden sich fast keine Punkte.

$\rho = 0$: Der obere Teil zeigt, dass die Werte sofort zur Null-Linie zurückkehren und dann rein zufällig um den Wert Null schwanken. Entsprechend sind im unteren Teil die Punkte gleichmäßig über alle vier Quadranten verteilt und weisen betragsmäßig kleine Werte auf.

$\rho = -0{,}5$: Auch hier kehren die Werte im oberen Teil der Abbildung nach einigen Perioden zurück zur Null-Linie. Die Verbindungslinie der Punkte weist jedoch aufgrund der negativen Korrelation ein stärkeres Zickzack-Muster auf als diejenige in Abbildung L18.1(b). Im unteren Teil der Grafik ergibt sich deshalb eine höhere Punktdichte im linken oberen und im rechten unteren Quadranten als in den beiden anderen Quadranten.

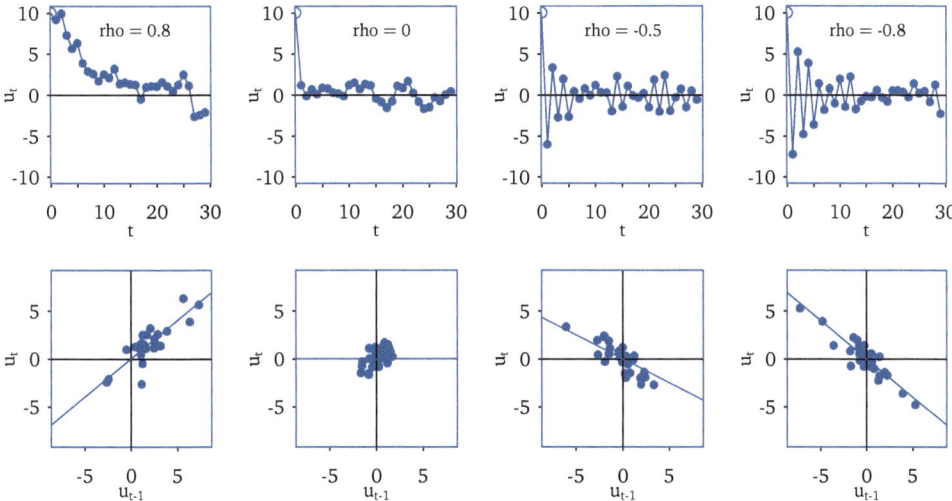

Abbildung L18.2 Einfluss des ρ-Wertes auf den AR(1)-Prozess.

$\rho = -0{,}8$: Hier dauert die Rückkehr zur Null-Linie länger als in Abbildung L18.1(c). Das markante Zickzack-Muster der Verbindungslinie ist der negativen Korrelation geschuldet. Die Punkte im unteren Teil der Abbildung konzentrieren sich deshalb vollständig im linken oberen und rechten unteren Quadranten.

d) Eine Varianz von $\sigma_e^2 = 0$ bedeutet, dass der AR(1)-Prozess keine Zufallselemente enthält. Folglich muss sich ein vollkommen regelmäßiges Muster ergeben. Die Befehle

```
par(mfrow = c(2,1))
sim2 <- ar1sim(n = 30, u0 = 10, rho = -0.8, var.e = 0)
plot(sim2, ylim = c(-10,10))
plot(sim2, plot.what = "lag", xlim = c(-8,8), ylim = c(-8,8))
```

erzeugen die beiden Grafiken der Abbildung L18.3. Die Rückkehr zur Null-Linie dauert lange und verläuft ganz systematisch im ausgeprägten Zickzack-Muster. Die Punkte im rechten Teil der Abbildung liegen ganz exakt auf einer mit Steigung $-0{,}8$ verlaufenden Geraden durch den Ursprung. Eine ähnliche Systematik findet sich auch in den beiden ganz rechts positionierten Grafiken

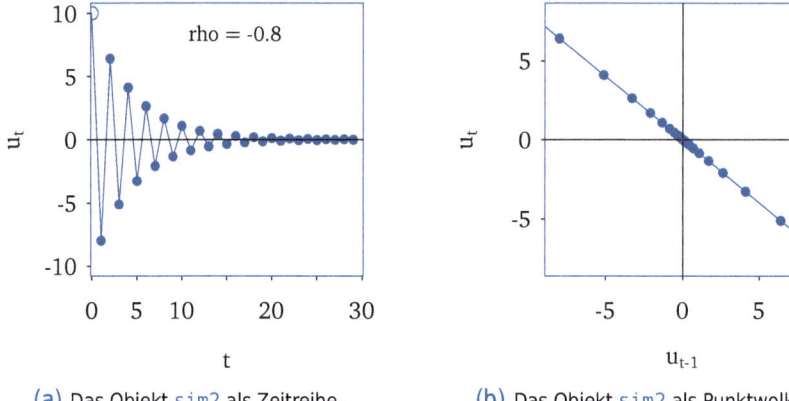

(a) Das Objekt sim2 als Zeitreihe.   (b) Das Objekt sim2 als Punktwolke.

Abbildung L 18.3 Zwei Darstellungsformen eines simulierten AR(1)-Prozesses mit $\rho = -0{,}8$ und $\sigma_e^2 = 0$.

der Abbildung L18.2.

Lösung zu Aufgabe 18.2: Filter (Teil 1)

a) Mit `View(data.filter)` wird ein zusätzliches Quelltext-Fenster erzeugt. Die Neudefinition der Variablen erreichen wir mit

```
# FilterTeil1.R
rm.all()
x <- data.filter$price
y <- data.filter$sales
```

b) Der Befehl

```
plot(x, y, xlim = c(24, 34), ylim = c(1000, 2500),
type = "b", xlab = "Preis x", ylab = "Absatz y")
```

erzeugt die in Abbildung L18.4(a) wiedergegebene Grafik (jedoch ohne Regressionsgerade).

c) Die KQ-Schätzung lautet:

```
filter.est <- ols(y ~ x)
filter.est
```

	coef	std.err	t.value	p.value
(Intercept)	4413.3268	534.3863	8.2587	< 0.0001
x	-94.4154	18.3561	-5.1435	< 0.0001

Würden die Filter kostenlos verteilt, betrüge der Absatz 4413,3268 Einheiten. Jede Preiserhöhung um 1 € senkt den Absatz um 94,4154 Einheiten, also um 94415,4 Stück. Die Regressionsgerade erzeugen wir mit

```
abline(filter.est)
```

Die Regressionsgerade ist ebenfalls in Abbildung L18.4(a) eingezeichnet.

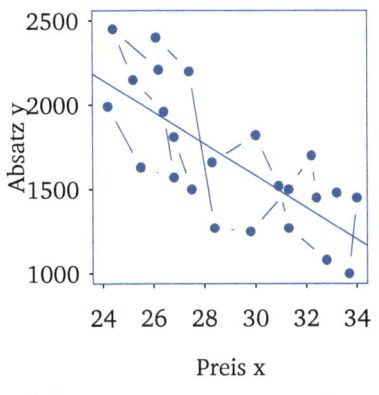
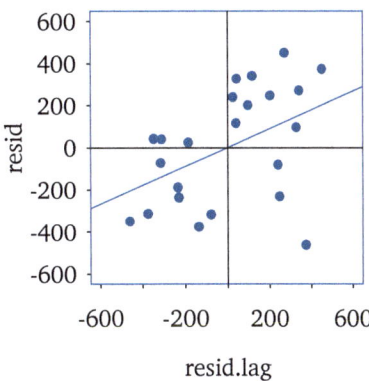

(a) Punktwolke des Filter-Beispiels.   (b) Residuen des Filter-Beispiels.

Abbildung L 18.4 Grafische Veranschaulichung positiver Korrelation der Störgrößen des Filter-Beispiels.

d) Der Befehl
```
plot(filter.est, type = "b",
xlim = c(24, 34), ylim = c(1000, 2500),
xlab = "Preis x", ylab = "Absatz y")
```
erzeugt die gleiche Grafik wie die in Abbildung L18.4(a), benötigt aber nicht die `abline()`-Funktion.

e) Die Matrix `lags` wird mit dem Befehl
```
lags <- lagk(filter.est$resid)
```
erzeugt. Die Modifikationen gelingen mit dem Befehl:
```
lags <- data.frame(resid.lag = lags[,2], resid = lags[,1])
```

Die Befehle
```
plot(lags, xlim = c(-600,600), ylim = c(-600,600))
abline(h = 0, v = 0)
```
erzeugen die in Abbildung L18.4(b) wiedergegebene Grafik (allerdings ohne Regressionsgerade).

f)
```
korr.est <- ols(resid ~ -1 + resid.lag, data = lags)
korr.est
```

```
              coef   std.err   t.value   p.value
resid.lag   0.4460    0.1898    2.3498    0.0282
```

Der p-Wert ist kleiner als 5%. Die Nullhypothese $H_0 : \rho = 0$ wird folglich verworfen. Allerdings ist der Beobachtungsumfang mit $T = 23$ Beobachtungen ($\widehat{u}_{t-1}$ ist für $t = 1$ nicht verfügbar) nicht sehr groß, was die Aussagekraft des Tests einschränkt (siehe Abschnitt 18.2.2 des Lehrbuches).

Die in Abbildung L18.4(b) dargestellte Regressionsgerade erzeugen wir mit

```
abline(korr.est)
```

g) Den d-Wert berechnet man beispielsweise mit dem Befehl:
```
d <- sum((filter.est$resid[2:24] - filter.est$resid[1:23])^2) /
  sum(filter.est$resid^2)
```

Noch bequemer geht es mit
```
d <- sum(diff(filter.est$resid)^2)/sum(filter.est$resid^2)
d
[1] 1.096118
```

Der d-Wert liegt deutlich unter dem Wert 2. Er signalisiert damit positive Korrelation und widerspricht folglich der Nullhypothese. Der Befehl

```
dw.test(filter.est)
```

liefert das vollständige Testergebnis:

```
Durbin-Watson Test on AR(1) autocorrelation
---------------------------------------------

Hypotheses:
                                  H0:                         H1:
    d >= 2 (rho <= 0, no pos. a.c.)   d < 2 (rho > 0, pos. a.c.)

Test results:
        dw   crit.value   p.value   sig.level          H0
    1.0961       1.4393    0.0046        0.05    rejected
```

Der d-Wert stimmt mit dem manuell berechneten Wert überein. Der p-Wert zeigt an, dass die Nullhypothese auf einem Signifikanzniveau von 5% abgelehnt wird. Es muss also von positiver Korrelation ausgegangen werden. Die vereinfachte Berechnung über

```
2*(1 - korr.est$coef)
resid.lag
1.1079079
```

liefert einen etwas abweichenden d-Wert.

h) `save.image(file = "./Objekte/Filter.RData")`

Lösung zu Aufgabe 18.3: Filter (Teil 2)

a) ```
# FilterTeil2.R
rm.all()
load(file = "./Objekte/Filter.RData")
```

b) Auf die Befehle
```
hilu.result <- hilu(filter.est, seq(from = 0.4, to = 0.5, by = 0.01))
hilu.result
```
antwortet R:
```
Hildreth and Lu estimation given AR(1)-autocorrelated errors

Minimal SSR Regression results:
              coeff.   std. err.   t-value   p-value
(Intercept) 4385.9291 477.7115   9.1811   < 0.0001
x   -93.6967   16.4093   -5.7100   < 0.0001

Total number of regressions: 201
Regression that minimizes SSR: 146
Rho value that minimizes SSR: 0.45
```

Demnach minimiert $\rho = 0{,}45$ die Summe der Residuenquadrate. Den grafischen Zusammenhang zwischen $\rho$ und der Summe der Residuenquadrate erhalten wir mit dem Befehl:

```
plot(hilu.result)
```

Das Ergebnis ist in Abbildung L18.5(a) dargestellt.

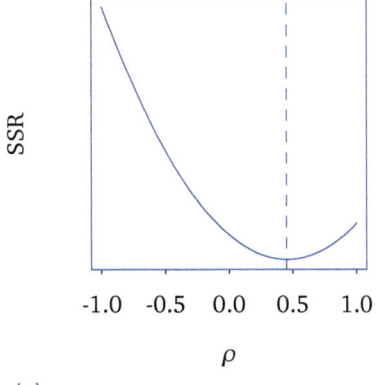
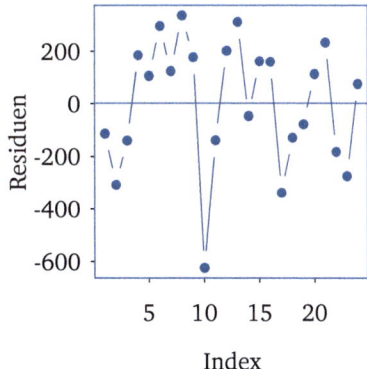

(a) Summe der Residuenquadrate in der Hildreth-Lu-Schätzung.

(b) Residuen in der Cochrane-Orcutt-Schätzung.

Abbildung L 18.5 Gegenüberstellung von zwei GVKQ Methoden.
```

c) ```
cochorc.result <- cochorc(filter.est)
cochorc.result$all.regs
    rho.hat   SSR (Intercept)   x
1 0.44604606 1338720.9   4385.9124 -93.692718
2 0.44712153 1338703.1   4385.9158 -93.693761
3 0.44712615 1338703.1   4385.9158 -93.693765
```

Von der ersten zur zweiten Iteration hat sich der $\hat{\rho}$-Wert leicht erhöht. Nach der vierten Iteration wird der Rechenprozess abgebrochen, da zwischen der dritten und vierten Iteration keine weitere merkliche $\hat{\rho}$-Veränderung stattfindet. Die Ergebnisse der dritten Iteration werden als Endergebnis ausgegeben.

d) Die Grafik erzeugen wir mit den Befehlen

```
plot(cochorc.result$resid, type = "b")
abline(h = 0)
```

Das Resultat ist in Abbildung L18.5(b) wiedergegeben. Es zeigt eine starke positive Korrelation aufeinander folgender Residuen. Dies wurde mit der VKQ-Schätzung berücksichtigt.
```

KAPITEL **L19**

Annahme B4: Normalverteilte Störgrößen

Lösung zu Aufgabe 19.1: **Pro-Kopf-Einkommen**

a) Mit `View(data.income)` wird ein zusätzliches Quelltext-Fenster erzeugt. Die Zuweisungen lauten:

```
# Einkommen.R
rm.all()
y <- data.income$loginc
x1 <- data.income$logsave
x2 <- data.income$logsum
```

b)
```
einkom.est <- ols(y ~ x1 + x2)
resid <- einkom.est$resid
```

c) Die Befehle
```
plot(resid, xlab = "Land", ylab = "Residuen",
xlim = c(0,80), ylim = c(-2,2))
abline(h = 0)
```

erzeugen die in Abbildung L19.1(a) wiedergegebene Grafik.

d) Die Befehle
```
se.u <- sqrt(einkom.est$sig.squ)
grenzen <- seq(from = -4, to = 4, by = 0.5) * se.u
hist(resid, breaks = grenzen, xlab = "Residuen",
ylab = "Anzahl der Residuen", main = NA)
```

erzeugen die in Abbildung L19.1(b) wiedergegebene Grafik. Mit dem Argument main = NA wurde die automatisch erzeugte Überschrift unterdrückt.

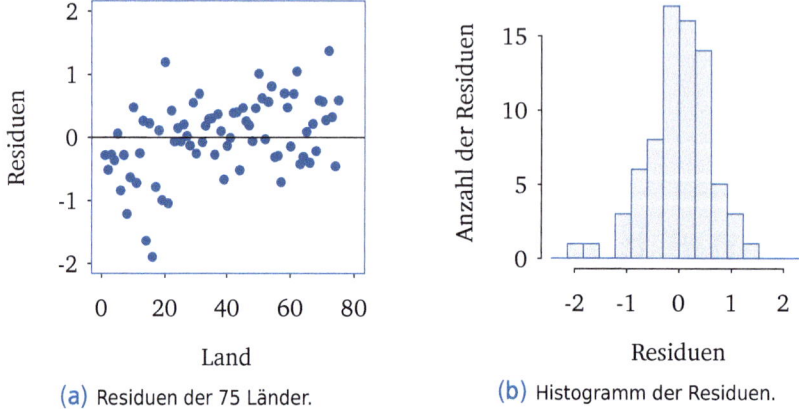

(a) Residuen der 75 Länder.

(b) Histogramm der Residuen.

Abbildung L19.1 Residuenwerte der 75 Länder und das daraus gebildete Histogramm.

e)
```
asym <- mean(resid^3)/(mean(resid^2))^(3/2)
kur <- mean(resid^4)/(mean(resid^2))^(2)
jbwert <- length(resid)*(((asym)^2/6) + ((kur-3)^2/24))
krit <- qchisq(p = 0.95, 2)
jbwert; krit
[1] 5.6498266
[1] 5.9914645
```

Der Jarque-Bera-Wert liegt etwas unterhalb des kritischen Wertes. Die Nullhypothese »normalverteilte Störgrößen« kann deshalb nicht verworfen werden.

f) Der Befehl
```
jb.test(resid, details = T)
# oder jb.test(einkom.est, details = T)
```

liefert als Ergebnis:
```
Jarque-Bera test for normality
-----------------------------------

Hypotheses:
                    H0:                          H1:
  skew = 0 and kur = 3 (norm.)   skew <> 0 or kur <> 3 (non-norm.)

Test results:
       JB  crit.value   p.value   sig.level          H0
   5.6498      5.9915    0.0593        0.05   not rejected
```

Kapitel L19 – Annahme B4: Normalverteilte Störgrößen

```
Null distribution:
   type   df
   chisq  2


Number of observations:        75
Skewness:                 -0.5375
Kurtosis:                  3.8077
```

Der ausgewiesene Jarque-Bera-Wert von 5,6498 ist identisch mit dem in jbwert abgespeicherten Wert. Der *p*-Wert ist etwas größer als 5%. Auch dies passt genau zu unserem vorherigen Ergebnis, denn dort war der kritische Wert krit etwas größer als der Jarque-Bera-Wert jbwert.

Lösung zu Aufgabe 19.2: Normalverteilung

a) Die Zufallswerte erhalten wir mit den Befehlen

```
# Normalverteilung.R
rm.all()
u1 <- rnorm(n = 100000)
```

Mit dem Befehl

```
hist(u1, xlim = c(-4,4), probability = TRUE, breaks = 100, main = NA)
```

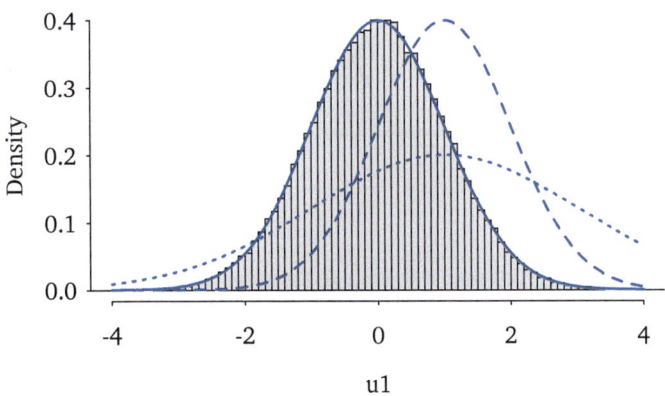

Abbildung L 19.2 Histogramm der Zufallswerte u1 und verschiedene Normalverteilungen.

wird das in Abbildung L19.2 wiedergegebene Histogramm erzeugt. In der Abbildung sind auch die grafischen Elemente der nachfolgenden Teilaufgaben dargestellt.

b) mean(u1); sd(u1)

   [1] 0.0024335447
   [1] 0.99896816

   Es handelt sich um Zufallswerte, so dass der Erwartungswert und die Standardabweichung der erzeugenden Wahrscheinlichkeitsverteilung nicht exakt repliziert werden.

c) Die Glockenkurven in Abbildung L19.2 werden mit den folgenden Befehlen erzeugt:

   curve(dnorm(x), add = TRUE, lwd = 2)
   curve(dnorm(x, mean = 1), add = TRUE, lwd = 2, lty = "dashed")
   curve(dnorm(x, mean = 1, sd = 2), add = TRUE, lwd=2, lty = "dotted")

d) Die Zufallswerte erhalten wir mit dem Befehl

   u2 <- rt(n = 100000, df = 15)

   Der Befehl

   hist(u2, xlim = c(-6,6), probability = TRUE, breaks = 100, main = NA)

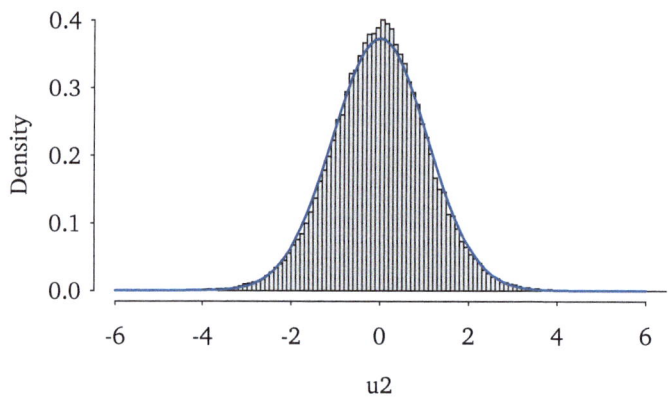

Abbildung L19.3 Histogramm der Zufallswerte u2 und t-Verteilung.

erzeugt das in Abbildung L19.3 dargestellte Histogramm.

e) mean(u2); sd(u2)

   [1] -0.0012881804
   [1] 1.070469

   Die Glockenkurve in Abbildung L19.3 wird mit dem Befehl

   curve(dnorm(x, mean(u2), sd = sd(u2)), add = TRUE, lwd = 2)

   erzeugt. Die Abweichungen zwischen dem Histogramm und der Glockenkurve bedeuten, dass sich eine t-Verteilung von einer Normalverteilung mit gleichem Erwartungswert und Standardabweichung unterscheidet, denn Wahrscheinlichkeitsverteilungen sind durch weitere Kennzahlen wie die Schiefe und die Kurtosis (»Spitzigkeit«) charakterisiert. Letztere ist bei einer t-Verteilung größer als bei einer Normalverteilung.

f) Da die Zufallswerte des Objektes u1 aus einer Normalverteilung erzeugt wurden, sollte es im Jarque-Bera-Test zu keiner Ablehung der Nullhypothese »normalverteilte Zufallswerte« kommen. Der Befehl

```
jb.test(u1)
```

erzeugt den Output

```
Jarque-Bera test for normality
-------------------------------

Hypotheses:
                              H0:                               H1:
   skew = 0 and kur = 3 (norm.)   skew <> 0 or kur <> 3 (non-norm.)

Test results:
       JB   crit.value   p.value   sig.level            H0
   4.0003       5.9915    0.1353        0.05   not rejected
```

was eine Bestätigung unserer Mutmaßung darstellt. Der Befehl

```
jb.test(u2)
```

erzeugt den Output

```
Jarque-Bera test for normality
-------------------------------

Hypotheses:
                              H0:                               H1:
   skew = 0 and kur = 3 (norm.)   skew <> 0 or kur <> 3 (non-norm.)

Test results:
         JB   crit.value   p.value   sig.level         H0
   1056.6064      5.9915   < 0.0001       0.05   rejected
```

Er zeigt, dass für die aus einer t-Verteilung erzeugten Zufallswerte des Objektes u2 die Nullhypothese der Normalverteilung abgelehnt wird.

KAPITEL **L20**

Annahme C1: Zufallsunabhängige exogene Variablen

Lösung zu Aufgabe 20.1: Versicherungsverkäufe (Teil 1)

a) Mit dem Befehl `?data.insurance` wird der Hilfesteckbrief des Dataframes aufgerufen. Der Befehl `View(data.insurance)` erzeugt ein zusätzliches Quelltext-Fenster, in welchem die Daten betrachtet werden können. Die Zuweisungen lauten:

```
# VersicherungTeil1.R
rm.all()
y <- data.insurance$contr
x <- data.insurance$score
z <- data.insurance$contrpre
x.stern <- data.insurance$ability
```

b) Die mit den Befehlen

```
plot(x, y, xlim = c(10,100), ylim = c(0,40), pch = 19)
points(x.stern, y, pch = 1)
```

erzeugten Punktwolken sind in Abbildung L20.1(a) wiedergegeben. Zu jedem Punkt (x_i^*, y_i) korrespondiert ein Punkt (x_i, y_i). Die beiden Punkte unterscheiden sich nur in horizontaler Richtung. Manche (x_i, y_i)-Punkte liegen links von ihrem korrespondierenden (x_i^*, y_i)-Punkt, andere rechts. Die ausgemalten Kreise sehen so aus, als ob sie durch eine zufällige Links-Rechts-Verschiebung der leeren Kreise entstanden wären. Diese zufällige Verschiebung wird auch durch Gleichung (A20.2) ausgedrückt. Es ergeben sich also keine offensichtlichen Hinweise, dass die Annahme der rein zufällig um den Wert 0 schwankenden Störgröße v_i ungerechtfertigt ist.

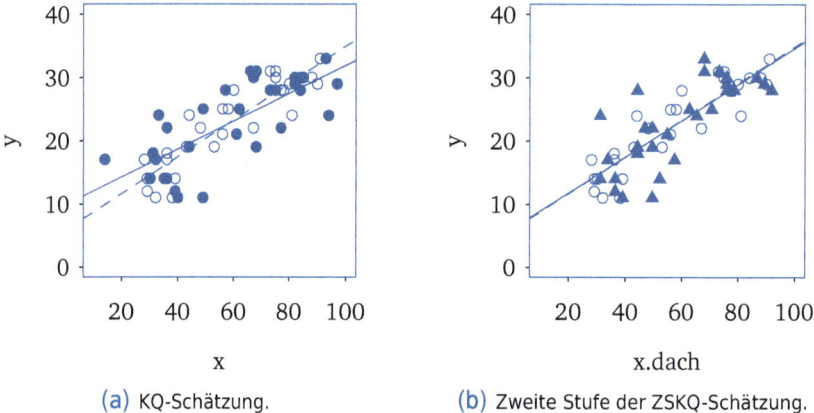

(a) KQ-Schätzung. (b) Zweite Stufe der ZSKQ-Schätzung.

Abbildung L20.1 Verzerrung der KQ-Schätzung und Korrektur durch die ZSKQ-Schätzung.

c) Ein Teil der ganz außen liegenden leeren Kreise (x.stern-y-Punktwolke) wird durch die Störung v_i zu noch weiter außen liegenden ausgemalten Kreisen (x-y-Punktwolke). Im Ergebnis sind die ausgemalten Kreise horizontal weiter auseinandergezogen als die leeren Kreise. Die Punktwolke der ausgemalten Kreise »verläuft folglich flacher« als die Punktwolke der leeren Kreise. Es handelt sich demnach um keine Zufälligkeit. Diese Überlegung bedeutet, dass die KQ-Regressionsgerade der x-y-Punktwolke normalerweise eine geringere Steigung besitzt als die KQ-Regressionsgerade der x.stern-y-Punktwolke. Da Letztere aber keine systematische Abweichung von der wahren Geraden aufweist, der wahren Gerade also im Normalfall sehr nahe kommt, verläuft Erstere systematisch zu flach. Das würde bedeuten, dass die KQ-Schätzung auf Basis der x-y-Punktwolke verzerrt ist.

d) `kq.est <- ols(y ~ x)`

e) Die Regressionsgeraden zu den Punktwolken erhalten wir mit den folgenden Befehlen:

```
abline(kq.est)    # oder abline(ols(y ~ x))
abline(ols(y ~ x.stern), lty = "dashed")
```

Das Ergebnis ist ebenfalls in Abbildung L20.1(a) zu sehen. Die Mutmaßung wird bestätigt.

f) Wir ersetzen in Gleichung (A20.1) die Variable x_i^* durch $x_i - v_i$ und erhalten

$$y_i = \alpha + \beta\left(x_i - v_i\right) + e_i$$

$$= \alpha + \beta x_i + \underbrace{e_i - \beta v_i}_{u_i} \, .$$

Falls v_i einen besonders großen Wert annimmt, ergibt sich in (A20.2) ein besonders großer Wert für x_i und in (A20.4) ein besonders kleiner Wert für u_i. Folglich sind x_i und u_i negativ miteinander korreliert.

g) Die Ergebnisse der ersten Stufe lauten:

```
stufe1.est <- ols(x ~ z, details = TRUE)
stufe1.est

              coef   std.err  t.value  p.value
(Intercept)  1.9590  8.4996   0.2305   0.8194
z            2.6442  0.3781   6.9927   <0.0001


Number of observations:            30
Number of coefficients              2
Degrees of freedom:                28
R-squ.:                        0.6359
Adj. R-squ.:                   0.6229
Sum of squ. resid.:         5506.5697
Sig.-squ. (est.):            196.6632
F-Test (F-value):             48.8978
F-Test (p-value):                   0
```

Die zweite Stufe gelingt mit den Befehlen

```
x.dach <- stufe1.est$fitted
stufe2.est <- ols(y ~ x.dach)
alpha.zskq <- stufe2.est$coef[1]
beta.zskq <- stufe2.est$coef[2]
```

Die Resultate lauten:

```
beta.zskq; alpha.zskq
    x.dach
0.28640826
(Intercept)
 6.0069292
```

h) Die Umsetzung der Formeln gelingt mit

```
Sxy(z,y) / Sxy(z,x)
[1] 0.28640826

mean(y) - (Sxy(z,y) / Sxy(z,x)) * mean(x)
[1] 6.0069292
```

Es ergeben sich demnach genau die gleichen Resultate.

i) Da die ZSKQ-Methode konsistent ist, erwarten wir einen sehr ähnlichen Verlauf der beiden Regressionsgeraden. Mit den Befehlen

```
plot(x.dach, y, pch = 17, xlim = c(10,100), ylim = c(0,40))
points(x.stern, y, pch = 1)
abline(stufe2.est)    # oder abline(ols(y ~ x.dach))
abline(ols(y ~ x.stern), lty = "dashed")
```

wird Abbildung L20.1(b) erzeugt. Es ergeben sich keine Indizien, dass eine Punktwolke »flacher verläuft« als die andere. Die beiden eingezeichneten Regressionsgeraden verlaufen fast deckungsgleich. Da die gestrichelte Regressionsgerade keine systematische Abweichung von der wahren Geraden aufweist, gilt dies auch für die durchgezogene ZSKQ-Regressionsgerade.

j) `save.image(file = "./Objekte/Versicherung.RData")`

Lösung zu Aufgabe 20.2: Versicherungsverkäufe (Teil 2)

a)
```
# VersicherungTeil2.R
rm.all()
load(file = "./Objekte/Versicherung.RData")
```

b) Die Zuweisung der Residuen erfolgt mit dem Befehl

`u.dach <- kq.est$resid`

Die ZSKQ-Schätzung und die Speicherung der Resultate gelingt mit den Befehlen

```
zskq.est <- ivr(y ~ x, endog = "x", iv = "z")
ssr.zskq <- zskq.est$ssr
sig.squ.zskq <- zskq.est$sig.squ
```

Die Befehle

`zskq.est$coeff`

```
(Intercept)           x
 6.00692923   0.28640826
```

`alpha.zskq; beta.zskq`

```
(Intercept)
  6.0069292
    x.dach
 0.28640826
```

offenbaren, dass die ZSKQ-Schätzergebnisse mit denen der ZSKQ-Schätzung in Teil g) der Aufgabe 20.1 exakt übereinstimmen. Die KQ-Schätzergebnisse lauten hingegen:

```
kq.est$coeff
(Intercept)           x
 9.85124391   0.22084291
```

Es zeigt sich ein deutlicher Unterschied beim Achsenabschnitt. Die Steigungsparameter unterscheiden sich auf der zweiten Nachkommastelle.

c)
```
stufe1.est$f.value
          [,1]
[1,] 48.897794
```

Dieser Wert ist deutlich größer als 10. Es handelt sich bei z also um ein starkes Instrument. Natürlich hätte man auch anführen können, dass der t-Wert für $H_0: \pi_1 = 0$ größer als $\sqrt{10} = 3{,}1623$ ausfällt, denn der quadrierte t-Wert beträgt

```
(stufe1.est$t.value[2])^2
       z
48.897794
```

Die Residuen speichern wir mit

```
w.dach <- stufe1.est$resid
```

d)
```
ssr.zskq/zskq.est$df
[1] 23.937131

sig.squ.zskq
[1] 23.937131
```

Beide Werte stimmen überein.

e) Die Varianz des ZSKQ-Schätzers ermitteln wir mit den Befehlen

```
szz <- Sxy(z,z)
szx <- Sxy(z,x)
var.beta.zskq <- (sig.squ.zskq * szz) / (szx^2)
var.beta.zskq
[1] 0.0024891996
```

Dieses Resultat passt zu den Ergebnissen in zskq.est, denn

```
(zskq.est$std.err[2])^2
        x
0.0024891996
```

f) Wir können erneut die in zskq.est abgespeicherten Resultate heranziehen. Der t-Wert und der kritische Wert (Signifikanzniveau 1%) lauten:

```
zskq.est$t.value[2]
       x
5.7405787
```

```
qt(0.995, zskq.est$df)
[1] 2.7632625
```

Die Nullhypothese wird demnach auf einem Signifikanzniveau von 1% verworfen. Noch einfacher ist dies aus dem *p*-Wert ersichtlich, der kleiner als 1% ausfällt:

```
zskq.est$p.value[2]
        x
0.0000036864542
```

g)
```
cor(w.dach,u.dach)
[1] -0.34537138
```

Die beiden Variablen sind negativ miteinander korreliert. Mit einem Wert von -0.345 scheint die Korrelation nicht unerheblich zu sein. Dies weist darauf hin, dass auch die Störgrößen w_i und u_i korreliert sind. Da sich x_i gemäß Gleichung (A20.5) aus den Termen $\pi_0 + \pi_1 z_i$ und w_i zusammensetzt, muss davon ausgegangen werden, dass x_i und u_i korreliert sind (siehe Abschnitt 20.4.2 des Lehrbuches). Damit wäre eine KQ-Schätzung des Modells (A20.6) unzulässig. Der folgende Wu-Hausman-Test ermöglicht eine statistische Überprüfung unseres Verdachts:

```
erweitert.est <- ols(y ~ x + w.dach)
erweitert.est$p.value[3]
    w.dach
0.018929907
```

Mit einem *p*-Wert von knapp 2% leistet die zusätzliche Variable $\widehat{w}_i$ einen signifikanten Beitrag zur Erklärung der endogenen Variablen y_i. Folglich sind $\widehat{w}_i$ und $\widehat{u}_i$ korreliert. Dies wiederum deutet auf eine Korrelation von w_i und u_i und somit auf eine Korrelation von x_i und u_i hin.

h) Der Befehl

```
ivr(y ~ x, endog = "x", iv = "z", details = T)
```

erzeugt den folgenden Output:

```
2SLS-Regression of model y ~ x
-------------------------------

              coef    std.err  t.value   p.value
(Intercept)   6.0069  3.0587   1.9639    0.0595
x             0.2864  0.0499   5.7406    <0.0001


Endogenous regressors:     x
Exogenous regressors:
Instruments:               z
```

```
Weak instruments (H0) test:
    F-value   p-value  Shea's R2
x   48.8978         0     0.6359


Exogeneity (H0) test:

Wu-Hausman test (F-value):   6.2342
Wu-Hausman test (p-value):   0.0189
```

Es ergibt sich der gleiche F-Wert wie in Aufgabenteil c). Der angezeigte F-Wert steht außerdem in keinem Widerspruch zum t-Wert aus Aufgabenteil g), denn der quadrierte t-Wert lautet

```
(erweitert.est$t.value[3])^2
  w.dach
6.2342319
```

und stimmt somit mit dem F-Wert überein. Da im konkreten Fall des Aufgabenteils g) nur eine einzige problematische exogene Variable zu überprüfen war, genügte ein t-Test. Im allgemeinen Fall kann es mehrere problematische Variablen geben. Dann muss das ursprüngliche Regressionsmodell um mehrere Variablen ergänzt werden und deren gemeinsame Signifikanz muss mit einem F-Test geprüft werden. Der in der `ivr()`-Funktion integrierte Wu-Hausman-Test muss auch mit diesem verallgemeinerten Fall umgehen können und berechnet deshalb standardmäßig F-Werte statt t-Werte.

Lösung zu Aufgabe 20.3: Windschutzscheiben

a) Mit dem Befehl `?data.windscreen` wird der Hilfesteckbrief des Dataframes aufgerufen. Der Befehl `View(data.windscreen)` erzeugt ein zusätzliches Quelltext-Fenster, in welchem die Daten betrachtet werden können. Die Zuweisungen lauten:

```
# Windschutzscheiben.R
rm.all()
ws     <- data.windscreen$screen
m      <- data.windscreen$foreman
g      <- data.windscreen$assist
m.lohn <- data.windscreen$f.wage
g.lohn <- data.windscreen$a.wage
masch  <- data.windscreen$capital
```

b) Bei den Vektoren `m.lohn` und `g.lohn` handelt es sich um Proxyvariablen, die mehr oder minder eng mit den eigentlich relevanten Variablen »Kompetenz der Meister« und »Kompetenz der Gesellen« korreliert sind. Da der Parameter β_3 in Modell (A20.8) vermutlich positiv ist, käme es zu einer negativen kontemporären Korrelation zwischen der Proxyvariablen `m.lohn` und der Störgröße u_i. Analoges gilt für den Parameter β_4 sowie für die Korrelation zwischen der Proxyvariablen `g.lohn` und der Störgröße u_i. Folglich werden die Parameter β_3 und β_4 unterschätzt und der Niveauparameter α überschätzt. Zusätzliche Daten würden daran nichts ändern. Die KQ-Schätzer der Parameter β_3 und β_4 wären somit auch nicht konsistent. Konkret ergeben sich mit dem Befehl

```
ols(ws ~ m + g + m.lohn + g.lohn + masch)
```

die folgenden Resultate:

```
                  coef    std.err   t.value   p.value
(Intercept)  -233.9917   990.2059   -0.2363    0.8134
m             531.9289   244.0262    2.1798    0.0302
g             369.9591   177.8383    2.0803    0.0385
m.lohn          0.3427     0.1634    2.0972    0.0370
g.lohn          0.6239     0.2564    2.4335    0.0157
masch          97.9565   113.5014    0.8630    0.3890
```

c) Die Zuweisungen lauten:

```
m.alter <- data.windscreen$f.age
g.alter <- data.windscreen$a.age
```

Das Alter wird vermutlich positiv mit dem Gehalt und auch mit der Kompetenz korreliert sein. Dies spricht für die Verwendung des Alters als Instrumentvariable. Hätte aber das Alter einen von der Kompetenz unabhängigen eigenständigen Einfluss auf die Anzahl der getauschten Windschutzscheiben, so würde das Alter in Gleichung (A20.8) fehlen und wäre Teil der Störgröße u_i. Damit würde eine Korrelation zwischen dem Alter und der Störgröße bestehen und das Alter wäre dann keine geeignete Instrumentvariable. Ferner darf auch keine Korrelation zwischen dem Alter und dem „Messfehler" der Proxyvariablen (Differenz aus dem Gehalt und der Kompetenz) bestehen. Eine positive Korrelation würde bestehen, wenn bei älteren Mitarbeitern das Gehalt die Kompetenz tendenziell übersteigt und bei jungen Mitarbeitern das Gehalt die Kompetenz tendenziell unterschreitet.

d) Die Variablen `m`, `g` und `masch` sind die »unproblematischen« exogenen Variablen des Modells (A20.8). Unproblematisch heißt, dass sie nicht mit u_i korreliert sind. Sie werden als zusätzliche Instrumentvariablen herangezogen, denn schon eine kleine Korrelation mit der »Kompetenz der Meister« oder der »Kompetenz der Gesellen« würde die Schätzgenauigkeit in den Hilfsregressionen erhöhen. Wir führen deshalb die folgenden zwei Hilfsregressionen durch:

```
m.lohn.est <- ols(m.lohn ~ m.alter + g.alter + m + g + masch)
g.lohn.est <- ols(g.lohn ~ m.alter + g.alter + m + g + masch)
```

Die Werte für die zweite Stufe der ZSKQ-Schätzung erhalten wir aus

```
m.lohn.dach <- m.lohn.est$fitted
g.lohn.dach <- g.lohn.est$fitted
```

Die KQ-Schätzung auf der zweiten Stufe führen wir über den folgenden Befehl aus:

```
ols(ws ~ m + g + m.lohn.dach + g.lohn.dach + masch)
```

	coef	std.err	t.value	p.value
(Intercept)	-1628.2462	1359.8393	-1.1974	0.2323
m	514.9262	244.0673	2.1098	0.0359
g	357.3200	177.7491	2.0102	0.0455
m.lohn.dach	0.5691	0.2507	2.2704	0.0241
g.lohn.dach	0.8030	0.3423	2.3459	0.0198
masch	104.6590	113.4067	0.9229	0.3570

Wie in unseren Überlegungen zu Aufgabenteil b) bereits vermutet, ergeben sich bei der ZSKQ-Schätzung der Parameter β_3 und β_4 größere Schätzwerte als bei der KQ-Schätzung.

e) Die ZSKQ-Schätzung gelingt mit folgendem Befehl:

```
scheiben.est <- ivr(ws ~ m + g + m.lohn + g.lohn + masch,
endog = c("m.lohn", "g.lohn"),
iv = c("m.alter", "g.alter"))
```

Der Befehl

```
scheiben.est
```

liefert uns den folgenden Output:

```
2SLS-Regression of model ws ~ m + g + m.lohn + g.lohn + masch
----------------------------------------------------------------
```

	coef	std.err	t.value	p.value
(Intercept)	-1628.2462	1369.1349	-1.1893	0.2355
m	514.9262	245.7357	2.0954	0.0372
g	357.3200	178.9642	1.9966	0.0470
m.lohn	0.5691	0.2524	2.2550	0.0250
g.lohn	0.8030	0.3446	2.3300	0.0206
masch	104.6590	114.1819	0.9166	0.3603

```
Endogenous regressors:   m.lohn, g.lohn
Exogenous regressors:        m, g, masch
Instruments:             m.alter, g.alter
```

Die Schätzergebnisse für den Niveauparameter α und die vier Steigungsparameter β_k stimmen mit jenen des Aufgabenteils d) überein. Bei den Standardabweichungen, t-Werten und p-Werten ergeben sich jedoch Unterschiede. Korrekt sind nur die Werte in `scheiben.est`, denn nur bei diesen wurden die korrekten Berechnungsformeln für $\widehat{var}(\widehat{\alpha}^{ZSKQ})$ und $\widehat{var}(\widehat{\beta}_k^{ZSKQ})$ eingesetzt.

KAPITEL L21

Annahme C2: Keine perfekte Multikollinearität

Lösung zu Aufgabe 21.1: Perfekte Multikollinearität

a) Die ersten Befehle lauten:

```
# PerfekteMultikoll.R
rm.all()
x1 <- c(-1,5,9,4,-6)
x2 <- c(9,-3,3,-4,5)
x3 <- c(8,2,12,0,-1)
```

Für die Vektoren x1, x2 und x3 berechnen wir die paarweisen Korrelationen mit den Befehlen

```
ols(x1 ~ x2)$r.squ; ols(x1 ~ x3)$r.squ; ols(x2 ~ x3)$r.squ
```

oder mit

```
(cor(x1,x2))^2; (cor(x1,x3))^2 ; (cor(x2,x3))^2
```

oder noch zügiger mit

```
cor(x = cbind(x1, x2, x3))^2
```

R antwortet auf den letzten Befehl mit der folgenden Tabelle:

```
           x1         x2         x3
x1 1.00000000 0.26118942 0.28960521
x2 0.26118942 1.00000000 0.20198985
x3 0.28960521 0.20198985 1.00000000
```

Die paarweisen Korrelationen sind demnach recht gering. Beispielsweise ergibt sich für die Variablen x1 und x2 ein Bestimmtheitsmaß von $R^2 = 0{,}261$.

b) Mit den Befehlen

```
result.est <- ols(x1 ~ x2 + x3)
round(result.est$coef, digits = 4)
```

erhalten wir die folgenden Resultate angezeigt:

```
(Intercept)          x2          x3
          0          -1           1
```

Die round()-Funktion haben wir hier nur deshalb eingesetzt, weil die meisten Statistik-Programme, und so auch R, bei Regressionen, die Koeffizienten von genau 0 oder 1 erzeugen müssten, nicht immer hundertprozentig präzise arbeiten. Sie würden in einer ganz entfernten Dezimalstelle eine minimale Abweichung von den tatsächlichen Koeffizienten 0 und 1 errechnen.

Die perfekte Multikollinearität zwischen x1, x2 und x3 können wir an mehreren statistischen Kennzahlen ablesen. Beispielsweise wird bei der Regression von x1 auf x2 und x3 ein Bestimmtheitsmaß von $R^2 = 1$ angezeigt:

```
result.est$r.squ
[1] 1
```

Die Variable x1 wird also perfekt durch die Variablen x2 und x3 erklärt. Entsprechend ergibt sich für die Summe der Residuenquadrate dieser Regression:

```
round(result.est$ssr, digits = 10)
[1] 0
```

In der von uns durchgeführten Regression wurde die folgende Gleichung geschätzt:

$$\gamma_1 x1 = -\gamma_0 - \gamma_2 x2 - \gamma_3 x3 \ ,$$

wobei $\gamma_1 = 1$. Die Schätzresultate in result.est zeigen an, dass $-\gamma_0 = 0$ (also $\gamma_0 = 0$), $-\gamma_2 = -1$ (also $\gamma_2 = 1$) und $-\gamma_3 = 1$ (also $\gamma_3 = -1$).

Lösung zu Aufgabe 21.2: Preise von Laserdruckern

a) Den Hilfesteckbrief rufen wir mit dem Befehl ?data.printer auf. Die Daten können wir uns mit View(data.printer) in einem separaten Quelltext-Fenster anzeigen lassen. Die ersten Befehle lauten:

```
# Laserdrucker.R
rm.all()
y  <- data.printer$price
x1 <- data.printer$speed
x2 <- data.printer$size
x3 <- data.printer$mcost
```

```
x4 <- data.printer$tdiff
```

b) Die beiden Werte erhalten wir mit den Befehlen:

```
ols(x1 ~ x4)$r.squ
[1] 0.44881435

ols(x4 ~ x1)$r.squ
[1] 0.44881435
```

Die Bestimmtheitsmaße stimmen also überein. Bei Einfachregressionen ist dies immer der Fall, denn das Bestimmtheitsmaß ist dort identisch mit dem quadrierten Korrelationskoeffizienten der exogenen und endogenen Variablen.

c) Die Tabelle der Bestimmtheitsmaße erzeugen wir mit dem Befehl:

```
mc.table(x = cbind(x1, x2, x3, x4))
```

R antwortet mit

```
        1 (x1)       2 (x2)       3 (x3)       4 (x4)
1 2+3+4 0.692 1+3+4 0.390 1+2+4 0.319 1+2+3 0.580
2   3+4 0.496   3+4 0.003   2+4 0.224   2+3 0.226
3   2+4 0.649   1+4 0.364   1+4 0.290   1+3 0.473
4   2+3 0.431   1+3 0.234   1+2 0.313   1+2 0.576
5     4 0.449     4 0.002     4 0.224     3 0.224
6     3 0.258     3 0.000     2 0.000     2 0.002
7     2 0.172     1 0.172     1 0.258     1 0.449
```

Insgesamt deuten die Bestimmtheitsmaße auf eine recht starke positive Korrelation der Variablen x1 und x4. Bei der Schätzung von β_1 und β_4 könnten folglich Probleme in der Schätzgenauigkeit auftreten.

d) Ein Blick auf die Tabelle zeigt, dass die drei Bestimmtheitsmaße $R_{1 \cdot 24}$, $R_{2 \cdot 14}$ und $R_{4 \cdot 12}$ nicht übereinstimmen.

e)
```
drucker.est <- ols(y ~ x1 + x2 + x3 + x4)
drucker.est
```

```
                coef    std.err   t.value   p.value
(Intercept)  2021.0576  310.1458   6.5165   <0.0001
x1            108.0864   21.4147   5.0473   <0.0001
x2             -0.5122    2.6114  -0.1961    0.8455
x3           -116.6630   90.3094  -1.2918    0.2040
x4            -21.7921    2.6318  -8.2803   <0.0001
```

Die Befürchtungen werden nicht bestätigt. Die t- und p-Werte zeigen, dass ausgerechnet die Parameter β_1 und β_4 mit hoher Genauigkeit geschätzt werden. Zu verdanken ist dies vor allem der hohen Variation der Variablen x1 und x4. Das Bestimmtheitsmaß der KQ-Schätzung beträgt

```
drucker.est$r.squ
[1] 0.68818287
```

f) Der F-Test der Nullhypothese $H_0 : \beta_2 = \beta_3 = 0$ gelingt mit dem folgenden Befehl:

```
par.f.test(drucker.est, nh = rbind(c(0,0,1,0,0), c(0,0,0,1,0)))
F-Test on multiple linear combinations of parameters
-----------------------------------------------------

Hypotheses:
         H0:           H1:
  1*x2 = 0      1*x2 <> 0
  1*x3 = 0      1*x3 <> 0

Test results:
  f.value  crit.value  p.value  sig.level              H0
   0.9436      3.2381   0.3979       0.05    not rejected
```

Die Nullhypothese kann demnach nicht verworfen werden. Die Variablen x2 und x3 scheinen keinen wichtigen Einfluss auf den Druckerpreis auszuüben.

Die Nullhypothese $H_0 : \beta_1 = \beta_2 = \beta_3 = \beta_4 = 0$ wurde im Rahmen der mit der ols()-Funktion durchgeführten KQ-Schätzung des Regressionsmodells (A21.2) automatisch getestet. Es ergab sich in diesem F-Test ein p-Wert von

```
drucker.est$f.pval
              [,1]
[1,] 0.0000000019498516
```

Die Nullhypothese wird demnach klar abgelehnt.

g) Die KQ-Schätzung des Regressionsmodells (A21.3) erfolgt mit dem Befehl:

```
drucker2.est <- ols(y ~ x1 + x4)
drucker2.est

                coef    std.err   t.value    p.value
(Intercept)  1631.6652  125.0589   13.0472   < 0.0001
x1            112.1034   15.9990    7.0069   < 0.0001
x4            -20.8951    2.2945   -9.1065   < 0.0001
```

Die korrigierten Bestimmtheitsmaße der Modelle (A21.2) und (A21.3) erhalten wir mit den Befehlen:

```
drucker.est$adj.r.squ
[1] 0.65620163

drucker2.est$adj.r.squ
[1] 0.65714674
```

Es ergibt sich eine minimale Präferenz für das kleinere Modell (A21.3). Bei den Informationskriterien fällt die Präferenz identisch aus:

```
ols.infocrit(drucker.est)
       AIC          SIC            PC
  12.035938    12.238687  168876.628880

ols.infocrit(drucker2.est)
       AIC          SIC            PC
  11.992286    12.113936  161538.407850
```

h) Wenn wir $\beta_2 = 0$ und $\beta_3 = -2 \cdot \beta_1$ in das Modell (A21.2) einsetzen, ergibt sich das Modell:

$$\begin{aligned} y_i &= \alpha + \beta_1 x_{1i} - 2\beta_1 x_{3i} + \beta_4 x_{4i} + u_i \\ &= \alpha + \beta_1 (x_{1i} - 2x_{3i}) + \beta_4 x_{4i} + u_i \\ &= \alpha + \beta_1 x_{1i}^* + \beta_4 x_{4i} + u_i \, , \end{aligned} \qquad (L21.1)$$

wobei $x_{1i}^* = x_{1i} - 2x_{3i}$. Wir erzeugen deshalb die neue Variable x1.stern:

```
x1.stern <- x1 - 2*x3
```

Anschließend führen wir eine KQ-Schätzung des Modells (L21.1) durch:

```
rkq.est <- ols(y ~ x1.stern + x4)
rkq.est
                 coef     std.err   t.value    p.value
(Intercept)  2269.8481   106.0428   21.4050    < 0.0001
x1.stern       97.0329    13.5164    7.1789    < 0.0001
x4            -21.5478     2.3146   -9.3093    < 0.0001
```

Die Varianzen von $\widehat{\beta}_1^{RKQ}$ und $\widehat{\beta}_4^{RKQ}$ berechnen wir mit den folgenden Befehlen:

```
var.beta1.rkq <- (rkq.est$std.err[2])^2
var.beta4.rkq <- (rkq.est$std.err[3])^2
```

und erhalten von R die Werte:

```
 x1.stern
182.69312

       x4
5.3575727
```

Den Schätzwert für β_3 berechnen wir mit dem Befehl:

```
beta3.rkq <- -2 * rkq.est$coef[2]
beta3.rkq
  x1.stern
-194.06577
```

Die entsprechende Varianz erhalten wir folgendermaßen:

```
var.beta3.rkq <- ((-2)^2) * var.beta1.rkq
var.beta3.rkq
```
```
 x1.stern
730.77247
```

Dabei wurden die Rechengesetze für das Rechnen mit Varianzen genutzt.

Die Nullhypothese $H_0 : \beta_2 = 0$ und gleichzeitig $\beta_3 = -2 \cdot \beta_1$ testen wir mit dem Befehl:

```
par.f.test(drucker.est, nh = rbind(c(0,0,1,0,0),c(0,2,0,1,0)))
F-Test on multiple linear combinations of parameters
-----------------------------------------------------

Hypotheses:
                  H0:                  H1:
          1*x2 = 0             1*x2 <> 0
  2*x1 + 1*x3 = 0     2*x1 + 1*x3 <> 0

Test results:
  f.value  crit.value  p.value  sig.level            H0
   0.4046      3.2381     0.67       0.05  not rejected
```

Die Nullhypothese kann nicht verworfen werden. Wir haben also keinen verlässlichen Nachweis, dass die externen Informationen, die im Regressionsmodell (L21.1) genutzt wurden, möglicherweise falsch sind.

KAPITEL L22

Dynamische Modelle

Lösung zu Aufgabe 22.1: Anpassung des Personalbestands

a) Für die Vorperiode lautet Modell (A22.1):

$$y_{t-1} = \alpha + \beta_0 x_{t-1} + \beta_0 \lambda x_{t-2} + \beta_0 \lambda^2 x_{t-3} + \ldots + v_{t-1}.$$

Multipliziert man diese Gleichung mit λ und subtrahiert sie anschließend von Gleichung (A22.1), erhält man

$$y_t - \lambda y_{t-1} = [\alpha - \lambda \alpha] + \beta_0 x_t + v_t - \lambda v_{t-1}$$

und damit

$$y_t = \alpha_0 + \beta_0 x_t + \lambda y_{t-1} + u_t,$$

wobei

$$u_t = v_t - \lambda v_{t-1}$$
$$\alpha_0 = \alpha(1-\lambda).$$

Da die Störgröße v_{t-1} die »exogene Variable« y_{t-1} positiv und (wegen $\lambda > 0$) die Störgröße u_t negativ beeinflusst, besteht eine negative Korrelation zwischen y_{t-1} und u_t. Eine KQ-Schätzung wäre verzerrt und nicht einmal konsistent. Es ist eine ZSKQ-Schätzung erforderlich.

b)
```
# Personalanpassung.R
rm.all()
```

Die vier Variablen werden mit den Befehlen

```
y <- data.software$empl
x <- data.software$orders
y.lag <- lagk(y)[,2]
x.lag <- lagk(x)[,2]
y <- y[-1]              # oder y <- lagk(y)[,1]
x <- x[-1]              # oder x <- lagk(x)[,1]
```

erzeugt. Der Befehl

```
cbind(y, y.lag, x, x.lag)
```

weist R an, die folgende Tabelle auszugeben (aus Platzgründen werden hier nur die ersten Beobachtungen gezeigt):

```
     y  y.lag    x  x.lag
2 2050   2163 1411   1340
3 1853   2050 1600   1411
4 1912   1853 1780   1600
5 2041   1912 1941   1780
```

c) Der Befehl

```
koyck.est <- ivr(y ~ x + y.lag, endog = "y.lag", iv = "x.lag")
```

liefert die folgenden Ergebnisse:

```
koyck.est
2SLS-Regression of model y ~ x + y.lag
-------------------------------------------

                 coef   std.err  t.value  p.value
(Intercept) -219.1751  430.1503  -0.5095   0.6139
x              0.4987    0.2325   2.1444   0.0397
y.lag          0.7487    0.1943   3.8535   0.0005


Endogenous regressors:   y.lag
Exogenous regressors:    x
Instruments:             x.lag
```

d) Es ergab sich der Schätzwert $\widehat{\lambda}^{ZSKQ} = 0{,}7487$. Die Zuweisung erfolgt mit

```
lambda <- koyck.est$coef[3]
```

Der geschätzte kurzfristige Multiplikator $\widehat{\beta}_0^{ZSKQ}$ beträgt:

```
beta0 <- koyck.est$coef[2]
beta0
         x
0.49866871
```

Eine heutige Erhöhung der Auftragslage um einen Auftrag und anschließende Konstanz der Auftragslage würde die monatliche Beschäftigtenzahl sofort um

$\widehat{\beta}_0^{ZSKQ} = 0{,}4987$ erhöhen. Der langfristige Multiplikator errechnet sich aus $\widehat{\beta}_0^{ZSKQ}/(1-\widehat{\lambda}^{ZSKQ})$. Im Beispiel beträgt er also:

```
beta0 / (1 - lambda)
         x
1.9841706
```

Nach Ablauf der vollständigen Anpassung würde der zusätzliche Auftrag im Vergleich zu heute eine um 1,9842 Mitarbeiter höhere monatliche Beschäftigung bewirken. Gemäß Gleichung (A22.2) berechnen wir $\widehat{\beta}_1^{ZSKQ}, \widehat{\beta}_2^{ZSKQ}, \widehat{\beta}_3^{ZSKQ}$, und $\widehat{\beta}_4^{ZSKQ}$ folgendermaßen:

```
beta1 <- beta0 * lambda^1
beta2 <- beta0 * lambda^2
beta3 <- beta0 * lambda^3
beta4 <- beta0 * lambda^4
c(beta1, beta2, beta3, beta4)
       x          x          x          x
0.37334155 0.27951204 0.20926410 0.15667111
```

Der Wert von $\widehat{\beta}_3^{ZSKQ}$ besagt, dass ein zusätzlicher Neuauftrag vor drei Perioden heute eine um 0,2093 höhere Beschäftigung ausgelöst hätte. Ebenfalls korrekt wäre die Interpretation, dass ein heute zusätzlich eingegangener Neuauftrag die Beschäftigung in der überübernächsten Periode um 0,2093 erhöhen würde.

Der Median-Lag gibt an, wie viele Perioden es dauert, bis die Hälfte der Gesamtanpassung vollzogen ist. Die Gesamtanpassung beträgt 1,9842 (langfristiger Multiplikator). Die Hälfte davon ist nach vier Perioden vollzogen, denn

```
sum(beta1, beta2, beta3, beta4)
[1] 1.0187888
```

Den geschätzten Niveauparameter $\widehat{\alpha}^{ZSKQ}$ berechnen wir mit

```
koyck.est$coef[1]/(1-lambda)
(Intercept)
 -872.08363
```

Lösung zu Aufgabe 22.2: Scheinbare Regressionsbeziehungen (Teil 1)

a)
```
# ScheinkorrelationTeil1.R
rm.all()
```

Mit `View(data.spurious)` lassen wir uns die Daten in einem zusätzlichen Quelltext-Fenster anzeigen. Die Zuweisungen lauten:

```
year <- data.spurious$year
temp <- data.spurious$temp
```

b) Der Befehl

```
plot(year, temp, type = "l")
```

erzeugt die Abbildung L22.1(a). Die Werte der Variablen temp steigen im Zeitablauf deutlich an, was auf eine nicht-stationäre Zeitreihe hindeutet. Hinsichtlich der Varianz und der Kovarianz ergeben sich hingegen keine Anhaltspunkte für Nicht-Stationarität. Der Befehl

```
plot(year, roll.win(temp, window = 5), xlab = "year",
ylab = "temp (gegl.)", type = "l")
```

erzeugt die geglättete Zeitreihe der Abbildung L22.1(b). Sie bestätigt den ansteigenden Trend in den Werten von temp.

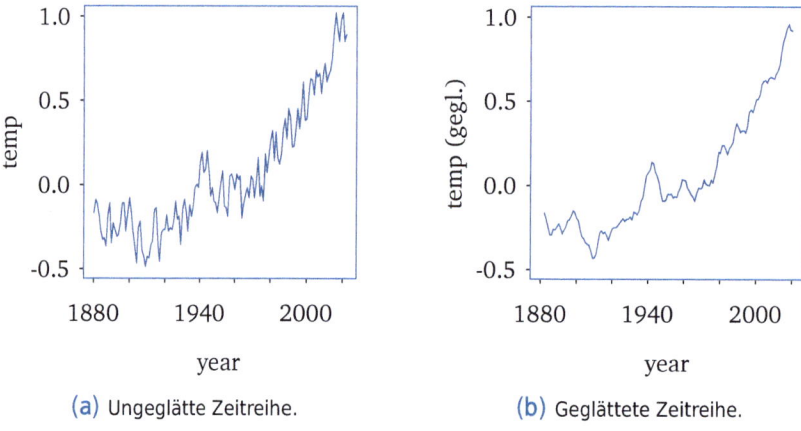

(a) Ungeglätte Zeitreihe.

(b) Geglättete Zeitreihe.

Abbildung L22.1 Vergleich der ungeglätteten und der geglätteten Zeitreihe der Variablen temp.

c) Mit den Befehlen

```
elements <- data.spurious$elements
## plot(year, elements, type = 'l')
```

erzeugen wir Abbildung L22.2(a). Da die Gesamtzahl der entdeckten Elemente niemals abnehmen, sondern immer nur zunehmen kann, müssen die Werte der Variablen elements im Zeitablauf ansteigen.

d) Die KQ-Schätzung lautet:

```
spurious.est <- ols(temp ~ elements, details = T)
spurious.est
```

```
                coef    std.err   t.value    p.value
(Intercept)   -2.1045   0.1132   -18.5863   < 0.0001
elements       0.0223   0.0012    19.3224   < 0.0001


Number of observations:      143
Number of coefficients:        2
Degrees of freedom:          141
R-squ.:                   0.7259
Adj. R-squ.:              0.7239
Sum of squ. resid.:       5.2941
Sig.-squ. (est.):         0.0375
F-Test (F-value):       373.3561
F-Test (p-value):              0
```

Mit den Befehlen

```
plot(elements, temp)
abline(spurious.est)
```

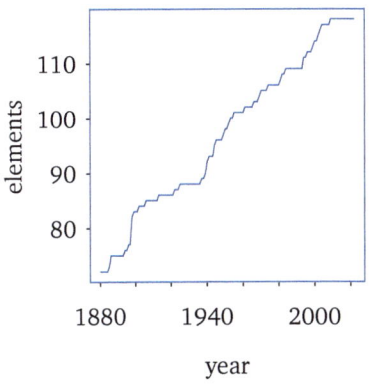
(a) Zeitreihe der Variablen elements.

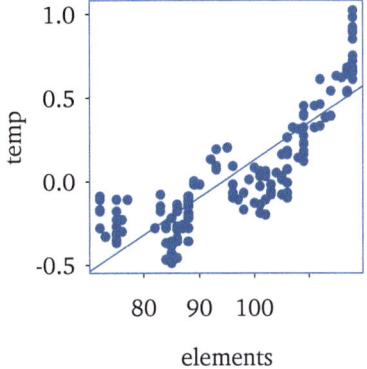
(b) Punktwolke der Scheinkorrelation.

Abbildung L22.2 Zeitreihe der Variablen elements (entdeckte chemische Elemente) und grafische Darstellung der Scheinkorrelation der Variablen temp (globale Temperatur) und elements.

wird temp auf elements regressiert und die Regressionsgerade wird in die entsprechende Punktwolke eingefügt; siehe Abbildung L22.2(b). Der Steigungsparameter ist statistisch hochsignifikant (p-Wert unter 1%). Würde das Regressionsmodell eine wahre kausale Beziehung wiedergeben, stiege die Temperatur mit jedem neu entdeckten Element um 0,0223°C an, bei 45 neu entdeckten Elementen also um 1°C:

```
1/spurious.est$coef[2]
 elements
44.802241
```

Beide Zeitreihen sind nicht-stationär, denn beide weisen einen ansteigenden Erwartungswert auf. Dieser gemeinsame Trend erzeugt eine Scheinkorrelation.

e) Da für die Variable `elements` für das Jahr 1879 kein Wert vorliegt, lässt sich für die Variable `elements.diff` für das Jahr 1880 kein Wert ermitteln. Deshalb muss auch bei der Variablen `temp` der Wert des Jahres 1880 ausgeschlossen werden. Die Befehle

```
elements.diff <- diff(elements)
ols(temp[-1] ~ elements.diff)

                coef   std.err  t.value  p.value
(Intercept)    0.0723  0.0348   2.0787   0.0395
elements.diff -0.0303  0.0482  -0.6299   0.5298
```

offenbaren, dass der neue Steigungsparameter nicht länger signifikant ist.

f) `save.image(file = "./Objekte/Scheinkorrelation.RData")`

Lösung zu Aufgabe 22.3: Scheinbare Regressionsbeziehungen (Teil 2)

a) ```
# ScheinkorrelationTeil2.R
rm.all()
load(file = "./Objekte/Scheinkorrelation.RData")
```

b) `data.spurious.neu <- na.omit(data.spurious)`

Im vorliegenden Fall hätten auch die in der R-Box 15.4 (S. 216) beschriebenen Möglichkeiten zum Filtern von Datensätzen herangezogen werden können:

`data.spurious.neu <- data.spurious[year>=1968,]`

c) Die Zuweisungen lauten:
```
gold <- data.spurious.neu$gold
year <- data.spurious.neu$year
cpi <- data.spurious.neu$cpi
temp <- data.spurious.neu$temp
```

Abbildung L22.3(a) erzeugen wir mit dem Befehl

`plot(year, gold, type = "l")`

d) ```
temp.est <- ols(temp ~ gold)
temp.est
```

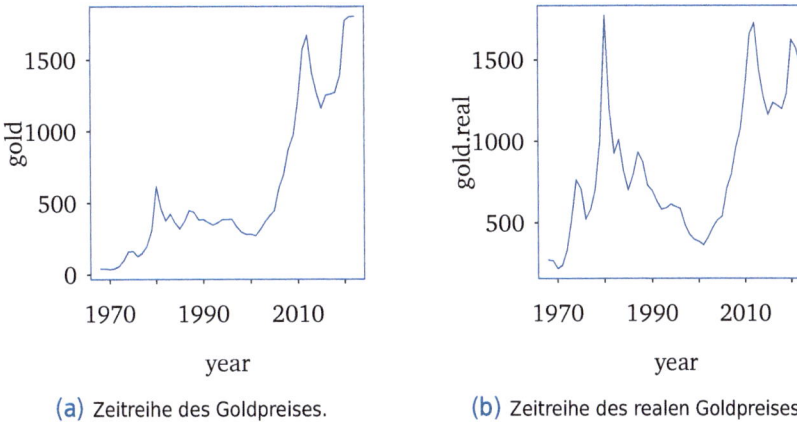

(a) Zeitreihe des Goldpreises. (b) Zeitreihe des realen Goldpreises.

Abbildung L22.3 Der Goldpreis der Jahre 1968 bis 2022.

```
              coef   std.err  t.value  p.value
(Intercept)  0.1260  0.0372   3.3833   0.0014
gold         0.0005  0.0000  10.5543  <0.0001
```

Wenn der Goldpreis um einen Dollar steigt, erhöht sich die globale Temperatur um 0,0005°C.

```
1/temp.est$coef[2]
    gold
2017.8667
```

Demnach würde eine Goldpreissenkung um 2018 Dollar die globale Temperatur um 1°C senken. Leider handelt es sich nur um eine Scheinkorrelation, denn der Goldpreis übt keinen Einfluss auf die globale Temperatur aus.

e) Der reale Goldpreis ergibt sich aus

```
gold.real <- 100*gold/cpi
```

Abbildung L22.3(b) erzeugen wir mit dem Befehl

```
plot(year, gold.real, type = "l")
```

Die Regression

```
ols(temp ~ gold.real)
```

```
              coef   std.err  t.value  p.value
(Intercept)  0.0604  0.0777   0.7775   0.4403
gold.real    0.0004  0.0001   5.2411  <0.0001
```

offenbart, dass die Scheinkorrelation auch für den realen Goldpreis bestehen bleibt.

Lösung zu Aufgabe 22.4: Fehlerkorrekturmodell

a) ```
# Fehlerkorrekturmodell.R
rm.all()
```

Mit `View(data.macro)` lassen wir uns die Daten in einem zusätzlichen Quelltext-Fenster anzeigen. Den Hilfesteckbrief rufen wir mit dem Befehl `?data.macro` auf. Die Zuweisungen lauten

```
quarter <- data.macro$quarter
year <- data.macro$year
x <- data.macro$gdp
y <- data.macro$consump
```

b) `ols(y ~ x)`

```
              coef    std.err   t.value   p.value
(Intercept)   112.3857 4.3044   26.1095   < 0.0001
x             0.3811   0.0063   60.9634   < 0.0001
```

Der Niveauparameter α wird als *Basiskonsum* bezeichnet, also als der Private Konsum bei einem Bruttoinlandsprodukt von Null. Gemäß unserer Schätzung würde der Basiskonsum etwa 112,4 Mrd. Euro betragen. Der Steigungsparameter β steht für die *Konsumneigung*. Laut unserer KQ-Schätzung beträgt sie 0,3811. Das bedeutet, dass ein zusätzlicher Euro Bruttoinlandsprodukt den Privaten Konsum um 38,11 Cent erhöht.

c) Abbildung L22.4 wird mit den folgenden Befehlen erzeugt:

```
quartal <- year + 0.25 * quarter
plot(quartal, x, type = "l", ylim = c(300,850), ylab = "Euro")
lines(quartal, y, lty = "dashed")
legend("topleft", legend = c("Bruttoinlandsprodukt",
"Privater Konsum"), lty = c("solid", "dashed"), bty = "n")
```

Ließe man im `plot()`- und `lines()`-Befehl den Eintrag `quartal` weg, würde zwar die gleiche Zeitreihe angezeigt werden, aber die horizontale Achse würde statt der Jahreszahlen die Beobachtungsnummern angeben (also 1 bis 129).

d) Bei der gewählten Fensterlänge werden für die ersten beiden Quartale (1991/1 und 1991/2) und für die letzten beiden Quartale (2022/4 und (2023/1) keine Durchschnittswerte erzeugt. Die Abbildungen L22.5(a), (c) und (e) werden mit den drei Befehlen

```
plot(quartal, roll.win(x, window = 5),
type = "l",, ylab = "x")
plot(quartal, roll.win(x, window = 5, indicator = "var"),
type = "l", ylab = "var(x)")
plot(quartal, roll.win(x, window = 5, indicator = "cov",
```
```

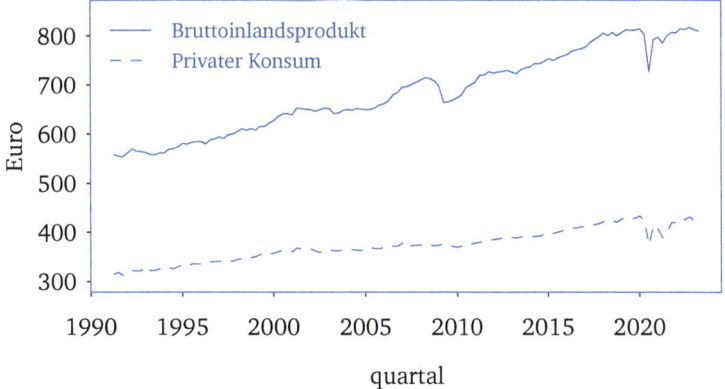

Abbildung L22.4 Bruttoinlandsprodukt und Privater Konsum der Quartale 1991/1 bis 2023/1.

```
tau = 4), type = "l", ylab = "cov(x)")
```

erzeugt und die Abbildungen L22.5(b), (d) und (f) mit den drei Befehlen

```
plot(quartal, roll.win(y, window = 5),
type = "l", ylab = "y")
plot(quartal, roll.win(y, window = 5, indicator = "var"),
type = "l", ylab = "var(y))")
plot(quartal, roll.win(y, window = 5, indicator = "cov",
tau = 4), type = "l", ylab = "cov(y)")
```

Die Argumente window = 5 und tau = 4 bedeuten, dass in jedem Fenster fünf Quartale berücksichtigt werden und somit saisonale Muster erkannt würden. Die Zeitreihen x und y sind im Erwartungswert nicht stationär. In der KQ-Schätzung des Modells (A22.4) könnte es zu einer Scheinkorrelation kommen. Auch in den Varianzen und Kovarianzen ergeben sich Zweifel an der Stationarität von x und y.

e) Im Modell (A22.4) würden dann relevante Variablen fehlen, was im Falle einer Korrelation mit den berücksichtigten Variablen zu verzerrten Punktschätzern führen würde. Da die Variablen x_t und y_t nicht stationär zu sein scheinen, wären die für konsistente Schätzungen notwendigen asymptotischen Eigenschaften verletzt.

f) Die drei Summanden bestimmen die Höhe von Δy_t, also die Änderung in y_t gegenüber dem Vorperiodenwert y_{t-1}. Eine Ursache für Veränderung ist die Störgröße u_t (dritter Summand). Ferner kann sich der Wert der exogenen Variablen x_t gegenüber der Vorperiode geändert haben, das heißt, $\beta_0 \Delta x_t \neq 0$ (erster Summand). Dies löst unmittelbare Anpassungen in der endogenen Variablen aus, also eine kurzfristige Anpassung. Der verbleibende Term ist

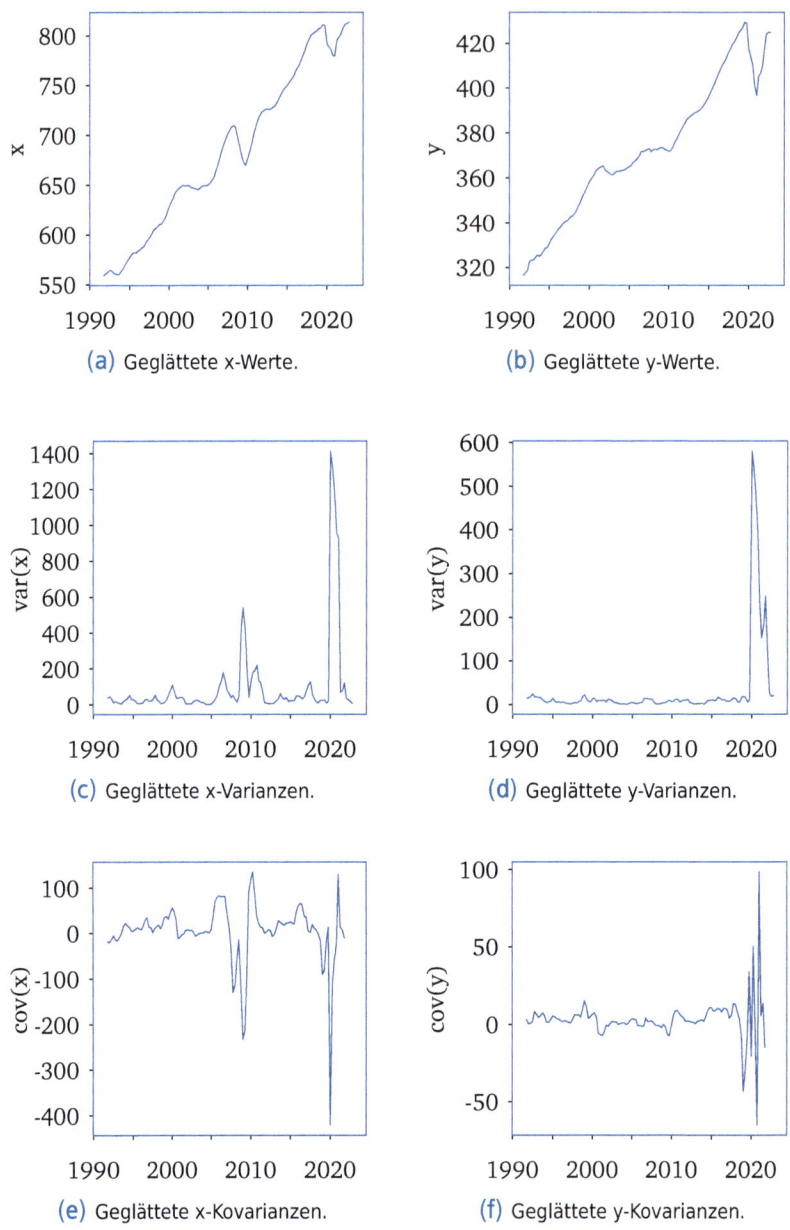

Abbildung L22.5 Grafische Stationaritätsanalyse von x_t und y_t für die Quartale 1991/1 bis 2023/1).

der Fehlerkorrekturterm (zweiter Summand). Er repräsentiert die langfristige Anpassung. Waren in Periode $t-1$ die Variablen x_{t-1} und y_{t-1} noch nicht in ihrer langfristigen Gleichgewichtsbeziehung, besteht in Periode t ein aus der

Vorperiode übernommener Anpassungsbedarf in der endogenen Variablen y_t. Der Term in eckigen Klammern entspricht dem Ausmaß der nachzuholenden Anpassung. Die Stärke der Anpassung wird durch den vor den eckigen Klammern stehenden Term $(1-\lambda)$ bestimmt. Eine große Trägheit λ impliziert eine langsame Anpassung.

g) Die vier Variablen erhält man mit den folgenden Befehlen:

```
y.delta <- diff(y)
x.delta <- diff(x)
y.lag <- lagk(y)[,2]
x.lag <- lagk(x)[,2]
```

Da das Quartal 1990/4 nicht Teil des Datensatzes ist, konnte bei den vier Zeitreihen für das erste Quartal (1991/1) kein Wert erzeugt werden. Folglich sollte auch bei der Variablen quartal auf dieses Quartal verzichtet werden. Die in Abbildung L22.6(a) und (b) wiedergegebenen Zeitreihen werden deshalb mit den folgenden Befehlen erzeugt:

```
plot(quartal[-1], x.delta, type = "l")
plot(quartal[-1], y.delta, type = "l")
```

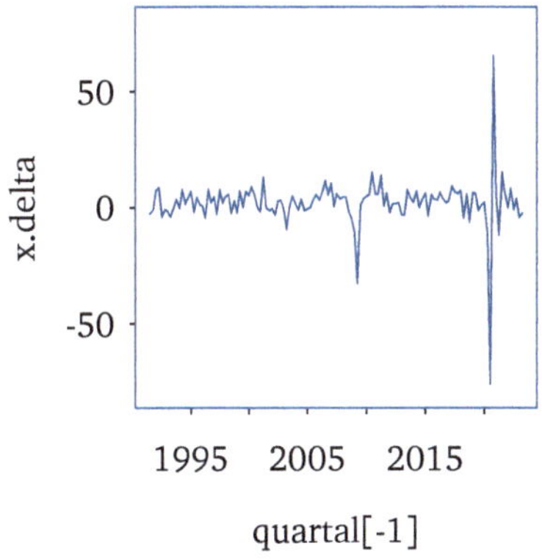

(a) Zeitreihe der Δx_t-Werte.

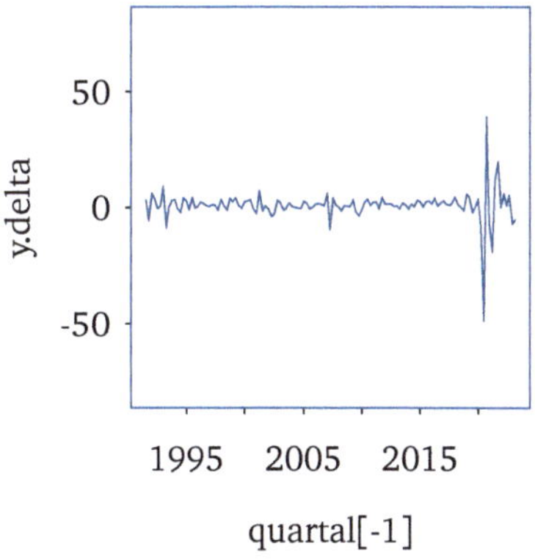

(b) Zeitreihe der Δy_t-Werte.

Abbildung L22.6 Zeitreihen der Veränderungsbeträge Δx_t und Δy_t.

Die Teile (a) und (b) der Abbildung L22.5 zeigten für x und y einen jeweils ansteigenden Trend. Folglich sind x und y nicht $I(0)$, das heißt, sie sind nicht integriert vom Grade 0. Die in Abbildung L22.6 wiedergegebenen Zeitreihen x.delta und y.delta lassen hingegen keinen Trend mehr erkennen. Folglich könnten x und y als $I(1)$ und x.delta und y.delta als $I(0)$ erachtet werden.

h) Die Residuen $\widehat{e}_{t-1}$ speichern wir mit dem Befehl

```
e.dach <- ols(y.lag ~ x.lag)$resid
```

Die Abbildungen L22.7(a) bis (c) werden mit den folgenden drei Befehlen erzeugt:

```
plot(roll.win(e.dach, window = 5), type = "l", ylab = "e")
plot(roll.win(e.dach, window = 5, "var"), type = "l",
ylab = "var(e)")
plot(roll.win(e.dach, window = 5, "cov", tau = 4), type = "l",
ylab = "cov(e)")
```

Da wir in der plot()-Funktion auf den Eintrag quartal verzichtet hatten, wird auf der horizontalen Achse lediglich der Beobachtungsindex des jeweiligen Wertes angezeigt. Insbesondere der zeitliche Verlauf der Varianzen und Kovarianzen löst Zweifel an der Stationarität der Zeitreihe $\widehat{e}_{t-1}$ aus.

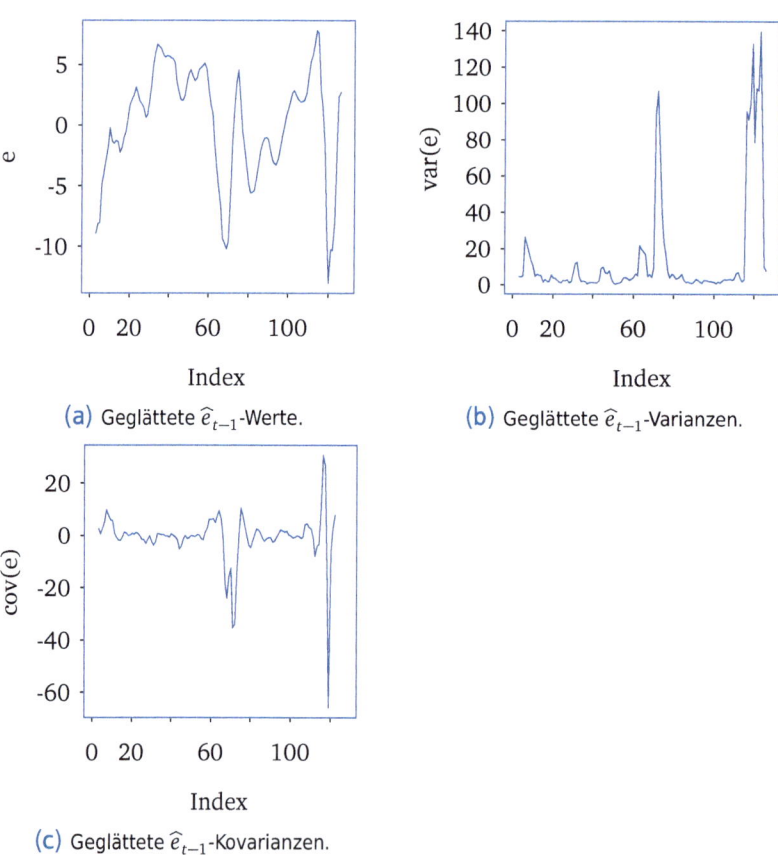

(a) Geglättete $\widehat{e}_{t-1}$-Werte.

(b) Geglättete $\widehat{e}_{t-1}$-Varianzen.

(c) Geglättete $\widehat{e}_{t-1}$-Kovarianzen.

Abbildung L22.7 Grafische Stationaritätsanalyse von $\widehat{e}_{t-1}$.

i) ```
keynes.est <- ols(y.delta ~ 0 + x.delta + e.dach)
keynes.est
          coef   std.err t.value   p.value
x.delta   0.4975 0.0308   16.1650   <0.0001
e.dach   -0.2401 0.0576   -4.1681   0.0001
```

Der Schätzwert $\widehat{\beta}_0 = 0{,}4975$ bedeutet, dass eine gegenwärtige Veränderung des Bruttoinlandproduktes um einen Euro den Privaten Konsum sofort um 0,4975 Euro erhöht. Ferner folgt aus den Schätzergebnissen, dass $-(1-\widehat{\lambda}) = -0{,}2401$, also $\widehat{\lambda} = 0{,}7599$. Diese Zahlen besagen, dass in der gegenwärtigen Periode 24,01% eines aus der Vorperiode übernommenen Ungleichgewichtes zwischen Bruttoinlandsprodukt und zugehörigem Privaten Konsum korrigiert werden. Das bedeutet umgekehrt, dass $\widehat{\lambda} = 75{,}99\%$ des Ungleichgewichtes nicht korrigiert und deshalb in die nächste Periode mitgenommen werden.
```

KAPITEL L23

Interdependente Gleichungssysteme

Lösung zu Aufgabe 23.1: Werbung und Absatz

a) Wenn in Gleichung (A23.1) die Störgröße u_t einen positiven Wert annimmt, fällt dort a_t besonders hoch aus. Besitzt a_t in Gleichung (A23.2) einen positiven Einfluss auf w_t, dann fällt auch w_t besonders hoch aus. Diese Variable steht aber als exogene Variable in Gleichung (A23.1). Sie ist dort also positiv mit u_t korreliert. Ein analoges Argument gilt für v_t und a_t in Gleichung (A23.2).

b) Der Hilfesteckbrief wird mit ?data.pharma aufgerufen. Die Daten können mit View(data.pharma) betrachtet werden. Die ersten Zeilen des Skriptes lauten:

```
# Werbung.R
rm.all()
a <- data.pharma$sales
w <- data.pharma$ads
p <- data.pharma$price
q <- data.pharma$adsprice
```

c) Die KQ-Schätzung der Gleichung (A23.3) erfolgt mit dem Befehl:

```
redu.a.est <- ols(a ~ p + q)
```

Er liefert die folgenden Ergebnisse:

```
redu.a.est
```

```
                coef    std.err  t.value   p.value
(Intercept)  524.8958   51.4015  10.2117   <0.0001
p             -1.1940    0.1269  -9.4080   <0.0001
q             -0.2883    1.3374  -0.2156    0.8314
```

Entsprechend ergeben sich für Gleichung (A23.4) aus

```
redu.w.est <- ols(w ~ p + q)
```

die folgenden Ergebnisse:

```
redu.w.est

                coef    std.err  t.value   p.value
(Intercept)  316.4447   45.0245   7.0283   <0.0001
p             -0.3260    0.1112  -2.9323    0.0080
q             -2.8087    1.1715  -2.3975    0.0259
```

Die Schätzwerte der Parameter π_1 bis π_6 weisen wir den Objekten pi1 bis pi6 zu:

```
pi1 <- redu.a.est$coef[1]
pi2 <- redu.a.est$coef[2]
pi3 <- redu.a.est$coef[3]
pi4 <- redu.w.est$coef[1]
pi5 <- redu.w.est$coef[2]
pi6 <- redu.w.est$coef[3]
```

Auf Basis der Gleichungen (A23.5) und (A23.6) berechnen wir die Schätzwerte für die Parameter der Gleichungen (A23.1) und (A23.2) und weisen sie einzelnen Objekten zu:

```
alpha.ikq  <- pi1 - pi3*pi4/pi6
beta1.ikq  <- pi3/pi6
beta2.ikq  <- pi2 - pi3*pi5/pi6
gamma.ikq  <- pi4 - pi1*pi5/pi2
delta1.ikq <- pi5/pi2
delta2.ikq <- pi6 - pi3*pi5/pi2
```

Die Namensänderung erfolgt mit

```
names(beta1.ikq)  <- "Werbung";  names(beta2.ikq)  <- "Preis"
names(delta1.ikq) <- "Absatz";   names(delta2.ikq) <- "Anzeigenpreis"
```

Eine recht platzsparende Anzeige der Resultate erreichen wir mit der c()-Funktion:

```
c(alpha.ikq, beta1.ikq, beta2.ikq)
 (Intercept)      Werbung          Preis
 492.41165391   0.10265341    -1.16050019

c(gamma.ikq, delta1.ikq, delta2.ikq)
```

```
            (Intercept)            Absatz  Anzeigenpreis
           173.14025536        0.27301498    -2.72993517
```

d) Die KQ-Schätzung der Gleichungen (A23.1) und (A23.2) erfolgt mit den Befehlen

```
ols(a ~ w + p)
```

```
                coef    std.err   t.value   p.value
(Intercept)  445.4689   61.8690    7.2002   <0.0001
w              0.2975    0.2112    1.4082    0.1737
p             -1.0887    0.1429   -7.6166   <0.0001
```

und

```
ols(w ~ a + q)
```

```
                coef    std.err   t.value   p.value
(Intercept)  173.3200   39.7419    4.3611    0.0003
a              0.2723    0.0797    3.4181    0.0026
q             -2.7316    1.1156   -2.4485    0.0232
```

Bei der Absatzgleichung sind die Unterschiede zu den Ergebnissen der IKQ-Schätzung erheblich, bei der Werbegleichung ergeben sich hingegen kaum Abweichungen.

e) Die reduzierte Form lautet

$$a_t = \pi_1 + \pi_2 p_t + \pi_3 t + \pi_4 q_t + u_t^* \quad (L23.1)$$
$$w_t = \pi_5 + \pi_6 p_t + \pi_7 t + \pi_8 q_t + v_t^*.$$

f) Die Definition der Variablen trend gelingt mit

```
trend <- seq(from = 1, to = 24, by = 1)
```

Wir benötigen für die ZSKQ-Schätzung der Gleichung (A23.2) die Werte von $\hat{a}_t$. Relevant ist deshalb die Gleichung (L23.1) der reduzierten Form. Die KQ-Schätzung

```
redu2.a.est <- ols(a ~ p + trend + q)
```

liefert die folgenden Resultate:

```
redu2.a.est
```

```
                coef    std.err   t.value   p.value
(Intercept)  505.8861   70.4646    7.1793   <0.0001
p             -1.1936    0.1295   -9.2153   <0.0001
trend         -0.6745    1.6693   -0.4041    0.6905
q              0.5861    2.5586    0.2291    0.8211
```

Die $\hat{a}_t$-Werte erhalten wir mit dem Befehl:

```
a.dach <- redu2.a.est$fitted # oder ols.predict(redu2.a.est)
```

Abschließend ersetzen wir in Gleichung (A23.2) die Variable a_t durch die Variable $\hat{a}_t$ und führen eine KQ-Schätzung der modifizierten Gleichung durch:

```
zskq.w.est <- ols(w ~ a.dach + q)
```

Wir erhalten die folgenden Resultate:

```
zskq.w.est

              coef    std.err   t.value   p.value
(Intercept)   174.1309  43.1448   4.0360    0.0006
a.dach          0.2689   0.0935   2.8748    0.0091
q              -2.7393   1.1827  -2.3161    0.0307
```

g) Der Befehl

```
ivr(w ~ a + q, endog = "a", iv = c("p", "trend"))
2SLS-Regression of model w ~ a + q
-----------------------------------

              coef    std.err   t.value   p.value
(Intercept)   174.1309  40.8273   4.2651    0.0003
a               0.2689   0.0885   3.0379    0.0063
q              -2.7393   1.1192  -2.4476    0.0233


Endogenous regressors:          a
Exogenous regressors:           q
Instruments:                    p, trend
```

liefert die gleichen Koeffizienten. Allerdings werden in der `ivr()`-Funktion für die Berechnung der Standardabweichungen, der t-Werte und der p-Werte die korrekten ZSKQ-Formeln verwendet. Die Werte weichen deshalb von jenen ab, welche bei der KQ-Schätzung der modifizierten Gleichung (A23.2) ermittelt wurden. Dort blieb unberücksichtigt, dass es sich um die zweite Stufe einer ZSKQ-Schätzung handelt, welche als exogene Variable die geschätzten Werte $\hat{a}_t$ statt der beobachteten Werte a_t verwendet.

Lösung zu Aufgabe 23.2: Makroökonomisches Modell

a) Ein erhöhter Störgrößenwert u_t erhöht den Wert der endogenen Variablen c_t in Gleichung (A23.8). Dieser Wert ist als exogene Variable in Gleichung (A23.9). Dort erhöht sich somit der Wert der dortigen endogenen Variablen y_t. Diese Variable wiederum ist eine exogene Variable in Gleichung (A23.8). Somit ist diese exogene Variable mit der Störgröße u_t kontemporär korreliert. Bei einer solchen Korrelation sind die KQ-Schätzer weder unverzerrt noch konsistent.

b) Der Hilfsteckbrief wird mit `?data.macro` aufgerufen. Mit `View(data.macro)` wird ein zusätzliches Quelltext-Fenster erzeugt, in welchem die Daten betrachtet werden können. Die ersten Zeilen des Skriptes lauten:

```
# Makromodell.R
rm.all()
c <- data.macro$consump
y <- data.macro$gdp
x <- data.macro$invest + data.macro$gov + data.macro$netex
```

c) Der Befehl

```
which(y != c + x)
[1] 37 38 42 45 46 50
```

liefert uns die Quartale, in welchen die Identität (A23.10) nicht exakt erfüllt ist. Es handelt sich aber lediglich um extrem kleine Abweichungen. Wenn wir die berechnete Differenz zunächst auf zehn Dezimalstellen runden und dann erst mit dem Wert Null vergleichen, erfüllen alle Quartale die Identität:

```
which(round(y - (c + x), digits = 10) != 0)
integer(0)
```

Hinweis: Minimale Abweichungen von den eigentlich zu erwartenden Werten können auch in anderen Zusammenhängen als Artefakt von digitalen Rechenoperationen auftreten.

d) Für Gleichung (A23.10) erübrigt sich die Frage nach der Art der Identifikation, denn sie enthält keine zu schätzenden Parameter. Gleichung (A23.8) ist genau identifiziert, denn $\dot{K} = 2$, $K^* = 1$ und $M^* = 2$, also $\dot{K} - K^* = M^* - 1$. Damit kann wahlweise eine IKQ-Schätzung oder eine ZSKQ-Schätzung erfolgen.

e) Zunächst setzen wir beide Gleichungen so ineinander ein, dass jeweils eine der system-endogenen Variablen verschwindet:

$$c_t = \alpha + \beta(c_t + x_t) + u_t$$
$$y_t = \alpha + \beta y_t + x_t + u_t.$$

Anschließend werden beide Gleichungen nach den system-endogenen Variablen aufgelöst:

$$c_t = \frac{\alpha}{1-\beta} + \frac{\beta}{1-\beta}x_t + \frac{u_t}{1-\beta}$$
$$y_t = \frac{\alpha}{1-\beta} + \frac{1}{1-\beta}x_t + \frac{u_t}{1-\beta}.$$

In diesem speziellen Fall sind neben den Niveauparametern auch die Fehlerterme der beiden Gleichungen identisch. Um die Notation zu vereinfachen, werden die Parameter und die Fehlerterme umbenannt (siehe Abschnitt 23.1

des Lehrbuches). Die reduzierte Form lautet dann

$$c_t = \pi_1 + \pi_2 x_t + u_t^* \tag{L23.2}$$
$$y_t = \pi_3 + \pi_4 x_t + u_t^*, \tag{L23.3}$$

wobei

$$\pi_1 = \pi_3 = \frac{\alpha}{1-\beta}, \quad \pi_2 = \frac{\beta}{1-\beta}, \quad \pi_4 = \frac{1}{1-\beta}, \quad u_t^* = \frac{u_t}{1-\beta}.$$

Folglich gilt:

$$\pi_4 = \frac{1}{1-\beta} = \frac{1-\beta+\beta}{1-\beta} = \frac{1-\beta}{1-\beta} + \frac{\beta}{1-\beta} = 1 + \pi_2$$

Aufgelöst nach den ökonomisch interpretierbaren Parametern α und β ergibt sich:

$$\beta = \frac{\pi_2}{1+\pi_2} = \frac{\pi_4-1}{\pi_4} \quad \text{und} \quad \alpha = \pi_1(1-\beta) = \frac{\pi_1}{\pi_4} = \frac{\pi_1}{1+\pi_2}.$$

f) Die KQ-Schätzung der Gleichung (L23.2) mit dem Befehl

```
redu.c.est <- ols(c ~ x)
```

liefert die folgenden Ergebnisse:

```
redu.c.est

              coef    std.err  t.value  p.value
(Intercept)  188.0241  5.0734  37.0610  < 0.0001
x              0.5952  0.0161  36.9340  < 0.0001
```

Entsprechend ergibt sich für Gleichung (L23.3):

```
redu.y.est <- ols(y ~ x)
redu.y.est

              coef    std.err  t.value  p.value
(Intercept)  188.0241  5.0734  37.0610  < 0.0001
x              1.5952  0.0161  98.9881  < 0.0001
```

Die Schätzwerte der Parameter π_1 bis π_4 weisen wir den Objekten pi1 bis pi4 zu:

```
pi1 <- redu.c.est$coef[1]
pi2 <- redu.c.est$coef[2]
pi3 <- redu.y.est$coef[1]
pi4 <- redu.y.est$coef[2]
```

Schließlich prüfen wir die Beziehungen zwischen π_1 und π_3 sowie zwischen π_2 und π_4:

Kapitel L23 – Interdependente Gleichungssysteme

```
round(pi1 - pi3, digits = 10)
(Intercept)
          0

round(pi4 - pi2, digits = 10)
x
1
```

Neben der Äquivalenz von π_1 und π_3, bestätigt uns die Schätzung, dass $\pi_4 = 1 + \pi_2$. Folglich hätte die Schätzung einer der beiden Gleichungen der reduzierten Form genügt. Würden wir beispielsweise die Schätzwerte $\hat{\pi}_1$ und $\hat{\pi}_2$ aus der KQ-Schätzung der Gleichung (L23.2) ermitteln, könnten wir die Schätzwerte $\hat{\pi}_3$ und $\hat{\pi}_4$ direkt aus $\hat{\pi}_3 = \hat{\pi}_1$ und $\hat{\pi}_4 = 1 + \hat{\pi}_2$ berechnen.

g) Wir berechnen die Schätzwerte $\hat{\alpha}$ und $\hat{\beta}$ und weisen sie einzelnen Objekten zu:

```
alpha.ikq <- pi1/(1 + pi2)
beta.ikq  <- pi2/(1 + pi2)
```

Nachdem wir `beta.ikq` mit dem korrekten Namen versehen haben, lassen wir uns beide Ergebnisse anzeigen:

```
names(beta.ikq) <- "y" # anstatt "x"
c(alpha.ikq, beta.ikq)
  (Intercept)            y
  117.86932489    0.37311575
```

$\hat{\alpha}$ beträgt ungefähr 118 Mrd. Euro. Bei einem theoretischen Einkommen von Null, wäre dies der gesamtwirtschaftliche Private Konsum (Basiskonsum). Der Schätzwert $\hat{\beta} = 0{,}373$ besagt, dass von jedem zusätzlichen Euro Einkommen 37,3 Cent in den Privaten Konsum fließen.

Lösung zu Aufgabe 23.3: Regionale Lebenshaltungskosten

a) Der Hilfssteckbrief wird mit `?data.regional` aufgerufen. Die Daten werden mit `View(data.regional)` betrachtet. Die ersten Zeilen des Skriptes lauten:

```
# Regional.R
rm.all()
coli    <- data.regional$coli
lohn    <- data.regional$wage
alquote <- data.regional$unempl
dichte  <- data.regional$pop / data.regional$area
```

b) Die beiden KQ-Schätzungen erfolgen mit

```
coli.kq.est <- ols(coli ~ lohn + dichte)
lohn.kq.est <- ols(lohn ~ coli + alquote)
```

Ein erhöhter Störgrößenwert in einer der beiden Gleichungen erhöht den Wert der endogenen Variablen dieser Gleichung. Dieser Wert ist als exogene Variable in der anderen Gleichung. Besitzt diese exogene Variable einen positiven Einfluss, erhöht sich somit der Wert der dortigen endogenen Variablen. Diese Variable wiederum ist eine exogene Variable in der Gleichung mit erhöhter Störgröße. Somit ist diese exogene Variable mit der Störgröße korreliert. Bei einer solchen Korrelation sind die KQ-Schätzer weder unverzerrt noch konsistent.

c) Beide Gleichungen sind genau identifiziert, denn $\dot{K} = 3$, $K^* = 2$ und $M^* = 2$, also $\dot{K} - K^* = M^* - 1$. Damit kann wahlweise eine IKQ-Schätzung oder eine ZSKQ-Schätzung erfolgen.

d) Die ZSKQ-Schätzungen gelingen mit den Befehlen
```
coli.zskq.est <- ivr(coli ~ lohn + dichte, endog = c("lohn"),
iv = "alquote", details = TRUE)
lohn.zskq.est <- ivr(lohn ~ coli + alquote, endog = c("coli"),
iv = "dichte", details = TRUE)
```

Der Vergleich der Koeffizienten der KQ- und der ZSKQ-Schätzer erfolgt mit den Befehlen
```
coli.zskq.est$coeff
   (Intercept)            lohn          dichte
65.08514959223  0.01092852537  0.00074248063

coli.kq.est$coeff
   (Intercept)           lohn         dichte
81.5414186436  0.0051074754  0.0023897215

lohn.zskq.est$coeff
 (Intercept)         coli      alquote
-4577.679810   77.756029   -12.099853

lohn.kq.est$coeff
 (Intercept)        coli      alquote
-1610.778179   48.117110   -23.219022
```

Es ergeben sich bei allen Koeffizienten erhebliche Abweichungen zwischen den beiden Schätzverfahren.

e) Die realen Medianlöhne und die Identifikationsnummern der Regionen erhalten wir mit den Befehlen
```
real.lohn <- 100 * lohn / coli
id <- data.regional$id
```

Die beiden neuen Objekte müssen in identischer Weise umsortiert werden.

Das gelingt mit den Befehlen
```
real.lohn.ord <- real.lohn[order(real.lohn)]
id.ord <- id[order(real.lohn)]
```

f) Die Eliminierung der Stadtstaaten und die Aufspaltung des Objektes `real.lohn.ord` in die Objekte `real.lohn.ost` und `real.lohn.west` kann beispielsweise mit den folgenden Befehlen erreicht werden:
```
real.lohn.ost <- subset(real.lohn.ord, id.ord > 11000)
real.lohn.west <- subset(real.lohn.ord, id.ord < 11000 &
data.regional$id !=2000 & data.regional$id !=4011)
```

Dabei wurde berücksichtigt, dass Berlin die Identifikationsnummer 11000 besitzt.

g) Abbildung L23.1 wird mit den Befehlen
```
plot(real.lohn.west, ylim = c(2000,4500), pch = 20,
xlab = "Region", ylab = "realer Medianlohn")
points(real.lohn.ost, col="gray", pch = 20)
legend(x = "topleft",
legend = c("Westdeutschland", "Ostdeutschland"),
pch = c(20, 20), col = c("blue", "gray"), bty = "n")
```

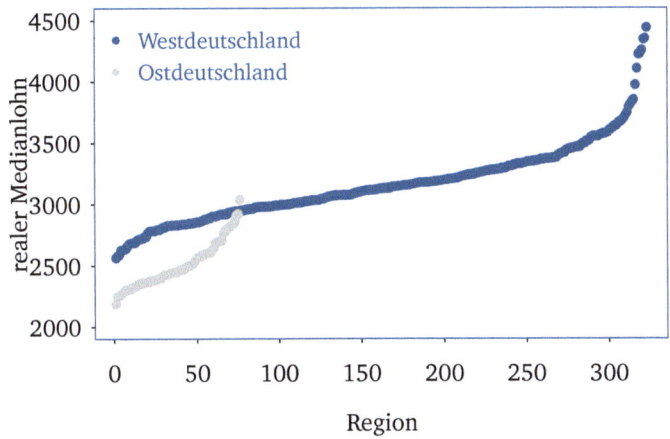

Abbildung L23.1 Vergleich der realen Medianlöhne in Ost- und Westdeutschland (ohne Berlin, Bremen und Hamburg).

erzeugt. Die niedrigsten realen Medianlöhne in Ostdeutschland liegen weit unter jenen in Westdeutschland. Der höchste reale Medianlohn in Ostdeutschland erreicht nicht einmal das Mittelniveau der westdeutschen realen Medianlöhne. Von einer abgeschlossenen Angleichung kann also keine Rede sein.

Literaturverzeichnis

Andrews, D. W. K. (2003), „Tests for Parameter Instability and Structural Change With Unknown Change Point: A Corrigendum," *Econometrica*, 71, 395-397. https://www.jstor.org/stable/3082056

Auer, L. von, S. Weinand (2022), *A nonlinear generalization of the Country-Product-Dummy method*, Discussion Paper 45/2022, Deutsche Bundesbank: Frankfurt (a. M.).

Breusch, T. S., A. R. Pagan (1979), „A Simple Test for Heteroskedasticity and Random Coefficient Variation," *Econometrica*, 47, 987-1007. https://doi.org/10.2307/1911963

Chow, G. C. (1967), „Technological Change and the Demand for Computers," *American Economic Review*, 57, 1117-1130. https://www.jstor.org/stable/1814397

Cochrane, E., G. H. Orcutt (1949), „Application of Least Squares Regressions to Relationships Containing Autocorrelated Error Terms," *Journal of the American Statistical Association*, 44, 32-61. https://doi.org/10.1080/01621459.1949.10483290

Durbin, J., G. S. Watson (1950), „Testing for Serial Correlation in Least Squares Regression I," *Biometrika*, 37, 409-428. https://doi.org/10.2307/2332391

Goldfeld, S. M., R. E. Quandt (1965), „Some Tests for Homoscedasticity," *Journal of the American Statistical Association*, 60, 539-547. https://doi.org/10.2307/2282689

Greene, W. H. (2020), *Econometric Analysis (Global Edition)*, 8. Auflage, Harlow Essex: Pearson Education Limited.

Hausman, J. (1978), „Specification Tests in Econometrics," *Econometrica*, 46, 1251-1271. https://doi.org/10.2307/1913827

Hildreth C., J. Y. Lu (1960), *Demand Relations with Autocorrelated Disturbances*, AES Technical Bulletin 276, Michigan: Michigan State University.

Jarque, C. M., A. K. Bera (1987), „A Test for Normality of Observations and Regression Residuals," *International Statistical Review*, 55, 163-172. https://doi.org/10.2307/1403192

Maddala, G. S., K. Lahiri (2009), *Introduction to Econometrics*, 4. Auflage, New York: John Wiley & Sons.

Mankiw, N. G., D. Romer, D. N. Weil (1992), „A Contribution to the Empirics of Economic Growth," *Quarterly Journal of Economics*, 107, 407-437. https://doi.org/10.2307/2118477

Plank, A. (2010), „Grafiken und Statistik in R," *unveröffentlichtes Skript*. https://www.chironomidaeproject.com

Prais, S. J., C. B. Winsten (1954), *Trend Estimators and Serial Correlation*, Cowles Commission Discussion Paper, No. 383, Chicago.

Staiger, D., J. H. Stock (1997), „Instrumental Variables Regression With Weak Instruments," *Econometrica*, 65, 557-586. https://doi.org/10.2307/2171753

White, H. (1980), „A Heteroskedasticity-Consistent Covariance Matrix Estimator and a Direct Test for Heteroskedasticity," *Econometrica*, 48, 817-838. https://doi.org/10.2307/1912934

R-Funktionen

Dieses Verzeichnis listet alle R-Funktionen auf, die in diesem Buch verwendet werden. Fett markierte Seitenzahlen stehen für die Stelle im Buch, an der die Funktion ausführlich erläutert wird. Auf allen nicht fett markierten Seiten wird die Funktion zwar verwendet, aber nicht weiter besprochen.

A

abline() 43, 58, 61, 78, 176, 177, **205**, 207, 211, 221, 225, 229, 243, 244, 257, 261, 266, 271, 290
abs() 191, **193**, 246
apply() **226**
apropos() 77
ar1sim() **250**, 252
arguments() **76**, 78
as.character() 220
as.data.frame() 47, 220
as.factor() 262
as.logical() 220
as.matrix() 220
as.numeric() **209**, 211, 215
attach() 49

B

bc.test() **189**, 191, 193, 194
bp.test() **239**, 242, 244
by() 270

C

c() .. 13, 15, 17, 25, 26, 28, 43, 52, 78, 81, 86, 93, 99, 103, 107, 114, 115, 122, 124, 126, 127, 131, 148, 153, 156, 160, 161, 168, 169, 171, 174, 176, 177, 185, 195, 196, 207, 215, 218, 221, 225, 229, 242–244, 252, 257, 266, 268, 271, 278, 281, 283, 287, 294, 299, 302, 303
cbind() . **15**, 15, 17, 52, 176, 193, 194, 246, 281, 283, 287
ceiling() 279
class() 37
cochorc() 260, 261
colnames() **15**, 15, 28, 161
colors() 201
cor() 129, **130**, 139, 176, 244, 276, 281
cov() 26
curve() **268**, 268

D

data.frame() **47**, 52, 67, 142, 215, 234, 257
datasets() 61
detach() 50
diff() **257**, 258, 290, 294
dim() 285
dnorm() **268**, 268
dw.test() **255**, 257

E

exp() 75, 160, 191

F

file.choose() 60
fix() 48
floor() 279
for() 246, 252
function() 95, 99

G

gq.test() 235, 242

H

hcc() 241, 243, 246
head() 48, 194
help() 76
hilu() 259, 261
hist() 85, 86, 176, 266, 268

I

I() 136, 138, 229, 242–244
is.na() 292
ivr() 274, 276, 278, 287, 299, 303

J

jb.test() 265, 266, 268

L

lagk() 254, 257, 287, 294
legend() 202, 207, 294, 303
length() 40, 196, 207, 266
library() 11, 11
lines() 205, 294
list() 50, 52, 169
lm() 57
load() . 60, 86, 94, 103, 107, 114, 115, 122, 124, 126, 138, 139, 141, 148, 153, 156, 160, 168, 169, 174, 191, 193, 194, 218, 225, 234, 242–244, 246, 261, 276
log() 75, 129, 138, 160, 180, 185, 191, 193–195
ls() 32

M

mc.table() 282, 283

mean() .. 14, 15, 17, 25, 26, 43, 93, 94, 122, 126, 176, 191, 243, 266, 268, 271
mode() 33

N

na.omit() 292, 294
names() 48, 299, 302
new.session() 143

O

objects() 32
ols() . 53, 58, 61, 67, 78, 93, 100, 127, 131, **135**, 138, 139, 141, 142, 153, 161, 169, 171, 174, 177, 179, 180, 185, 193–195, 211, 215, 218, 221, 225, 229, 234, 242–244, 246, 257, 266, 271, 276, 278, 281, 283, 290, 294, 299, 302
ols.infocrit() ... **173**, 174, 180, 283
ols.interval() **97**, 99, 100, 107, **113**, 115, **119**, 122, 126, 141, 142, 160
ols.predict() **118**, 122, 126, 160, 161, 195, 218, 299
order() **231**, 234, 303

P

par() **205**, 252
par.f.test() **150**, 153, 156, 174, 215, 218, 242, 283
par.t.test() **109**, 114, 115, 127, **145**, 148, 153, 174, 195
paste() 135
pc.test() **212**, 215
pchisq() 28
pf() 28, 234
plot() 25, 43, 58, 61, 67, 78, 103, 114, 126, 127, 129, 153, 156, 177, 185, 191, 196, **200**, 207, 215, 221, 225, 229, 243, 244, 252, 257, 261, 266, 271, 290, 294, 303
pnorm() 27
points() 177, **203**, 207, 221, 225, 271, 303

R-Funktionen

print() 54, 58, 100, 126, 127, 169
proc.time() 305
prod() 75
pt() 28, 246

Q

qchisq() 27, 192, 244, 266
qf() 27, 154, 185, 215, 234
qlr.test() 214, 215
qnorm() 27, 93
qt() .. 27, 99, 107, 122, 141, 148, 174, 276

R

range() 42, 126
rbind() .. 15, 17, 28, 52, 78, 154, 156, 160, 161, 174, 215, 218, 242, 283
rchisq() 28
read.table() 65, 67, 180
remove() 32
rep() 39, 176, 225, 243, 246
repeat.sample() 82, 86, 103, 124, 176
replicate() 134
reset.test() 184, 185, 193, 194
return() 96, 99
rev() 40
rf() 28
rgb() 201
rm() 32
rm.all() 24, 25, 26, 28, 43, 61, 67, 86
rnorm() 28, 28, 78, 177, 196, 268
roll.win() 289, 290, 294
round() 73, 246, 281, 302
rownames() 15, 15, 28, 161
rprofile.add() 18
rt() 28, 268

S

sample() 130, 131
save() 59, 78, 81
save.image() 60, 67, 86, 99, 100, 107, 114, 115, 122, 129, 138, 139, 141, 142, 148, 154, 156, 160, 169, 171, 174, 179, 180, 185, 211, 215, 218, 225, 229, 234, 242–244, 246, 257, 271, 290
sd() 268
seq() 39, 86, 196, 261, 266, 299
set.seed() 182
sqrt() 41, 75, 78, 86, 93, 103, 122, 124, 139, 148, 196, 243, 244, 246, 266
stargazer() . 164, 168, 169, 171, 179, 185, 193, 194
step() 179, 179
str() 38, 100
subset() 217, 218, 225, 303
sum() 13, 15, 25, 43, 93, 243, 257, 287
summary() 42, 57, 126, 168
Sxy() .. 25, 25, 93, 122, 138, 139, 154, 171, 176, 243, 271, 276

T

t() 40
text() 202, 207
ts() 297

V

var() 26, 26, 94
vcov() 138, 141
View() 48, 61, 67

W

wh.test() 240, 242, 244
which() 301, 302
write.table() 67, 67

Tastaturkürzel

Windows	Mac	Beschreibung
Quelltext-Fenster		
Strg + 1	Ctrl + 1	Wähle Quelltext-Fenster aus
Strg + ⇧ + N	Cmd + ⇧ + N	Öffne neues (leeres) Skript
Strg + S	Cmd + S	Speichere Skript
Strg + ←	Cmd + ←	Führe Zeile/Markierung aus
Strg + ⇧ + ←	Cmd + ⇧ + ←	Führe gesamtes Skript aus
Strg + Alt + B	Cmd + Opt + B	Führe Skript aus bis Textcursor
Strg + Alt + ↓	Cmd + Opt + ↓	Textcursor über mehrere Zeilen
Alt + ↑ bzw. ↓	Opt + ↑ bzw. ↓	Schiebe markierte Zeile(n) hoch/runter
Strg + ⇧ + C	Cmd + ⇧ + C	Kommentiere markierte Zeile(n) bzw. lösche Kommentar wieder
Alt + O	Cmd + Opt + O	Abschnitte einklappen
Alt + Shift + O	Cmd + Shift + Opt + O	Abschnitte ausklappen
Strg + F	Cmd + F	Finde bzw. finde/ersetze im Quelltext
Konsole		
Strg + 2	Ctrl + 2	Wähle Konsole aus
Strg + L	Ctrl + L	Lösche gesamten Text in Konsole
↑ bzw. ↓	↑ bzw. ↓	Scrolle durch die Liste der bereits eingegebenen Befehle (History)
TAB ⇆		Auto-Vervollständigen eines Befehls
Universal		
Alt + -	Opt + -	Zuweisungsoperator <- wird erzeugt
Strg + ⇧ + P	Cmd + ⇧ + P	Öffne Suchfeld
Strg + +	Cmd + Opt + +	Oberfläche reinzoomen
Strg + -	Cmd + Opt + -	Oberfläche rauszoomen
Alt + ⇧ + K	Opt + ⇧ + K	Zeige alle Tastaturkürzel

Datensätze

Dieses Verzeichnis listet alle Datensätze des R-Arbeitsbuches auf. Wird ein und derselbe Datensatz in mehreren Aufgaben auf unterschiedlichen Seiten verwendet, verweisen die entsprechenden Seitenzahlen auf diese Aufgaben. Alle Datensätze des Buches sind auch im Paket desk verfügbar. Mit dem Befehl datasets() des Pakets desk kann man sich eine vollständige Liste dieser Datensätze anzeigen lassen.

data.anscombe, 61
data.auto, 179
data.ballb, 221
data.burglary, 212, 216
data.cars, 100, 115, 126, 225
data.cobbdoug, 195
data.comp, 180, 194
data.eu, 231, 235, 246
data.fertilizer, 129, 138, 139, 141, 148, 154, 160, 169
data.filter, 257, 261
data.govexpend, 244
data.icecream, 127
data.income, 266
data.insurance, 271, 276
data.iv, 274
data.lifesat, 67, 114
data.macro, 295, 302
data.milk, 185, 192

data.pharma, 299
data.printer, 283
data.regional, 303
data.rent, 229, 234, 242, 243
data.savings, 141, 156, 168
data.sick, 253, 258
data.software, 287
data.spurious, 290, 294
data.tip, 61
data.tip.all, 61
data.tip.csv, 66
data.tip.dta, 67
data.tip.txt, 62
data.tip.xlsx, 67
data.trade, 142, 193
data.unempl, 207, 211, 215
data.wage, 171, 174, 218
data.windscreen, 278

Stichwortverzeichnis

Operatoren und Symbole

`<-`	12, 74
`->`	12
`=`	74
`==`	90
`<`	90
`<=`	91
`>`	90
`>=`	91
`!=`	91
`+`	90, 133
`-`	90
`*`	90
`/`	90
`^`	90
`**`	90
`.`	14
`&`	91
`|`	92
`!`	92
`[]`	41
`[,]`	45
`[,,]`	46
`:`	39
`::`	170
`()`	72
`$`	49, 51
`?`	76
`??`	78
`#`	80
`'`	33
`"`	33
`~`	53

A

A-, B-, C-Annahmen 19
`abline()` 204
Abrunden 279
`abs()` 193
Addition 90
ADL-Modell 296
AIC 173
Akaike Informationskriterium 173
Akzeptanzintervall 113
Akzeptanzregion 152
Annahme
    A1 171
    A2 183
    A3 199
    B1 221
    B2 229
    B3 249
    B4 265
    C1 271
    C2 281
Anscombes Quartett 61
`apply()` 226
`apropos()` 77
AR(1)-Prozess
    Definition 249
    Durbin-Watson-Test 255
    grafisch darstellen 250, 252
    grafisch prüfen 255
    simulieren 250, 252
    testen 253
`ar1sim()` 250
Arbeitsmarkt-Beispiel
    Daten darstellen 207
    Prognostischer Chow-Test 215
    QLR-Test 215
    Strukturbruchmodell 211
Arbeitsordner
    festlegen 8, 143
Argument 13, 72

anzeigen 76
Hilfe 76
Reihenfolge 73
Voreinstellung 73
weglassen 73
arguments() 76
Array 34, 46
erzeugen 46
zugreifen 46
as.character() 220
as.data.frame() 47, 220
as.factor() 262
as.logical() 220
as.matrix() 220
as.numeric() 209
attach() 49
Aufrunden 279
auskommentieren 80
Autokorrelation . . . . *siehe* AR(1)-Prozess
Autopreise-Beispiel
automatisierte Variablenauswahl . . 179
Multikollinearität 282
autoregressive distributed lag model 296
autoregressiver Prozess . *siehe* AR(1)-Prozess

B

Bayes Informationskriterium 173
bc.test() 189
Befehl . . . . *siehe* R-Befehl
Beobachtungen
Anzahl, ols()-Unterobjekt 56
Berechnungen
spaltenweise 226
zeilenweise 226
Beschäftigten-Beispiel
dynamisches Modell 287
Bestimmtheitsmaß
anzeigen 57
korrigiert, ols()-Unterobjekt 56
ols()-Unterobjekt 56
Bevölkerungsdichte 304
Box-Cox-Test 187
Computermieten-Beispiel 194
Gravitationsmodell-Beispiel 193
Milch-Beispiel 191
bp.test() 239
Bremsweg-Beispiel
gestutzte Daten 225
Hypothesentest 115
Prognose 126
Punkt- und Intervallschätzug 100

Breusch-Pagan-Test 239
Mieten-Beispiel 242
US-Staatsausgaben-Beispiel 245
by() 270

C

c() 13
cbind() 15
ceiling() 279
character 32
χ^2-Verteilung 27
class() 37
Cobb-Douglas-Funktion
linearisieren 195
cochorc() 260
Cochrane-Orcutt-Verfahren 260
colnames() 15
colors() 201
Computermieten-Beispiel
funktionale Form 194
Variablenauswahl 180
cor() 130
CRAN 5, 9
curve() 268

D

d.norm() 268
data 97, 135
data.anscombe 61
data.auto 179
data.ballb 221
data.burglary 212, 216
data.cars 100, 115, 126, 225
data.cobbdoug 195
data.comp 180, 194
data.eu 231, 235, 246
data.fertilizer . 129, 138, 139, 141, 148,
154, 160, 169
data.filter 257, 261
data.frame() 47
data.govexpend 244
data.icecream 127
data.income 266
data.insurance 271, 276
data.iv 274
data.lifesat 67, 114
data.macro 295, 302, 303
data.milk 185, 192
data.pharma 299
data.printer 283
data.rent 229, 234, 242, 243

Stichwortverzeichnis

data.savings 141, 156, 168
data.sick 253, 258
data.software 287
data.spurious 290, 294
data.tip 61
data.tip.all 61
data.tip.csv 66
data.tip.dta 67
data.tip.txt 62
data.tip.xlsx 67
data.trade 142, 193
data.unempl 207, 211, 215
data.wage 171, 174, 218
data.windscreen 278
Dataframe 35, 47
    anzeigen 47
    erzeugen 47
    zugreifen 48
datasets() 61
Daten
    filtern 216
    gestutzt 225
    umsortieren 231
Datenexport
    fremdes Format 67
    R-Format 60
Datenimport
    fremdes Format 62
    R-Format 60
Datenlücken 292
Datensatz
    filtern 216
    umsortieren 231
Datensatztypen 4, 11, 16
Datenstruktur 34
    Array .... *siehe* Array
    Dataframe .... *siehe* Dataframe
    List .... *siehe* Liste
    Matrix .... *siehe* Matrix
    Überblick 35
    umwandeln 220
    Vector .... *siehe* Vektor
Datentyp 32
    character 32
    logical 32
    numeric 32
    umwandeln 220
desk 9
detach() 50
details 54
Dezimalstellen

    anzeigen 54
    runden 73
diff() 258
dim() 285
Division 90
Drucker-Beispiel
    Multikollinearität 283
Dünger-Beispiel
    Datenbehandlung 130
    Frisch-Waugh-Lovell-Theorem 139
    F-Test 154
    Intervallschätzung 141
    normalverteilte Störgrößen 265
    Prognose 160
    Punktschätzung 138
    Schätzergebnisse 169
    t-Test 148
Dummy-Variable
    Arbeitsmarkt-Beispiel 211
    definieren 208
    Lohn-Beispiel 218
Durbin-Watson-Test 255
    grafisch darstellen 256
dw.test() 255

E

Einfachregression 53
    grafisch darstellen 125
Endogenitätsverzerrung 274
    grafisch darstellen 272
Environment-Fenster 23
Ersparnis-Beispiel
    Datenzusammenfassung 168
    Hypothesentest 156
    Schätzung 141
Erwerbslosigkeits-Beispiel .... *siehe*
    Arbeitsmarkt-Beispiel
EU-Ausgaben-Beispiel 231, 235
    Breusch-Pagan-Test 239
    Goldfeld-Quandt-Test 235
    White-Korrektur 247
    White-Test 240
exp() 75
Exponentialfunktion 75
exportieren
    Daten 67
    Grafiken 206
    versus speichern 62

F

Faktorvariable 262

FALSE 90
Fehlerkorrekturmodell 295, 296
Fenster
    Environment 23
    Files 21
    Help 76
    Plots 24
    wechseln 128
file.choose() 60
Files-Fenster 21
Filter-Beispiel
    Autokorrelation testen 257
    Cochrane-Orcutt-Verfahren 262
    Hildreth-Lu-Verfahren 262
    Schätzung 261
fix() 48
floor() 279
for() 224
Frauendiskriminierung 218
Freiheitsgrade
    anzeigen 57
    ols()-Unterobjekt 56
F-Test 149
    grafisch darstellen 152
    zugreifen 152
function() 95
Funktion
    in R .... *siehe* R-Funktion
funktionale Form
    Cobb-Douglas-Funktion 195
    Computermieten-Beispiel 194
    Gravitationsmodell-Beispiel 193
    Milch-Beispiel 185, 192
F-Verteilung 27
F-Wert
    ols()-Unterobjekt 56

G

Gleichungssystem
    interdependent 299
Goldfeld-Quandt-Test 235
    EU-Ausgaben-Beispiel 235
    Mieten-Beispiel 234, 242
gq.test() 235
Grafiken
    Überschrift 201
    Achsenbeschriftung 201
    anordnen 205
    ergänzen um
        Gerade 204
        Punkte 203

    Farben 201
    gestalten 200
    Legende 202
    Linien gestalten 204
    multiple 205
    Punktbeschriftungen 201
    speichern und exportieren 206
    Symbol wählen 200
    verknüpfen 205
    Wertebereich 200
graphics 205
Gravitationsmodell-Beispiel
    funktionale Form 193
    Schätzung 142
Grundgesamtheit
    festlegen 130
Gruppenweise Berechnungen 270
GVKQ-Schätzung 260
    Filter-Beispiel 262
    Krankenstand-Beispiel 260
    Mieten-Beispiel 243

H

Hartz IV Reform . *siehe* Arbeitsmarkt-Beispiel
Hauseinbrüche-Beispiel 212
    Prognostischer Chow-Test 216
hcc() 241
head() 48
help() 76
Heteroskedastizität
    EU-Ausgaben-Beispiel 246
    Hypothesentest 235
    Mieten-Beispiel 230, 234, 242, 243
    US-Staatsausgaben-Beispiel 244
Hildreth-Lu-Verfahren 258
    Filter-Beispiel 262
    Krankenstand-Beispiel 258
Hilfe
    Tabulator-Taste 77
Hilfe-Fenster 76
Hilfesteckbrief 76
hilu() 259
hist() 85
Histogramm
    erzeugen 85
    grafisch darstellen 85
hyp 112
Hypothesentest
    Akzeptanzintervall 107
    Akzeptanzregion 152
    F-Test .... *siehe F*-Test

Stichwortverzeichnis

t-Test . . . . siehe t-Test

I

I() 136
IKQ-Schätzung 300
importieren
    Daten 62
    versus laden 62
Instrumentvariable 274
    stark oder schwach 275
Instrumentvariablen-Schätzung . . . . siehe ZSKQ-Schätzung
interdependentes Gleichungssystem 299
Intervallschätzung 97
is.na() 292
IV-Schätzung . . . . siehe ZSKQ-Schätzung
ivr() 274

J

Jarque-Bera-Test 265
    Dünger-Beispiel 265
    Wachstumsmodell-Beispiel 267
jb.test() 265

K

Kausalität 299
Koeffizienten
    Anzahl, ols()-Unterobjekt 56
    anzeigen 56
    ols()-Unterobjekt 56
Kommentar 23, 80
Konfidenzintervall 97, 101
Konsole 11
Korrelationstabelle
    exogene Variablen 283
Kovarianz 26
Koyck-Modell 288
KQ-Schätzung
    anzeigen 54
    Autokorrelation 258
    Einfachregression 53
    Heteroskedastizität 230, 241
    indirekte 300
    Mehrfachregression 133
    restringierte 285
    Wahrscheinlichkeitsverteilung 86
Krankenstand-Beispiel
    Autokorrelation 253
    Cochrane-Orcutt-Verfahren 260
    Hildreth-Lu-Verfahren 259

    Schätzung bei Autokorrelation 258
Kugellager-Beispiel
    Messfehler 221

L

laden
    Daten 60
    R-Objekt 60
Lag-Variable 288
    erzeugen 254
lagk() 254
Lebenshaltungskosten 303
Lebenszufriedenheit-Beispiel
    Aufgaben der Ökonometrie 3
    Datenim- und export 67
    Datensatztypen 4
    Hypothesentest 114
    Punktschätzung 67
legend() 202
library() 11
linearisieren 196, 197
Linearkombination 146, 149
Linkspfeil 12, 74
list . . . . siehe Liste
list() 50
Liste 35, 50
    anzeigen 50
    erzeugen 50
    zugreifen 51
lm() 57
load() 60
log() 75
Logarithmus 75
logical 32
Lohn-Beispiel
    Diskriminierung 218
    fehlerhafte Variablenauswahl 171
    Kriterien der Variablenauswahl 174
Lohnangleichung 305
Lohndiskriminierung 218
ls() 32

M

Makroökonomisches Modell
    keynesianisch 302
Makromodell-Beispiel
    Fehlerkorrekturmodell 295
    interdependentes Gleichungssystem 302
Matrix 34, 44
    erzeugen 44

zugreifen 45
`mc.table()` 282
`mean()` 14, 75
Median-Lag 288
Medianlohn 303
Mehrfachregression 133
    Varianz-Kovarianz-Matrix 137
Mieten-Beispiel
    Goldfeld-Quandt-Test 234
    Heteroskedastizität grafisch 230
    Schätzung 242, 243
    White-Korrektur 244
Milch-Beispiel
    Box-Cox-Test 192
    funktionale Form 185
Missing Values 292
Mittel
    arithmetisch 25, 75
`mod` 97
`mode()` 33
Modell
    ökonometrisches 3
    ökonomisches 3
    geschätztes 3
Multikollinearität
    erkennen 282, 283
    Korrelationstabelle 283
    perfekte 131, 281
Multiplikation 75, 90
Multiplikator
    kurzfristiger 288
    langfristiger 288

N

`na.omit()` 292
`names()` 48
`new.session()` 143
Normalverteilung 27
Normalverteilungs-Beispiel 269
`numeric` 32
Numerische Illustrationen
    zu Kapitel 1 17
    zu Kapitel 2 26
    zu Kapitel 3 . . . . 43, 52
    zu Kapitel 4 78
    zu Kapitel 5 . . . . 93, 94, 99
    zu Kapitel 6 107
    zu Kapitel 7 122
    zu Kapitel 9 . . . . 138, 139, 141
    zu Kapitel 10 . . . . 148, 153
    zu Kapitel 11 160
    zu Kapitel 12 168
    zu Kapitel 13 . . . . 171, 174, 185
    zu Kapitel 15 . . . . 211, 215, 218
    zu Kapitel 16 221
    zu Kapitel 17 . . . . . . 229, 234, 242, 243
    zu Kapitel 18 . . . . 257, 261
    zu Kapitel 19 266
    zu Kapitel 20 . . . . 271, 276
    zu Kapitel 21 . . . . 281, 283
    zu Kapitel 22 287
    zu Kapitel 23 299

O

`objects()` 32
Objekt . . . . *siehe* R-Objekt
Objektklasse 37
Objektnamen 12
Objektspeicher
    leeren 23
Ökonometrie 3
`ols()` 53, 135
`ols.infocrit()` 173
`ols.interval()` 97, 113, 119
`ols.predict()` 118
Operator
    arithmetisch 89
    logisch 89
    relational 89
`order()` 231
Ordner
    anlegen 60
    `desk` 62
Output . . . . *siehe* R-Output

P

Paket . . . . *siehe* R-Paket
`par()` 205
`par.f.test()` 150
`par.t.test()` 109, 145
`paste()` 135, 202
PC 173
`pc.test()` 212
`pchisq()` 28
`pf()` 28
Pharma-Beispiel
    interdependentes Gleichungssystem
    299
`plot()` 200
Plots-Fenster 24
`pnorm()` 27
`points()` 203

Potenzierung 90
`print()` 54
`proc.time()` 305
`prod()` 75
Produkt 75
Produktions-Beispiel
    funktionale Form 195
Prognose
    Logarithmus-Korrektur 159
    wiederholte Stichproben 120
Prognoseintervall 117
    Einfachregression 119
    grafisch darstellen 125
Prognosekriterium 173
Prognostischer Chow-Test 212
    Arbeitsmarkt-Beispiel 216
    Hauseinbrüche-Beispiel 212
Prozess .... *siehe* AR(1)-Prozess
`pt()` 28
Punktprognose
    Einfachregression 118
    Mehrfachregression 157
    `ols()`-Unterobjekt 56
Punktsymbole 200
p-Wert
    `ols()`-Unterobjekt 56

Q

`qchisq()` 27
`qf()` 27
QLR-Test 213
    Arbeitsmarkt-Beispiel 216
    Hauseinbrüche-Beispiel 213
`qlr.test()` 214
`qnorm()` 27
`qt()` 27
Quantil 27
Quelltext-Fenster 20

R

R 5
    erste Schritte 11
    Installation 5, 11
R-Befehl 11
    umbrechen 29
R-Formelschreibweise
    Einfachregression 53
    Mehrfachregression 133
    Vereinfachungen 134
R-Funktion 13, 71
    Argument 72
    arithmetisch 75
    Hilfe 76
    Rückgabewert 72
    selbst definieren 95
R-Objekt 11
    Dimensionen ausgeben 285
    finden 116
    löschen 32
    laden 60
    speichern 59
    verknüpfen 14
    verwalten 32
R-Output 11
    erzwingen 88
    unterdrücken 88
R-Paket 9
    automatisch aktivieren 18
    `desk` 9
    `graphics` 205
    installieren 9
    `stargazer` 11
    `stats` 11
R-Skript 22
    ausführen 22, 105
    beginnen 143
    durchsuchen 247
    erstellen 22
    Kommentare 23
    mehrzeilige Modifikation 198
    strukturieren 156
    Zeilen vertauschen 162
R-Studio 5
    Environment-Fenster 23
    erste Schritte 11
    Files-Fenster 21
    Help-Fenster 76
    Installation 6
    Konsole 11
    Plots-Fenster 24
    Quelltext-Fenster 20
`range()` 42
`rbind()` 15
`rchisq()` 28
`read.table()` 65
Reallohn 303
Rechenzeit prognostizieren 305
reduzierte Form 300
Regional-Beispiel
    Lebenshaltungskosten und Löhne . 303
Regressionsmodell
    einfaches ...... *siehe* Einfachregression

Fehlerkorrekturmodell 295
multiples .... *siehe* Mehrfachregression
scheinbares 290, 294
`remove()` 32
`rep()` 39, 223
`repeat.sample()` 82
`replicate()` 134
Replizierbarkeit 182
RESET-Verfahren 183
    Computermieten-Beispiel 194
    Gravitationsmodell-Beispiel 193
    Milch-Beispiel 185
`reset.test()` 184
Residuen
    `ols()`-Unterobjekt 56
Residuenquadrate
    anzeigen 57
    `ols()`-Unterobjekt 56
`results`
    `par.f.test()`-Unterobjekt 152
    `par.t.test()`-Unterobjekt 147
`return()` 96
`rf()` 28
`rgb()` 201
RKQ-Schätzung 285
`rm()` 32
`rm.all()` 24
`rnorm()` 28
`roll.win()` 289
`round()` 73
`rownames()` 15
`rprofile.add()` 18
`rt()` 28
Rückgabewert 72
runden 73

S

`sample()` 130
`save()` 59
`save.image()` 60
Scheinkorrelation 290, 294
Schleifen programmieren 222
Schriftgröße
    ändern 132
Schwarz Informationskriterium 173
`seq()` 39
`set.seed()` 182
SIC 173
`sig.level` 98, 110
Signifikanzniveau
    F-Test 150

Intervallschätzung 98
Prognoseintervall 119
t-Test 110
Skript .... *siehe* R-Skript
speichern
    Grafiken 206
    R-Objekt 59
Speiseeis-Beispiel 127
Spenden-Beispiel 11, 16
`sqrt()` 41, 75
Standardabweichung
    White-Korrektur 241
Standardfehler
    `ols()`-Unterobjekt 56
Standardnormalverteilung 27
`stargazer` 11
    Datenzusammenfassung 164
    KQ-Schätzergebnisse 166
`stargazer()` 164
Stationarität 288
Statistisches Repetitorium 26
`stats` 11
`step()` 179
Stichprobe
    wiederholt .... *siehe* Wiederholte
        Stichproben
    Zufalls- 28
Störgrößenvarianz
    `ols()`-Unterobjekt 56
`str()` 38
Strukturbruch 208
Strukturbruchmodell 211
strukturelle Form 300
`subset()` 217
Subtraktion 90
`sum()` 13, 75
`summary()` 42, 57
Summe 75
    der Residuenquadrate 56
`Sxy()` 25

T

`text()` 202
Tipp für R-fahrene
    Ab- und Aufrunden 279
    Datenstruktur umwandeln 220
    Datentyp umwandeln 220
    direkter Paketzugriff 170
    Faktorvariable 262
    Fenster wechseln 128
    Gruppenweise Berechnungen 270

mehrzeilige Modifikation des R-
    Skriptes 198
Objektdimension ausgeben 285
R-Befehl umbrechen 29
R-Objekt finden 116
R-Output erzwingen oder unter-
    drücken 88
R-Paket automatisch aktivieren 18
R-Skript ausführen 105
R-Skript beginnen 143
R-Skript durchsuchen 247
R-Skript strukturieren 156
Rechenzeit prognostizieren 305
Replizierbarkeit 182
Schriftgröße ändern 132
spalten- oder zeilenweise Berechnun-
    gen 226
Zeilen von R-Skripten vertauschen 162
Zeitreihenobjekt 297
Zuweisungsoperator 69
Trinkgeld-Beispiel 17
Hypothesentest 107
Intervallschätzung 93, 99
Prognose 122
Punktschätzung 43, 58
Simulation
    Eigenschaften KQ-Schätzer 86
    Intervallschätzung 104
    manuelle Stichprobenerzeugung . 78,
    81
    Prognose 124
    Störgrößenvarianz 94
t-Test 114
Umgang mit Daten 52
TRUE 90
ts() 297
t-Test
Akzeptanzintervall 113
Einfachregression 109
einseitig 109
grafisch darstellen 111, 148
Mehrfachregression 145
zugreifen 147
zweiseitig 112
t-Verteilung 27
t-Wert
    ols()-Unterobjekt 56

U

Unterobjekt 49, 50
US-Staatsausgaben-Beispiel

Heteroskedastizitätstests 244

V

var() 26
Variable
    binäre .... siehe Dummy-Variable
    Dummy .... siehe Dummy-Variable
    Lag- 254
    verzögerte 254
    Zufalls- 26
Variablenauswahl
    automatisiert 179
    Autopreise-Beispiel 179
    Computermieten-Beispiel 180
    Informationskriterien 173
    Lohn-Beispiel 174
    Simulation fehlende Variablen 175, 176
    Simulation irrelevante Variablen .. 178
Varianz 26
    Störgrößen, geschätzt 56
Varianz-Kovarianz-Matrix 137
    ols()-Unterobjekt 56
Variation 25
vcov() 138
Vektor 34, 38
    erzeugen 38
    zugreifen 40
Versicherungs-Beispiel
    ZSKQ-Schätzung 271, 276
View() 48
VKQ-Schätzung 259
    Filter-Beispiel 262
    Krankenstand-Beispiel 259
    Mieten-Beispiel 230, 243
    US-Staatsausgaben-Beispiel 245

W

Würfel-Beispiel 26
Wachstumsmodell-Beispiel
    normalverteilte Störgrößen 266
Wahrheitswert 32, 90
Wahrscheinlichkeitsmasse 27
Wahrscheinlichkeitsverteilung 27
    KQ-Schätzer 86
Werbung 299
wh.test() 240
which() 301
White-Korrektur 241
White-Test 240
    EU-Ausgaben-Beispiel 240
    US-Staatsausgaben-Beispiel 245

wiederholte Stichproben 81
    erzeugen 82
    grafisch darstellen 84
    Intervallschätzung 101
    Prognose 120
    zugreifen 83
    zuweisen 82
Windschutzscheiben-Beispiel
    ZSKQ-Schätzung 278
`write.table()` 67
Wurzel 75

X

χ^2-Verteilung 27

Z

Zahlen 32
    verknüpfen 13
Zeichenkette 15, 32
Zeitreihenobjekt 297
ZSKQ-Schätzung 274
    dynamisches Modell 288
    interdependentes Gleichungssystem 301
    Versicherungs-Beispiel 273
    Windschutzscheiben-Beispiel 279
Zufallsgenerator 28, 130
Zufallsstichprobe 28, 130
Zufallsvariable 26
Zufallswerte erzeugen 29, 130
Zuweisung 12, 74
Zuweisungsoperator 69

MIX
Papier aus verantwortungsvollen Quellen
Paper from responsible sources
FSC® C105338

If you have any concerns about our products,
you can contact us on
ProductSafety@springernature.com

In case Publisher is established outside the EU,
the EU authorized representative is:
**Springer Nature Customer Service Center GmbH
Europaplatz 3, 69115 Heidelberg, Germany**

Printed by Libri Plureos GmbH
in Hamburg, Germany